Altium Designer 22 中文版 从入门到精通

胡仁喜 孟培 编著

机 械 工 业 出 版 社

全书以Protel的新版本Altium Designer 22为平台，介绍了电路设计的方法和技巧，主要包括Altium Designer 22概述、设计电路原理图、层次化原理图的设计、原理图的后续处理、印制电路板设计、电路板的后期处理、信号完整性分析、创建元件库及元件封装、电路仿真系统、综合实例等知识。本书的介绍由浅入深，从易到难，各章节既相对独立又前后关联。在介绍的过程中，编者根据自己多年的经验及教学心得，及时给出总结和相关提示，以帮助读者快捷掌握相关知识。全书内容讲解详实，图文并茂，思路清晰。

随书电子资料包包含全书所有实例的源文件和操作过程录屏讲解动画，总时长达300分钟。为了开阔读者的视野，促进读者的学习，电子资料包中还免费赠送时长达200分钟的Protel和Altium Designer设计实例操作过程学习录屏讲解动画教程以及相应的实例源文件。

本书可以作为初学者的入门教材，也可以作为电路设计及相关行业工程技术人员及各院校相关专业师生的学习参考书。

图书在版编目（CIP）数据

Altium Designer 22中文版从入门到精通 / 胡仁喜，孟培编著. — 北京：机械工业出版社，2023.2
ISBN 978-7-111-72180-2

Ⅰ. ①A… Ⅱ. ①胡… ②孟… Ⅲ. ①印刷电路－计算机辅助设计－应用软件 Ⅳ. ①TN410.2

中国版本图书馆CIP数据核字(2022)第231870号

机械工业出版社（北京市百万庄大街22号　邮政编码100037）
策划编辑：曲彩云　　责任编辑：王　珑
责任校对：刘秀华　　责任印制：任维东
北京中兴印刷有限公司印刷
2023年2月第1版第1次印刷
184mm×260mm・25.75印张・636千字
标准书号：ISBN 978-7-111-72180-2
定价：99.00元

电话服务　　网络服务
客服电话：010-88361066　机　工　官　网：www.cmpbook.com
010-88379833　机　工　官　博：weibo.com/cmp1952
010-68326294　金　书　网：www.golden-book.com
封底无防伪标均为盗版　机工教育服务网：www.cmpedu.com

前　言

自 20 世纪 80 年代中期以来，计算机应用已进入各个领域并发挥着越来越大的作用。在这种背景下，美国 ACCEL Technologies Inc 公司推出了第一个应用于电子线路设计的软件包——TANGO，这个软件包开创了电子设计自动化（EDA）的先河。该软件包现在看来比较简陋，但在当时给电子线路设计带来了设计方法和方式的革命。人们开始用计算机来设计电子线路，直到今天，国内许多科研单位还在使用这个软件包。在电子工业飞速发展的时代，TANGO 逐渐显示出其不适应时代发展需要的弱点。为了适应科学技术的发展，Protel Technology 公司以其强大的研发能力推出了 Dos 版 Protel，从此 Protel 这个名字在业内日益响亮。

Protel 系列是进入到我国最早的电子设计自动化软件，一直以易学易用而深受广大电子设计者的喜爱。Altium Designer 22 作为 Protel 系列新一代的板卡级设计软件，其独一无二的 DXP 技术集成平台为设计系统提供了所有工具和编辑器的兼容环境。

Altium Designer 22 是一套完整的板卡级设计系统，真正实现了在单个应用程序中的集成。Altium Designer 22 PCB 线路图设计系统完全利用了 Windows 平台的优势，具有更好的稳定性、增强的图形功能和全新的用户界面，设计者可以选择最适当的设计途径以最优化的方式工作。

全书以 Altium Designer 22 为平台，介绍了电路设计的方法和技巧。全书共 13 章，内容包括 Altium Designer 22 概述、设计电路原理图、层次化原理图的设计、原理图的后续处理、印制电路板设计、电路板的后期处理、信号完整性分析、创建元件库及元件封装、电路仿真系统、综合实例等知识。本书的介绍由浅入深，从易到难，各章节既相对独立又前后关联。在介绍的过程中，编者根据自己多年的经验及教学心得，适当给出总结和相关提示，以帮助读者快捷地掌握所学知识。全书内容讲解详实，图文并茂，思路清晰。

本书可以作为初学者的入门教材，也可以作为相关行业工程技术人员及各院校相关专业师生的学习参考书。

为了配合学校师生利用此书进行教学的需要，随书配赠了电子资料包，包含总时长达 300 分钟的全书实例操作过程 AVI 文件和实例源文件，以及专为老师教学准备的 PowerPoint 多媒体电子教案。为了开阔读者的视野，促进读者的学习，还免费赠送时长达 200 分钟的 Protel 和 Altium Designer 设计实例操作过程学习录屏讲解动画教程以及相应的实例源文件。读者可以登录百度网盘（地址：https://pan.baidu.com/s/1gizGSyoP-81y9QcIcab0IA）或者扫描下面二维码下载，密码：swsw（读者如果没有百度网盘，需要先注册一个才能下载）。

本书由河北交通职业技术学院的胡仁喜博士和石家庄三维书屋文化传播有限公司的孟培老师编写。其中孟培执笔编写了第1～5章，胡仁喜执笔编写了第6～13章。

由于编者水平有限，书中不足之处在所难免，望广大读者发送邮件到714491436@qq.com予以指正，编者将不胜感激。读者也可以加入QQ群660309547参与学习讨论。

编　者

目　录

第1章

Altium Designer 22 概述

Altium Designer 22 为电子设计师和电子工程师提供了唯一的一体化应用工具，Altium Designer 22 囊括了所有在完整的电子产品开发中必需的技术和功能。Altium Designer 22 将板级和 FPGA 级系统设计、嵌入式软件开发、PCB 板图设计和制造加工等设计工具集成到一个单一的设计环境中。

- Altium Designer 22 的特点
- Altium Designer 22 的安装、激活与升级
- 启动 Altium Designer 22
- 初识 Altium Designer 22

1.1 Altium Designer 22 的主要特点

Altium Designer 22 是一款由 Altium 公司全新推出的简单易用，与时俱进，功能强大的 PCB 设计软件，可以方便用户快速完成各类原理图的设计操作。

相比于旧版，新版 Altium Designer 22 进行了全面的优化，可以将各种新的电路板特性建模到用户的设计中，包括沉孔/埋头孔、IPC-4561 通孔类型等。可以完美地支持自定义多边形、电路板开孔、实时规则检查以及尺寸自动测量，甚至还为用户配备了直观高效的用户界面，帮助用户更好地实现自己的设计工作。

1）设计环境：通过设计过程中各个方面的数据互连（包括原理图、PCB、文档处理和模拟仿真），显著地提升生产效率。

2）可制造性设计：学习并应用可制造性设计（DFM）方法，确保 PCB 设计每次都具有功能性、可靠性和可制造性。

3）软硬结合设计：在 3D 环境中设计软硬结合板，并确认其 3D 元件、装配外壳和 PCB 间距满足所有机械方面的要求。

4）PCB 设计：通过控制元件布局和在原理图与 PCB 之间完全同步，轻松地操控电路板布局上的对象。

5）原理图设计：通过层次式原理图和设计复用，在一个内聚的、易于导航的用户界面中，更快、更高效地设计顶级电子产品。

6）制造输出：体验从容有序的数据管理，并通过无缝、简化的文档处理功能为其发布做好准备。

7）模拟：使用 SPICE 仿真工具，可以轻松地仿真用户的设计并跟踪设计结果。借助该软件，改进了仿真工具，使查看电路质量和稳定性变得更加容易。

1.2 Altium Designer 22 的安装

Altium Designer 22 软件是标准的基于 Windows 的应用程序，它的安装过程十分简单，只需运行电子资料包中的“AltiumInstaller.exe”应用程序，然后按照提示步骤进行操作就可以了。

Altium Designer 22 安装步骤如下：

01 打开电子资料包，从中找到并双击 AltiumInstaller.exe 文件，弹出 Altium Designer 22 的安装界面，如图 1-1 所示。

02 单击“Next（下一步）”按钮，弹出 Altium Designer 22 的安装协议对话框。选择语言 Chinese，选择同意安装“I accept the agreement”按钮，如图 1-2 所示。

03 单击“Next（下一步）”按钮，出现安装类型信息的对话框，选择所有选项，设置完毕后如图 1-3 所示。

04 单击“Next（下一步）”按钮，进入下一个对话框。在该对话框中，用户需要选择 Altium Designer 22 的安装路径。系统默认的安装路径为 C:\Program Files\

Altium\AD22，用户可以通过单击 Default 按钮来自定义其安装路径，如图 1-4 所示。

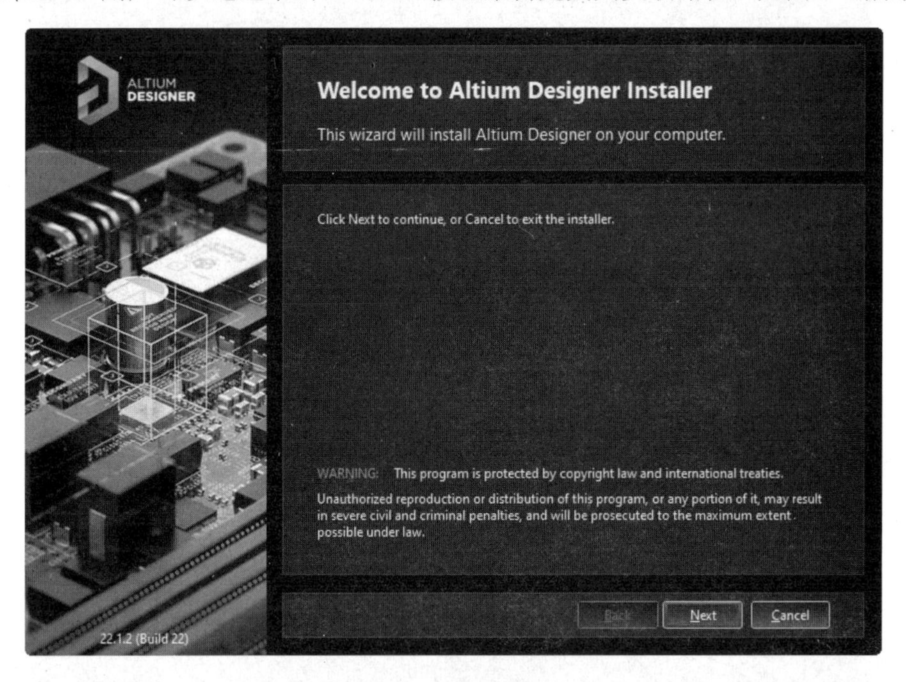

图 1-1　安装界面

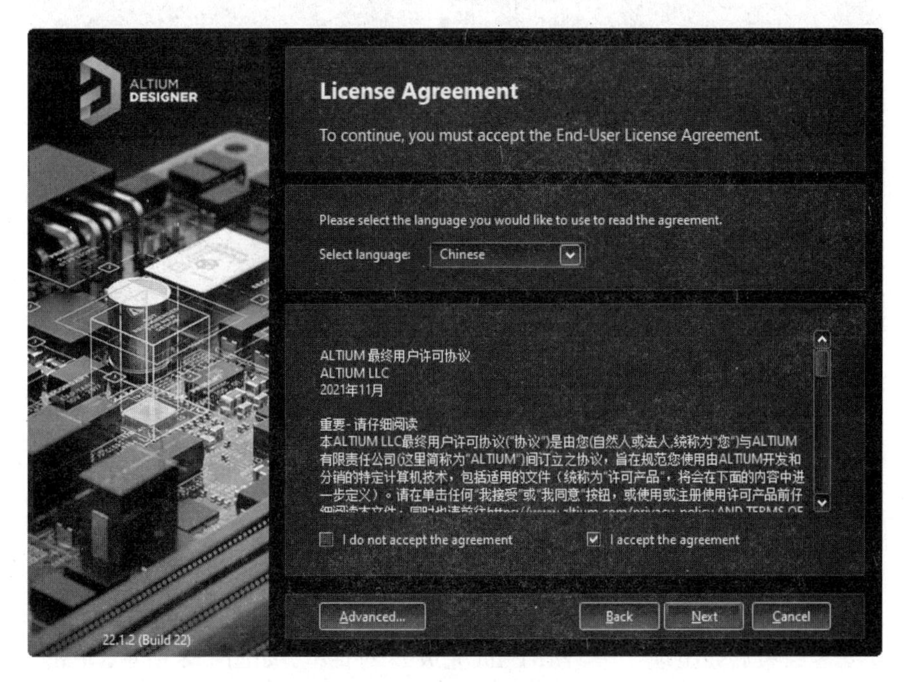

图 1-2　安装协议对话框

05 单击“Next（下一步）”按钮，进入下一个对话框。在该对话框中，勾选“Don’t participate”复选框，如图 1-5 所示。

06 单击“Next（下一步）”按钮，弹出确定安装对话框，如图 1-6 所示。继续单击“Next（下一步）”按钮，此时对话框内会显示安装进度，如图 1-7 所示。由于系统需要复制大量文件，所以需要等待几分钟。

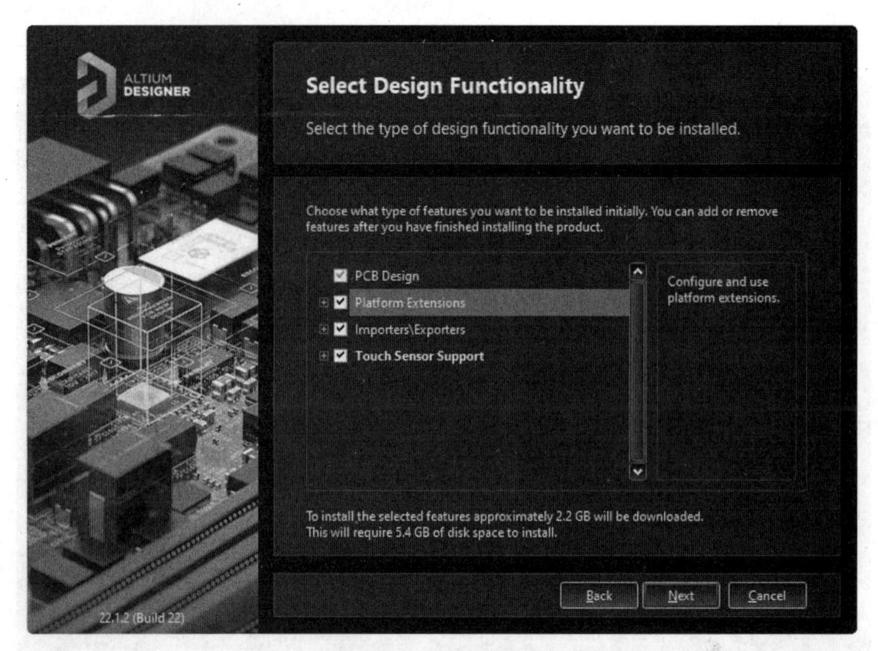

图 1-3　选择安装类型

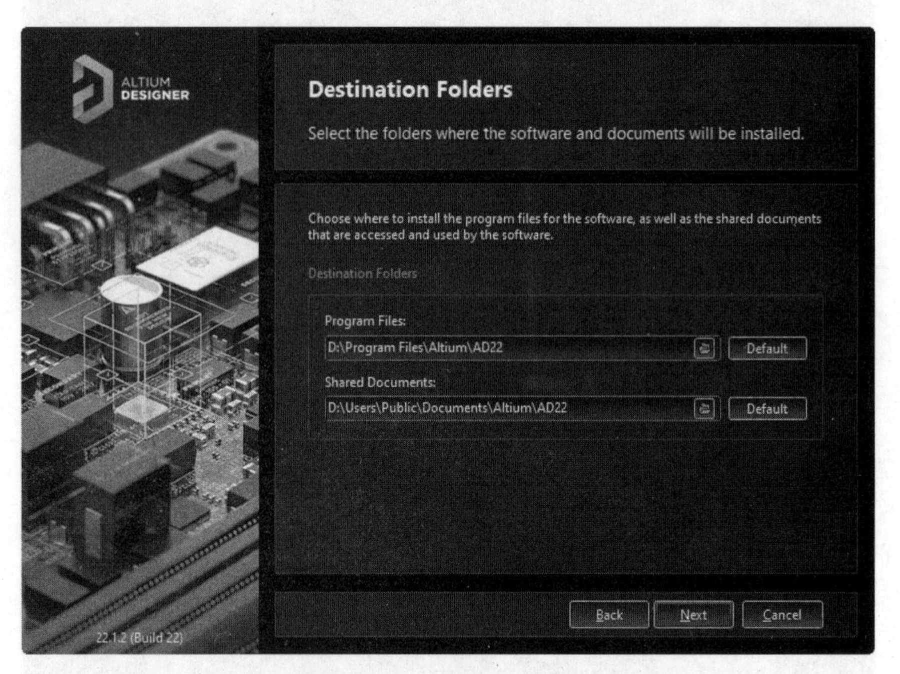

图 1-4　安装路径对话框

07 安装结束后会出现一个“Finish（完成）”对话框，如图 1-8 所示。单击“Finish”按钮即可完成 Altium Designer 22 的安装工作。安装完成，先不要运行软件，即把图中的那个钩去掉，完成安装。

在安装过程中，可以随时单击“Cancel”按钮来终止安装过程。安装完成以后，在 Windows 的“开始”→“所有程序”子菜单中创建一个 Altium 级联子菜单和快捷键。

注意　安装完成后界面可能是英文的，如果想调出中文界面，则可以选择

“DXP→Preferences→System→General→Localization”，选中“Use localized resources”，保存设置后重新启动程序就有中文菜单了。如果觉得库少，可将电子资料包中“Libraries”文件夹下的“Libraries”压缩包解压到安装目录 D:\AD\Library 下；设计样例、模板文件可同样解压到安装目录下。

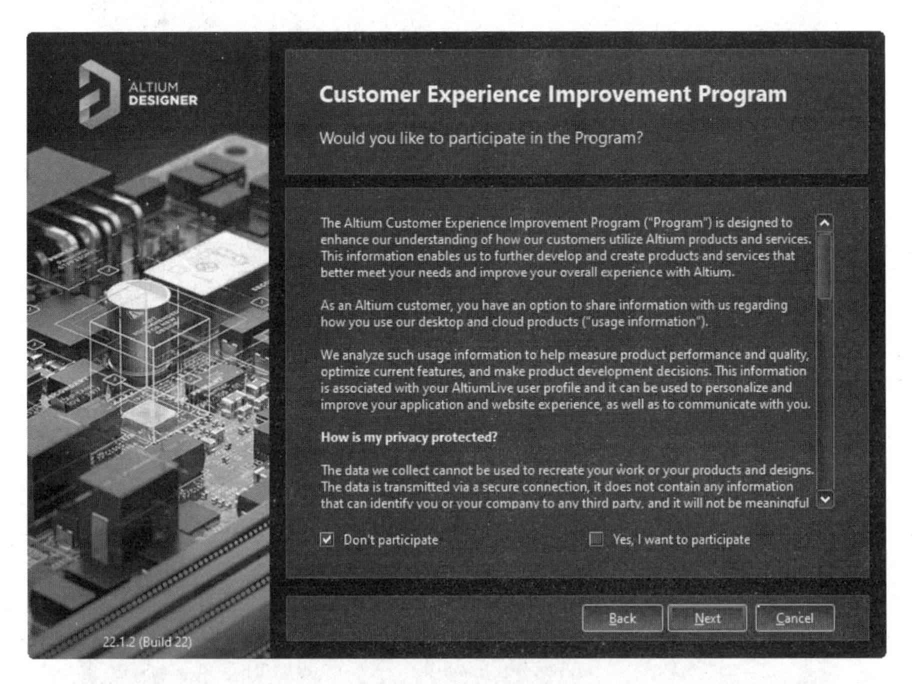

图 1-5　勾选复选框

图 1-6　确定安装

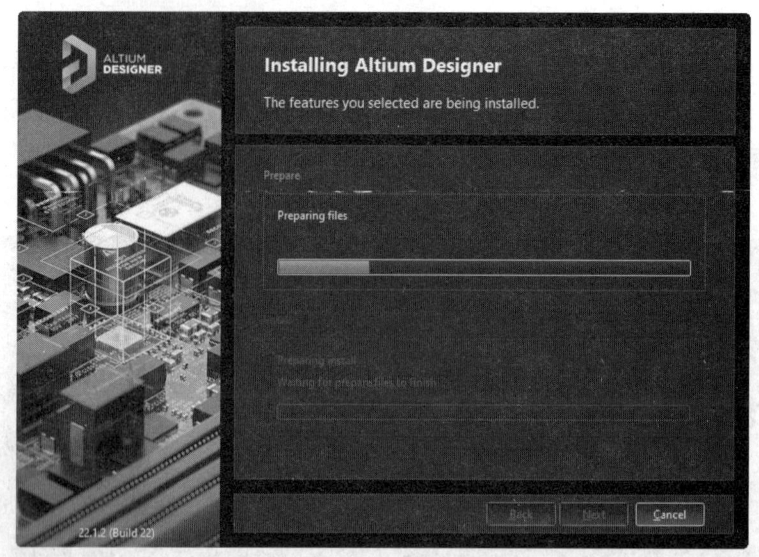

图 1-7　安装进度对话框

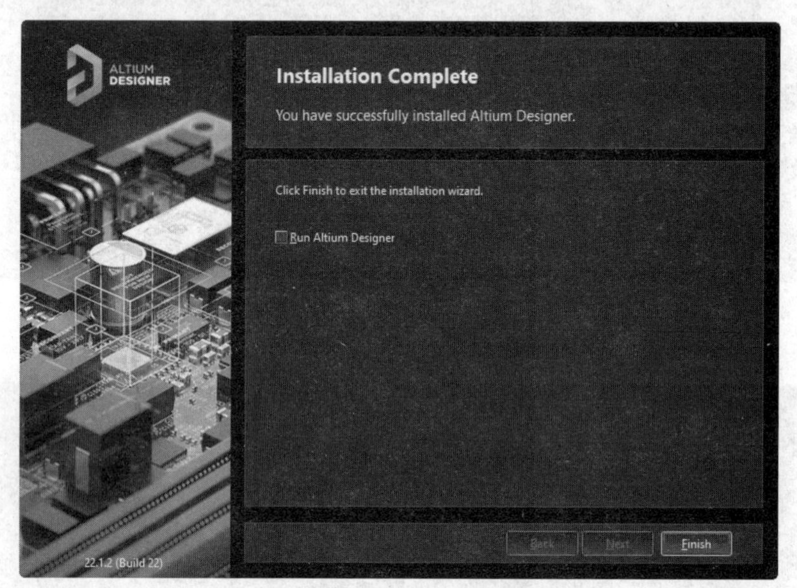

图 1-8　“Finish”对话框

1.3 电路板总体设计流程

为了让用户对电路设计过程有一个整体的认识和理解，下面我们介绍一下 PCB 设计的总体设计流程。

通常情况下，从接到设计要求书到最终制作出 PCB，主要经历以下几个步骤来实现：

01 案例分析。这个步骤严格来说并不是 PCB 设计的内容，但对后面的 PCB 设计又是必不可少的。案例分析的主要任务是来决定如何设计原理图电路，同时也影响到 PCB 如何规划。

02 电路仿真。在设计电路原理图之前，有时候会对某一部分电路设计并不十分确定，因此需要通过电路仿真来验证。还可以用于确定电路中某些重要元器件的参数。

03 绘制原理图元器件。 Altium Designer 22 虽然提供了丰富的原理图元器件库，但不可能包括所有元器件，必要时需动手设计原理图元器件，建立自己的元器件库。

04 绘制电路原理图。 找到所有需要的原理图元器件后，就可以开始绘制原理图了。根据电路复杂程度决定是否需要使用层次原理图。完成原理图后，用 ERC（电气规则检查）工具查错，找到出错原因并修改原理图电路，重新查错到没有原则性错误为止。

05 绘制元器件封装。 与原理图元器件库一样， Altium Designer 22 也不可能提供所有元器件的封装。需要时自行设计并建立新的元器件封装库。

06 设计 PCB。 确认原理图没有错误之后，开始 PCB 的绘制。首先绘出 PCB 的轮廓，确定工艺要求（使用几层板等）。然后将原理图传输到 PCB 中，在网络报表（简单介绍来历功能）、设计规则和原理图的引导下布局和布线。最后利用 DRC（设计规则检查）工具查错。此过程是电路设计时另一个关键环节，它将决定该产品的实用性能，需要考虑的因素很多，不同的电路有不同要求。

07 文档整理。对原理图、PCB 图及元器件清单等文件予以保存，以便以后维护、修改。

1.4 启动 Altium Designer 22

启动 Altium Designer 22 非常简单。Altium Designer 22 安装完毕系统会将 Altium Designer 22 应用程序的快捷方式图标在开始菜单中自动生成。

执行菜单命令“开始”\“Altium Designer”，将会启动 Altium Designer 22 主程序窗口，如图 1-9 所示。

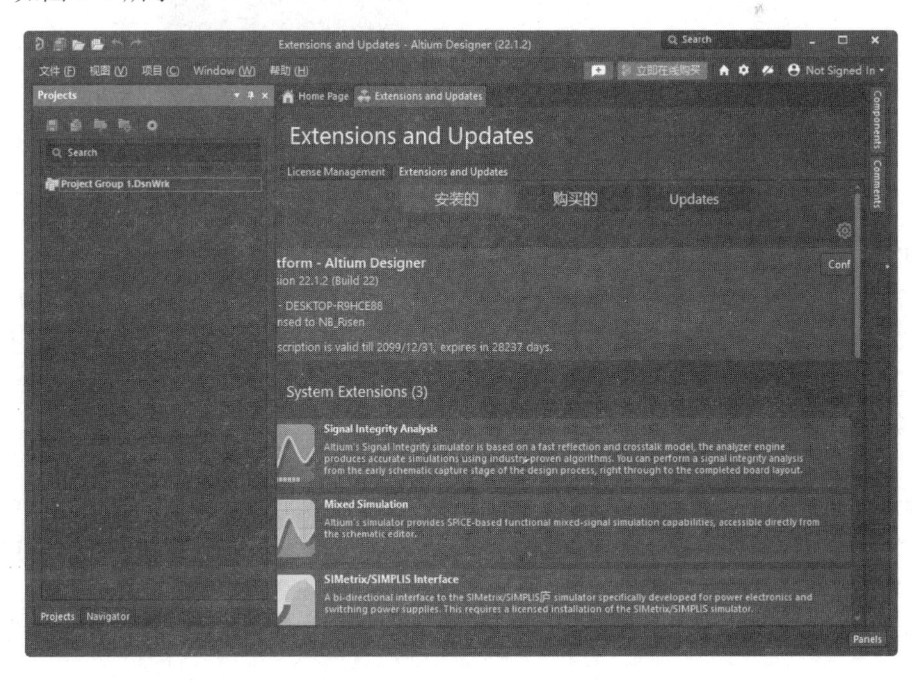

图 1-9　Altium Designer 22 主程序窗口

1.5 初识 Altium Designer 22

进入 Altium Designer 22 的主窗口后，立即就能领略到 Altium Designer 22 界面的漂亮、精致、形象和美观。不同的操作系统在安装完该软件后，首次看到的主窗口可能会有所不同，不过没关系，这些软件的操作都大同小异。通过本章的介绍，将掌握最基本的软件操作。

Altium Designer 22 的工作面板和窗口与 Protel 软件以前的版本有较大的不同，对其管理有一特别的操作方法，而且熟练地掌握工作面板和窗口管理能够极大地提高电路设计的效率。

1.5.1 工作面板管理

01 标签栏。工作面板在设计工程中十分有用，通过它可以方便地操作文件和查看信息，还可以提高编辑的效率。单击屏幕右下角的工作面板标签，如图 1-10 所示。

单击面板中的标签可以选择每个标签中相应的工作面板窗口，如单击“Panels（面板）”标签，则会出现如图 1-11 所示的面板选项。可以从弹出的选项中选择自己所需要的工作面板，也可以通过选择“视图”\“面板”中的可选项，显示相应的工作面板。

Panels

图 1-10　工作面板标签

图 1-11　System 的面板选项

02 工作面板的窗口。在 Altium Designer 22 中大量地使用工作窗口面板，可以通过工作窗口面板方便地实现打开文件、访问库文件、浏览每个设计文件和编辑对象等各种功能。工作窗口面板可以分为两类：一类是在任何编辑环境中都有的面板，如元件（Components）面板和工程（Projects）面板；另一类是在特定的编辑环境下才会出现的面板，如 PCB 编辑环境中的导航器（Navigator）面板。

面板的显示方式有三种。

❶自动隐藏方式。如图 1-12 所示，面板处于自动隐藏方式。要显示某一工作窗口面板，可以单击相应的标签，工作窗口面板会自动弹出，当光标移开该面板一定时间或者在工作区单击，面板会自动隐藏。

❷锁定显示方式。如图 1-9 所示，左侧的“Projects（工程）”面板处于锁定显示状态。

要使所移动的面板为自动隐藏方式或锁定显示方式，可以选取图标（锁定状态）和图标（自动隐藏状态），然后单击，进行相互转换。

❸浮动显示方式。如图 1-13 所示，其中的 Projects 面板处于浮动显示状态。

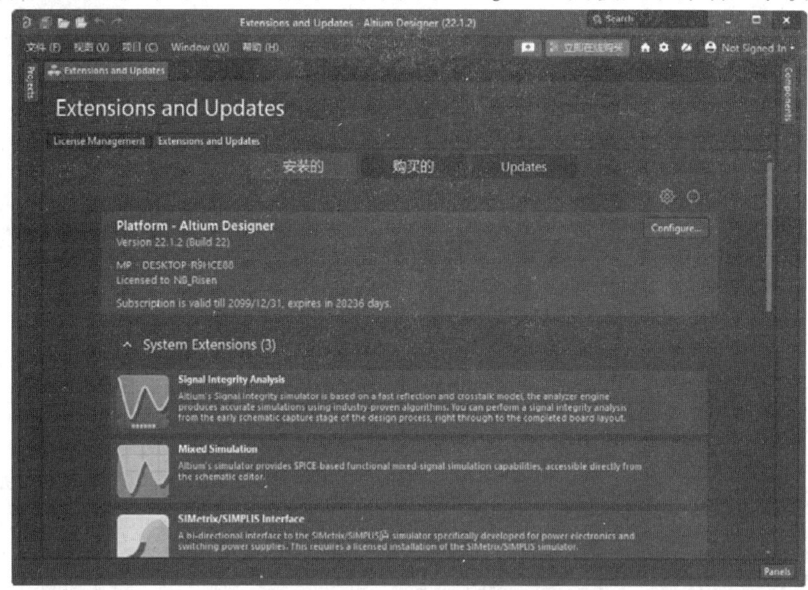

图 1-12　左侧自动隐藏

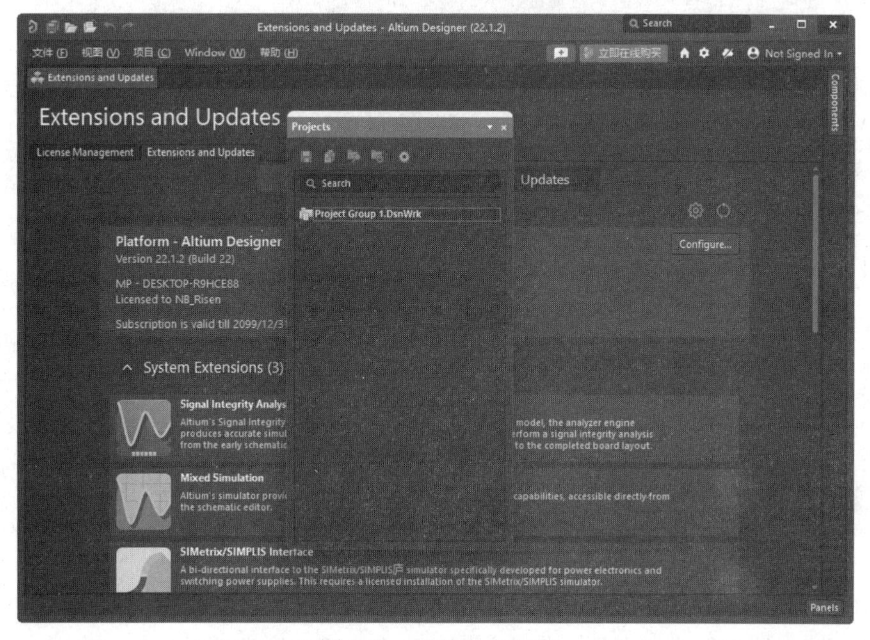

图 1-13　浮动显示方式

要使工作窗口面板由自动隐藏方式或者锁定显示方式转变到浮动显示方式，只需要将工作窗口面板向外拖动到希望的位置即可。

1.5.2　窗口的管理

在 Altium Designer 22 中同时打开多个窗口时，可以设置将这些窗口按照不同的方式显示。对窗口的管理可以通过 Windows 菜单进行，如图 1-14 所示。

对菜单中每项的操作如下：

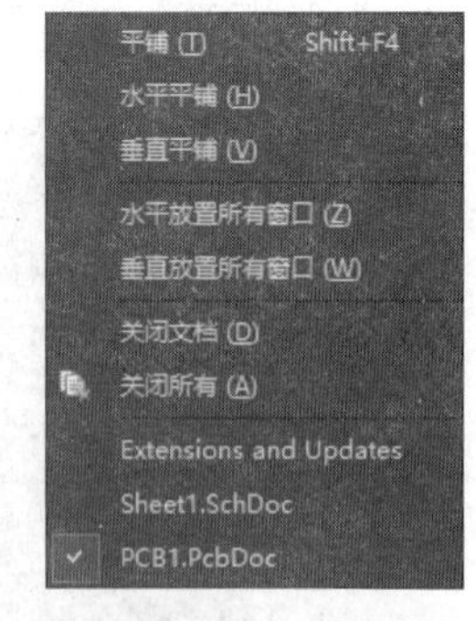

图 1-14 “窗口”菜单

❶平铺窗口。执行“Window（窗口）”\“平铺”命令，即可将当前所有打开的窗口平铺显示，如图 1-15 所示。

❷水平平铺窗口。执行“Windows（窗口）”\“水平平铺”命令，即可将当前所有打开的窗口水平平铺显示，如图 1-16 所示。

❸垂直平铺窗口。执行“Window（窗口）”\“垂直平铺”命令，即可将当前所有打开的窗口垂直平铺显示，如图 1-17 所示。

❹关闭所有窗口。选择菜单命令“Window（窗口）”\“关闭所有”，可以关闭当前所有打开的窗口，也可以选择菜单命令“Window（窗口）”\“关闭文档”关闭所有当前打开的文件。

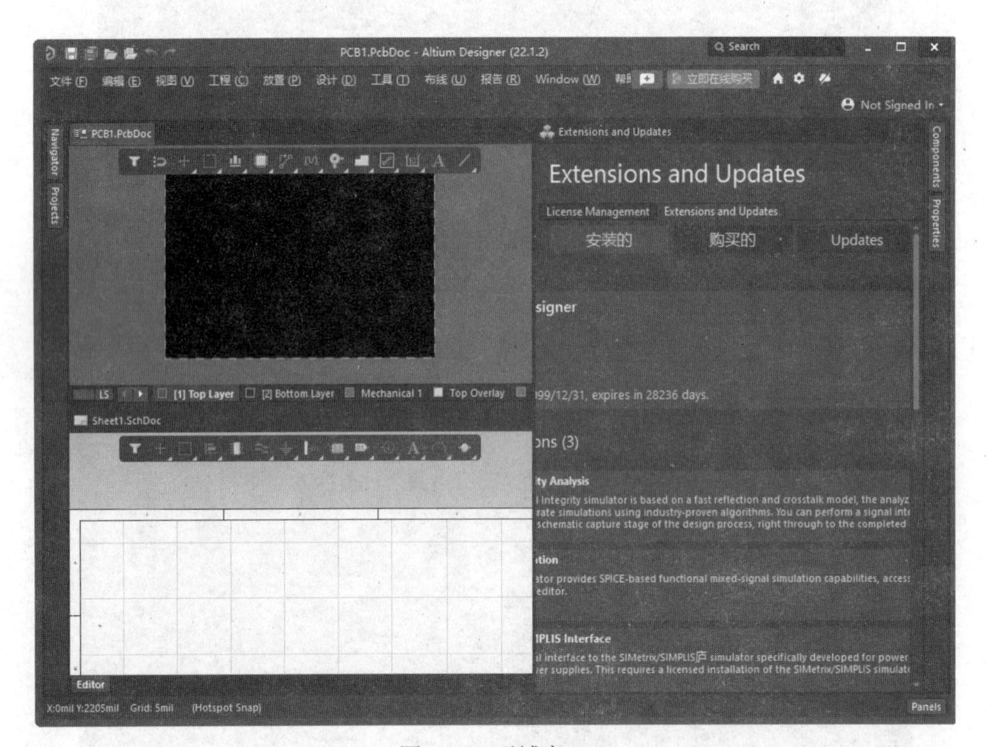

图 1-15 平铺窗口

❺窗口切换。要切换窗口，可以单击窗口的标签，也可以在“Window（窗口）”菜单中选中各个窗口的文件名来切换。此外，也可以右击工作窗口的标签栏，在弹出的菜单中对窗口进行管理。

❻合并所有窗口。右击一个窗口的标签，在弹出的菜单中选择“合并所有”命令，可以合并所有窗口，即只显示一个窗口。

❼在新的窗口打开文件。右击一个窗口的标签，在弹出的菜单中选择“在新窗口打开”命令，即可另外启动一个窗口，打开该窗口的文件。

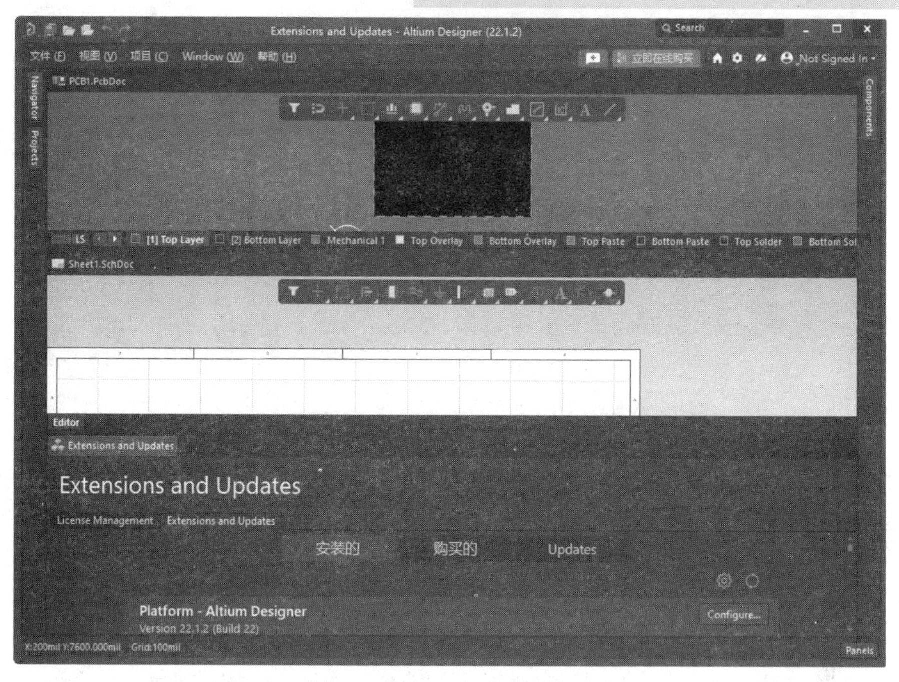

图 1-16　窗口水平平铺显示

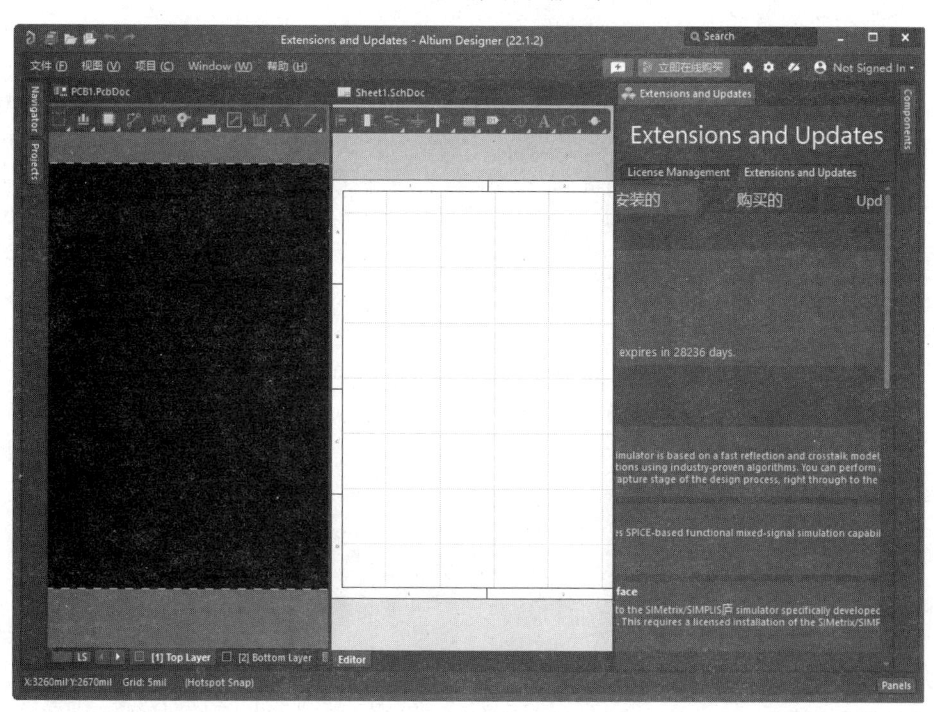

图 1-17　窗口垂直平铺显示

第 2 章

设计电路原理图

Altium Designer 22 强大的集成开发环境使得电路设计中绝大多数的工作可以迎刃而解，从构建设计原理图到复杂的 FPGA 设计；从电路仿真到多层 PCB 板的设计，Altium Designer 22 都提供了具体的一体化应用环境，使从前需要多个开发环境的电路设计变得简单。

在图纸上放置好所需要的各种元件，并且对它们的属性进行了相应的编辑之后，根据电路设计的具体要求，就可以着手将各个元件连接起来，以建立电路的实际连通性。这里所说的连接，指的是具有电气意义的连接，即电气连接。

电气连接有两种实现方式，一种是直接使用导线将各个元件连接起来，称为“物理连接”；另一种是“逻辑连接”，即不需要实际的相连操作，而是通过设置网络标签使得元器件之间具有电气连接关系。

- 电路设计的概念
- 原理图工作环境设置
- 元件的电气连接

2.1 电路设计的概念

电路设计概念就是指实现一个电子产品从设计构思、电学设计到物理结构设计的全过程。在 Altium Designer 22 中，设计电路板最基本的完整过程有以下几个步骤：

01 电路原理图的设计。电路原理图的设计主要是利用 Altium Designer 22 中的原理设计系统来绘制一张电路原理图。在这一步中，可以充分利用其所提供的各种原理图绘图工具、丰富的在线库、强大的全局编辑能力以及便利的电气规则检查，来达到设计目的。

02 电路信号的仿真。电路信号仿真是原理图设计的扩展，为用户提供一个完整的从设计到验证的仿真设计环境。它与 Altium Designer 22 原理图设计服务器协同工作，以提供一个完整的前端设计方案。

03 产生网络表及其他报表。网络表是电路板自动布线的灵魂，也是原理图设计与印制电路板设计的主要接口。网络表可以从电路原理图中获得，也可以从印制电路板中提取。其他报表则存放了原理图的各种信息。

04 印制电路板的设计。印制电路板设计是电路设计的最终目标。利用 Altium Designer 22 的强大功能实现电路板的版面设计，完成高难度的布线以及输出报表等工作。

05 信号的完整性分析。Altium Designer 22 包含一个高级信号完整性仿真器，能分析 PCB 和检查设计参数，测试过冲、下冲、阻抗和信号斜率，以便及时修改设计参数。

概括地说，整个电路板的设计过程先是编辑电路原理图，接着用电路信号仿真进行验证调整，然后进行布板，再人工布线或根据网络表进行自动布线。前面谈到的这些内容都是设计中最基本的步骤。除了这些，用户还可以用 Altium Designer 22 的其他服务器，如创建、编辑元件库和零件封装库等。

2.2 原理图图纸设置

原理图设计是电路设计的第一步，是制板、仿真等后续步骤的基础。因此，一幅原理图正确与否，直接关系到整个设计是否能够成功。另外，为了方便自己和他人读图，原理图的美观、清晰和规范也是十分重要的。

Altium Designer 22 的原理图设计大致可分为 9 个步骤，如图 2-1 所示。

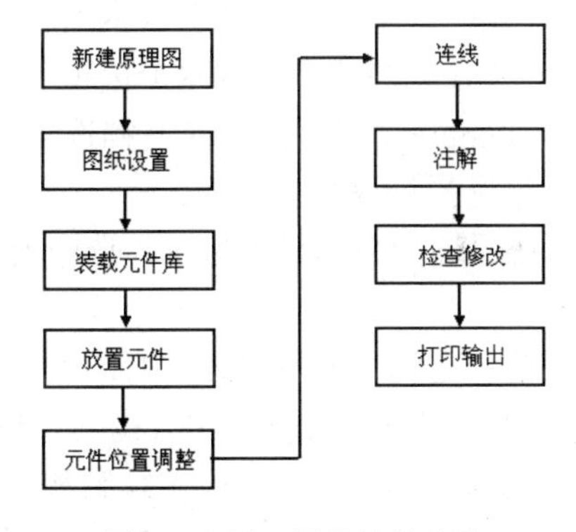

图 2-1 原理图设计的步骤

在原理图的绘制过程中，可以根据所要设计的电路图的复杂程度，先对图纸进行设置。

虽然在进入电路原理图的编辑环境时，Altium Designer 22 系统会自动给出相关的图纸默认参数，但是在大多数情况下，这些默认参数不一定适合用户的需求，尤其是图纸尺寸。用户可以根据设计对象的复杂程度来对图纸的尺寸及其他相关参数进行重新定义。

在界面右下角单击 Panels 按钮，弹出快捷菜单，选择“Properties（属性）”命令，打开“Properties（属性）”面板，并自动固定在右侧边界上，如图 2-2 所示。

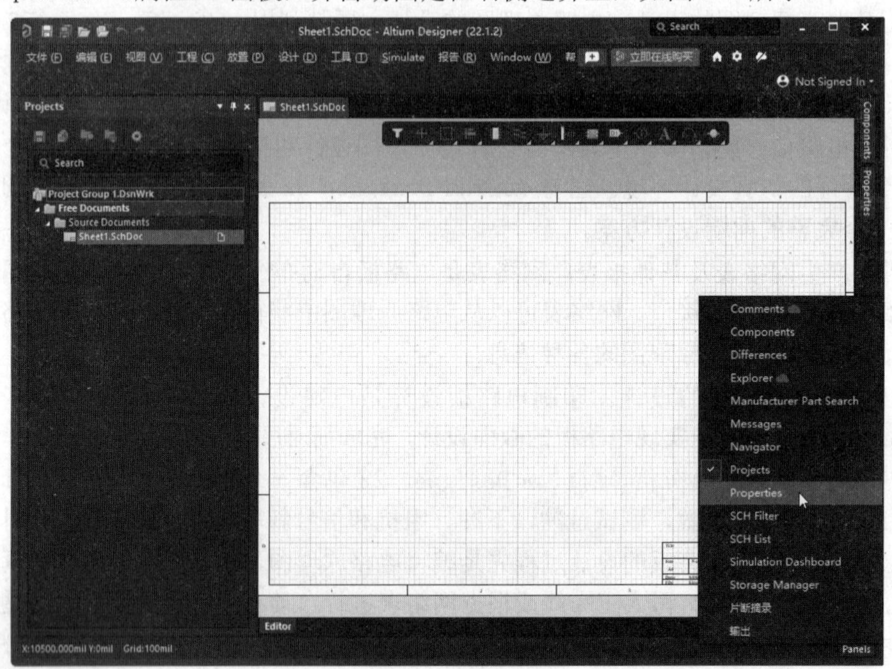

图 2-2　快捷菜单

“Properties（属性）”面板包含与当前工作区中所选择的条目相关的信息和控件。如果在当前工作空间中没有选择任何对象，从 PCB 文档访问时，面板显示电路板选项；从原理图访问时，显示文档选项；从库文档访问时，显示库选项；从多板文档访问时，显示多板选项。面板还显示当前活动的 BOM 文档（*.BomDoc）。还可以迅速即时更改通用的文档选项。在工作区中放置对象（弧形、文本字符串、线等）时，面板也会出现。在放置之前，也可以使用“Properties（属性）”面板配置对象。通过“Selection Filter”可以控制在工作空间中可以选择的和不能选择的内容。

01 “search（搜索）”功能。允许在面板中搜索所需的条目。在该选项板中，有“General（通用）”和“Parameters（参数）”这两个选项卡，如图 2-3 所示。

02 设置过滤对象。在“Document Options（文档选项）”选项组单击中的下拉按钮，弹出如图 2-4 所示的对象选择过滤器。

单击 All objects，表示在原理图中选择对象时，选中所有类别的对象，可单独选择其中的选项，也可全部选中。

在“Selection Filter（选择过滤器）”选项组中显示同样的选项。

03 设置图纸方向单位。图纸单位可通过“Units（单位）”选项组下设置，可以设置为公制（mm），也可以设置为英制（mils）。一般在绘制和显示时设为 mil。

单击菜单栏中的“视图”→“切换单位”命令，自动在两种单位间切换。

04 设置图纸尺寸。单击“Page Options（图页选项）”选项组，“Formating and Size（格

式与尺寸)”选项为图纸尺寸的设置区域。Altium Designer 22 给出了三种图纸尺寸的设置方式。

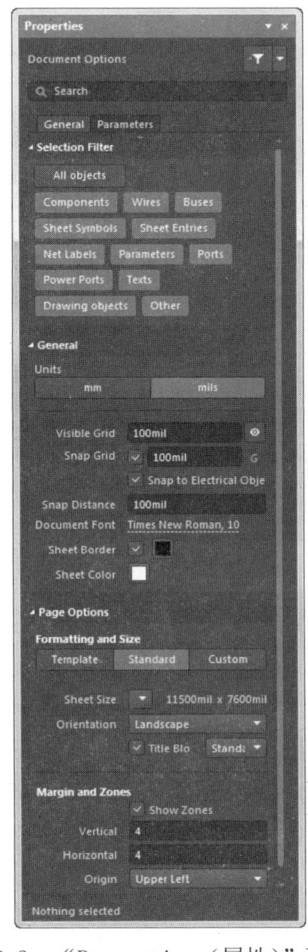

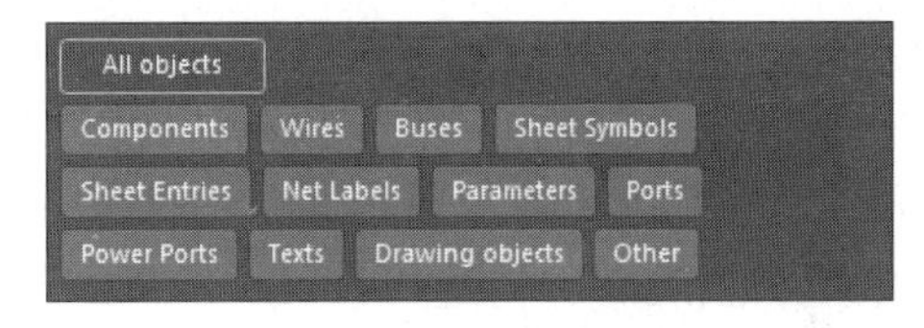

图 2-3 “Properties(属性)”面板　　　　图 2-4 对象选择过滤器

第一种是“Template(模板)”，单击“Template(模板)”下拉按钮，如图 2-5 所示。在下拉列表框中可以选择已定义好的图纸尺寸，此时弹出如图 2-6 所示的提示对话框，提示是否更新模板文件。

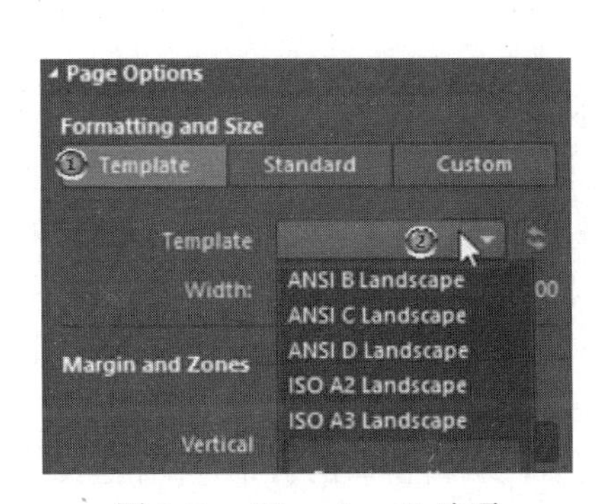

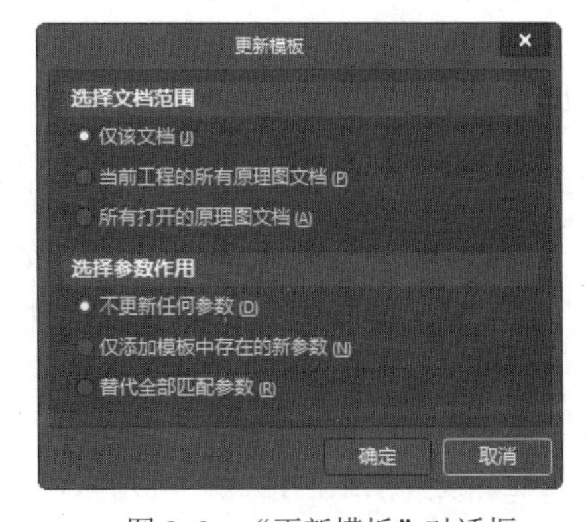

图 2-5 “Template”选项　　　　图 2-6 “更新模板”对话框

第二种是“Standard(标准风格)”，单击“Sheet Size(图纸尺寸)”右侧的按钮，在下拉列表框中可以选择已定义好的图纸标准尺寸，如图 2-7 所示。

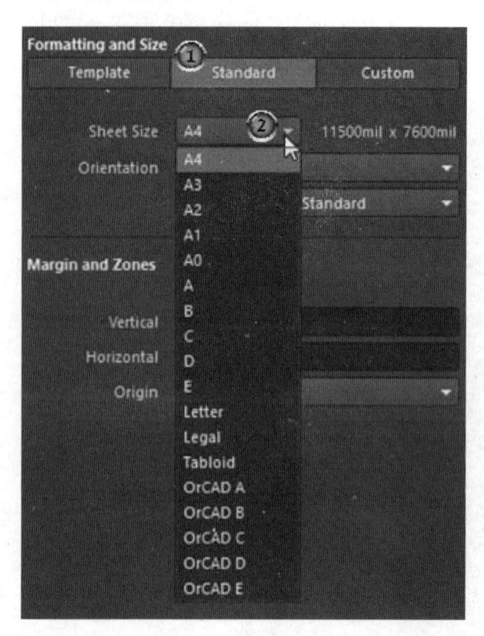

图 2-7　下拉列表

第三种是“Custum（自定义风格)”，包括“Width（定制宽度)”“Height（定制高度)”。

05 设置图纸方向。图纸方向可通过“Orientation（定位）”下拉列表框设置，可以设置为水平方向（Landscape）即横向，也可以设置为垂直方向（Portrait）即纵向。一般在绘制和显示时设为横向，在打印输出时可根据需要设为横向或纵向。

06 设置图纸标题栏。图纸标题栏（明细表）是对设计图纸的附加说明，可以在该标题栏中对图纸进行简单的描述，也可以作为以后图纸标准化时的信息。在 Altium Designer 22 中提供了两种预先定义好的标题栏格式，即 Standard（标准格式）和 ANSI（美国国家标准格式)。勾选“Title Block（标题块）”复选框，即可进行格式设计。

07 设置图纸参考说明区域。在“Margin and Zones（边界和区域)”选项组中，通过“Show Zones（显示区域)”复选框可以设置是否显示参考说明区域。

08 设置图纸边界区域。在“Margin and Zones（边界和区域)”选项组中，显示图纸边界尺寸，如图 2-8 所示。在“Vertial（垂直)”和“Horizontal（水平)”两个方向上设置边框与边界的间距。在“Origin（原点)”下拉列表中选择原点位置。在“Margin Width（边界宽度)”文本框中设置输入边界的宽度值。

09 设置图纸边框。在“Units（单位)”选项组中，通过“Sheet Border（显示边界)”复选框可以设置是否显示边框。勾选该复选框表示显示边框，否则不显示边框。

10 设置边框颜色。在“Units（单位)”选项组中，单击“Sheet Border（显示边界)”颜色显示框，然后在弹出的对话框中选择边框的颜色，如图 2-9 所示。

11 设置图纸颜色。在“Units（单位)”选项组中，单击“Sheet Color（图纸的颜色)”显示框，然后在弹出的对话框中选择图纸的颜色。

12 设置图纸网格点。进入原理图编辑环境后，编辑窗口的背景是网格型的，这种网格就是可视网格，是可以改变的。Altium Designer 22 提供了“Snap Grid（捕获)”和“Visible Grid（可见的)”两种网格，对网格进行具体设置，如图 2-10 所示。

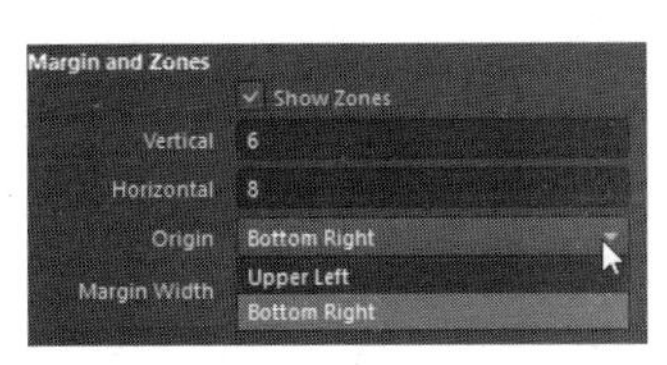

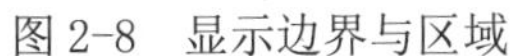
图 2-8 显示边界与区域

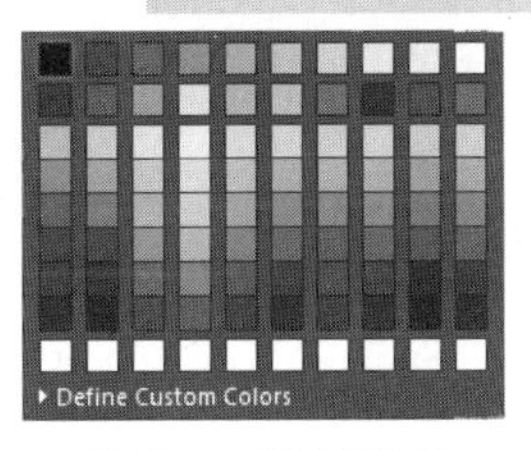

图 2-9 选择颜色

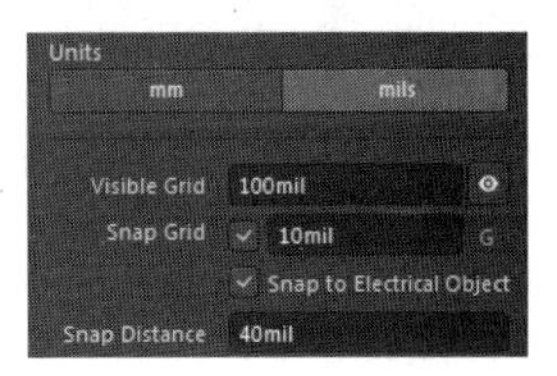

图 2-10 网格设置

单击菜单栏中的“视图”→“栅格”命令，其子菜单中有用于切换 3 种网格启用状态的命令，如图 2-11 所示。单击其中的“设置捕捉栅格”命令，系统将弹出如图 2-12 所示的“Choose a snap grid size（选择捕获网格尺寸）”对话框。在该对话框中可以输入捕获网格的参数值。

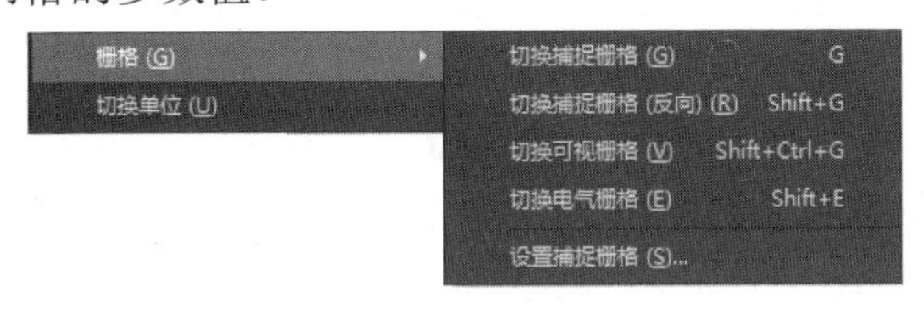

图 2-11 “栅格”命令子菜单

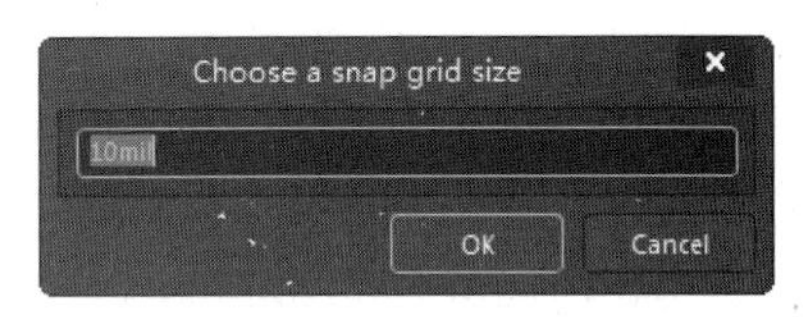

图 2-12 “Choose a snap grid size（选择捕获网格尺寸）”对话框

13 设置图纸所用字体。在“Units（单位）”选项卡中，单击“Document Font（文档字体）”选项组下的 Times New Roman, 10 按钮，系统将弹出如图 2-13 所示的对话框。在该对话框中对字体进行设置，将会改变整个原理图中的所有文字，通常字体采用默认设置即可。

14 设置图纸参数信息。图纸的参数信息记录了电路原理图的参数信息和更新记录。这项功能可以使用户更系统、更有效地对自己设计的图纸进行管理。

建议用户对此项进行设置。当设计项目中包含很多的图纸时，图纸参数信息就显得非常有用了。

在“Properties（属性）”面板中，单击“Parameters（参数）”选项卡，即可对图纸参数信息进行设置，如图 2-14 所示。

图 2-13 “字体”对话框

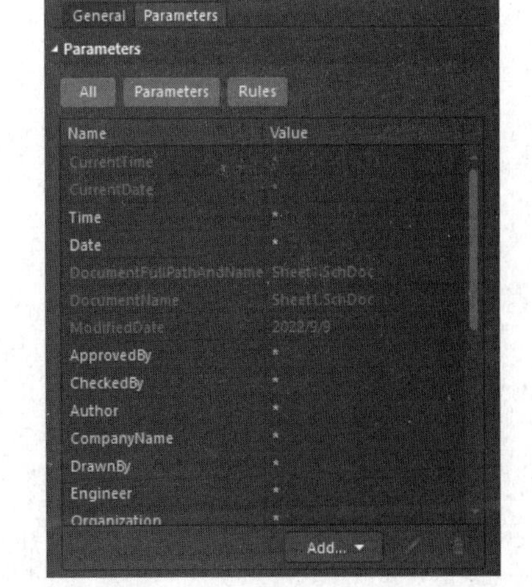

图 2-14 “Parameter（参数）”选项卡

在要填写或修改的参数上双击或选中要修改的参数后，在文本框中修改各个设定值。单击“Add（添加）”按钮，系统添加相应的参数属性。

2.3 原理图工作环境设置

在原理图的绘制过程中，其效率和正确性，往往与环境参数的设置有着密切的关系。参数设置的合理与否，直接影响到设计过程中软件的功能是否能得到充分的发挥。

在 Altium Designer 22 电路设计软件中，原理图编辑器工作环境的设置是通过原理图的“Prefernce（参数选择）”对话框来完成的。

单击菜单栏中的“工具”→“原理图优先项”命令，或在编辑窗口中右击，在弹出的右键快捷菜单中单击“原理图优先项”命令，或按快捷键<T>+<P>，或单击界面右上角“Setup system preferences”按钮，系统将弹出“优选项”对话框。

在“优选项”对话框中“Schematic（原理图）”选型下主要有 8 个标签页，即 General（常规设置）、Graphical Editing（图形编辑）、Compiler（编译器）、AutoFocus（自动获得焦点）、Library AutoZoom（库扩充方式）、Grids（网格）、Break Wire（断开连线）和 Default（默认）。下面对其中两个标签页的具体设置进行说明。

2.3.1 设置原理图的常规环境参数

电路原理图的常规环境参数设置通过“General（常规设置）”标签页来实现，如图 2-15 所示。

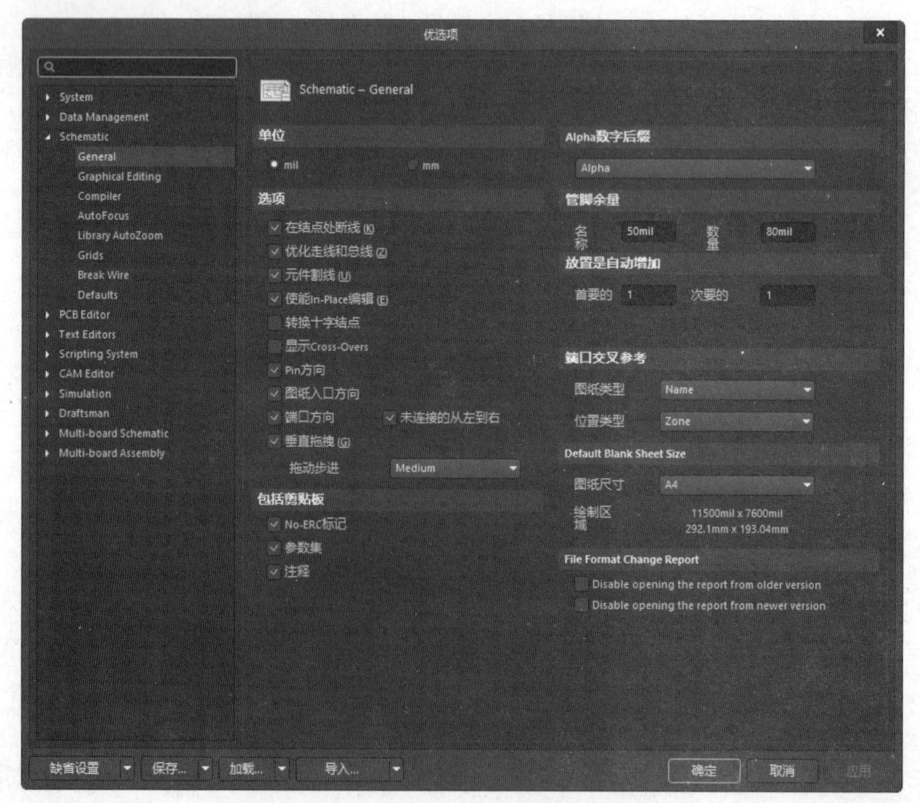

图 2-15 “General（常规设置）”标签页

01 “单位”选项组。图纸单位可通过“单位”选项组下设置，可以设置为公制（Milimeters），也可以设置为英制（Mils）。一般在绘制和显示时设为Mils。

02 “选项”选项组。

- “在节点处断线”复选框：勾选该复选框后，在两条交叉线处自动添加节点后，节点两侧的导线将被分割成两段。
- “优化走线和总线”复选框：勾选该复选框后，在进行导线和总线的连接时，系统将自动选择最优路径，并且可以避免各种电气连线和非电气连线的相互重叠。此时，下面的“元件割线”复选框也呈现可选状态。若不勾选该复选框，则用户可以自己选择连线路径。
- “元件割线”复选框：勾选该复选框后，会启动元件分割导线的功能。即当放置一个元件时，若元件的两个引脚同时落在一根导线上，则该导线将被分割成两段，两个端点分别自动与元件的两个引脚相连。
- “使能 In-Place 编辑”复选框：勾选该复选框后，在选中原理图中的文本对象时，如元件的序号、标注等，双击后可以直接进行编辑、修改，而不必打开相应的对话框。
- “转换十字结点”复选框：选中该复选框后，用户在绘制导线时，在相交的导线处自动连接并产生节点，同时终止本次操作。若没有选中该复选框，则用户可以任意覆盖已经存在的连线，并可以继续进行绘制导线的操作。
- “显示 Cross-Overs（显示交叉点）”复选框：勾选该复选框后，非电气连线的交叉点会以半圆弧显示，表示交叉跨越状态。
- “Pin 方向（管脚说明）”复选框：勾选该复选框后，单击元件某一管脚时，会自动显示该管脚的编号及输入输出特性等。
- “图纸入口方向”复选框：选中该复选框后，在顶层原理图的图纸符号中会根据子图中设置的端口属性显示输出端口、输入端口或其他性质的端口。图纸符号中相互连接的端口部分不随此项设置的改变而改变。
- “端口方向”复选框：勾选该复选框后，端口的样式会根据用户设置的端口属性显示输出端口、输入端口或其他性质的端口。
- “垂直拖拽”复选框：勾选该复选框后，在原理图上拖动元件时，与元件相连接的导线只能保持直角。若不勾选该复选框，则与元件相连接的导线可以呈现任意的角度。

03 “包括剪贴板”选项组。

- “No-ERC 标记”复选框：勾选该复选框后，在复制、剪切到剪贴板或打印时，均包含图纸的忽略 ERC 检查符号。
- “参数集”复选框：勾选该复选框后，使用剪贴板进行复制操作或打印时，包含元件的参数信息。
- “注释”复选框：勾选该复选框后，使用剪贴板进行复制操作或打印时，包含注释说明信息。

04 “Alpha 数字后缀（字母和数字后缀）”选项组。该选项组用于设置某些元件中包含多个相同子部件的标识后缀，每个子部件都具有独立的物理功能。在放置这种复合元件时，其内部的多个子部件通常采用“元件标识：扩展名”的形式来加以区别。

➢ “Alpha（字母）”单选按钮：单击该单选按钮，子部件的扩展名以字母表示，如 U：A，U：B 等。

➢ “Numeric，separated by a dot "．"（数字间用点间隔）”单选按钮：单击该单选按钮，子部件的后缀以数字表示，如 U.1，U.2 等。

➢ “Numeric，separated by a colon "；"（数字间用冒号分割）”单选按钮：单击该单选按钮，子部件的后缀以数字表示，如 U：1，U：2 等。

05 “管脚余量”选项组。

➢ “名称”文本框：用于设置元件的管脚名称与元件符号边缘之间的距离，系统默认值为 50mil。

➢ “数量”文本框：用于设置元件的管脚编号与元件符号边缘之间的距离，系统默认值为 80mil。

06 “放置是自动增加”选项组。该选项组用于设置元件标识序号及管脚号的自动增量数。

➢ “首要的”文本框：用于设定在原理图上连续放置同一种元件时，元件标识序号的自动增量数，系统默认值为 1。

➢ “次要的”文本框：用于设定创建原理图符号时，管脚号的自动增量数，系统默认值为 1。

➢ “移除前导零”文本框：勾选该复选框，元件标识序号及管脚号去掉前导零。

07 “端口交叉参考”选项组。

➢ “图纸类型”文本框：用于设置图纸中端口类型，包括“Name（名称）”“Number（数字）”。

➢ “位置类型”文本框：用于设置图纸中端口放置位置依据，系统设置包括“Zone（区域）”“Location X,Y（坐标）”。

08 “Default Blank Sheet Size（默认空白页大小）”选项组。单击“图纸尺寸”下拉列表中选择样板文件，选择后，模板文件名称将出现在“图纸尺寸”文本框中，在文本框下显示具体的尺寸大小。其中的“绘制区域”反映在“图纸尺寸”中选择的图纸尺寸的尺寸。此处不可编辑。

09 “File Format Change Report（文件格式更改报告）”选项组。

➢ “Disable opening the report from older version（禁止从旧版本打开报表）”复选框：用于设置图纸中端口类型，启用此选项，在打开旧的 Altium 设计器原理图文件格式时不创建报告。该报告提示该文档是在旧版本的软件中创建的，并提供有关打开的文档的功能的一些信息，这些功能可能会丢失或已更改。默认情况下，此选项处于禁用状态。

➢ “Disable opening the report from newer version（禁止从较新版本打开报表）”复选框：启用此选项，以便在 Altium 设计器中加载较新的原理图文件格式时不创建报告。该报告提示该文档是在较新版本的软件中创建的，并提供有关打开的文档中可能丢失或已更改的功能的一些信息。默认情况下，此选项处于禁用状态。

2.3.2 设置图形编辑环境参数

图形编辑环境的参数设置通过“Graphical Editing（图形编辑）”标签页来实现，如图 2-16 所示。该标签页主要用来设置与绘图有关的一些参数。

01 “选项”选项组。

- “剪贴板参数”复选框：勾选该复选框后，在复制或剪切选中的对象时，系统将提示确定一个参考点。建议用户勾选该复选框。
- “添加模板到剪切板”复选框：勾选该复选框后，用户在执行复制或剪切操作时，系统将会把当前文档所使用的模板一起添加到剪贴板中，所复制的原理图包含整个图纸。建议用户不勾选该复选框。
- “显示没有定义值的特殊字符串的名称”：用于设置将特殊字符串转换成相应的内容。若选定此复选项，则当在电路原理图中使用特殊字符串时，显示时会转换成实际字符。否则将保持原样。

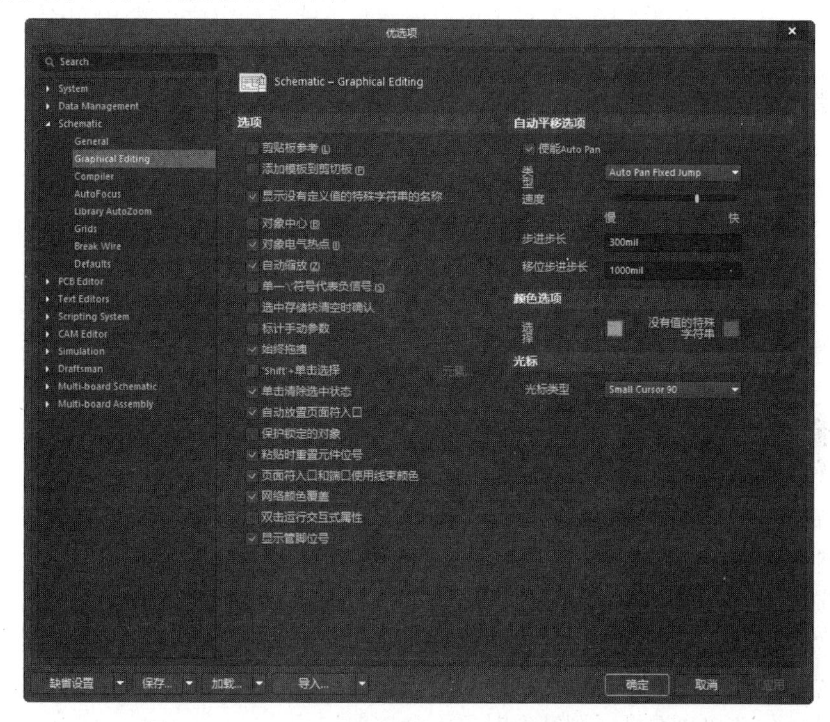

图 2-16　“Graphical Editing（图形编辑）”标签页

- “对象中心”复选框：选中该复选框后，在移动元件时，光标将自动跳到元件的参考点上（元件具有参考点时）或对象的中心处（对象不具有参考点时）。若不选中该复选框，则移动对象时光标将自动滑到元件的电气节点上。
- “对象电气热点”复选框：勾选该复选框后，当用户移动或拖动某一对象时，光标自动滑动到离对象最近的电气节点（如元件的引脚末端）处。建议用户勾选该复选框。如果想实现勾选“对象的中心”复选框后的功能，则应取消对“对象电气热点”复选框的勾选，否则移动元件时，光标仍然会自动滑到元件的电气节点处。

- “自动放缩”复选框：勾选该复选框后，在插入元件时，电路原理图可以自动地实现缩放，调整出最佳的视图比例。建议用户勾选该复选框。
- “单一'\'符号代表负信号”复选框：一般在电路设计中，习惯在引脚的说明文字顶部加一条横线表示该引脚低电平有效，在网络标签上也采用此种标识方法。Altium Designer 22 允许用户使用“\”为文字顶部加一条横线。例如，RESET 低有效，可以采用“\R\E\S\E\T”的方式为该字符串顶部加一条横线。勾选该复选框后，只要在网络标签名称的第一个字符前加一个“\”，则该网络标签名将全部被加上横线。
- “选中存储块清空时确认”复选框：勾选该复选框后，在清除选定的存储器时，将出现一个确认对话框。通过这项功能的设定可以防止由于疏忽而清除选定的存储器。建议用户勾选该复选框。
- “标计手动参数”复选框：用于设置是否显示参数自动定位被取消的标记点。勾选该复选框后，如果对象的某个参数已取消了自动定位属性，那么在该参数的旁边会出现一个点状标记，提示用户该参数不能自动定位，需手动定位，即应该与该参数所属的对象一起移动或旋转。
- “始终拖拽”复选框：勾选该复选框后，移动某一选中的图元时，与其相连的导线也随之被拖动，以保持连接关系。若不勾选该复选框，则移动图元时，与其相连的导线不会被拖动。
- “‘Shift’+单击选择”复选框：勾选该复选框后，只有在按下<Shift>键时，单击才能选中图元。此时，右侧的“Primitives（原始的）”按钮被激活。单击“元素”按钮，弹出如图 2-17 所示的“Must Hold Shift To Select（必须按住<Shift>键选择）”对话框，可以设置哪些图元只有在按下<Shift>键时，单击才能选择。使用这项功能会使原理图的编辑很不方便，建议用户不必勾选该复选框，直接单击选择图元即可。
- “单击清除选中状态”复选框：勾选该复选框后，通过单击原理图编辑窗口中的任意位置，就可以解除对某一对象的选中状态，不需要再使用菜单命令或者“原理图标准”工具栏中的（取消选择所有打开的当前文件）按钮。建议用户勾选该复选框。
- “自动放置页面符入口”复选框：勾选该复选框后，系统会自动放置图纸入口。
- “保护锁定的对象”复选框：勾选该复选框后，系统会对锁定的图元进行保护。若不勾选该复选框，则锁定对象不会被保护。
- “粘贴时重置元件位号”复选框：勾选该复选框后，将复制粘贴后的元件标号进行重置。
- “页面符入口和端口使用线束颜色”复选框：勾选该复选框后，将原理图中的图纸入口与电路按端口颜色设置为线束颜色
- “网络颜色覆盖”复选框：勾选该复选框后，原理图中的网络显示对应的颜色。
- “双击运行交互式属性”复选框：勾选该复选框，可在使用双击编辑置入对象时，打开“属性”面板。
- “显示管脚位号”复选框：勾选该复选框，显示管脚指示符。

02 “自动平移选项”选项组。该选项组主要用于设置系统的自动摇镜功能，即当光标在原理图上移动时，系统会自动移动原理图，以保证光标指向的位置进入可视区域。

- “类型”下拉列表框：用于设置系统自动摇镜的模式。有两个选项可以供用户选择，即 Auto Pan Fixed Jump（按照固定步长自动移动原理图）和 Auto Pan Recenter（移动原理图时，以光标最近位置作为显示中心）。系统默认为 Auto Pan Fixed Jump（按照固定步长自动移动原理图）。
- “速度”滑块：通过拖动滑块，可以设定原理图移动的速度。滑块越向右，速度越快。
- “步进步长”文本框：用于设置原理图每次移动时的步长。系统默认值为 30，即每次移动 30 个像素点。数值越大，图纸移动越快。
- “移位步进步长”文本框：用于设置在按住<Shift>键的情况下，原理图自动移动的步长。该文本框的值一般要大于“Step Size（移动步长）”文本框中的值，这样在按住<Shift>键时可以加快图纸的移动速度。系统默认值为 100。

03 “颜色选项”选项组。该选项组用于设置所选中对象的颜色。单击“选择”颜色显示框，系统将弹出如图 2-18 所示的“选择颜色”对话框，在该对话框中可以设置选中对象的颜色。

图 2-17 “必须按住 Shift 选择”对话框

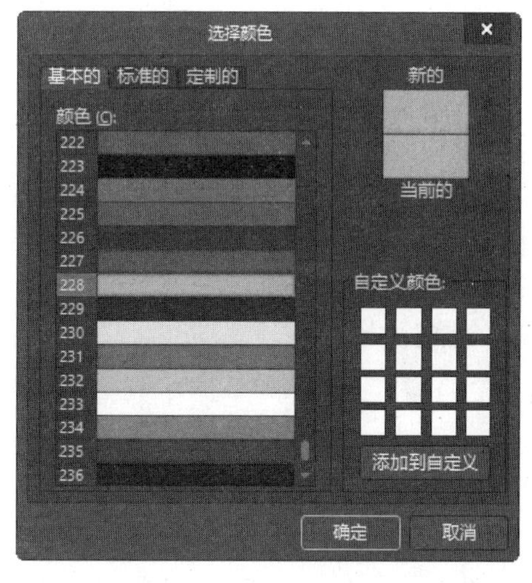

图 2-18 “选择颜色”对话框

04 “光标”选项组。该选项组主要用于设置光标的类型。在“指针类型”下拉列表框中，包含“Large Cursor 90（长十字形光标）”“Small Cursor 90（短十字形光标）”“Small Cursor 45（短 45° 交叉光标）”“Tiny Cursor 45（小 45° 交叉光标）”4 种光标类型。系统默认为“Small Cursor 90（短十字形光标）”类型。

其他参数的设置读者可以参照帮助文档，这里不再赘述。

2.4 元件的电气连接

元器件之间电气连接的主要方式是通过导线来连接。导线是电路原理图中最重要也是用得最多的图元，它具有电气连接的意义，不同于一般的绘图工具，绘图工具没有电气连接的意义。

2.4.1 用导线连接元件

导线是电气连接中最基本的组成单位，放置导线的操作步骤如下：

01 单击菜单栏中的“放置”→“线”命令，或单击“布线”工具栏中的（放置线）按钮，或单击常用工具栏中的（放置线）按钮，或按快捷键<P>+<W>，此时光标变成十字形状并附加一个交叉符号。

02 将光标移动到想要完成电气连接的元件的引脚上，单击放置导线的起点。由于启用了自动捕捉电气节点（electrical snap）的功能，因此，电气连接很容易完成。出现红色的符号表示电气连接成功。移动光标，多次单击可以确定多个固定点，最后放置导线的终点，完成两个元件之间的电气连接。此时光标仍处于放置导线的状态，重复上述操作可以继续放置其他的导线。

03 导线的拐弯模式。如果要连接的两个引脚不在同一水平线或同一垂直线上，则在放置导线的过程中需要单击确定导线的拐弯位置，并且可以通过按<Shift>+<Space>键来切换导线的拐弯模式。有直角、45°角和任意角度 3 种拐弯模式，如图 2-19 所示。导线放置完毕，右击或按<Esc>键即可退出该操作。

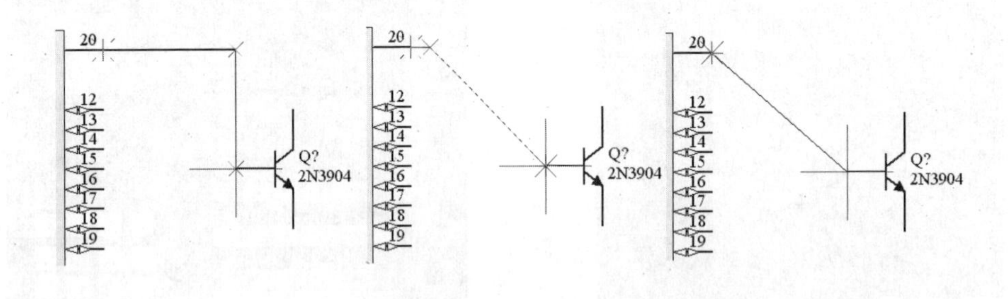

图 2-19　导线的拐弯模式

04 设置导线的属性。任何一个建立起来的电气连接都被称为一个网络，每个网络都有自己唯一的名称。系统为每一个网络设置默认的名称，用户也可以自行设置。原理图完成并编译结束后，在导航栏中即可看到各种网络的名称。在放置导线的过程中，用户可以对导线的属性进行设置。在光标处于放置导线的状态时按<Tab>键，弹出如图 2-20 所示的“Properties（属性）”面板，也可以双击导线，此时弹出“Wire（导线）”对话框，如图 2-21 所示，在该面板或者对话框中可以对导线的颜色、线宽参数进行设置。

其中部分选项的说明如下：

- 颜色设置：单击该颜色显示框，系统将弹出如图 2-22 所示的颜色下拉对话框。在该对话框中可以选择并设置需要的导线颜色。系统默认为深蓝色。
- Width（线宽）：在该下拉列表框中有 Smallest（最小）、Small（小）、Medium（中等）和 Large（大）4 个选项可供用户选择。系统默认为 Small（小）。在实际中应该参照与其相连的元件引脚线的宽度进行选择。

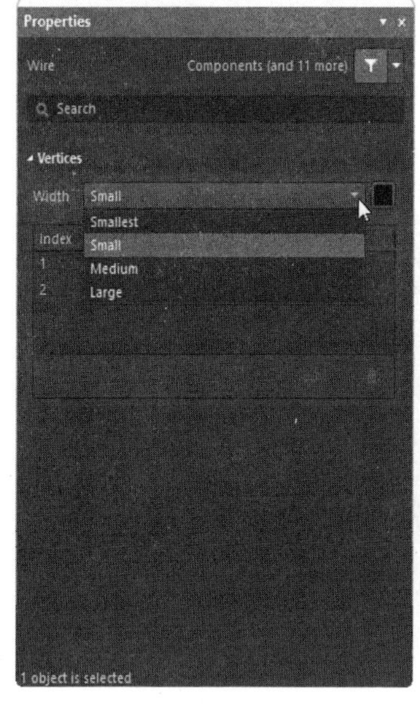

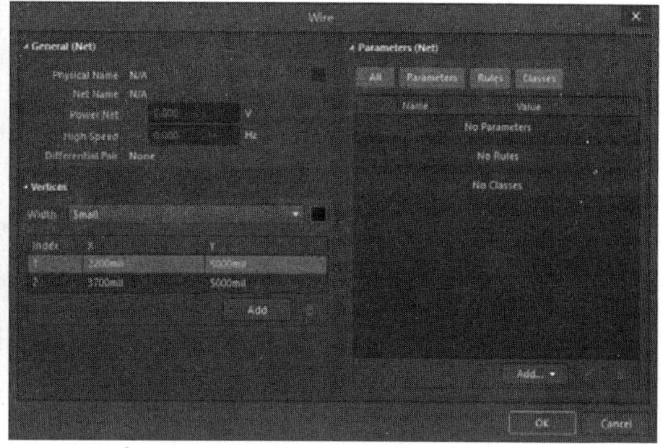

图 2-20　“Properties（属性）”面板　　　　图 2-21　“Wire（导线）”对话框

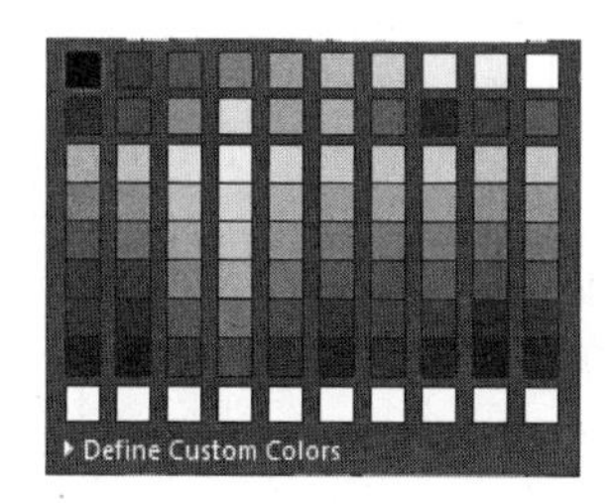

图 2-22　选择颜色

2.4.2　总线的绘制

总线是一组具有相同性质的并行信号线的组合，如数据总线、地址总线、控制总线等的组合。在大规模的原理图设计，尤其是数字电路的设计中，如果只用导线来完成各元件之间的电气连接，那么整个原理图的连线就会显得杂乱而繁琐。而总线的运用可以大大简化原理图的连线操作，使原理图更加整洁、美观。

原理图编辑环境下的总线没有任何实质的电气连接意义，仅仅是为了绘图和读图方便而采取的一种简化连线的表现形式。

总线的放置与导线的放置基本相同，其操作步骤如下：

01 单击菜单栏中的“放置”→“总线”命令，或单击“布线”工具栏中的▦（放置总线）按钮，或按快捷键<P>+<B>，此时光标变成十字形状。

02 将光标移动到想要放置总线的起点位置，单击确定总线的起点。然后拖动光标，单击确定多个固定点，最后确定终点，如图 2-23 所示。总线的放置不必与元件的引脚相连，它只是为了方便接下来对总线分支线的绘制而设定的。

03 设置总线的属性。双击总线，弹出如图 2-24 所示的“Bus（总线）”对话框，在该对话框中可以对总线的属性进行设置。

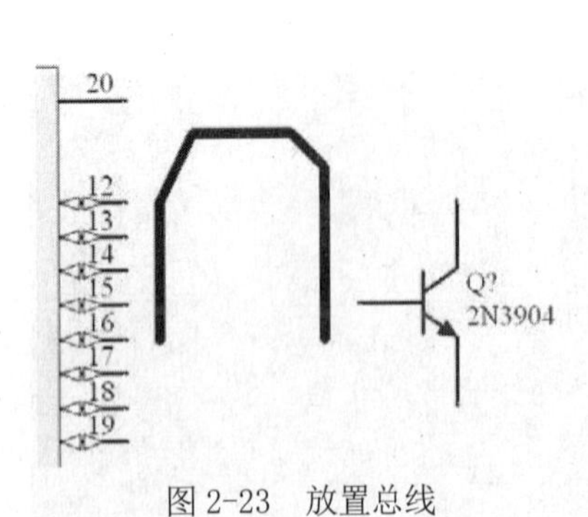

图 2-23　放置总线

图 2-24　“Bus（总线）”对话框

2.4.3　绘制总线分支线

总线分支线是单一导线与总线的连接线。使用总线分支线把总线和具有电气特性的导线连接起来，可以使电路原理图更为美观、清晰且具有专业水准。与总线一样，总线分支线也不具有任何电气连接的意义，而且它的存在并不是必须的，即便不通过总线分支线，直接把导线与总线连接也是正确的。

放置总线入口的操作步骤如下：

01 单击菜单栏中的“放置”→“总线入口”命令，或单击“布线”工具栏中的（放置总线入口）按钮，或按快捷键<P>+<U>，此时光标变成十字形状。

02 在导线与总线之间单击，即可放置一段总线入口分支线。同时在该命令状态下，按<Space>键可以调整总线入口分支线的方向，如图 2-25 所示。

03 设置总线入口的属性。双击总线入口，弹出如图 2-26 所示的“Bus Entry（总线入口）”对话框，在该对话框中可以对总线分支线的属性进行设置。

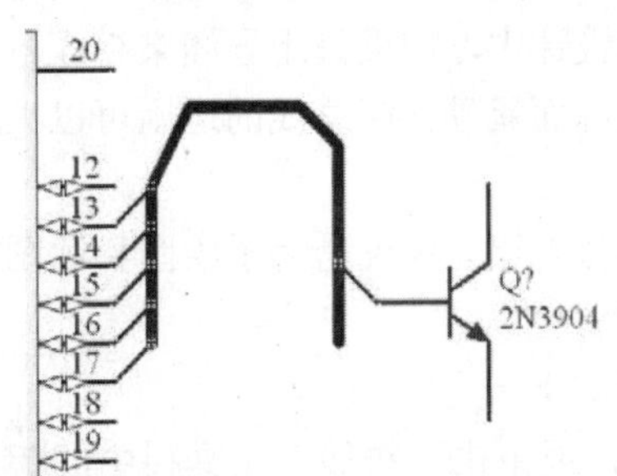

图 2-25　调整总线入口分支线的方向

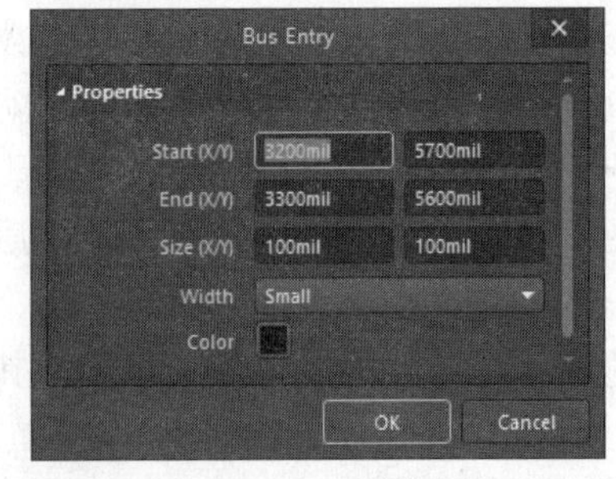

图 2-26　“Bus Entry（总线入口）”对话框

其中各选项的说明如下：

- “Start(X/Y)”：用于设置总线入口顶端的坐标位置。
- “End(X/Y)”：用于设置总线入口底端的坐标位置。
- “Size(X/Y)”：用于设置总线入口竖直水平方向的尺寸，即坐标位置。
- “Color（颜色）”：用于设置总线入口颜色。

➢ “Width（宽度）”：用于设置总线入口线宽度。

2.4.4 放置电源符号

电源和接地符号是电路原理图中必不可少的组成部分。放置电源和接地符号的操作步骤如下：

01 单击菜单栏中的“放置”→“电源端口”命令，或单击“布线”工具栏中的（GND 端口）或（VCC 电源端口）按钮，或按快捷键<P>+<O>，此时光标变成十字形状，并带有一个电源或接地符号。

02 移动光标到需要放置电源或接地符号的地方，单击即可完成放置。此时光标仍处于放置电源或接地的状态，重复操作即可放置其他的电源或接地符号。

03 设置电源和接地符号的属性。双击电源和接地符号，弹出如图 2-27 所示的“Power Port（电源端口）”对话框，在该对话框中可以对电源或接地符号的颜色、风格、位置、旋转角度等属性进行设置。

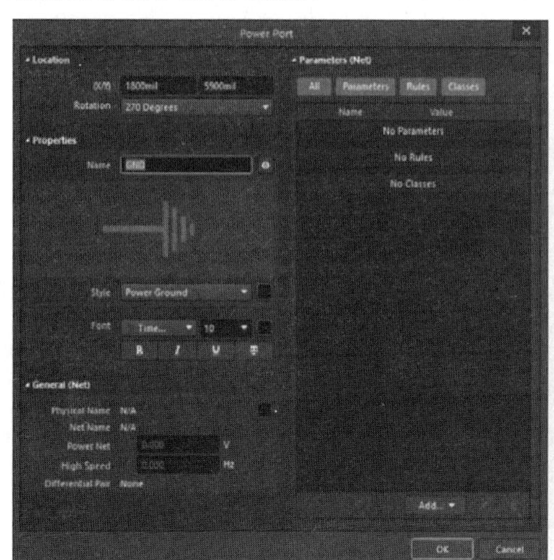
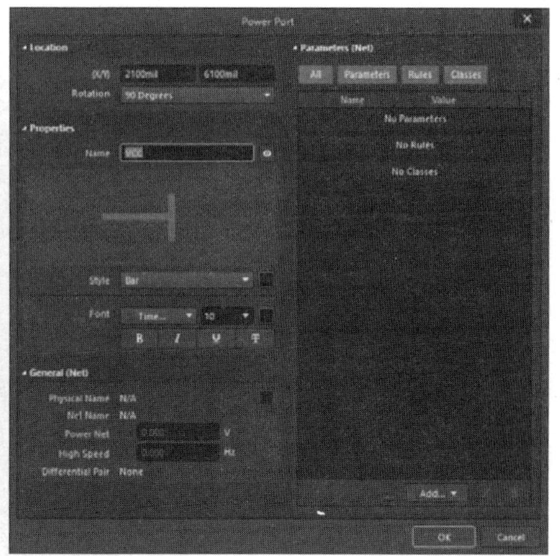

图 2-27 “Power Port（电源端口）”对话框

其中部分选项的说明如下：

➢ Rotation（旋转）：用于设置端口放置的角度，有 0 Degrees、90 Degrees、180 Degrees、270 Degrees 4 种选择。
➢ Name（电源名称）：用于设置电源与接地端口的名称。
➢ Style（风格）：用于设置端口的电气类型，包括 11 种类型，如图 2-28 所示。

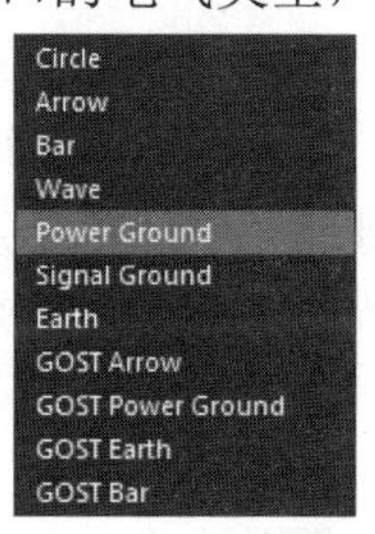

图 2-28 端口的电气类型

➢ Font（字体）：用于设置端口名称的字体类型、字体大小、字体颜色，同时设置字体添加加粗、斜体、下划线、横线等效果。

2.4.5 放置网络标签

在原理图的绘制过程中，元件之间的电气连接除了使用导线外，还可以通过设置网络标签的方法来实现。

放置网络标签的操作步骤如下：

❶单击菜单栏中的“放置”→“网络标签”命令，或单击“布线”工具栏中的（放置网络标签）按钮，或按快捷键<P>+<N>，此时光标变成十字形状，并带有一个初始标号“Net Label1”。

❷移动光标到需要放置网络标签的导线上，当出现红色交叉标志时，单击即可完成放置。此时光标仍处于放置网络标签的状态，重复操作即可放置其他的网络标签。右击或者按<Esc>键即可退出操作。

❸设置网络标签的属性。双击网络标签，弹出如图 2-29 所示的“Net Label（网络标签）”对话框，在该对话框中可以对网络标签的颜色、位置、旋转角度、名称及字体等属性进行设置。

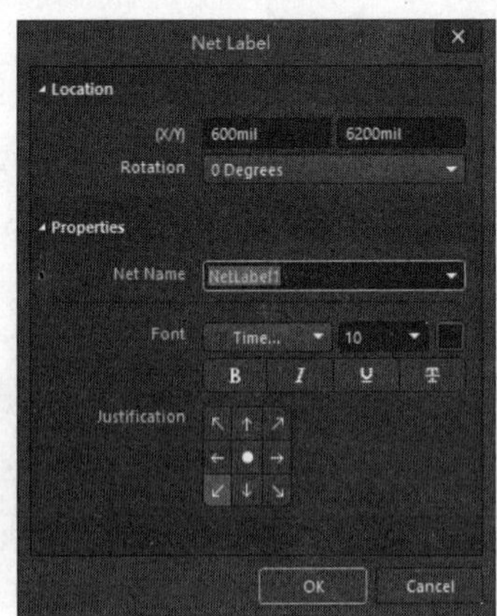

图 2-29 “Net Label（网络标签）”对话框

其中部分选项的说明如下：

➢ Justification（齐行）：用于设置端口外观排列，包括 8 种方位选择。

2.4.6 放置输入/输出端口

在设计原理图时，两点之间的电气连接，可以直接使用导线连接，也可以通过设置相同的网络标签来完成。还有一种方法，就是使用电路的输入/输出端口。相同名称的输入/输出端口在电气关系上是连接在一起的。一般情况下，在一张图纸中是不使用端口连接的，但在层次电路原理图的绘制过程中经常用到这种电气连接方式。放置输入/输出端口的操作步骤如下：

01 单击菜单栏中的“放置”→“端口”命令，或单击“布线”工具栏中的（放置端口）按钮，或单击快捷工具栏中的（放置端口）按钮，或按快捷键<P>+<R>，此时光标变成十字形状，并带有一个输入/输出端口符号。

02 移动光标到需要放置输入/输出端口的元件管脚末端或导线上，当出现红色交叉标志时，单击确定端口一端的位置。然后拖动光标使端口的大小合适，再次单击确定端口另一端的位置，即可完成输入/输出端口的一次放置。此时光标仍处于放置输入/输出端口的状态，重复操作即可放置其他的输入输出端口。

03 设置输入/输出端口的属性。在放置输入/输出端口的过程中，用户可以对输入/输出端口的属性进行设置。双击输入、输出端口，弹出如图 2-30 所示的“Port（端口）”对话框，在该对话框中可以对输入/输出端口的属性进行设置。

其中部分选项的说明如下：

- Name（名称）：用于设置端口名称。这是端口最重要的属性之一，具有相同名称的端口在电气上是连通的。
- I/O Type（输入/输出端口的类型）：用于设置端口的电气特性，对后面的电气规则检查提供一定的依据。有 Unspecified（未指明或不确定）、Output（输出）、Input（输入）和 Bidirectional（双向型）4 种类型。
- Harness Type（线束类型）：设置线束的类型。
- Border（边界）：用于设置端口边界的线宽、颜色。
- Fill（填充颜色）：用于设置端口内填充颜色。

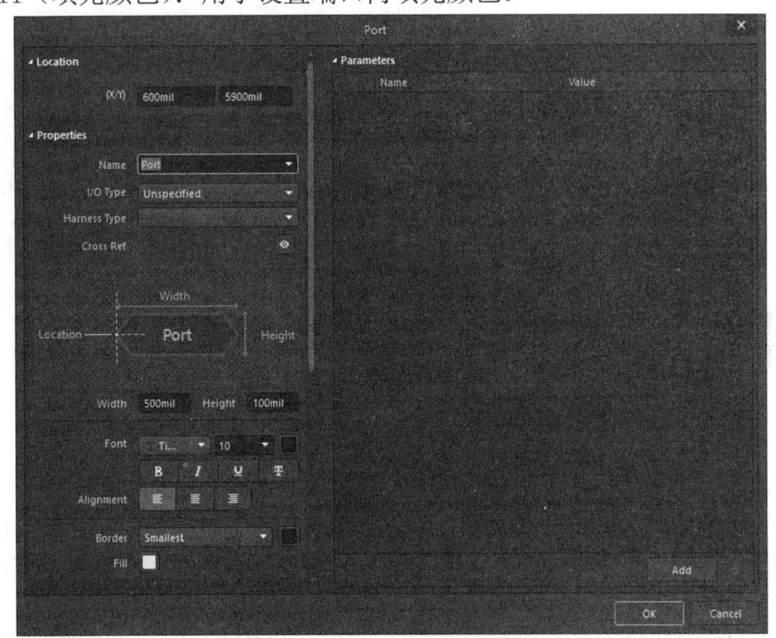

图 2-30 “Port（端口）”对话框

2.4.7 放置离图连接器

在原理图编辑环境下，离图连接器的作用其实跟网络标签是一样的，不同的是，网络标签用在了同一张原理图中，而离图连接器用在同一工程文件下，不同的原理图中。放置离图连接器的操作步骤如下。

01 选择菜单栏中的“放置”→“离图连接器”命令，此时光标变成十字形状，并带有一个离页连接符符号，如图 2-31 所示。

02 移动光标到需要放置离图连接器的元件管脚末端或导线上，当出现红色交叉标志时，单击确定离图连接器的位置，即可完成离图连接器的一次放置。此时光标仍处于放置离图连接器的状态，重复操作即可放置其他的离图连接器。

03 设置离图连接器属性。双击离图连接器，弹出如图 2-32 所示“Off Sheet Connector（离图连接器）”对话框。

其中部分选项的说明如下：

- Rotation（旋转）：用于设置离图连接器放置的角度，有 0 Degrees、90 Degrees、180 Degrees、270 Degrees 4 种选择。
- Net Name（网络名称）：用于设置离图连接器的名称。这是离页连接符最重要的属性之一，具有相同名称的网络在电气上是连通的。
- “颜色块”：用于设置离图连接器颜色。
- “Style（类型）”：用于设置外观风格，包括 Left（左）、Right（右）这两种选择。

图 2-31 离图连接器符号　　图 2-32 “Off Sheet Connector（离图连接器）”对话框

2.4.8 放置通用 No ERC 标号

在电路设计过程中，系统进行电气规则检查（ERC）时，有时会产生一些不希望产生的错误报告。例如，由于电路设计的需要，一些元件的个别输入引脚有可能被悬空，但在系统默认情况下，所有的输入引脚都必须进行连接，这样在 ERC 检查时，系统会认为悬空的输入引脚使用错误，并在引脚处放置一个错误标记。

为了避免用户为检查这种“错误”而浪费时间，可以使用忽略 ERC 测试符号，让系统忽略对此处的 ERC 测试，不再产生错误报告。放置忽略 ERC 测试点的操作步骤如下：

01 单击菜单栏中的“放置”→“指示”→“通用 No ERC 标号”命令，或单击“布线”工具栏中的“放置通用 No ERC 标号”按钮，或按快捷键<P>+<V>+<N>，此时光标变成十字形状，并带有一个红色的交叉符号。

02 移动光标到需要放置通用 No ERC 标号的位置处，单击即可完成放置。此时光标仍处于放置通用 No ERC 标号的状态，重复操作即可放置其他的通用 No ERC 标号。右击或按<Esc>键即可退出操作。

03 设置通用 No ERC 标号的属性。双击通用 No ERC 标号，弹出如图 2-33 所示的“No

ERC（通用 No ERC 标号）”对话框。在该对话框中可以对通用 No ERC 标号的颜色及位置属性进行设置。

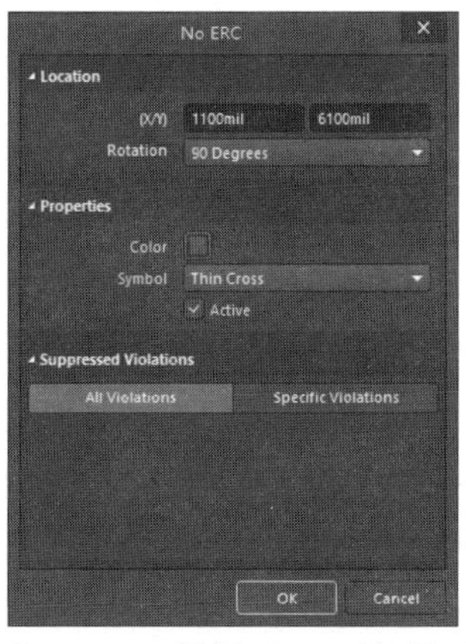

图 2-33 “No ERC（通用 No ERC 标号）”对话框

2.4.9 放置 PCB 布线指示

用户绘制原理图的时候，可以在电路的某些位置放置 PCB 布线指示，以便预先规划和指定该处的 PCB 布线规则，包括铜箔的宽度、布线的策略、布线优先级及布线板层等。这样，在由原理图创建 PCB 的过程中，系统就会自动引入这些特殊的设计规则。放置 PCB 布线指示的步骤如下：

01 单击菜单栏中的“放置”→“指示”→“参数设置”命令，或按快捷键<P>+<V>+<M>，此时光标变成十字形状，并带有一个 PCB 布线指示符号。

02 移动光标到需要放置 PCB 布线指示的位置处，单击即可完成放置，如图 2-34 所示。此时光标仍处于放置 PCB 布线指示的状态，重复操作即可放置其他的 PCB 布线指示符号。右击或者按<Esc>键即可退出操作。

03 设置 PCB 布线指示的属性。双击 PCB 布线指示符号，弹出如图 2-35 所示的“Parameter Set（参数设置）”对话框。在该对话框中可以对 PCB 布线指示符号的位置、旋转角度及布线规则等属性进行设置。

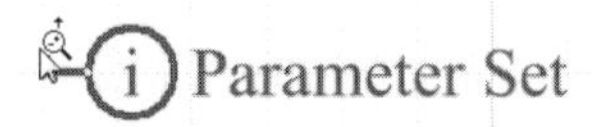

图 2-34 放置 PCB 布线指示

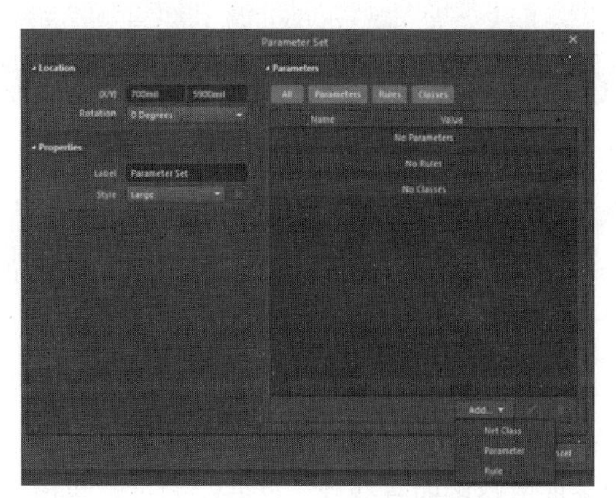

图 2-35 “Parameter Set（参数设置）”对话框

➢ “(X/Y)（位置 X 轴、Y 轴）”文本框：用于设定 PCB 布线指示符号在原理图上的

X 轴和 Y 轴坐标。

- “Rotation（定位）”文本框：用于设定 PCB 布线指示符号在原理图上的放置方向。有“0 Degrees”（0° ）、“90 Degrees”（90° ）、“180 Degrees”（180° ）和“270 Degrees”（270° ）4 个选项。
- “Label（名称）”文本框：用于输入 PCB 布线指示符号的名称。
- “Style（类型）”文本框：用于设定 PCB 布线指示符号在原理图上的类型，包括“Large（大的）”、“Tiny（极小的）”。

Parameters（参数）：该窗口中列出了该 PCB 布线指示的相关参数，若需要添加参数，单击“Add（添加）”按钮，从下拉菜单中选择需要的选项即可。在此处选择“Net Class（网络类）”或“Parameter（参数）”选项，可直接设置参数。如果选择 Rule（规则）选项，系统将弹出如图 2-36 所示的“选择设计规则类型”对话框，在该对话框中列出了 PCB 布线时用到的所有类型的规则供用户选择。

例如，选中了“Width Constraint（导线宽度约束规则）”选项，单击“确定”按钮后，则弹出相应的导线宽度设置对话框，如图 2-37 所示。该对话框分为两部分，上面是图形显示部分，下面是列表显示部分，均可用于设置导线的宽度。

属性设置完毕后，单击“确定”按钮，即可关闭该对话框。

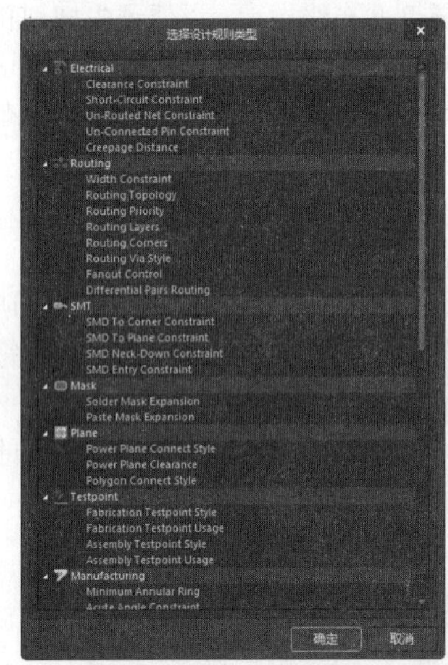

图 2-36 “选择设计规则类型”对话框

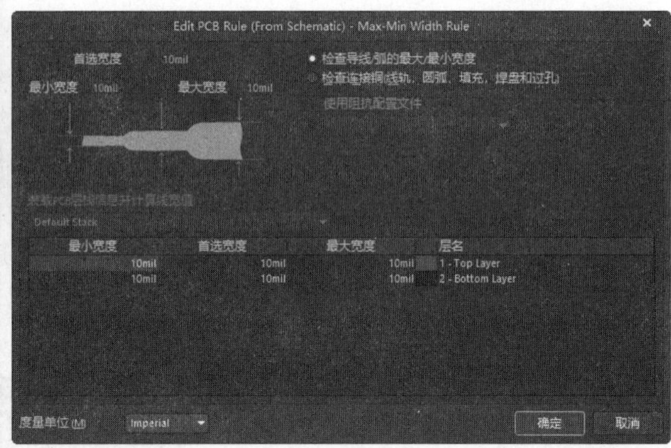

图 2-37 设置导线宽度

2.5 线束

线束载有多个信号，并可含有总线和电线。这些线束经过分组，统称为单一实体。这种多信号连接即称为 Signal Harness。

Altium Designer 6.8 引进一种叫做 Signal Harnesses 的新方法来建立元件之间的连接和降低电路图的复杂性。该方法通过汇集所有信号的逻辑组对电线和总线连接性进行了扩展，大大简化了电气配线路径和电路图设计的构架，并提高了可读性。

通过 Signal Harnesses，也就是线束连接器，创建和操作子电路之间更高抽象级别，用更简单的图展现更复杂的设计。

线束连接器产品应用于汽车,家电,仪器仪表,办公设备,商用机器,电子部品引线.电子控制板，应用于数码产品、家用电器、汽车工业。随着汽车功能的增加，电子控制技术的普遍应用，电气件越来越多，电线也会越来越多。

2.5.1　线束连接器

线束连接器是端子的一种，连接器又称插接器，由插头和插座组成。连接器是汽车电路中线束的中继站。线束与线束、线束与电器部件之间的连接一般采用连接器，汽车线束连接器是连接汽车各个电器与电子设备的重要部件为了防止连接器在汽车行驶中脱开，所有的连接器均采用了闭锁装置。其操作步骤如下：

01 单击菜单栏中的“放置”→“线束”→“线束连接器”命令，或单击“布线”工具栏中的（放置线束连接器）按钮，或按快捷键<P>+<H>+<C>，此时光标变成十字形状，并带有一个线束连接器符号。

02 将光标移动到想要放置线束连接器的起点位置，单击确定线束连接器的起点。然后拖动光标，单击确定终点，如图 2-38 所示。此时系统仍处于绘制线束连接器状态，用同样的方法绘制另一个线束连接器。绘制完成后，右击退出绘制状态。

03 设置线束连接器的属性。双击线束连接器，弹出如图 2-39 所示的“Harness Connector（线束连接器）”对话框，在该对话框中可以对线束连接器的属性进行设置。

该对话框包括两个选项组：

❶Location（位置）选项组：

- （X/Y）：用于表示线束连接器左上角顶点的位置坐标，用户可以输入设置。
- Rotation（旋转）：用于表示线束连接器在原理图上的放置方向，有“0 Degrees”（0°）、“90 Degrees”（90°）、“180 Degrees”（180°）和“270 Degrees”（270°）4 个选项。

❷Properties（属性）选项组：

- Harness Type（线束类型）：用于设置线束连接器中线束的类型。
- Bus Text Style（总线文本类型）：用于设置线束连接器中文本显示类型。单击后面的下三角按钮，有两个选项供选择：“Full（全程）”“Prefix（前缀）”。
- Width（宽度）、Height（高度）：用于设置线束连接器的长度和宽度。
- Primary Position（主要位置）：用于设置线束连接器的宽度。
- Border（边框）：用于设置边框线宽、颜色。单击后面的颜色块，可以在弹出的对话框中设置颜色。
- Fill（填充色）：用于设置线束连接器内部的填充颜色。单击后面的颜色块，可以在弹出的对话框中设置颜色。

❸Entries（线束入口）选项组：在该选项组中可以为连接器添加、删除和编辑与其余元件连接的入口，如图 2-40 所示。

单击“Add（添加）”按钮，在该面板中自动添加线束入口，如图 2-41 所示。

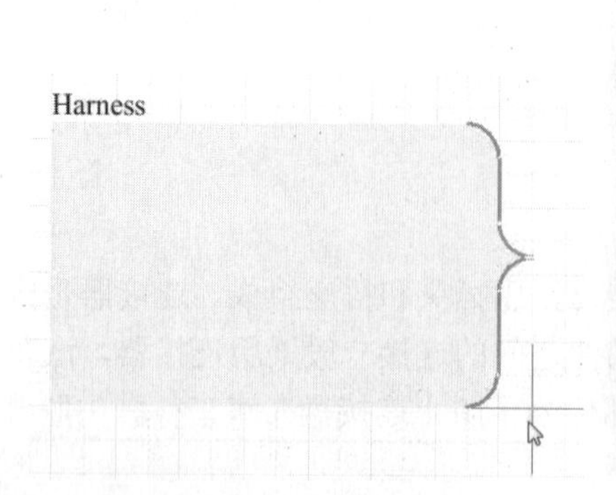

图 2-38 放置线束连接器

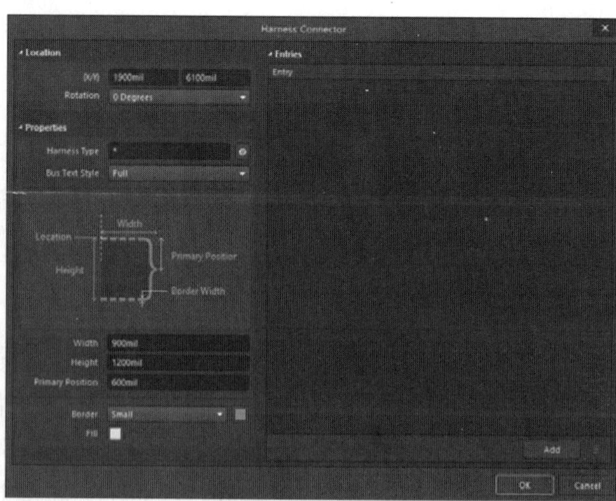

图 2-39 “Harness Connector（线束连接器）”对话框

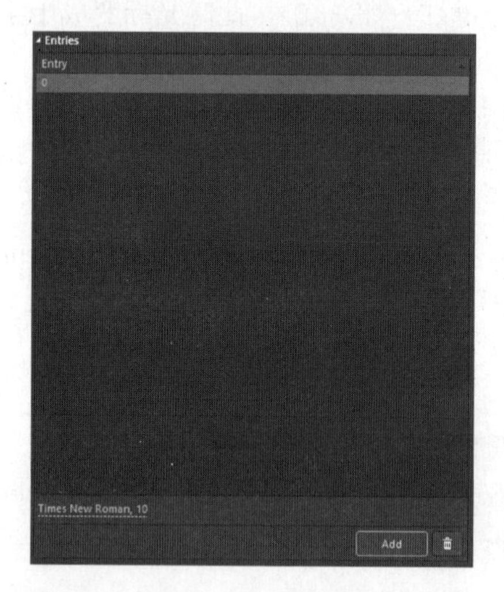

图 2-40 “Entries（线束入口）”选项组

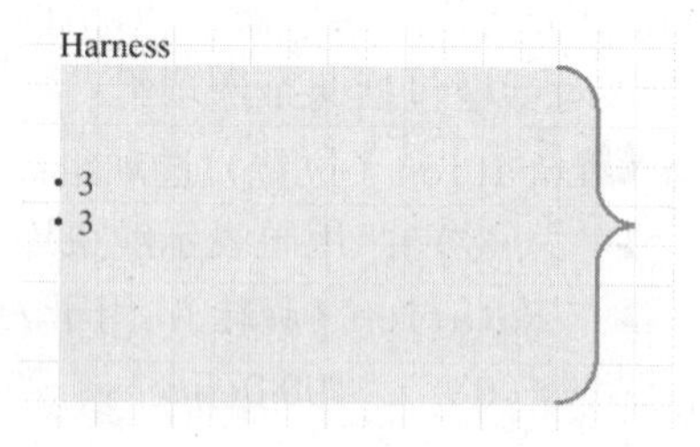

图 2-41 添加入口

❹单击菜单栏中的“放置”→“线束”→“预定义的线束连接器”命令，弹出如图 2-42 所示的“放置预定义的线束连接器”对话框。

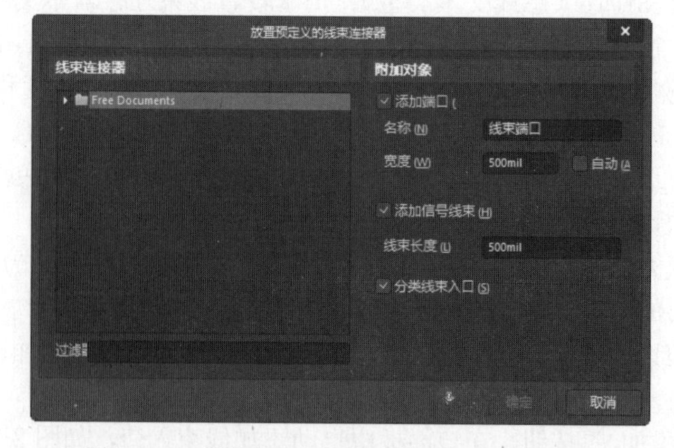

图 2-42 “放置预定义的线束连接器”对话框

在该对话框中可精确定义线束连接器的名称、端口、线束入口等。

2.5.2　线束入口

线束通过“线束入口”的名称来识别每个网路或总线。Altium Designer22 正是使用这些名称而非线束入口顺序来建立整个设计中的连接。除非命名的是线束连接器，网路命名一般不使用线束入口的名称。

放置线束入口的操作步骤如下：

01 单击菜单栏中的“放置”→“线束”→“线束入口”命令，或单击“布线”工具栏中的 （放置线束入口）按钮，或按快捷键<P>+<H>+<E>，此时光标变成十字形状，出现一个线束入口随鼠标移动而移动。

02 移动鼠标到线束连接器内部，选择要放置的位置只能在线束连接器左侧的边框上移动，如图 2-43 所示。

03 设置线束入口的属性。双击线束入口，弹出如图 2-44 所示的“Harness Entry（线束入口）”对话框，在该对话框中可以对线束入口的属性进行设置。

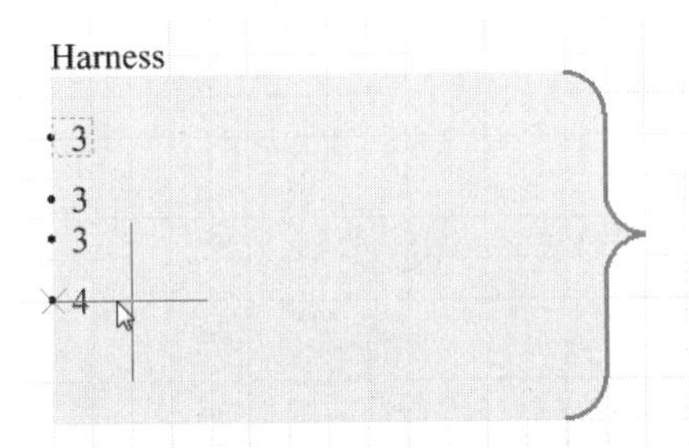

图 2-43　调整总线入口分支线的方向

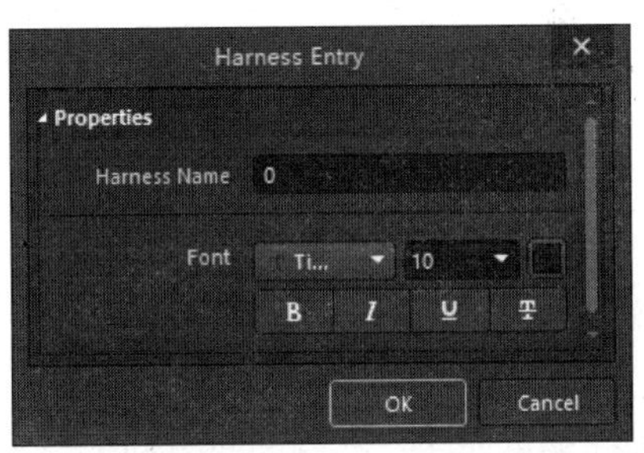

图 2-44　“Harness Entry（线束入口）”对话框

➢ 文字设置：用于设置线束入口的字体类型、字体大小、字体颜色，同时设置字体添加加粗、斜体、下划线、横线等效果。

➢ Harness Name（名称）：用于设置线束入口的名称。

2.5.3　信号线束

信号线束是一组具有相同性质的并行信号线的组合，通过信号线束线路连接到同一电路图上另一个线束接头，或连接到电路图入口或端口，以使信号连接到另一个原理图。

其操作步骤如下：

01 单击菜单栏中的“放置”→“线束”→“信号线束”命令，或单击快捷工具栏中的 （放置信号线束）按钮，或按快捷键<P>+<H>，此时光标变成十字形状。

02 将光标移动到想要放置信号线束的元件的引脚上，单击放置信号线束的起点。出现红色的符号表示放置信号线束成功，如图 2-45 所示。移动光标，多次单击可以确定多个固定点，最后放置信号线束的终点。此时光标仍处于放置信号线束的状态，重复上述操作可以继续放置其他的信号线束。

03 设置信号线束的属性。双击信号线束，弹出如图 2-46 所示的“Signal Harness（信号线束）”对话框，在该对话框中可以对信号线束的属性进行设置。

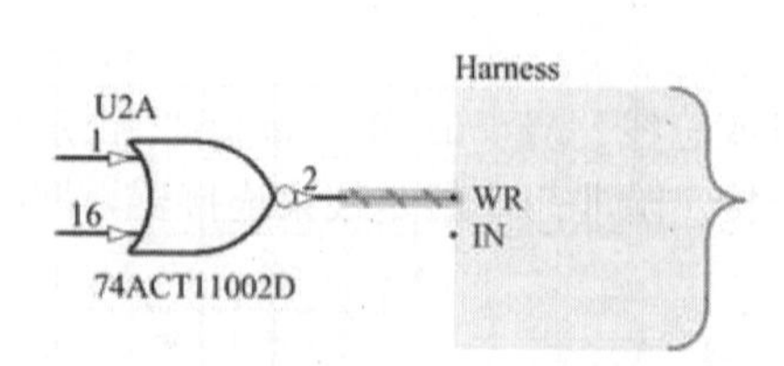

图 2-45 放置信号线束

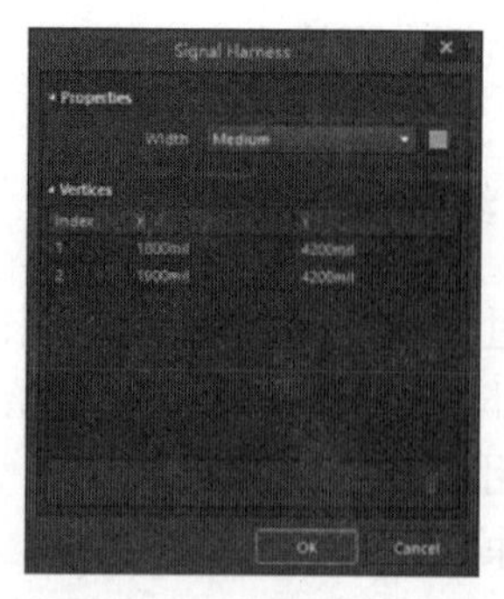

图 2-46 “Signal Harness（信号线束）”对话框

2.6 操作实例

通过前面的学习，相信用户对 Altium Designer 22 的原理图编辑环境、原理图编辑器的使用有了一定的了解，能够完成一些简单电路图的绘制。这一节将通过具体的实例讲述完整的绘制出电路原理图的步骤。

2.6.1 绘制门铃

01 准备工作。

❶启动 Altium Designer 22。

❷执行菜单命令“文件”→“新的”→“项目”，弹出“Create Project（新建工程）”对话框，如图 2-47 所示。完成设置后，单击 Create 按钮，关闭该对话框，打开“Project（工程）”面板。

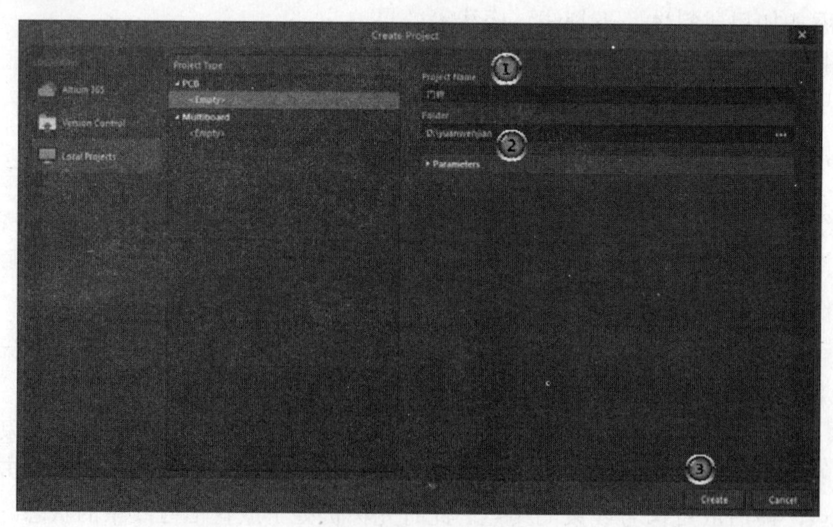

图 2-47 “Create Project（新建工程）”对话框

❸执行菜单命令“文件”→“新的”→“原理图”，在工程文件中新建一个默认名为 Sheet1.SchDoc 电路原理图文件。然后执行菜单命令“文件”→“另存为”，在弹出的保存

文件对话框中输入“门铃.SchDoc”文件名，并保存在指定位置。如图 2-48 所示。

❹设置图纸参数。打开“Properties（属性）”面板，如图 2-49 所示。在此面板中对图纸参数进行设置。

❺查找元器件，并加载其所在的库。这里我们不知道设计中所用到的 CD4060 芯片和 IRF540S 所在的库位置，因此，首先要查找这两个元器件。

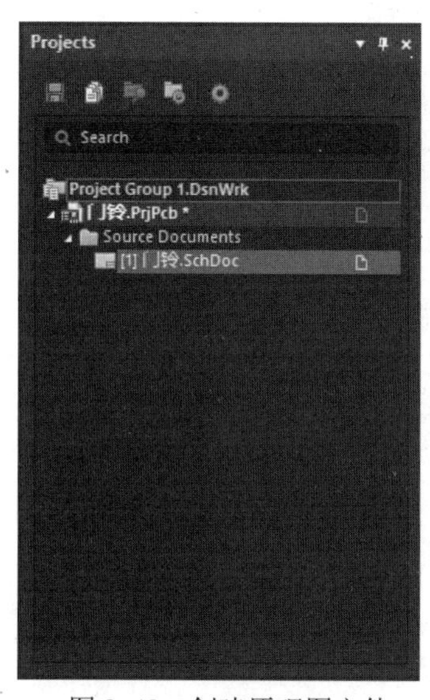

图 2-48　创建原理图文件

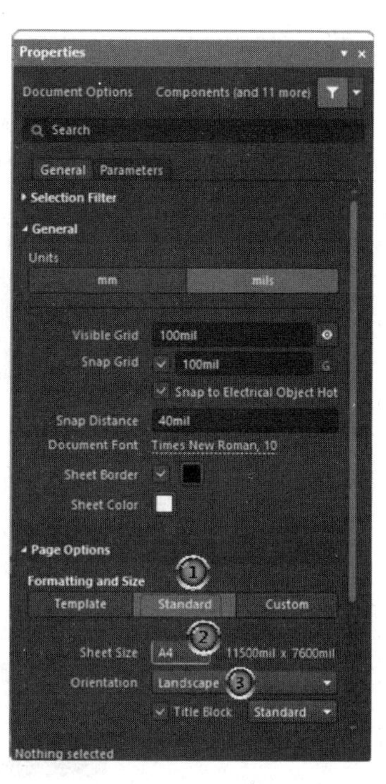

图 2-49　“Properties（属性）”面板

02 在“Components（元件）”面板右上角中单击≡按钮，在弹出的快捷菜单中选择“File-based Libraries Search（库文件搜索）”命令，则系统将弹出“基于文件的库搜索”对话框，在该对话框中输入“CD4060”，如图 2-50 所示。

单击“查找”按钮后，系统开始查找此元器件。查找到的元器件将显示在“Components（元件）”中，双击 CD4060BCM 元器件，放置到原理图中。

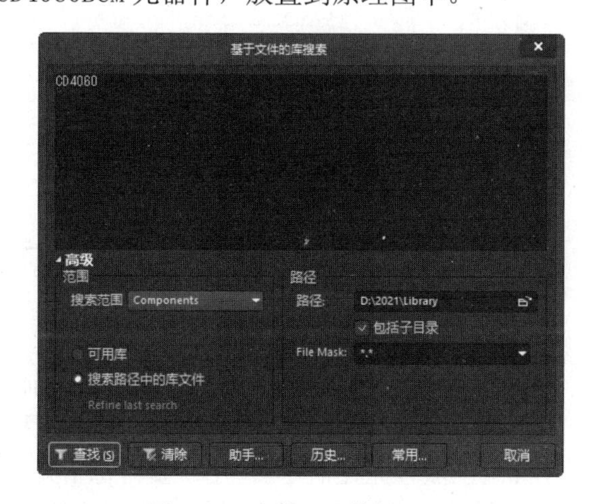

图 2-50　查找元器件 CD4060

03 在绘制电路原理图的过程中，放置元器件的基本依据是根据信号的流向放置，或从左到右，或从右到左。首先放置电路中关键的元器件，之后放置电阻、电容等外围元器件。本例按照从左到右放置元器件。

❶放置 Optoisolator1。打开“Components（元件）”面板，在当前元器件库名称栏中选择 MiscellaneousDevices.IntLib，在元器件列表中选择 Optoisolator1，如图 2-51 所示。

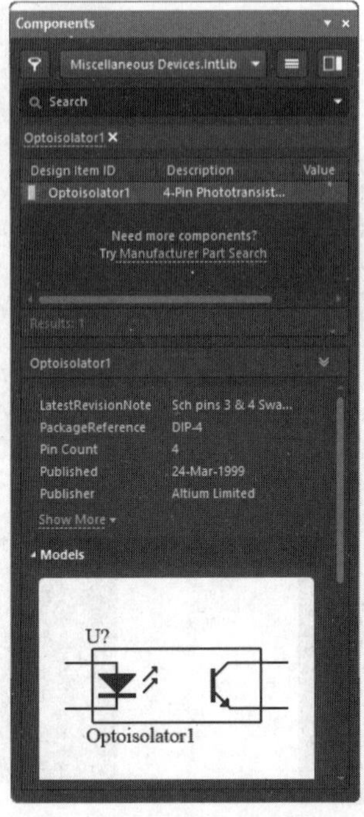

图 2-51　选择元器件

双击元器件列表中 Optoisolator1，将此元器件放置到原理图的合适位置。

❷采用同样的方法放置 IRF540S 和 IRFR9014。放置关键元器件的电路原理图如图 2-52 所示。

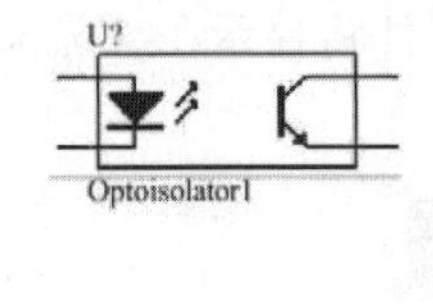

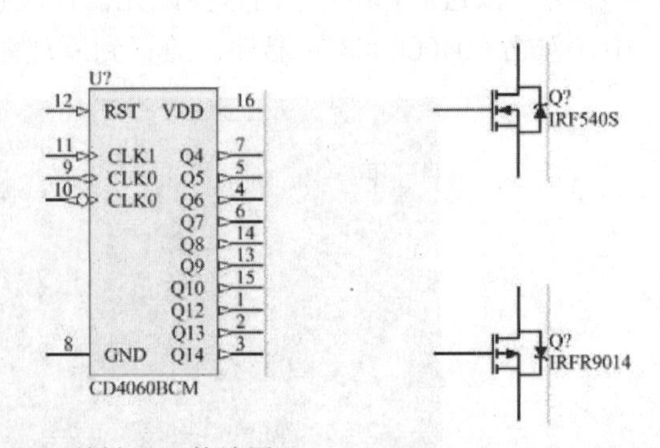

图 2-52　关键元器件放置

❸放置电阻、电容。打开“Components（元件）”面板，在当前元器件库名称栏中选择 Miscellaneous Devices.IntLib，在元器件列表中分别选择电阻和电容进行放置。

❹编辑元器件属性。在图纸上放置完元器件后，用户要对每个元器件的属性进行编辑，包括元器件标识符、序号、型号等。设置好元器件属性的电路原理图如图 2-53 所示。

❺连接导线。根据电路设计的要求，将各个元器件用导线连接起来。单击“布线”工具栏中的“放置线”按钮，完成元器件之间的电气连接。

❻放置电源和接地符号。单击“布线”工具栏中的放置“VCC 电源电源端口”按钮，在原理图的合适位置放置电源；单击“布线”工具栏中的放置“GND 端口”按钮，放置接地符号。

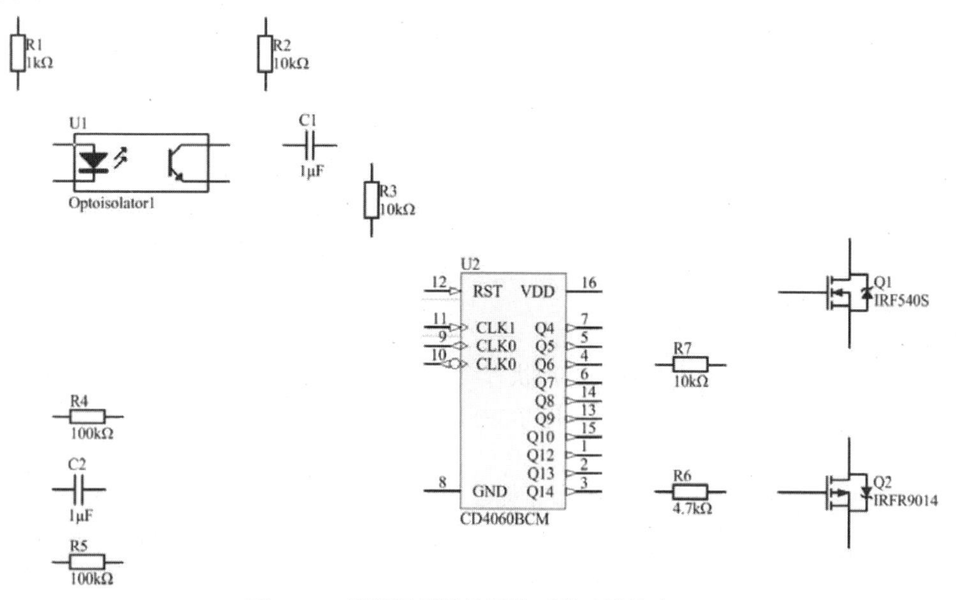

图 2-53　设置好元器件属性后的元器件布局

❼放置网络标签、通用 No ERC 标号以及输入输出端口。单击“布线”工具栏中的放置网络标签按钮，在原理图上放置网络标签；单击“布线”工具栏中的放置通用 No ERC 标号按钮，在原理图上放置通用 No ERC 标号；单击“布线”工具栏中的放置输入输出端口按钮，在原理图上放置输入输出端口。

❽绘制完成的门铃电路图如图 2-54 所示。

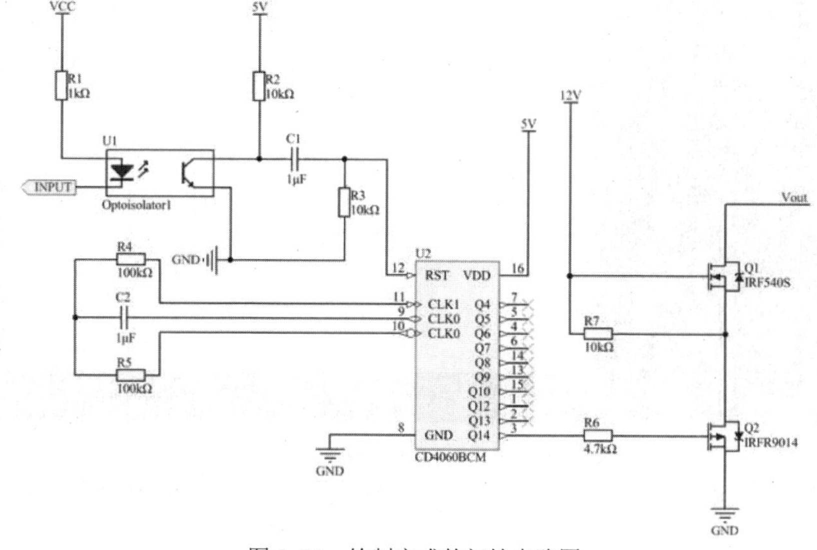

图 2-54　绘制完成的门铃电路图

2.6.2　绘制串行显示驱动器 PS7219 及单片机的 SPI 接口电路

在单片机的应用系统中，为了便于人们观察和监视单片机的运行情况，常常需要用显示器显示运行的中间结果及状态等。因此显示器往往是单片机系统必不可少的外部设备之一。这一节就以显示驱动器 PS7219 及单片机的 SPI 接口电路为例，继续介绍电路原理图的绘制。

01 准备工作。

❶启动 Altium Designer 22。

❷执行菜单命令“文件”→“新的”→“项目”，在“Project（工程）”面板中出现了新建的工程文件，系统提供的默认名为 PCB Project.PrjPCB。然后执行菜单命令“文件”→“保存工程为”，在弹出的保存文件对话框中输入“PS7219 及单片机的 SPI 接口电路.PrjPcb”文件名。

❸执行菜单命令“文件”→“新的”→“原理图”，在工程文件中新建一个默认名为 Sheet1.SchDoc 的电路原理图文件。然后执行菜单命令“文件”→“另存为”，在弹出的保存文件对话框中输入“PS7219 及单片机的 SPI 接口电路.SchDoc”文件名，并保存在指定位置。如图 2-55 所示。

❹对于后面的图纸参数设置、查找元器件、加载元器件库，请参考前面所讲。

02 在电路原理图上放置元器件并完成电路图。对于这一部分，我们只给出提示步骤，具体步骤希望用户自己进行操作。

❶电路原理图上放置元器件，并编辑元器件属性，如图 2-56 所示。

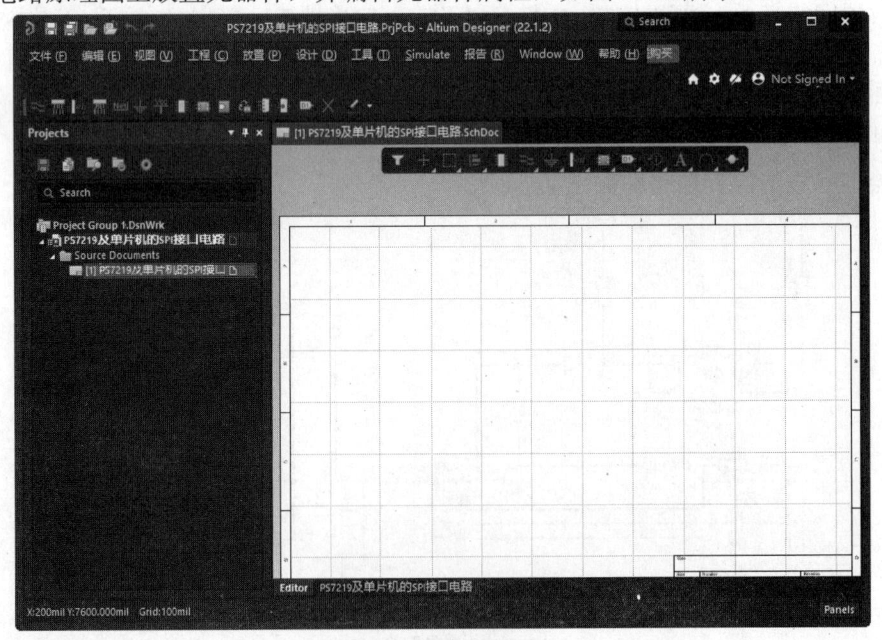

图 2-55　新建原理图文件

❷放置电源和接地符号、连接导线以及放置网络标识、忽略 ERC 检查测试点和输入输出端口。绘制完成的电路图如图 2-57 所示。

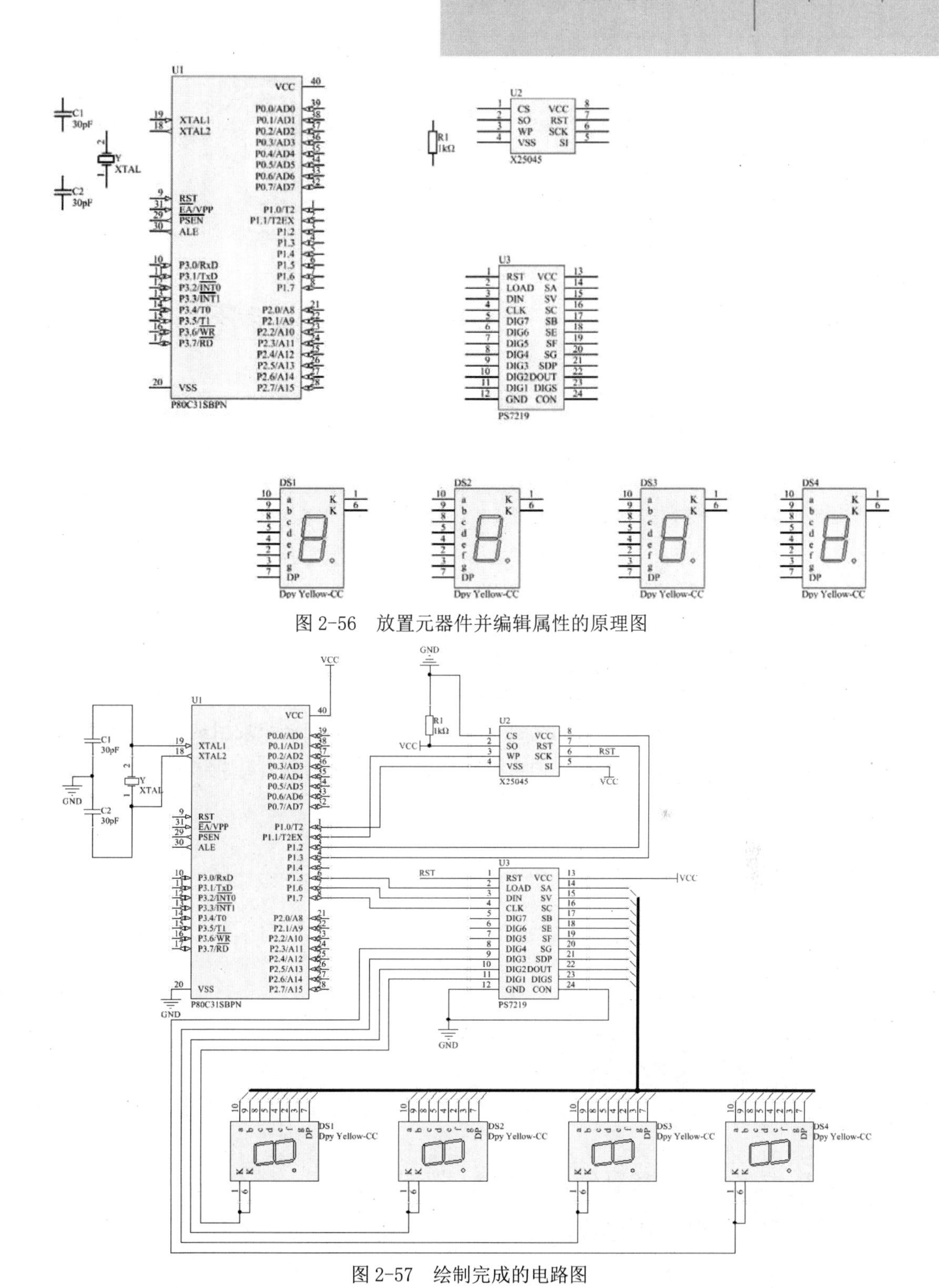

图 2-56　放置元器件并编辑属性的原理图

图 2-57　绘制完成的电路图

第 3 章

层次化原理图的设计

一般电路原理图的基本设计方法是将整个系统的电路绘制在一张原理图纸上。这种方法适用于规模较小、逻辑结构比较简单的系统电路设计。而对于大规模的电路系统来说，由于所包含的对象数量繁多，结构关系复杂，很难在一张原理图纸上完整地绘出，即使勉强绘制出来，其错综复杂的结构也非常不利于电路的阅读分析与检测。

因此，对于大规模的复杂系统，应该采用另外一种设计方法，即电路的模块化设计。将整体系统按照功能分解成若干个电路模块，每个电路模块能够完成一定的独立功能，具有相对的独立性，可以由不同的设计者分别绘制在不同的原理图纸上。这样，电路结构清晰，同时也便于多人共同参与设计，加快工作进程。

- 层次电路原理图的基本概念
- 层次原理图的设计方法
- 层次原理图之间的切换

3.1 层次电路原理图的基本概念

层次结构电路原理图的设计理念是将实际的总体电路进行模块划分，划分的原则是每一个电路模块都应具有明确的功能特征和相对独立的结构，而且还要有简单、统一的接口，便于模块间的连接。

针对每一个具体的电路模块，可以分别绘制相应的电路原理图，该原理图一般称之为子原理图，而各个电路模块之间的连接关系则采用一个顶层原理图来表示。顶层原理图主要由若干个原理图符号即图纸符号组成，用来表示各个电路模块之间的系统连接关系，描述了整体电路的功能结构。这样，把整个系统电路分解成顶层原理图和若干个子原理图以分别进行设计。

3.2 层次原理图的基本结构和组成

Altium Designer 22 系统提供的层次原理图设计功能非常强大，能够实现多层的层次化设计功能。用户可以将整个电路系统划分为若干个子系统，每一个子系统可以划分为若干个功能模块，而每一个功能模块还可以再细分为若干个基本的小模块，这样依次细分下去，就把整个系统划分成为多个层次，电路设计由繁变简。

如图 3-1 所示是一个二级层次原理图的基本结构图，由顶层原理图和子原理图共同组成，是一种模块化结构。

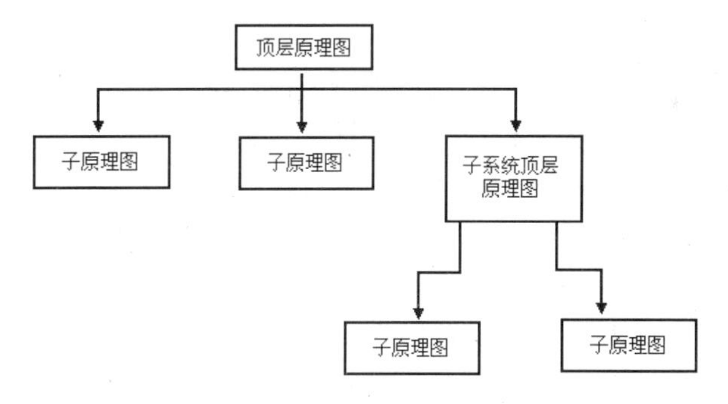

图 3-1　二级层次原理图结构

其中，子原理图就是用来描述某一电路模块具体功能的普通电路原理图，只不过增加了一些输入输出端口，作为与上层进行电气连接的通道口。普通电路原理图的绘制方法在前面已经学习过，主要由各种具体的元器件、导线等构成。

顶层电路图即母图的主要构成元素却不再是具体的元器件，而是代表子原理图的图纸符号，如图 3-2 所示，是一个电路设计实例采用层次结构设计时的顶层原理图。

该顶层原理图主要由 4 个图纸符号组成，每一个图纸符号都代表一个相应的子原理图文件，共有 4 个子原理图。在图纸符号的内部给出了一个或多个表示连接关系的电路端口，对于这些端口，在子原理图中都有相同名称的输入输出端口与之相对应，以便建立起不同层次间的信号通道。

图纸符号之间也是借助于电路端口，可以使用导线或总线完成连接。而且，同一个项目的所有电路原理图（包括顶层原理图和子原理图）中，相同名称的输入输出端口和电路端口之间，在电气意义上都是相互连接的。

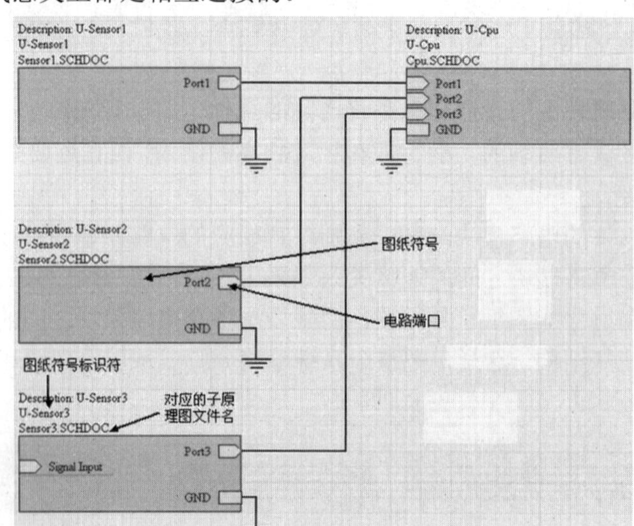

图 3-2　顶层原理图的基本组成

3.3 层次原理图的设计方法

基于上述设计理念，层次电路原理图设计的具体实现方法有两种，一种是自上而下的设计方式，另一种是自下而上的设计方式。

自上而下的设计方法是在绘制电路原理图之前，要求设计者对这个设计有一个整体的把握。把整个电路设计分成多个模块，确定每个模块的设计内容，然后对每一模块进行详细的设计。在 C 语言中，这种设计方法被称为自顶向下，逐步细化。该设计方法要求设计者在绘制原理图之前就对系统有比较深入的了解，对电路的模块划分比较清楚。

自下而上的设计方法是设计者先绘制子原理图，根据子原理图生成原理图符号，进而生成上层原理图，最后完成整个设计。这种方法比较适用于对整个设计不是非常熟悉的用户，这也是一种适合初学者选择的设计方法。

3.3.1　自上而下的层次原理图设计

自上而下的层次电路原理图设计就是先绘制出顶层原理图，然后将顶层原理图中的各个页面符对应的子原理图分别绘制出来。采用这种方法设计时，首先要根据电路的功能把整个电路划分为若干个功能模块，然后把它们正确的连接起来。

下面以系统提供的 Examples/ Circuit Simulation/ Amplified Modulator 为例，介绍自上而下的层次原理图设计的具体步骤：

01 绘制顶层原理图。

❶执行菜单命令“文件”→“新的”→“项目”，建立一个新 PCB 项目文件，另存为“Amplified Modulator.PRJPCB”。

❷执行菜单命令“文件”→“新的”→“原理图”，在新项目文件中新建一个原理图文件，将原理图文件另存为“Amplified Modulator.schdoc”，设置原理图图纸参数。

❸执行菜单命令“放置”→“页面符”，或者单击“布线”工具栏中的“放置页面符”按钮，放置页面符。此时光标变成十字形，并带有一个页面符符号。

❹移动光标到指定位置单击，确定页面符的一个顶点，然后拖动鼠标，在合适位置再次单击，确定页面符的另一个顶点，如图3-3所示。

此时系统仍处于绘制页面符状态，用同样的方法绘制另一个页面符。绘制完成后，右击退出绘制状态。

❺双击绘制完成的页面符，弹出“Sheet Symbol（页面符）”对话框，如图3-4所示。在该对话框中设置页面符属性。

图3-3　放置页面符

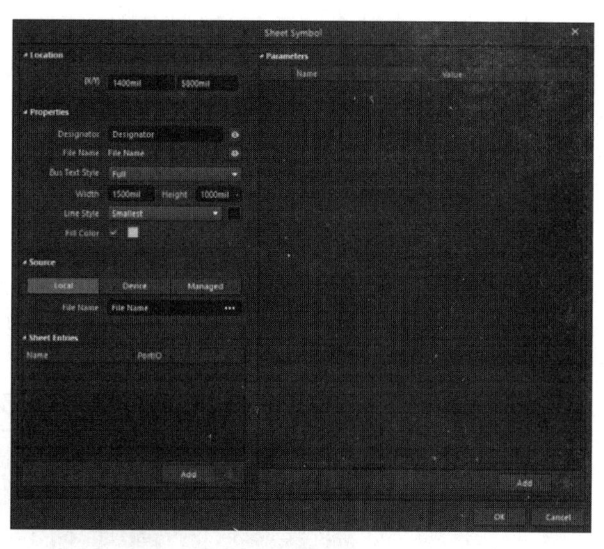

图3-4　“Sheet Symbol（页面符）”对话框

（1）Properties(属性)选项组：

➢ Designator（标志）：用于设置页面符的名称。
➢ File Name（文件名）：用于显示该页面符所代表的下层原理图的文件名。
➢ Bus Text Style（总线文本类型）：用于设置线束连接器中文本显示类型。单击后面的下三角按钮，有两个选项供选择：Full（全程）、Prefix（前缀）。
➢ Line Style（线宽）：用于设置页面符边框的宽度，有4个选项供选择：Smallest、Small、Medium（中等的）和Large。
➢ Fill Color（填充颜色）：若选中该复选框，则页面符内部被填充。否则，页面符是透明的。

（2）Source（资源）选项组：

➢ File Name（文件名）：用于设置该页面符所代表的下层原理图的文件名，输入Modulator.schdoc（调制器电路）。

（3）Sheet Entries（图纸入口）选项组（见图3-5）：在该选项组中可以为页面符添加、删除和编辑与其余元件连接的图纸入口，在该选项组下进行添加图纸入口，与工具栏中的“添加图纸入口”按钮作用相同。单击“Add（添加）”按钮，在该面板中自动添加图纸入口。

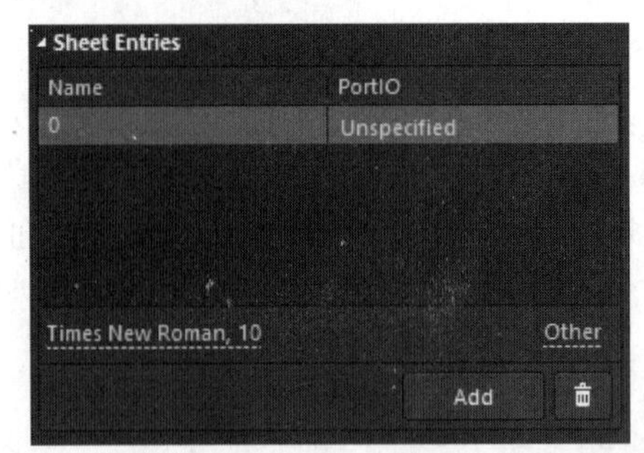

图 3-5 “Sheet Entries（图纸入口）”选项组

- Times New Roman, 10：用于设置页面符文字的字体类型、字体大小、字体颜色，同时设置字体添加加粗、斜体、下划线、横线等效果，如图 3-6 所示。
- Other（其余）：用于设置页面符中图纸入口的电气类型、边框的颜色和填充颜色。单击后面的颜色块，可以在弹出的对话框中设置颜色，如图 3-7 所示。

图 3-6 文字设置

图 3-7 图纸入口参数

（4）“Parameters（参数）” 选项组：可以为页面符的图纸符号添加、删除和编辑标注文字，单击“Add（添加）”按钮，添加参数显示如图 3-8 所示。设置好属性的页面符如图 3-9 所示。

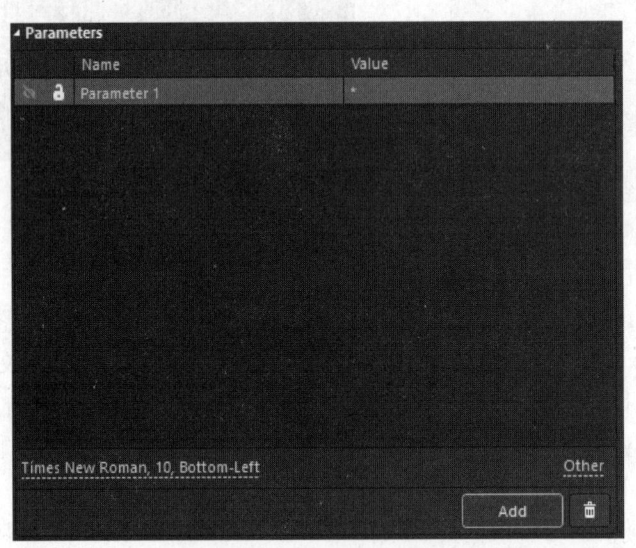

图 3-8 设置参数属性

❻执行菜单命令“放置”→“添加图纸入口”，或者单击“布线”工具栏中的按钮，放置页面符的图纸入口。此时光标变成十字形，在页面符的内部单击后光标上出现一个图纸入口符号。移动光标到指定位置单击，放置一个入口，此时系统仍处于放置图纸入口状态，单击继续放置需要的入口。全部放置完成后，右击退出放置状态。

❼双击放置的入口，系统弹出“Sheet Entry（图纸入口）”对话框，如图 3-10 所示。在该对话框中可以设置图纸入口的属性。完成属性设置的原理图如图 3-11 所示。

❽使用导线将各个页面符的图纸入口连接起来，并绘制图中其他部分原理图。绘制完

成的顶层原理图如图 3-12 所示。

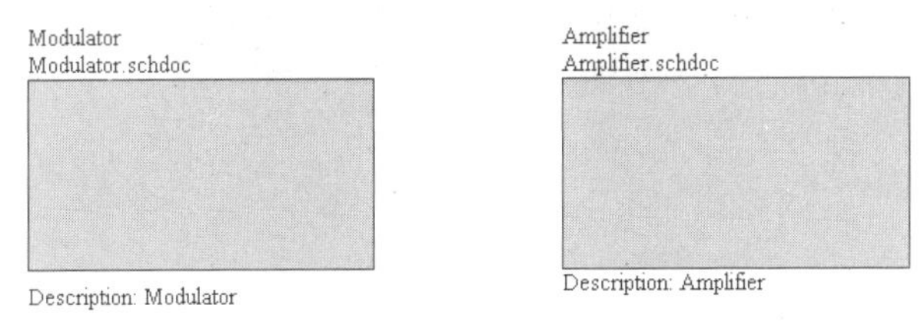

图 3-9 设置好属性的页面符

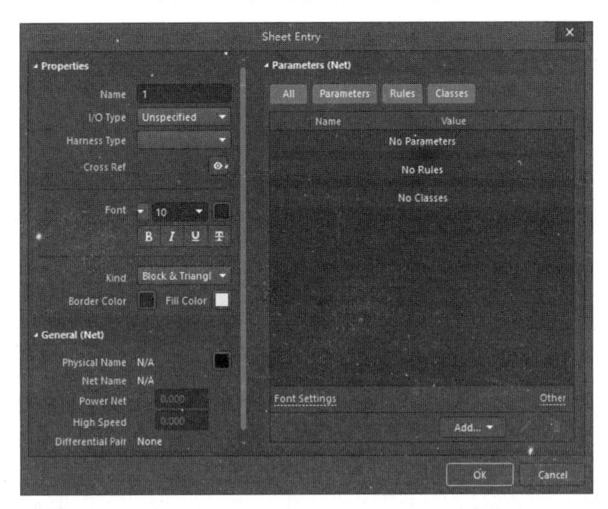

图 3-10 “Sheet Entry（图纸入口）”对话框

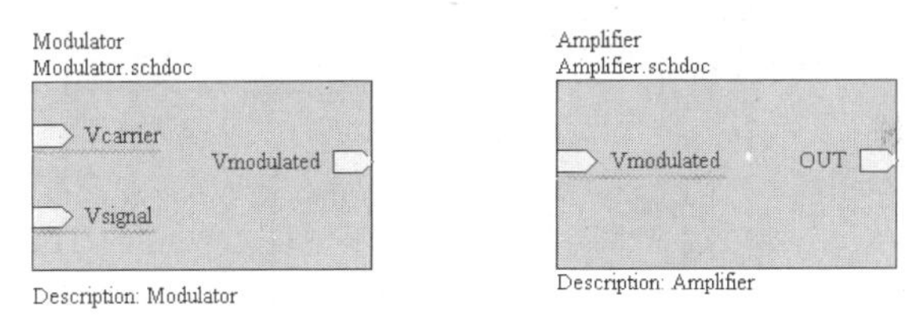

图 3-11 完成属性设置的原理图

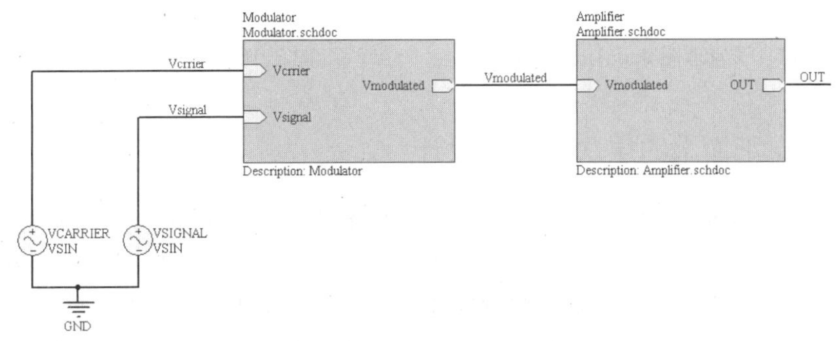

图 3-12 绘制完成的顶层电路图

02 绘制子原理图。完成了顶层原理图的绘制以后，要把顶层原理图中的每个方块对应的子原理图绘制出来，其中每一个子原理图中还可以包括页面符。

❶执行菜单命令“设计”→“从页面符创建图纸”，光标变成十字形。移动光标到页面符内部空白处，单击鼠标左键。

❷系统会自动生成一个与该页面符同名的子原理图文件，并在原理图中生成了 3 个与

页面符对应的输入输出端口，如图 3-13 所示。

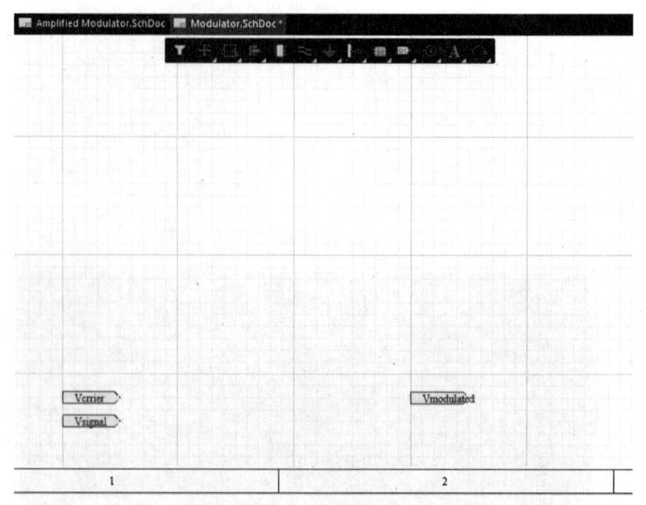

图 3-13　自动生成的子原理图

❸绘制子原理图，绘制方法与第 2 章中讲过的绘制一般原理图的方法相同。绘制完成的子原理图如图 3-14 所示。

❹采用同样的方法绘制另一张子原理图，绘制完成的原理图如图 3-15 所示。

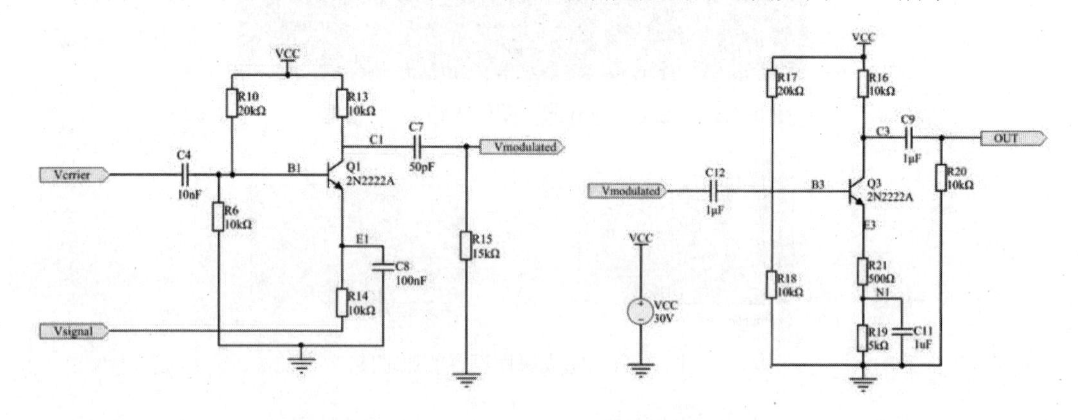

图 3-14　子原理图 Modulator.schdoc　　　　图 3-15　子原理图 Amplifier.schdoc

3.3.2　自下而上的层次原理图设计

在设计层次原理图的时候，经常会碰到这样的情况，对于不同功能模块的不同组合，会形成功能不同的电路系统，此时我们就可以采用另一种层次原理图的设计方法，即自下而上的层次原理图设计。用户首先根据功能电路模块绘制出子原理图，然后由子图生成页面符，组合产生一个符合自己设计需要的完整电路系统。

下面仍以上一节中的例子介绍自下而上的层次原理图设计步骤。

01 绘制子原理图。

❶新建项目文件和电路原理图文件。

❷根据功能电路模块绘制出子原理图。

❸在子原理图中放置输入输出端口。绘制完成的子原理图如图 3-14 和图 3-15 所示。

02 绘制顶层原理图。

❶在项目中新建一个原理图文件，另存为“Amplified Modulator1.schdoc”后，执行菜单命令“设计”→“Create Sheet Symbol From Sheet（原理图生成图纸符）”，系统弹出选择文件放置对话框，如图 3-16 所示。

❷在对话框中选择一个子原理图文件后，单击 OK 按钮，光标上出现一个页面符虚影，如图 3-17 所示。

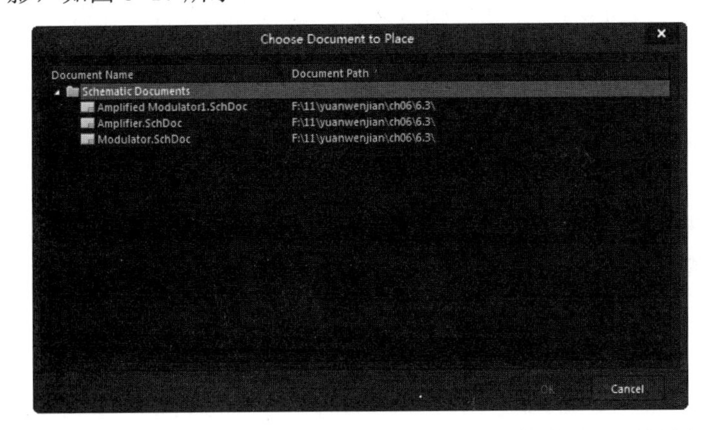

图 3-16 “Choose Document to Place（选择文件放置）”对话框

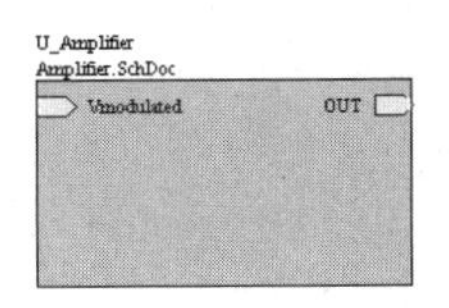

图 3-17 光标上出现的页面符

❸在指定位置单击，将页面符放置在顶层原理图中，然后设置页面符属性。

❹采用同样的方法放置另一个页面符并设置其属性。放置完成的页面符如图 3-18 所示。

❺用导线将页面符连接起来，并绘制剩余部分电路图。绘制完成的顶层电路图如图 3-19 所示。

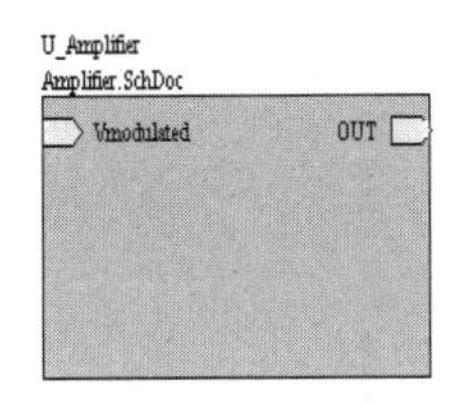

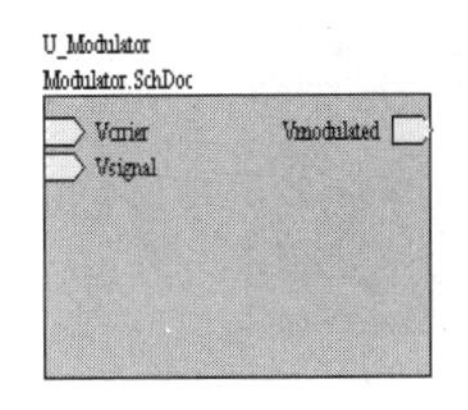

图 3-18 放置完成的页面符

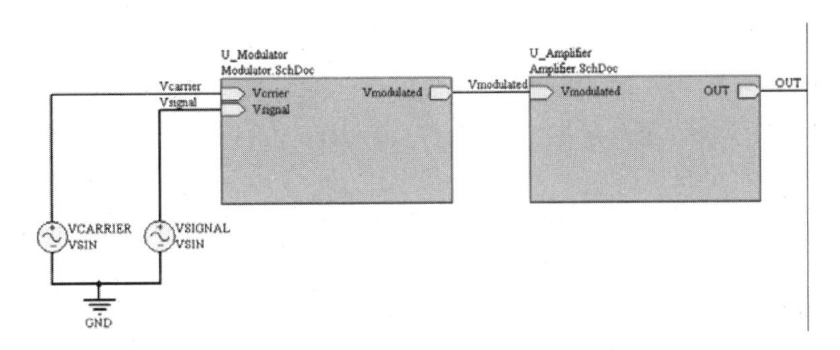

图 3-19 绘制完成的顶层电路图

3.4 层次原理图之间的切换

绘制完成的层次电路原理图中一般都包含有顶层原理图和多张子原理图。用户在编辑时，常常需要在这些图中来回切换查看，以便了解完整的电路结构。在 Altium Designer 22 系统中，提供了层次原理图切换的专用命令，以帮助用户在复杂的层次原理图之间方便地进行切换，实现多张原理图的同步查看和编辑。切换的方法有：用“Projects（工程）”工作面板切换和用命令方式切换。

3.4.1 用 Projects 工作面板切换

打开“Projects（工程）面板”，如图 3-20 所示。单击面板中相应的原理图文件名，在原理图编辑区内就会显示对应的原理图。

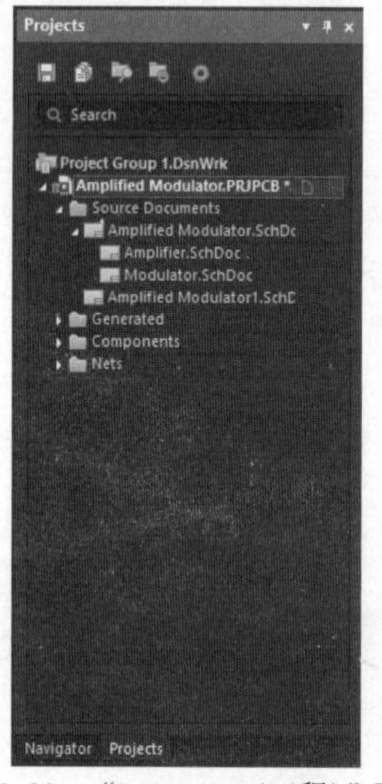

图 3-20 “Projects（工程）”面板

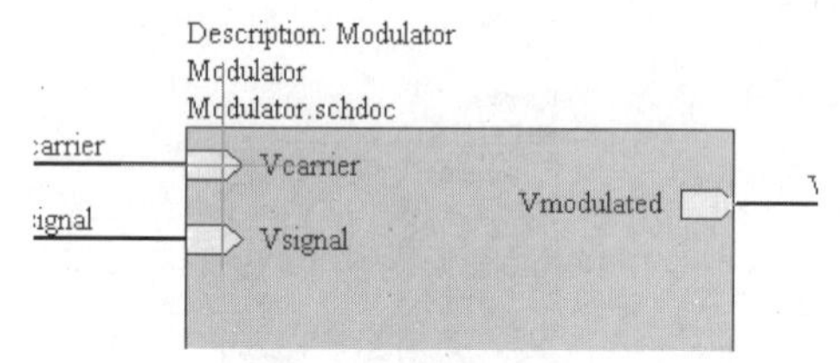

图 3-21 图纸入口

3.4.2 用命令方式切换

01 由顶层原理图切换到子原理图。

❶打开项目文件，执行菜单命令“工程”→“Validate PCB Project Amplified Modulator.PRJPCB”，编译整个电路系统。

❷打开顶层原理图，执行菜单命令“工具”→“上/下层次”，或者单击主工具栏中的按钮，光标变成十字形。移动光标至顶层原理图中的欲切换的子原理图对应的页面符上，单击其中一个图纸入口，如图 3-21 所示。

❸单击文件名后，系统自动打开子原理图，并将其切换到原理图编辑区内。此时，子原理图中与前面单击的图纸入口同名的端口处于高亮状态，如图 3-22 所示。

02 由子原理图切换到顶层原理图。

❶打开一个子原理图，执行菜单命令“工具”→“上/下层次”，移动光标到子原理图的一个输入输出端口上，如图 3-23 所示。

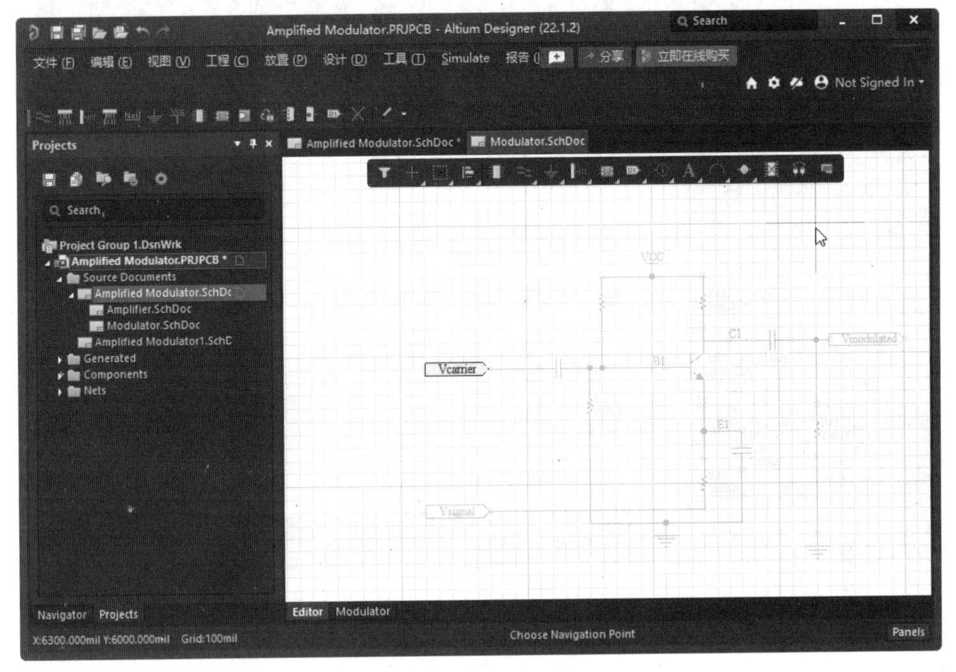

图 3-22　切换到子原理图

❷单击该端口，系统将自动打开并切换到顶层原理图，此时，顶层原理图中与前面单击的输入输出端口同名的端口处于高亮状态，如图 3-24 所示。

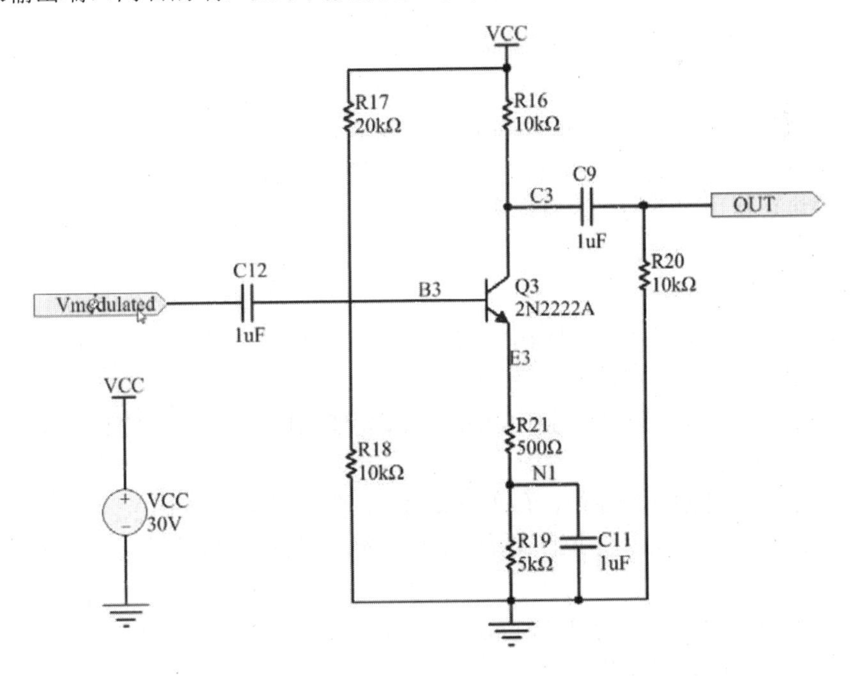

图 3-23　选择子原理图的一个输入输出端口

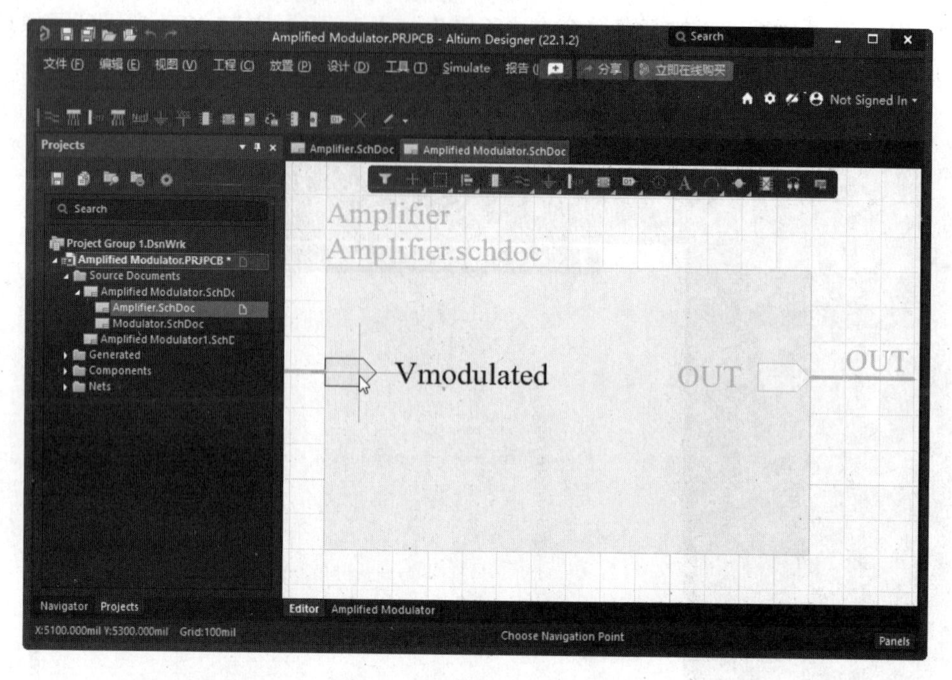

图 3-24　切换到顶层原理图

3.5　操作实例

3.5.1　声控变频器电路层次原理图设计

在层次化原理图中，表达子图之间的原理图被称为母图，首先按照不同的功能将原理图划分成一些子模块在母图中，采取一些特殊的符号和概念来表示各张原理图之间的关系。本例主要讲述自顶向下的层次原理图设计，完成层次原理图设计方法中母图和子图设计。

01 建立工作环境。

❶在 Altium Designer 22 主界面中，选择菜单栏中的“文件”→“新的”→“项目”菜单命令，新建工程文件“声控变频器.PrjPcb”。

❷选择“文件”→“新的”→“原理图”菜单命令，新建原理图文件“声控变频器.SchDoc”。

02 放置页面符。

❶在本例层次原理图的母图中，有两个页面符，分别代表两个下层子图。因此在进行母图设计时首先应该在原理图图纸上放置两个页面符。选择“放置”→“页面符”菜单命令，放置两个页面符。

❷双击绘制好的页面符，打开“Sheet Symbol（页面符）”对话框，在该对话框中可以设置页面符的参数，如图 3-25 所示。

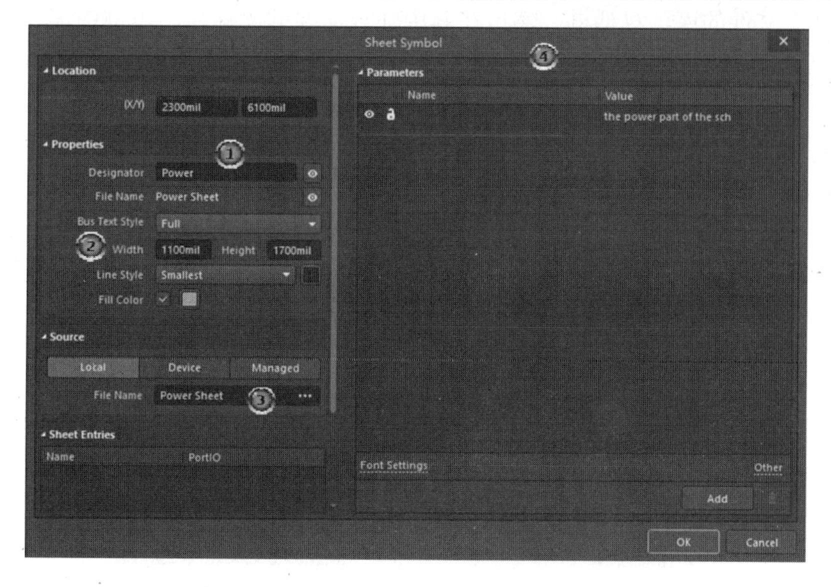

图 3-25 “Sheet Symbol（页面符）”对话框

03 放置电路端口。

❶执行“放置”→“添加图纸入口”菜单命令，移动光标到页面符图内部进行放置。

❷双击一个放置好的图纸入口，打开“Sheet Entry（图纸入口）”对话框，在该对话框中对图纸入口属性进行设置。

❸完成参数修改的图纸入口如图 3-26a 所示。

提示：

在设置电路端口的 I/O 类型时，注意一定要使其符合电路的实际情况，例如本例中电源页面符中的 VCC 端口是向外供电的，所以它的 I/O 类型一定是 Output。另外，要使电路端口的箭头方向和它的 I/O 类型相匹配。

04 连线。将具有电气连接的页面符的各个电路端口用导线或者总线连接起来。完成连接后，整个层次原理图的母图便设计完成了，如图 3-26b 所示。

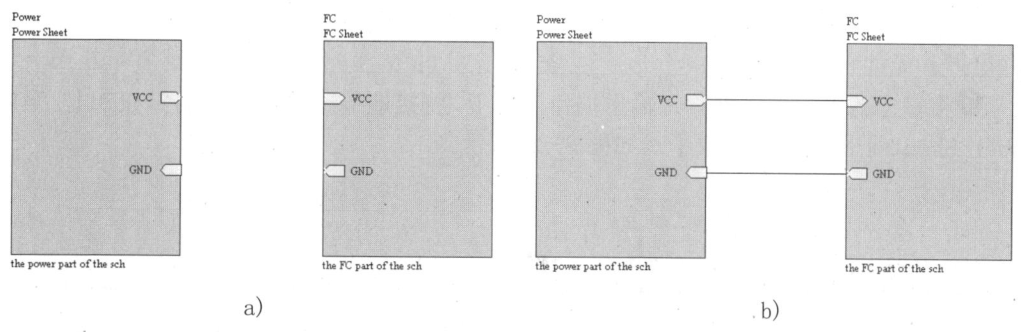

图 3-26 设置电路端口属性

05 设计子原理图。执行“设计”→“从页面符创建图纸”菜单命令，这时光标将变为十字形状。移动光标到方块图“Power”上单击，系统自动生成一个新的原理图文件，名称为“Power Sheet.SchDoc”，与相应的方块图所代表的子原理图文件名一致。

06 加载元件库。在“Components（元件）”面板右上角中单击☰按钮，然后在弹出的快捷菜单中选择“File-based Libraries Preferences（库文件参数）”命令，则系统弹出

“可用的基于文件的库”对话框，然后在其中加载需要的元件库。本例中需要加载的元件库如图 3-27 所示。

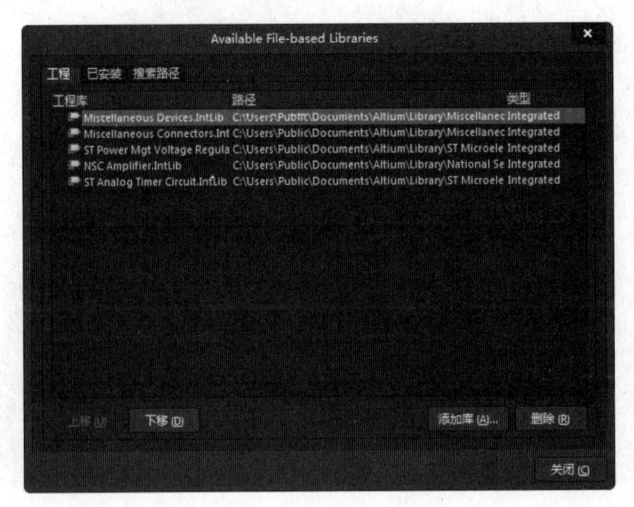

图 3-27　加载需要的元件库

07 放置元件。

❶打开“Available File-based Libraries（可用库文件）”面板，在其中浏览刚刚加载的元件库 ST Power Mgt Voltage Regulator.IntLib，找到所需的 L7809CP 芯片，然后将其放置在图纸上。

❷在其他的元件库中找出需要的另外一些元件，然后将它们都放置到原理图中，再对这些元件进行布局，布局的结果如图 3-28 所示。

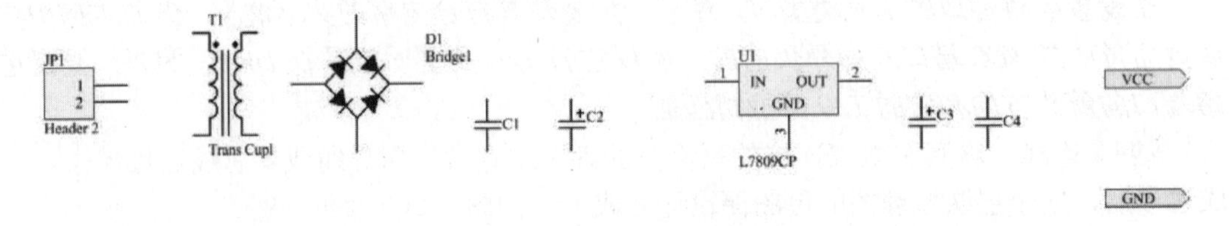

图 3-28　元件放置完成

08 元件布线。

❶将输出的电源端接到输入输出端口 VCC 上，将接地端连接到输出端口 GND 上，至此，Power Sheet 子图便设计完成了，如图 3-29 所示。

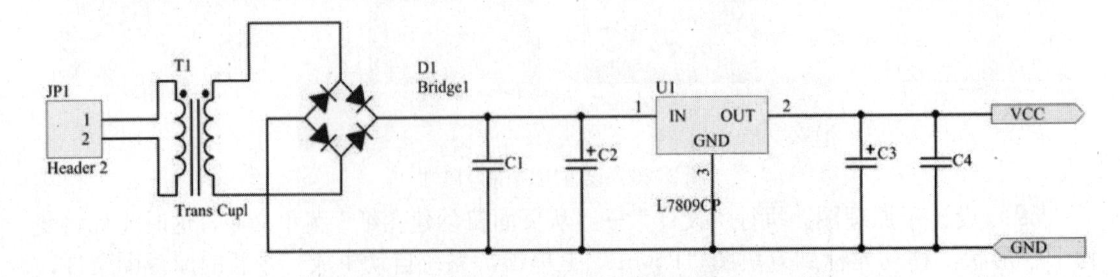

图 3-29　Power Sheet 子图设计完成

❷按照上面的步骤完成另一个原理图子图的绘制。设计完成的 FC Sheet 子图如图 3-30 所示。

两个子图都设计完成后，整个层次原理图的设计便结束了。在本例中，讲述了层次原理图自上而下的设计方法。层次原理图的分层可以有若干层，这样可以使复杂的原理图更有条理，更加方便阅读。

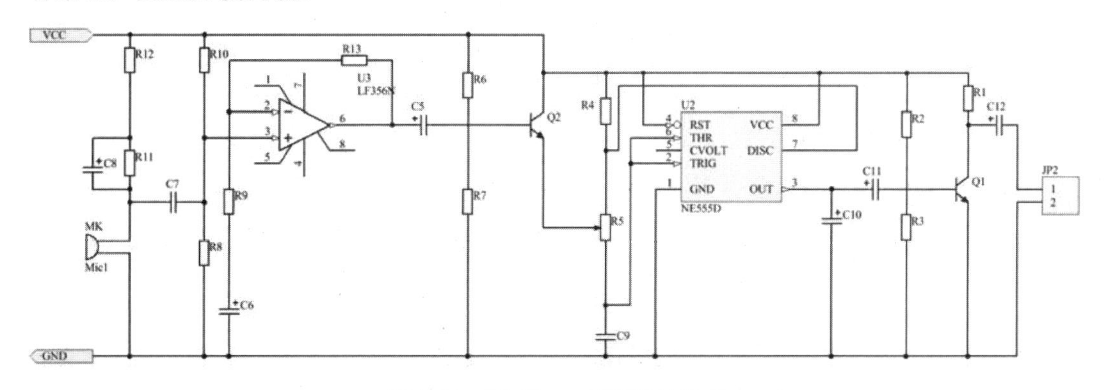

图 3-30　FC Sheet 子图设计完成

3.5.2　存储器接口电路层次原理图设计

本例主要讲述自下而上的层次原理图设计。在电路的设计过程中，有时候会出现一种情况，即事先不能确定端口的情况，这时候就不能将整个工程的母图绘制出来，因此自上而下的方法就不能胜任了。而自下而上的方法就是先设计好原理图的子图，然后由子图生成母图的方法。

01 建立工作环境。

❶在 Altium Designer 22 主界面中，选择菜单栏中的“文件”→“新的”→“项目”命令，然后右击选择“保存工程为”菜单命令将工程文件另存为“存储器接口.PrjPCB”。

❷选择“文件”→“新的”→“原理图”菜单命令，然后选择“文件”→“另存为”菜单命令将新建的原理图文件另存为“寻址.SchDoc”。

02 加载元件库。在“Components（元件）”面板右上角中单击≡按钮，然后在弹出的快捷菜单中选择“File-based Libraries Preferences（库文件参数）”命令，则系统弹出“可用的基于文件的库”对话框，然后在其中加载需要的元件库。本例中需要加载的元件库如图 3-31 所示。

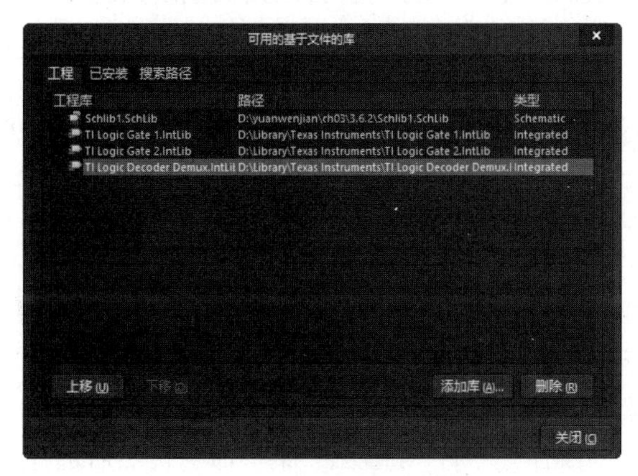

图 3-31　加载需要的元件库

03 放置元件。选择“File-based Libraries Preferences（库文件参数）”面板，在其中浏览刚加载的元件库 TI Logic Decoder Demux.IntLib，找到所需的译码器 SN74LS138D，然后将其放置在图纸上。在其他的元件库中找出需要的另外一些元件，然后将它们都放置到原理图中，再对这些元件进行布局，布局的结果如图 3-32 所示。

04 元件布线。

❶绘制导线，连接各元器件，如图 3-33 所示。

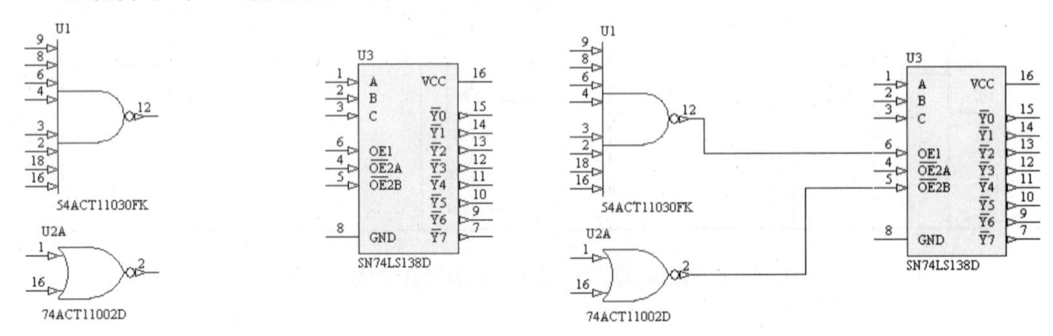

图 3-32　元件放置完成　　　　图 3-33　绘制导线

❷放置网络标签。单击“放置”→“网络标签”菜单命令，在需要放置网络标签的管脚上添加正确的网络标签，并添加接地和电源符号，将输出的电源端接到输入输出端口 VCC 上，将接地端连接到输出端口 GND 上，至此，寻址子图便设计完成了，如图 3-34 所示。

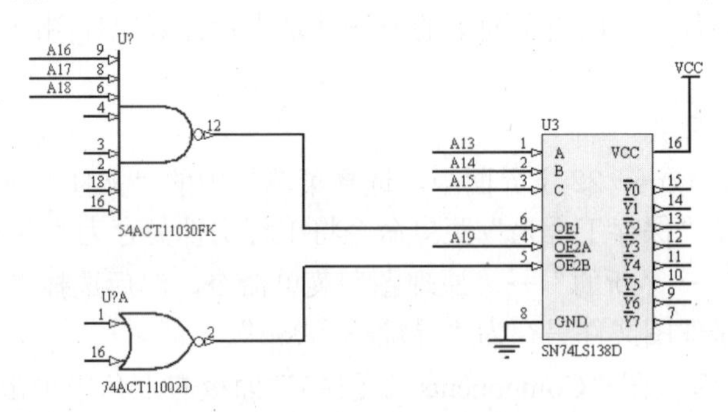

图 3-34　放置网络标签

提示：

由于本电路为接口电路，有一部分引脚会连接到系统的地址和数据总线。因此，在本图中的网络标签并不是成对出现的。

05 放置输入输出端口。

❶输入输出端口是子原理图和其他子原理图的接口。执行“放置”→“端口”菜单命令，放置一个输入输出端口，设置如图 3-35 所示。

❷使用同样的方法，放置电路中所有的输入、输出端口，如图 3-36 所示。这样就完成了“寻址”原理图子图的设计。

06 绘制子原理图。绘制“存储”原理图子图和绘制“寻址”原理图子图同样的方法，绘制“存储”原理图子图，如图 3-37 所示。

07 设计存储器接口电路母图。

❶选择“文件”→“新的”→“原理图”菜单命令，然后选择“文件”→“另存为”菜单命令将新建的原理图文件另存为“存储器接口.SchDoc”。

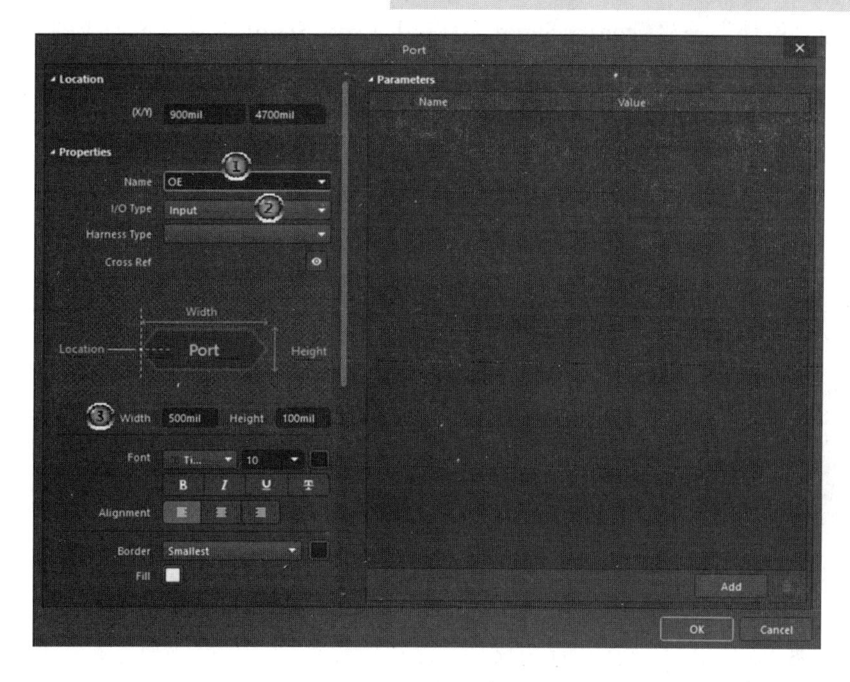

图 3-35　设置输入、输出端口属性

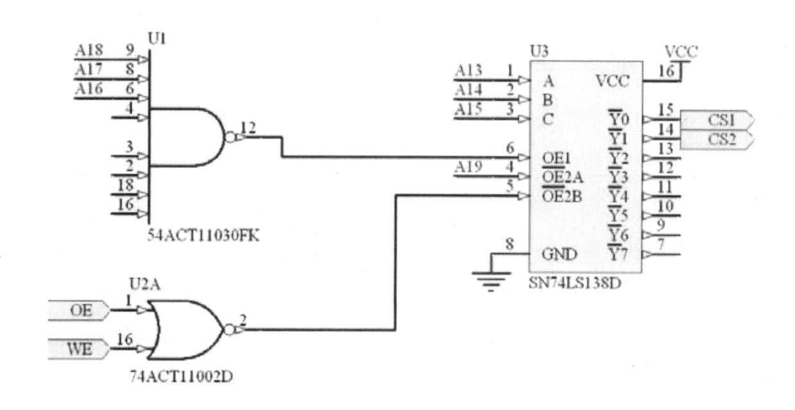

图 3-36　寻址原理图子图

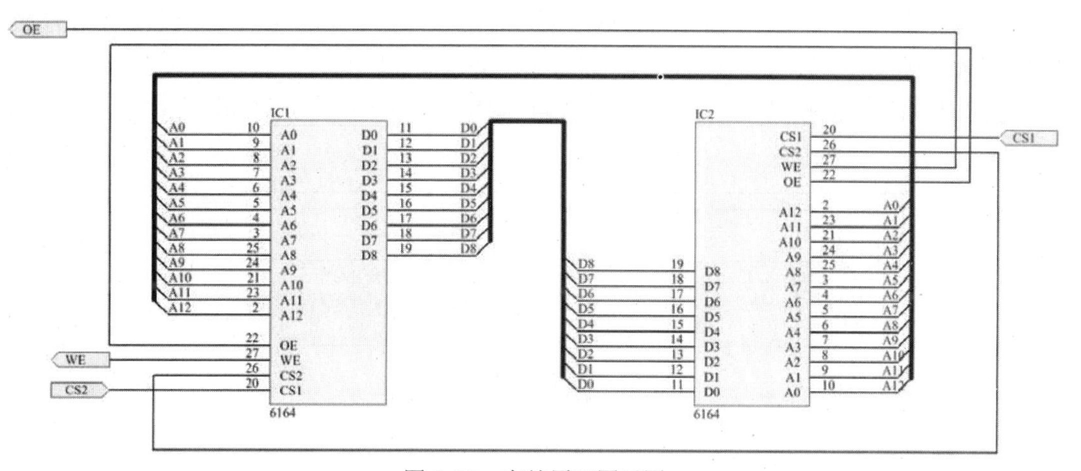

图 3-37　存储原理图子图

❷选择“设计”→“Create Sheet Symbol From Sheet（原理图生成图纸符）”菜单命令，打开“Choose Document to Place”（选择文件位置）对话框，如图 3-38 所示。

❸在“Choose Document to Place”（选择文件位置）对话框中列出了所有的原理图子图。选择“存储.SchDoc”原理图子图，单击 OK 按钮，光标上就会出现一个页面符，移动光标到原理图中适当的位置，单击就可以将该页面符放置在图纸上，如图 3-39 所示。

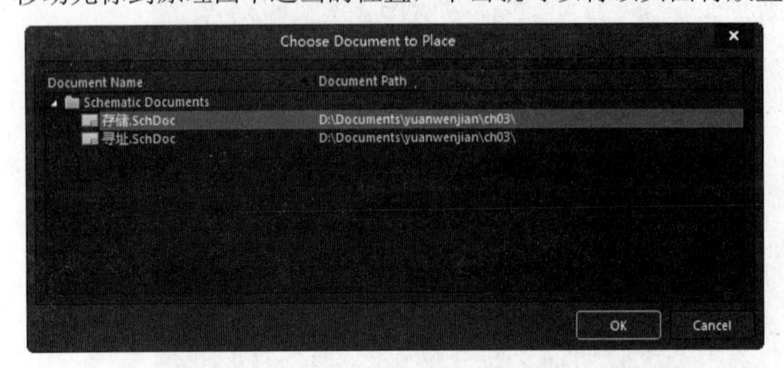

图 3-38　“Choose Document to Place”对话框

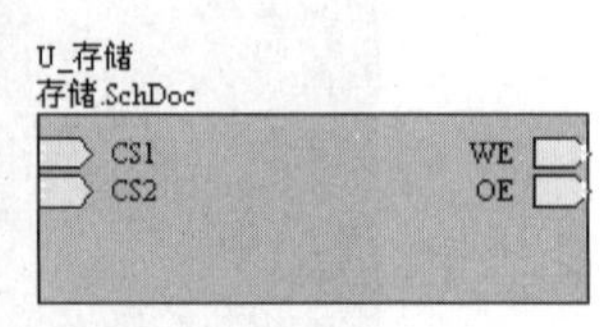

图 3-39　放置好的页面符

提示：

在自上而下的层次原理图设计方法中，在进行母图向子图转换时，不需要新建一个空白文件，系统会自动生成一个空白的原理图文件。但是在自下而上的层次原理图设计方法中，一定要先新建一个原理图空白文件，才能进行由子图向母图的转换。

❹同样的方法将“寻址.SchDoc”原理图生成的页面符放置到图纸中，如图 3-40 所示。

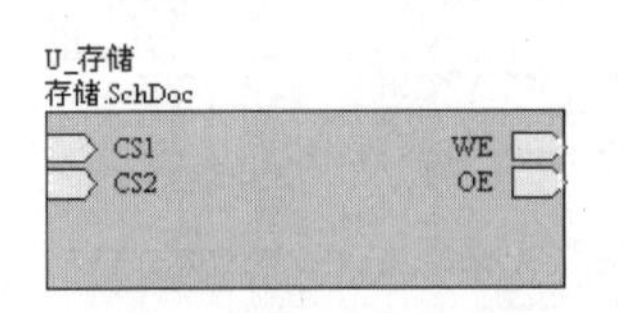

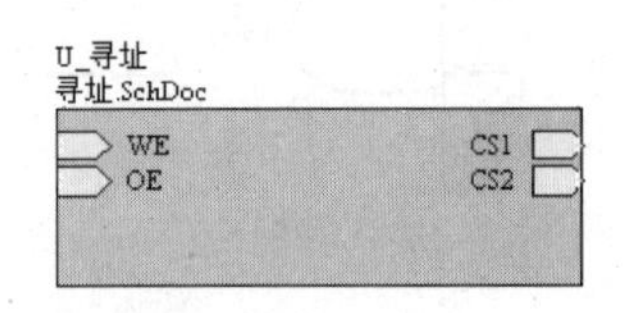

图 3-40　生成的母图页面符

❺用导线将具有电气关系的端口连接起来，就完成了整个原理图母图的设计，如图 3-41 所示。

08 执行“工程”→“Validate PCB Project 存储器接口.PrjPcb”（验证存储器接口电路板项目.PrjPcb）菜单命令，将原理图进行编译，在“Projects（工程）”工作面板中就可以看到层次原理图中母图和子图的关系，如图 3-42 所示。

本例主要介绍了采用自下而上方法设计原理图时，从子图生成母图的方法。

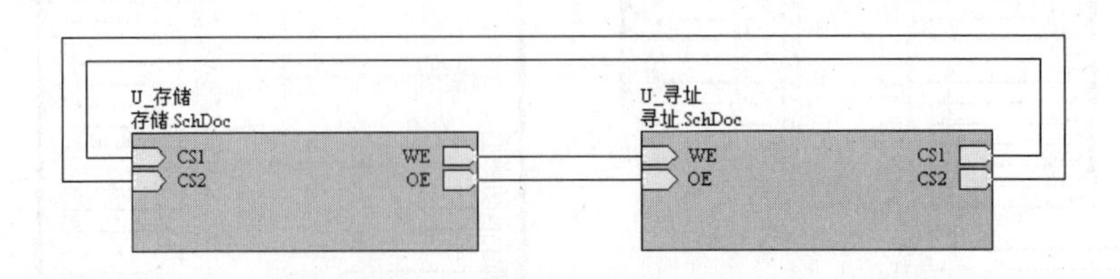

图 3-41　存储器接口电路母图

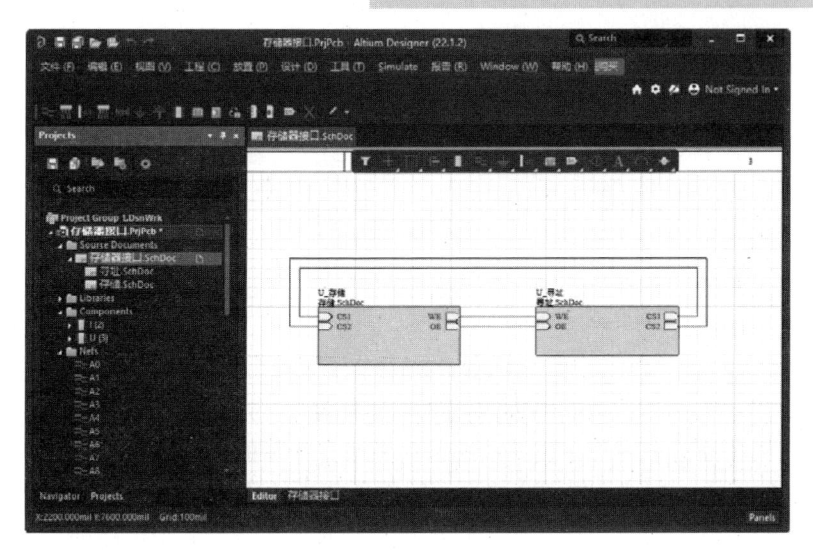

图 3-42 显示层次关系

3.5.3 4 Port UART 电路层次原理图设计

01 自上而下层次化原理图设计的主要步骤如下：

❶建立工作环境。

（1）在 Altium Designer 22 主界面中，选择“文件”→“新的”→“项目”菜单命令，选择“文件”→“新的”→“原理图”菜单命令，新建工程文件与原理图文件。

（2）右击选择“另存为”菜单命令将新建的原理图文件保存为“Top.SchDoc”。

❷执行“放置”→“页面符”菜单命令，放置页面符。

❸设置页面符属性。此时放置的图纸符号并没有具体的意义，需要进一步进行设置，包括其标识符、所表示的子原理图文件，以及一些相关的参数等。

（1）执行“放置”→“放置图纸入口”菜单命令，或者单击“布线”工具栏中的按钮，鼠标将变为十字形状。

（2）移动鼠标到页面符内部，选择要放置的位置单击，会出现一个电路端口随鼠标移动而移动，但只能在页面符图内部的边框上移动，在适当的位置再一次单击即可完成电路端口的放置。

（3）此时，光标仍处于放置电路端口的状态，重复上述的操作即可放置其他的电路端口。

右击或者按下< Esc>键便可退出操作。

❹设置电路端口的属性

（1）双击需要设置属性的电路端口，系统将弹出相应的电路端口属性编辑对话框，对电路端口的属性加以设置。

（2）使用导线或总线把每一个页面符图上的相应电路端口连接起来，并放置好接地符号，完成顶层原理图的绘制，如图 3-43 所示。

（3）根据顶层原理图中的页面符图，把与之相对应的子原理图分别绘制出来，这一过程就是使用页面符图来建立子原理图的过程。

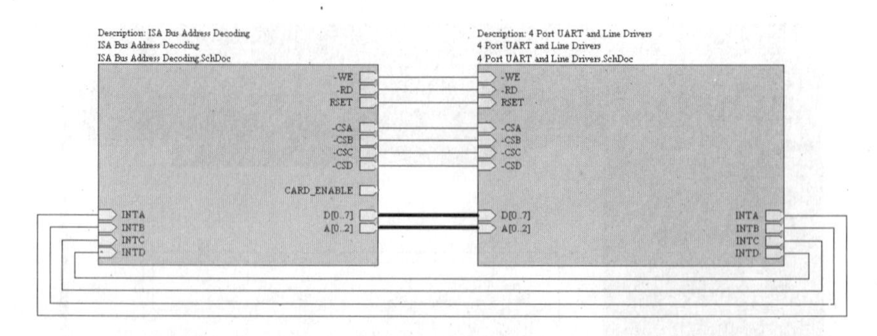

图 3-3　设计完成的顶层原理图

❺执行“设计”→“从页面符创建图纸”菜单命令，这时光标将变为十字形状。移动光标到上图左侧页面符图内部单击，系统自动生成一个新的原理图文件，名称为“ISA Bus Address Decoding. SchDoc”，与相应的页面符图所代表的子原理图文件名一致，如图 3-44 所示。用户可以看到，在该原理图中，已经自动放置好了与 14 个电路端口方向一致的输入输出端口。

图 3-44　由页面符图产生的子原理图

❻使用普通电路原理图的绘制方法，放置各种所需的元器件并进行电气连接，完成“ISA Bus Address Decoding. SchDoc”子原理图的绘制，如图 3-45 所示。

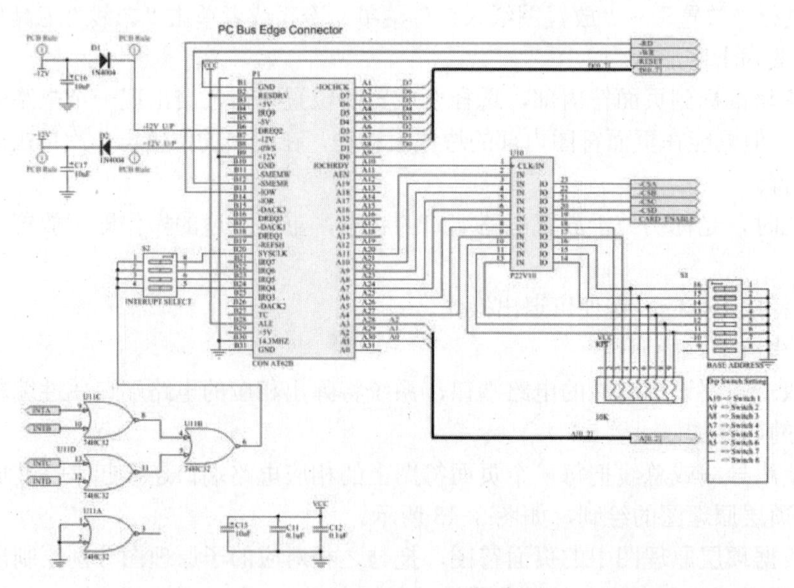

图 3-45　“ISA Bus Address Decoding. SchDoc” 子原理图

❼使用同样的方法，由顶层原理图中的另外 1 个页面符图“4 Port UART and Line Drivers”建立对应的子原理图“4 Port UART and Line Drivers.SchDoc”，并且绘制出来。

这样就采用自上而下的层次电路图设计方法完成了整个系统的电路原理图绘制。

02 自下而上层次化原理图设计的主要步骤如下：

❶新建项目文件。

（1）在 Altium Designer 22 主界面中，选择“文件”→“新的”→“项目”菜单命令，选择“文件”→“新的”→“原理图”菜单命令，新建工程文件与原理图文件。

（2）右键选择“保存工程为”菜单命令将新建的工程文件保存为“My job.PrjPCB”。然后右键选择“另存为”菜单命令将新建的原理图文件保存为“ISA Bus Address Decoding.SchDoc”。

同样的方法建立原理图文件“4 Port UART and Line Drivers.SchDoc”。

❷绘制各个子原理图。根据每一模块的具体功能要求，绘制电路原理图。

❸放置各子原理图中的输入输出端口。

（1）子原理图中的输入输出端口是子原理图与顶层原理图之间进行电气连接的重要通道，应该根据具体设计要求加以放置。

（2）放置了输入输出电路端口的两个子原理图“ISA Bus Address Decoding.SchDoc”和“4 Port UART and Line Drivers.SchDoc”。分别如图 3-45 和图 3-46 所示。

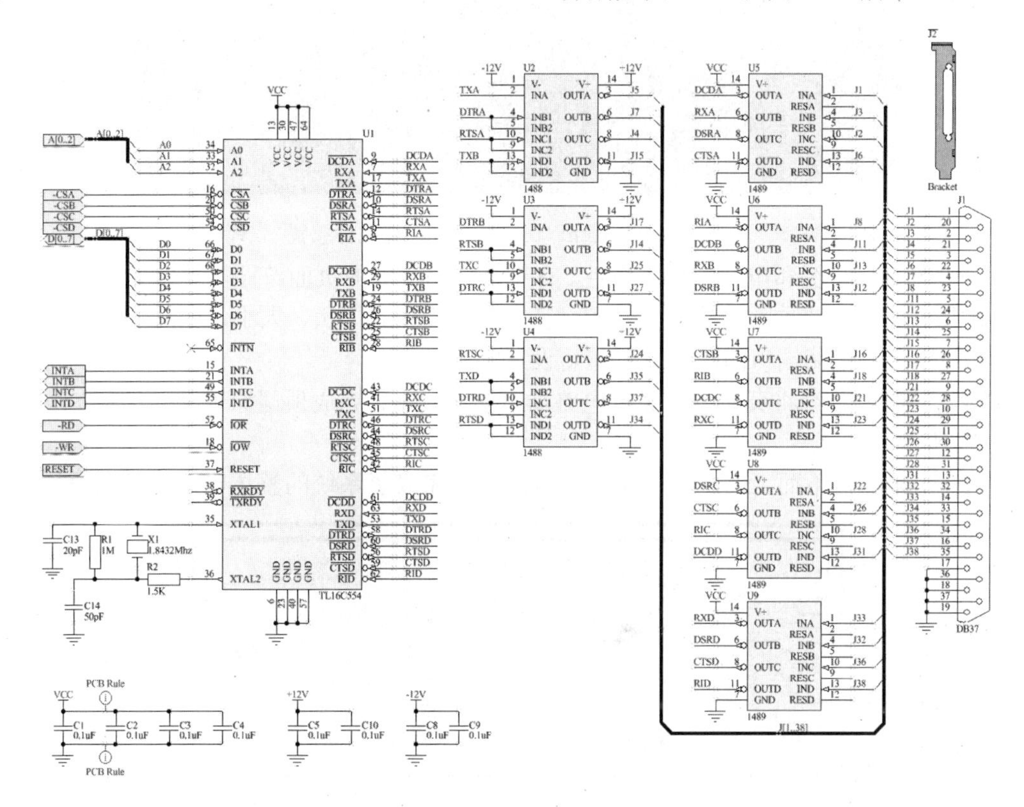

图 3-46　子原理图“4 Port UART and Line Drivers.SchDoc”

❹在项目“My job.PrjPCB”中新建一个原理图文件“Top1.SchDoc”，以便进行顶层原理图的绘制。

❺生成页面符。

（1）打开原理图文件“Top1. SchDoc”，执行“设计”→“Create Sheet Symbol From Sheet（原理图生成图纸符）”菜单命令，打开“Choose Document to Place”（选择文件位置）对话框，如图 3-47 所示。

（2）在该对话框中，系统列出了同一项目中除掉当前原理图外的所有原理图文件，用户可以选择其中的任何一个原理图来建立页面符图。例如，这里选中“ISA Bus Address Decoding. SchDoc”。

（3）光标变成十字形状，并带有一个页面符图的虚影。选择适当的位置单击，即可将该页面符图放置在顶层原理图中。

（4）该页面符图的标识符为“U_ISA Bus and Address Decoding”，边缘已经放置了 14 个电路端口，方向与相应的子原理图中输入输出端口一致。

（5）按照同样的操作方法，由子原理图“4 Port UART and Line Drivers. SchDoc”可以在顶层原理图中建立页面符图“U_4 Port UART and Line Drivers. SchDoc”，如图 3-55 所示。

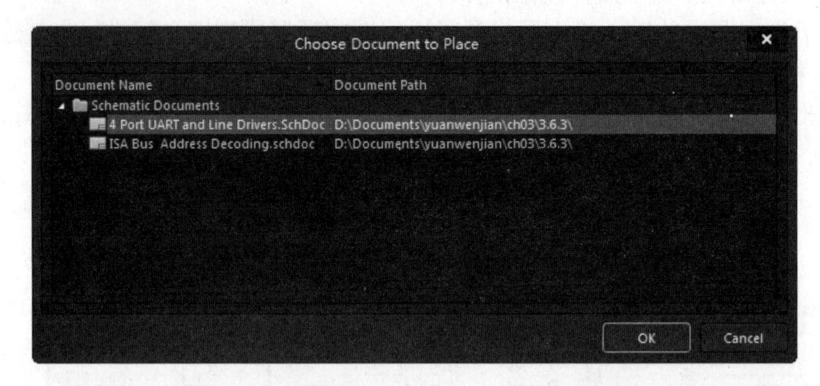

图 3-47　“Choose Document to Place（选择文件放置）”对话框

❻设置页面符图和电路端口的属性。有系统自动生成的页面符图不一定完全符合我们的设计要求，很多时候还需要加以编辑，包括页面符图的形状、大小，电路端口的位置要利于布线连接，电路端口的属性需要重新设置等。

❼用导线或总线将页面符图通过电路端口连接起来，完成顶层原理图的绘制，结果如图 3-48 所示。

这样，采用自下而上的层次电路设计方法同样完成了系统的整体电路原理图设计。

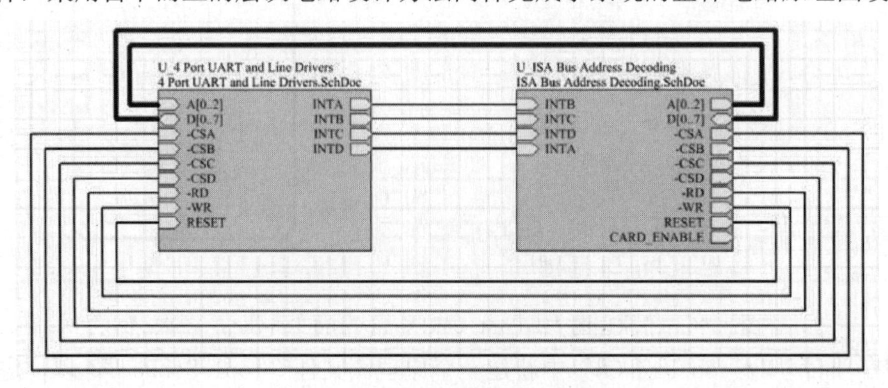

图 3-48　顶层原理图页面符图

3.5.4 游戏机电路原理图设计

本例利用层次原理图设计方法设计电子游戏机电路，涉及到的知识点包括层次原理图设计方法和生成元器件报表以及文件组织结构等。

01 建立工作环境。

❶在 Altium Designer 22 主界面中，选择“文件”→“新的”→“项目”菜单命令，右键选择“保存工程为”菜单命令将新建的工程文件保存为“电子游戏机电路.PrjPCB”。

❷选择“文件”→新的”→“原理图”菜单命令，然后右击选择“另存为”菜单命令将新建的原理图文件保存为“电子游戏机电路.SchDoc”。

02 放置页面符。选择“放置”→“页面符”菜单命令，放置页面符，设置页面符的属性，如图 3-49 所示。

03 放置图纸入口。执行“放置”→“添加图纸入口”菜单命令，在页面符图内部放置图纸入口并设置属性，如图 3-50 所示。

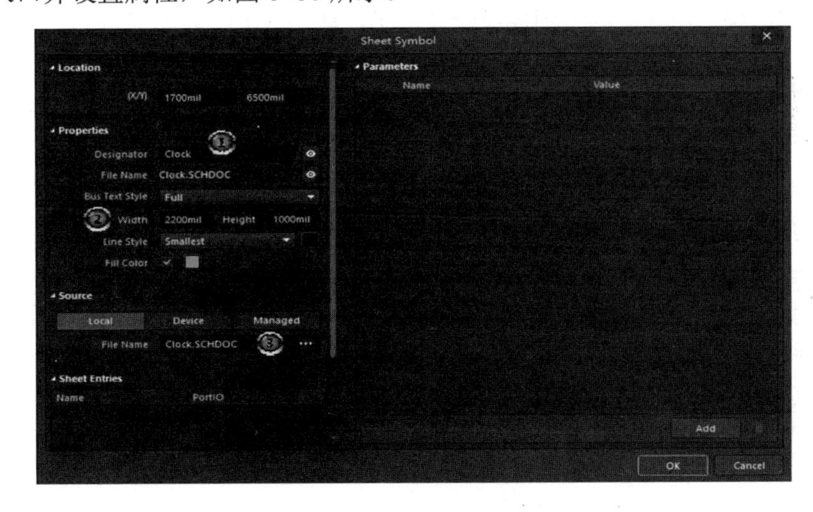

图 3-49 设置页面符属性

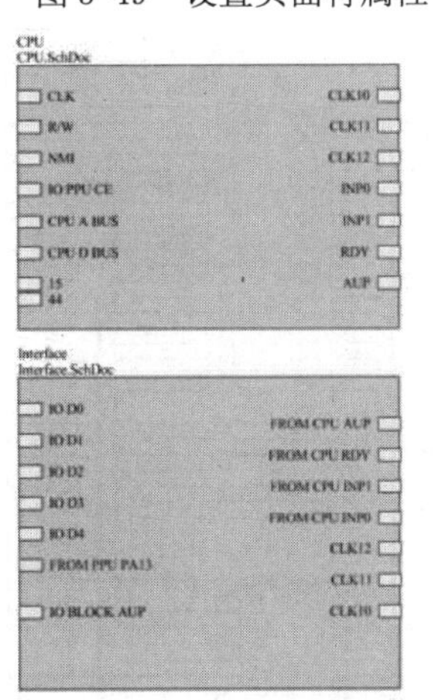

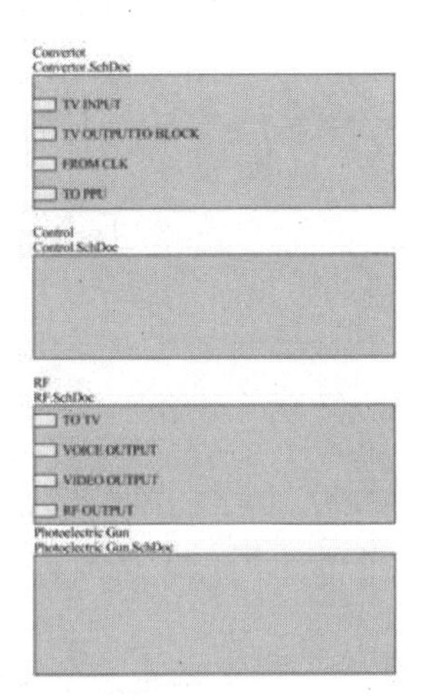

图 3-50 放置图纸入口后的原理图母图

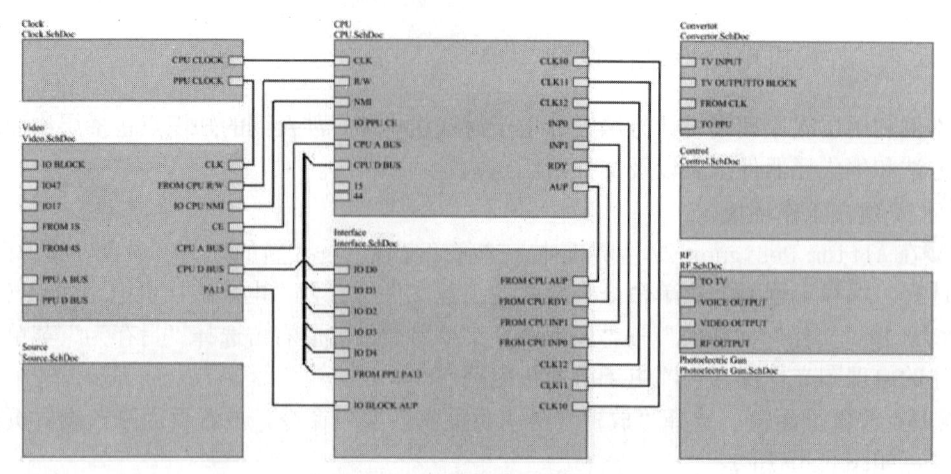

图 3-51　完成连线后的原理图母图

04 连线。将具有电气连接的页面符的各个图纸入口用导线或者总线连接起来。完成连接后，整个层次原理图的母图便设计完成了，如图 3-51 所示。

05 中央处理器电路模块设计。

❶执行“设计”→“从页面符创建图纸”菜单命令，这时光标将变为十字形状。移动光标到页面符图“CPU”上单击，系统自动生成一个新的原理图文件，名称为“CPU.SchDoc”，与相应的页面符图所代表的子原理图文件名一致。

❷在生成的 CPU.SchDoc 原理图中进行子图设计。该电路模块中用到的元件有 6257P、6116、SN74LS139A 和一些阻容元件（库文件在电子资料包中提供）。

❸放置元件到原理图中，对元件的各项属性进行设置，并对元件进行布局。然后进行布线操作，结果如图 3-52 所示。

06 其他电路模块设计。同样的方法绘制图像处理电路、接口电路、射频调制电路、制式转换电路、电源电路、时钟电路、光电枪电路和控制盒电路，如图 3-53～图 3-60 所示。

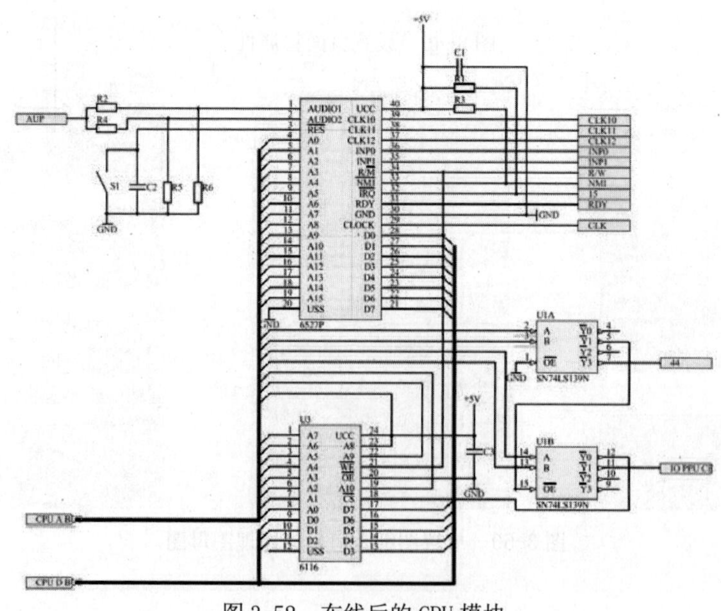

图 3-52　布线后的 CPU 模块

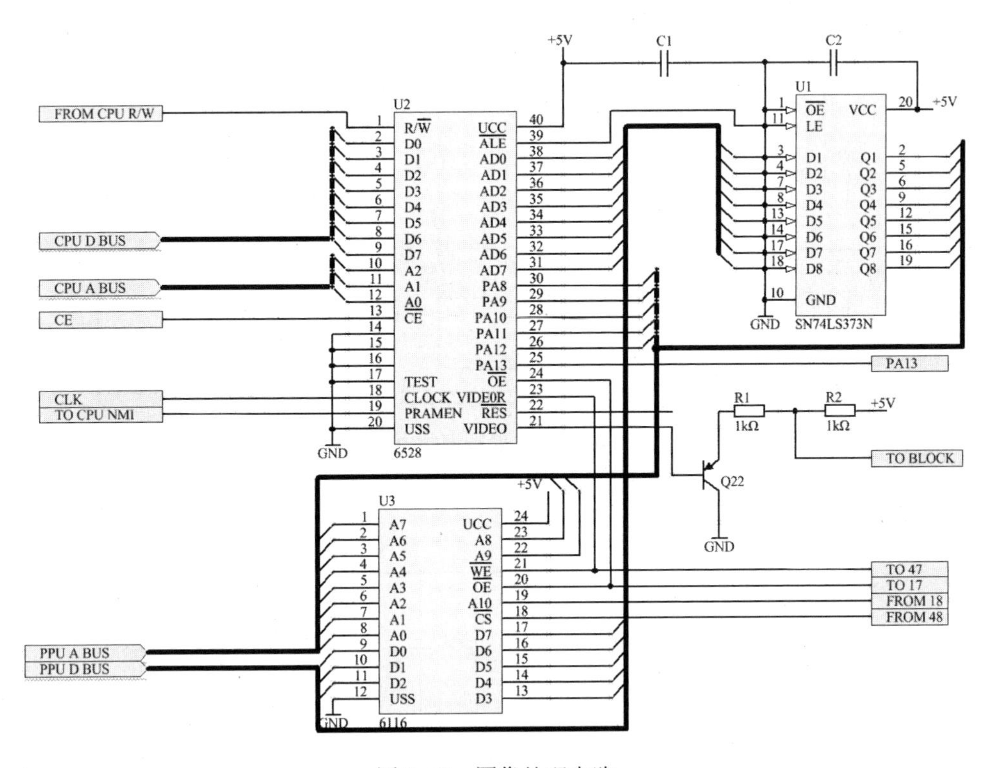

图 3-53　图像处理电路

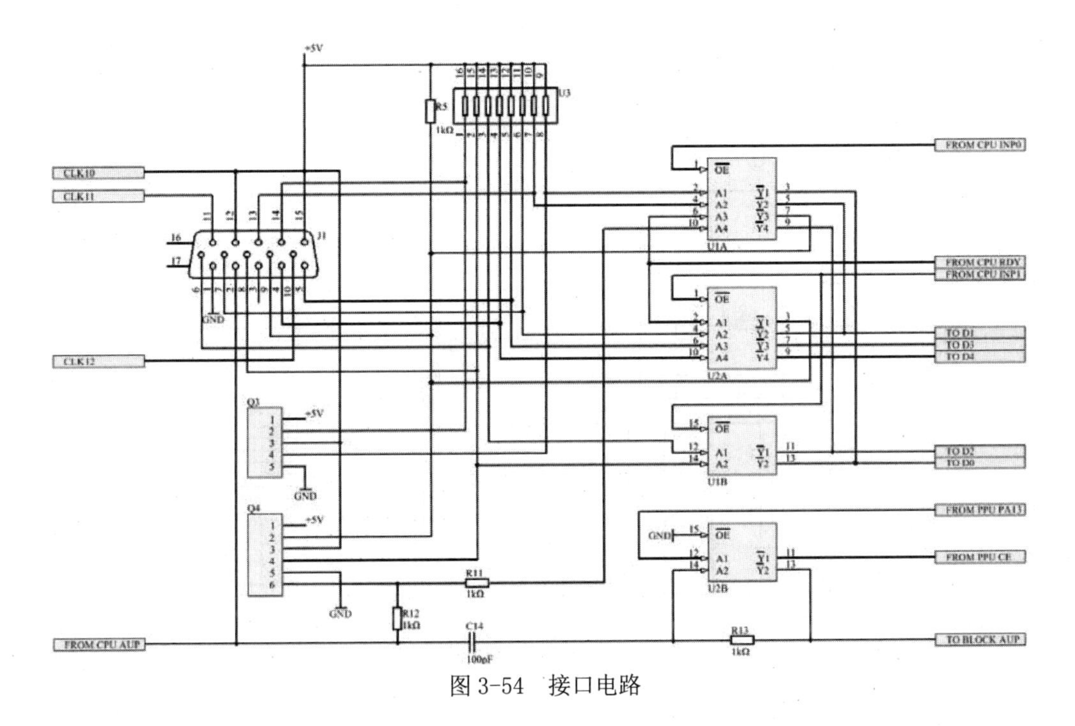

图 3-54　接口电路

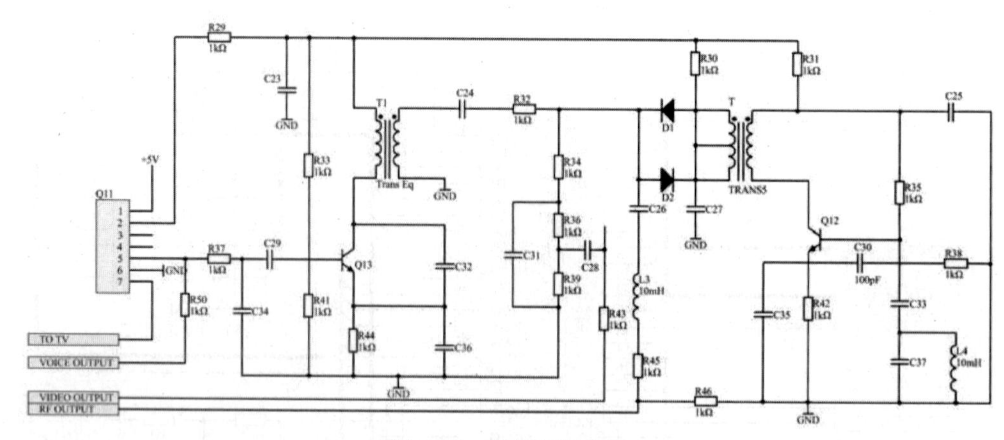

图 3-55　射频调制电路

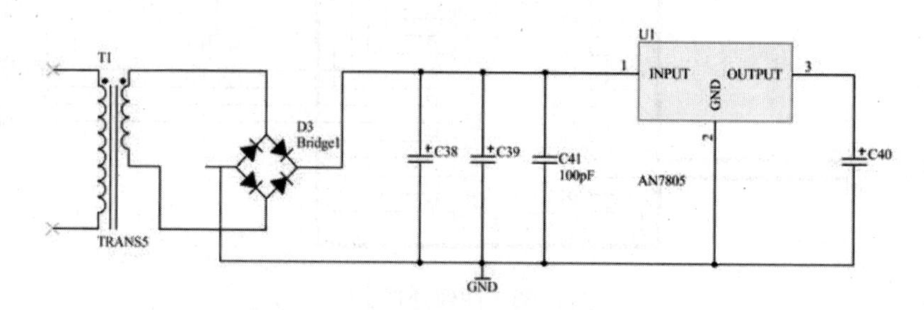

图 3-56　电源电路

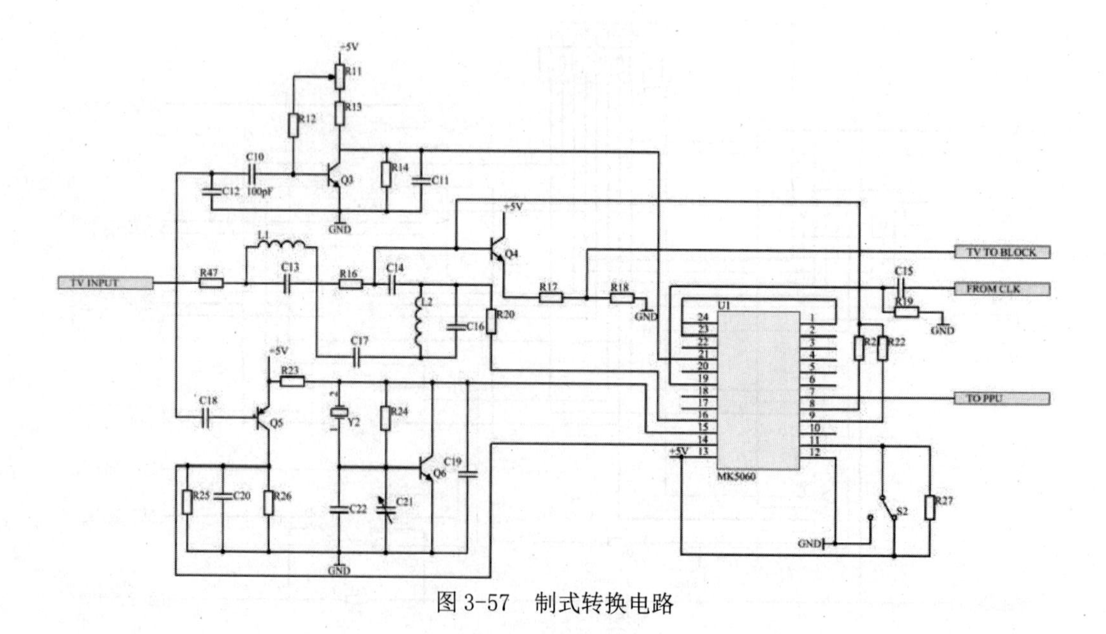

图 3-57　制式转换电路

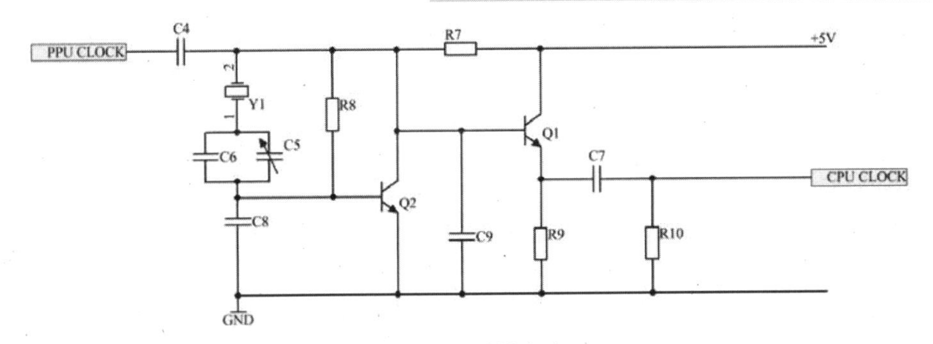

图 3-58 时钟电路

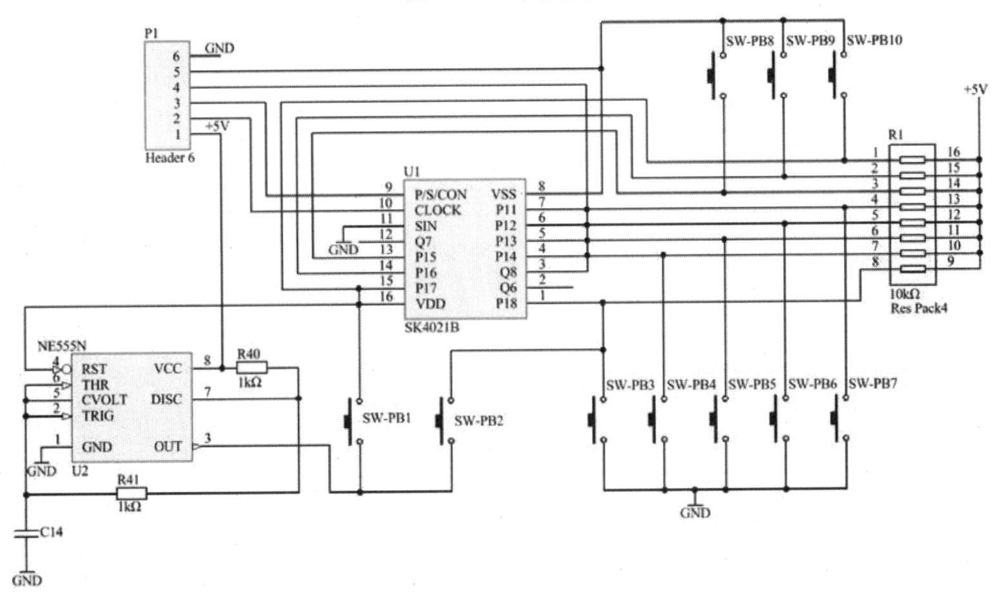

图 3-59 控制盒电路

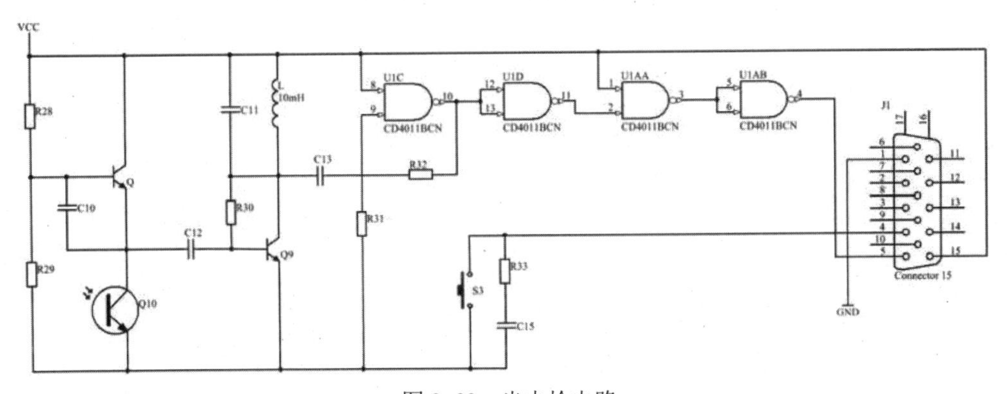

图 3-60 光电枪电路

第 4 章

原理图的后续处理

学习了原理图绘制的方法和技巧后，接下来介绍原理图的后续处理。本章主要内容包括：原理图的电气规则检查、原理图的查错和编译以及打印报表输出。

- 原理图的电气检测及编译
- 在原理图中添加 PCB 设计规则
- 打印与报表输出

4.1 打印与报表输出

原理图设计完成后，经常需要输出一些数据或图纸。本节将介绍Altium Designer 22原理图的打印与报表输出。

Altium Designer 22具有丰富的报表功能，可以方便地生成各种不同类型的报表。当电路原理图设计完成并且经过编译检测之后，应该充分利用系统所提供的这种功能来创建各种原理图的报表文件。借助于这些报表， 用户能够从不同的角度，更好地去掌握整个项目的有关设计信息，以便为下一步的设计工作做好充足的准备。

4.1.1 打印输出

为方便原理图的浏览和交流，经常需要将原理图打印到图纸上。Altium Designer 22提供了直接将原理图打印输出的功能。

在打印之前首先进行页面设置。单击菜单栏中的“文件”→“打印”命令，弹出如图4-1所示的对话框。在该对话框中可以对“Page Size（页面大小）”“Orientation（取向）”和“Scale Mode（缩放模式）”等进行设置，设置完成后，单击“Print（打印）”按钮，打印原理图。

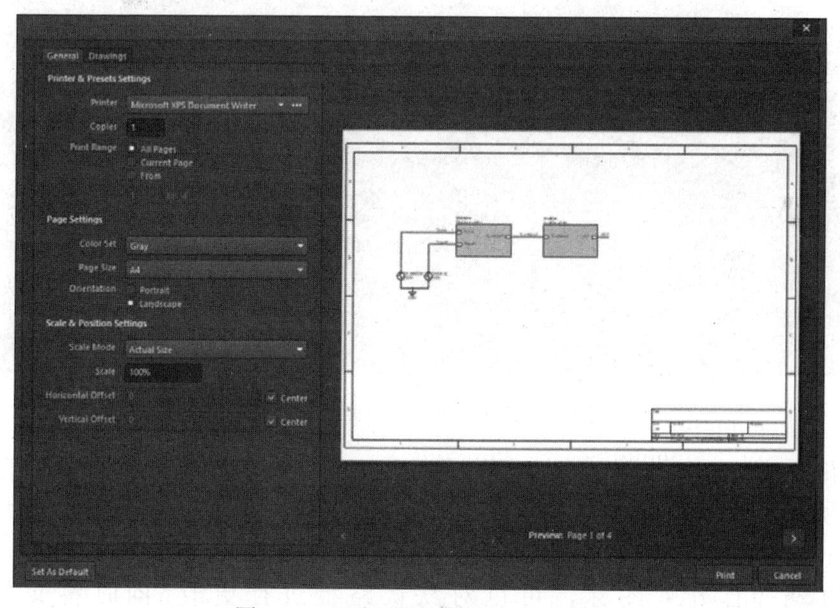

图4-1 “原理图打印属性”对话框

4.1.2 网络报表

在由原理图生成的各种报表中，网络表是最为重要的。所谓网络，指的是彼此连接在一起的一组元件管脚，一个电路实际上就是由若干网络组成的。而网络表就是对电路或者电路原理图的一个完整描述，描述的内容包括两个方面：一是电路原理图中所有元件的信息（包括元件标识、元件管脚和PCB封装形式等）；二是网络的连接信息（包括网络名称、网络节点等)，这些都是进行 PCB 布线、设计 PCB 印制电路板不可缺少的依据。

具体来说，网络表包括两种，一种是基于单个原理图文件的网络表，另一种是基于整个工程的网络表。

4.1.3 生成原理图文件的网络表

下面以上一章实例项目“Amplified Modulator”中一个原理图文件“Amplified Modulator1.schdoc”为例，介绍基于原理图文件网络表的创建。

01 网络表选项设置。打开电子资料包中“yuanwenjian\ch04\4.1\example”项目文件“Amplified Modulator. PrjPCB”，并打开其中的任一电路原理图文件。单击菜单栏中的“工程”→“工程选项”命令，弹出对话框。单击“Options（选项）”选项卡，如图 4-2 所示。其中部分选项的功能如下：

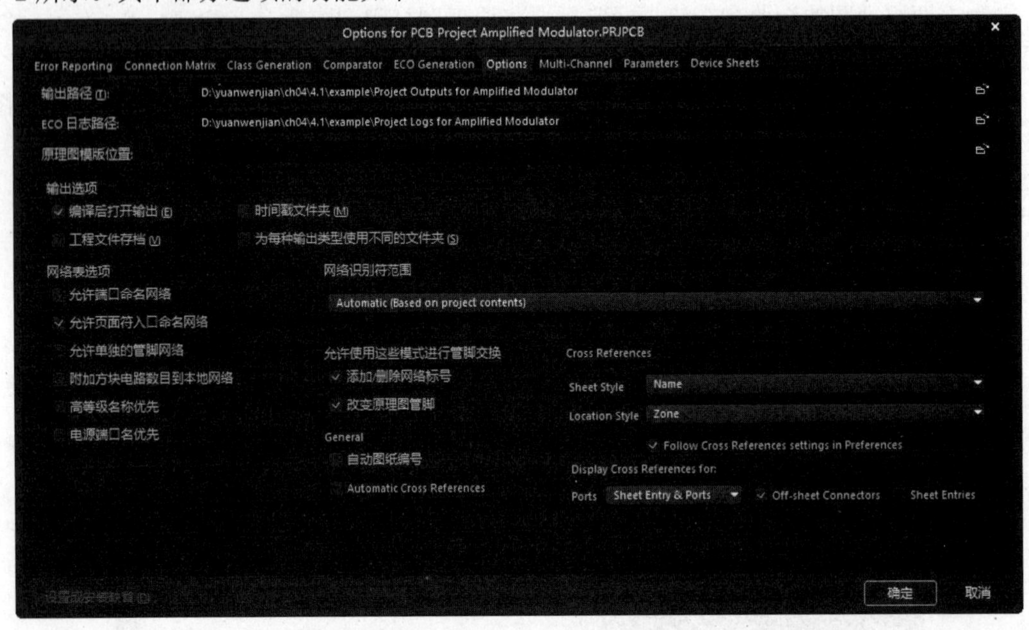

图 4-2 “Options（选项）”选项卡

❶“输出路径”文本框：用于设置各种报表（包括网络表）的输出路径，系统会根据当前项目所在的文件夹自动创建默认路径。例如，在图 4-3 中，系统创建的默认路径为“D:\yuanwenjian\ch04\4.1\example\Project Outputs for Amplified Modulator”。单击右侧的（打开）图标，可以对默认路径进行更改，同时将文件保存在“D:\yuanwenjian\ch04\4.1”。

❷“ECO 日志路径”文本框：用于设置 ECO Log 文件的输出路径，系统会根据当前项目所在的文件夹自动创建默认路径。单击右侧的（打开）图标，可以对默认路径进行更改。

❸“输出选项”选项组：用于设置网络表的输出选项，一般保持默认设置即可。

❹“网络表选项”选项组：用于设置创建网络表的条件。

➢ “允许端口命名网络”复选框：用于设置是否允许用系统产生的网络名代替与电

路输入/输出端口相关联的网络名。如果所设计的项目只是普通的原理图文件，不包含层次关系，可勾选该复选框。

- "允许页面符入口命名网络"复选框：用于设置是否允许用系统生成的网络名代替与图纸入口相关联的网络名，系统默认勾选。
- "允许单独的管脚网络"复选框：用于设置生成网络表时，是否允许系统自动将图纸号添加到各个网络名称中。当一个项目中包含多个原理图文档时，勾选该复选框，便于查找错误。
- "附加方块电路数目到本地网络"复选框：用于设置生成网络表时，是否允许系统自动将图纸号添加到各个网络名称中。当一个项目中包含多个原理图文档时，勾选该复选框，便于查找错误。
- "高等级名称优先"复选框：用于设置生成网络表时的排序优先权。勾选该复选框，系统将以名称对应结构层次的高低决定优先权。
- "电源端口名优先"复选框：用于设置生成网络表时的排序优先权。勾选该复选框，系统将对电源端口的命名给予更高的优先权。在本例中，使用系统默认的设置即可。

02 创建项目网络表。单击菜单栏中的"设计"→"工程的网络表"→"Protel（生成项目网络表）"命令。系统自动生成了当前工程的网络表文件"Amplified Modulator.NET"，并存放在当前项目下的"Generated（生成）→Netlist Files（网络表文件）"文件夹中。双击打开该项目网络表文件"Amplified Modulator.NET"，结果如图4-3所示。

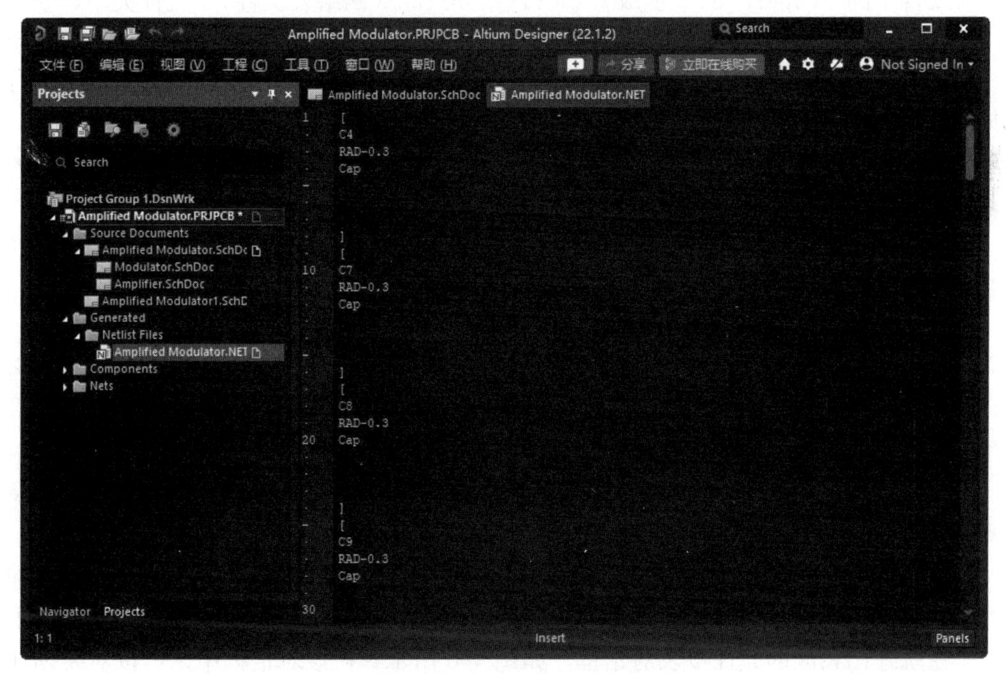

图4-3 打开项目网络表文件

该网络表是一个简单的ASCII码文本文件，由多行文本组成。内容分成了两大部分，一部分是元件的信息，另一部分是网络信息。

元件信息由若干小段组成，每一个元件的信息为一小段，用方括号分隔，由元件标识、元件封装形式、元件型号、管脚、数值等组成，如图 4-4 所示。空行则是由系统自动生成的。

网络信息同样由若干小段组成，每一个网络的信息为一小段，用方括号分隔，由网络名称和网络中所有具有电气连接关系的元件序号及管脚组成，如图 4-5 所示。

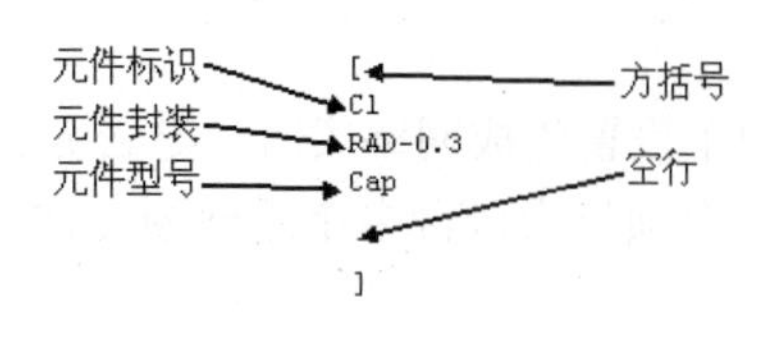

图 4-4　一个元件的信息组成

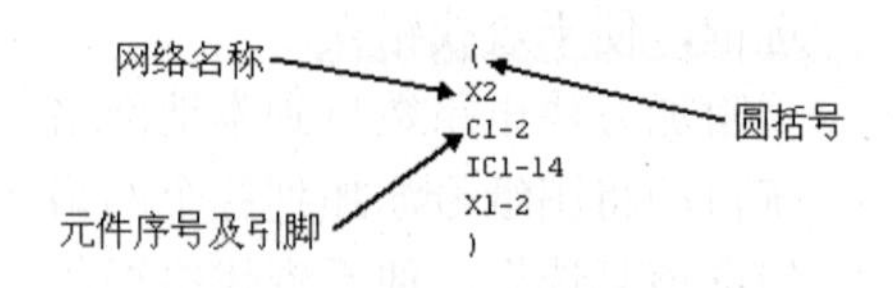

图 4-5　一个网络的信息组成

4.1.4　基于单个原理图文件的网络表

下面以项目“Amplified Modulator.PrjPCB”中的一个原理图文件“Amplified Modulatort1.SchDoc”为例，介绍基于单个原理图文件网络表的创建过程。

打开项目“Amplified Modulator.PrjPCB”中的原理图文件“Amplified Modulator.SchDoc”。单击菜单栏中的“设计”→“文件的网络表”→“Protel（生成原理图网络表）”命令，系统自动生成了当前原理图的网络表文件“Amplified Modulator1.NET”，并存放在当前项目下的“Generated（生成）\Netlist Files（网络表文件）”文件夹中。

其他原理图文件生成网络表的方式与上述原理图的网络表是一样的，在此不再重复。

由于该项目不只有一个原理图文件，因此基于原理图文件的网络表“Amplified Modulator.NET”与基于整个工程的网络表“Amplified Modulator.NET”，是不同的，所包含的内容却是不完全相同的；如果该项目只有一个原理图文件，则基于原理图文件的网络表与基于整个工程的网络表，虽然名称不同，但所包含的内容却是完全相同的。

4.1.5　生成元件报表

元件报表主要用来列出当前项目中用到的所有元件标识、封装形式、元件库中的名称等，相当于一份元件清单。依据这份报表，用户可以详细查看项目中元件的各类信息，同时在制作印制电路板时，也可以作为元件采购的参考。

下面仍以项目“Amplified Modulator.PrjPCB”为例，介绍元件报表的创建过程及功能特点。

01 元件报表的选项设置。打开项目“Amplified Modulator.PrjPCB”中的原理图文件“Modulator.SchDoc”，单击菜单栏中的“报告”→“Bill of Materials（元件清单）”命令，系统弹出相应的元件报表对话框，如图 4-6 所示。在该对话框中，可以对要创建的元件报表的选项进行设置。右侧有两个选项卡，它们的主要功能如下：

❶“General（通用）”选项卡：一般用于设置常用参数。部分选项功能如下：

➢　“File Format（文件格式）”下拉列表框：用于为元件报表设置文件输出格式。

单击右侧的下拉按钮▼，可以选择不同的文件输出格式。

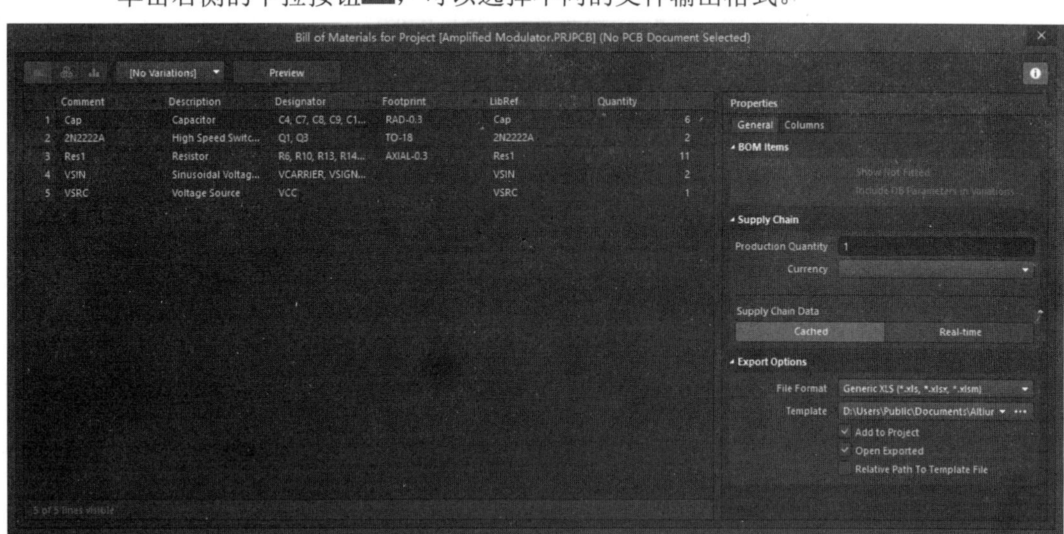

图 4-6　设置元件报表

- “Add to Project（添加到项目）”复选框：若勾选该复选框，则系统在创建了元件报表之后会将报表直接添加到项目里面。
- “Open Exported（打开输出报表）”复选框：若勾选该复选框，则系统在创建了元件报表以后，会自动以相应的格式打开。
- “Template（模板）”下拉列表框：用于为元件报表设置显示模板。单击右侧的下拉按钮▼，可以使用曾经用过的模板文件，也可以单击···按钮重新选择。选择时，如果模板文件与元件报表在同一目录下，则可以勾选下面的“Relative Path to Template File（模板文件的相对路径）”复选框，使用相对路径搜索，否则应该使用绝对路径搜索。

❷“Columns(纵队)”选项卡:用于列出系统提供的所有元件属性信息，如“Description（元件描述信息）”“Component Kind（元件种类）”等。部分选项功能如下：

“Drag a column to group（将列拖到组中）”列表框：用于设置元件的归类标准。如果将“Columns（纵队）”列表框中的某一属性信息拖到该列表框中，则系统将以该属性信息为标准，对元件进行归类，显示在元件报表中。

“Columns（纵队）”列表框：单击◉按钮，将其进行显示，即将在元件报表中显示出来需要查看的有用信息，如图 4-7 所示。

02 元件报表的创建。

❶在元件报表对话框中单击“Template（模板）”文本框右侧的…按钮，选择元件报表模板文件“BOM Default Template.XLT”，如图 4-8 所示。

❷单击 打开(O) 按钮后，返回元件报表对话框，并勾选“Add to Project”和“Open Exported”选项。

❸单击“Export（输出）”按钮，可以将该报表进行保存，默认文件名为“Amplified Modulator.xls”，是一个 Excel 文件，单击 保存(S) 按钮，进行保存，并打开该报表，如图 4-9 所示。

完成的结果文件保存在电子资料包中“yuanwenjian\ch04\4.1”文件中。

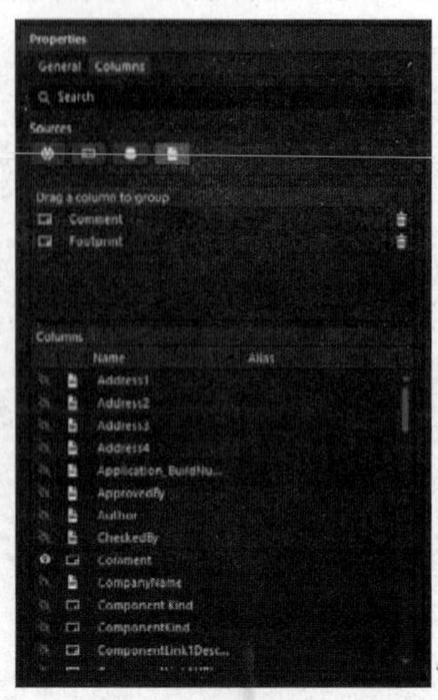

图 4-7　元件的归类显示

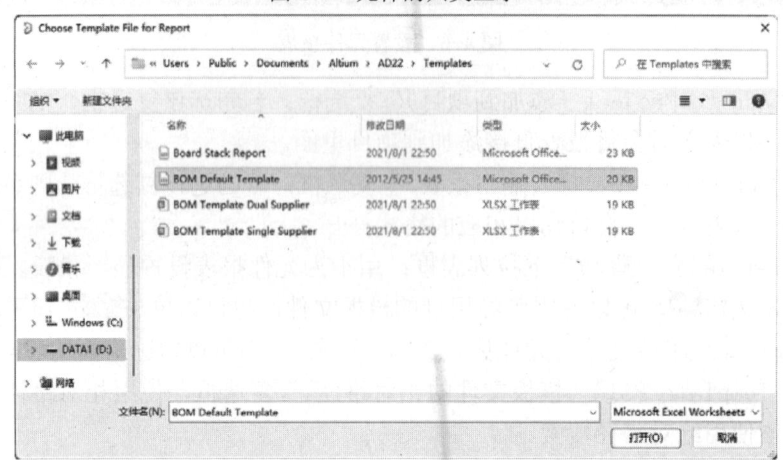

图 4-8　选择元件报表模板

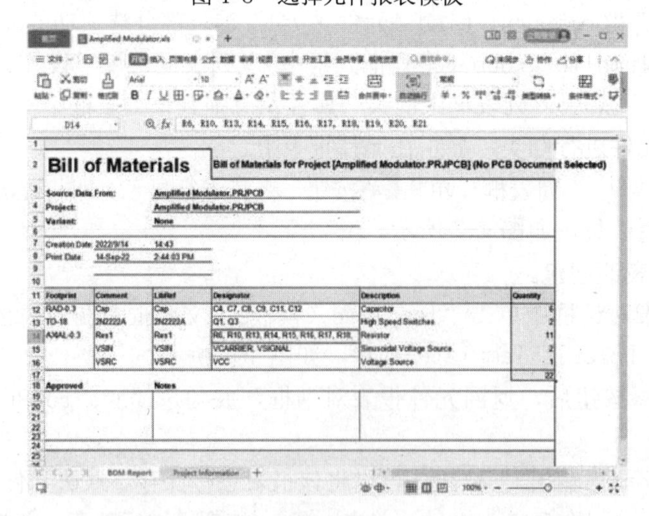

图 4-9　“Amplified Modulator.xls”报表

4.2 查找与替换操作

4.2.1 查找文本

该命令用于在电路图中查找指定的文本，通过此命令可以迅速找到包含某一文字标识的图元。下面介绍该命令的使用方法。

单击菜单栏中的“编辑”→“查找文本”命令，或者用快捷键〈Ctrl〉+〈F〉，系统将弹出如图4-10所示的“查找文本”对话框。

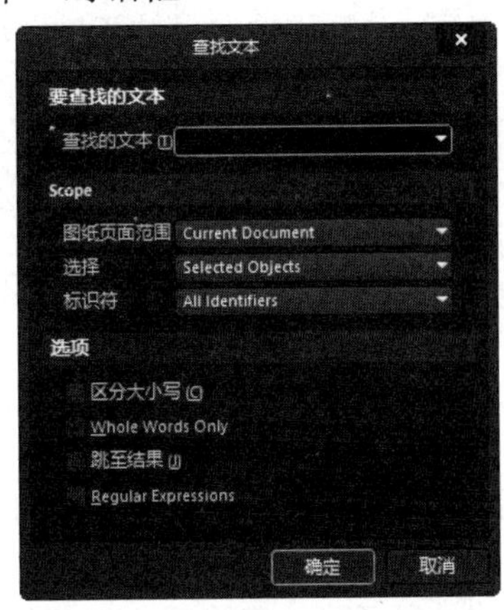

图4-10　“查找文本”对话框

“查找文本”对话框中各选项的功能如下：

- “要查找的文本”选项组：其中“查找的文本”文本框用于输入需要查找的文本。
- “Scope（范围）”选项组：包含“图纸页面范围”、“选择”和“标识符”3个下拉列表框。“图纸页面范围”下拉列表框用于设置所要查找的电路图范围。“选择”下拉列表框用于设置需要查找的文本对象的范围。“标识符”下拉列表框用于设置查找的电路图标识符范围。
- “选项”选项组：用于匹配查找对象所具有的特殊属性。选中“区分大小写”复选框表示查找时要注意大小写的区别；选中“Whole Words Only（整词匹配）”复选框表示只查找具有整个单词匹配的文本，要查找的网络标识包含的内容有网络标签、电源端口、I/O端口、方块电路I/O口；选中“跳至结果”复选框表示查找后跳到结果处；选中“Regular Expressions（正则表达式）”复选框表示使用正则表达式进行搜索。

用户按照自己的实际情况设置完对话框的内容后，单击“确定”按钮开始查找。

4.2.2 文本替换

该命令用于将电路图中指定文本用新的文本替换掉，该操作在需要将多处相同文本修改成另一文本时非常有用。首先单击菜单栏中的“编辑”→“替换文本”命令，或按用快捷键〈Ctrl〉+〈H〉，系统将弹出如图4-11所示的“查找并替换文本”对话框。

可以看出如图 4-10 和图 4-11 所示的两个对话框非常相似，对于相同的部分，这里不再赘述，读者可以参看“查找文本”命令，下面只对上面未提到的一些选项进行解释。

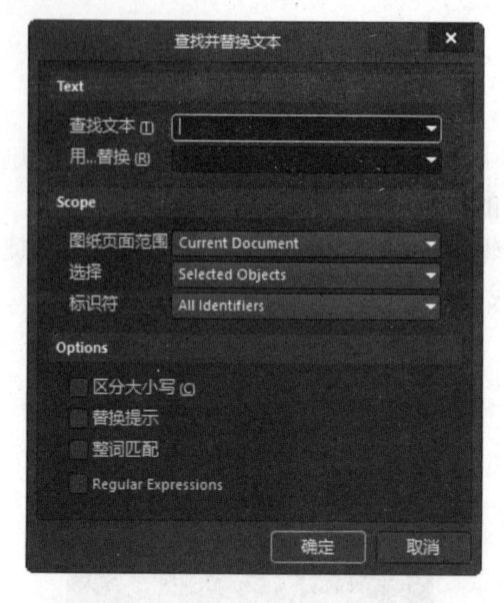

图 4-11 “查找并替换文本”对话框

- “用...替换”下拉列表框：用于选择替换原文本的新文本。
- “替换提示”复选框：用于设置是否显示确认替换提示对话框。如果选中该复选框表示在进行替换之前，显示确认替换提示对话框，反之不显示。

4.2.3 发现下一个

该命令用于查找“查找文本”对话框中指定的文本，也可以用快捷键<F3>来执行该命令。

4.2.4 查找相似对象

在原理图编辑器中提供了查找相似对象的功能。具体的操作步骤如下：

01 单击菜单栏中的“编辑”→“查找相似对象”命令，光标将变成十字形状出现在工作窗口中。

02 移动光标到某个对象上单击，系统将弹出如图 4-12 所示的“查找相似对象”对话框，在该对话框中列出了该对象的一系列属性。通过对各项属性进行匹配程度的设置，可决定搜索的结果。

- “Kind（种类）”选项组：显示对象类型。
- “Design（设计）”选项组：显示对象所在的文档。
- “Graphical（图形）”选项组：显示对象图形属性。
- “Object Specific（对象特性）”选项组：显示对象特性。

在选中元件的每一栏属性后都另有一栏，在该栏上单击将弹出下拉列表框，在下拉列表框中可以选择搜索时对象和被选择的对象在该项属性上的匹配程度，包含以下 3 个选项。

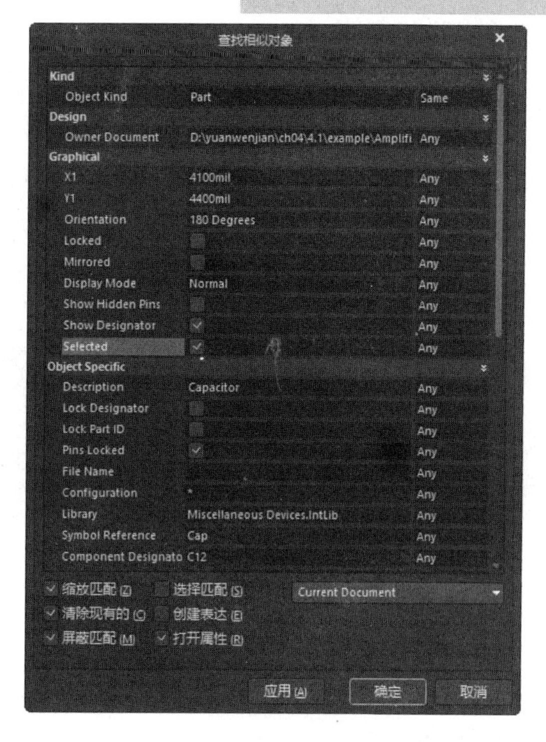

图 4-12 “查找相似对象”对话框

- Same（相同）：被查找对象的该项属性必须与当前对象相同。
- Different（不同）：被查找对象的该项属性必须与当前对象不同。
- Any（忽略）：查找时忽略该项属性。

03 单击“应用”按钮，在工作窗口中将屏蔽所有不符合搜索条件的对象，并跳转到最近的一个符合要求的对象上。此时可以逐个查看这些相似的对象。

4.3 元件编号管理

对于元件较多的原理图，当设计完成后，往往会发现元件的编号变得很混乱或者有些元件还没有编号。用户可以逐个地手动更改这些编号，但是这样比较烦琐，而且容易出现错误。Altium Designer 22 提供了元件编号管理的功能。

01 “标注”对话框。单击菜单栏中的“工具”→“标注”→“原理图标注”命令，系统将弹出如图 4-13 所示“标注”对话框。在该对话框中，可以对元件进行重新编号。

“标注”对话框分为两部分：左侧是“原理图标注配置”，右侧是“提议更改列表”。

❶在左侧的“原理图标注配置”栏中列出了当前工程中的所有原理图文件。通过文件名前面的复选框，可以选择对哪些原理图进行重新编号。

在对话框左上角的“处理顺序”下拉列表框中列出了 4 种编号顺序，即“Up Then Across（先向上后左右）”“Down Then Across（先向下后左右）”“Across Then Up（先左右后向上）”和“Across Then Down（先左右后向下）”。

在“匹配选项”选项组中列出了元件的参数名称。通过勾选参数名前面的复选框，用户可以选择是否根据这些参数进行编号。

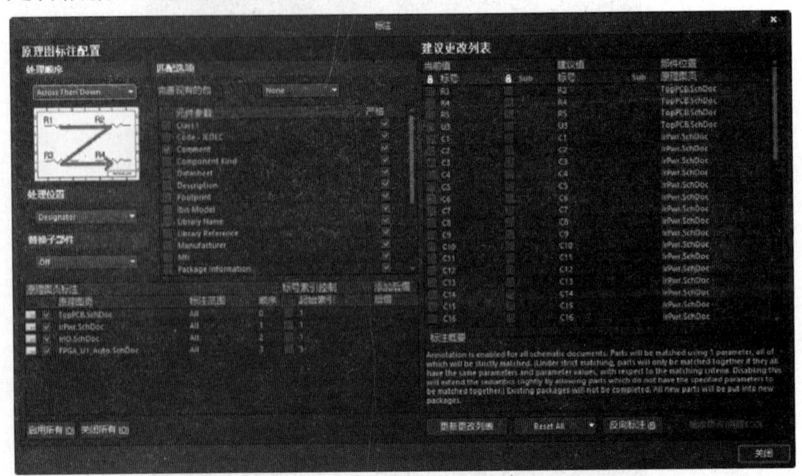

图 4-13　重置后的元件编号

❷在右侧的“当前值”栏中列出了当前的元件编号，在“建议值”栏中列出了新的编号。

02 重新编号的方法。对原理图中的元件进行重新编号的操作步骤如下：

❶选择要进行编号的原理图。

❷选择编号的顺序和参照的参数，在“标注”对话框中单击“Reset All（全部重新编号）”按钮，对编号进行重置。系统将弹出“Information（信息）”对话框，提示用户编号发生了哪些变化。单击“OK（确定）”按钮，重置后，所有的元件编号将被消除。

❸单击“更新更改列表”按钮，重新编号，系统将弹出如图 4-14 所示的“Information”（信息）对话框，提示用户相对前一次状态和相对初始状态发生的改变。

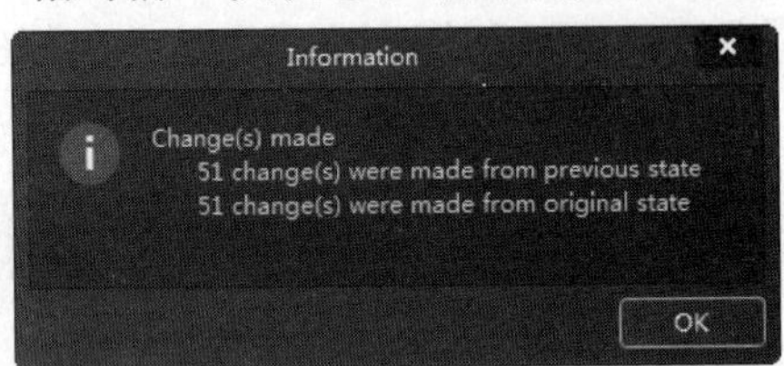

图 4-14　“Information（信息）”对话框

❹在“工程变更指令”中可以查看重新编号后的变化。如果对这种编号满意，则单击“接受更改（创建 ECO）”按钮，在弹出的“工程变更指令”对话框中更新修改，如图 4-15 所示。

❺在“工程变更指令”对话框中，单击“验证变更”按钮，可以验证修改的可行性，如图 4-16 所示。

❻单击“报告变更”按钮，系统将弹出如图 4-17 所示的“报告预览”对话框，在其中可以将修改后的报表输出。单击“导出”按钮，可以将该报表进行保存，默认文件名为“PcbIrda.PrjPCB And PcbIrda.xls”，是一个 Excel 文件；单击“打开”按钮，可以将该报表打开，如图 4-18 所示。

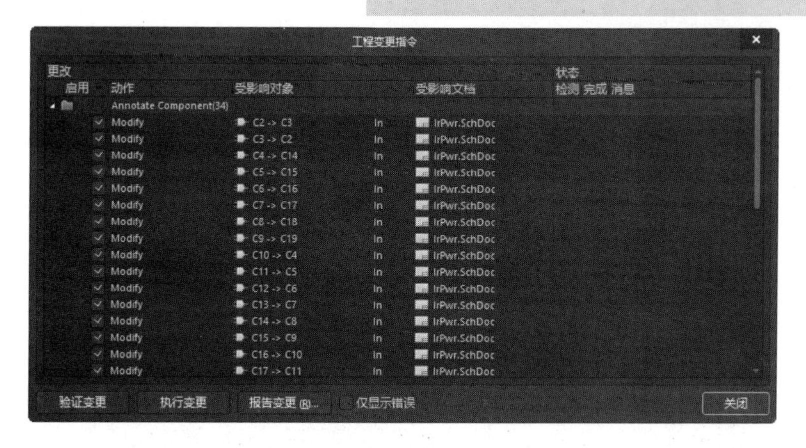

图 4-15　“工程变更指令”对话框

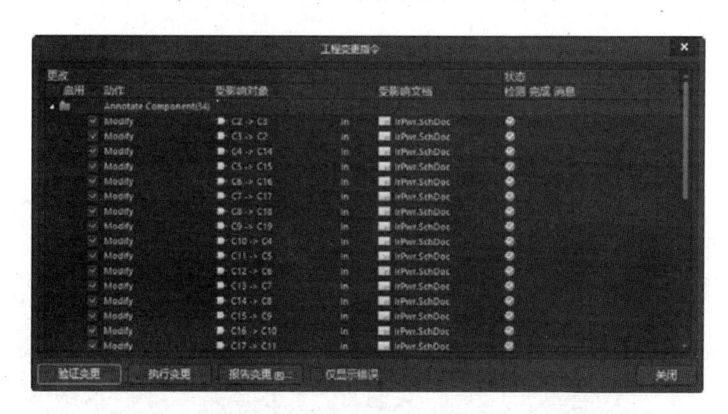

图 4-16　验证修改的可行性

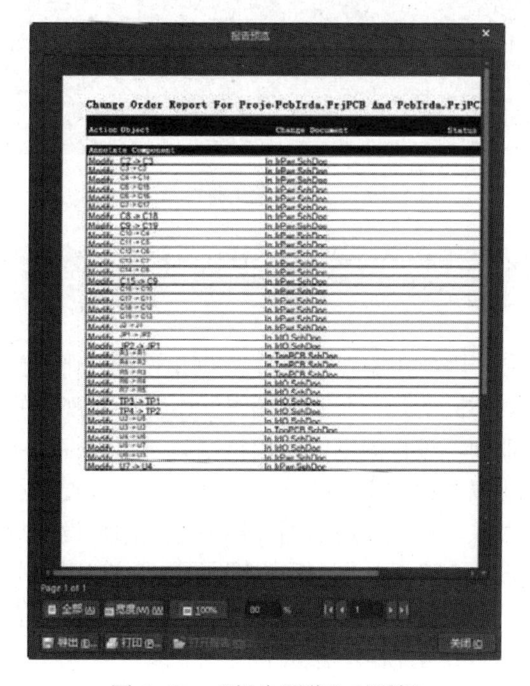

图 4-17　“报告预览”对话框

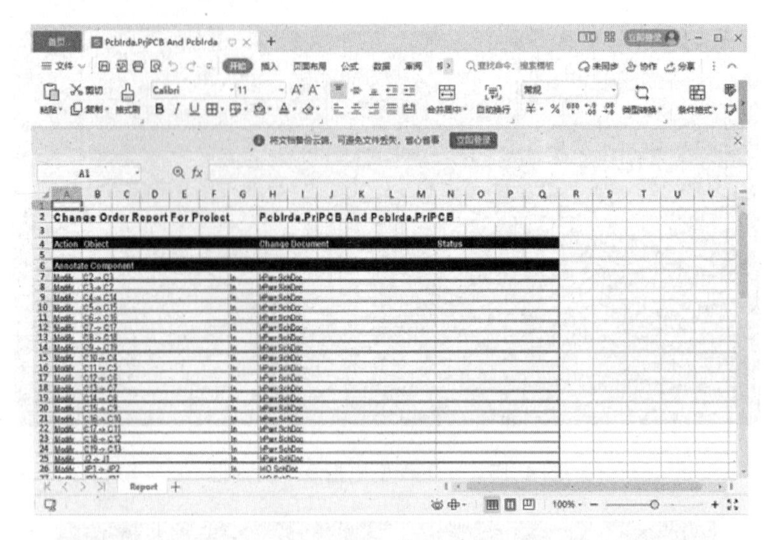

图 4-18　打开报表

❼单击“工程变更指令”对话框中的“执行变更”按钮，即可执行修改，如图 4-19 所示，对元件的重新编号便完成了。

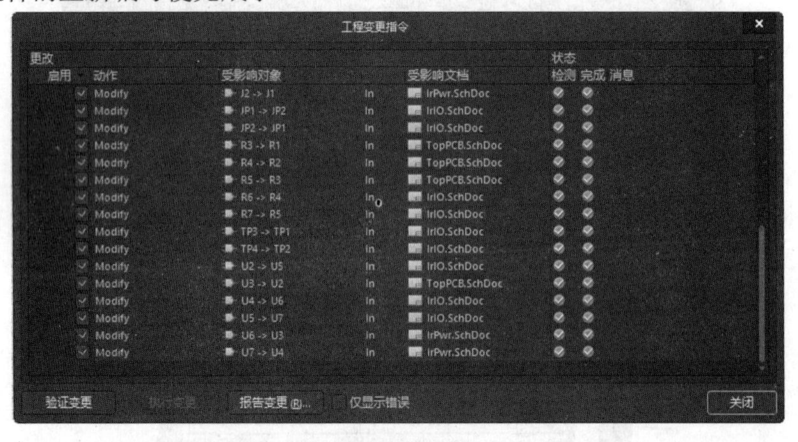

图 4-19　“工程变更指令”对话框

4.4　在原理图中添加 PCB 设计规则

Altium Designer 允许用户在原理图中添加 PCB 设计规则。当然，PCB 设计规则也可以在 PCB 编辑器中定义。不同的是，在 PCB 编辑器中，设计规则的作用范围是在规则中定义的，而在原理图编辑器中，设计规则的作用范围就是添加规则所处的位置。这样，用户在进行原理图设计时，可以提前定义一些 PCB 设计规则，以便进行下一步 PCB 设计。

对于元件、管脚等对象，可以使用前面介绍的方法添加设计规则。而对于网络、属性对话框，需要在网络上放置 PCB Layout 标志来设置 PCB 设计规则。

例如，对如图 4-20 所示电路的 VCC 网络和 GND 网络添加一条设计规则，设置 VCC 和 GND 网络的走线宽度为 30mil 的操作步骤如下：

01 单击菜单栏中的“放置”→“指示”→“参数设置”命令，放置 PCB Layout 标志并进行双击，弹出如图 4-21 所示的“Parameter Set（参数设置）”对话框。

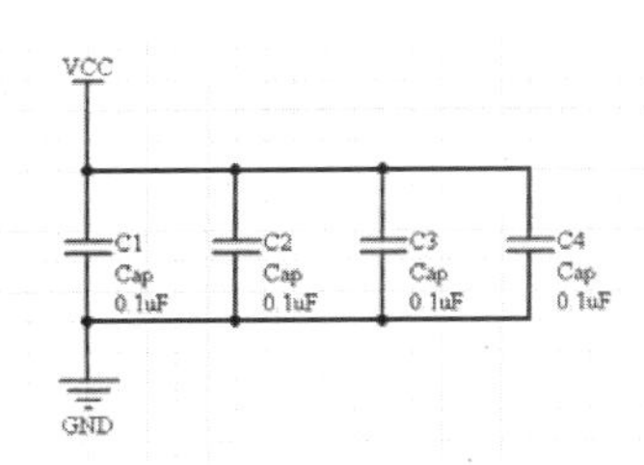

图 4-20　示例电路

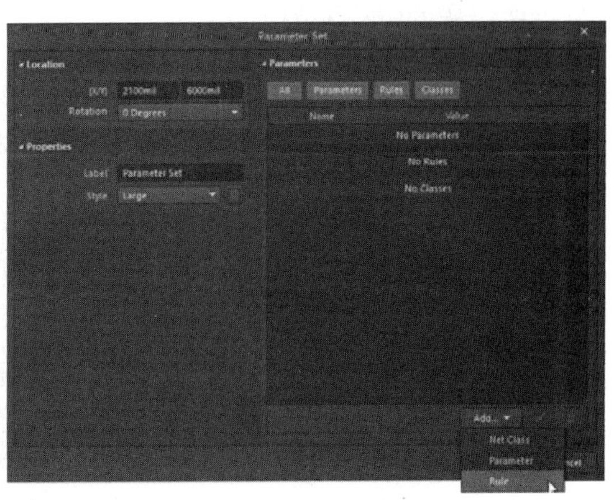

图 4-21　“Parameter Set（参数设置）”对话框

02 在“Parameters（参数）”选项组下单击“Add（添加）”下拉菜单中的“Rule（规则）”按钮，系统将弹出如图 4-22 所示的“选择设计规则类型”对话框，在其中可以选择要添加的设计规则。双击“Width Constraint”选项，系统将弹出如图 4-23 所示的“Edit PCB Rule(From Schematic)-Max-Min Width Rule（编辑 PCB 规则）”对话框。其中各选项意义如下：

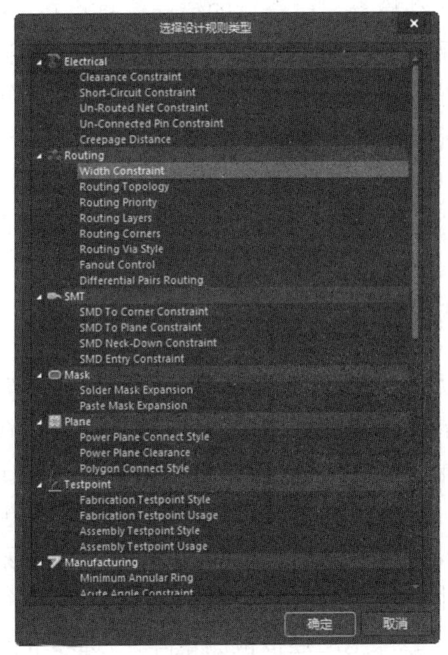

图 4-22　“选择设计规则类型”对话框

- 最小宽度：走线的最小宽度。
- 首选宽度：走线首选宽度。
- 最大宽度：走线的最大宽度。

03 将 3 项都设为 30mil，单击“确定”按钮。

04 将修改后的 PCB Layout 标志放置到相应的网络中，完成对 VCC 和 GND 网络走线宽度的设置，效果如图 4-24 所示。

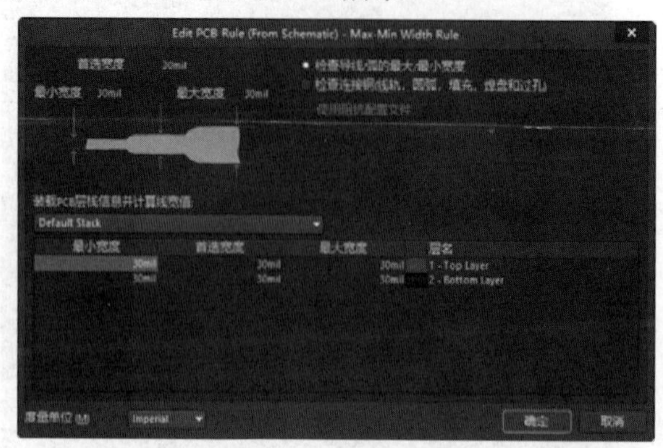

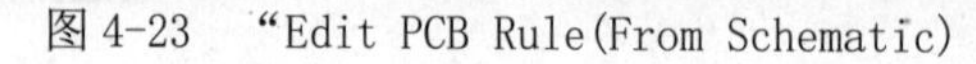

图 4-23 “Edit PCB Rule(From Schematic)-Max-Min Width Rule（编辑 PCB 规则）”对话框

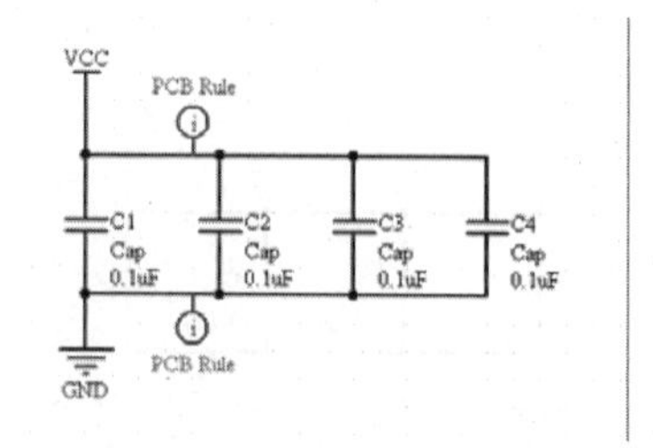

图 4-24 添加 PCB Layout 标志的效果

4.5 原理图的电气检测及验证

Altium Designer 22 和其他的 Protel 家族软件一样提供了电气检查规则，可以对原理图的电气连接特性进行自动检查，检查后的错误信息将在“Messages（信息）”面板中列出，同时也在原理图中标注出来。用户可以对检查规则进行设置，然后根据面板中所列出的错误信息来对原理图进行修改。有一点需要注意，原理图的自动检测机制只是按照用户所绘制原理图中的连接进行检测，系统并不知道原理图的最终效果，所以如果检测后的“Messages（信息）”面板中并无错误信息出现，这并不表示该原理图的设计完全正确。用户还需将网络表中的内容与所要求的设计反复对照和修改，直到完全正确为止。

4.5.1 原理图的自动检测设置

原理图的自动检测可以在“Project Options（项目选项）”中设置。单击菜单栏中的“工程”→“工程选项”命令，系统将弹出如图 4-25 所示的“Options for PCB Project…（PCB 项目的选项）”对话框，所有与项目有关的选项都可以在该对话框中进行设置。

在“Options for PCB Project…（PCB 项目的选项）”对话框中包括以下选项卡。

- “Error Reporting（错误报告）”选项卡：用于设置原理图的电气检查规则。当进行文件的编译时，系统将根据该选项卡中的设置进行电气规则的检测。
- “Connection Matrix（电路连接检测矩阵）”选项卡：用于设置电路连接方面的检测规则。当对文件进行编译时，通过该选项卡的设置可以对原理图中的电路连接进行检测。
- “Classes Generation（自动生成分类）”选项卡：用于设置自动生成分类。
- “Comparator（比较器）”选项卡：当两个文档进行比较时，系统将根据此选项卡中的设置进行检查。
- “ECO Generation（工程变更顺序）”选项卡：依据比较器发现的不同，对该选项卡进行设置来决定是否导入改变后的信息，大多用于原理图与 PCB 间的同步更新。

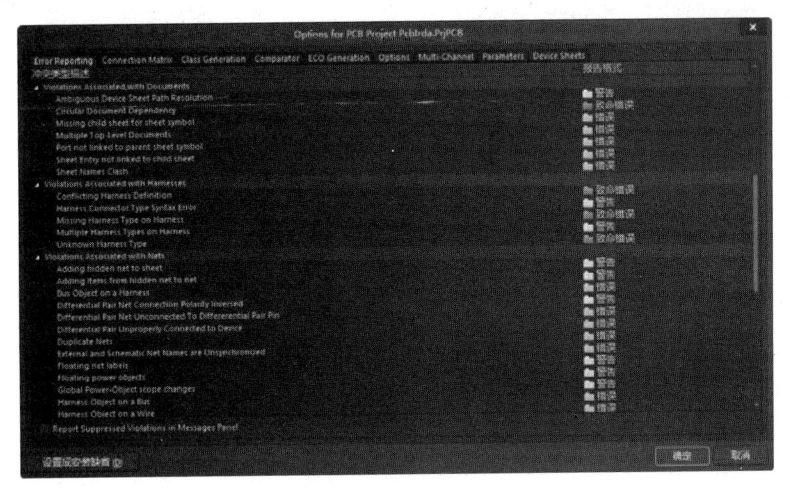

图 4-25　“Options for PCB Project…（PCB 项目的选项）”对话框

- “Options”（项目选项）选项卡：在该选项卡中可以对文件输出、网络表和网络标签等相关选项进行设置。
- “Multi-Channel（多通道）”选项卡：用于设置多通道设计。
- “Parameters（参数设置）”选项卡：用于设置项目文件参数。
- “Device Sheets（硬件设备列表）”选项卡：用于设置硬件设备列表。

在该对话框的各选项卡中，与原理图检测有关的主要有“Error Reporting（错误报告）”选项卡和“Connection Matrix（电路连接检测矩阵）”选项卡。当对工程进行编译操作时，系统会根据该对话框中的设置进行原理图的检测，系统检测出的错误信息将在“Messages（信息）”面板中列出。

01 “Error Reporting（错误报告）”选项卡的设置。在该选项卡中可以对各种电气连接错误的等级进行设置。“Error Reporting”（报告错误）选项卡的设置一般采用系统的默认设置，但针对一些特殊的设计，用户则需对以上各项的含义有一个清楚的了解。如果想改变系统的设置，则应单击每栏右侧的“报告格式”选项进行设置，包括不报告、警告、错误和致命错误 4 种选择。系统出现错误时是不能导入网络表的，用户可以在这里设置忽略一些设计规则的检测。

02 “Connection Matrix（电路连接检测矩阵）”选项卡。在该选项卡中，用户可以定义一切与违反电气连接特性有关报告的错误等级，特别是元件管脚、端口和原理图符号上端口的连接特性。当对原理图进行编译时，错误的信息将在原理图中显示出来。要想改变错误等级的设置，单击选项卡中的颜色块即可，每单击一次改变一次，与“Error Reporting（报告错误）”选项卡一样，也包括 4 种错误等级，即 No Report（不报告）、Warning（警告）、Error（错误）和 Fatal Error（致命错误），如图 4-26 所示。在该选项卡的任何空白区域中右击，将弹出一个右键快捷菜单，可以设置各种特殊形式。当对项目进行编译时，该选项卡的设置与“Error Reporting（报告错误）”选项卡中的设置将共同对原理图进行电气特性的检测。所有违反规则的连接将以不同的错误等级在“Messages（信息）”

面板中显示出来。单击“设置成安装缺省”按钮，可恢复系统的默认设置。对于大多数的原理图设计保持默认的设置即可，但对于特殊原理图的设计则需用户进行一定的改动。

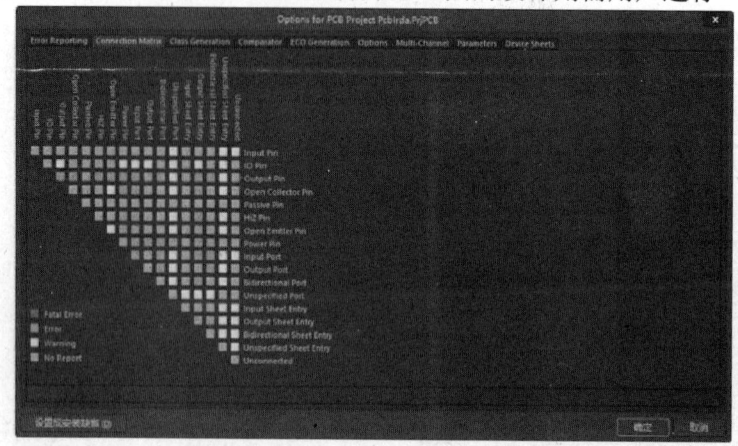

图 4-26 “Connection Matrix（电路连接检测矩阵）”选项卡设置

4.5.2 原理图的验证

对原理图的各种电气错误等级设置完毕后，用户便可以对原理图进行验证操作，随即进入原理图的调试阶段。单击菜单栏中的“工程”→“Validate…”命令，即可进行文件的验证。

文件验证完成后，系统的自动检测结果将出现在“Messages（信息）”面板中。打开“Messages（信息）”面板的方法有以下两种：

- 单击菜单栏中的“视图”→“面板”→“Messages（信息）”命令，如图 4-27 所示。
- 单击工作窗口右下角的“Panels（工作面板）”标签，在弹出的菜单中单击“Messages（信息）”命令，如图 4-28 所示。

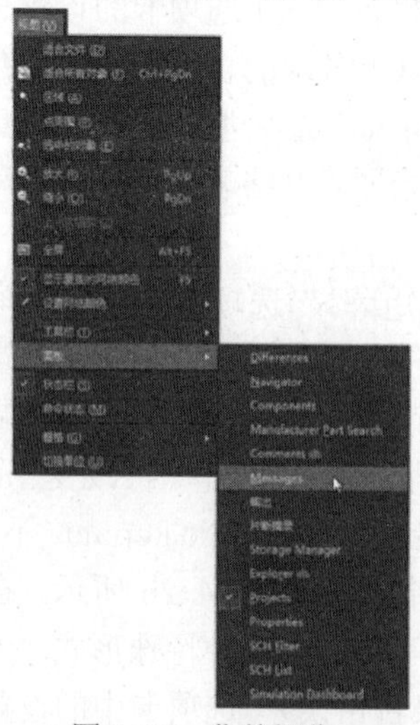

图 4-27 菜单操作

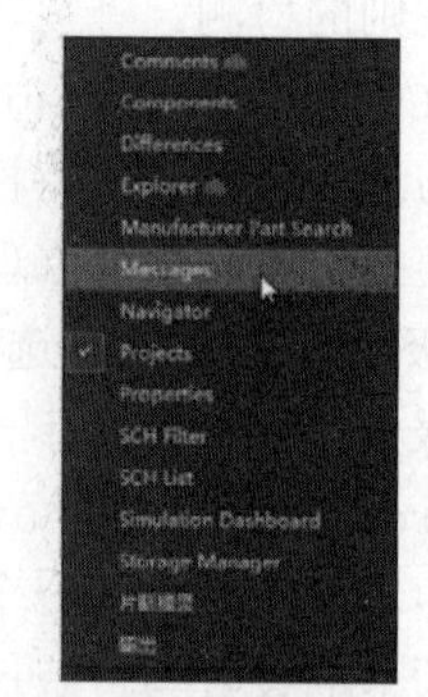

图 4-28 标签操作

01 单击“IrIO.SchDoc”原理图标签，使该原理图处于激活状态。

02 在该原理图的自动检测“Connection Matrix（电路连接检测矩阵）”选项卡中，将纵向的“Unconnected（不相连的）”和横向的“Passive Pins（被动管脚）”相交颜色块设置为褐色的“Error（错误）”错误等级。单击“OK（确定）”按钮，关闭该对话框。

03 单击菜单栏中的“工程”→“Validate PCB Project PcbIrda.PrjPCB（工程文件验证）”命令，对该原理图进行验证。此时“Message（信息）”面板将出现在工作窗口的下方，如图 4-29 所示。

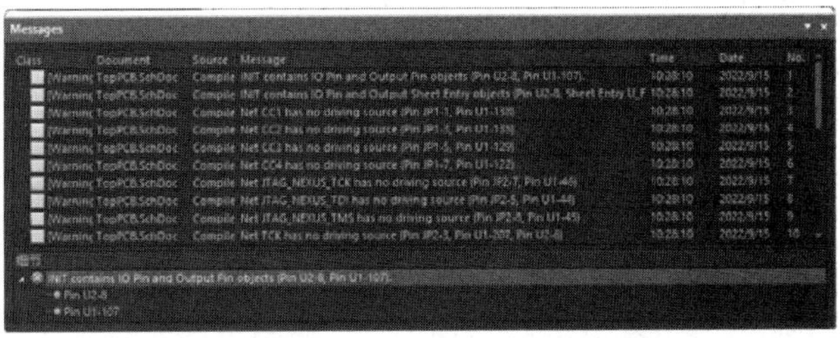

图 4-29 验证后的“Messages”面板

04 在“Message（信息）”面板中双击错误选项，系统将显示如图 4-59 所示的信息，列出了该项错误的详细信息。同时，工作窗口将跳到该对象上。除了该对象外，其他所有对象处于被遮挡状态，跳转后只有该对象可以进行编辑。

05 单击菜单栏中的“放置”→“线”命令，或者单击“布线”工具栏中的（放置线）按钮，放置导线。

06 重新对原理图进行编译，检查是否还有其他的错误。

07 保存调试成功的原理图，将其保存在电子资料包文件夹“yuanwenjian\ch_04\4.3”中。

4.6 操作实例

4.6.1 音量控制电路报表输出

音量控制电路是所有音响设备中必不可少的单元电路。本实例设计一个如图 4-30 所示的音量控制电路，并对其进行报表输出操作。

音量控制电路用于控制音响系统的音量、音效和音调，如低音(bass)和高音(treble)。设计音量控制电路原理图并输出相关报表的基本过程如下：

01 创建一个名为“音量控制电路.PrjPcb”的项目文件。

02 在项目文件中创建一个名为“音量控制电路原理图.SchDoc”的原理图文件，再使用“Properties（属性）”面板设置图纸的属性。

03 使用“Libraries（元件库）”面板依次放置各个元件并设置其属性。

04 布局元件。

05 使用连线工具连接各个元件。

06 放置并设置电源和接地。

07 进行 ERC 检查。

08 报表输出。

09 保存设计文档和项目文件。

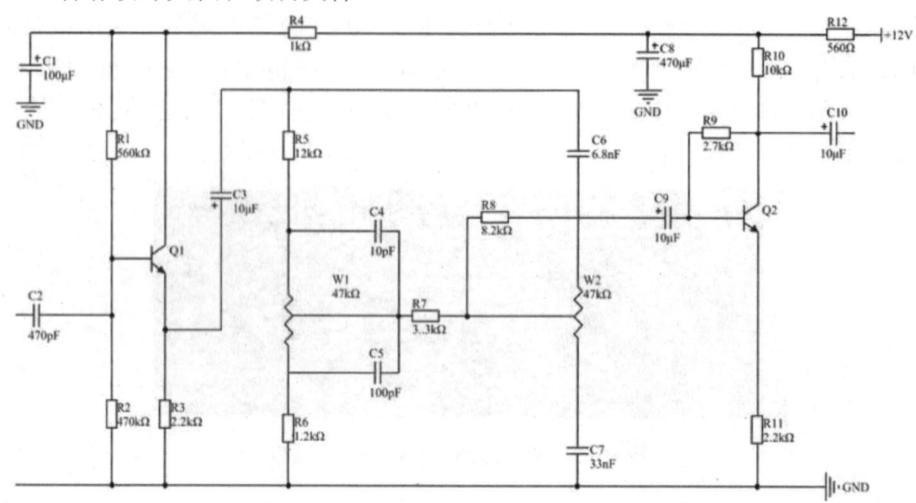

图 4-30　音量控制电路

具体的设计过程如下：

01 新建项目。

❶启动 Altium Designer 22，单击菜单栏中的“文件”→“新的”→“项目”命令，弹出“Create Project（新建工程）”对话框。

❷在该对话框中显示工程文件类型，创建一个 PCB 项目文件“音量控制电路.PrjPcb”，如图 4-31 所示。

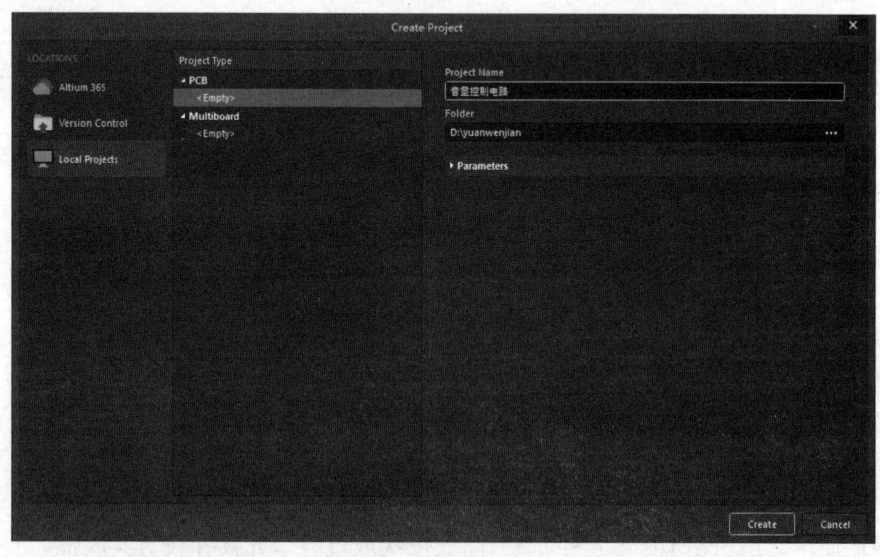

图 4-31　“Create Project（新建工程）”对话框

02 创建和设置原理图图纸。

❶在“Projects（工程）”面板的“音量控制电路.PrjPcb”项目文件上右击，在弹出的右键快捷菜单中单击“添加新的…到工程”→“Schematic（原理图）”命令，新建一个

原理图文件，并自动切换到原理图编辑环境。

❷单击菜单栏中的“文件”→“另存为”命令，将该原理图文件另存为“音量控制电路原理图.SchDoc”。保存后，“Projects（工程）”面板中将显示出用户设置的名称。

❸设置电路原理图图纸的属性。打开“Properties（属性）”面板，按照图4-32设置，其他采用默认设置。

❹设置图纸的标题栏。单击“Parameters（参数）”选项卡，出现标题栏设置选项，如图4-33所示。

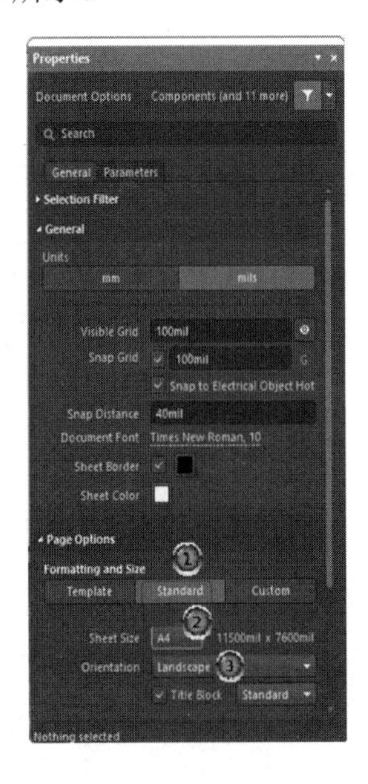

图4-32　“Properties（属性）”面板

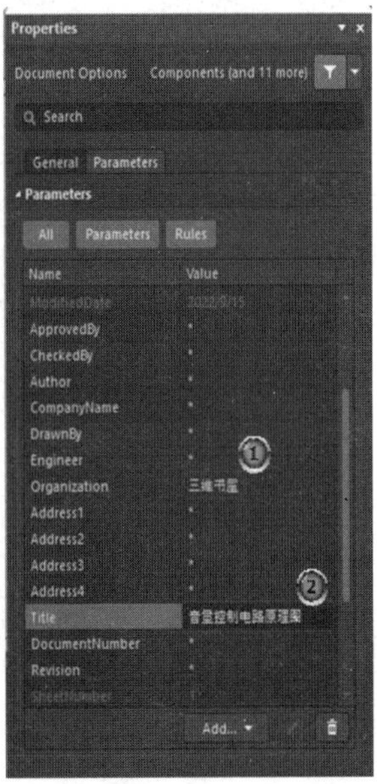

图4-33　“Parameters（参数）”选项卡

03 元件的放置和属性设置。

❶激活“Components（元件）”面板，在库文件列表中选择名为“Miscellaneous Devices.IntLib”的库文件，然后在过滤条件文本框中输入关键字“CAP”，筛选出包含该关键字的所有元件，选择其中名为“Cap Pol2”的电解电容，如图4-34所示。

❷单击“Place Cap Pol2（放置Cap Pol2）”按钮，然后将光标移动到工作窗口，放置电解电容，如图4-35所示。

❸双击电解电容，弹出“Component（元件）”对话框，修改元件属性。在“General（通用）”选项组中将“Designator（指示符）”设为C1，单击“Comment（注释）”文本框中的■按钮，设为不可见，然后在“Paramrters（参数）”选项组中，把“Value（值）”改为100μF，参数设置如图4-36所示。

❹按<Space>键，翻转电容至如图4-37所示的角度。

本例中有10个电容，其中，C1、C3、C8、C9、C10为电解电容，容量分别为100μF、10μF、470μF、10μF、10μF；而C2、C4、C5、C6、C7为普通电容，容量分别为470nF、10nF、100nF、6.8nF、33nF。

❺参照上面的数据，放置好其他电容，如图4-38所示。

❻放置电阻。本例中用到12个电阻，为R1～R12，阻值分别为560kΩ、470kΩ、2.2kΩ、

1kΩ、12kΩ、1.2kΩ、3.3kΩ、8.2kΩ、2.7kΩ、10kΩ、2.2kΩ、560Ω。和放置电容相似，将这些电阻放置在原理图中合适的位置上，如图 4-39 所示。

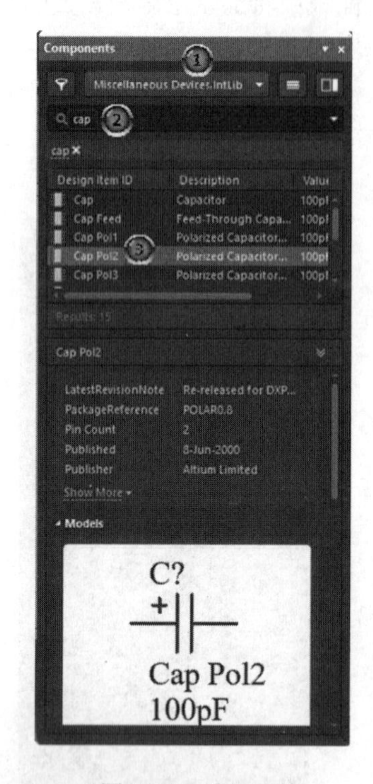

图 4-34　选择元件

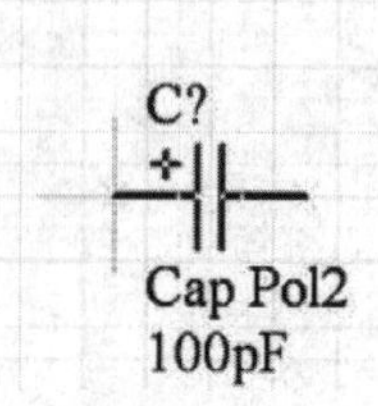

图 4-35　电解电容放置状态

图 4-36　设置电解电容 C1 的属性

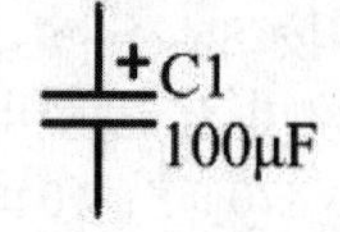

图 4-37　翻转电容

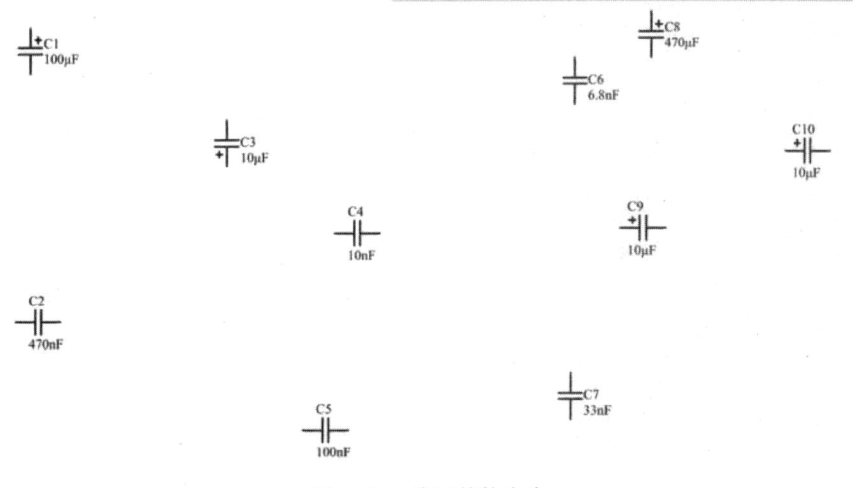

图 4-38 放置其他电容

❼采用同样的方法选择和放置两个电位器，如图 4-40 所示。

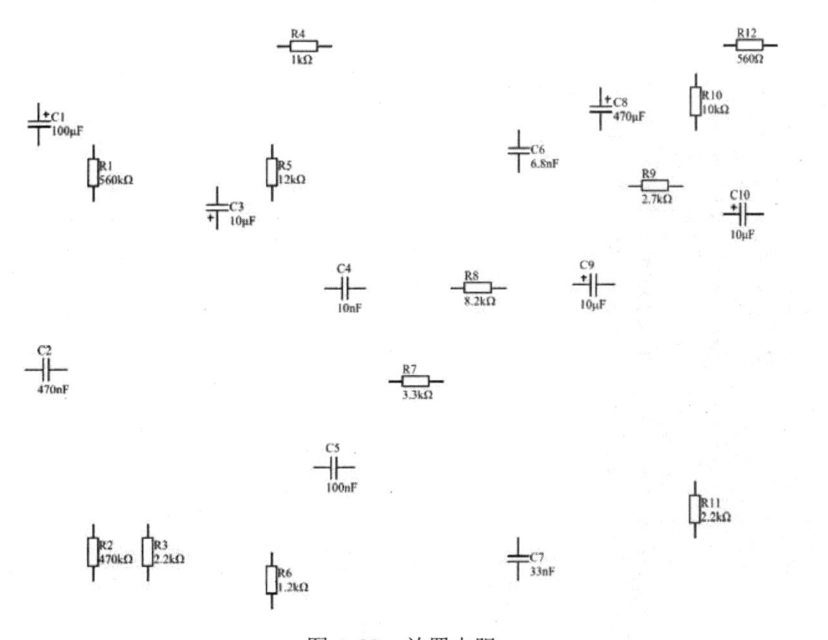

图 4-39 放置电阻

❽以同样方法选择和放置两个三极管 Q1 和 Q2，放在 C3 和 C9 附近，如图 4-41 所示。

04 布局元件。元件放置完成后，需要适当地进行调整，将它们分别排列在原理图中最恰当的位置，这样有助于后续的设计。

❶单击选中元件，按住鼠标左键进行拖动。将元件移至合适的位置后释放鼠标左键，即可对其完成移动操作。

在移动对象时，可以通过按<Page Up>或<Page Down>键来缩放视图，以便观察细节。

❷选中元件的标注部分，按住鼠标左键进行拖动，可以移动元件标注的位置。

❸采用同样的方法调整所有的元件，效果如图 4-42 所示。

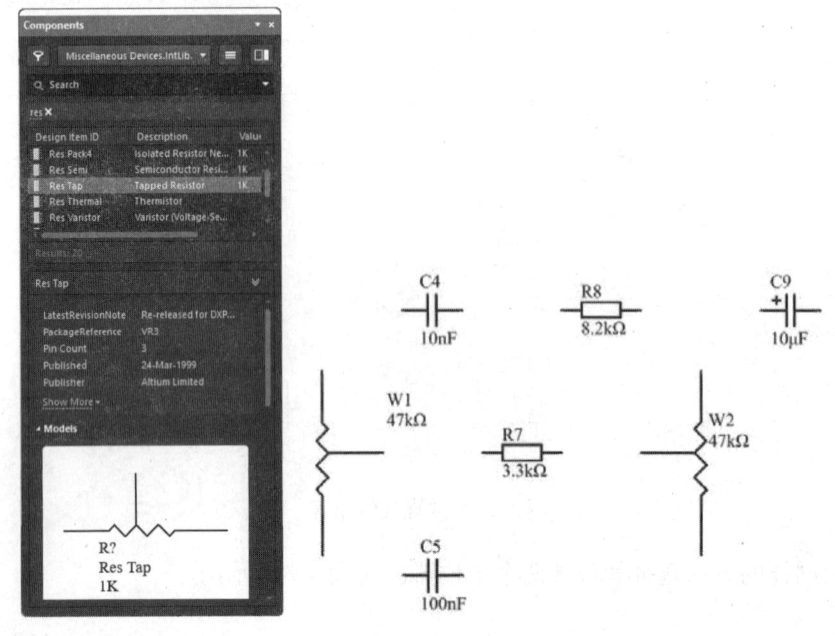

图 4-40　放置电位器

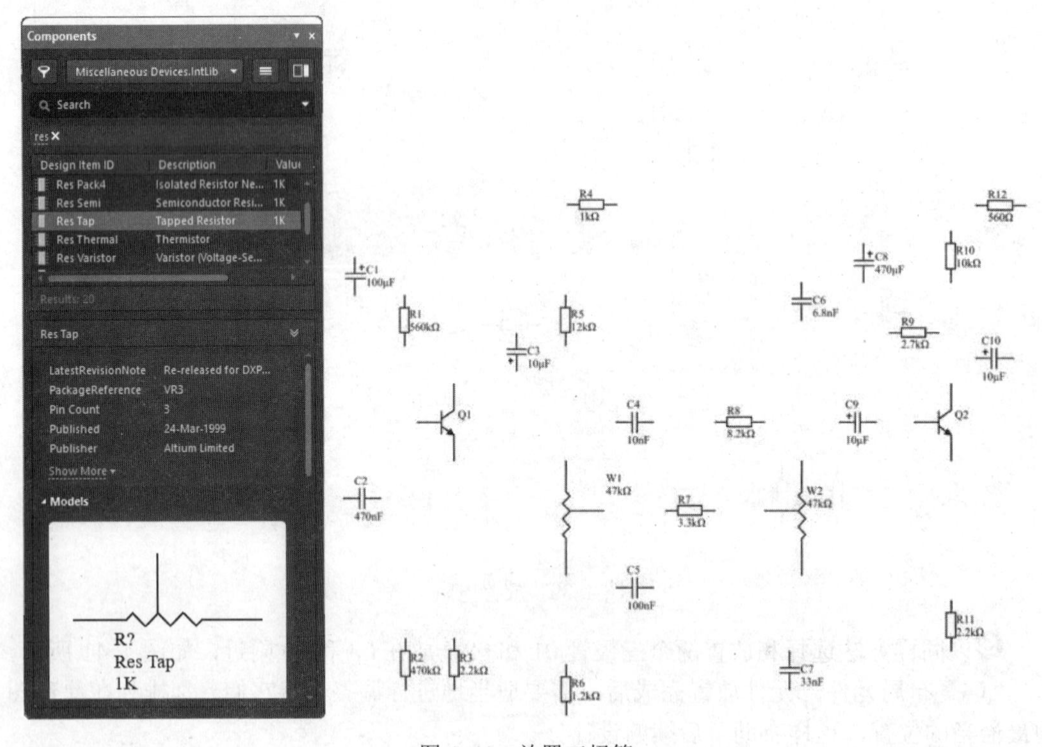

图 4-41　放置三极管

05 原理图连线。

❶单击“布线”工具栏中的 （放置线）按钮，进入导线放置状态，将光标移动到某个元件的管脚上（如 R1），十字光标的交叉符号变为红色，单击即可确定导线的一个端点。

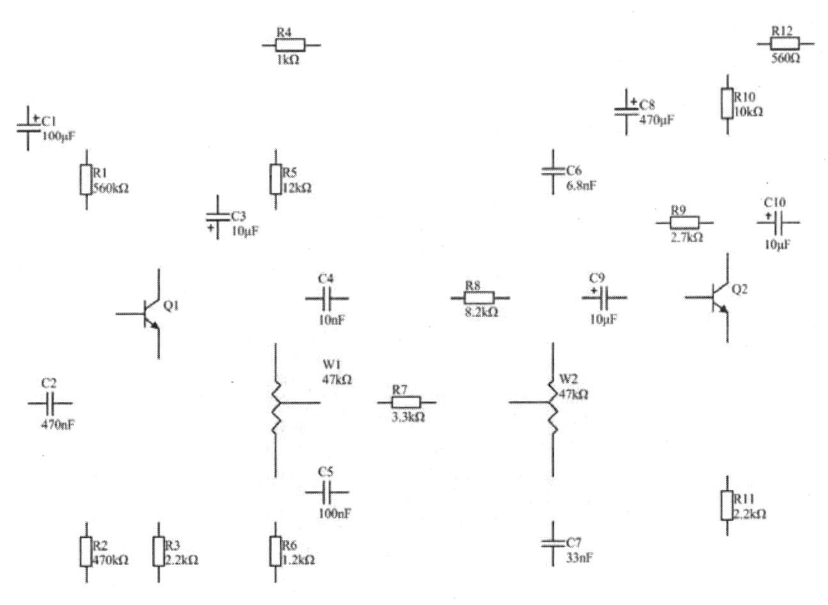

图 4-42　元件调整效果

❷将光标移动到 R2 处，再次出现红色交叉符号后单击，即可放置一段导线。

❸采用同样的方法放置其他导线，如图 4-43 所示。

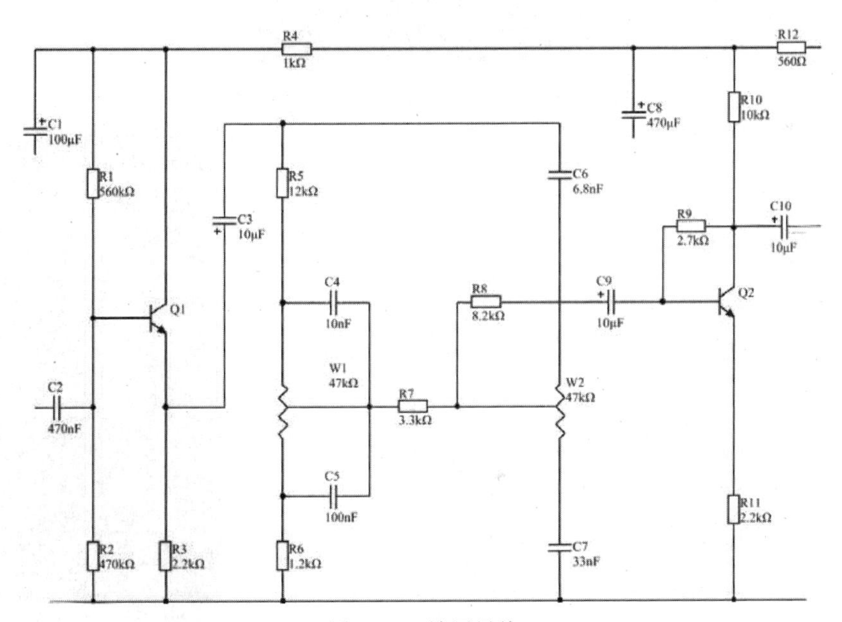

图 4-43　放置导线

❹单击“布线”工具栏中的（GND 端口）按钮，进入接地放置状态。按<Tab>键，弹出“Properties（属性）”面板，默认“Style（类型）”设置为“Power Ground（接地）”，“Name（名称）”设置为“GND”，如图 4-44 所示。

❺移动光标到 C8 下方的管脚处，单击即可放置一个 GND 端口。

❻采用同样的方法放置其他接地符号，如图 4-45 所示。

❼在“实用工具”工具栏中选择“放置＋12V 电源端口”按钮，按<Tab>键，在出现的“Properties（属性）”面板，将“Style（类型）”设置为“Bar”，“Name（名称）”设置为“＋12V”，如图 4-46 所示。

❽在原理图中放置电源并检查和整理连接导线，布线后的原理图如图 4-47 所示。

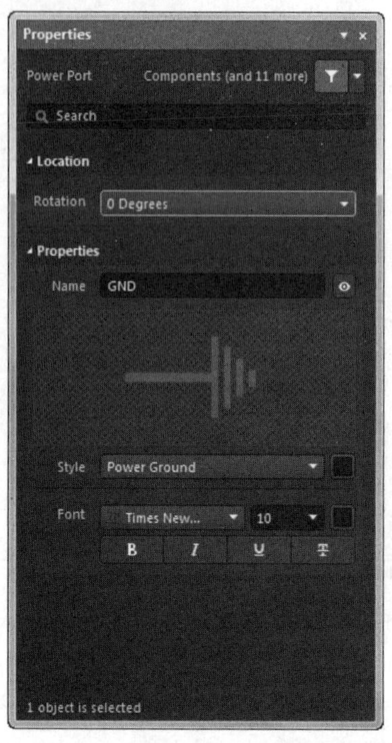

图 4-44 “Properties（属性）”面板

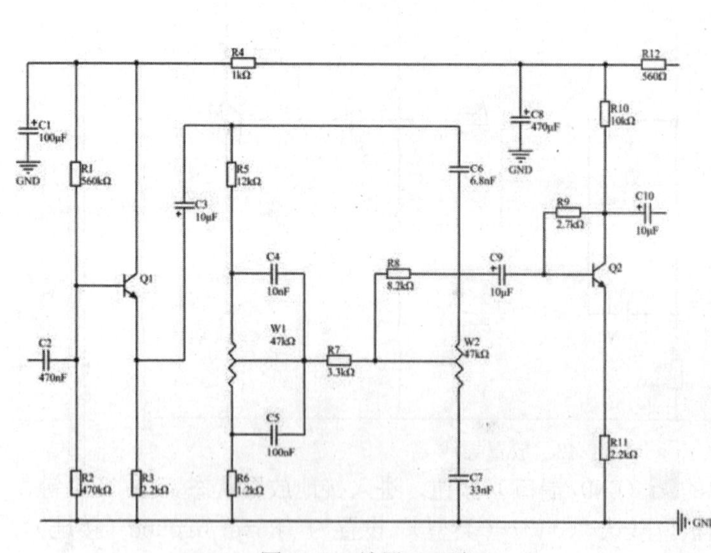

图 4-45 放置 GND 端口

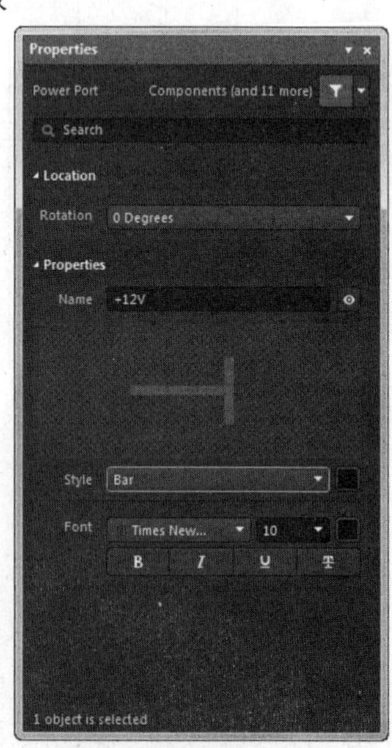

图 4-46 放置电源

06 报表输出。

❶单击菜单栏中的“设计”→“工程的网络表”→“Protel（生成项目网络表）”命

令，系统自动生成了当前工程的网络表文件“音量控制电路原理图.NET”，并存放在当前项目的“Generated\Netlist Files”文件夹中。双击打开该原理图的网络表文件“音量控制电路原理图.NET”，结果如图 4-48 所示。

该网络表是一个简单的 ASCII 码文本文件，由多行文本组成。内容分成了两大部分，一部分是元件信息，另一部分是网络信息。工程的网络表文件与系统自动生成的当前原理图的网络表文件相同。

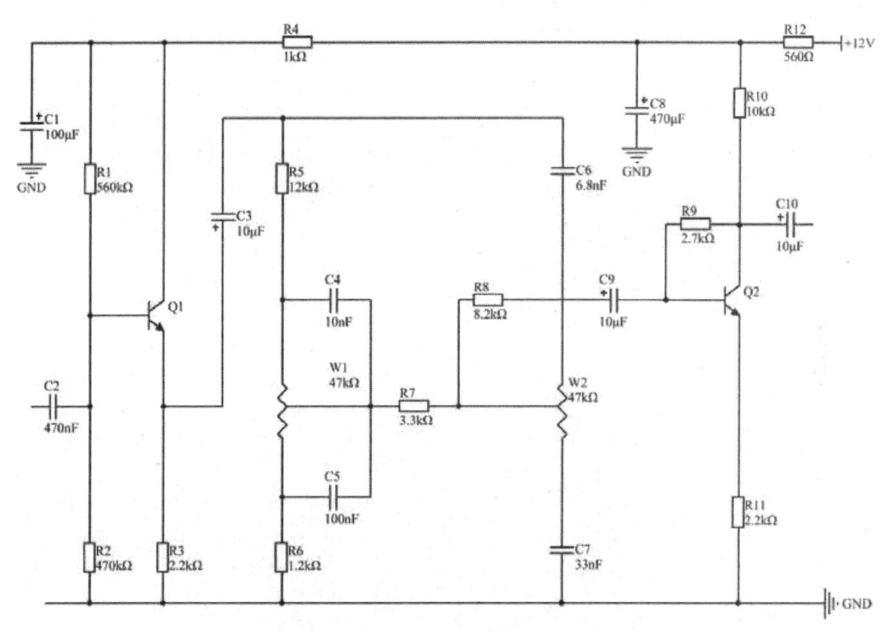

图 4-47 布线后的原理图

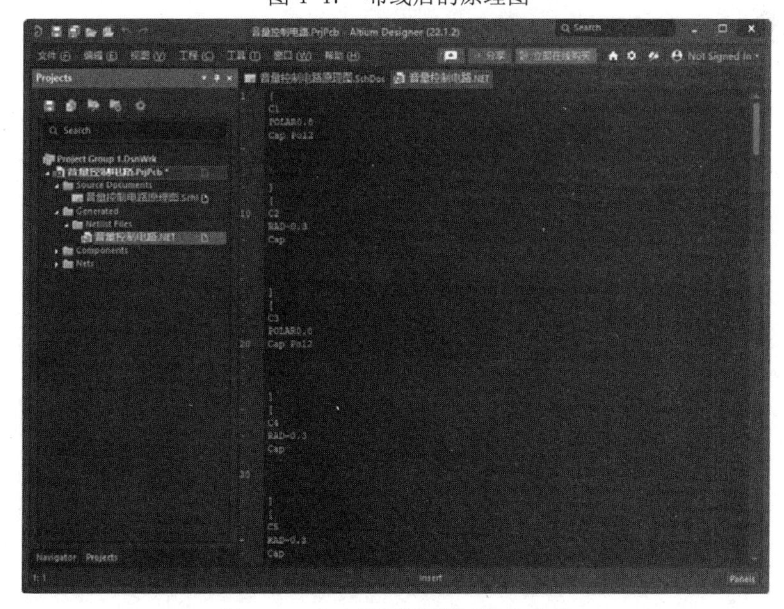

图 4-48 打开原理图的网络表文件

❷在只有一个原理图的情况下，该网络表的组成形式与上述基于整个原理图的网络表是同一个，在此不再重复。

❸单击菜单栏中的“报告”→“Bill of Materials（元件清单）”命令，系统将弹出相应的元件报表对话框。

❹在元件报表对话框中，单击 ··· 按钮，在“D:\yuanwenjian”目录下，选择元件报表模板文件“BOM Default Template.XLT”，如图 4-49 所示。

❺单击“Export（输出）”按钮，可以将该报表进行保存，默认文件名为“音量控制电路.xls”，是一个 Excel 文件，并打开该报表，如图 4-50 所示。

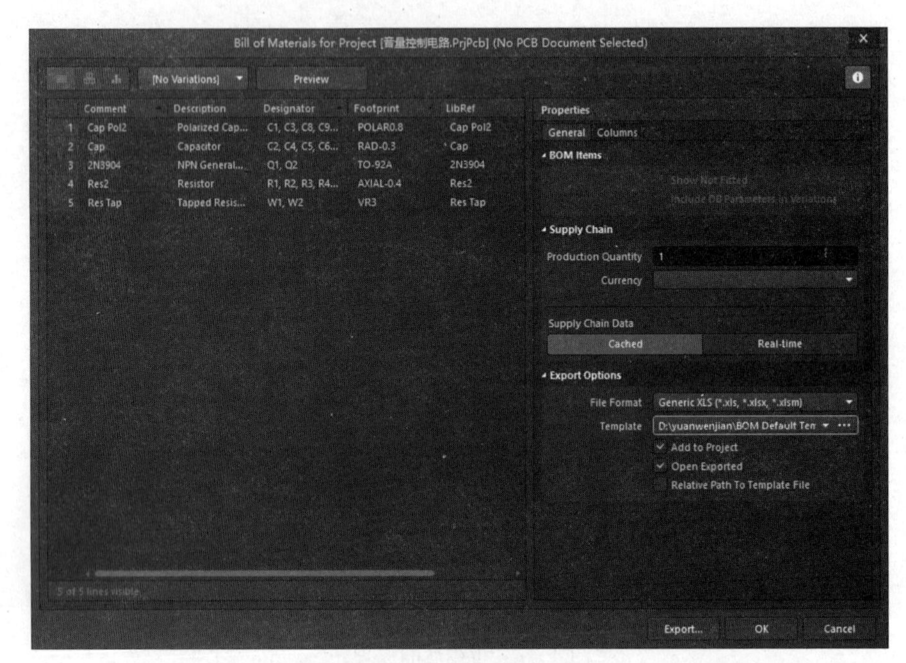

图 4-49　设置元件报表

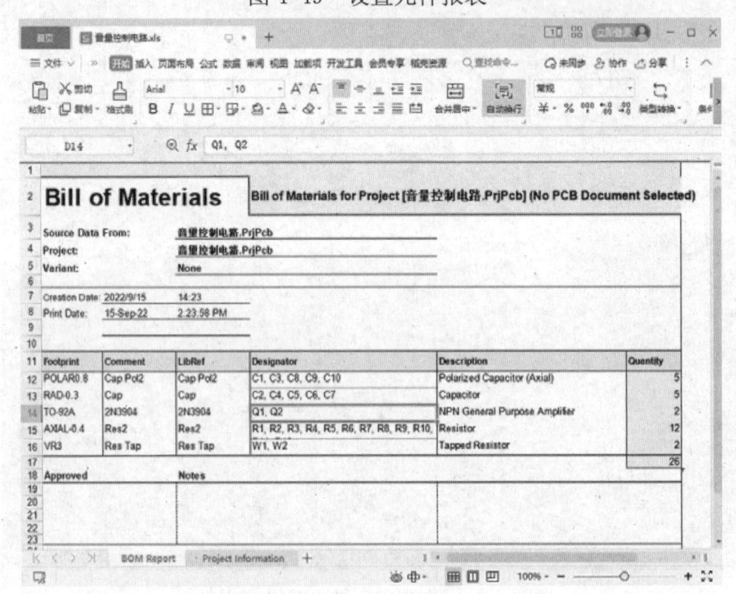

Footprint	Comment	LibRef	Designator	Description	Quantity
POLAR0.8	Cap Pol2	Cap Pol2	C1, C3, C8, C9, C10	Polarized Capacitor (Axial)	5
RAD-0.3	Cap	Cap	C2, C4, C5, C6, C7	Capacitor	5
TO-92A	2N3904	2N3904	Q1, Q2	NPN General Purpose Amplifier	2
AXIAL-0.4	Res2	Res2	R1, R2, R3, R4, R5, R6, R7, R8, R9, R10,	Resistor	12
VR3	Res Tap	Res Tap	W1, W2	Tapped Resistor	2
					26

图 4-50　打开报表

❻将报表关闭，返回元件报表对话框。单击“OK（确定）”按钮，退出对话框。

07 编译并保存项目。

❶单击菜单栏中的“工程”→“Validate PCB Project 音量控制电路（验证 PCB 项目）”命令，系统将自动生成信息报告，并在“Messages（信息）”面板中显示出来。如图 4-51 所示。项目完成结果如图 4-52 所示。本例没有出现任何错误信息，表明电气检查通过。

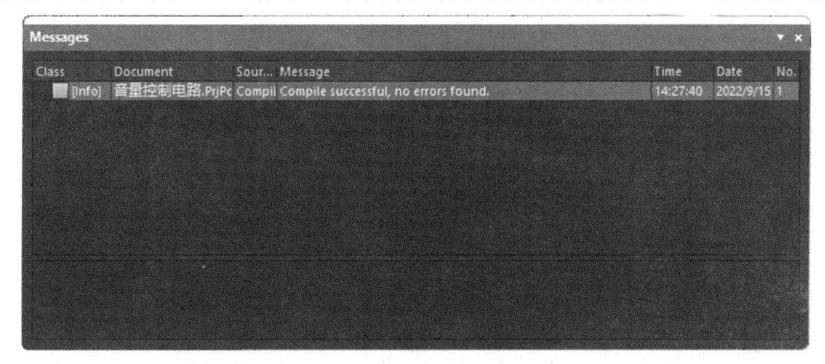

图 4-51　“Messages（信息）”面板

❷保存项目，完成音量控制电路原理图的设计。

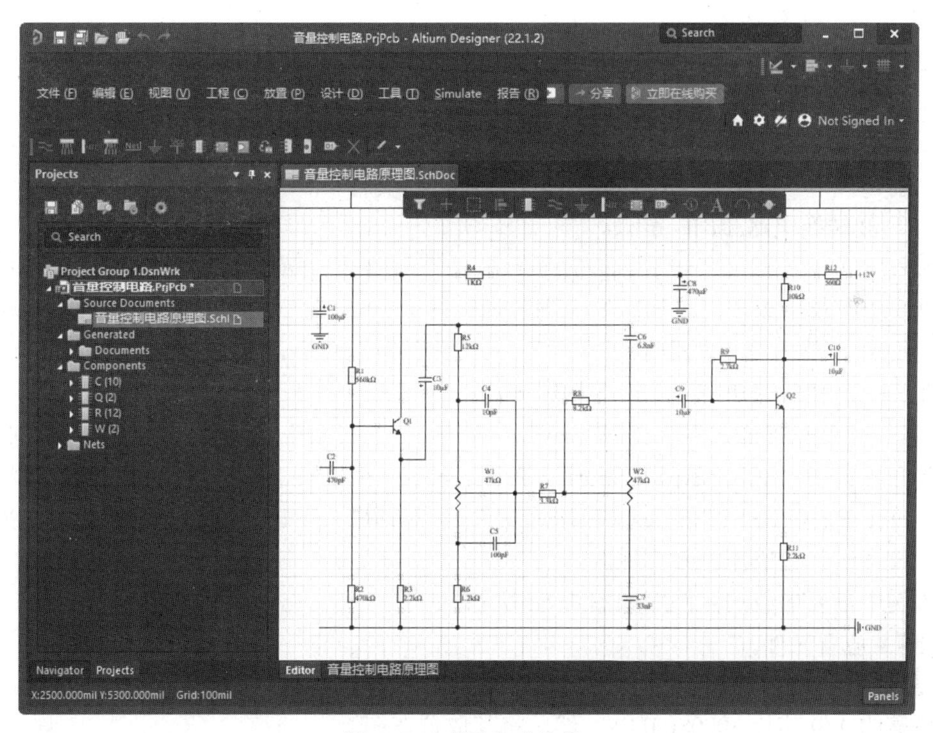

图 4-52　项目完成结果

4.6.2　A/D 转换电路的打印输出

本例设计的是一个与 PC 并行口相连接的 A/D 转换电路，如图 4-53 所示。在该电路中采用的 A/D 芯片是 National Semiconductor 制造的 ADC0804LCN，接口器件是 25 针脚的并行口插座。然后介绍原理图的打印输出。

在绘制完原理图后，有时候需要将原理图通过打印机或者绘图仪输出成纸质文档，以便设计人员进行校对或者存档。在本实例中将介绍如何将原理图打印输出。

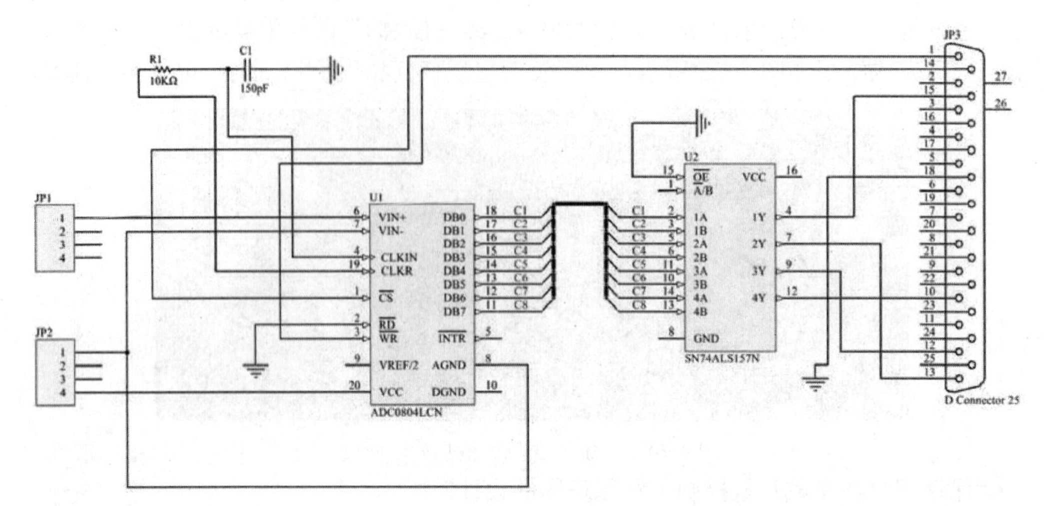

图 4-53　A/D 转换电路

01 建立工作环境。

❶单击“开始”→“Altium Designer”菜单命令，或者双击桌面上的快捷方式图标，启动 Altium Designer 22 程序。

❷单击菜单栏中的“文件”→“新的”→“项目”命令，在弹出的对话框中选择默认参数，创建一个 PCB 项目文件，单击菜单栏中的“文件”→“保存工程为”命令，将项目另存为“AD 转换电路.PrjPcb”。

❸在“Projects（工程）”面板的“AD 转换电路.PrjPcb”项目文件上右击，在弹出的右键快捷菜单中单击“添加新的…到工程”→“Schematic（原理图）”命令，新建一个原理图文件，单击菜单栏中的“文件”→“另存为”命令，将项目另存为“AD 转换电路.SCHDOC”，并自动切换到原理图编辑环境。

02 加载元件库。在“Components（元件）”面板右上角中单击按钮，在弹出的快捷菜单中选择“File-based Libraries Preferences（库文件参数）”命令，则系统将弹出“Available File-based Libraries（可用库文件）”对话框，单击“添加库”按钮，用来加载原理图设计时包含所需的库文件。

本例中需要加载的元件库如图 4-54 所示。

03 放置元件。

❶选择“Components（元件）”面板，在其中浏览刚刚加载的元件库 NSC ADC.IntLib，找到所需的 A/D 芯片 ADC0804LCN，然后将其放置在图纸上。

❷在其他的元件库中找出需要的另外一些元件，然后将它们都放置到原理图中，再对这些元件进行布局，布局的结果如图 4-55 所示。

04 绘制总线。

❶将 ADC0804LCN 芯片上的 DB0～DB7 和 MM74HC157N 芯片上的 1A～4B 管脚连接起来。单击“放置”→“总线”菜单命令，或单击工具栏中的按钮，这时光标变成十字形状。单击确定总线的起点，按住鼠标左键不放，拖动鼠标画出总线，在总线拐角处单击，画好的总线如图 4-56 所示。

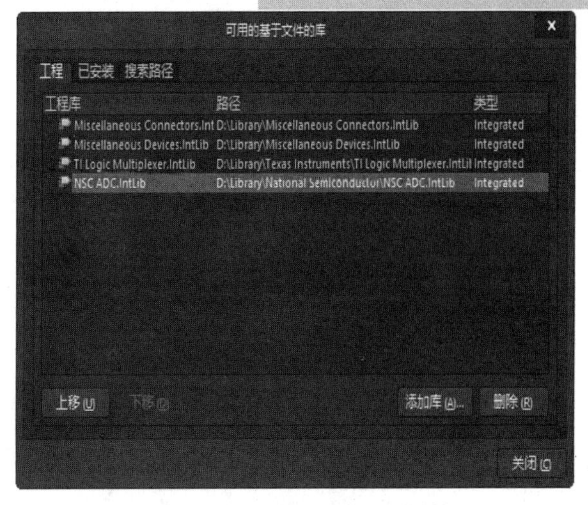

图 4-54　加载需要的元件库

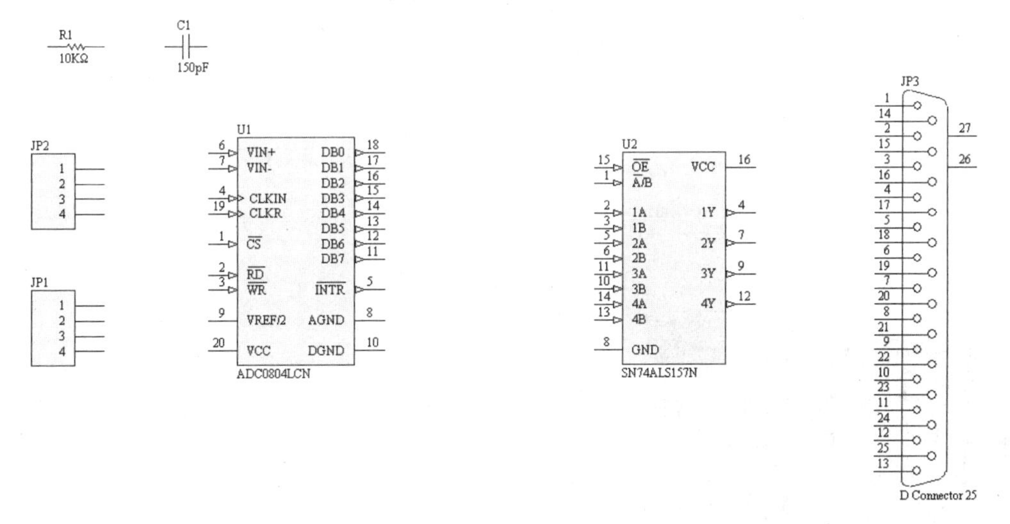

图 4-55　元件放置完成

提示：

在绘制总线的时候，要使总线离芯片针脚有一段距离，这是因为还要放置总线分支，如果总线放置得过于靠近芯片针脚，则在放置总线分支的时候就会有困难。

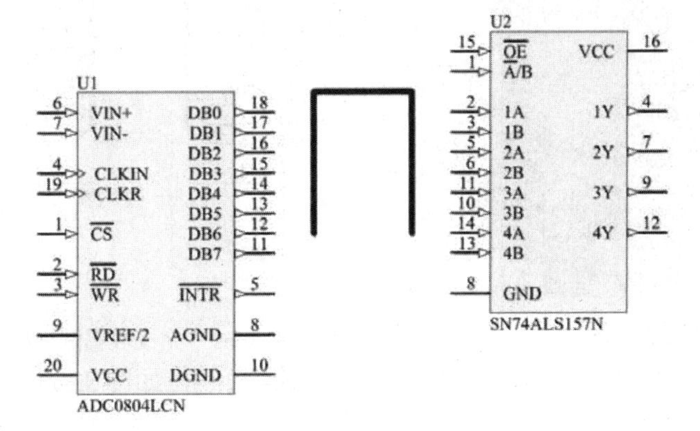

图 4-56　画好的总线

❷放置总线分支。单击“放置”→“总线入口”菜单命令，或单击工具栏中的按钮，用总线分支将芯片的针脚和总线连接起来，如图 4-57 所示。

05 放置网络标签。单击“放置”→“网络标签”菜单命令，或单击工具栏中的按钮，这时光标变成十字形状，并带有一个初始标号“Net Label1”。这时按 Tab 键打开如图 4-58 所示“Properties（属性）”面板，然后在该面板的“Net Name（网络名称）”文本框中输入网络标签的名称，接着移动光标，将网络标签放置到总线分支上，如图 4-59 所示。注意要确保电气上相连接的管脚具有相同的网络标签，管脚 DB7 和管脚 4B 相连并拥有相同的网络标签 C1，表示这两个管脚 在电气上是相连的。

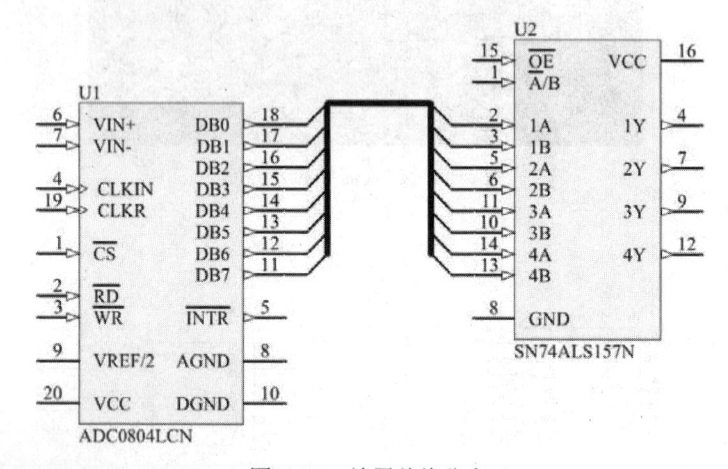

图 4-57 放置总线分支

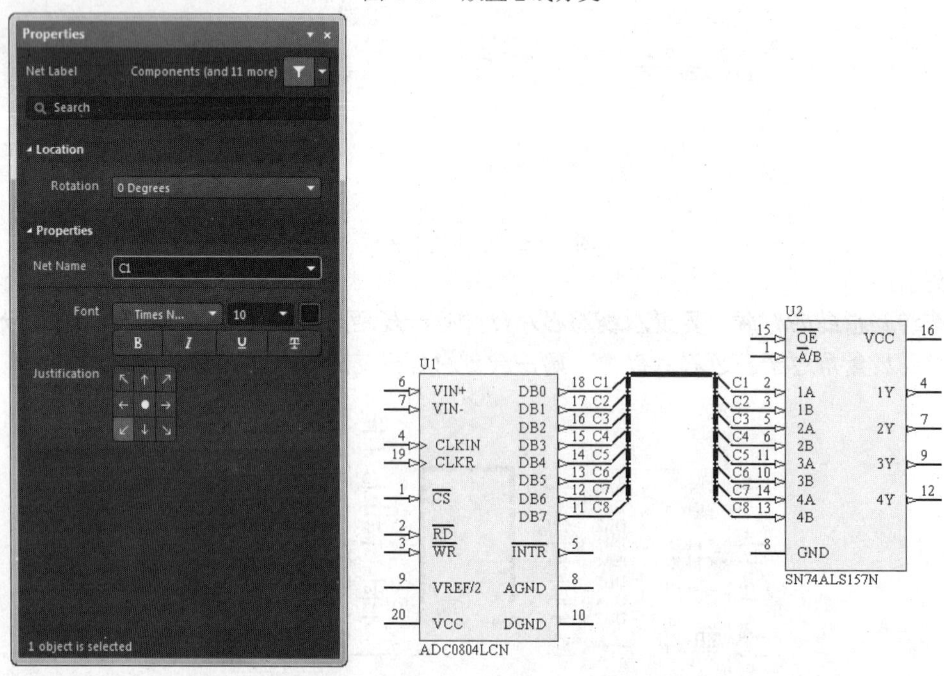

图 4-58 编辑网络标签　　　　图 4-59 完成放置网络标签

06 绘制其他导线。绘制除了总线之外的其他导线，如图 4-60 所示。

07 设置元件序号和参数并添加接地符号。双击元件弹出属性对话框，对各类元件分别进行编号，对需要赋值的元件进行赋值。然后向电路中添加接地符号，如图 4-61 所示。

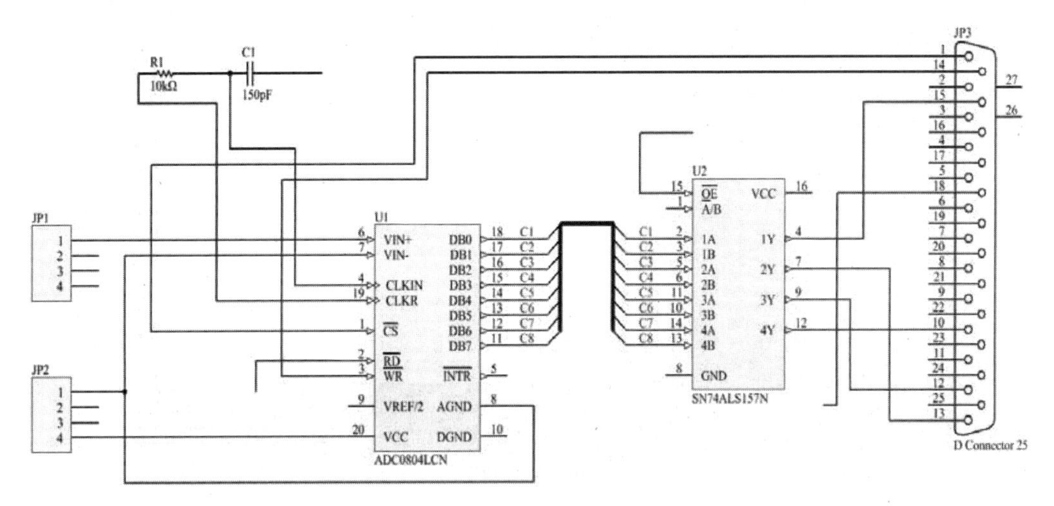

图 4-60　完成布线

08 页面设置。

❶选择菜单栏中的“文件”→“打印”命令，即可弹出图 4-62 所示的对话框。

❷在“Page Size（页面大小）”下拉菜单中选择打印的纸型 A4，然后选择打印的方式为“Landscape（横向）”。

❸在“Scale Mode（缩放模式）”下拉列表中选择 Fit Document On Page（适合页面）项，则表示采用充满整页的缩放比例，系统会自动根据当前打印纸的尺寸计算合适的缩放比例。

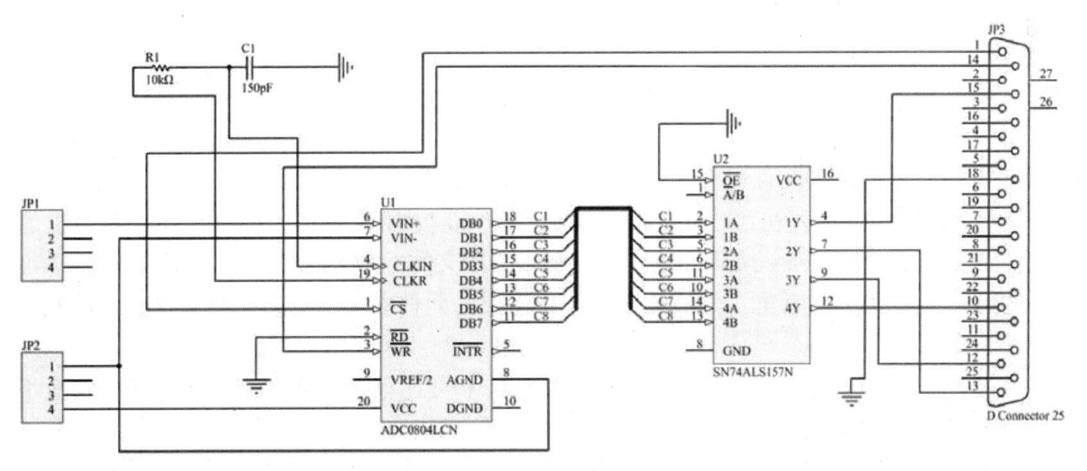

图 4-61　完成的原理图

09 打印输出。如果对打印设置完成，就可以直接单击“Print（打印）”按钮将图纸打印输出。

在本例中，介绍了原理图的打印输出。正确打印原理图，不仅要保证打印机硬件的正确连接，而且合理地设置也是取得良好打印效果的必备前提。

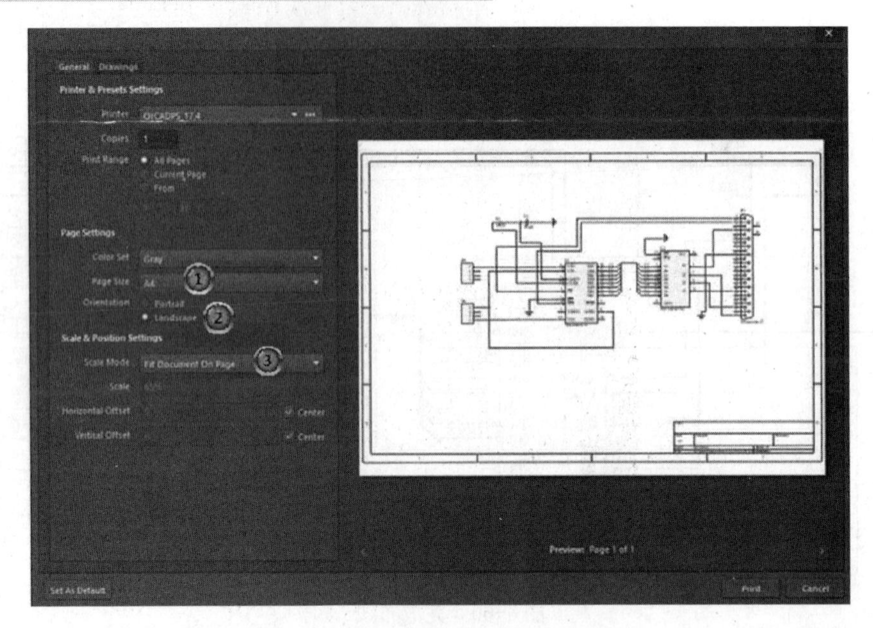

图 4-62　“原理图打印属性”对话框

4.6.3　报警电路原理图元件清单输出

在本例中，将以报警电路为例，介绍原理图元件清单的输出。

在原理图设计中，有时候出于管理、交流、存档等目的，需要能够随时输出整个设计的相关信息，对此，Altium Designer 22 提供了相应的功能，它可以将整个设计的相关信息以多种格式输出。在本节中，我们将介绍元件清单的生成方法。

01 建立工作环境。

❶在 Altium Designer 22 主界面中，选择“文件”→“新的”→“项目”菜单命令，然后点击右键选择“保存工程为”菜单命令将新建的工程文件保存为“报警电路.PrjPCB”。

❷选择“文件”→“新的”→“原理图”菜单命令，然后点击右键选择“另存为”菜单命令将新建的原理图文件保存为“报警电路.SchDoc”。

02 加载元件库。在“Components（元件）”面板右上角中单击按钮，在弹出的快捷菜单中选择“File-based Libraries Preferences（库文件参数）”命令，则系统将弹出 “可用的基于文件的库”对话框，然后在其中加载需要的元件库。本例中需要加载的元件库如图 4-63 所示。

03 放置元件。由于 AT89C51、SS173K222AL 和变压器元件在原理图元件库中查找不到，因此需要进行编辑，这里不做赘述。在“Motorola Amplifier Operational Amplifier.IntLib”元件库中找到 LM158H 元件，从另外两个库中找到其他常用的一些元件。将所需元件一一放置在原理图中，并进行简单布局，如图 4-64 所示。

04 元件布线。在原理图上布线，编辑元件属性，再向原理图中放置电源符号，完成原理图的设计，如图 4-65 所示。

05 元件清单。

❶元件清单就是一张原理图中所涉及到的所有元件的列表。在进行一个具体的项目开发时，设计完成后紧接着就要采购元件，当项目中涉及到大量的元件时，对元件各种信息

的管理和准确统计就是一项有难度的工作，这时，元件清单就能派上用场了。Altium Designer 22 可以轻松生成一张原理图的元件清单。

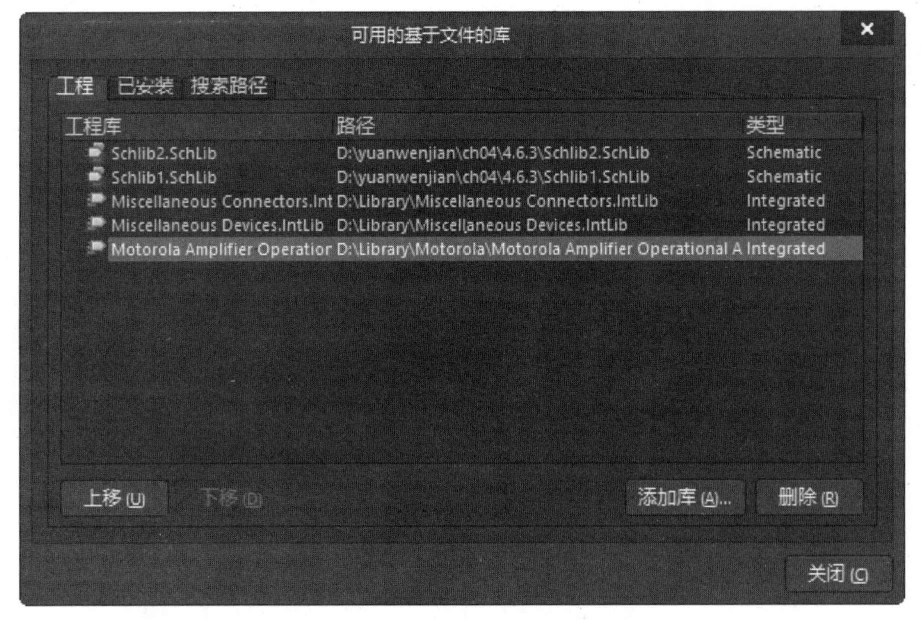

图 4-63　本例中需要的元件库

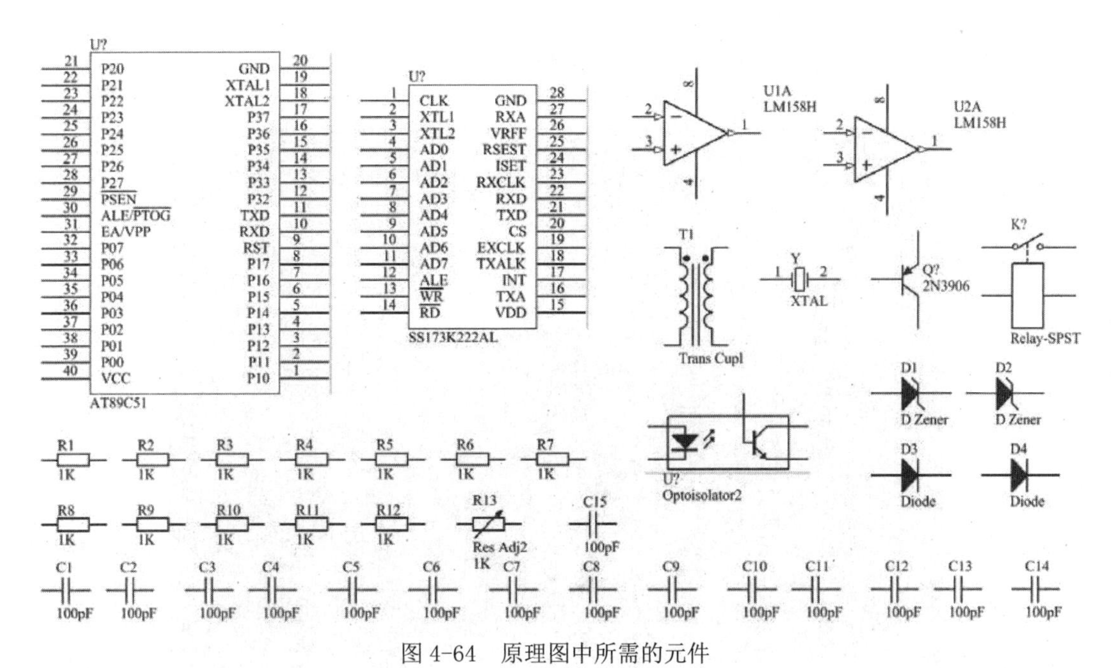

图 4-64　原理图中所需的元件

❷选择“报告”→“Bill of Materials(元件清单)”菜单命令，打开“Bill of Materials For Project [报警电路.PrjPCB]”（[报警电路.PrjPCB]项目材料清单）对话框，如图 4-66 所示。

❸单击“Export(输出)”按钮，可以将该报表进行保存，默认文件名为“报警电路.xls”，是一个 Excel 文件。

提示：

在导出的文件类型中，*.xml 是可扩展样式语言类型，*.xls 是 Excel 文件类型，*.html 是网页文件类型，*.csv 是脚本文件类型，*.txt 是文本文档类型。

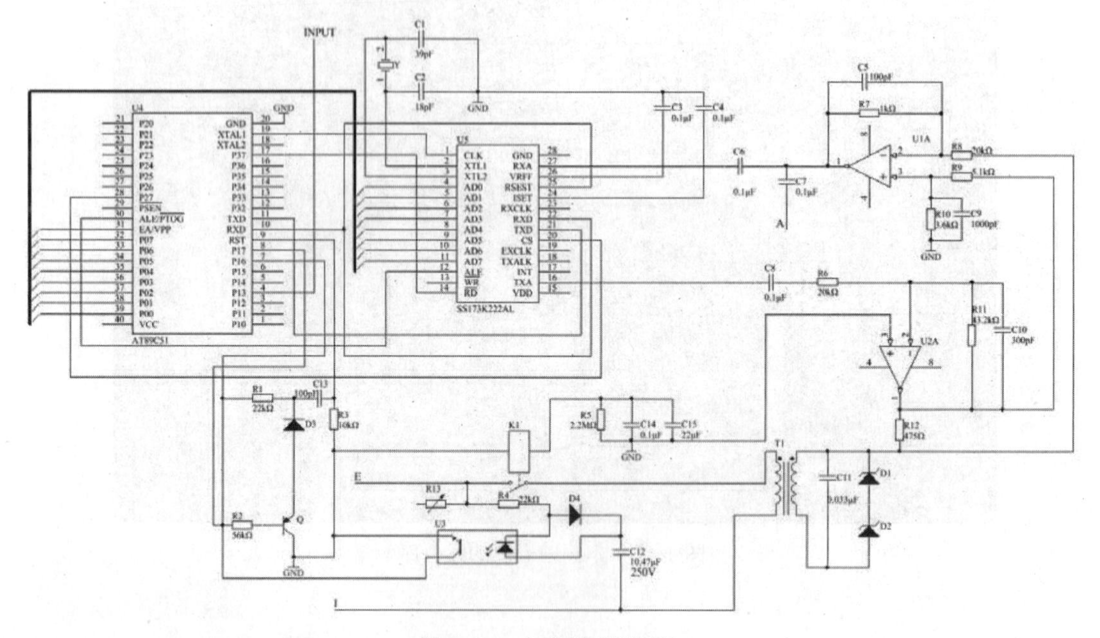

图 4-65　完成原理图设计

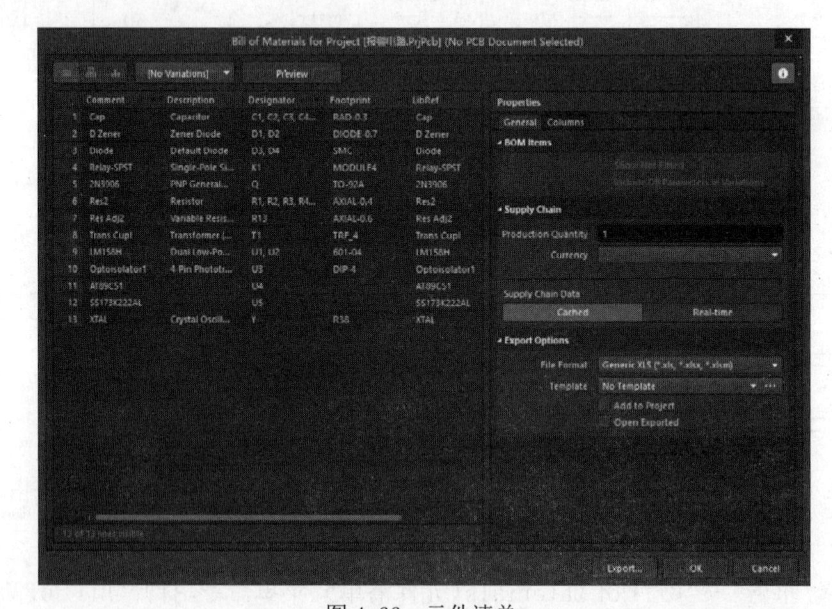

图 4-66　元件清单

06 生成网络表文件。

❶选择“设计”→“文件的网络表”→“Protel”菜单命令，系统会自动生成一个“报警电路.NET”的文件。

❷双击该元件，将其在主窗口工作区打开，该文件是一个文本文件，用圆括号分开，

在同一方括号的管脚在电气上是相连的，如图 4-67 所示。

提示：

设计者可以根据网络表中的格式自行在文本编辑器中设计网络表文件，也可以在生成的网络表文件中直接进行修改，以使其更符合设计要求。但是要注意一定要保证元件定义的所有连接的正确无误，否则就会在 PCB 的自动布线中出现错误。

本例中讲述了原理图元件清单的导出方法和网络表的生成，用户可以根据需要导出各种不同分类的元件，也可以根据需要将输出的文件保存为不同的文件类型。网络表是原理图向 PCB 转换的桥梁，因此它的地位十分重要，网络表可以支持电路的模拟和 PCB 的自动布线，也可以用来查错。

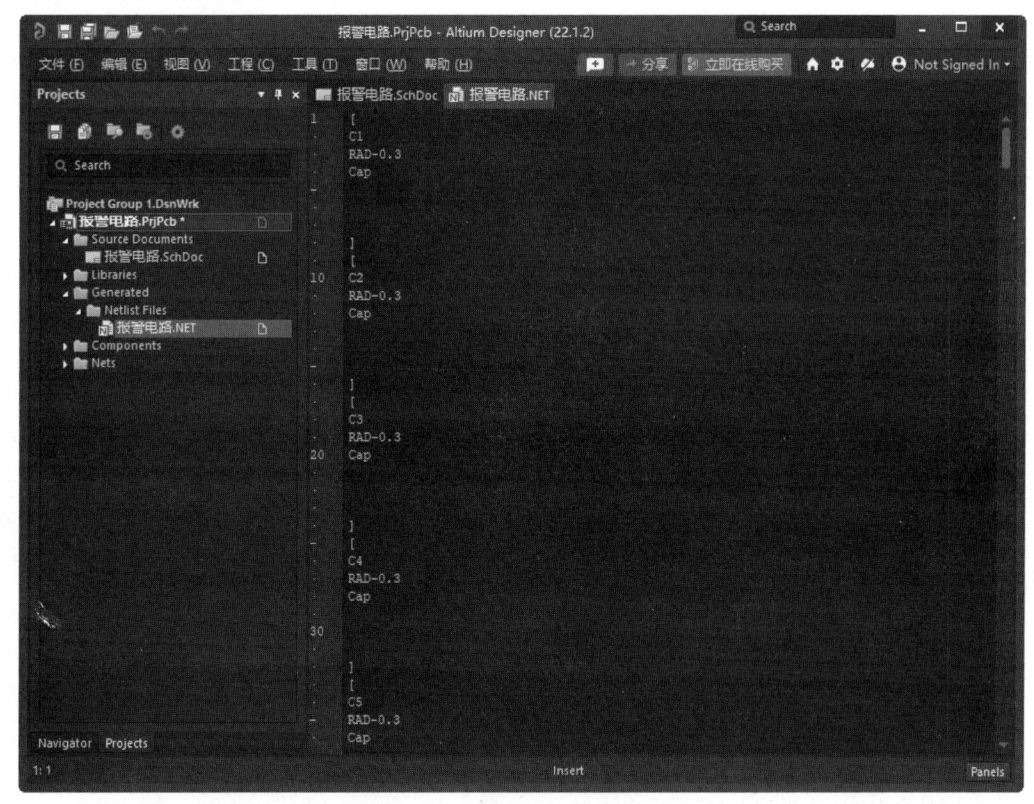

图 4-67　网络表中的元件信息

第 5 章

印制电路板设计

设计印制电路板是整个工程设计的目的。原理图设计得再完美，如果电路板设计得不合理，则性能将大打折扣，严重时甚至不能正常工作。制板商要参照用户所设计的 PCB 图来进行电路板的生产。由于要满足功能上的需要，电路板设计往往有很多的规则要求，如要考虑到实际中的散热和干扰等问题，因此相对于原理图的设计来说，对 PCB 图的设计则需要设计者更细心和耐心。

在完成网络报表的导入后，元件已经出现在工作窗口中了，此时可以开始元件的布局。元件的布局是指将网络报表中的所有元件放置在 PCB 上，是 PCB 设计的关键一步。好的布局通常是有电气连接的元件管脚比较靠近，这样的布局可以让走线距离短，占用空间比较少，从而整个电路板的导线能够走通，走线的效果也将更好。

电路布局的整体要求是整齐、美观、对称、元件密度平均，这样才能让电路板达到最高的利用率，并降低电路板的制作成本。同时设计者在布局时还要考虑电路的机械结构、散热、电磁干扰以及将来布线的方便性等问题。元件的布局有自动布局和交互式布局两种力式，只靠自动布局往往达不到实际的要求，通常需要两者结合才能达到很好的效果。

自动布线是一个优秀的电路设计辅助软件所必须的功能之一。对于散热、电磁干扰及高频等要求较低的大型电路设计来说，采用自动布线操作可以大大地降低布线的工作量，同时，还能减少布线时的漏洞。如果自动布线不能够满足实际工程设计的要求，可以通过手动布线进行调整。

- PCB 界面简介
- 设置电路板工作层面
- 元件的自动布局
- 电路板的自动布线

5.1 PCB界面简介

PCB界面主要包括3个部分：主菜单、主工具栏和工作面板，如图5-1所示。

与原理图设计的界面一样，PCB设计界面也是在软件主界面的基础上添加了一系列菜单项和工具栏，这些菜单项及工具栏主要用于PCB设计中的电路板设置、布局、布线及工程操作等。菜单项与工具栏基本上是对应的，能用菜单项来完成的操作几乎都能通过工具栏中的相应工具按钮完成。同时用右击工作窗口将弹出一个快捷菜单，其中包括些PCB设计中常用的菜单项。

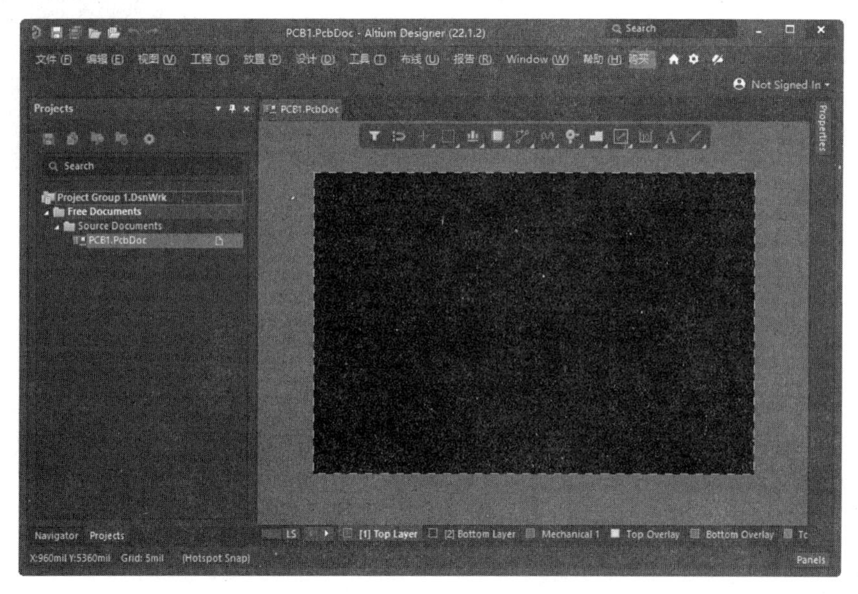

图5-1 PCB界面

5.1.1 菜单栏

在PCB设计过程中，各项操作都可以使用菜单栏中相应的命令来完成，菜单栏中的各菜单命令功能简要介绍如下：

- “文件”菜单：用于文件的新建、打开、关闭、保存与打印等操作。
- “编辑”菜单：用于对象的复制、粘贴、选中、删除、移动、对齐等编辑操作。
- “视图”菜单：用于实现对视图的各种管理，如工作窗口的放大与缩小，各种工具、面板、状态栏及节点的显示与隐藏等，以及二维模式与三维模式的切换等。
- “工程”菜单：用于实现与项目有关的各种操作，如项目文件的新建与关闭，工程项目的验证等。
- “放置”菜单：包含了在PCB中放置线条、字符串、焊盘、过孔等各种对象，以及标注等命令。
- “设计”菜单：用于导入网络表、原理图与PCB间的同步更新及印制电路板的定义，以及电路板形状的设置、移动等操作。
- “工具”菜单：用于为PCB设计提供各种工具，如设计规则检查、元件的手动与自动布局、PCB 图的密度分析及信号完整性分析等操作。

- “布线”菜单：用于执行与 PCB 自动布线相关的各种操作。
- “报告”菜单：用于执行生成 PCB 设计报表及 PCB 尺寸测量等操作。
- “Window（窗口）”菜单：用于对窗口进行各种操作。
- “帮助”菜单：用于打开帮助菜单。

5.1.2 主工具栏

工具栏中以图标按钮的形式列出了常用菜单命令的快捷方式，用户可根据需要对工具栏中包含的命令进行选择，对摆放位置进行调整。

右击菜单栏或工具栏的空白区域即可弹出工具栏的命令菜单，如图 5-2 所示。它包含 6 个命令，带有√标志的命令表示被选中而出现在工作窗口上方的工具栏中。每一个命令代表一系列工具选项。

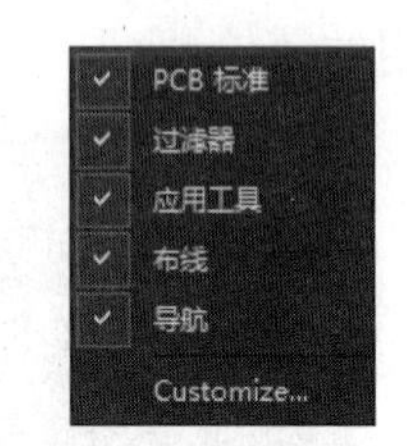

图 5-2 工具栏的命令菜单

- “PCB 标准”命令：用于控制 PCB 标准工具栏的打开与关闭，如图 5-3 所示。

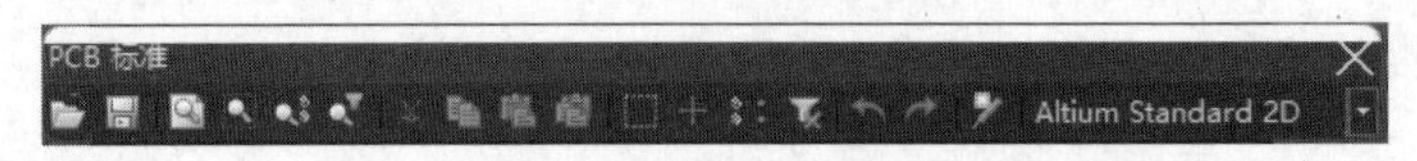

图 5-3 PCB 标准工具栏

- “过滤器”命令：用于控制过滤工具栏的打开与关闭，可以快速定位各种对象。
- “应用工具”命令：用于控制实用工具栏的打开与关闭。
- “布线”命令：用于控制连线工具栏的打开与关闭。
- “导航”命令：用于控制导航工具栏的打开与关闭。通过这些按钮，可以实现在不同界面之间的快速跳转。
- “Customize（用户定义）”命令：用于用户自定义设置。

5.2 电路板物理结构及环境参数设置

对于手动生成的 PCB，在进行 PCB 设计前，首先要对板的各种属性进行详细的设置。主要包括板形的设置、PCB 图的设置、电路板层的设置、层的显示、颜色的设置、布线框的设置、PCB 系统参数的设置以及 PCB 设计工具栏的设置等。

5.2.1 电路板物理边框的设置

电路板的物理边界即为 PCB 的实际大小和形状，板形的设置是在“Mechanical 1（机械层）”上进行的。根据所设计的 PCB 在产品中的安装位置、所占空间的大小、形状及与其他部件的配合来确定 PCB 的外形与尺寸。具体的操作步骤如下：

01 新建一个 PCB 文件，使之处于当前的工作窗口中，如图 5-1 所示。

默认的 PCB 图为带有栅格的黑色区域，包括以下 13 个工作层面。

- 两个信号层 Top Layer（顶层）和 Bottom Layer（底层）：用于建立电气连接的铜箔层。
- Mechanical 1（机械层）：用于设置 PCB 与机械加工相关的参数，以及用于 PCB 3D 模型放置与显示。
- Top Overlay（顶层丝印层）、Bottom Overlay（底层丝印层）：用于添加电路板的说明文字。
- Top Paste（顶层锡膏防护层）、Bottom Paste（底层锡膏防护层）：用于添加露在电路板外的铜铂。
- Top Solder（顶层阻焊层）和 Bottom Solder（底层阻焊层）：用于添加电路板的绿油覆盖。
- Drill Guide（ 过孔引导层）：用于显示设置的钻孔信息。
- Keep-Out Layer（禁止布线层）：用于设立布线范围，支持系统的自动布局和自动布线功能。
- Drill Drawing（过孔钻孔层）：用于查看钻孔孔径。
- Multi-Layer（多层同时显示）：可实现多层叠加显示，用于显示与多个电路板层相关的 PCB 细节。

02 单击工作窗口下方“Mechanical 1（机械层）”标签，使该层面处于当前工作窗口中。

03 单击菜单栏中的“放置”→“线条”命令，此时光标变成十字形状。然后将光标移到工作窗口的合适位置单击，即可进行线的放置操作，每单击一次就确定一个固定点。通常将板的形状定义为矩形，但在特殊的情况下，为了满足电路的某种特殊要求，也可以将板形定义为圆形、椭圆形或者不规则的多边形。这些都可以通过“放置”菜单来完成。

04 当放置的线组成了一个封闭的边框时，就可结束边框的绘制。右击或者按<Esc>键退出该操作，绘制好的 PCB 边框如图 5-4 所示。

05 设置边框线属性。双击任一边框线即可弹出该边框线的“Properties（属性）”面板，如图 5-5 所示。为了确保 PCB 图中边框线为封闭状态，可以在该对话框中对线的起始和结束点进行设置，使一段边框线的终点为下一段边框线的起点。其主要选项的含义如下：

- “Net（网络）”下拉列表框：用于设置边框线所在的网络。通常边框线不属于任何网络，即不存在任何电气特性。
- “Layer（层）”下拉列表框：用于设置该线所在的电路板层。用户在开始画线时可以不选择“Mechanical 1”层，在此处进行工作层的修改也可以实现上述操作所达到的效果，只是这样需要对所有边框线段进行设置，操作起来比较麻烦。
- “锁定”按钮：单击“Location（位置）”选项组下的按钮，边框线将被锁定，无法对该线进行移动等操作。

单击“Enter”键，完成边框线的属性设置。

图 5-4　绘制好的 PCB 边框

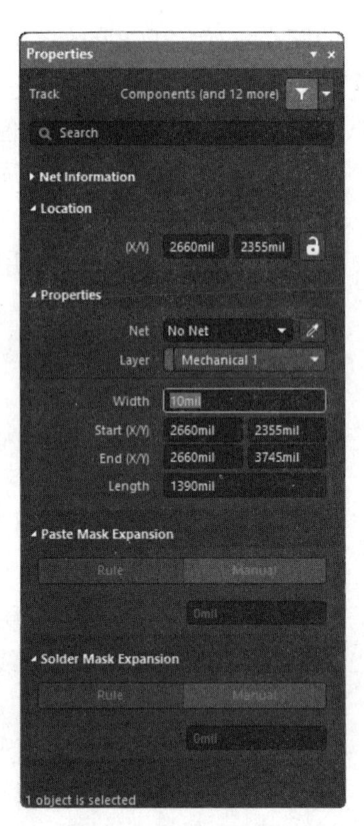

图 5-5　设置边框线

5.2.2　板形的修改

对边框线进行设置的主要目的是给制板商提供加工电路板形状的依据。用户也可以在设计时直接修改板形，即在工作窗口中可直接看到自己所设计的电路板的外观形状，然后对板形进行修改。板形的设置与修改主要通过“设计”菜单中的“板子形状”子菜单来完成，如图 5-6 所示。

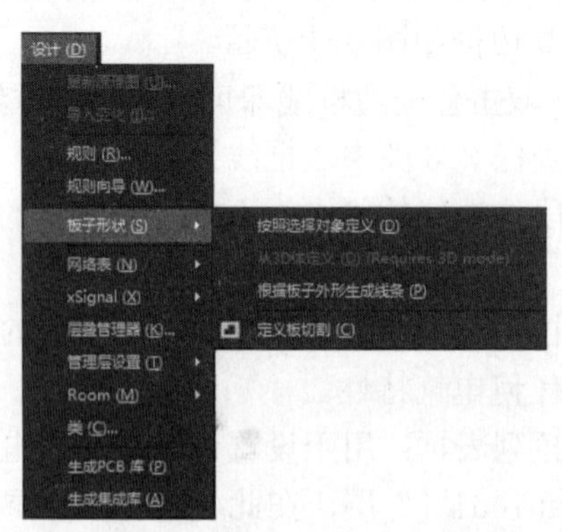

图 5-6　“板子形状”子菜单

01 按照选择对象定义。在机械层或其他层可以利用线条或圆弧定义一个内嵌的边界，以新建对象为参考重新定义板形。具体的操作步骤如下：

❶单击菜单栏中的“放置”→“圆弧”命令，在电路板上绘制一个圆，如图 5-7 所示。

❷选中已绘制的圆，然后单击菜单栏中的“设计”→“板子形状”→“选择对象定义”命令，电路板将变成圆形，如图 5-8 所示。

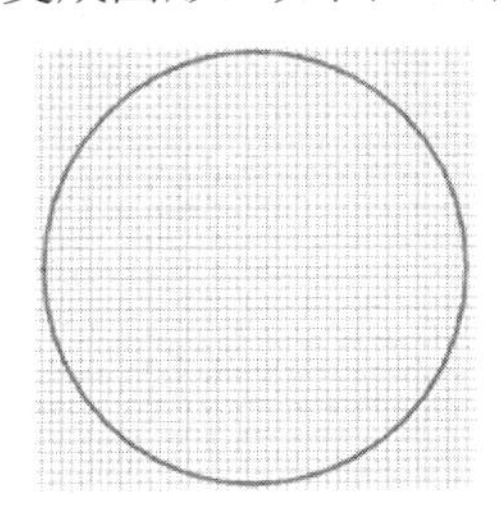

图 5-7　绘制一个圆

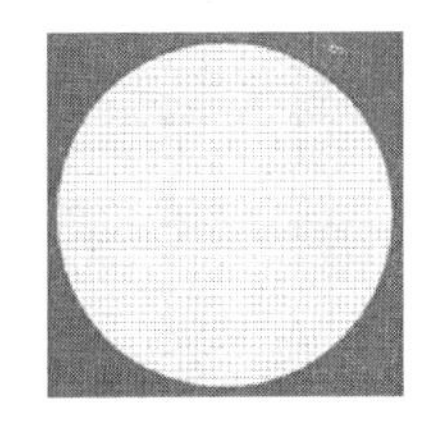

图 5-8　定义后的板形

02 根据板子外形生成线条。在机械层或其他层将板子边界转换为线条。具体的操作步骤如下：

单击“设计”→“板子形状”→“根据板子外形生成线条”菜单项，弹出“从板外形而来的线/弧原始数据”对话框，如图 5-9 所示。按照需要设置参数，单击 确定 按钮，退出对话框，板边界自动转化为线条，如图 5-10 所示。

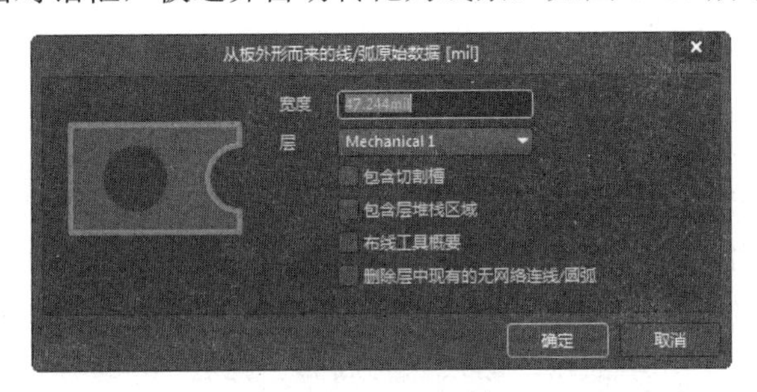

图 5-9　“从板外形而来的线/弧原始数据”对话框

图 5-10　转化边界

5.3 PCB 的设计流程

笼统地讲，在进行印制电路板的设计时，首先要确定设计方案，并进行局部电路的仿真或实验，完善电路性能。之后根据确定的方案绘制电路原理图，并进行 ERC 检查。最后完成 PCB 的设计，输出设计文件，送交加工制作。设计者在这个过程中尽量按照设计流程进行设计，这样可以避免一些重复的操作，同时也可以防止一下不必要的错误出现。

PCB 设计的操作步骤如下：

01 绘制电路原理图。确定选用的元件及其封装形式，完善电路。

02 规划电路板。全面考虑电路板的功能、部件、元件封装形式、连接器及安装方式等。

03 设置各项环境参数。

04 载入网络表和元件封装。搜集所有的元件封装，确保选用的每个元件封装都能在 PCB 库文件中找到，将封装和网络表载入到 PCB 文件中。

05 元件自动布局。设定自动布局规则，使用自动布局功能，将元件进行初步布置。

06 手工调整布局。手工调整元件布局使其符合 PCB 的功能需要和元器件电气要求，还要考虑到安装方式，放置安装孔等。

07 电路板自动布线。合理设定布线规则，使用自动布线功能为 PCB 自动布线。

08 手工调整布线。自动布线结果往往不能满足设计要求，还需要做大量的手工调整。

09 DRC 校验。PCB 布线完毕，需要经过 DRC 校验无误，否则，根据错误提示进行修改。

10 文件保存，输出打印。保存、打印各种报表文件及 PCB 制作文件。

11 加工制作。将 PCB 制作文件送交加工单位。

5.4 设置电路板工作层面

在使用 PCB 设计系统进行印制电路板设计前，首先要了解一下工作层面，而碰到的第一个概念就是印制电路板的结构。

5.4.1 印制电路板的结构

一般来说，印制电路板的结构有单面板、双面板和多层板。

- “Single-Sided Boards”：单面板。在最基本的 PCB 上元件集中在其中的一面，走线则集中在另一面上。因为走线只出现在其中的一面，所以就称这种 PCB 叫做单面板（Singl-Sided Boards）。在单面板上通常只有底面也就是“Bottom Layer”覆上铜箔，元件的引脚焊在这一面上，主要完成电气特性的连接。顶层也就是“Top Layer”是空的，元件安装在这一面，所以又称为“元件面”。因为单面板在设计线路上有许多严格的限制（因为只有一面，所以布线间不能交叉而必须绕走独自的路径），布通率往往很低，所以只有早期的电路及一些比较简单的电路才使用这类的板子。
- “Double-Sided Boards”：双面板。这种电路板的两面都有布线，不过要用上两面的布线则必须要在两面之间有适当的电路连接才行。这种电路间的“桥梁”叫做过孔（via）。过孔是在 PCB 上充满或涂上金属的小洞，它可以与两面的导线相连接。双层板通常无所谓元件面和焊接面，因为两个面都可以焊接或安装元件，但习惯地可以称“Bottom Layer”为焊接面，“Top Layer”为元件面。因为双面板的面积比单面板大了一倍，而且因为布线可以互相交错（可以绕到另一面），因此它适合用在比单面板复杂的电路上。相对于多层板而言，双面板的制作成本不高，在给定一定面积的时候通常都能 100%布通，因此一般的印制板都采用双面板。
- “Multi-Layer Boards”：多层板。常用的多层板有 4 层板、6 层板、8 层板和 10 层板等。简单的 4 层板是在“Top Layer”和“Bottom Layer”的基础上增加了电源层和地线层，这一方面极大程度地解决了电磁干扰问题，提高了系统的可靠性，另一方面可以提高布通率，缩小 PCB 的面积。6 层板通常是在 4 层板的基础上增加了两个信号层：“Mid-Layer 1”和“Mid-Layer 2”。8 层板则通常包括 1

个电源层、2 个地线层、5 个信号层（“Top Layer”、“Bottom Layer”、“Mid-Layer 1”、“Mid-Layer 2” 和 “Mid-Layer 3”）。

多层板层数的设置是很灵活的，设计者可以根据实际情况进行合理的设置。各种层的设置应尽量满足以下的要求：

❶元件层的下面为地线层，它提供器件屏蔽层以及为顶层布线提供参考平面。

❷所有的信号层应尽可能与地平面相邻。

❸尽量避免两信号层直接相邻。

❹主电源应尽可能地与其对应地相邻。

❺兼顾层压结构对称。

多层板结构如图 5-11 所示。

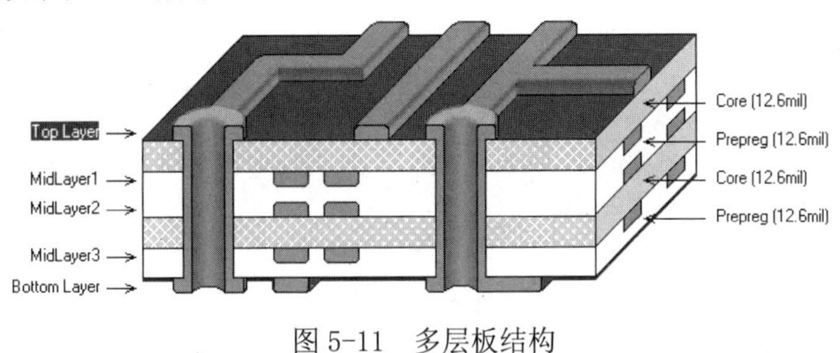

图 5-11　多层板结构

5.4.2　工作层面的类型

PCB 一般包括很多层，不同的层包含不同的设计信息。制板商通常是将各层分开做，期后经过压制、处理，最后生成各种功能的电路板。

01 Altium Designer 22 提供了以下 6 种类型的工作层：

❶Signal Layers（信号层）：即铜箔层，用于完成电气连接。Altium Designer 22 允许电路板设计 32 个信号层，分别为“Top Layer”“Mid Layer 1”“Mid Layer 2”…“Mid Layer 30”和“Bottom Layer”，各层以不同的颜色显示。

❷Internal Planes（中间层，也称内部电源与地线层）：也属于铜箔层，用于建立电源和地线网络。系统允许电路板设计 16 个中间层，分别为“Internal Layer 1”“Internal Layer 2”…“Internal Layer 16”，各层以不同的颜色显示。

❸Mechanical Layers（机械层）：用于描述电路板机械结构、标注及加工等生产和组装信息所使用的层面，不能完成电气连接特性，但其名称可以由用户自定义。系统允许 PCB 设计包含 16 个机械层，分别为“Mechanical Layer 1”“Mechanical Layer 2”…“Mechanical Layer 16”，各层以不同的颜色显示。

❹Mask Layers（阻焊层）：用于保护铜线，也可以防止焊接错误。系统允许 PCB 设计包含 4 个阻焊层，即“Top Paste（顶层锡膏防护层）”“Bottom Paste（底层锡膏防护层）”“Top Solder（顶层阻焊层）”和“Bottom Solder（底层阻焊层）”，分别以不同的颜色显示。

❺Silkscreen Layers（丝印层）：也称图例（legend），通常该层用于放置元件标号、文字与符号，以标示出各零件在电路板上的位置。系统提供有两层丝印层，即“Top Overlay（顶层丝印层）”和“Bottom Overlay（底层丝印层）”。

❻ “Other Layers”（其他层）。

- Drill Guides（钻孔）和 Drill Drawing（钻孔图）：用于描述钻孔图和钻孔位置。
- Keep-Out Layer（禁止布线层）：用于定义布线区域，基本规则是元件不能放置于该层上或进行布线。只有在这里设置了闭合的布线范围，才能启动元件自动布局和自动布线功能。
- Multi-Layer（多层）：该层用于放置穿越多层的 PCB 元件，也用于显示穿越多层的机械加工指示信息。

02 电路板的显示。在界面右下角单击 Panels 按钮，弹出快捷菜单，选择“View Configuration（视图配置）”命令，打开“View Configuration（视图配置）”面板，在“Layer Sets（层设置）”下拉列表中选择“All Layers（所有层）”，即可看到系统提供的所有层，如图 5-12 所示。

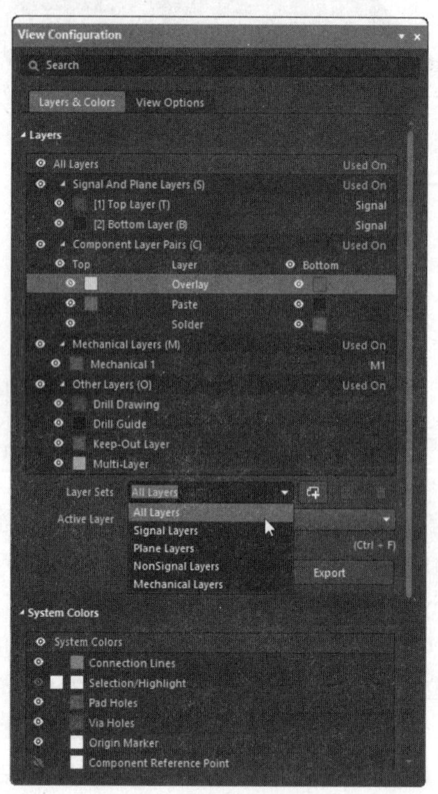

图 5-12　系统所有层的显示

5.4.3　电路板层数设置

在对电路板进行设计前可以对电路板的层数及属性进行详细的设置。这里所说的层主要是指“Signal Layers（信号层）”“Internal Plane Layers（电源层和地线层）”和“Insulation （Substrate） Layers（绝缘层）”。

电路板层数设置的具体操作步骤如下：

01 单击菜单栏中的“设计”→“层叠管理器”命令，系统将打开以扩展名为“.PcbDoc”的文件，如图 5-13 所示。在该对话框中可以增加层、删除层及对各层的属性进行设置。

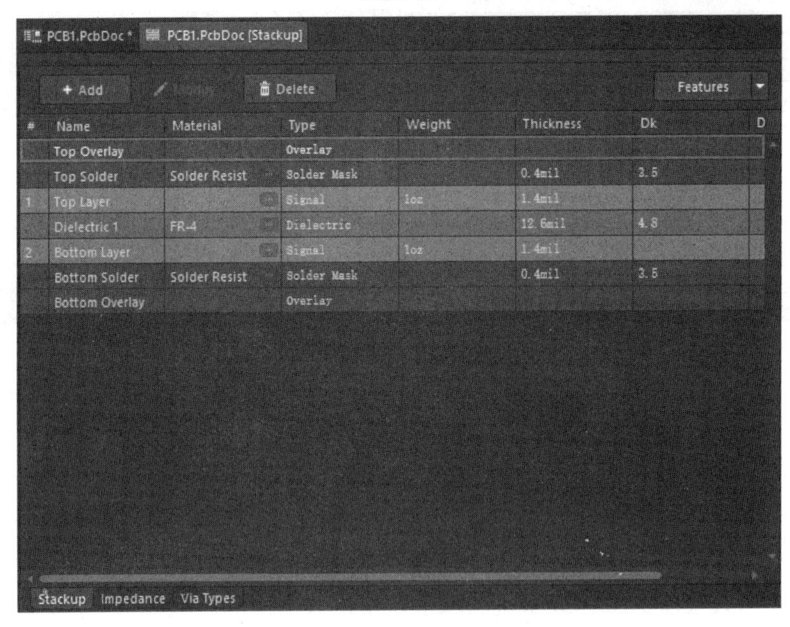

图 5-13　扩展名为“.PcbDoc”的文件

02 双击某一层的名称可以直接修改该层的属性，对该层的名称及厚度进行设置。

PCB 设计中最多可添加 32 个信号层、16 个电源层和地线层。各层的显示与否可在“视图配置”对话框中进行设置，勾选各层中的“显示”复选框即可。

设置层的堆叠类型。电路板的层叠结构中不仅包括拥有电气特性的信号层，还包括无电气特性的绝缘层。两种典型绝缘层主要是指 Core（填充层）和 Prepreg（塑料层）。层的堆叠类型主要是指绝缘层在电路板中的排列顺序，默认的 3 种堆叠类型包括 Layer Pairs（Core 层和 Prepreg 层自上而下间隔排列）、Internal Layer Pairs（Prepreg 层和 Core 层自上而下间隔排列）和 Build-up（顶层和底层为 Core 层，中间全部为 Prepreg 层）。改变层的堆叠类型将会改变 Core 层和 Prepreg 层在层栈中的分布，只有在信号完整性分析需要用到盲孔或深埋孔的时候才需要进行层的堆叠类型的设置。

5.4.4　工作层面与颜色设置

PCB 编辑器内显示的各个板层具有不同的颜色，以便于区分。用户可以根据个人习惯进行设置，并且可以决定该层是否在编辑器内显示出来。

01 打开“View Configuration（视图配置）”面板。在界面右下角单击 Panels 按钮，弹出快捷菜单，选择“View Configuration（视图配置）”命令，打开“View Configuration（视图配置）”面板，该面板包括电路板层颜色设置和系统默认设置颜色的显示两部分。

02 设置对应层面的显示与颜色。在“Layers（层）”选项组下用于设置对应层面和系统的显示颜色。

❶“显示”按钮用于决定此层是否在 PCB 编辑器内显示。不同位置的“显示”按钮启用/禁用层不同。

➢ 每个层组中启用或禁用一个层、多个层或所有层，如图 5-14 所示。启用/禁用了全部的 Component Layers。

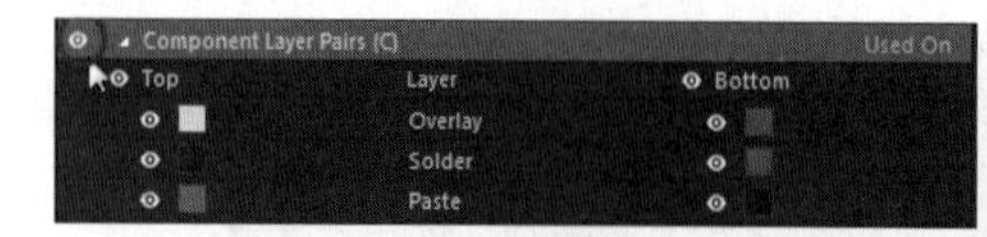

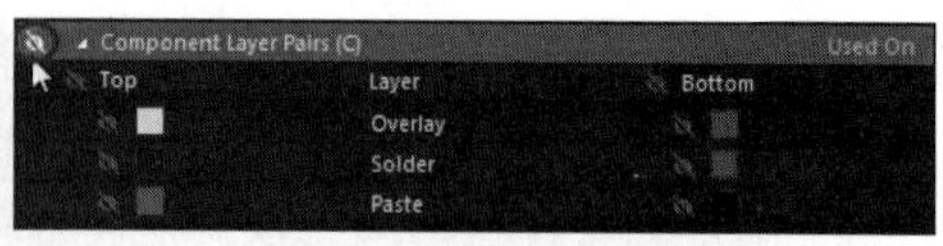

图 5-14 启用/禁用了全部的元件层

➢ 启用/禁用整个层组，如图 5-15 所示，所有的 Top Layers 启用/禁用。

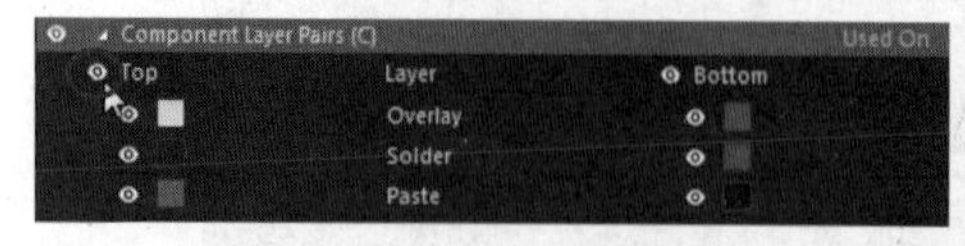

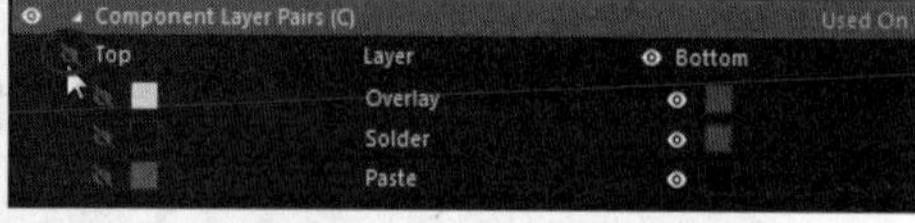

图 5-15 启用/禁用 Top Layers

➢ 启用/禁用每个组中的单个条目，如图 5-16 所示，突出显示的个别条目已禁用。

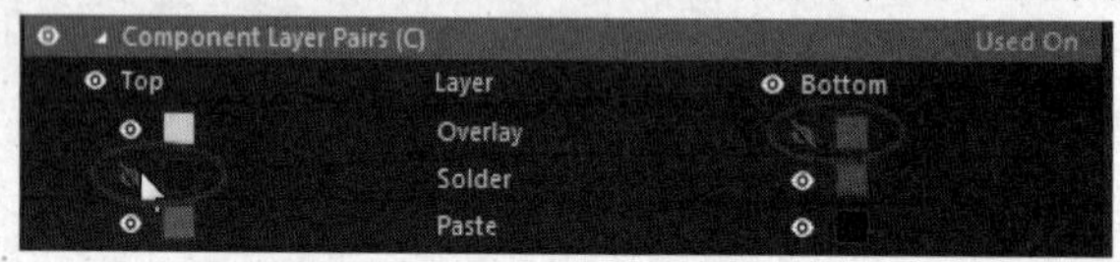

图 5-16 启用/禁用单个条目

❷如果要修改某层的颜色或系统的颜色，单击其对应的“颜色”栏内的色条，即可在弹出的选择颜色列表中进行修改，如图 5-17 所示。

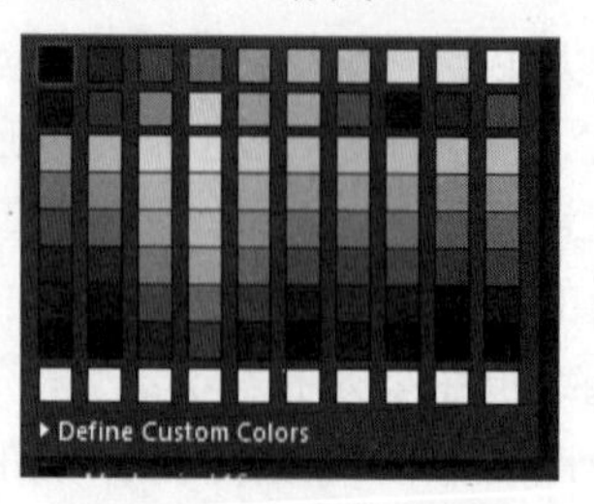

图 5-17 选择颜色列表

❸在“Layer Sets（层设置）”设置栏中，有“All Layers（所有层）”“Signal Layers（信号层）”“Plane Layers（平面层）”“NonSignal Layers（非信号层）”和“Mechanical Layers（机械层）”选项，它们分别对应其上方的信号层、电源层和地层、机械层。选择“All Layers（所有层）”决定了在板层和颜色面板中显示全部的层面，还是只显示图层堆栈中设置的有效层面。一般为使面板简洁明了，默认选择“All Layers（所有层）”，只显示有效层面，对未用层面可以忽略其颜色设置。

单击“Used On（使用的层打开）”按钮，即可选中该层的“显示”按钮，清除其余所有层的选中状态。

03 显示系统的颜色。在“System Color（系统颜色）”栏中可以对系统的两种类型可视格点的显示或隐藏进行设置，还可以对不同的系统对象进行设置。

5.5 “Preferences（参数选择）”的设置

在“参数选择”对话框中可以对一些与 PCB 编辑窗口相关的系统参数进行设置。设置后的系统参数将用于当前工程的设计环境，并且不会随 PCB 文件的改变而改变。

单击菜单栏中的“工具”→“优先选项”命令，系统将弹出如图 5-18 所示的“优选项”对话框。

在该对话框中 PCB Editor（PCB 编辑器）选项组下需要设置的有“General（常规）”“Display（显示）”“Defaults（默认）”和“Layer Colors（层颜色）”4 个标签页。

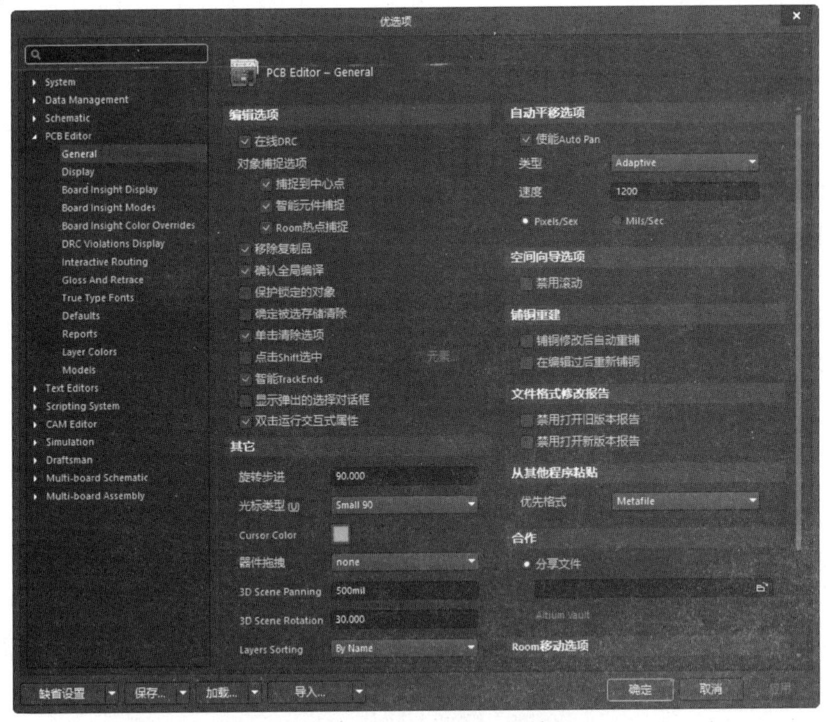

图 5-18　“优选项”对话框

5.6 在 PCB 文件中导入原理图网络表信息

印制电路板有单面板、双面板和多层板三种。单面板由于成本低而被广泛应用。初听起来单面板似乎比较简单，但是从技术上说单面板的设计难度很大。在印制电路板设计中，单面板设计是一个重要的组成部分，也是印制电路板设计的起步。双面板的电路一般比单面板复杂，但是由于双面都能布线，设计不一定比单面板困难，深受广大设计人员的喜爱。

单面板与双面板两者的设计过程类似，均可按照电路板设计的一般步骤进行。在设计电路板之前，准备好原理图和网络表，为设计印制电路板打下基础。然后进行电路板的规划，也就是电路板板边的确定，或者说是确定电路板的大小尺寸。规划好电路板后，接下来的任务就是将网络表和元件封装装入。装入元件封装后，元件是重叠的，需要对元件封装进行布局，布局的好坏直接影响到电路板的自动布线，因此非常重要。元件的布局可以采用自动布局，也可以手工对元件进行调整布局。元件封装在规划好的电路板上布完后，可以运用 Altium Designer 22 提供的强大的自动布线功能，进行自动布线。在自动布线结束之后，往往还存在一些令人不满意的地方，这就需要设计人员利用经验通过手工去修改调整。当然对于那些设计经验丰富的设计人员，从元件封装的布局到布完线，都可以用手工去完成。

现在最普遍的电路设计方式是用双面板设计。但是当电路比较复杂而利用双面板无法实现理想的布线时，就要采用多层板的设计了。多层板是指采用四层板以上的电路板布线。它一般包括顶层、底层、电源板层、接地板层，甚至还包括若干个中间板层。板层越多，布线就越简单。但是多层板的制作费用比较高，制作工艺也比较复杂。多层板的布线主要以顶层和底层为主要布线层，以走中间层为辅。在需要中间层布线的时候，我们往往先将那些在顶层和底层难以布置的网络，布置在中间层，然后切换到顶层或底层进行其他的布线操作。

网络表是原理图与 PCB 图之间的联系纽带，原理图的信息可以通过导入网络表的形式完成与 PCB 之间的同步。在进行网络表的导入之前，需要装载元件的封装库及对同步比较器的比较规则进行设置。

网络表是原理图与 PCB 图之间的联系纽带，原理图和 PCB 图之间的信息可以通过在相应的 PCB 文件中导入网络表的方式完成同步。在执行导入网络表的操作之前，需要在 PCB 设计环境中装载元件的封装库及对同步比较器的比较规则进行设置。

5.6.1 装载元件封装库

由于 Altium Designer 22 采用的是集成的元件库，因此对于大多数设计来说，在进行原理图设计的同时便装载了元件的 PCB 封装模型，一般可以省略该项操作。但 Altium Designer 22 同时也支持单独的元件封装库，只要 PCB 文件中有一个元件封装不是在集成的元件库中，用户就需要单独装载该封装所在的元件库。元件封装库的添加与原理图中元件库的添加步骤相同，这里不再赘述。

5.6.2 设置同步比较规则

同步设计是 Protel 系列软件中实现绘制电路图最基本的方法，这是一个非常重要的概念。对同步设计概念最简单的理解就是原理图文件和 PCB 文件在任何情况下保持同步。也就是说，不管是先绘制原理图再绘制 PCB 图，还是同时绘制原理图和 PCB 图，最终要保证原理图中元件的电气连接意义必须和 PCB 图中的电气连接意义完全相同，这就是同步。同步并不是单纯的同时进行，而是原理图和 PCB 图两者之间电气连接意义的完全相同。实现这个目的的最终方法是用同步器来实现，这个概念就称之为同步设计。

如果说网络表包含了电路设计的全部电气连接信息，那么 Altium Designer 22 则是通过同步器添加网络报表的电气连接信息来完成原理图与 PCB 图之间的同步更新。同步器的工作原理是检查当前的原理图文件和 PCB 文件，得出它们各自的网络报表并进行比较，比较后得出的不同网络信息将作为更新信息，然后根据更新信息便可以完成原理图设计与 PCB 设计的同步。同步比较规则能够决定生成的更新信息，因此要完成原理图与 PCB 图的同步更新，同步比较规则的设置是至关重要的。

单击菜单栏中的“工程”→“工程选项”命令，系统将弹出“Options for PCB Project...（PCB 项目选项）”对话框，然后单击“Comparator（比较器）”选项卡，在该选项卡中可以对同步比较规则进行设置，如图 5-19 所示。单击“设置成安装缺省”按钮，将恢复软件安装时同步器的默认设置状态。单击“确定”按钮，即可完成同步比较规则的设置。

同步器的主要作用是完成原理图与 PCB 图之间的同步更新，但这只是对同步器的狭义理解。广义上的同步器可以完成任何两个文档之间的同步更新，可以是两个PCB文档之间、网络表文件和 PCB 文件之间，也可以是两个网络表文件之间的同步更新。用户可以在“Differences（不同）”面板中查看两个文件之间的不同之处。

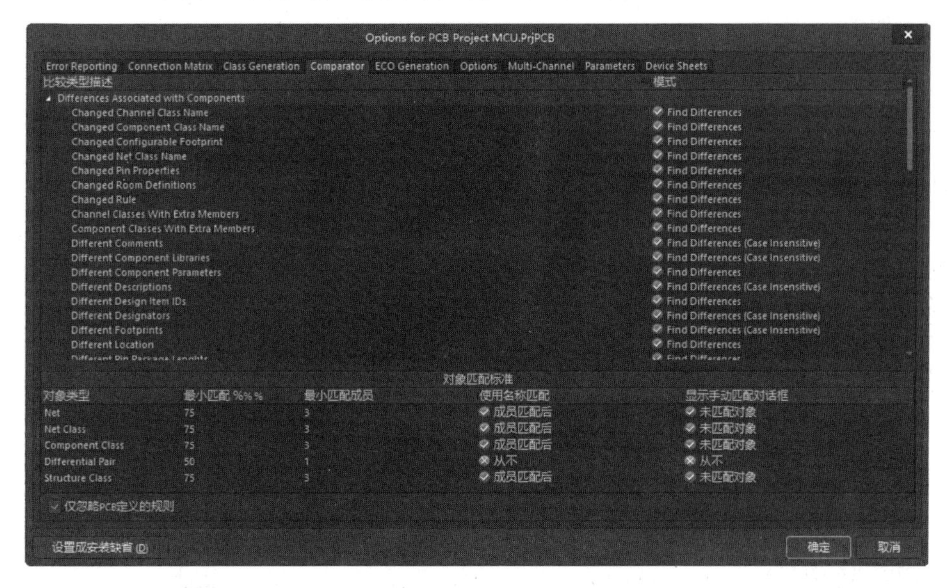

图 5-19　“Comparator（比较器）”选项卡

5.6.3　导入网络报表

完成同步比较规则的设置后，即可进行网络表的导入工作。打开电子资料包中“yuanwenjian\ch05\example”文件夹中最小单片机系统项目文件“MCU.PrjPCB”，打开原理图文件“MCU Circuit.SchDoc”，原理图如图5-20所示，将原理图的网络表导入到当前的PCB1文件中，操作步骤如下：

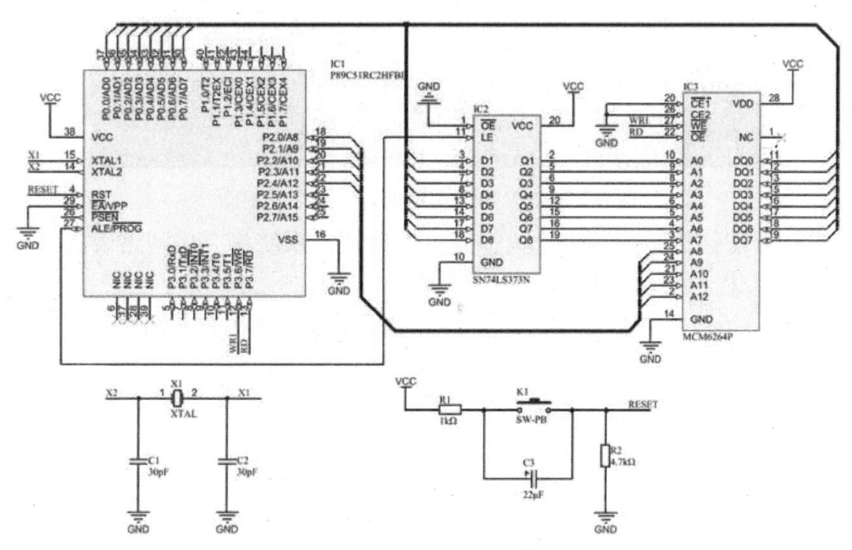

图 5-20　要导入网络表的原理图

01 打开“MCU Circuit.SchDoc”文件，使之处于当前的工作窗口中，同时应保证

PCB 1 文件也处于打开状态。

02 单击菜单栏中的“设计”→“Update PCB Document PCB1.PcbDoc（更新 PCB 文件）”命令，系统将对原理图和 PCB 图的网络报表进行比较并弹出一个“工程变更指令”对话框，如图 5-21 所示。

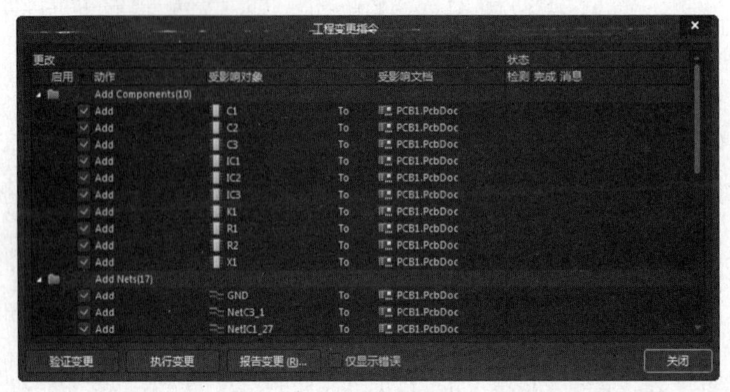

图 5-21 “工程变更指令”对话框

03 单击“验证变更”按钮，系统将扫描所有的更改操作项，验证能否在 PCB 上执行所有的更新操作。随后在可以执行更新操作的每一项所对应的“检测”栏中将显示标记，如图 5-22 所示。

➢ 标记：说明该项更改操作项都是合乎规则的。

➢ 标记：说明该项更改操作是不可执行的，需要返回到以前的步骤中进行修改，然后重新进行更新验证。

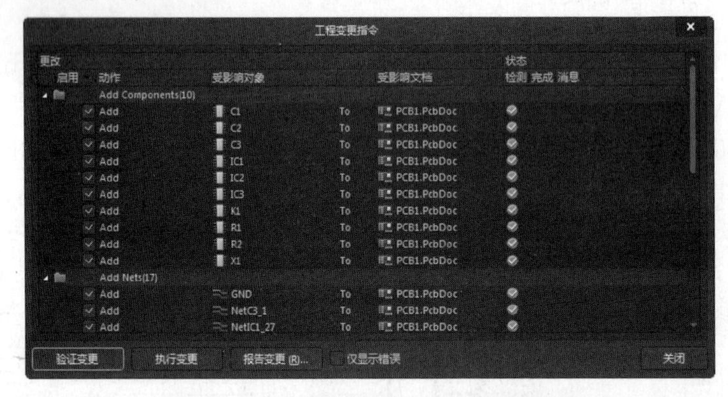

图 5-22 PCB 中能实现的合乎规则的更新

04 进行合法性校验后单击“执行变更”按钮，系统将完成网络表的导入，同时在每一项的“完成”栏中显示标记提示导入成功，如图 5-23 所示。

05 单击“关闭”按钮，关闭该对话框。此时可以看到在 PCB 图布线框的右侧出现了导入的所有元件的封装模型，如图 5-24 所示。该图中的紫色边框为布线框，各元件之间仍保持着与原理图相同的电气连接特性。将结果保存在电子资料包中“yuanwenjian\ch_05\5.7”文件夹中。

用户需要注意的是，导入网络表时，原理图中的元件并不直接导入到用户绘制的布线区内，而是位于布线区范围以外。通过随后执行的自动布局操作，系统自动将元件放置在布线区内。当然，用户也可以手动拖动元件到布线区内。

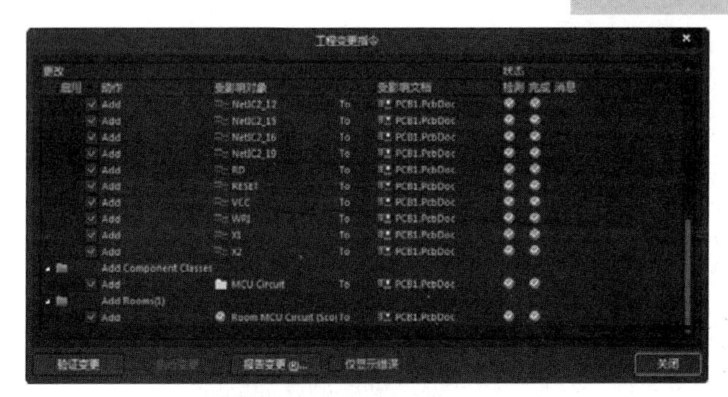

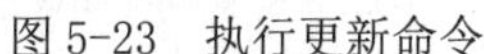

图 5-23　执行更新命令

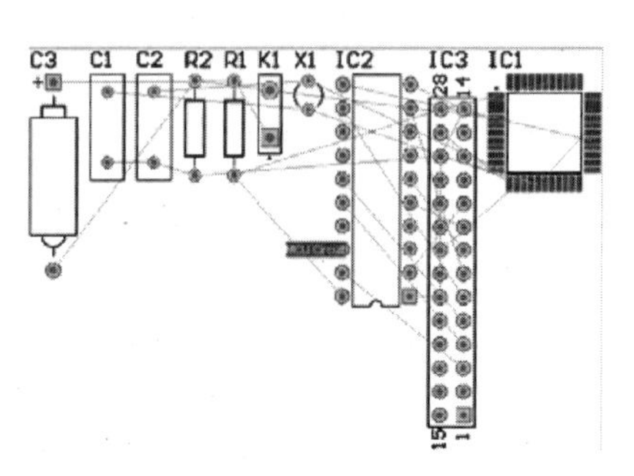

图 5-24　导入网络表后的 PCB 图

5.6.4　Room 的创建

在 PCB 中，导入原理图封装信息，每一个原理图对应一个同名的自定义创建的 Room 区域，将该原理图中的封装元件放置在该区域中。

在对封装元件进行布局过程中，可自定义打乱所有的 Room 属性进行布局，也可按照每一个 Room 区域字形进行布局。

在不同的功能的 Room 中放置同属性的元器件，将元件分成多个部分，在摆放元件的时候就可以按 照 Room 属性来摆放，将不同功能的元件放在一块，布局的时候好拾取。 简化布局步骤，减小布局难度。

单击“设计”→“Room（器件布局）”菜单项即可打开与 Room 有关的菜单项，如图 5-25 所示。

➢ “放置矩形 Room”命令：在编辑区放置矩形的 Room，如图 5-26 所示。双击该区域，弹出如图 5-27 所示的属性设置对话框。

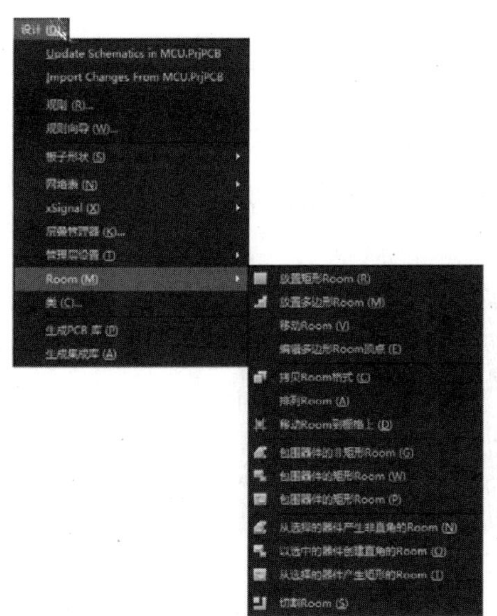

图 5-25 “Room”菜单项

图 5-26　放置矩形 Room

➢ “放置多边形 Room”命令：在编辑区放置多边形的 Room。

➢ “移动 Room”命令：移动放置的 Room。

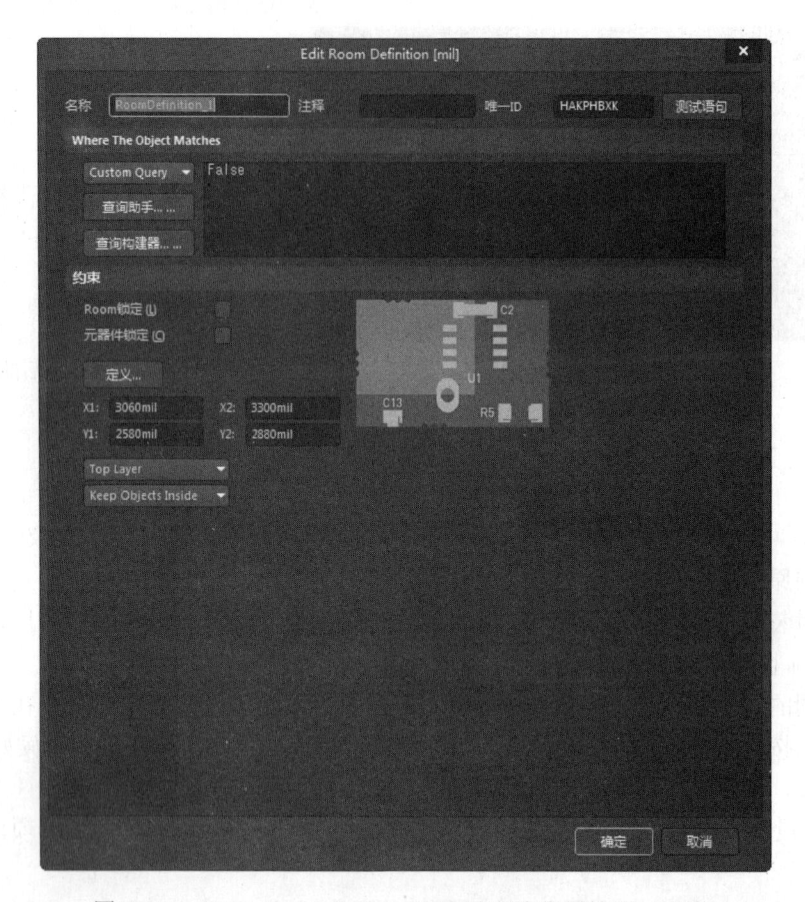

图 5-27 “Edit Room Definition（定义空间属性）”对话框

➢ “编辑多边形 Room 顶点”命令：执行该命令后，在多边形的顶点上单击，激活编辑命令，通过拖动顶点位置，调整多边形 Room 的形状。

➢ “拷贝 Room 格式”命令：执行该命令后，在图 5-28 中左侧矩形 RoomDefinition_1 上单击，选择源格式，然后在右侧多边形 Room Definition_2 上单击，弹出如图 5-29 所示的“确认通道格式复制”对话框，默认参数设置，单击“确定”按钮，右侧多边形 Room Definition_2 切换为左侧矩形 Room Definition_1 得到格式，如图 5-30 所示。

图 5-28 原始图形

➢ “排列 Room”命令：执行该命令，弹出如图 5-31 所示的“排列 Room”对话框，设置排列的行数与列数、位置、间距等参数。

➢ “移动 Room 到栅格上”命令：将 Room 移动到栅格上，以方便捕捉。

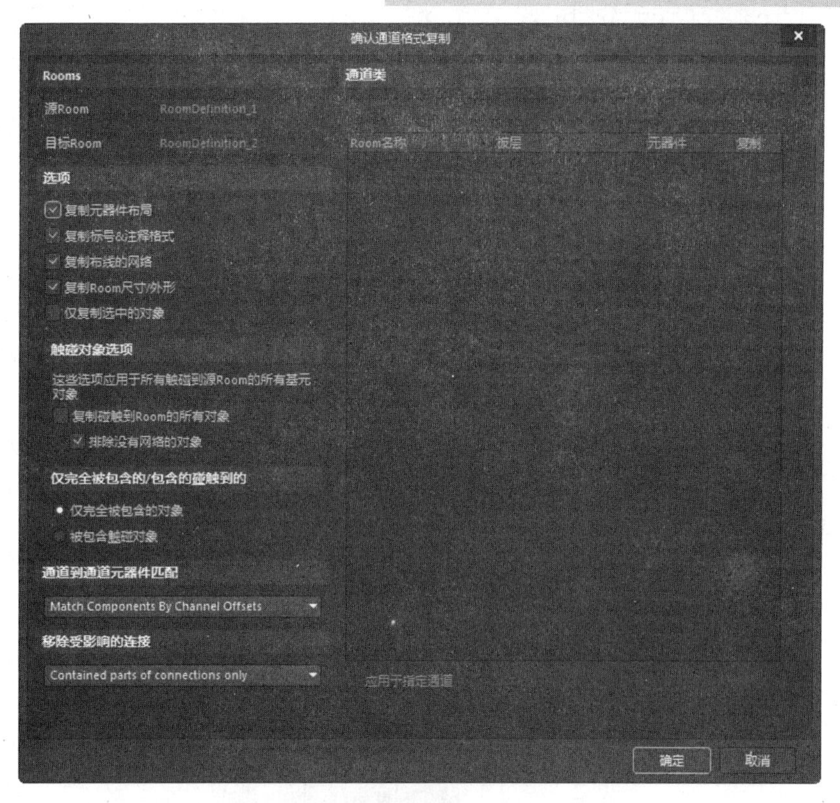

图 5-29　“确认通道格式复制”对话框

图 5-30　结果图形

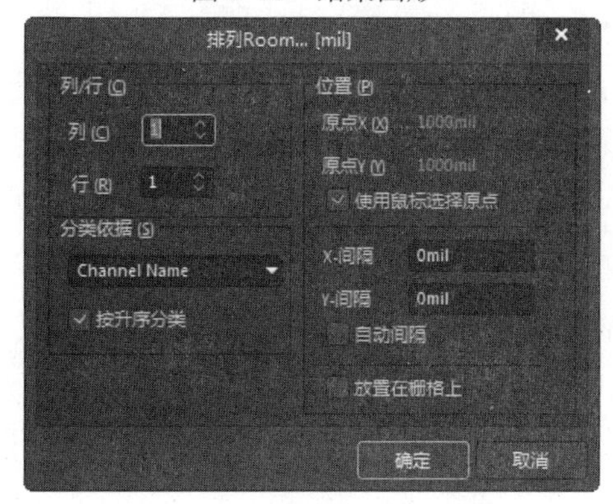

图 5-31　“排列 Room”对话框

➢ “包围器件的非矩形 Room”命令：在编辑区绘制一个任意 Room，执行该命令后，单击该 Room，该 Room 自动包围元件，包围形状以涵盖所有元器件为主，不要求形状，如图 5-32 所示。

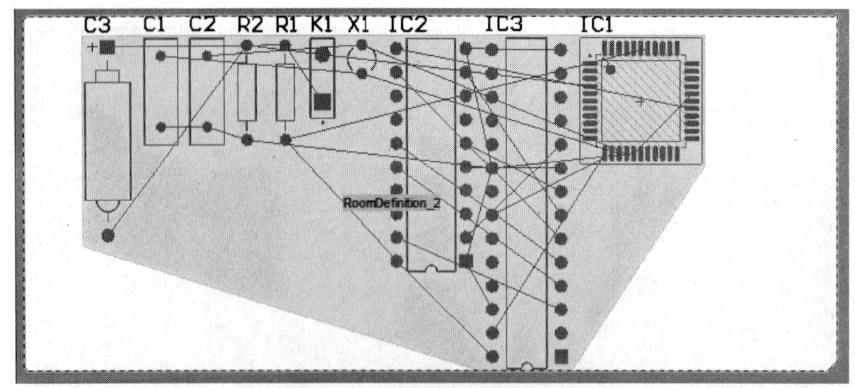

图 5-32　放置非矩形 Room

➢ “包围器件的矩形 Room（W）”命令：在编辑区绘制一个任意 Room，执行该命令后，单击该 Room，该 Room 自动包围元件，包围形状以涵盖所有元器件为主，不要求整体形状，但边角为直角，如图 5-33 所示。

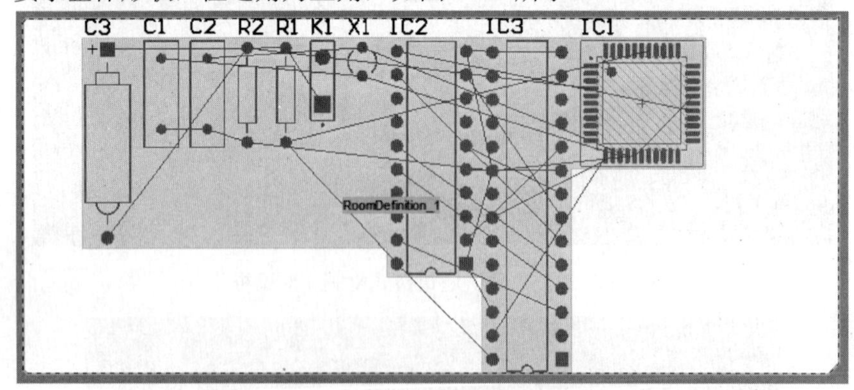

图 5-33　放置矩形 Room

➢ “包围器件的矩形 Room（P）”命令：在编辑区绘制一个任意 Room，执行该命令后，单击该 Room，该 Room 自动变为矩形并涵盖所有元器件，如图 5-34 所示。对比两个名称相同的命令，具体执行结果有差异。

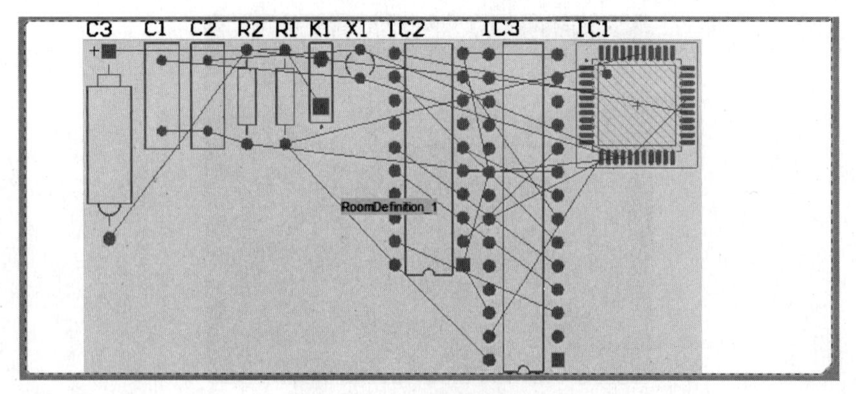

图 5-34　包围矩形 Room

➢ “从选择的器件产生非直角的 Room”命令：选中元器件，执行该命令后，元器件外侧自动生成 Room，不要求形状，如图 5-35 所示。

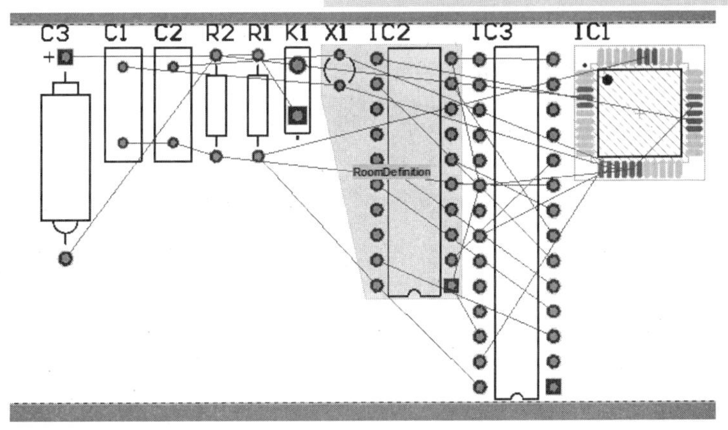

图 5-35　非直角 Room

- “从选中的器件创建直角的 Room”命令：选中元器件，执行该命令后，自动生成一个 Room，该 Room 自动包围选中的元件，不要求整体形状，但边角为直角，如图 5-36 所示。

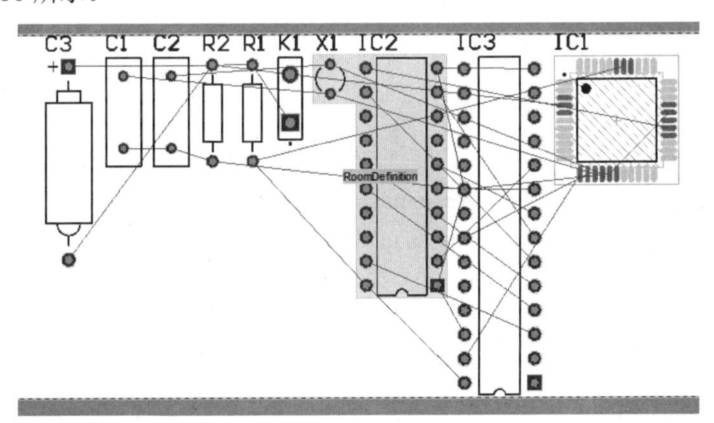

图 5-36　直角 Room

- “从选择的器件产生矩形的 Room”命令：选中元器件，执行该命令后，选中元器件外部自动添加矩形 Room，如图 5-37 所示。

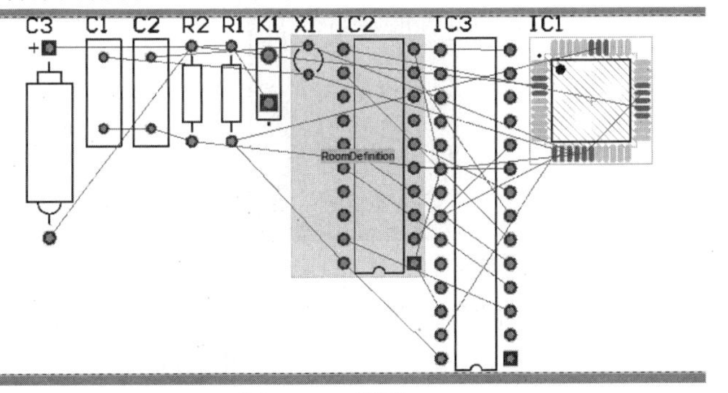

图 5-37　矩形 Room

- “切割 Room”命令：切割 Room。执行该命令后，光标变为十字形，在需要分割的位置绘制闭合区域，如图 5-38 所示。完成 Room 区域绘制后单击右键，弹出如图 5-39 所示的确认对话框，单击“Yes（是）”按钮，完成切割，在完整个 RoomDefinition_1 区域切割出一个 RoomDefinition_2，如图 5-40 所示。

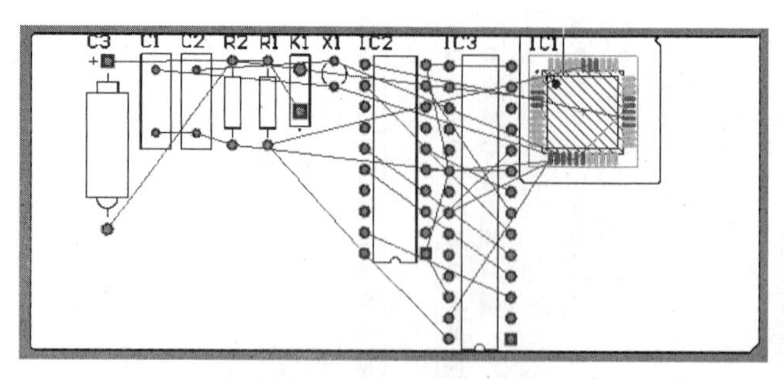

图 5-38　绘制新 Room 边界

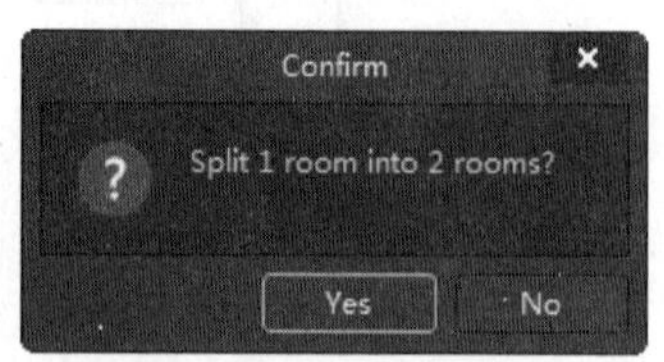

图 5-39　确认对话框

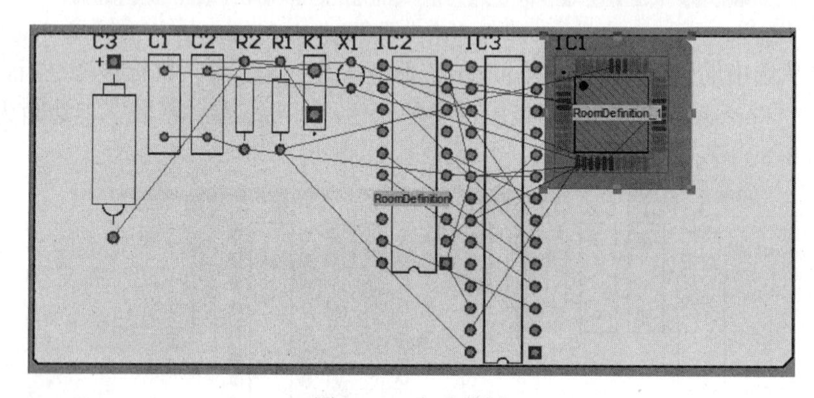

图 5-40　完成分割

5.6.5　飞线的显示

网络表信息导入到 PCB 中，再将元件布置到电路中，为方便显示与后期布线，切换显示飞线，避免交叉。

选择菜单栏中的“视图”→“连接”命令，弹出如图 5-41 所示的子菜单，该菜单中的命令主要与飞线的显示相关。

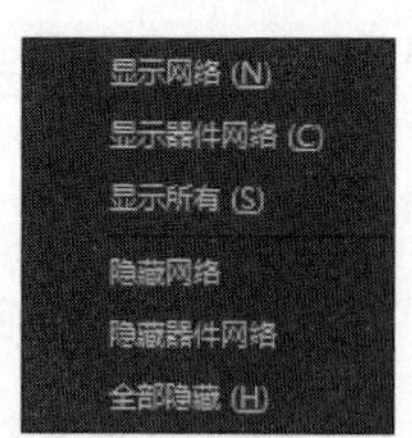

图 5-41　显示飞线子菜单

❶选择“显示网络”命令，在图中单击，弹出如图 5-42 所示的“Net Name（网络名称）”对话框，输入网络名称 A0，则显示该与该网络相连的飞线，如图 5-43 所示。

❷选择“显示器件网络”命令，单击电路板中的元件 C6，显示与该元件相连的飞线，如图 5-44 所示。

❸选择“显示所有”命令，显示电路板中的所有飞线，如图 5-45 所示。

❹选择“隐藏网络”命令，在图中单击，弹出如图 5-46 所示的“Net Name（网络名称）”对话框，输入网络名称 A0，则隐藏该与该网络相连的飞线，如图 5-47 所示。

图 5-42　“Net Name（网络名称）”对话框

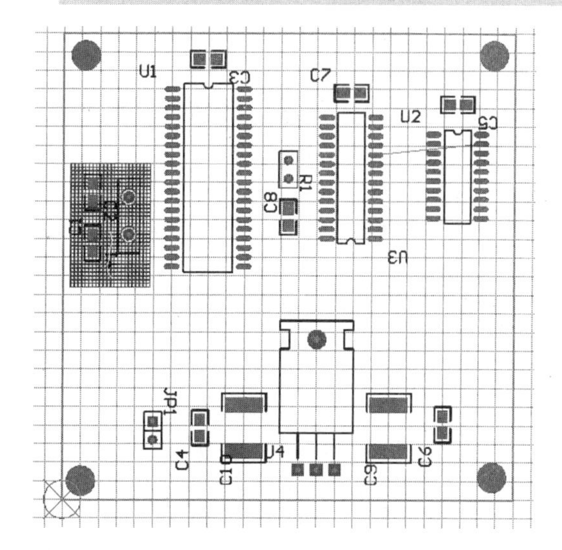

图 5-43　显示网络飞线

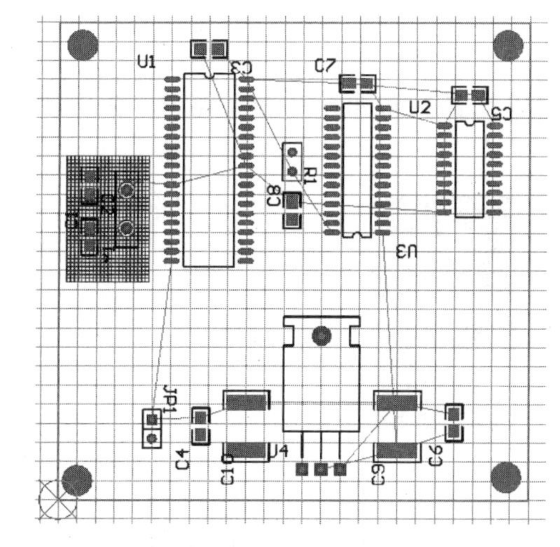

图 5-44　元件间的飞线

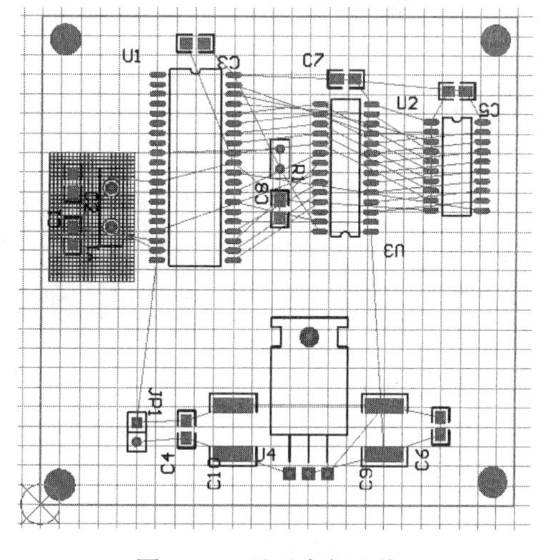

图 5-45　显示全部飞线

图 5-46　“Net Name（网络名称）”对话框

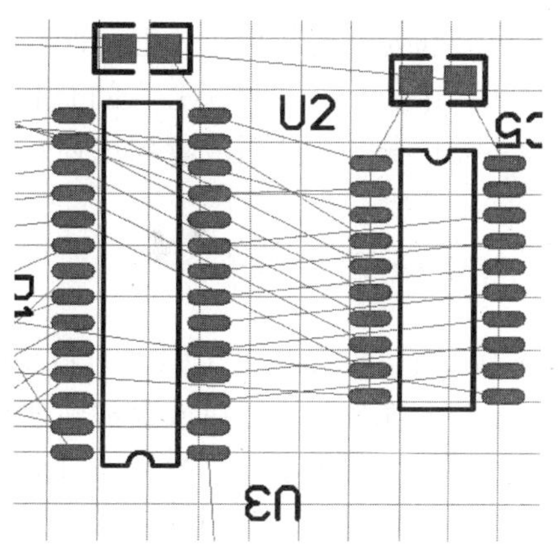

图 5-47　隐藏网络飞线

❺选择“隐藏器件网络”命令，单击电路板中的元件 C6，隐藏与该元件相连的飞线，如图 5-48 所示。

❻选择“全部隐藏”命令，隐藏电路板中的所有飞线，如图 5-49 所示。

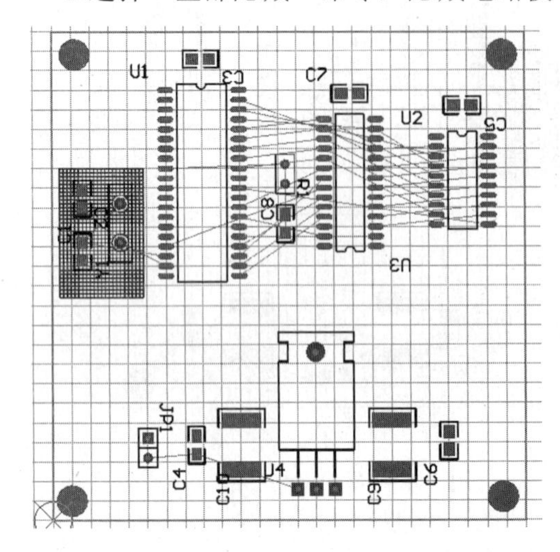

图 5-48　隐藏元件间的飞线

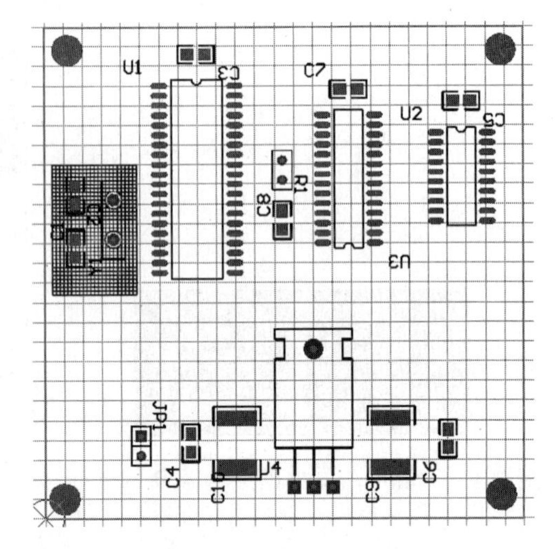

图 5-49　隐藏全部飞线

提示：

除使用菜单命令外，在编辑区按<N>键，弹出如图 5-50 所示的快捷菜单，命令与“视图”→“连接”下子菜单命令一一对应。

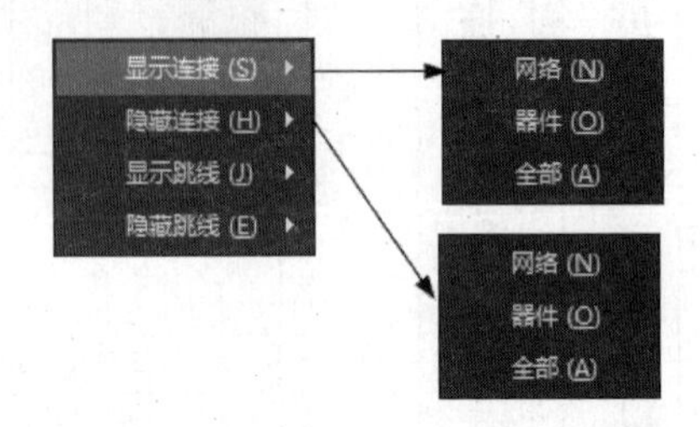

图 5-50　快捷菜单

5.7　元件的自动布局

装入网络表和元件封装后，要把元件封装放入工作区，这需要对元件封装进行布局。

Altium Designer 22 提供了强大的 PCB 自动布局功能，PCB 编辑器根据一套智能算法可以自动地将元件分开，然后放置到规划好的布局区域内并进行合理的布局。

5.7.1　自动布局的菜单命令

Altium Designer 22 提供了强大的 PCB 自动布局功能，PCB 编辑器根据一套智能的算法可以自动地将元件分开，然后放置到规划好的布局区域内并进行合理的布局。单击“工具”→“器件摆放”菜单项即可打开与自动布局有关的菜单项，如图 5-51 所示。

➢　“按照 Room 排列（空间内排列）”命令：用于在指定的空间内部排列元件。单击该命令后，光标变为十字形状，在要排列元件的空间区域内单击，元件即自动排列到该空间内部。

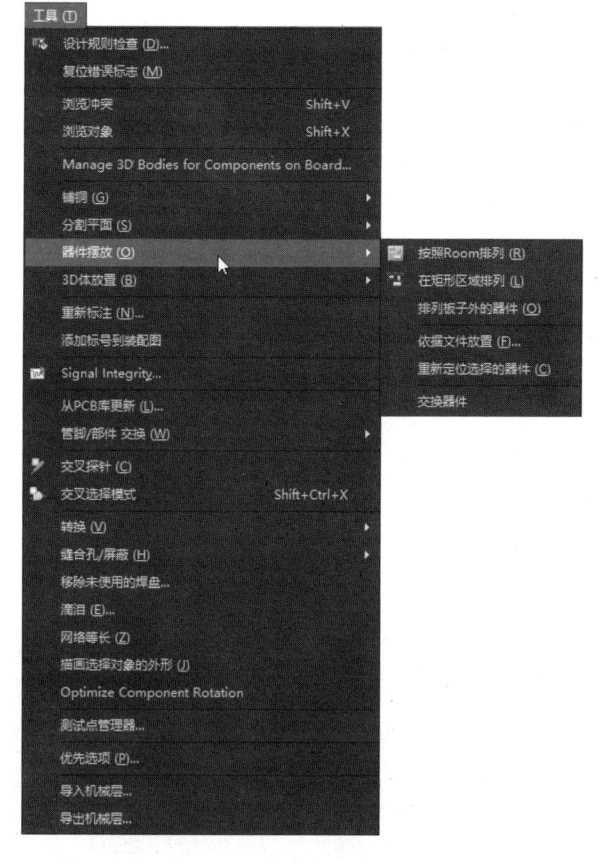

图 5-51 自动布局菜单项

- “在矩形区域排列”命令：用于将选中的元件排列到矩形区域内。使用该命令前，需要先将要排列的元件选中。此时光标变为十字形状，在要放置元件的区域内单击，确定矩形区域的一角，拖动光标，至矩形区域的另一角后再次单击。确定该矩形区域后，系统会自动将已选择的元件排列到矩形区域中来。
- “排列板子外的器件”命令：用于将选中的元件排列在 PCB 的外部。使用该命令前，需要先将要排列的元件选中，系统自动将选择的元件排列到 PCB 范围以外的右下角区域内。
- “依据文件放置”菜单命令：导入自动布局文件进行布局。
- “重新定位选择的器件”菜单命令：重新进行自动布局。
- “交换器件”菜单命令：用于交换选中的元件在 PCB 的位置。

5.7.2 自动布局约束参数

在自动布局前，首先要设置自动布局的约束参数。合理地设置自动布局参数，可以使自动布局的结果更加完善，也就相对地减少了手动布局的工作量，节省了设计时间。

自动布局的参数在“PCB 规则及约束编辑器”对话框中进行设置。单击菜单栏中的“设计”→“规则”命令，系统将弹出“PCB 规则及约束编辑器”对话框。单击该对话框中的

“Placement”（设置）标签，逐项对其中的选项进行参数设置。

01 “Room Definition（空间定义规则）”选项：用于在 PCB 上定义元件布局区域，如图 5-52 所示为该选项的设置对话框。在 PCB 上定义的布局区域有两种，一种是区域中不允许出现元件，一种则是某些元件一定要在指定区域内。在该对话框中可以定义该区域的范围（包括坐标范围与工作层范围）和种类。该规则主要用在线 DRC、批处理 DRC 和成群的放置项自动布局的过程中。

其中主要选项的功能如下：

- “Room 锁定（区域锁定）”复选框：勾选该复选框时，将锁定 Room 类型的区域，以防止在进行自动布局或手动布局时移动该区域。
- “元器件锁定”复选框：勾选该复选框时，将锁定区域中的元件，以防止在进行自动布局或手动布局时移动该元件。
- “定义”按钮：单击该按钮，光标将变成十字形状，移动光标到工作窗口中，单击可以定义 Room 的范围和位置。
- “x1”“y1”文本框：显示 Room 最左下角的坐标。
- “x2”“y2”文本框：显示 Room 最右上角的坐标。
- 最后两个下拉列表框中列出了该 Room 所在的工作层及对象与此 Room 的关系。

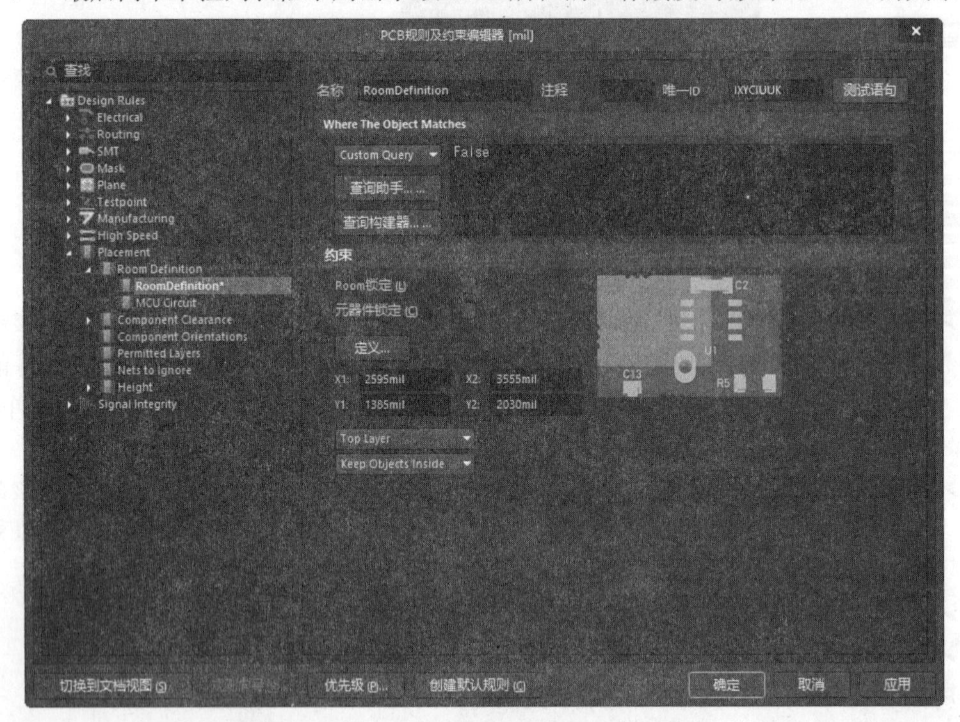

图 5-52 “PCB 规则及约束编辑器”对话框

02 “Component Clearance（元件间距限制规则）”选项：用于设置元件间距，如图 5-53 所示为该选项的设置对话框。在 PCB 可以定义元件的间距，该间距会影响到元件的布局。

- “无限”单选按钮：用于设定最小水平间距，当元件间距小于该数值时将视为违例。

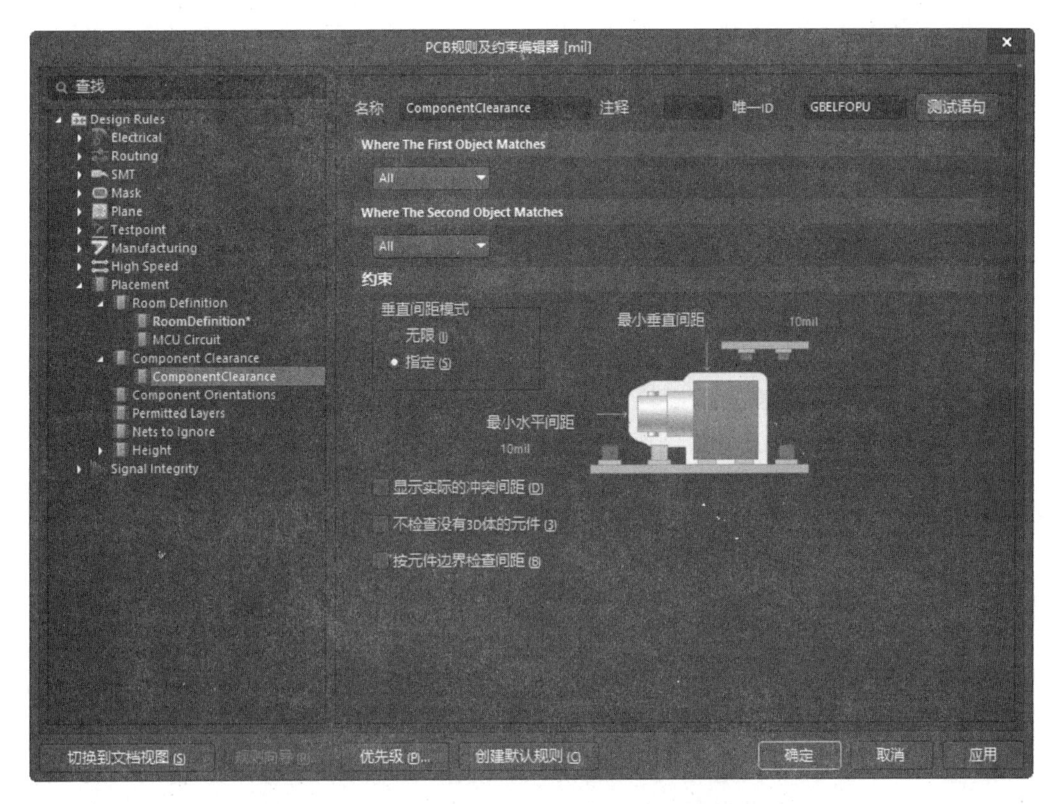

图 5-53 “Component Clearance”选项设置对话框

➢ “指定”单选按钮：用于设定最小水平和垂直间距，当元件间距小于这个数值时将视为违例。

03 “Component Orientations（元件布局方向规则）”选项：用于设置PCB上元件允许旋转的角度，如图5-54所示为该选项设置内容，在其中可以设置PCB上所有元件允许使用的旋转角度。

04 “Permitted Layers（电路板工作层设置规则）”选项：用于设置PCB上允许放置元件的工作层，如图5-55所示为该选项设置内容。PCB上的底层和顶层本来是都可以放置元件的，但在特殊情况下可能有一面不能放置元件，通过设置该规则可以实现这种需求。

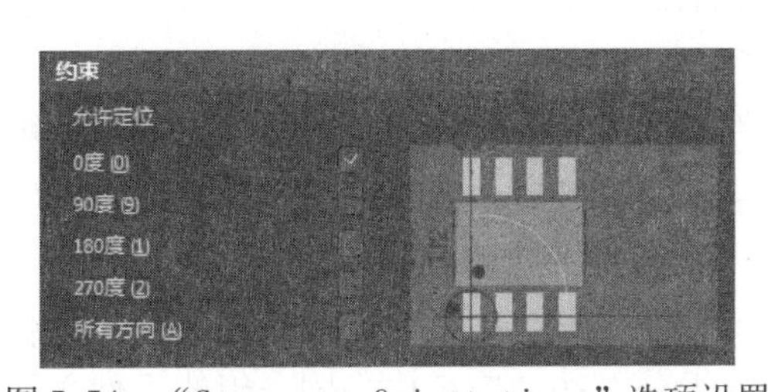

图 5-54 “Component Orientations”选项设置

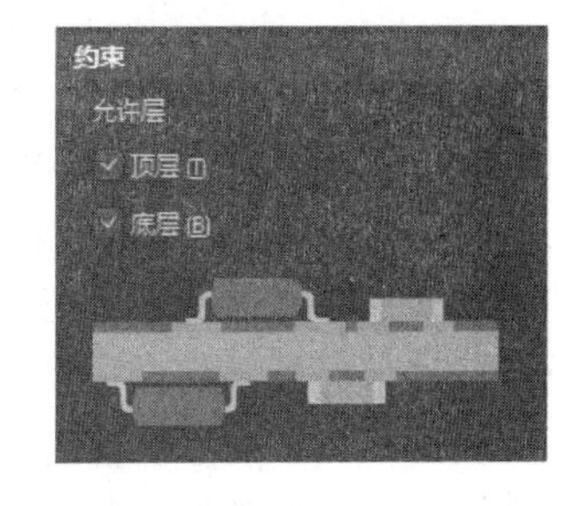

图 5-55 “Permitted Layers”选项设置

05 “Nets To Ignore（网络忽略规则）”选项：用于设置在采用成群的放置项方式执行元件自动布局时需要忽略布局的网络如图5-56所示。忽略电源网络将加快自动布局的速度，提高自动布局的质量。如果设计中有大量连接到电源网络的双引脚元件，设置该规则可以忽略电源网络的布局并将与电源相连的各个元件归类到其他网络中进行布局。

06 “Height（高度规则）”选项：用于定义元件的高度。在一些特殊的电路板上进行布局操作时，电路板的某一区域可能对元件的高度要求很严格，此时就需要设置该规则。如图 5-57 所示为该选项的设置对话框，主要有“最小的”“优先的”和“最大的”3 个可选择的设置选项。

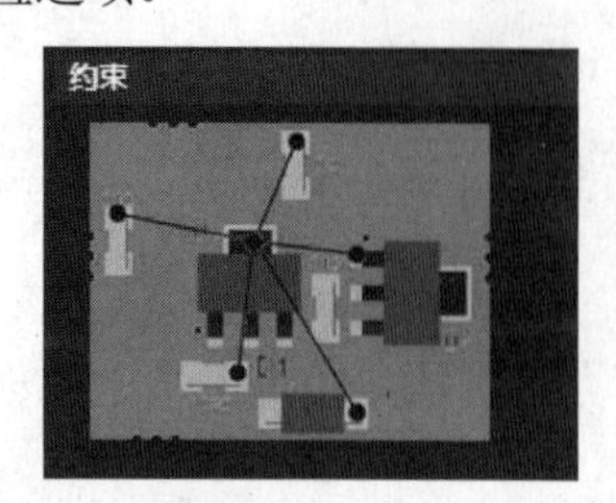

图 5-56 “Nets To Ignore”选项设置

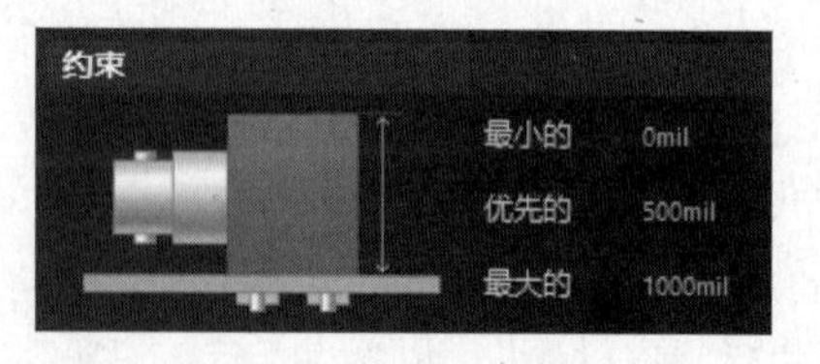

图 5-57 “Height”选项设置对话框

元件布局的参数设置完毕后，单击“确定”按钮，保存规则设置，返回 PCB 编辑环境。接着就可以采用系统提供的自动布局功能进行 PCB 元件的自动布局了。

5.7.3 在矩形区域内排列

打开电子资料包中“yuanwenjian\ch05\5.7”文件夹，使之处于当前的工作窗口中。利用前面的“PCB1.PcbDoc”文件介绍元件的自动布局，操作步骤如下：

01 在已经导入了电路原理图的网络表和所使用的元件封装的 PCB 文件 PCB1.PcbDoc 编辑器内，设定自动布局参数。自动布局前的 PCB 图如图 5-58 所示。

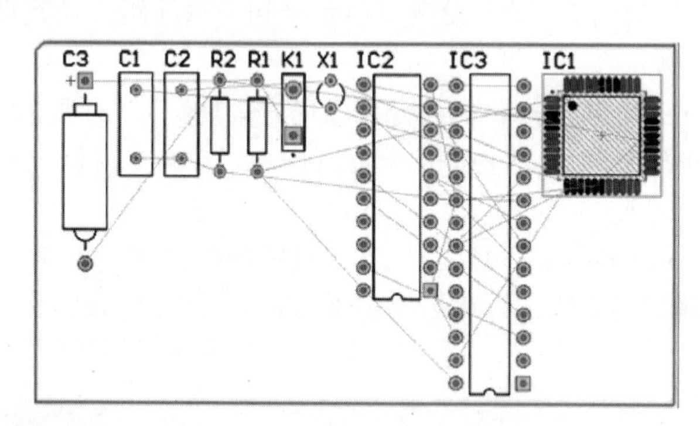

图 5-58 自动布局前的 PCB 图

02 在“Keep-out Layer（禁止布线层）”设置布线区。

03 选中要布局的元件，单击菜单栏中的“工具”→“器件摆放”→“在矩形区域排列”命令，光标变为十字形，在编辑区绘制矩形区域，即可开始在选择的矩形中自动布局。自动布局需要经过大量的计算，因此需要耗费一定的时间。

从图 5-59 中可以看出，元件在自动布局后不再是按照种类排列在一起。各种元件将按照自动布局的类型选择，初步地分成若干组分布在 PCB 板中，同一组的元件之间用导线建立连接将更加容易。自动布局结果并不是完美的，还存在很多不合理的地方，因此还需要对自动布局进行调整。

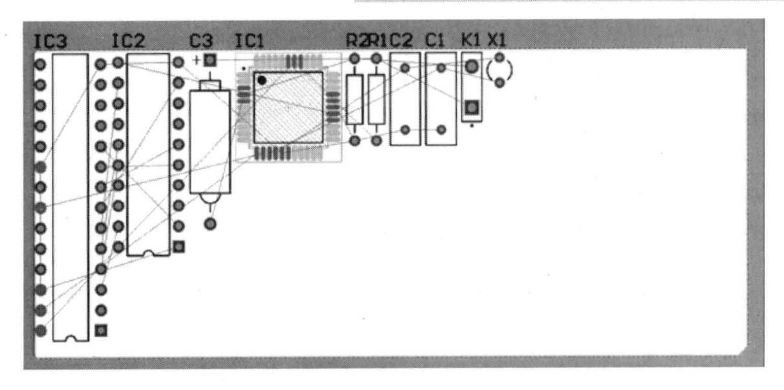

图 5-59　自动布局结果

5.7.4　排列板子外的元件

在大规模的电路设计中，自动布局涉及到大量计算，执行起来往往要花费很长的时间，用户可以进行分组布局，为防止元件过多影响排列，可将局部元件排列到板子外，线排列板子内的元件，最后排列板子外的元件。

选中需要排列到外部的元器件，单击菜单栏中的“工具”→“器件摆放”→“排列板子外的器件”命令，系统将自动将选中元件防止到板子边框外侧，如图 5-60 所示。

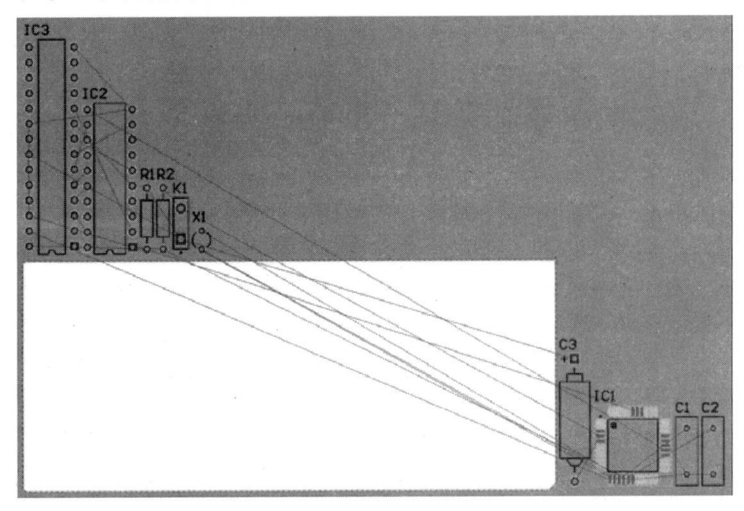

图 5-60　排列元件

5.7.5　导入自动布局文件进行布局

对元件进行布局时还可以采用导入自动布局文件来完成，其实质是导入自动布局策略。单击菜单栏中的“工具”→“器件摆放”→“依据文件放置”命令，系统将弹出如图 5-61 所示的“Load File Name（导入文件名称）”对话框。从中选择自动布局文件（扩展名为“.PIk”），然后单击“打开”按钮即可导入此文件进形自动布局。

通过导入自动布局文件的方法在常规设计中比较少见，这里导入的并不是每一个元件自动布局的位置，而是一种自动布局的策略。

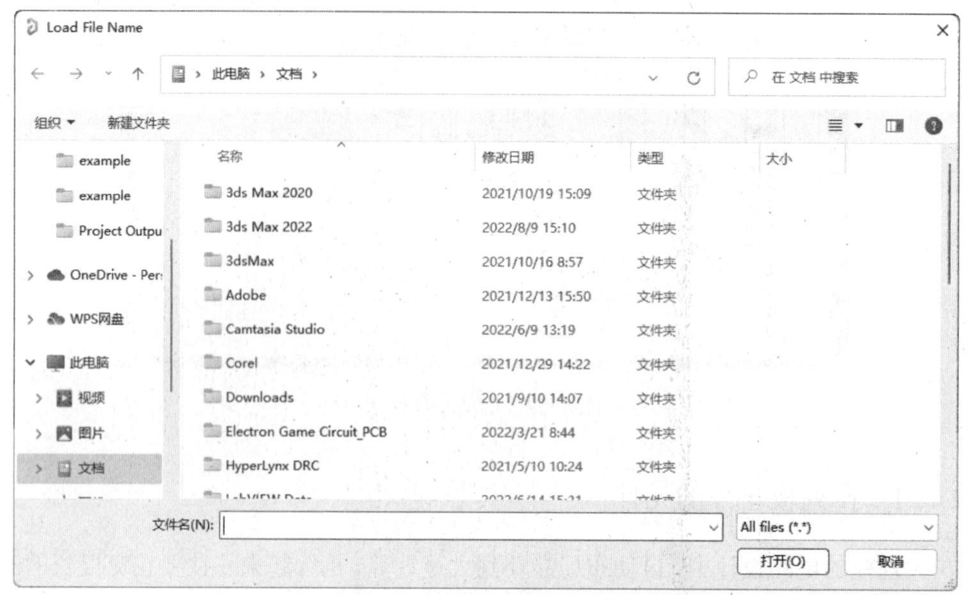

图 5-61 “Load File Name（导入文件名称）”对话框

5.8 元件的手动调整布局

元件的手动布局是指手动确定元件的位置。在前面介绍的元件自动布局的结果中，虽然设置了自动布局的参数，但是自动布局只是对元件进行了初步的放置，自动布局中元件的摆放并不整齐，走线的长度也不是最短，PCB 布线效果也不够完美，因此需要对元件的布局做进一步调整。

在 PCB 上可以通过对元件的移动来完成手动布局的操作，但是单纯的手动移动不够精细，不能非常整齐地摆放好元件。为此 PCB 编辑器提供了专门的手动布局操作，可以通过“编辑”菜单下“对齐”命令的子菜单来完成，如图 5-62 所示。

5.8.1 元件说明文字的调整

对元件说明文字进行调整，除了可以手动拖动外，还可以通过菜单命令实现。单击菜单栏中的“编辑”→“对齐”→“定位器件文本”命令，系统将弹出如图 5-63 所示的“元器件文本位置”对话框。在该对话框中，用户可以对元件说明文字（标号和说明内容）的位置进行设置。该命令是对所有元件说明文字的全局编辑，每一项都有 9 种不同的摆放位置。选择合适的摆放位置后，单击“确定”按钮，即可完成元件说明文字的调整。

5.8.2 元件的对齐操作

元件的对齐操作可以使 PCB 布局更好地满足“整齐、对称”的要求。这样不仅使 PCB 看起来美观，而且也有利于进行布线操作。对元件未对齐的 PCB 进行布线时会有很多转折，走线的长度较长，占用的空间也较大，这样会降低布通率，同时也会使 PCB 信号的完整性较差。可以利用“对齐”子菜单中的有关命令来实现，其中常用对齐命令的功能简要介绍如下：

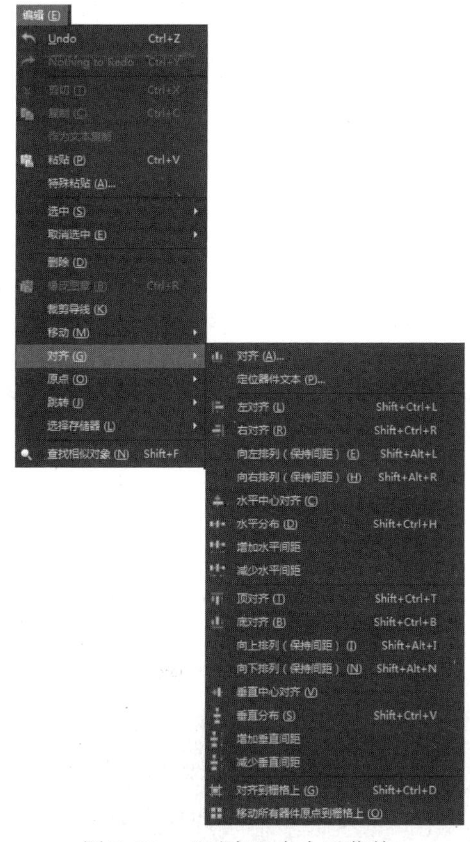

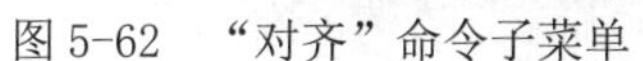

图 5-62 “对齐”命令子菜单

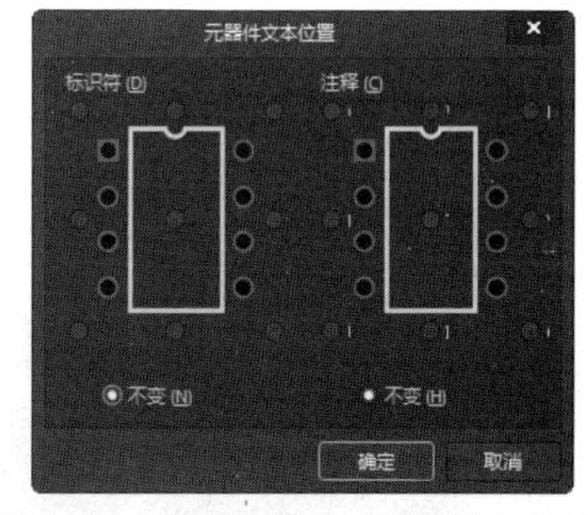

图 5-63 “元器件文本位置”对话框

➢ “对齐”命令：用于使所选元件同时进行水平和垂直方向上的对齐排列。具体的操作步骤如下（其他命令同理）：选中要进行对齐操作的多个对象，单击菜单栏中的“编辑”→“对齐”→“对齐”命令，系统将弹出如图 5-64 所示的“排列对象”对话框。其中“等间距”单选钮用于在水平或垂直方向上平均分布各元件。如果所选择的元件出现重叠的现象，对象将被移开当前的格点直到不重叠为止。水平和垂直两个方向设置完毕后，单击“确定”按钮，即可完成对所选元件的对齐排列。

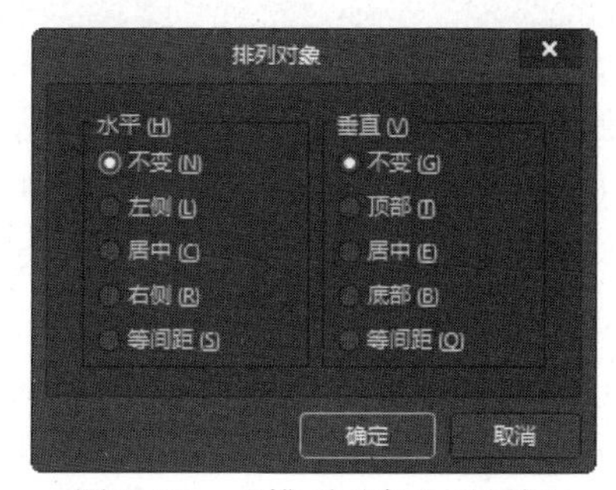

图 5-64 “排列对象”对话框

➢ “左对齐”命令：用于使所选的元件按左对齐方式排列。

➢ “右对齐”命令：用于使所选元件按右对齐方式排列。

- “水平中心对齐”命令：用于使所选元件按水平居中方式排列。
- “顶对齐”命令：用于使所选元件按顶部对齐方式排列。
- “底对齐”命令：用于使所选元件按底部对齐方式排列。
- “垂直分布”命令：用于使所选元件按垂直居中方式排列。
- “对齐到栅格上”命令：用于使所选元件以格点为基准进行排列。

5.8.3 元件间距的调整

元件间距的调整主要包括水平和垂直两个方向上间距的调整。

- “水平分布”命令：单击该命令，系统将以最左侧和最右侧的元件为基准，元件的 Y 坐标不变，X 坐标上的间距相等。当元件的间距小于安全间距时，系统将以最左侧的元件为基准对元件进行调整，直到各个元件间的距离满足最小安全间距的要求为止。
- “增加水平间距”命令：用于将增大选中元件水平方向上的间距。在“Properties（属性）”面板中“Grid Manager（栅格管理器）”中选择参数，激活“Properties（属性）”按钮，单击该按钮，弹出如图 5-65 所示的“Cartesian Grid Editor（笛卡尔栅格编辑器）”对话框，输入“步进 X”参数增加量。

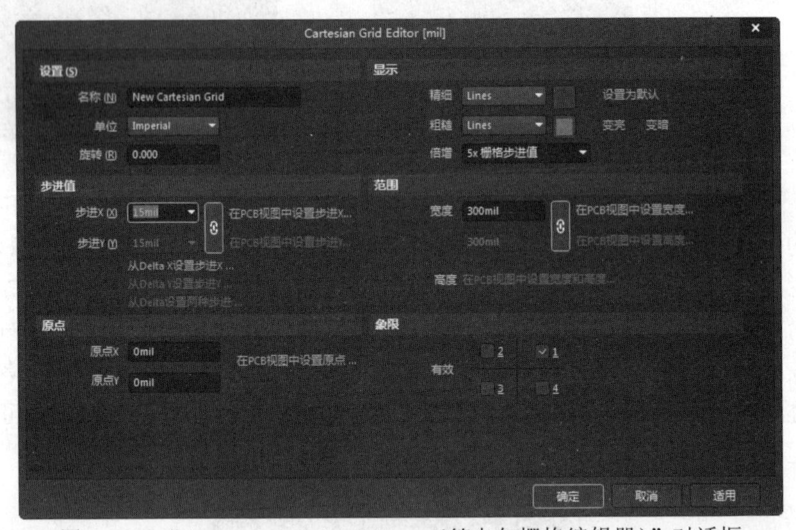

图 5-65 “Cartesian Grid Editor（笛卡尔栅格编辑器）”对话框

- “减少水平间距”命令：用于将减小选中元件水平方向上的间距，在“Properties（属性）”面板中“Grid Manager（栅格管理器）”中选择参数，激活“Properties（属性）”按钮，单击该按钮，弹出“Cartesian Grid Editor（笛卡尔栅格编辑器）”对话框，输入“步进 X”参数减小量。
- “垂直分布”命令：单击该命令，系统将以最顶端和最底端的元件为基准，使元件的 X 坐标不变，Y 坐标上的间距相等。当元件的间距小于安全间距时，系统将以最底端的元件为基准对元件进行调整，直到各个元件间的距离满足最小安全间距的要求为止。
- “增加垂直间距”命令：用于将增大选中元件垂直方向上的间距，在“Properties

（属性）”面板中“Grid Manager（栅格管理器）”中选择参数，激活“Properties（属性）”按钮，单击该按钮，弹出“Cartesian Grid Editor（笛卡尔栅格编辑器）”对话框，输入“步进 Y”参数增大量。

- “减少垂直间距”命令：用于将减小选中元件垂直方向上的间距，在“Properties（属性）”面板中“Grid Manager（栅格管理器）”中选择参数，激活“Properties（属性）”按钮，单击该按钮，弹出“Cartesian Grid Editor（笛卡尔栅格编辑器）”对话框，输入“步进 Y”参数减小量。

5.8.4 移动元件到格点处

格点的存在能使各种对象的摆放更加方便，更容易满足对 PCB 布局的“整齐、对称”的要求。手动布局过程中移动的元件往往并不是正好处在格点处，这时就需要使用“移动所有器件原点到栅格上”命令。单击该命令时，元件的原点将被移到与其最靠近的格点处。

在执行手动布局的过程中，如果所选中的对象被锁定，那么系统将弹出一个对话框询问是否继续。如果用户选择继续的话，则可以同时移动被锁定的对象。

5.8.5 元件手动布局的具体步骤

下面就利用元件自动布局的结果，继续进行手动布局调整。自动布局结果如图 5-66 所示。

元件手动布局的操作步骤如下：

01 选中 3 个电容器，将其拖动到 PCB 的左部重新排列，在拖动过程中按<Space>键，使其以合适的方向放置，如图 5-67 所示。

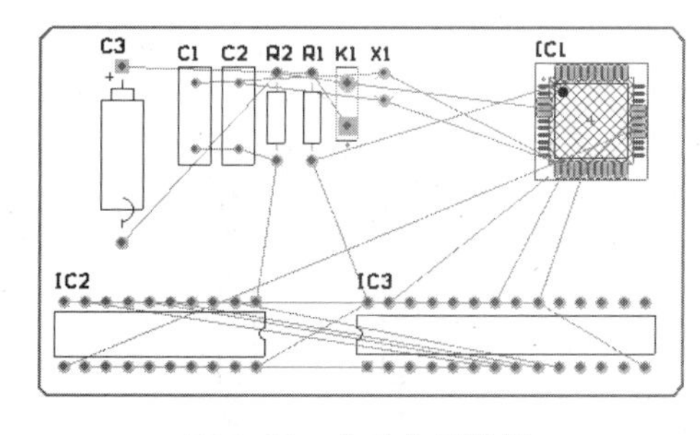

图 5-66　自动布局结果

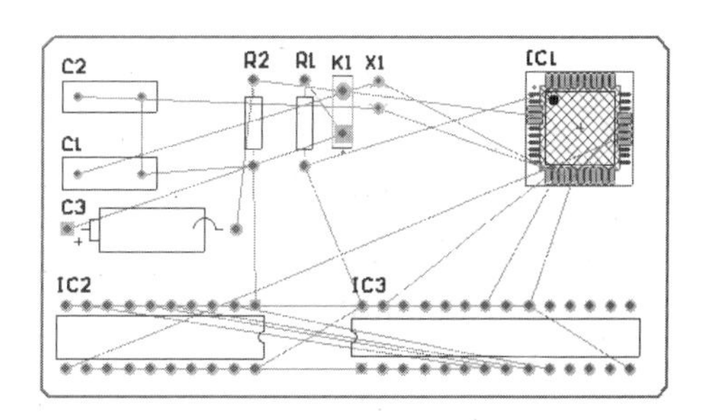

图 5-67　放置电容器

02 调整电阻位置，使其按标号并行排列。由于电阻分布在 PCB 上的各个区域内，一次调整会很费劲，因此，我们使用查找相似对象命令。

03 单击菜单栏中的“编辑”→“查找相似对象”命令，此时光标变成十字形状，在 PCB 区域内单击选取一个电阻，弹出“查找相似对象”对话框，如图 5-68 所示。在“Objects Specitic”选项组的“Footprint（轨迹）”下拉列表中选择“Same（相同）”选项，单击“应用”按钮，再单击“确定”按钮，退出该对话框。此时所有电阻均处于选中状态。

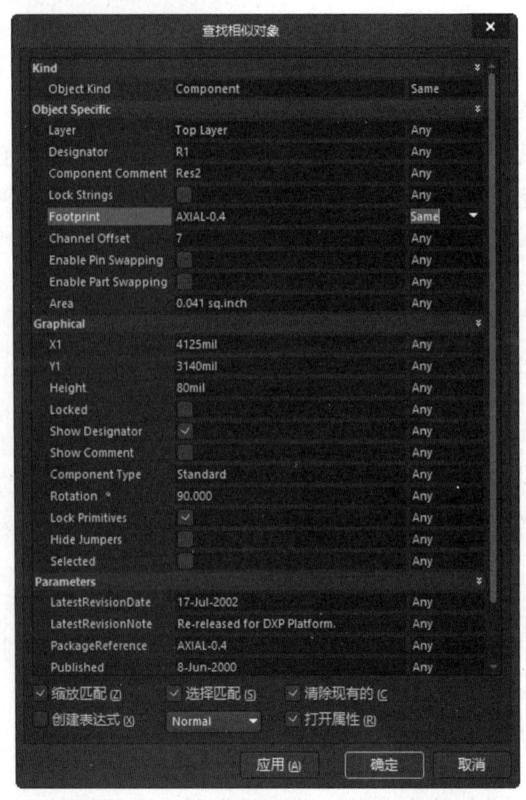

图 5-68 “查找相似对象”对话框

04 单击菜单栏中的“工具”→“器件摆放”→“排列板子外的器件”命令，则所有电阻元件自动排列到 PCB 外部。

05 单击菜单栏中的“工具”→“器件摆放”→“在矩形区域排列”命令，用十字光标在 PCB 外部画出一个合适的矩形，此时所有电阻自动排列到该矩形区域内，如图 5-69 所示。

06 由于标号重叠，为了清晰美观，单击“水平分布”和“增加水平间距”命令，调整电阻元件之间的间距，结果如图 5-70 所示。

图 5-69 在矩形区内排列电阻　　图 5-70 调整电阻元件间距

07 将排列好的电阻元件拖动到电路板中合适的位置。按照同样的方法，对其他元件进行排列。

08 单击菜单栏中的“编辑”→“对齐”→“水平分布”命令，将各组器件排列整齐。

手动调整后的 PCB 布局如图 5-71 所示。布局完毕会发现，原来定义的 PCB 形状偏大，需要重新定义 PCB 形状。这些内容前面已有介绍，这里不再赘述。

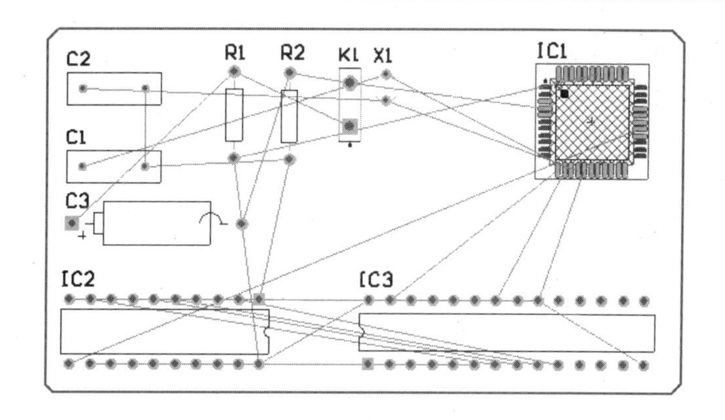

图 5-71 手动调整后的 PCB 布局

5.9 电路板的自动布线

在 PCB 上走线的首要任务就是要在 PCB 上走通所有的导线，建立起所有需要的电气连接，这在高密度的 PCB 设计中很具有挑战性。在能够完成所有走线的前提下，布线的要求如下：

- ➢ 走线长度尽量短和直，在这样的走线上电信号完整性较好。
- ➢ 走线中尽量少地使用过孔。
- ➢ 走线的宽度要尽量宽。
- ➢ 输入输出端的边线应避免相邻平行，一面产生反射干扰，必要时应该加地线隔离。
- ➢ 两相邻层间的布线要互相垂直，平行则容易产生耦合。

自动布线是一个优秀的电路设计辅助软件所必须的功能之一。对于散热、电磁干扰及高频等要求较低的大型电路设计来说，采用自动布线操作可以大大地降低布线的工作量，同时，还能减少布线时的漏洞。如果自动布线不能够满足实际工程设计的要求，可以通过手动布线进行调整。

5.9.1 设置 PCB 自动布线的规则

Altium Designer 22 在 PCB 电路板编辑器中为用户提供了 10 大类 49 种设计规则，覆盖了元件的电气特性、走线宽度、走线拓扑结构、表面安装焊盘、阻焊层、电源层、测试点、电路板制作、元件布局、信号完整性等设计过程中的方方面面。在进行自动布线之前，用户首先应对自动布线规则进行详细的设置。单击菜单栏中的“设计”→“规则”命令，系统将弹出如图 5-72 所示的“PCB 规则及约束编辑器”对话框。

01 “Electrical（电气规则）”类设置。该类规则主要针对具有电气特性的对象，用于系统的 DRC（电气规则检查）功能。当布线过程中违反电气特性规则（共有 4 种设计规则）时，DRC 检查器将自动报警提示用户。单击“Electrical（电气规则）”选项，对话框右侧将只显示该类的设计规则，如图 5-73 所示。

❶“Clearance（安全间距规则）”：单击该选项，对话框右侧将列出该规则的详细信息，如图 5-74 所示。

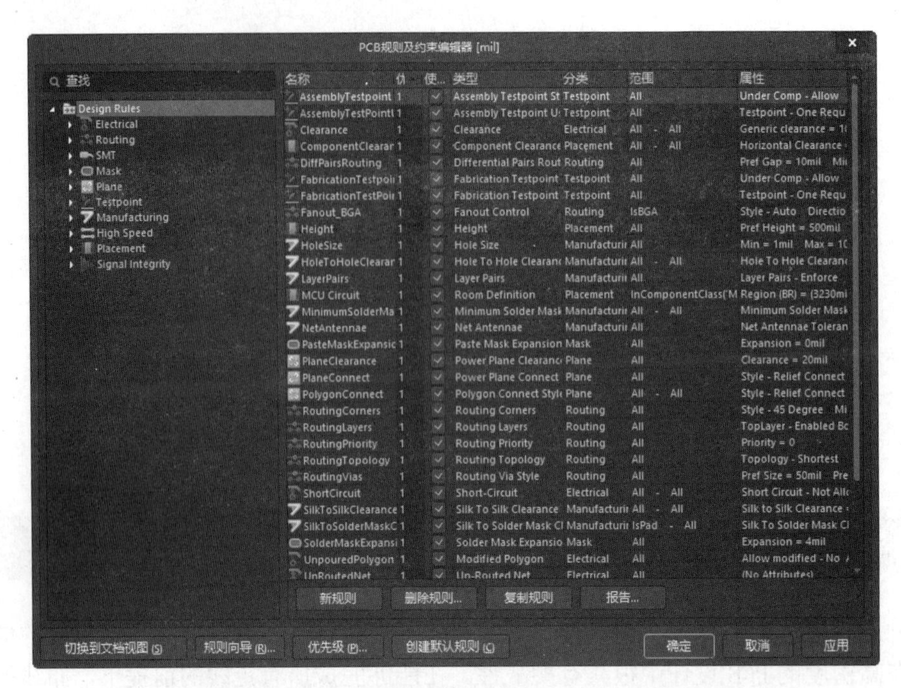

图 5-72 “PCB 规则及约束编辑器”对话框

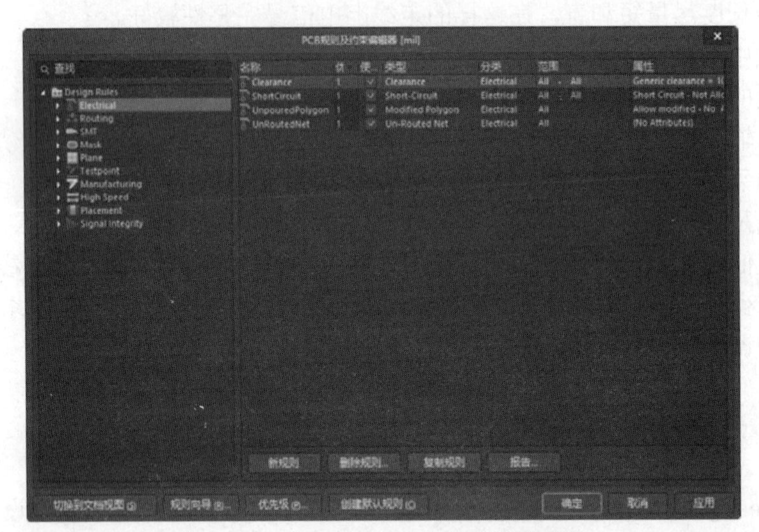

图 5-73 “Electrical”选项设置界面

该规则用于设置具有电气特性的对象之间的间距。在 PCB 上具有电气特性的对象包括导线、焊盘、过孔和铜箔填充区等，在间距设置中可以设置导线与导线之间、导线与焊盘之间、焊盘与焊盘之间的间距规则，在设置规则时可以选择适用该规则的对象和具体的间距值。

通常情况下安全间距越大越好，但是太大的安全间距会造成电路不够紧凑，同时也将造成制板成本的提高。因此安全间距通常设置在 10～20mil，根据不同的电路结构可以设置不同的安全间距。用户可以对整个 PCB 的所有网络设置相同的布线安全间距，也可以对某一个或多个网络进行单独的布线安全间距设置。

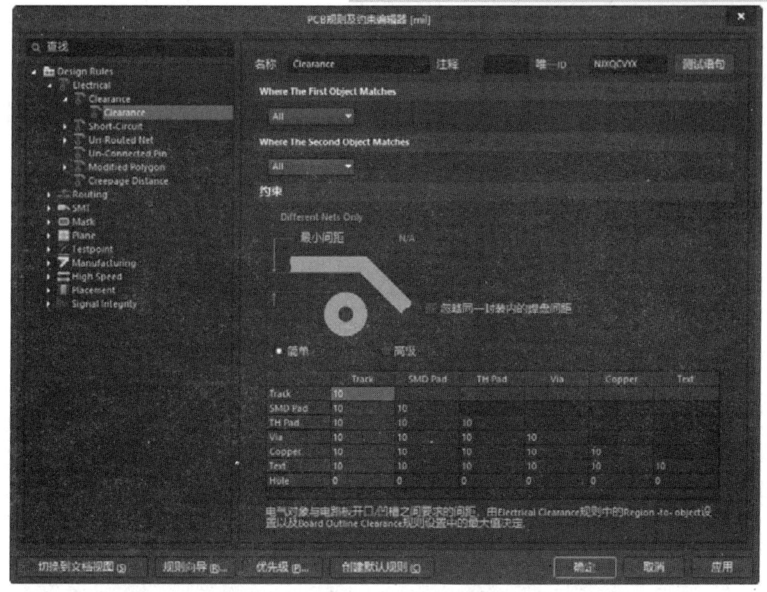

图 5-74　安全间距规则设置界面

其中各选项组的功能如下：

➢ “Where the First objects matches（优先匹配的对象所处位置）”选项组：用于设置该规则优先应用的对象所处的位置。应用的对象范围为 All（整个网络）、Net（某一个网络）、Net Class（某一网络类）、Layer（某一个工作层）、Net and Layer（指定工作层的某一网络）和 Custom Query”（自定义查询），如图 5-75 所示。选中某一范围后，可以在该选项后的下拉列表框中选择相应的对象，也可以在右侧的“Full Query（全部询问）”列表框中填写相应的对象。通常采用系统的默认设置，即选择“All（所有）”选项。

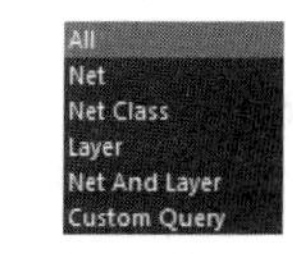

图 5-75　下拉选项

➢ “Where the Second objects matches（次优先匹配的对象所处位置）”选项组：用于设置该规则次优先级应用的对象所处的位置。通常采用系统的默认设置，即选择“All（所有）”选项。

➢ “约束”选项组：用于设置进行布线的最小间距。这里采用系统的默认设置。

❷“Short-Circuit（短路规则）”：用于设置在 PCB 上是否可以出现短路，如图 5-76 所示为该项设置示意图，通常情况下是不允许的。设置该规则后，拥有不同网络标号的对象相交时如果违反该规则，系统将报警并拒绝执行该布线操作。

❸“Un-Routed Net（取消布线网络规则）”：用于设置在 PCB 上是否可以出现未连接的网络，如图 5-77 所示为该项设置示意图。

图 5-76　设置短路

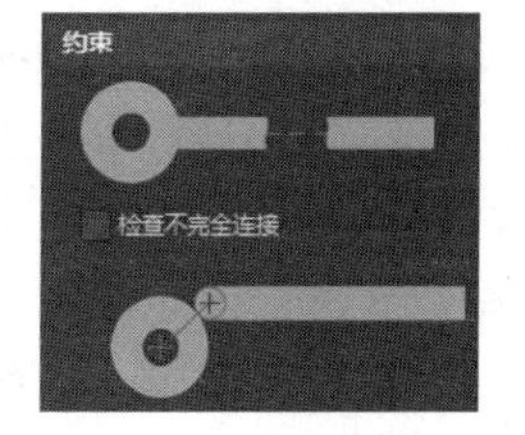

图 5-77　设置未连接网络

❹“Un-Connected Pin（未连接管脚规则）”：电路板中存在未布线的管脚时将违反该

规则。系统在默认状态下无此规则。

02 “Routing（布线规则）”类设置。该类规则主要用于设置自动布线过程中的布线规则，如布线宽度、布线优先级、布线拓扑结构等。其中包括以下 8 种设计规则（见图 5-78）：

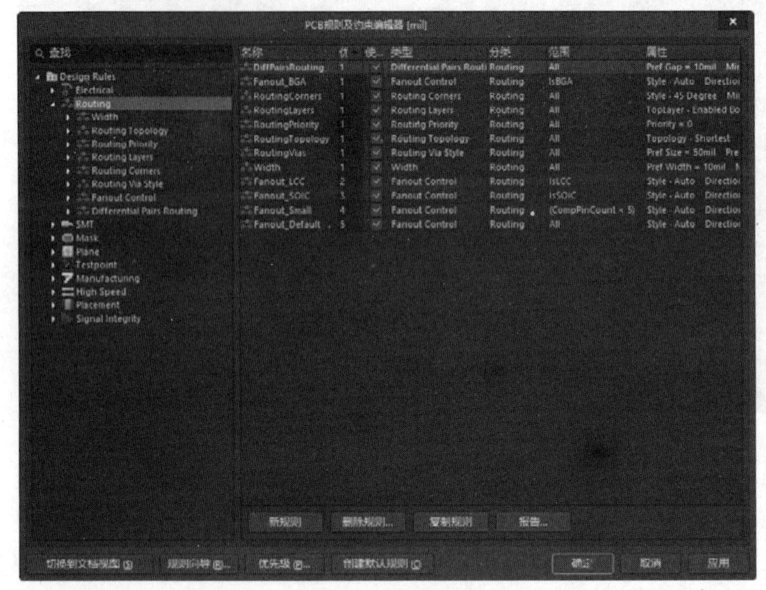

图 5-78 “Routing”（布线规则）选项

❶“Width（走线宽度规则）”：用于设置走线宽度，如图 5-79 所示为该规则的设置界面。走线宽度是指 PCB 铜膜走线（即我们俗称的导线）的实际宽度值，包括最大允许值、最小允许值和首选值 3 个选项。与安全间距一样，走线宽度过大也会造成电路不够紧凑，将造成制板成本的提高。因此，走线宽度通常设置在 10～20mil，应该根据不同的电路结构设置不同的走线宽度。用户可以对整个 PCB 的所有走线设置相同的走线宽度，也可以对某一个或多个网络单独进行走线宽度的设置。

- “Where The Object Matches（匹配的对象所处位置）”选项组：用于设置布线宽度优先应用对象所处的位置，与 Clearance（安全间距规则）中相关选项功能类似。
- “约束”选项组：用于限制走线宽度。勾选“仅层叠中的层”复选框，将列出当前层栈中各工作层的布线宽度规则设置；否则将显示所有层的布线宽度规则设置。布线宽度设置分为“最大宽度”“最小宽度”和“首选宽度”3 种，其主要目的是方便在线修改布线宽度。

❷“Routing Topology（走线拓扑结构规则）”：用于选择走线的拓扑结构，如图 5-80 所示为该项设置的示意图。各种拓扑结构如图 5-81 所示。

❸“Routing Priority（布线优先级规则）”：用于设置布线优先级，如图 5-82 所示为该规则的设置界面，在该对话框中可以对每一个网络设置布线优先级。PCB 上的空间有限，可能有若干根导线需要在同一块区域内走线才能得到最佳的走线效果，通过设置走线的优先级可以决定导线占用空间的先后。设置规则时可以针对单个网络设置优先级。系统提供了 0～100 共 101 种优先级选择，0 表示优先级最低，100 表示优先级最高，默认的布线优先级规则为所有网络布线的优先级为 0。

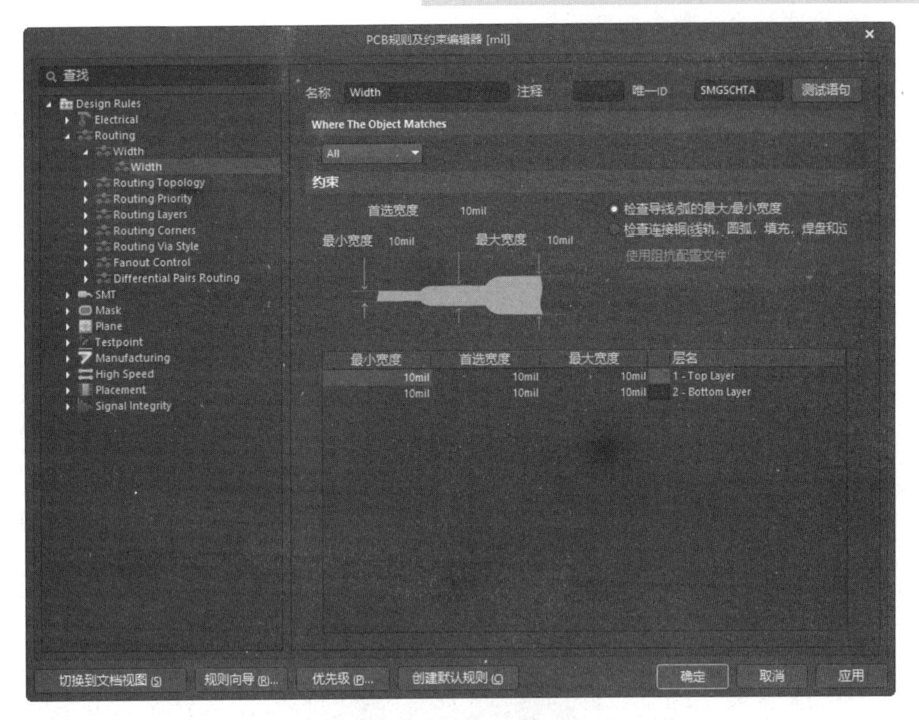

图 5-79　“Width”设置界面

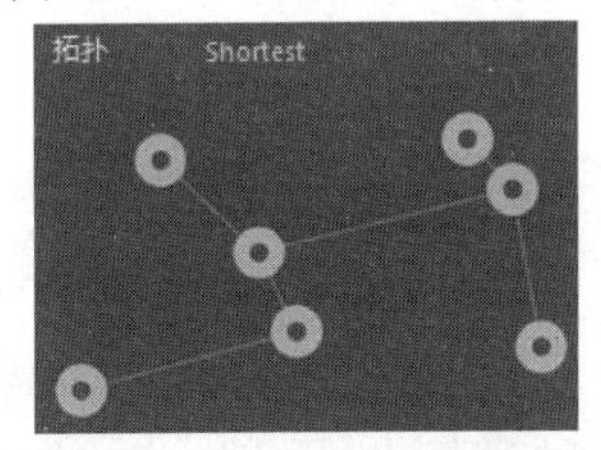

图 5-80　设置走线拓扑结构

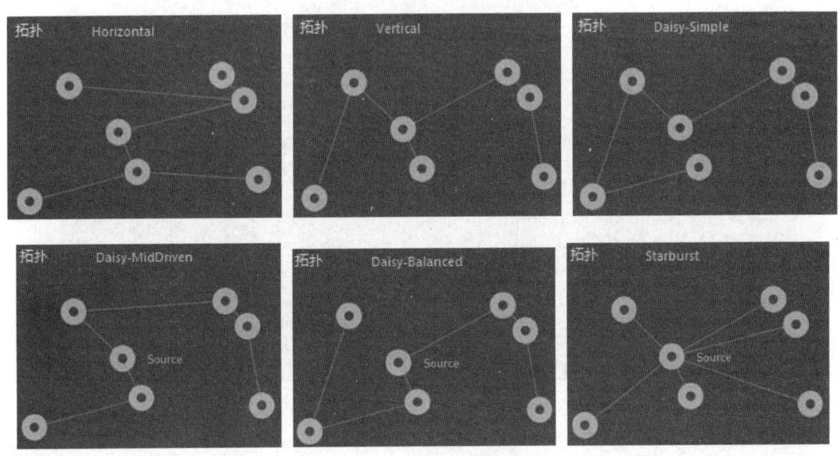

图 5-81　各种拓扑结构

❹“Routing Layers（布线工作层规则）”：用于设置布线规则可以约束的工作层，如图 5-83 所示为该规则的设置界面。

❺“Routing Corners（导线拐角规则）”：用于设置导线拐角形式。PCB 上的导线有 3 种拐角方式，如图 5-84 所示，通常情况下会采用 45° 的拐角形式。设置规则时可以针对

每个连接、每个网络直至整个 PCB 设置导线拐角形式。

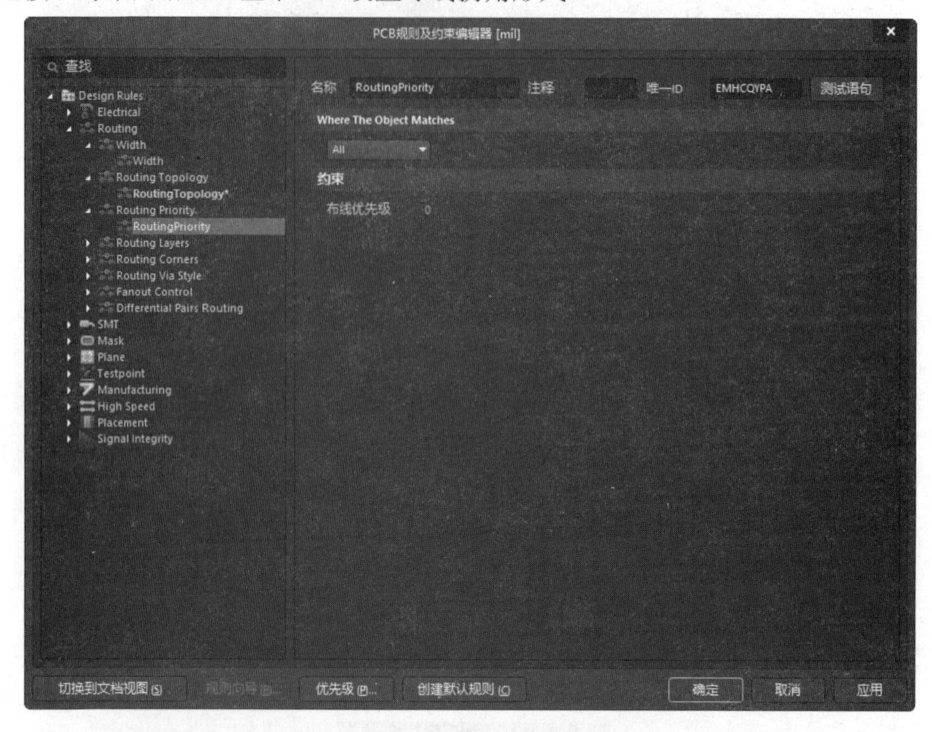

图 5-82 “Routing Priority”设置界面

图 5-83 “Routing Layers”设置界面

图 5-84 PCB 上导线的 3 种拐角方式

❻“Routing Via Style（布线过孔样式规则）”：用于设置走线时所用过孔的样式，如图 5-85 所示为该规则的设置界面，在该对话框中可以设置过孔的各种尺寸参数。过孔直径和钻孔孔径都包括“最大”“最小”和“优先”3 种定义方式。默认的过孔直径为 50mil，过孔孔径为 28mil。在 PCB 的编辑过程中，可以根据不同的元件设置不同的过孔大小，钻孔尺寸应该参考实际元件管脚的粗细进行设置。

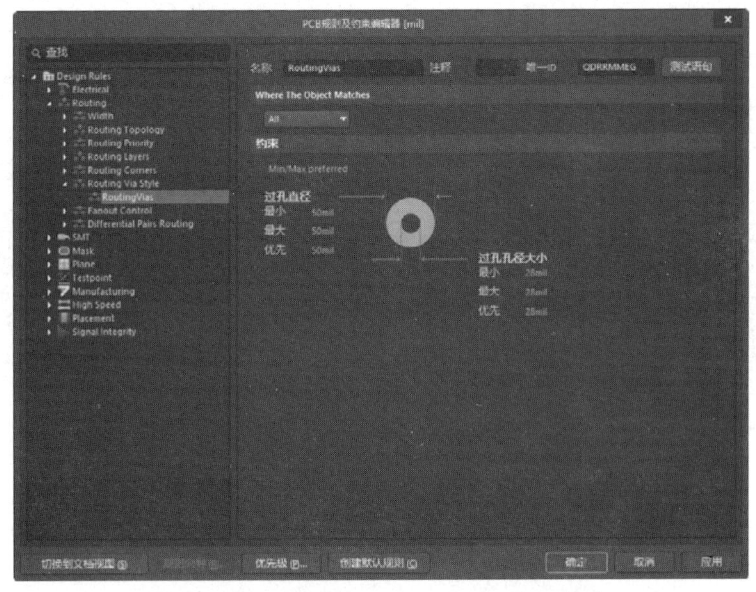

图 5-85 “Routing Via Style”设置界面

❼“Fanout Control（扇出控制布线规则）”：用于设置走线时的扇出形式，如图 5-86 所示为该规则的设置界面。可以针对每一个管脚、每一个元件甚至整个 PCB 设置扇出形式。

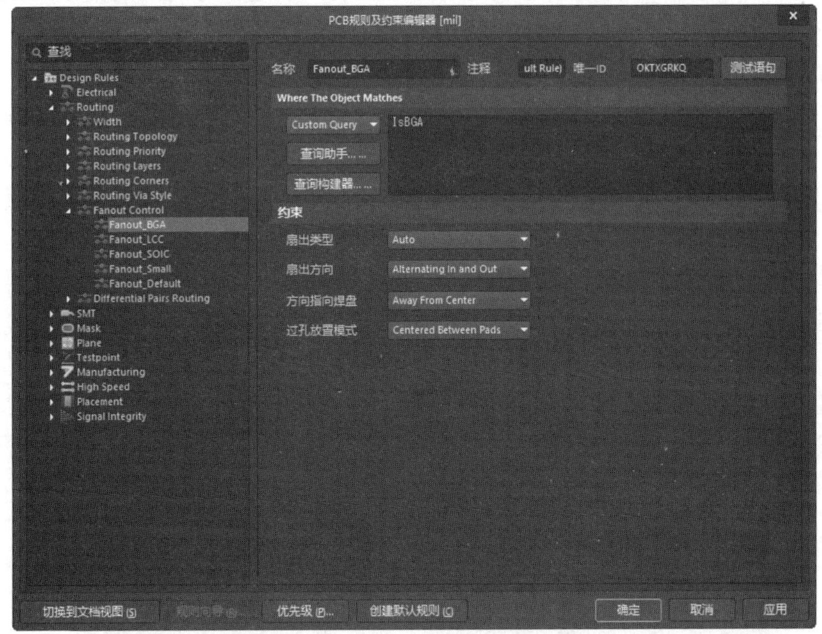

图 5-86 “Fanout Control”设置界面

❽“Differential Pairs Routing（差分对布线规则）”：用于设置走线对形式，如图 5-87 所示为该规则的设置界面。

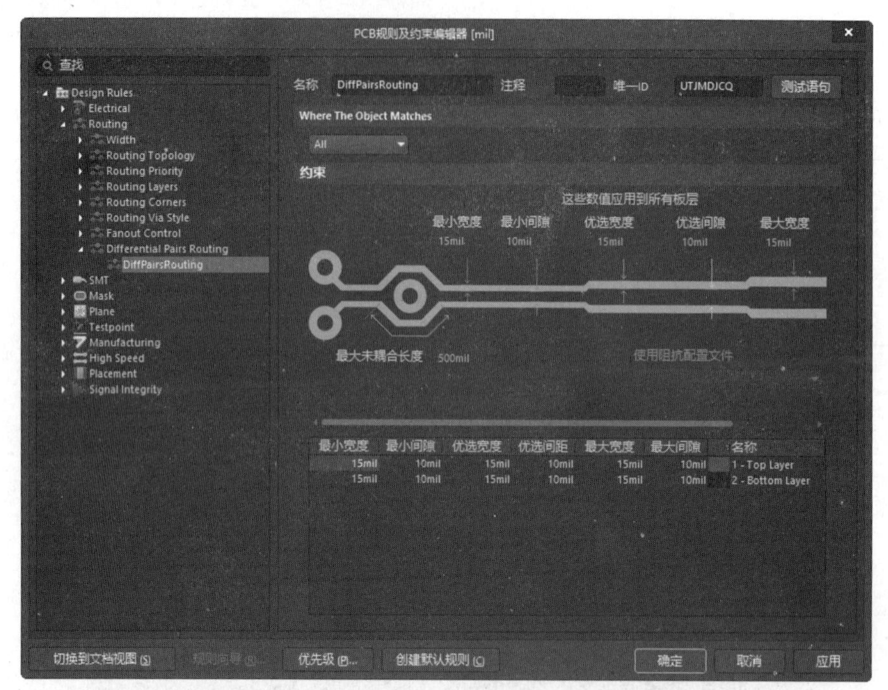

图 5-87 “Differential Pairs Routing”设置界面

03 “SMT（表贴封装规则）”类设置。该类规则主要用于设置表面安装型元件的走线规则，其中包括以下 3 种设计规则：

➢ “SMD To Corner（表面安装元件的焊盘与导线拐角处最小间距规则）”：用于设置面安装元件的焊盘出现走线拐角时，拐角和焊盘之间的距离，如图 5-88a 所示。通常，走线时引入拐角会导致电信号的反射，引起信号之间的串扰，因此需要限制从焊盘引出的信号传输线至拐角的距离，以减小信号串扰。可以针对每一个焊盘、每一个网络直至整个 PCB 设置拐角和焊盘之间的距离，默认间距为 0mil。

➢ “SMD To Plane（表面安装元件的焊盘与中间层间距规则）”：用于设置表面安装元件的焊盘连接到中间层的走线距离。该项设置通常出现在电源层向芯片的电源管脚供电的场合。可以针对每一个焊盘、每一个网络直至整个 PCB 设置焊盘和中间层之间的距离，默认间距为 0mil，，如图 5-88b 所示

➢ “SMD Neck-Down（表面安装元件的焊盘颈缩率规则）”：用于设置表面安装元件的焊盘连线的导线宽度，如图 5-88c 所示。在该规则中可以设置导线线宽上限占据焊盘宽度的百分比，通常走线总是比焊盘要小。可以根据实际需要对每一个焊盘、每一个网络甚至整个 PCB 设置焊盘上的走线宽度与焊盘宽度之间的最大比率，默认值为 50%。

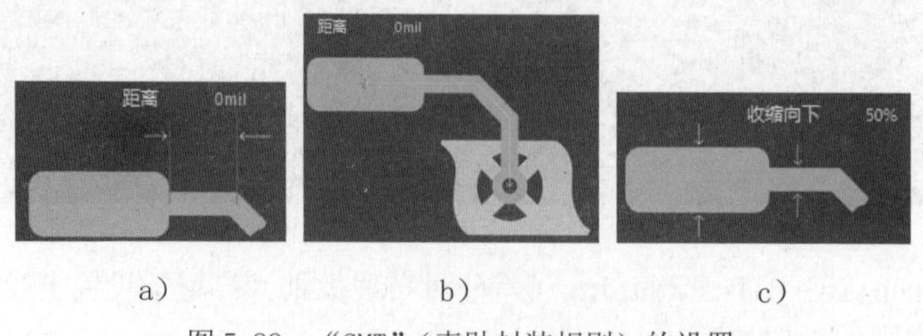

图 5-88 “SMT”（表贴封装规则）的设置

04 “Mask（阻焊规则）”类设置。该类规则主要用于设置阻焊剂铺设的尺寸，主要用在 Output Generation（输出阶段）进程中。系统提供了 Top Paster（顶层锡膏防护层）、Bottom Paster（底层锡膏防护层）、Top Solder（顶层阻焊层）和 Bottom Solder（底层阻焊层）4 个阻焊层，其中包括以下两种设计规则。

➢ “Solder Mask Expansion（阻焊层和焊盘之间的间距规则）”：通常，为了焊接的方便，阻焊剂铺设范围与焊盘之间需要预留一定的空间。如图 5-89 所示为该规则的设置界面。可以根据实际需要对每一个焊盘、每一个网络甚至整个 PCB 设置该间距，默认距离为 4mil。

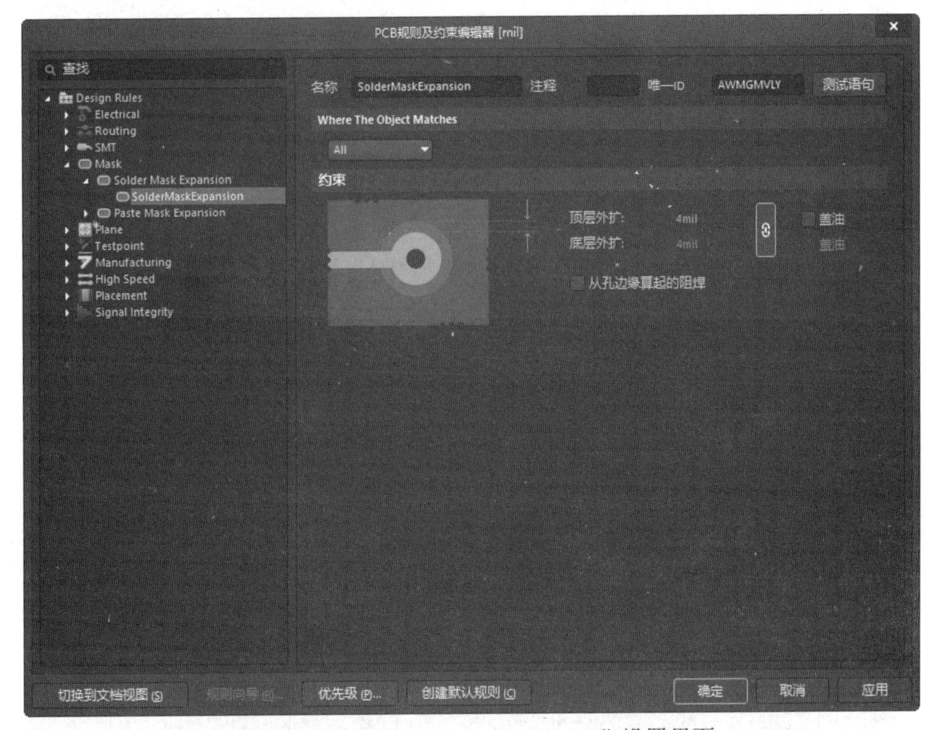

图 5-89 “Solder Mask Expansion”设置界面

➢ “Paste Mask Expansion（锡膏防护层与焊盘之间的间距规则）”：如图 5-90 所示为该规则的设置界面。可以根据实际需要对每一个焊盘、每一个网络甚至整个 PCB 设置该间距，默认距离为 0mil。

阻焊层规则也可以在焊盘的属性对话框中进行设置，可以针对不同的焊盘进行单独的设置。在属性对话框中，用户可以选择遵循设计规则中的设置，也可以忽略规则中的设置而采用自定义设置。

05 “Plane（中间层布线规则）”类设置。该类规则主要用于设置中间电源层布线相关的走线规则，其中包括以下 3 种设计规则：

❶ “Power Plane Connect Style（电源层连接类型规则）”：用于设置电源层的连接形式，如图 5-91 所示为该规则的设置界面，在该界面中可以设置中间层的连接形式和各种连接形式的参数。

➢ “连接方式”下拉列表框：连接类型可分为 No Connect（电源层与元件引脚不相连）、Direct Connect（电源层与元件的管脚通过实心的铜箔相连）和 Relief

Connect（使用散热焊盘的方式与焊盘或钻孔连接）3 种。默认设置为 Relief Connect（使用散热焊盘的方式与焊盘或钻孔连接）。

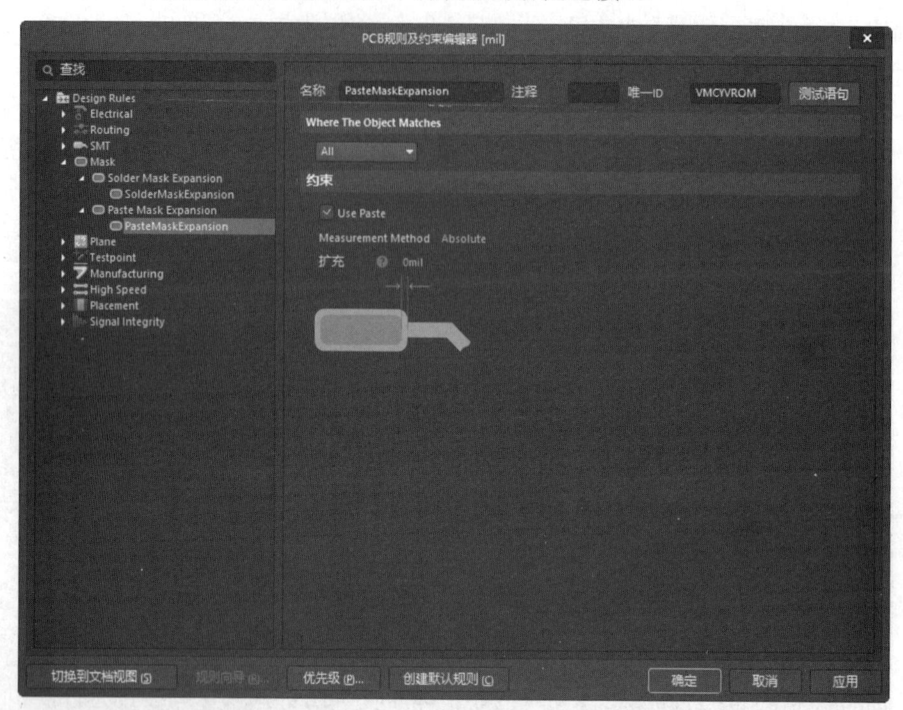

图 5-90 “Paste Mask Expansion”设置界面

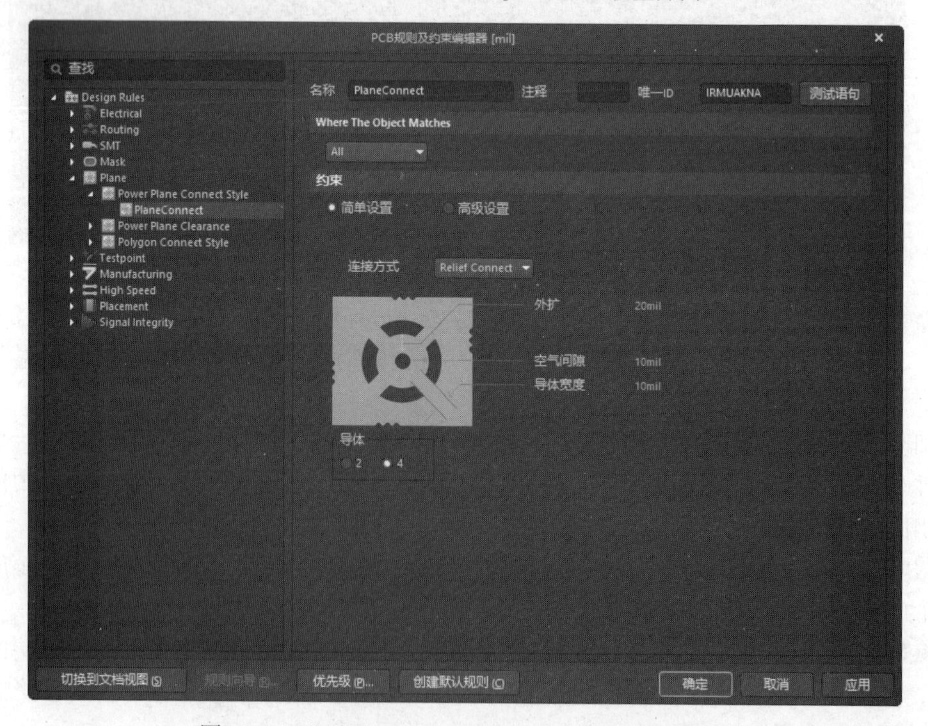

图 5-91 “Power Plane Connect Style”设置界面

- “导体”选项：散热焊盘组成导体的数目，默认值为 4。
- “导体宽度”选项：散热焊盘组成导体的宽度，默认值为 10mil。

➢　“空气间隙”选项：散热焊盘钻孔与导体之间的空气间隙宽度，默认值为 10mil。

➢　“外扩”选项：钻孔的边缘与散热导体之间的距离，默认值为 20mil。

❷ “Power Plane Clearance（电源层安全间距规则）”：用于设置通孔通过电源层时的间距，如图 5-92 所示为该规则的设置示意图，在该示意图中可以设置中间层的连接形式和各种连接形式的参数。通常，电源层将占据整个中间层，因此在有通孔（通孔焊盘或者过孔）通过电源层时需要一定的间距。考虑到电源层的电流比较大，这里的间距设置也比较大。

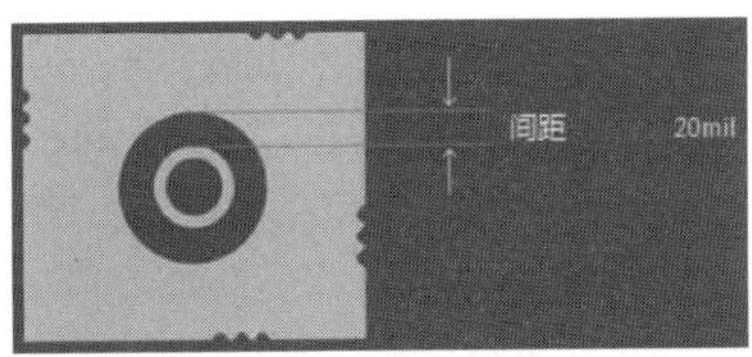

图 5-92　设置电源层安全间距规则

❸ “Polygan Connect Style（焊盘与多边形覆铜区域的连接类型规则）”：用于描述元件引脚焊盘与多边形覆铜之间的连接类型，如图 5-93 所示为该规则的设置界面。

➢　“连接方式”下拉列表框：连接类型可分为 No Connect（覆铜与焊盘不相连）、Direct Connect（覆铜与焊盘通过实心的铜箔相连）和 Relief Connect（使用散热焊盘的方式与焊盘或孔连接）3 种。默认设置为 Relief Connect（使用散热焊盘的方式与焊盘或钻孔连接）。

➢　“导体”选项：散热焊盘组成导体的数目，默认值为 4。

➢　“导体宽度”选项：散热焊盘组成导体的宽度，默认值为 10mil。

➢　“旋转”选项：散热焊盘组成导体的角度，默认值为 90°。

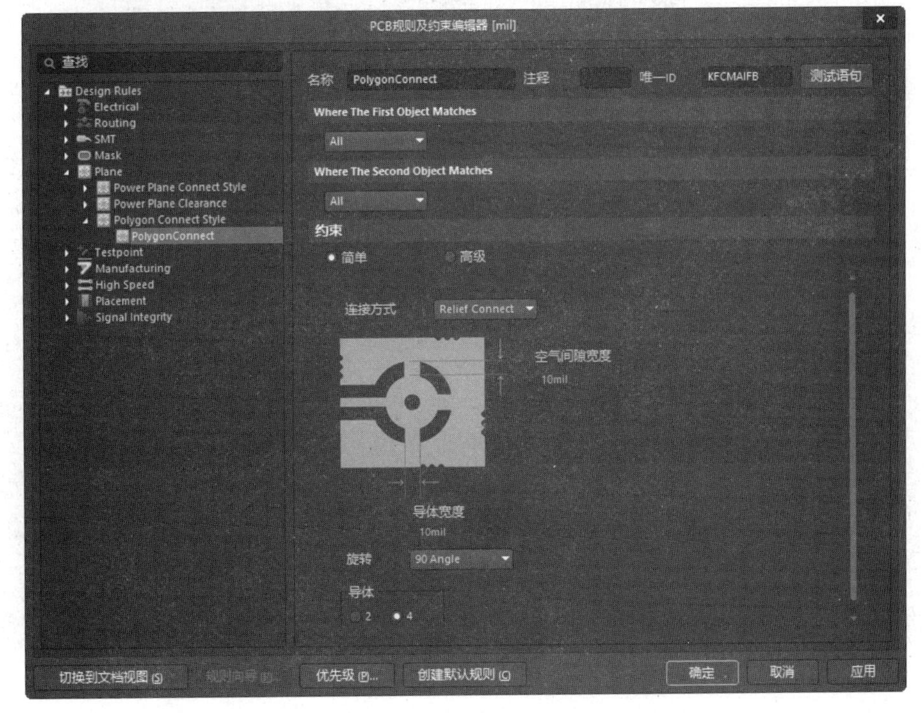

图 5-93　“Polygon Connect Style”设置界面

06 "Testpoint"（测试点规则）类设置。该类规则主要用于设置测试点布线规则，主要介绍以下两种设计规则：

❶"FabricationTestpoint（装配测试点）"：用于设置测试点的形式，如图 5-94 所示为该规则的设置界面，在该界面中可以设置测试点的形式和各种参数。为了方便电路板的调试，在 PCB 上引入了测试点。测试点连接在某个网络上，形式和过孔类似，在调试过程中可以通过测试点引出电路板上的信号，可以设置测试点的尺寸以及是否允许在元件底部生成测试点等各项选项。

该项规则主要用在自动布线器、在线 DRC 和批处理 DRC、Output Generation（输出阶段）等系统功能模块中，其中在线 DRC 和批处理 DRC 检测该规则中除了首选尺寸和首选钻孔尺寸外的所有属性。自动布线器使用首选尺寸和首选钻孔尺寸属性来定义测试点焊盘的大小。

❷"FabricationTestPointUsage（装配测试点使用规则）"：用于设置测试点的使用参数，如图 5-95 所示为该规则的设置界面，在界面中可以设置是否允许使用测试点和同一网络上是否允许使用多个测试点。

- "必需的"单选按钮：每一个目标网络都使用一个测试点。该项为默认设置。
- "禁止的"单选按钮：所有网络都不使用测试点。
- "无所谓"单选按钮：每一个网络可以使用测试点，也可以不使用测试点。
- "允许更多测试点（手动分配）"复选框：勾选该复选框后，系统将允许在一个网络上使用多个测试点。默认设置为取消对该复选框的勾选。

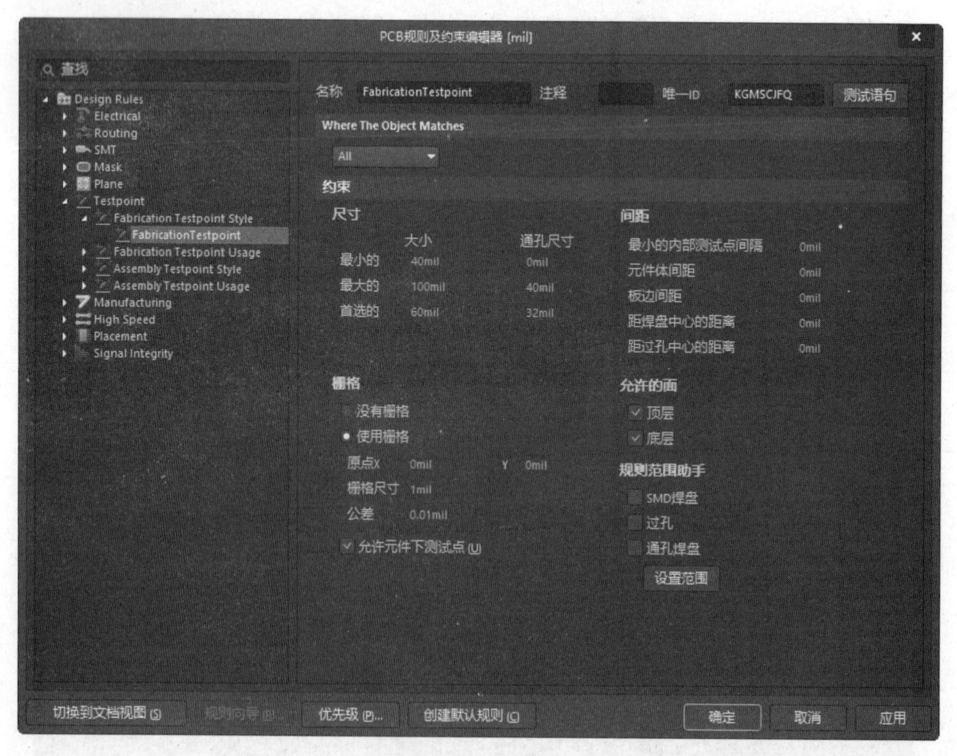

图 5-94 "FabricationTestpoint"设置界面

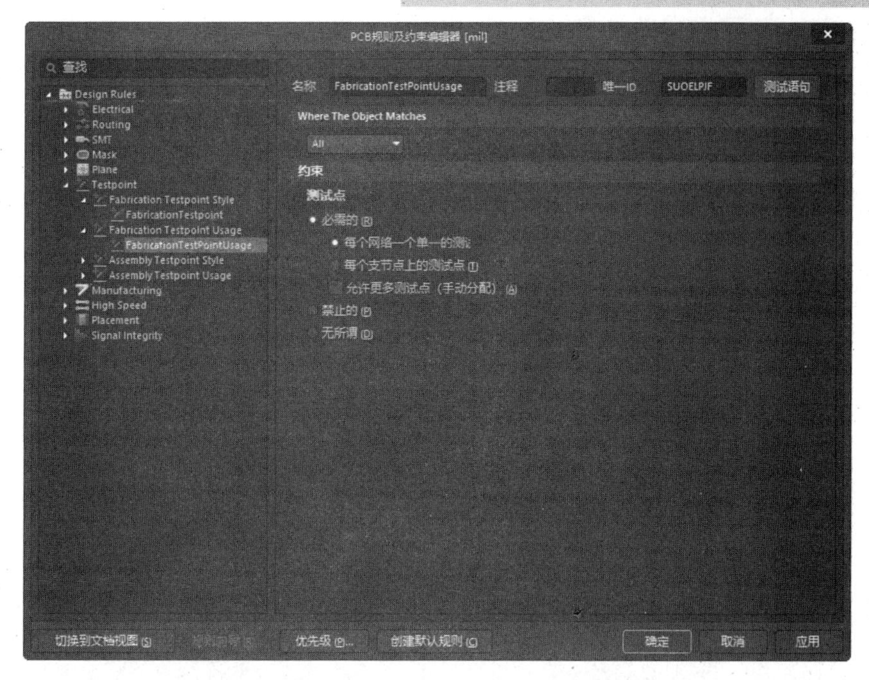

图 5-95　“FabricationTestPointUsage”界面

07 “Manufacturing”（生产制造规则）类设置。该类规则是根据 PCB 制作工艺来设置有关参数，主要用在在线 DRC 和批处理 DRC 执行过程中，其中包括以下几种设计规则：

❶“Minimum Annular Ring（最小环孔限制规则）”：用于设置环状图元内外径间距下限，如图 5-96 所示为该规则的设置界面。在 PCB 设计时引入的环状图元（如过孔）中，如果内径和外径之间的差很小，在工艺上可能无法制作出来，此时的设计实际上是无效的。通过该项设置可以检查出所有工艺无法达到的环状物。默认值为 10mil。

图 5-96　“Minimum Annular Ring”设置界面

❷“Acute Angle（锐角限制规则）”：用于设置锐角走线角度限制，如图 5-97 所示为该规则的设置界面。在 PCB 设计时如果没有规定走线角度最小值，则可能出现拐角很小的走线，工艺上可能无法做到这样的拐角，此时的设计实际上是无效的。通过该项设置可以检查出所有工艺无法达到的锐角走线。默认值为 90°。

❸“Hole Size（钻孔尺寸设计规则）”：用于设置钻孔孔径的上限和下限，如图 5-98 所示为该规则的设置界面。与设置环状图元内外径间距下限类似，过小的钻孔孔径可能在工艺上无法制作，从而导致设计无效。通过设置通孔孔径的范围，可以防止 PCB 设计出现类似错误。

➢ “测量方法”选项：度量孔径尺寸的方法有 Absolute（绝对值）和 Percent（百分数）两种。默认设置为 Absolute（绝对值）。
➢ “最小的”选项：设置孔径最小值。Absolute（绝对值）方式的默认值为 1mil，Percent（百分数）方式的默认值为 20%。
➢ “最大的”选项：设置孔径最大值。Absolute（绝对值）方式的默认值为 100mil，Percent（百分数）方式的默认值为 80%。

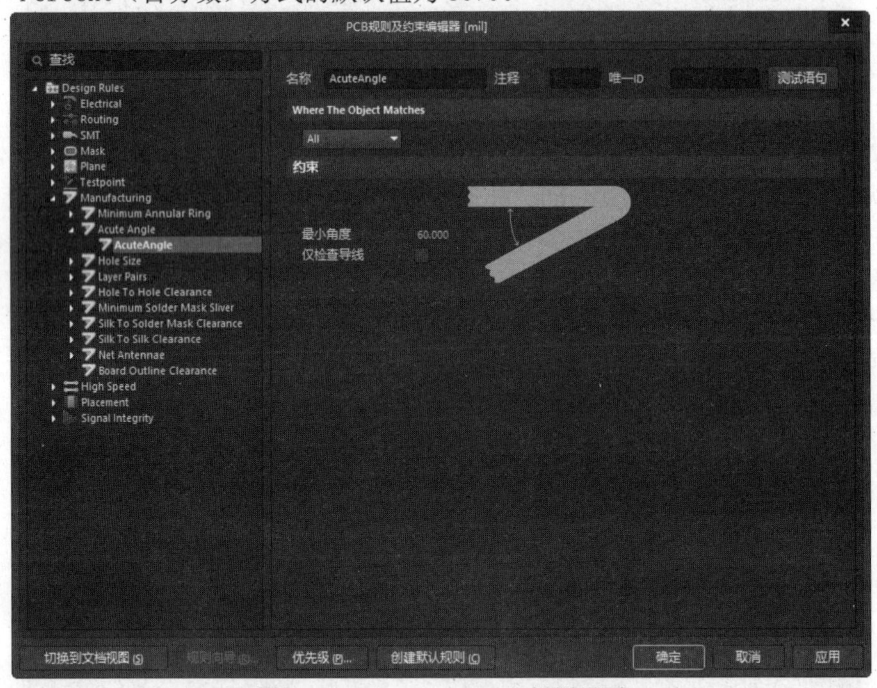

图 5-97 “Acute Angle”设置界面

❹“Layer Pairs（工作层对设计规则）”：用于检查使用的 Layer-pairs（工作层对）是否与当前的 Drill-pairs（钻孔对）匹配。使用的 Layer-pairs（工作层对）是由板上的过孔和焊盘决定的，Layer-pairs（工作层对）是指一个网络的起始层和终止层。该项规则除了应用于在线 DRC 和批处理 DRC 外，还可以应用在交互式布线过程中。“Enforce layer pairs settings（强制执行工作层对规则检查设置）”复选框用于确定是否强制执行此项规则的检查。勾选该复选框时，将始终执行该项规则的检查。

08 “High Speed（高速信号相关规则）”类设置。该类工作主要用于设置高速信号线布线规则，其中包括以下 6 种设计规则：

❶“Parallel Segment（平行导线段间距限制规则）”：用于设置平行走线间距限制规

则，如图 5-99 所示为该规则的设置界面。在 PCB 的高速设计中，为了保证信号传输正确，需要采用差分线对来传输信号，与单根线传输信号相比可以得到更好的效果。在该对话框中可以设置差分线对的各项参数，包括差分线对的层、间距和长度等。

图 5-98　“Hole Size”设置界面

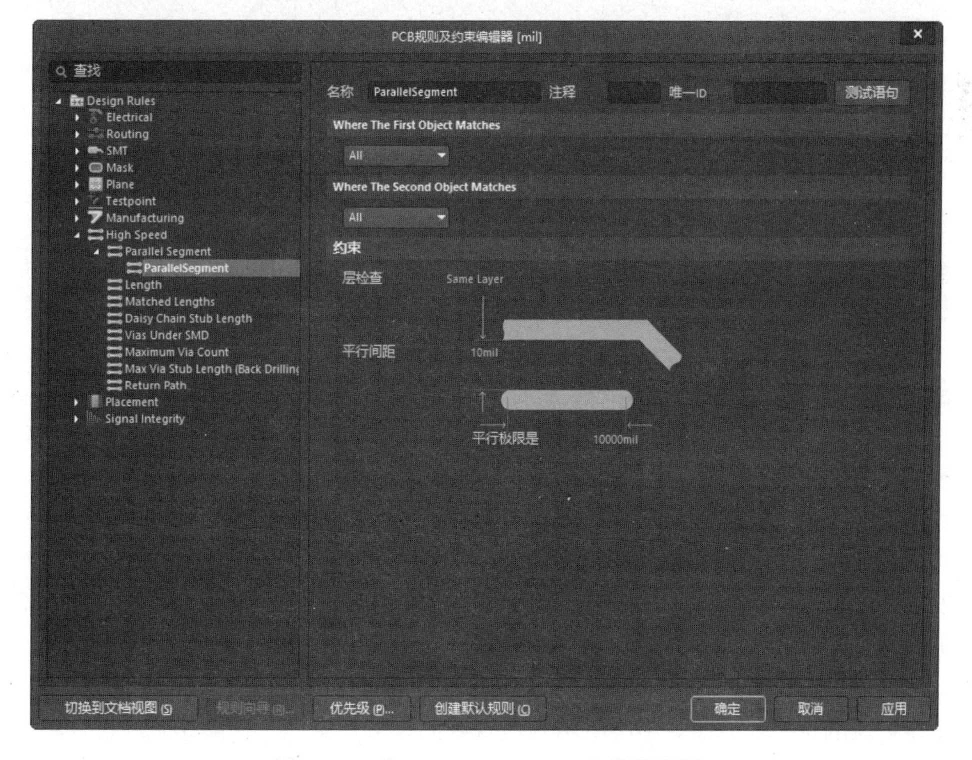

图 5-99　“Parallel Segment”设置界面

➢ “层检查”选项：用于设置两段平行导线所在的工作层面属性，有 Same Layer（位于同一个工作层）和 Adjacent Layers（位于相邻的工作层）两种选择。默认设置为Same Layer（位于同一个工作层）。

➢ “平行间距”选项：用于设置两段平行导线之间的距离。默认设置为10mil。

➢ “平行极限是”选项：用于设置平行导线的最大允许长度（在使用平行走线间距规则时）。默认设置为10000mil。

❷“Length（网络长度限制规则）”：用于设置传输高速信号导线的长度，如图5-100所示为该规则的设置界面。在高速PCB设计中，为了保证阻抗匹配和信号质量，对走线长度也有一定的要求。在该对话框中可以设置走线的下限和上限。

➢ “最小的”项：用于设置网络最小允许长度值。默认设置为0mil。

➢ “最大的”项：用于设置网络最大允许长度值。默认设置为100000mil。

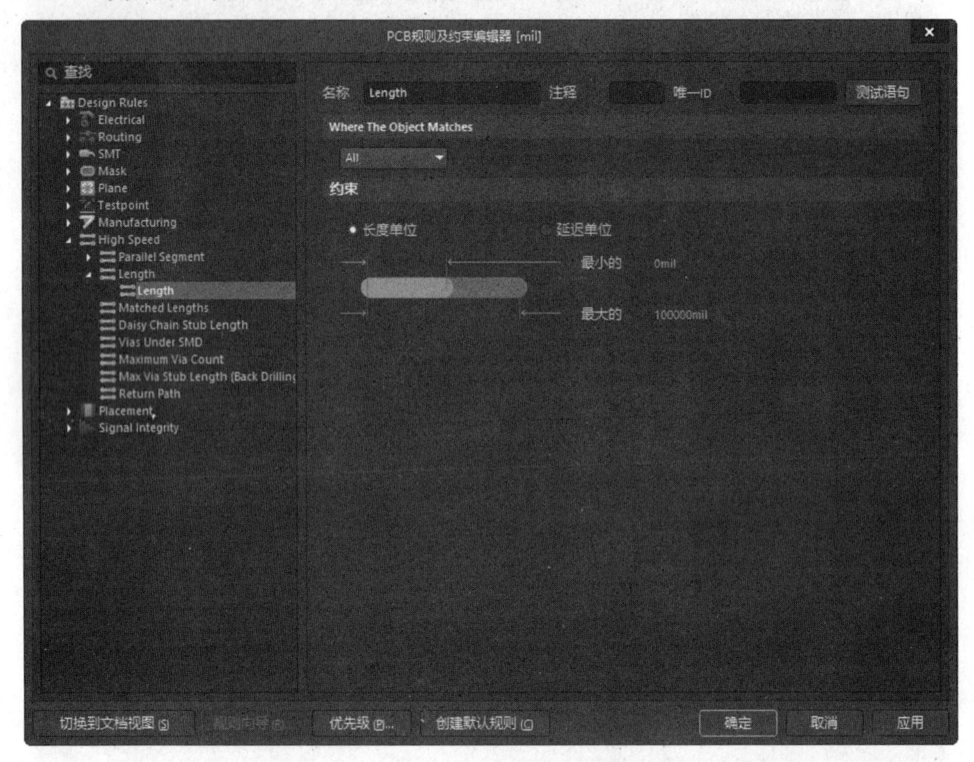

图5-100 “Length”设置界面

❸“Matched Lengths（匹配网络传输导线的长度规则）”：用于设置匹配网络传输导线的长度，如图5-101所示为该规则的设置界面。在高速PCB设计中通常需要对部分网络的导线进行匹配布线，在该界面中可以设置匹配走线的各项参数。

“公差”选项：在高频电路设计中要考虑到传输线的长度问题，传输线太短将产生串扰等传输线效应。该项规则定义了一个传输线长度值，将设计中的走线与此长度进行比较，当出现小于此长度的走线时，单击菜单栏中的“工具”→“网络等长”命令，系统将自动延长走线的长度以满足此处的设置需求。默认设置为1000mil。

❹“Daisy Chain Stub Length（菊花状布线主干导线长度限制规则）”：用于设置90°拐角和焊盘的距离，如图5-102所示为该规则的设置示意图。在高速PCB设计中，通常情况下为了减少信号的反射是不允许出现90°拐角的，在必须有90°拐角的场合中将引

入焊盘和拐角之间距离的限制。

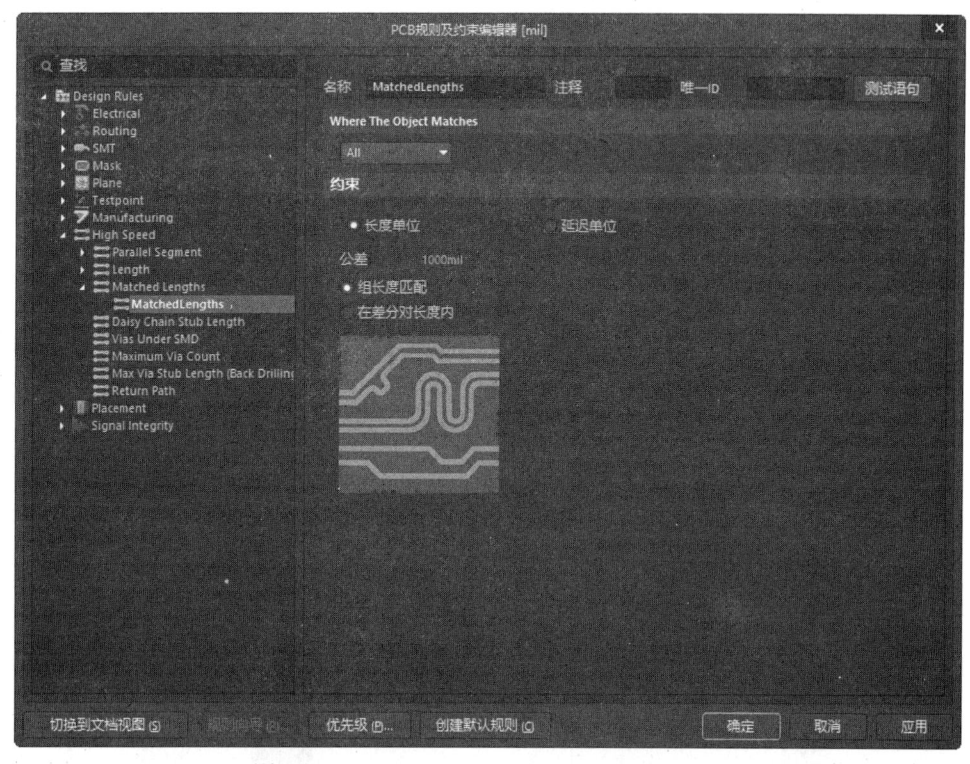

图 5-101 “Matched Lengths”设置界面

❺“Vias Under SMD（SMD 焊盘下过孔限制规则）”：用于设置表面安装元件焊盘下是否允许出现过孔，如图 5-103 所示为该规则的设置示意图。在 PCB 中需要尽量减少表面安装元件焊盘中引入过孔，但是在特殊情况下（如中间电源层通过过孔向电源管脚供电）可以引入过孔。

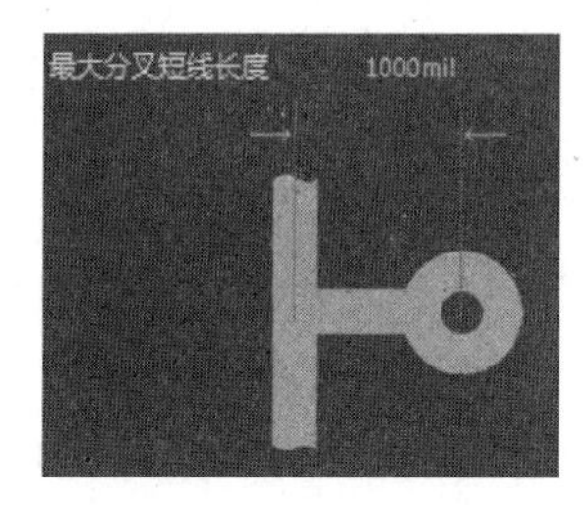

图 5-102 设置菊花状布线主干导线长度限制规则

图 5-103 设置 SMD 焊盘下过孔限制规则

❻“Maximun Via Count（最大过孔数量限制规则）”：用于设置布线时过孔数量的上限。默认设置为 1000。

09 “Placement（元件放置规则）”类设置。该类规则用于设置元件布局的规则。在布线时可以引入元件的布局规则，这些规则一般只在对元件布局有严格要求的场合中使用。

10 “Signal Integrity（信号完整性规则）”类设置。该类规则用于设置信号完整性所涉及的各项要求，如对信号上升沿、下降沿等的要求。这里的设置会影响到电路的信号完整性仿真，对其进行简单介绍。

➢ “Signal Stimulus（激励信号规则）”：如图 5-104 所示为该规则的设置示意图。激励信号的类型有 Constant Level（直流）、Single Pulse（单脉冲信号）、Periodic Pulse（周期性脉冲信号）3 种。还可以设置激励信号初始电平（低电平或高电平）、开始时间、终止时间和周期等。

➢ “Overshoot-Falling Edge（信号下降沿的过冲约束规则）”：如图 5-105 所示为该项设置示意图。

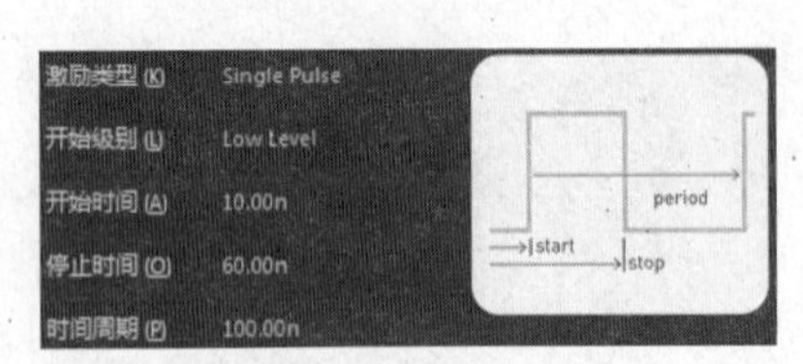

图 5-104　激励信号规则

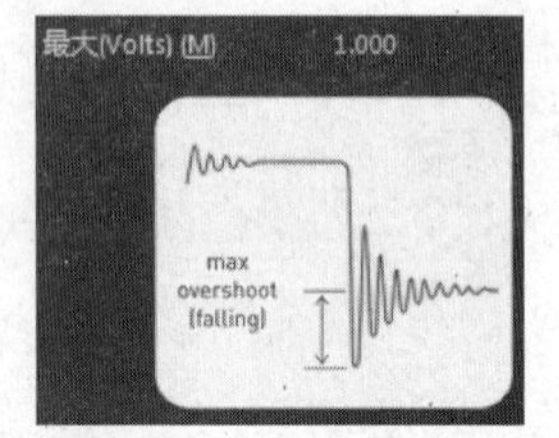

图 5-105　信号下降沿的过冲约束规则

➢ “Overshoot- Rising Edge（信号上升沿的过冲约束规则）”：如图 5-106 所示为该项设置示意图。

➢ “Undershoot-Falling Edge（信号下降沿的反冲约束规则）”：如图 5-107 所示为该项设置示意图。

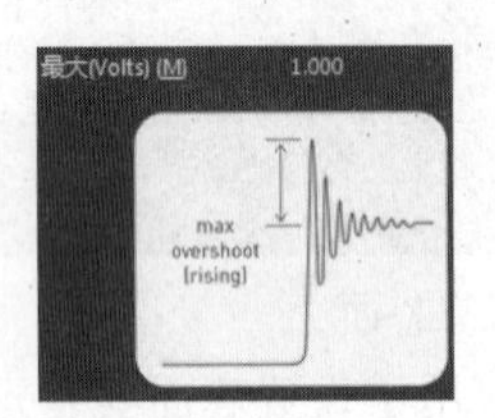

图 5-106　信号上升沿的过冲约束规则

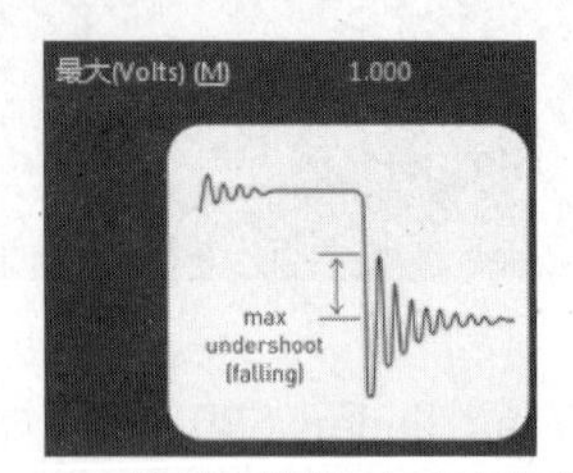

图 5-107　信号下降沿的反冲约束规则

➢ “Undershoot-Rising Edge（信号上升沿的反冲约束规则）”：如图 5-108 所示为该项设置示意图。

➢ “Impedance（阻抗约束规则）”：如图 5-109 所示为该规则的设置示意图。

➢ “Signal Top Value（信号高电平约束规则）”：用于设置高电平最小值。如图 5-110 所示为该项设置示意图。

➢ “Signal Base Value（信号基准约束规则）”：用于设置低电平最大值。如图 5-111 所示为该项设置示意图。

➢ “Flight Time-Rising Edge（上升沿的上升时间约束规则）”：如图 5-112 所示为该规则设置示意图。

➢ “Flight Time-Falling Edge（下降沿的下降时间约束规则）”：如图 5-113 所示为该规则设置示意图。

➢ “Slope-Rising Edge（上升沿斜率约束规则）”：如图 5-114 所示为该规则的设置示意图。

➢ “Slope-Falling Edge（下降沿斜率约束规则）”：如图 5-115 所示为该规则的设置示意图。

➢ “Supply Nets”：用于提供网络约束规则。

从以上对 PCB 布线规则的说明可知，Altium Designer 22 对 PCB 布线作了全面规定。

这些规定只有一部分运用在元件的自动布线中，而所有规则将运用在 PCB 的 DRC 检测中。在对 PCB 手动布线时可能会违反设定的 DRC 规则，在对 PCB 进行 DRC 检测时将检测出所有违反这些规则的地方。

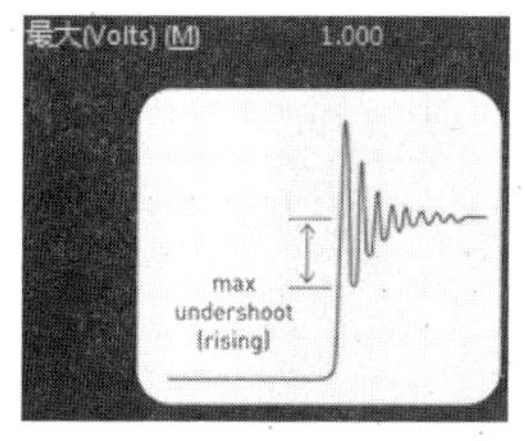

图 5-108　信号上升沿的反冲约束规则

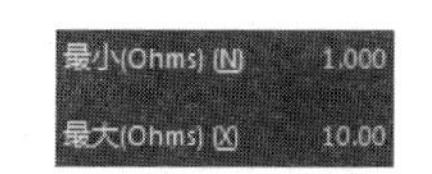

图 5-109　阻抗约束规则

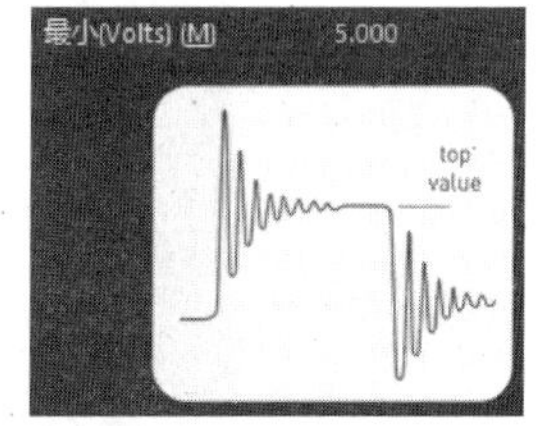

图 5-110　信号高电平约束规则

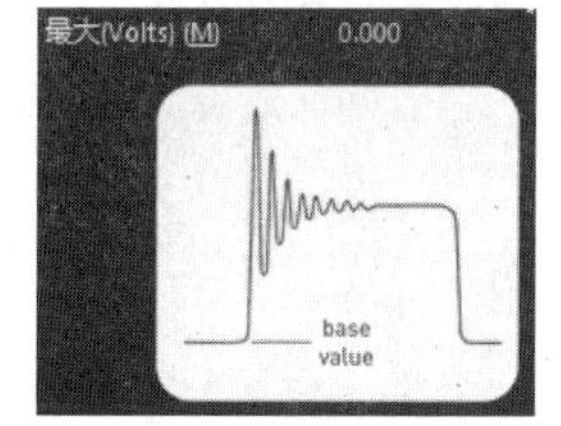

图 5-111　信号基准约束规则

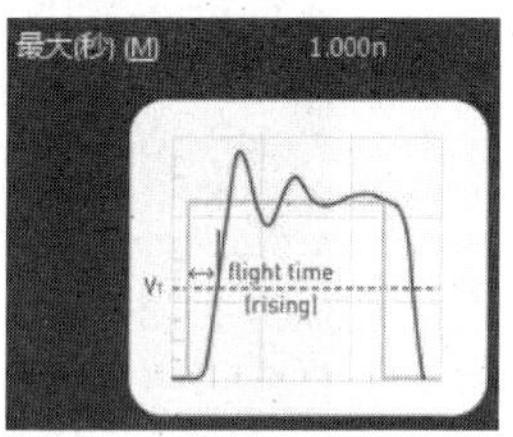

图 5-112　上升沿的上升时间约束规则

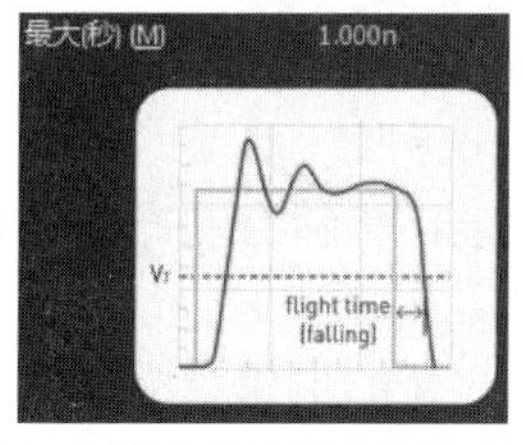

图 5-113　下降沿的下降时间约束规则

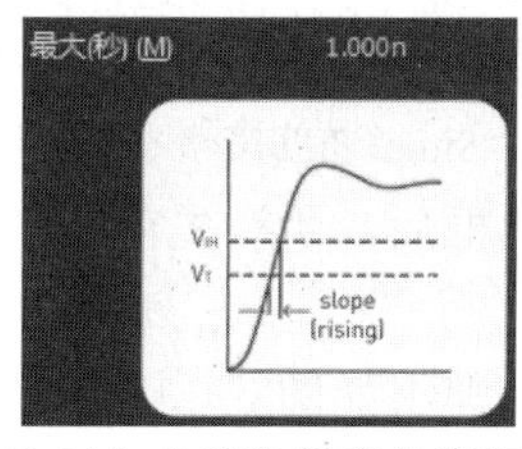

图 5-114　上升沿斜率约束规则

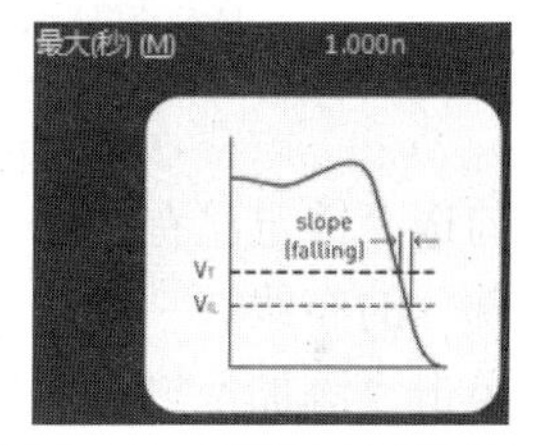

图 5-115　下降沿斜率约束规则

5.9.2　设置 PCB 自动布线的策略

01 单击菜单栏中的“布线”→“自动布线”→“设置”命令，系统将弹出如图 5-116 所示的“Situs 布线策略（布线位置策略）”对话框。在该对话框中可以设置自动布线策略。布线策略是指印制电路板自动布线时所采取的策略，如探索式布线、迷宫式布线、推挤式拓扑布线等。其中，自动布线的布通率依赖于良好的布局。

在“Situs 布线策略（布线位置策略）”对话框中列出了默认的 5 种自动布线策略，功能分别如下。对默认的布线策略不允许进行编辑和删除操作。

- Cleanup（清除）：用于清除策略。
- Default 2 Layer Board（默认双面板）：用于默认的双面板布线策略。
- Default 2 Layer With Edge Connectors（默认具有边缘连接器的双面板）：用于默认的具有边缘连接器的双面板布线策略。
- Default Multi Layer Board（默认多层板）：用于默认的多层板布线策略。
- Via Miser（少用过孔）：用于在多层板中尽量减少使用过孔策略。

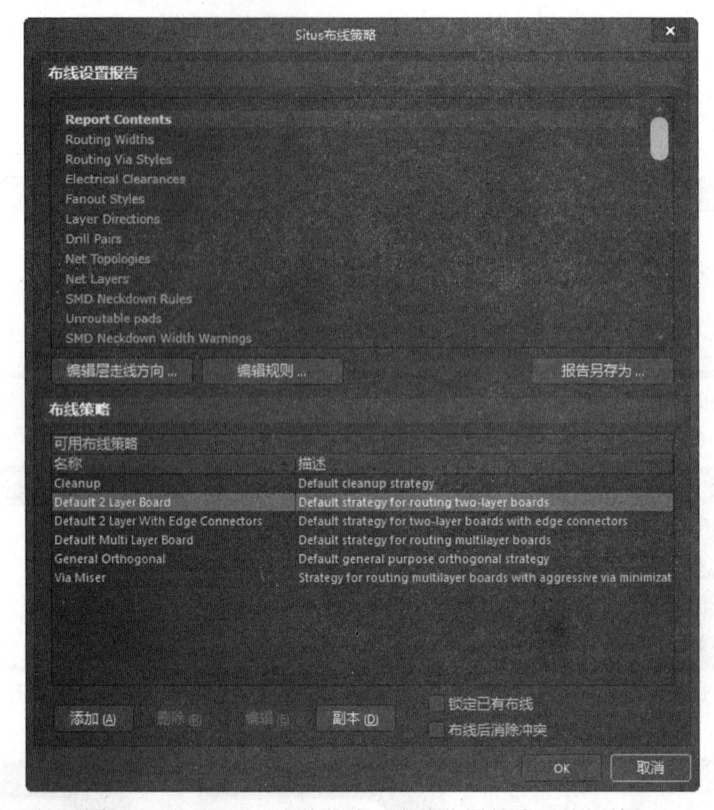

图 5-116 “Situs 布线策略（布线位置策略）”对话框

勾选“锁定已有布线”复选框后，所有先前的布线将被锁定，重新自动布线时将不改变这部分的布线。

单击“添加”按钮，系统将弹出如图 5-117 所示的“Situs 策略编辑器”对话框。在该对话框中可以添加新的布线策略。

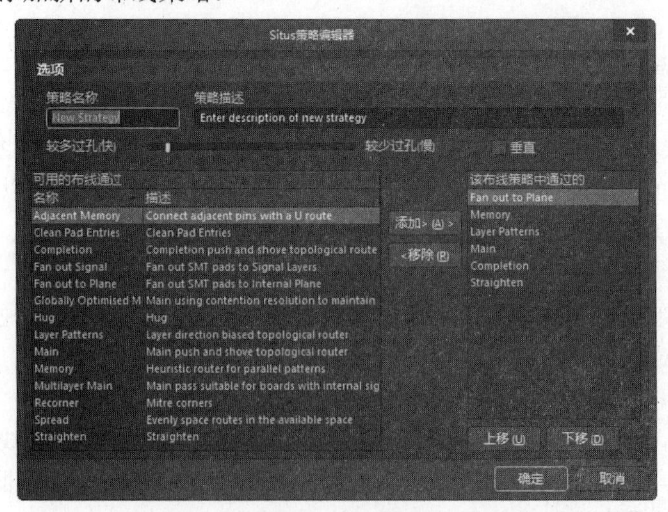

图 5-117 “Situs 策略编辑器”对话框

02 在“策略名称”文本框中填写添加的新建布线策略的名称，在“策略描述”文本框中填写对该布线策略的描述。可以通过拖动文本框下面的滑块来改变此布线策略允许的过孔数目，过孔数目越多自动布线越快。

03 选择左边的 PCB 布线策略列表框中的一项，然后单击“添加”按钮，此布线策略将被添加到右侧当前的 PCB 布线策略列表框中，作为新创建的布线策略中的一项。如果想要删除右侧列表框中的某一项，则选择该项后单击“移除”按钮即可删除。单击“上移”按钮或“下移”按钮可以改变各个布线策略的优先级，位于最上方的布线策略优先级最高。

Altium Designer 22 布线策略列表框中主要有以下几种布线方式：

- “Adjacent Memory（相邻的存储器）”布线方式：U 形走线的布线方式。采用这种布线方式时，自动布线器对同一网络中相邻的元件管脚采用 U 形走线方式。
- “Clean Pad Entries（清除焊盘走线）”布线方式：清除焊盘冗余走线。采用这种布线方式可以优化 PCB 的自动布线，清除焊盘上多余的走线。
- “Completion（完成）”布线方式：竞争的推挤式拓扑布线。采用这种布线方式时，布线器对布线进行推挤操作，以避开不在同一网络中的过孔和焊盘。
- “Fan Out Signal（扇出信号）”布线方式：表面安装元件的焊盘采用扇出形式连接到信号层。当表面安装元件的焊盘布线跨越不同的工作层时，采用这种布线方式可以先从该焊盘引出一段导线，然后通过过孔与其他的工作层连接。
- “Fan Out to Plane（扇出平面）”布线方式：表面安装元件的焊盘采用扇出形式连接到电源层和接地网络中。
- “Globally optimized Main（全局主要的最优化）”布线方式：全局最优化拓扑布线方式。
- “Hug（环绕）”布线方式：采用这种布线方式时，自动布线器将采取环绕的布线方式。
- “Layer Patterns（层样式）”布线方式：采用这种布线方式将决定同一工作层中的布线是否采用布线拓扑结构进行自动布线。
- “Main（主要的）”布线方式：主推挤式拓扑驱动布线。采用这种布线方式时，自动布线器对布线进行推挤操作，以避开不在同一网络中的过孔和焊盘。
- “Memory（存储器）”布线方式：启发式并行模式布线。采用这种布线方式将对存储器元件上的走线方式进行最佳的评估。对地址线和数据线一般采用有规律的并行走线方式。
- “Multilayer Main（主要的多层）”布线方式：多层板拓扑驱动布线方式。
- “Spread（伸展）”布线方式：采用这种布线方式时，自动布线器自动使位于两个焊盘之间的走线处于正中间的位置。
- “Straighten（伸直）”布线方式：采用这种布线方式时，自动布线器在布线时将尽量走直线。

04 单击“Situs 布线策略”对话框中的“编辑规则”按钮，对布线规则进行设置。

05 布线策略设置完毕单击“确定”按钮。

5.9.3 启动自动布线服务器进行自动布线

布线规则和布线策略设置完毕后，用户即可进行自动布线操作。自动布线操作主要是通过“自动布线”菜单进行的。用户不仅可以进行整体布局，也可以对指定的区域、网络及元件进行单独的布线。执行自动布线的方法非常多，如图 5-118 所示。

01 “全部”命令。该命令用于为全局自动布线，其操作步骤如下：

❶单击菜单栏中的“布线”→“自动布线”→“全部”命令，系统将弹出“Situs 布线策略”对话框。在该对话框中可以设置自动布线策略。

❷选择一项布线策略，然后单击“Route All（布线所有）”按钮即可进入自动布线状态。这里选择系统默认的“Default 2 Layer Board（默认双面板）”策略。布线过程中将自动弹出“Messages（信息）”面板，提供自动布线的状态信息，如图 5-119 所示。

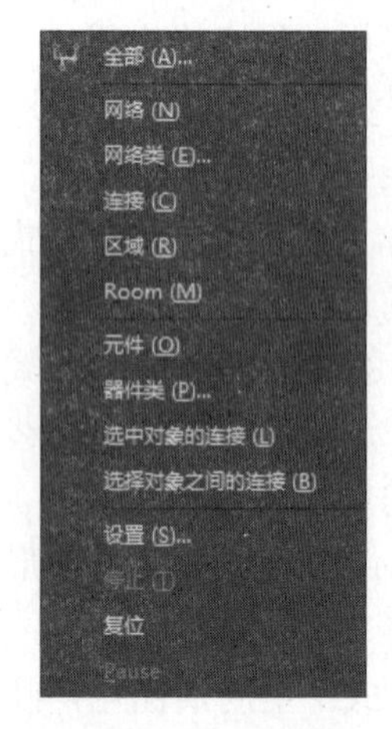

图 5-118 自动布线的方法

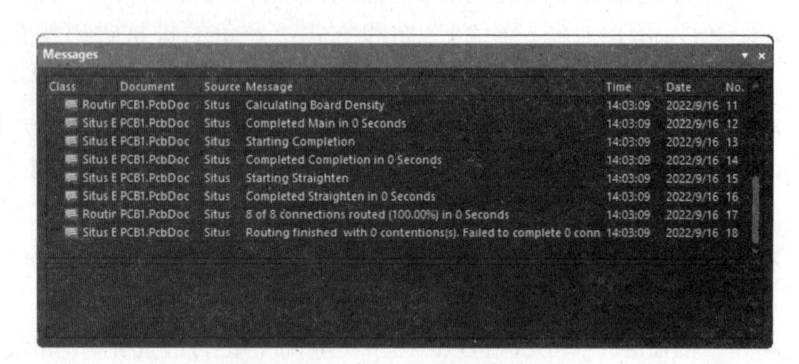

图 5-119 “Messages”面板

❸全局布线后的 PCB 图如图 5-120 所示。

当器件排列比较密集或者布线规则设置过于严格时，自动布线可能不会完全布通。即使完全布通的 PCB 仍会有部分网络走线不合理，如绕线过多、走线过长等，此时就需要进行手动调整了。

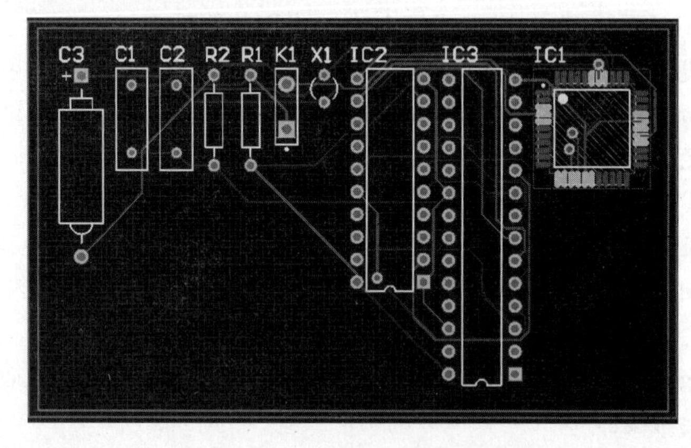

图 5-120 全局布线后的 PCB 图

02 “网络”命令。该命令用于为指定的网络自动布线，其操作步骤如下：

❶在规则设置中对该网络布线的线宽进行合理的设置。

❷单击菜单栏中的“布线”→“自动布线”→“网络”命令，此时光标将变成十字形状。移动光标到该网络上的任何一个电气连接点（飞线或焊盘处），这里选 C1 引脚 1 的焊盘处单击，此时系统将自动对该网络进行布线。

❸此时光标仍处于布线状态，可以继续对其他的网络进行布线。

❹右击或者按<Esc>键即可退出该操作。

03 “网络类”命令。该命令用于为指定的网络类自动布线，其操作步骤如下：

❶“网络类”是多个网络的集合，可以在“对象类浏览器”对话框中对其进行编辑管理。单击菜单栏中的“设计”→“类”命令，系统将弹出如图 5-121 所示的“对象类浏览器”对话框。

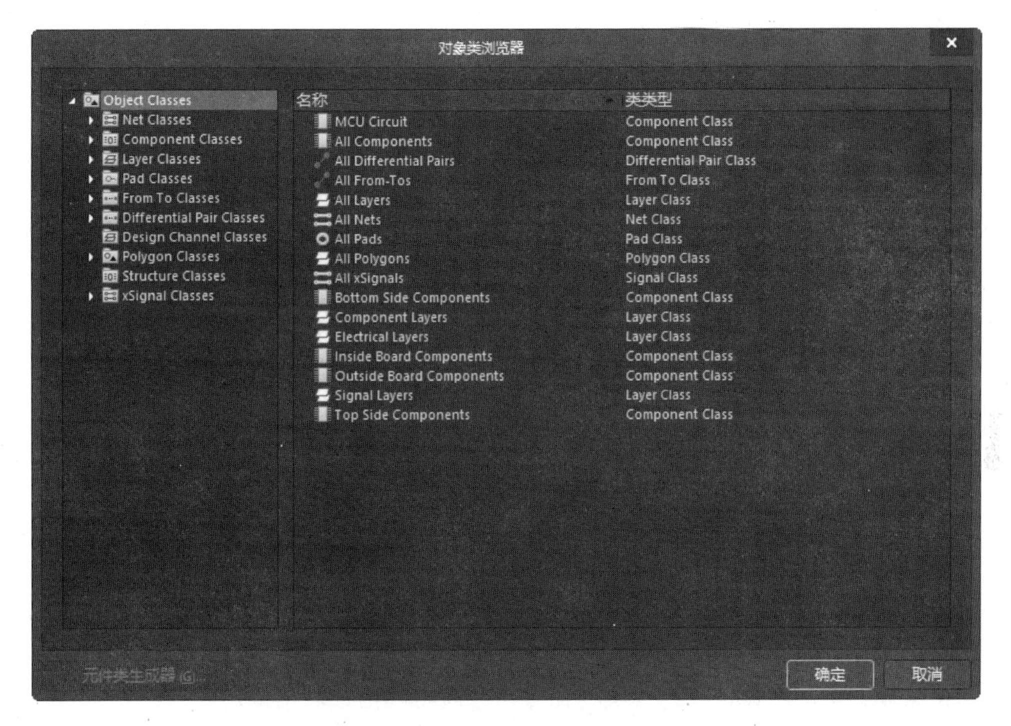

图 5-121　“对象类浏览器”对话框

❷系统默认存在的网络类为“所有网络”，不能进行编辑修改。用户可以自行定义新的网络类，将不同的相关网络加入到某一个定义好的网络类中。

❸单击菜单栏中的“布线”→“自动布线”→“网络类”命令后，如果当前文件中没有自定义的网络类，系统会弹出提示框提示未找到网络类，否则系统会弹出“Choose Objects Class（选择对象类）”对话框，列出当前文件中具有的网络类。在列表中选择要布线的网络类，系统即将该网络类内的所有网络自动布线。

❹在自动布线过程中，所有布线器的信息和布线状态、结果会在“Messages（信息）”面板中显示出来。

❺右击或者按<Esc>键即可退出该操作。

04 “连接”命令。该命令用于为两个存在电气连接的焊盘进行自动布线，其操作步骤如下：

❶如果对该段布线有特殊的线宽要求，则应该先在布线规则中对该段线宽进行设置。

❷单击菜单栏中的“布线”→“自动布线”→“连接”命令，此时光标将变成十字形状。移动光标到工作窗口，单击某两点之间的飞线或单击其中的一个焊盘。然后选择两点之间的连接，此时系统将自动在该两点之间布线。

❸光标仍处于布线状态，可以继续对其他的连接进行布线。

❹右击或者按<Esc>键即可退出该操作。

05 “区域”命令。该命令用于为完整包含在选定区域内的连接自动布线，其操作步骤如下：

❶单击菜单栏中的“布线”→“自动布线”→“区域”命令，此时光标将变成十字形状。

❷在工作窗口中单击确定矩形布线区域的一个顶点，然后移动光标到合适的位置，再次单击确定该矩形区域的对角顶点。此时，系统将自动对该矩形区域进行布线。

❸光标仍处于放置矩形状态，可以继续对其他区域进行布线。

❹右击或者按<Esc>键即可退出该操作。

06 “Room（空间）”命令。该命令用于为指定 Room 类型的空间内的连接自动布线。该命令只适用于完全位于 Room 空间内部的连接，即 Room 边界线以内的连接，不包括压在边界线上的部分。单击该命令后，光标变为十字形状，在 PCB 工作窗口中单击选取 Room 空间即可。

07 “元件”命令。该命令用于为指定元件的所有连接自动布线，其操作步骤如下：

❶单击菜单栏中的“布线”→“自动布线”→“元件”命令，此时光标将变成十字形状。移动光标到工作窗口，单击某一个元件的焊盘，所有从选定元件的焊盘引出的连接都被自动布线。

❷光标仍处于布线状态，可以继续对其他元件进行布线。

❸右击或者按<Esc>键即可退出该操作。

08 “器件类”命令。该命令用于为指定元件类内所有元件的连接自动布线，其操作步骤如下：

❶“器件类”是多个元件的集合，可以在“对象类浏览器”对话框中对其进行编辑管理。单击菜单栏中的“设计”→“类”命令，系统将弹出该对话框。

❷系统默认存在的元件类为 All Components（所有元件），不能进行编辑修改。用户可以使用元件类生成器自行建立元件类。另外，在放置 Room 空间时，包含在其中的元件也自动生成一个元件类。

❸单击菜单栏中的“布线”→“自动布线”→“器件类”命令后，系统将弹出“Choose Component Classes to Route（选择组件类）”对话框。在该对话框中包含当前文件中的元件类别列表。在列表中选择要布线的元件类，系统即将该元件类内所有元件的连接自动布线。

❹右击或者按<Esc>键即可退出该操作。

09 “选中对象的连接”命令。该命令用于为所选元件的所有连接自动布线。单击该命令前要先选中欲布线的元件。

10 “选中对象的连接”命令。该命令用于为所选元件之间的连接自动布线。单击该命令之前，要先选中欲布线元件。

11 “扇出”命令。在 PCB 编辑器中，单击菜单栏中的“布线”→“扇出”命令，弹出的子菜单如图 5-122 所示。采用扇出布线方式可将焊盘连接到其他的网络中。其中各命令的功能分别介绍如下：

➢ 全部：用于对当前 PCB 设计内所有连接到中间电源层或信号层网络的表面安装元件执行扇出操作。

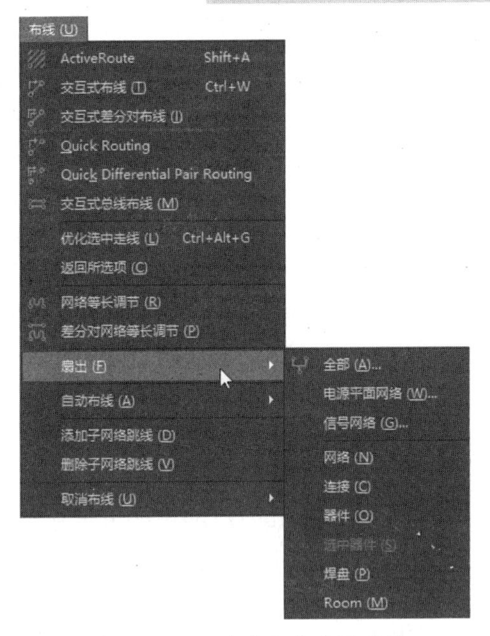

图 5-122 “扇出”命令子菜单

- 电源平面网络：用于对当前 PCB 设计内所有连接到电源层网络的表面安装元件执行扇出操作。
- 信号网络：用于对当前 PCB 设计内所有连接到信号层网络的表面安装元件执行扇出操作。
- 网络：用于为指定网络内的所有表面安装元件的焊盘执行扇出操作。单击该命令后，用十字光标选取指定网络内的焊盘，或者在空白处单击，在弹出的“网络名称”对话框中输入网络标号，系统即可自动为选定网络内的所有表面安装元件的焊盘执行扇出操作。
- 连接：用于为指定连接内的两个表面安装元件的焊盘执行扇出操作。单击该命令后，用十字光标选取指定连接内的焊盘或者飞线，系统即可自动为选定连接内的表贴焊盘执行扇出操作。
- 器件：用于为选定的表面安装元件执行扇出操作。单击该命令后，用十字光标选取特定的表贴元件，系统即可自动为选定元件的焊盘执行扇出操作。
- 选中器件：单击该命令前，先选中要执行扇出操作的元件。单击该命令后，系统自动为选定的元件执行扇出操作。
- 焊盘：用于为指定的焊盘执行扇出操作。
- Room（空间）：用于为指定的 Room 类型空间内的所有表面安装元件执行扇出操作。单击该命令后，用十字光标选取指定的 Room 空间，系统即可自动为空间内的所有表面安装元件执行扇出操作。

5.10 电路板的手动布线

自动布线会出现一些不合理的布线情况，例如有较多的绕线、走线不美观等。此时，可以通过手工布线进行一定的修正，对于元件网络较少的 PCB 也可以完全采用手工布线。下面介绍手工布线的一些技巧。

手工布线，要靠用户自己规划元件布局和走线路径，而网格是用户在空间和尺寸上的重要依据。因此，合理地设置网格，会更加方便设计者规划布局和放置导线。用户在设计的不同阶段可根据需要随时调整网格的大小，例如，在元件布局阶段，可将捕捉网格设置的大一点，如 20mil。在布线阶段捕捉网格要设置的小一点，如 5mil 甚至更小，尤其是在走线密集的区域，视图网格和捕捉网格都应该设置的小一些，以方便观察和走线。

手工布线的规则设置与自动布线前的规则设置基本相同，请参考前面章节的介绍，这里不再赘述。

5.10.1 拆除布线

在工作窗口中单击选中的导线后，按<Delete>键即可删除导线，完成拆除布线的操作。但是这样的操作只能逐段地拆除布线，工作量比较大，在“布线”菜单中有如图 5-123 所示的“取消布线”菜单，通过该菜单可以更加快速地拆除布线。

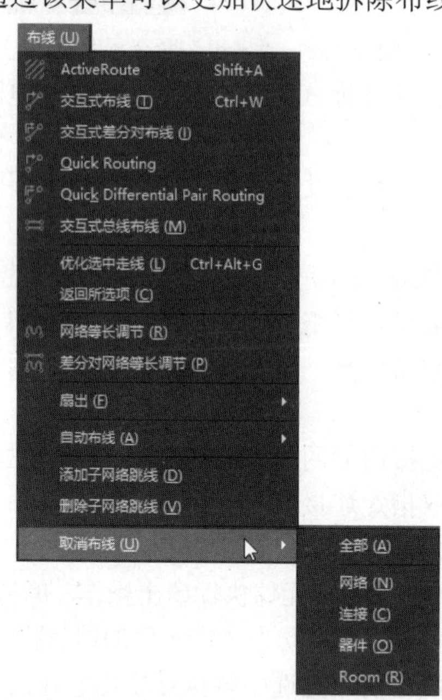

图 5-123 “取消布线”菜单

01 “全部”菜单项：拆除 PCB 上的所有导线。执行“布线”→“取消布线”→“全部”菜单命令，即可拆除 PCB 上的所有导线。

02 “网络”菜单项：拆除某一个网络上的所有导线。

❶执行“布线”→“取消布线”→“网络”菜单命令，光标将变成十字形状。

❷移动光标到某根导线上并单击，该导线所在网络的所有导线将被删除，即可完成对该网络的拆除布线操作。

❸光标仍处于拆除布线状态，可以继续拆除其他网络上的布线。

❹右击或者按下<Esc>键即可退出拆除布线操作。

03 “连接”菜单项：拆除某个连接上的导线。

❶执行“布线”→“取消布线”→“连接”菜单命令，光标将变成十字形状。

❷移动光标到某根导线上并单击，该导线建立的连接将被删除，即可完成对该连接的拆除布线操作。

❸光标仍处于拆除布线状态，可以继续拆除其他连接上的布线。

❹右击或者按下<Esc>键即可退出拆除布线操作。

04 “器件”菜单项：拆除某个元件上的导线。

❶执行“布线”→“取消布线”→“器件”菜单命令，光标将变成十字形状。

❷移动光标到某个元件上并单击，该元件所有管脚所在网络的所有导线将被删除，即可完成对该元件上的拆除布线操作。

❸光标仍处于拆除布线状态，可以继续拆除其他元件上的布线。

❹右击或者按下<Esc>键即可退出拆除布线操作。

5.10.2　手动布线

01 手动布线也将遵循自动布线时设置的规则。具体的手动布线步骤如下：

❶执行“放置”→“走线”菜单命令，光标将变成十字形状。

❷移动光标到元件的一个焊盘上并单击，放置布线的起点。

手工布线模式主要有5种：任意角度、90°拐角、90°弧形拐角、45°拐角和45°弧形拐角。按<Shift>+“空格”快捷键即可在5种模式间切换，按“空格”键可以在每一种的开始和结束两种模式间切换。

❸多次单击，确定多个不同的控点，完成两个焊盘之间的布线。

02 手动布线中层的切换。在进行交互式布线时，按<*>快捷键可以在不同的信号层之间切换，这样可以完成不同层之间的走线。在不同的层间进行走线时，系统将自动地为其添加一个过孔。

5.11　添加安装孔

电路板布线完成之后，就可以开始着手添加安装孔。安装孔通常采用过孔形式，并和接地网络连接，以便于后期的调试工作。

添加安装孔的操作步骤如下：

01 单击菜单栏中的“放置”→“过孔”命令，或者单击“布线”工具栏中的（放置过孔）按钮，或用快捷键<P>+<V>，此时光标将变成十字形状，并带有一个过孔图形。

02 按<Tab>键，系统将弹出如图5-124所示的“Properties（属性）”面板。

03 设置完毕单击“Enter”键，即可放置了一个过孔。

04 此时光标仍处于放置过孔状态，可以继续放置其他的过孔。

05 右击或者按<Esc>键即可退出该操作。

如图5-125所示为放置完安装孔的电路板。

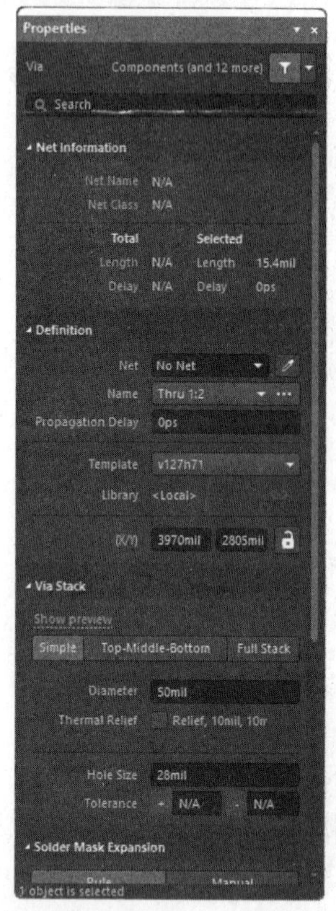

图 5-124 “Properties（属性）”面板

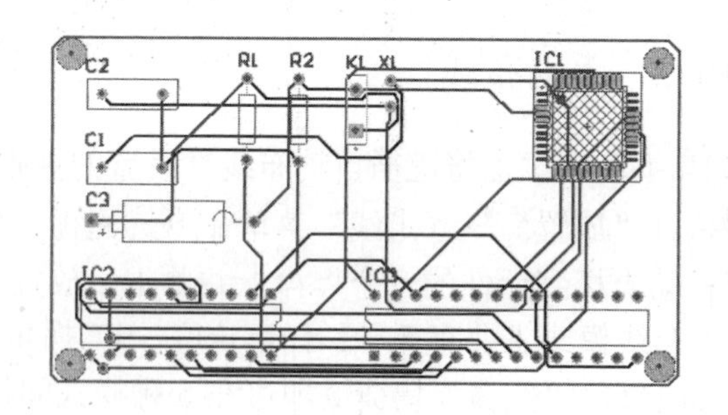

图 5-125 放置完安装孔的电路板

5.12 覆铜和补泪滴

覆铜由一系列的导线组成，可以完成电路板内不规则区域的填充。在绘制 PCB 图时，覆铜主要是指把空余没有走线的部分用导线全部铺满。用铜箔铺满部分区域和电路的一个网络相连，多数情况是和 GND 网络相连。单面电路板覆铜可以提高电路的抗干扰能力，经过覆铜处理后制作的印制板会显得十分美观，同时，通过大电流的导电通路也可以采用覆铜的方法来加大过电流的能力。通常覆铜的安全间距应该在一般导线安全间距的两倍以上。

5.12.1 放置覆铜

下面以“PCB1.PcbDoc”为例简单介绍放置覆铜的操作步骤。

01 单击菜单栏中的“放置”→“铺铜”命令，或者单击“连线”工具栏中的（放置多边形平面）按钮，或用快捷键<P>+<G>，即可执行放置覆铜命令。系统将弹出“Properties（属性）”面板。

02 选择“Hatched（网络状）”选项，“Hatch Mode（填充模式）”设置为 45 Degree，Net（网络）连接到 GND，“Layer（层面）”设置为“Top Layer（顶层）”，勾选“Remove Dead Copper（删除孤立的覆铜）”复选框，如图 5-126 所示。

03 此时光标变成十字形状，准备开始覆铜操作。

04 用光标沿着 PCB 的禁止布线边界线画一个闭合的矩形框。单击确定起点，移动至拐点处单击，直至确定矩形框的 4 个顶点，右击退出。用户不必手动将矩形框线闭合，系统会自动将起点和终点连接起来构成闭合框线。

05 系统在框线内部自动生成了 Top Layer（顶层）的覆铜。

06 执行覆铜命令，选择层面为 Bottom Layer（底层），其他设置相同，为底层覆铜。PCB 覆铜效果如图 5-127 所示。

图 5-126　“Properties（属性）”面板

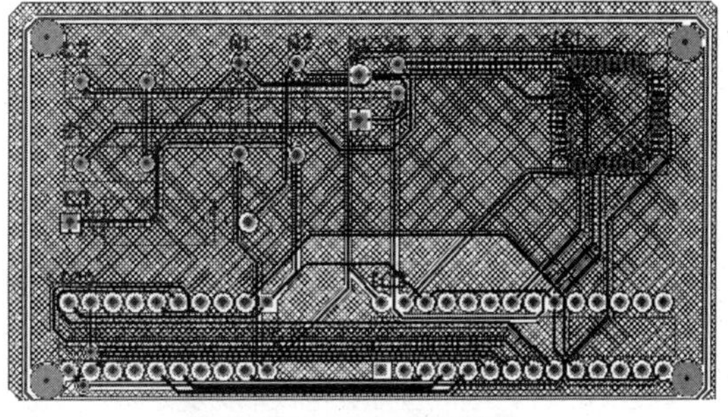

图 5-127　PCB 覆铜效果

5.12.2　补泪滴

在导线和焊盘或者过孔的连接处，通常需要补泪滴，以去除连接处的直角，加大连接面。这样做有两个好处，一是在 PCB 的制作过程中，避免因钻孔定位偏差导致焊盘与导线断裂；二是在安装和使用中，可以避免因用力集中导致连接处断裂。

单击菜单栏中的“工具”→“滴泪”命令，或用快捷键<T>+<E>，即可执行补泪滴命令。系统弹出的“泪滴”对话框如图 5-128 所示。

01 “工作模式”选项组。

➢ “添加”单选按钮：用于添加泪滴。

➢ “删除”单选按钮：用于删除泪滴。

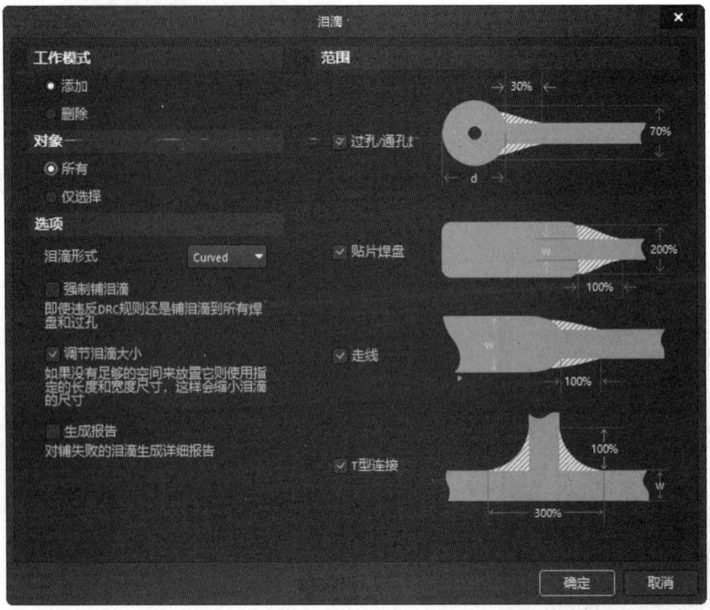

图 5-128 “泪滴”对话框

02 “对象”选项组。

➢ “所有”复选框：勾选该复选框，将对所有的对象添加泪滴。

➢ “仅选择”复选框：勾选该复选框，将对选中的对象添加泪滴。

03 “选项”选项组。

“泪滴形式”：在该下拉列表下选择“Curved（弧形）”“Line（线）”，表示用不同的形式添加滴泪。

➢ “强制铺泪滴”复选框：勾选该复选框，将强制对所有焊盘或过孔添加泪滴，这样可能导致在 DRC 检测时出现错误信息。取消对此复选框的勾选，则对安全间距太小的焊盘不添加泪滴。

➢ “调节泪滴大小” 复选框：勾选该复选框，进行添加泪滴的操作时自动调整滴泪的大小。

➢ “生成报告”复选框：勾选该复选框，进行添加泪滴的操作后将自动生成一个有关添加泪滴操作的报表文件，同时该报表也将在工作窗口显示出来。

设置完毕单击“确定”按钮，完成对象的泪滴添加操作。

补泪滴前后焊盘与导线连接的变化如图 5-129 所示。

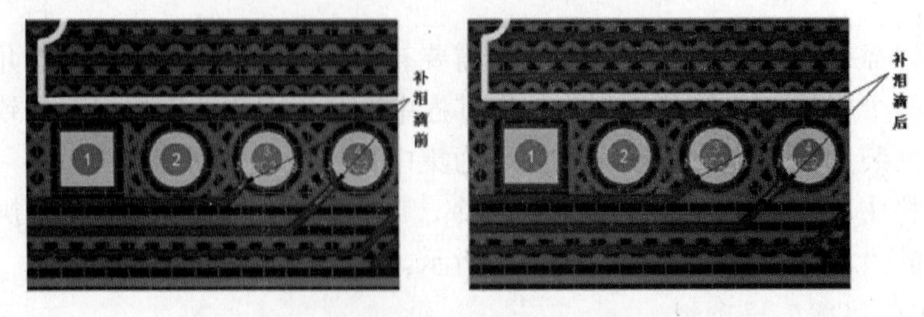

图 5-129 补泪滴前后焊盘与导线连接的变化

按照此种方法，用户还可以对某一个元件的所有焊盘和过孔，或者某一个特定网络的焊盘和过孔进行补泪滴操作。

5.13 3D效果图

手动布局完毕后，可以通过 3D 效果图，直观地查看视觉效果，以检查手动布局是否合理。

5.13.1 三维效果图显示

在 PCB 编辑器内，单击菜单栏中的“视图”→“切换到 3 维模式”命令，系统显示该 PCB 的 3D 效果图，按住 Shift 键显示旋转图标，在方向箭头上按住鼠标右键，即可旋转电路板，如图 5-130 所示。

在 PCB 编辑器内，单击右下角的 Panels 按钮，在弹出的快捷菜单中选择“PCB”，打开“PCB”面板，如图 5-131 所示。

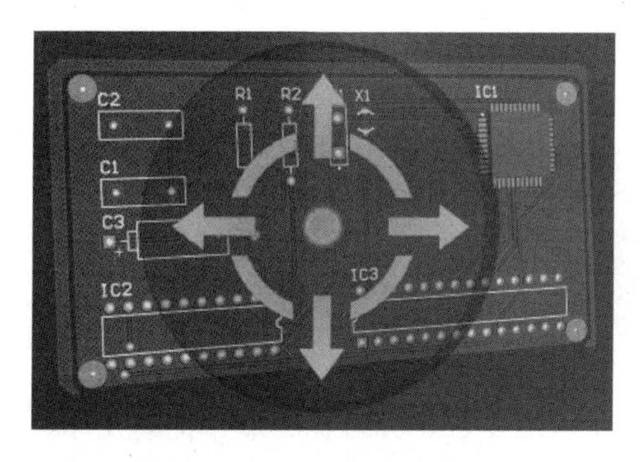

图 5-130　PCB3D 效果图

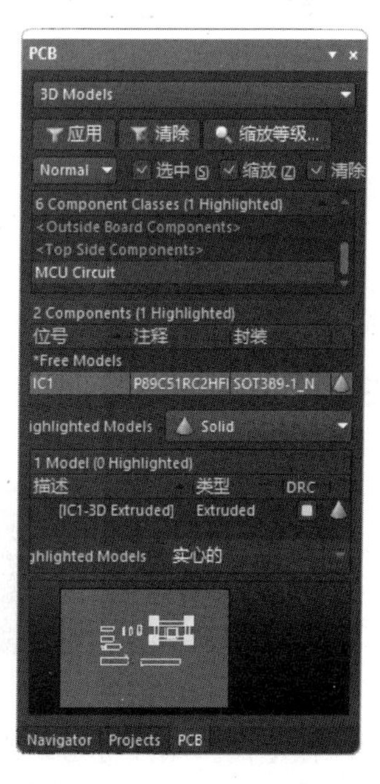

图 5-131　“PCB”面板

01 浏览区域。在“PCB”面板中显示类型为“3D Model”，该区域列出了前 PCB 文件内的所有三维模型。选择其中一个元件以后，则此网络呈高亮状态，如图 5-132 所示。

对于高亮网络有“Normal（正常）”“Mask（遮挡）”和“Dim（变暗）”3 种显示方式，用户可通过面板中的下拉列表框进行选择。

- Normal（正常）：直接高亮显示用户选择的网络或元件，其他网络及元件的显示方式不变。

图 5-132　高亮显示元件

➢ Mask（遮挡）：高亮显示用户选择的网络或元件，其他元件和网络以遮挡方式显示（灰色），这种显示方式更为直观。

➢ Dim（变暗）：高亮显示用户选择的网络或元件，其他元件或网络按色阶变暗显示。

对于显示控制，有 3 个控制选项，即选中、缩放和清除现有的。

➢ 选中：勾选该复选框，在高亮显示的同时选中用户选定的网络或元件。

➢ 缩放：勾选该复选框，系统会自动将网络或元件所在区域完整地显示在用户可视区域内。如果被选网络或元件在图中所占区域较小，则会放大显示。

02 显示区域。该区域用于控制 3D 效果图中的模型材质的显示方式，如图 5-133 所示。

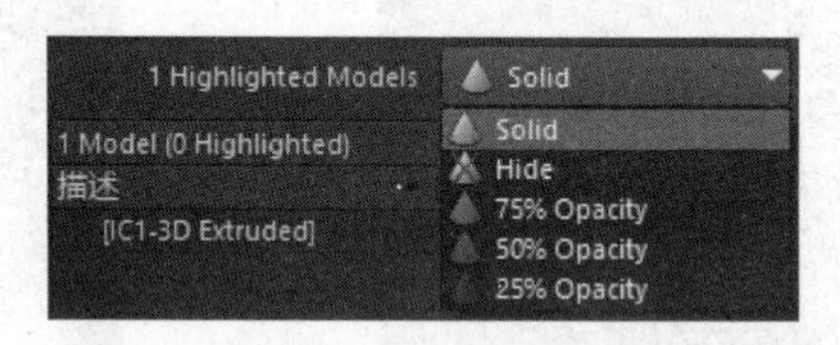

图 5-133　模型材质

03 预览框区域。将光标移到该区域中以后单击，并按住不放，拖动光标，3D 图将跟着移动，展示不同位置上的效果。

5.13.2　“View Configuration（视图设置）”面板

在 PCB 编辑器内，单击右下角的 Panels 按钮，在弹出的快捷菜单中选择“View Configuration”，打开“View Configuration（视图设置）”面板，设置电路板基本环境。

在“View Configuration（视图设置）”面板“View Options（视图选项）”选项卡中，显示三维面板的基本设置。不同情况下面板显示略有不同，这里重点讲解三维模式下的面板参数设置，如图 5-134 所示。

01 “General Settings”选项组：显示配置和 3D 主体。

“Configuration（设置）”下拉列表选择三维视图设置模式，包括 11 种，默认选择“Custum Configuration（通用设置）”模式如图 5-135 所示。

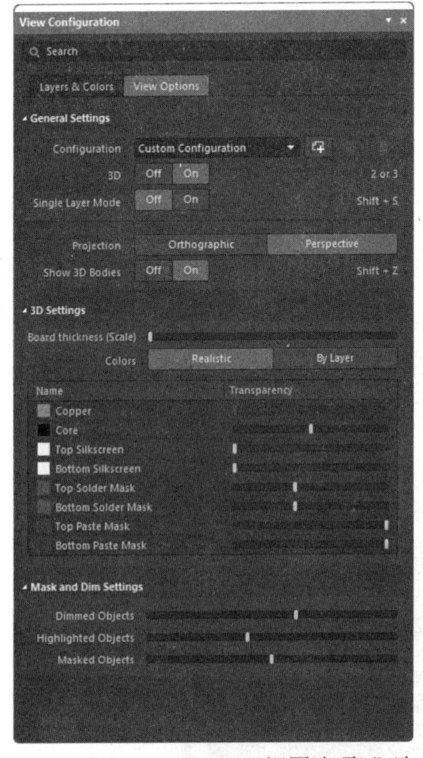

图 5-134　“View Options（视图选项）”选项卡

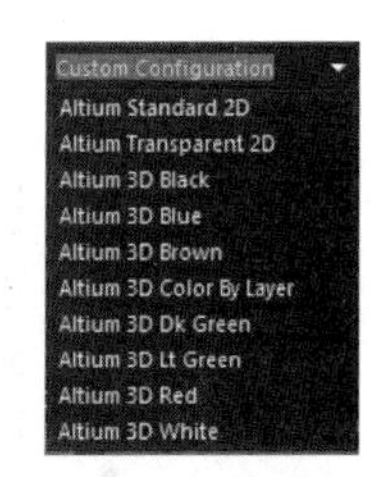

图 5-135　三维视图模式

- 3D：控制电路板三维模式打开关，作用同菜单命令“视图”→“切换到 3 维模式”。
- Signal Layer Mode：控制三维模型中信号层的显示模式，打开与关闭单层模式，如图 5-136 所示。

a）打开单层模式

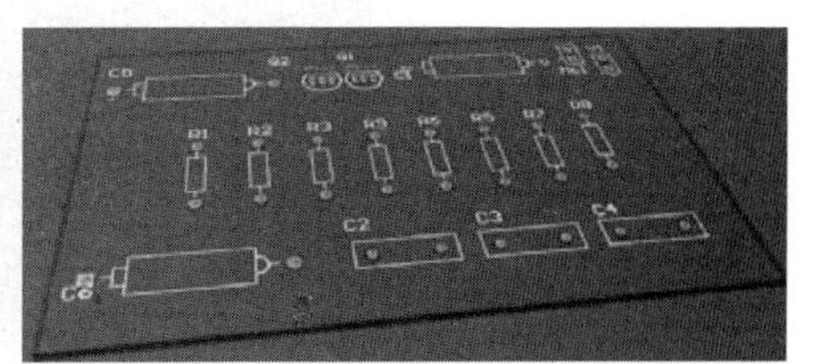

b）关闭单层模式

图 5-136　三维视图模式

- Projection：投影显示模式，包括 Orthographic（正射投影）和 Perspective（透视投影）。
- Show 3D Mode：控制是否显示元件的三维模型。

02 3D Setting（三维设置）选项组：

- Board thickness（Scale）：通过拖动滑动块，设置电路板的厚度，按比例显示。
- Color：设置电路板颜色模式，包括 Realistic（逼真）和 By Layer（随层）。

➢ Layer：在列表中设置不同层对应的透明度，通过拖动“Transparency（透明度）”栏下的滑动块来设置。

03 “Mask and Dim Setting（屏蔽和调光设置）”选项组：用来控制对象屏蔽、调光和高亮设置。

➢ Dim Objects（屏蔽对象）：设置对象屏蔽程度。

➢ Hihtlighted Objects（高亮对象）：设置对象高亮程度。

➢ Mask Objects（调光对象）：设置对象调光程度。

04 “Additional Options（附加选项）”选项组：在“Configuration（设置）”下拉列表选择“Altum Standard 2D”或执行菜单命令“视图”→“切换到2维模式”，切换到2D模式，电路板的面板设置如图5-137所示。

添加“Additional Options（附加选项）”选项组，在该区域包括11种控件，允许配置各种显示设置。

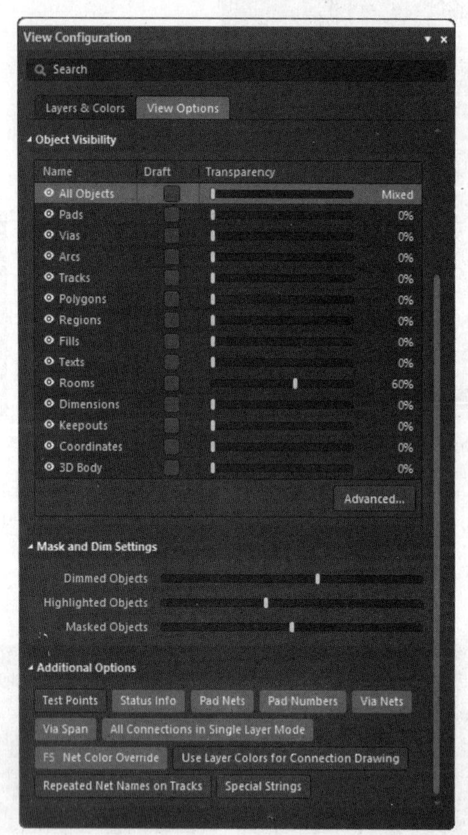

图5-137 2D模式下“View Options（视图选项）”选项卡

05 “Object Visibility（对象可视化）”选项组：2D模式下添加“Object Visibility（对象可视化）”选项组，在该区域设置电路板中不同对象的透明度和是否添加草图。

5.13.3 三维动画制作

使用动画来生成使用元件在电路板中指定零件点到点运动的简单动画。本节介绍通过拖动时间栏并旋转缩放电路板生成基本动画。

在PCB编辑器内，单击右下角的Panels按钮，在弹出的快捷菜单中选择“PCB 3D Model Editor（电路板三维动画编辑器）”命令，打开“PCB 3D Movie Editor（电路板三维动画编辑器）”面板，如图5-138所示。

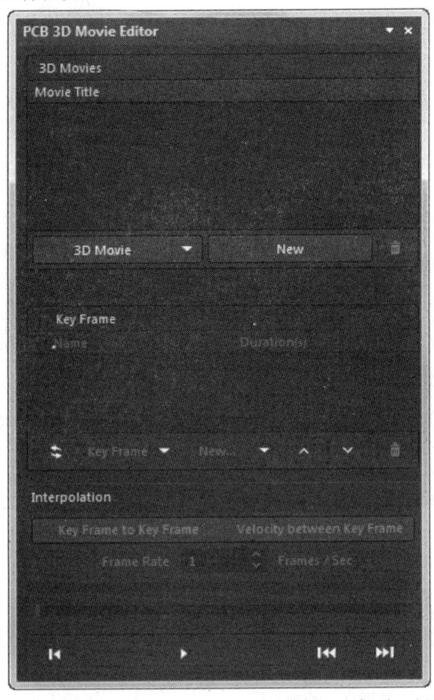

图5-138　“PCB 3D Movie Editor（电路板三维动画编辑器）”面板

01 “Movie Title（动画标题）”区域。在“3D Movie（三维动画）”按钮下选择“New（新建）”命令或单击“New（新建）”按钮，在该区域创建PCB文件的三维模型动画，默认动画名称为“PCB 3D Video”。

02 “PCB 3D Video”区域。在该区域创建动画关键帧。在“Key Frame（关键帧）”按钮下选择“New（新建）”→“Add（添加）”命令或单击“New（新建）”→“Add（添加）”按钮，创建第一个关键帧，电路板如图5-139所示。

❶单击“New（新建）”→“Add（添加）”按钮，继续添加关键帧，设置将时间为2秒，按住鼠标中键拖动，在视图中将视图缩放，如图5-140所示。

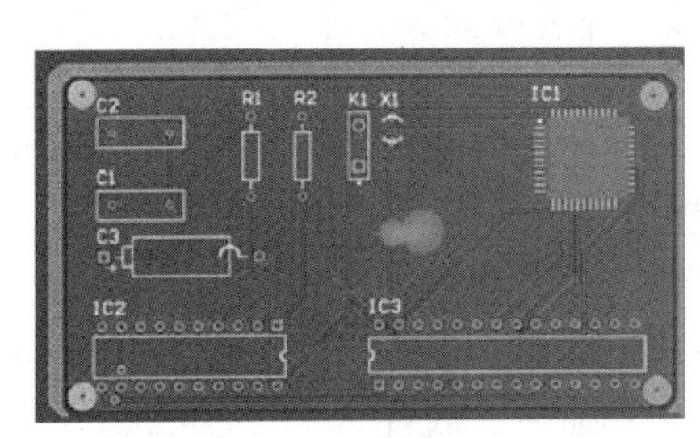

图5-139　电路板默认位置

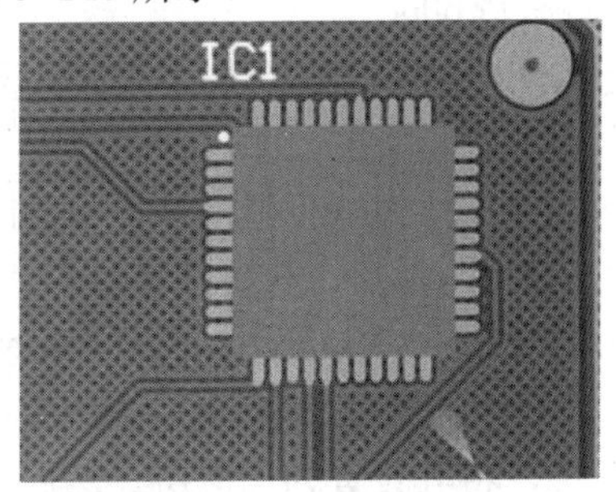

图5-140　缩放后的视图

❷单击“New（新建）”→“Add（添加）”按钮，继续添加关键帧，设置将时间为4秒，按住Shift键与鼠标右键，在视图中将视图旋转如图5-141所示。

❸单击工具栏上的▷键，动画设置如图5-142所示。

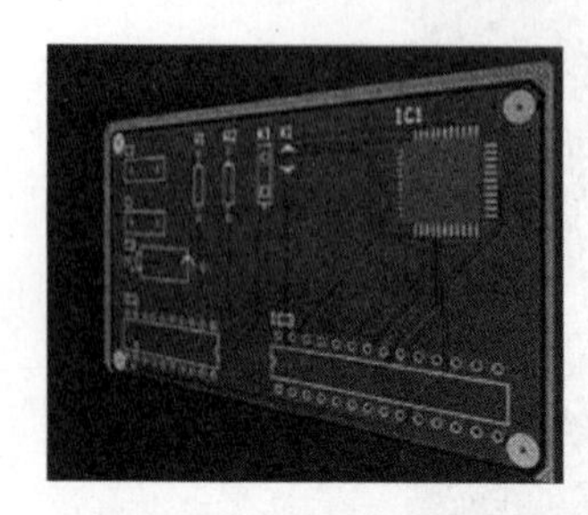

图 5-141　旋转后的视图

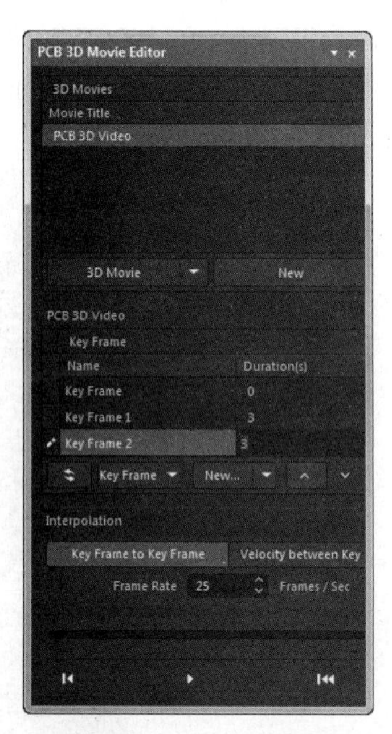

图 5-142　动画设置面板

5.14 操作实例

5.14.1　PS7219 及单片机的 SPI 接口电路板设计

本节将使用第 2 章中绘制的 PS7219 及单片机的 SPI 接口电路图，简要讲述设计 PCB 电路的步骤。为了方便用户使用，将其保存在附带电子资料包文件夹“yuanwenjian\ch05\5.14.1\example”中。

01 创建 PCB 文件。

❶打开前面设计的“PS7219 及单片机的 SPI 接口电路.PrjPCB”文件，执行菜单命令“文件”→“新的”→“PCB”，创建一个 PCB 文件，保存并更名为“PS7219 及单片机的 SPI 接口电路.PcbDoc”。

❷设置 PCB 文件的相关参数，如板层参数，环境参数等。这里设计的是双面板采用系统默认即可。

❸绘制 PCB 的物理边界。单击编辑区左下方的板层标签的“Mechanical1”标签，将其设置为当前层。然后，执行菜单命令“放置”→“线条”，光标变成十字形，沿 PCB 边绘制一个闭合区域，即可设定 PCB 的物理边界。

❹绘制 PCB 的电气边界。单击编辑区左下方的板层标签的“Keep out Layer（禁止布线层）”标签，将其设置为当前层。然后执行菜单命令“放置”→“Keepout（禁止布线）”→“线径”，光标变成十字形，在 PCB 图上绘制出一个封闭的多边形，设定电气边界。设置完成的 PCB 图如图 5-143 所示。

❺设置电路板形状。选中已绘制的物理边界，然后单击菜单栏中的“设计”→“板子形状”→“按照选择对象定义”命令，选择外侧的物理边界，定义电路板。

图 5-143　完成边界设置的 PCB 图

02 生成网络报表并导入 PCB 中。

❶打开电路原理图文件，执行菜单命令“工程”→“Validate PCB Project PS7219 及单片机的 SPI 接口电路.PrjPCB”，系统编译设计项目。编译结束后，打开 Message 面板，查看有无错误信息，若有，则修改电路原路图。

❷完成编译后，将电路原理图中用到的所有元器件所在的库添加到当前库中。

❸在原理图编辑环境中，执行菜单命令“设计”→“工程的网络表”→“Proel（生成项目的网络表)”，生成网络报表。

❹打开原理图，执行菜单命令“设计”→“Update PCB Document PS7219 及单片机的 SPI 接口电路.PcbDoc”，系统弹出“工程变更指令”对话框，如图 5-144 所示。

❺单击对话框中的“验证变更”按钮，检查所有改变是否正确，若所有的项目后面都出现✔标志，则项目转换成功。

❻单击“执行变更”按钮，将元器件封装添加到 PCB 文件中，如图 5-145 所示。

❼完成添加后，单击“关闭”按钮，关闭对话框。此时，在 PCB 图纸上已经有了元器件的封装，如图 5-146 所示。

03 元器件布局。这里采用自动布局和手工布局相结合的方法。

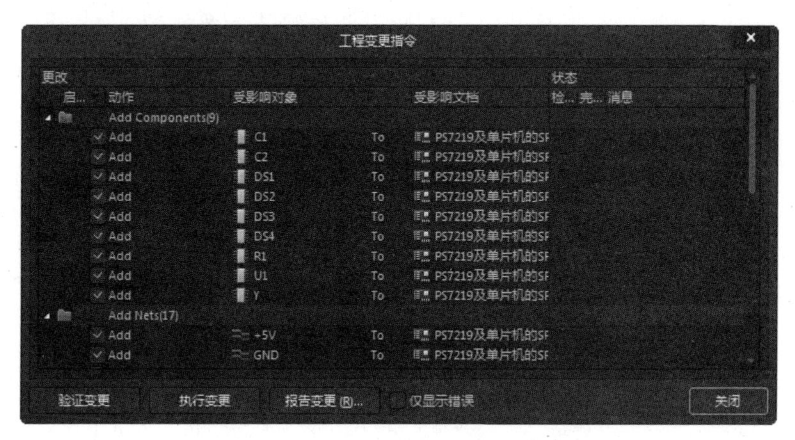

图 5-144　“工程变更指令”对话框

❶设置布局规则后，将 Room 空间整体拖至 PCB 的上面，如图 5-147 所示。

❷对布局不合理的地方进行手工调整。调整后的 PCB 图如图 5-148 所示。

图 5-145　添加元器件封装

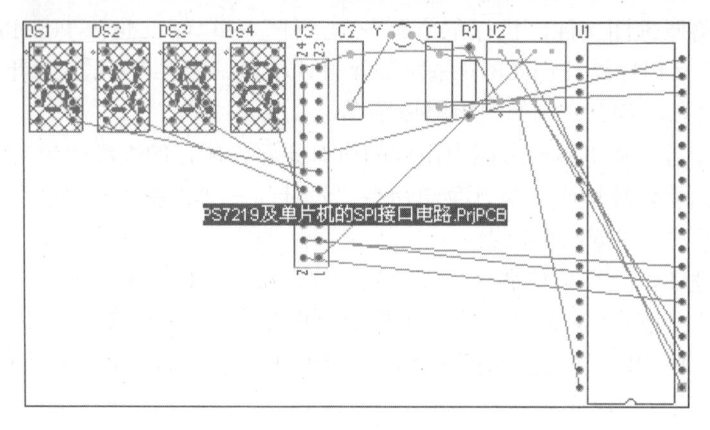

图 5-146　添加元器件封装的 PCB 图

❸执行菜单命令“视图”→“切换到 3 维模式”，查看 3D 效果图，检查布局是否合理，如图 5-149 所示。

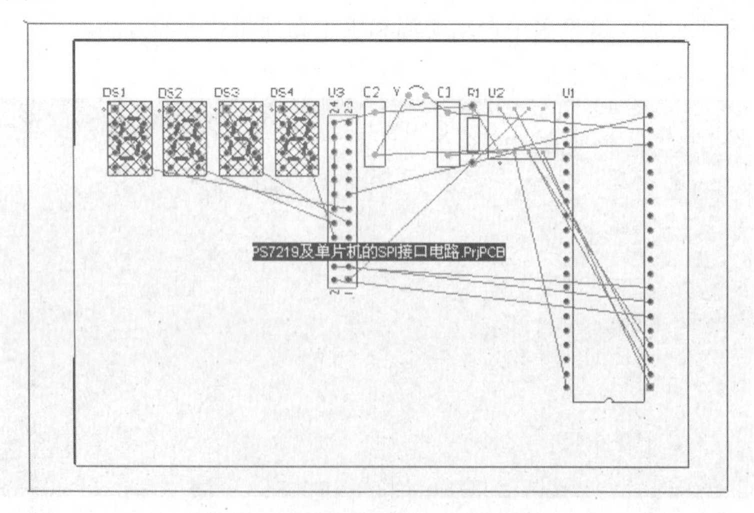

图 5-147　拖动 Room 空间

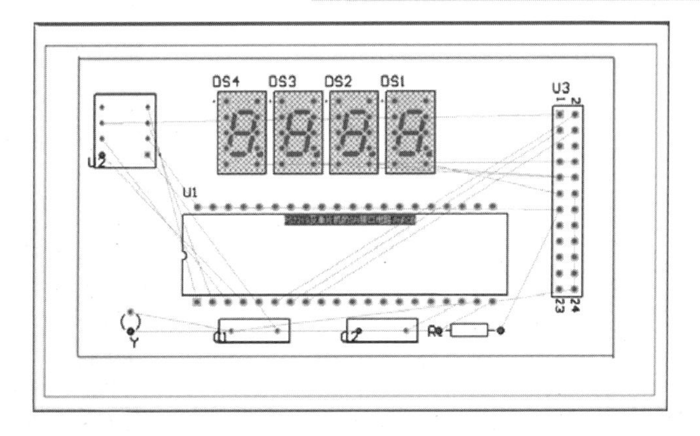

图 5-148　手工调整后结果

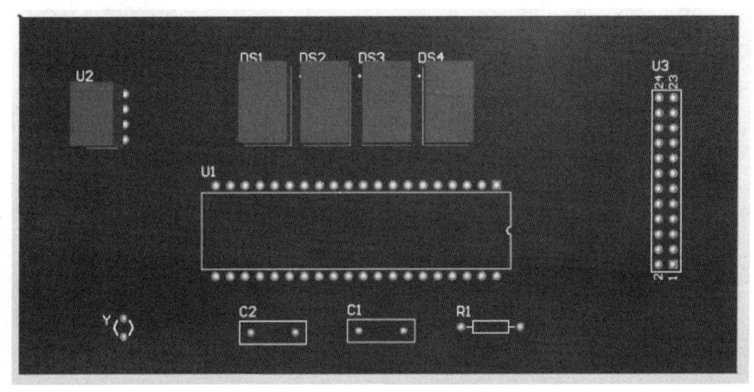

图 5-149　3D 效果图

04 布线。

❶设置布线规则，设置完成后，执行菜单命令“布线”→“自动布线”→“设置”，在弹出的对话框中设置布线策略。

❷设置完成后，执行菜单命令“布线”→“自动布线”→“全部”，系统开始自动布线，并同时出现一个“Message（信息）”布线信息对话框，如图 5-150 所示。

❸布线完成后，如图 5-151 所示。

❹对布线不合理的地方进行手工调整。

05 建立覆铜。执行菜单命令“放置”→“铺铜”，对完成布线的 PS7219 及单片机的 SPI 接口电路建立覆铜，打开“Properties（属性）”面板，其设置如图 5-152 所示。

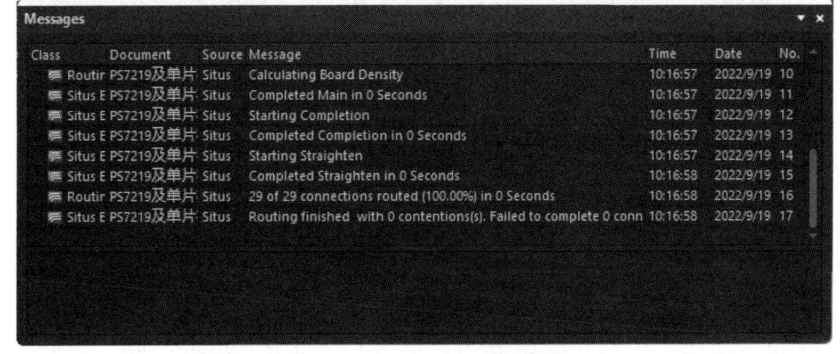

图 5-150　布线信息对话框

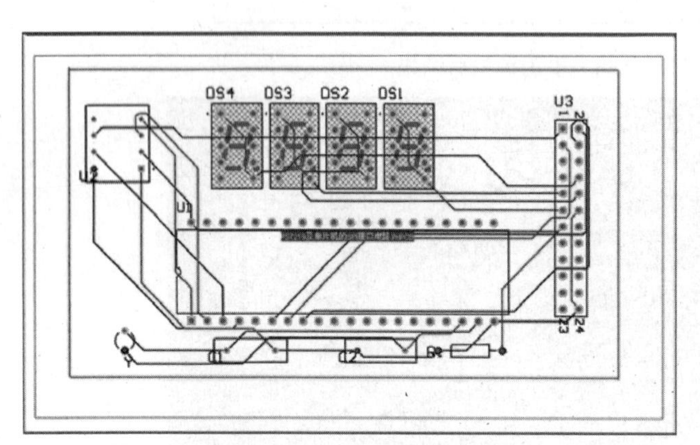

图 5-151　自动布线结果

图 5-152　设置参数

设置完成后单击<Enter>键，光标变成十字形。用光标沿 PCB 的电气边界线，绘制出一个封闭的矩形，系统将在矩形框中自动建立顶层的覆铜。采用同样的方式，为 PCB 的“Bottom Layer（底层）”层建立覆铜。覆铜的 PCB 如图 5-153 所示。

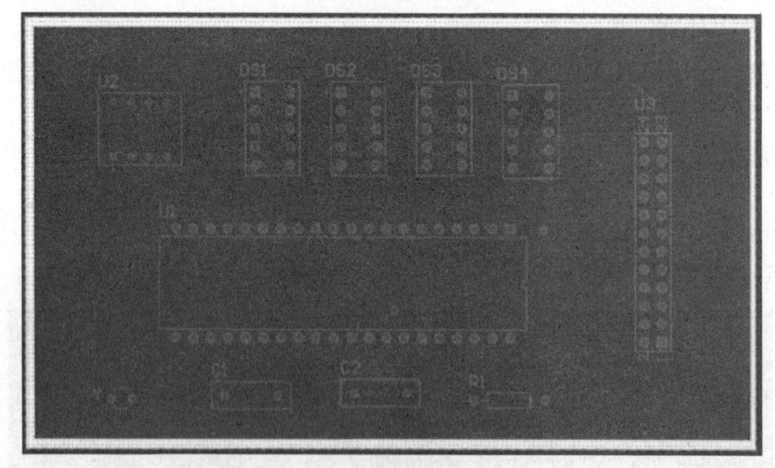

图 5-153　覆铜后的 PCB

06 3D 模型。在 PCB 编辑器内，单击菜单栏中的“视图”→“切换到 3 维模式”命令，系统显示该 PCB 的 3D 效果图，如图 5-154 所示。

07 三维动画制作。在 PCB 编辑器内，单击右下角的 Panels 按钮，在弹出的快捷菜单中选择“PCB 3D Model Editor（电路板三维动画编辑器）”命令，打开“PCB 3D Movie Editor

（电路板三维动画编辑器）”面板。

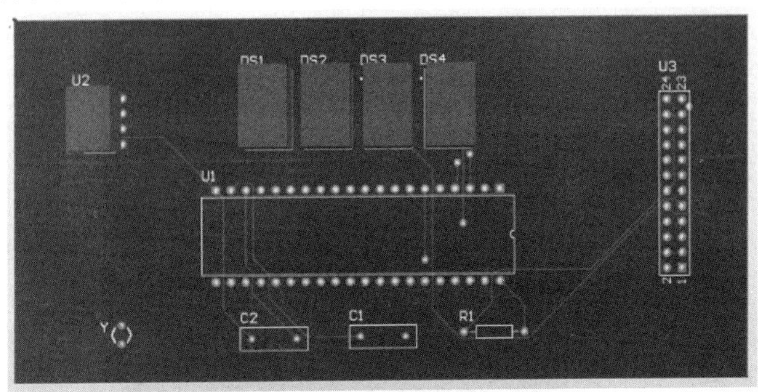

图 5-154　PCB 的 3D 效果图

在“Movie Title（动画标题）”区域“3D Movie（三维动画）”按钮下选择“New（新建）”命令或单击“New（新建）”按钮，在该区域创建 PCB 文件的三维模型动画，默认动画名称为“PCB 3D Video”。

❶在“PCB 3D Video”区域创建动画关键帧。在“Key Frame（关键帧）”按钮下选择“New（新建）”→“Add（添加）”命令或单击“New（新建）”→“Add（添加）”按钮，创建 6 个键帧，电路板图如图 5-155 所示。

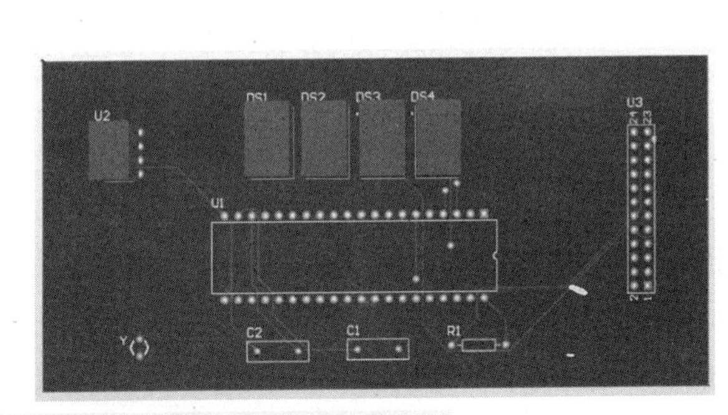

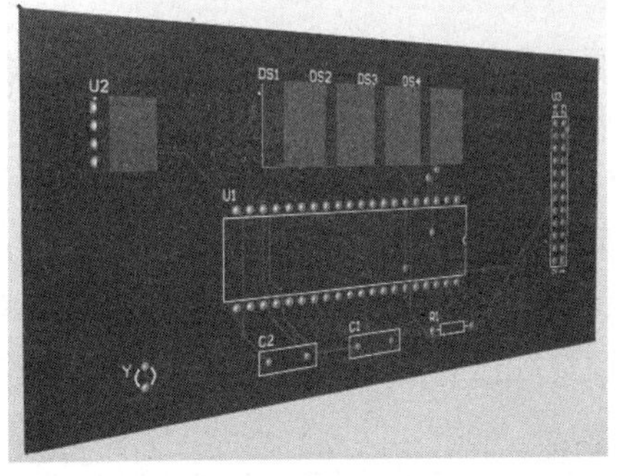

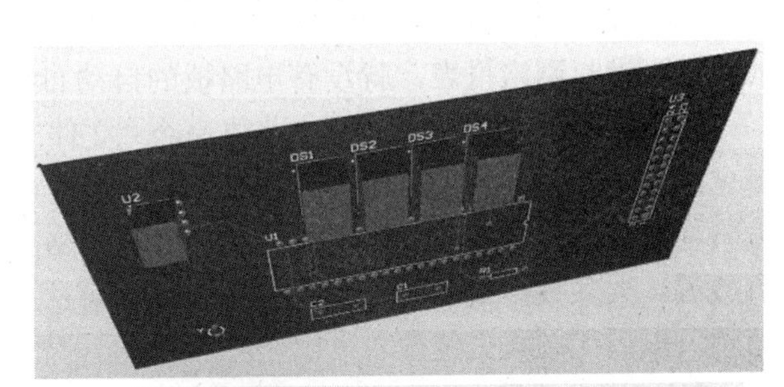

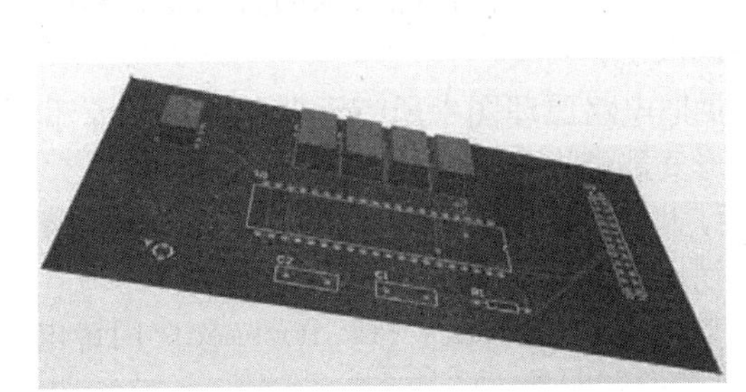

图 5-155　不同视图位置

❷动画设置如图 5-156 所示。单击工具栏上的▷键，依次显示关键帧组成的动画。

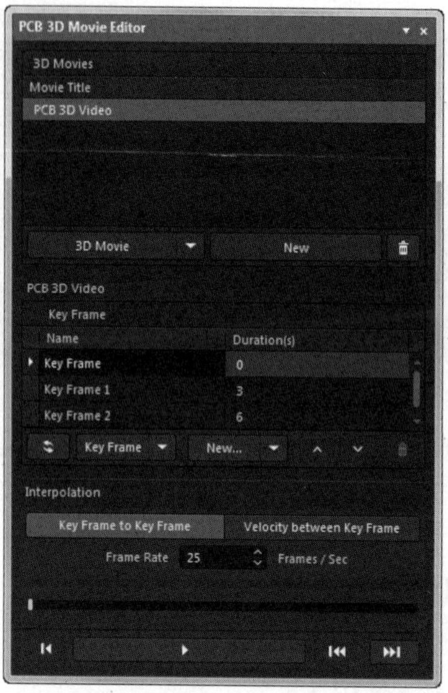

图 5-156　动画设置面板

将完成的项目结果文件保存在“yuanwenjian>>ch05>>5.14.1>>result”文件夹中。

5.14.2　门铃电路板设计

本节介绍如何完整地设计一块 PCB，以及如何进行后期制作。以第 2 章中绘制的门铃电路为例。为方便操作，将实例文件“门铃电路.PrjPCB”保存到电子资料包中的“yuanwenjian\ch05\5.14.2\example”文件夹中。

01 准备工作。

❶准备电路原理图和网络报表。网络报表是电路原理图的精髓，是原理图和 PCB 连接的桥梁，没有网络报表，就没有电路板的自动布线。

❷新建一个 PCB 文件。选择菜单命令“文件”→“新的”→“PCB（印制电路板文件）”，在电路原理图所在的项目中，新建一个 PCB 文件，并保存为“门铃电路.PcbDoc”进入 PCB 编辑环境后，设置 PCB 设计环境，包括设置网格大小和类型，光标类型，板层参数，布线参数等。大多数参数都可以用系统默认值，而且这些参数经过设置之后，符合用户个人的习惯，以后无须再去修改。

❸规划电路板。规划电路板主要是确定电路板的边界，包括电路板的物理边界和电气边界，同时按照最外侧的物理边界，定义电路板大小。

❹装载元器件库。在导入网络报表之前，要把电路原理图中所有元器件所在的库添加到当前库中，保证原理图中指定的元器件封装形式能够在当前库中找到。

02 导入网络报表。完成了前面的工作后，即可将网络报表里的信息导入 PCB，为电路板的元器件布局和布线做准备。将网络报表导入的具体步骤如下：

❶在原理图编辑环境下，执行菜单命令“设计”→“Update PCB Document 门铃电路.PcbDoc”，系统弹出“工程变更指令”对话框，如图 5-157 所示。

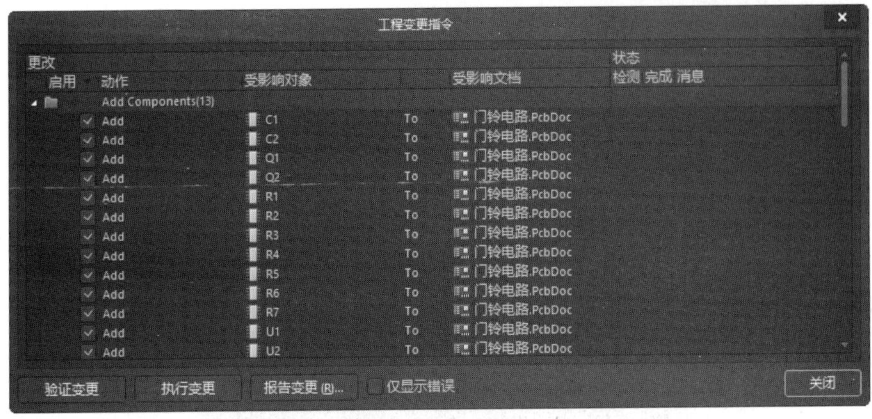

图 5-157　“工程变更指令”对话框

❷单击“工程变更指令”对话框中的“验证变更”按钮，系统将检查所有的更改是否都有效，如图 5-158 所示。如果有效，将在右边的“检测”栏对应位置打勾；若有错误，“检测”栏中将显示红色错误标识。一般的错误都是因为元器件封装定义不正确，系统找不到给定的封装，或者设计 PCB 时没有添加对应的集成库。此时需要返回到电路原理图编辑环境中，对有错误的元器件进行修改，直到修改完所有的错误，即“检测”栏中全为正确内容为止。

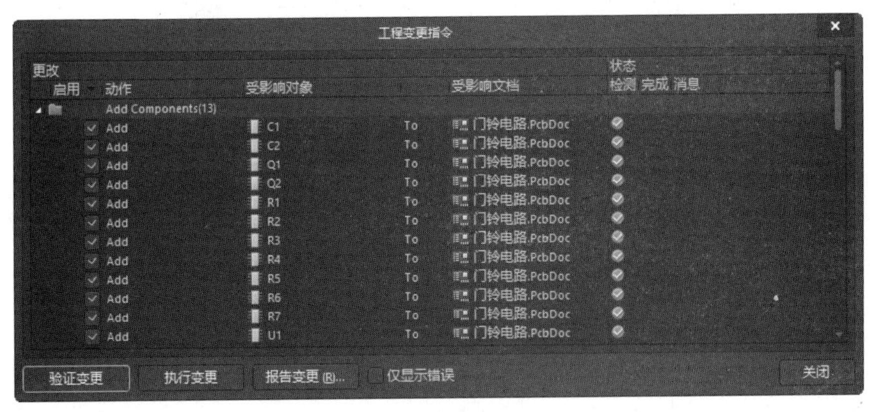

图 5-158　检查所有的更改是否都有效

❸单击“工程变更指令”对话框中“执行变更”按钮，系统执行所有的更改操作，如果执行成功，“状态”下的“完成”列表栏将被勾选，执行结果如图 5-159 所示。此时，系统将元器件封装等装载到 PCB 文件中，如图 5-160 所示。

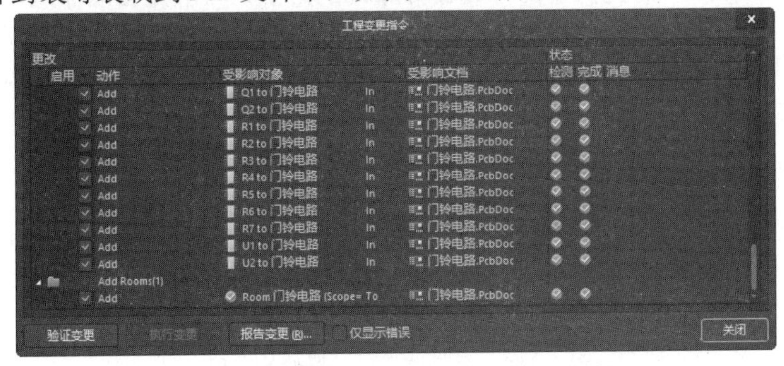

图 5-159　执行更改

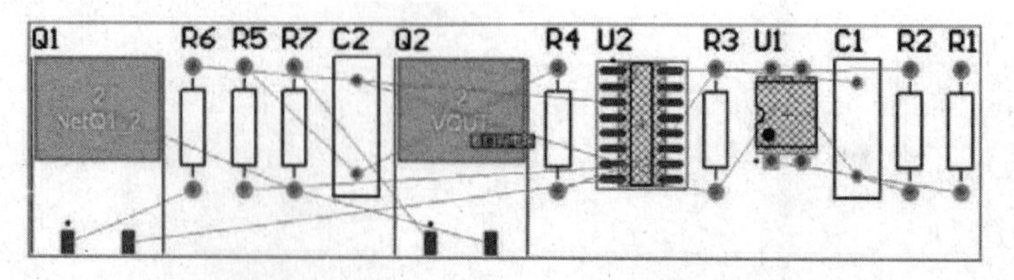

图 5-160　加载网络报表和元器件封装的 PCB 图

❹若用户需要输出变化报告，可以单击对话框中的“报告变更”按钮，系统弹出报告预览对话框，如图 5-161 所示，在该对话框中可以打印输出该报告。单击“导出”按钮，生成元件信息报告。

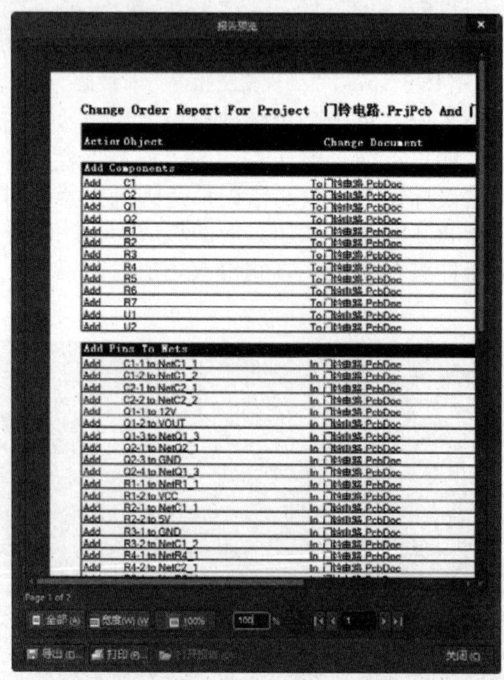

Change Order Report For Project 门铃电路.PrjPcb And 门

Action	Object	Change Document
Add Components		
Add	C1	To 门铃电路.PcbDoc
Add	C2	To 门铃电路.PcbDoc
Add	Q1	To 门铃电路.PcbDoc
Add	Q2	To 门铃电路.PcbDoc
Add	R1	To 门铃电路.PcbDoc
Add	R2	To 门铃电路.PcbDoc
Add	R3	To 门铃电路.PcbDoc
Add	R4	To 门铃电路.PcbDoc
Add	R5	To 门铃电路.PcbDoc
Add	R6	To 门铃电路.PcbDoc
Add	R7	To 门铃电路.PcbDoc
Add	U1	To 门铃电路.PcbDoc
Add	U2	To 门铃电路.PcbDoc
Add Pins To Nets		
Add	C1-1 to NetC1_1	In 门铃电路.PcbDoc
Add	C1-2 to NetC1_2	In 门铃电路.PcbDoc
Add	C2-1 to NetC2_1	In 门铃电路.PcbDoc
Add	C2-2 to NetC2_2	In 门铃电路.PcbDoc
Add	Q1-1 to 12V	In 门铃电路.PcbDoc
Add	Q1-2 to VOUT	In 门铃电路.PcbDoc
Add	Q1-3 to NetQ1_3	In 门铃电路.PcbDoc
Add	Q2-1 to NetQ2_1	In 门铃电路.PcbDoc
Add	Q2-3 to GND	In 门铃电路.PcbDoc
Add	Q2-4 to NetQ1_3	In 门铃电路.PcbDoc
Add	R1-1 to NetR1_1	In 门铃电路.PcbDoc
Add	R1-2 to VCC	In 门铃电路.PcbDoc
Add	R2-1 to NetC1_1	In 门铃电路.PcbDoc
Add	R2-2 to 5V	In 门铃电路.PcbDoc
Add	R3-1 to GND	In 门铃电路.PcbDoc
Add	R3-2 to NetC1_2	In 门铃电路.PcbDoc
Add	R4-1 to NetR4_1	In 门铃电路.PcbDoc
Add	R4-2 to NetC2_1	In 门铃电路.PcbDoc

图 5-161　报告预览对话框

提示：

网络报表导入后，所有元器件的封装已经加载到 PCB 上，需要对这些封装进行布局。合理的布局是 PCB 布线的关键。若单面板设计元器件布局不合理，将无法完成布线操作；若双面板元器件布局不合理，布线时将会放置很多过孔，使电路板导线变得非常复杂。

Altium Designer 22 提供了两种元器件布局的方法，一种是自动布局；另一种是手工布局。这两种方法各有优劣，用户应根据不同的电路设计需要选择合适的布局方法。

01 手工布局。手工调整元器件的布局时，需要移动元器件。手工调整后，元器件的布局如图 5-162 所示。

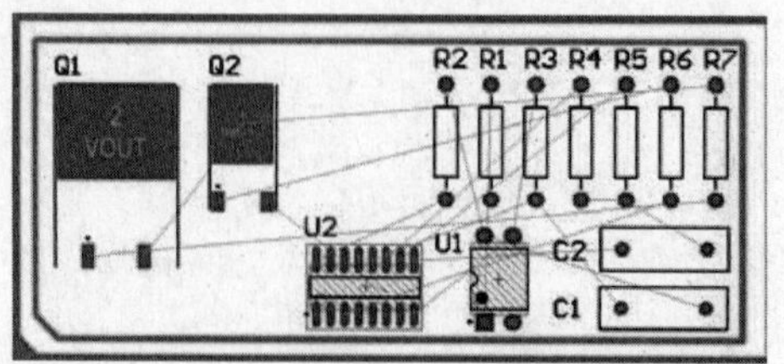

图 5-162　手工调整后元器件的布局

02 3D 效果图。手工布局完成以后，用户可以查看 3D 效果图，以检查布局是否合理。执行菜单命令“视图”→“切换到 3 维模式”，系统自动生成 3D 效果图，如图 5-163 所示。

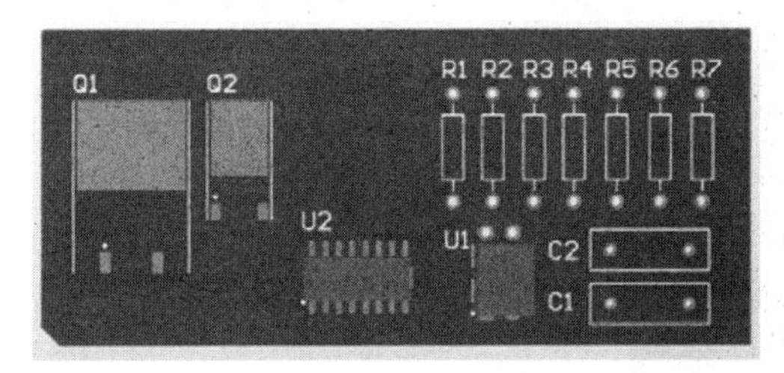

图 5-163　3D 效果图

提示：

在对 PCB 进行了布局以后，用户就可以进行 PCB 布线了。 PCB 布线可以采取两种方式：自动布线和手工布线。

01 自动布线。Altium Designer 22 提供了强大的自动布线功能，它适合于元器件数目较多的情况。在这里对已经手工布局好的门铃电路板采用自动布线。

❶执行菜单命令“布线”→“自动布线”→“全部”，系统弹出“Situs 布线策略”对话框，在“布线策略”区域，选择“Default 2 Layer Board（双面板默认布线）”策略，然后单击“Routing All”按钮，系统开始自动布线。

❷在自动布线过程中，会出现“Message（信息）”对话框，显示当前布线信息，如图 5-164 所示。

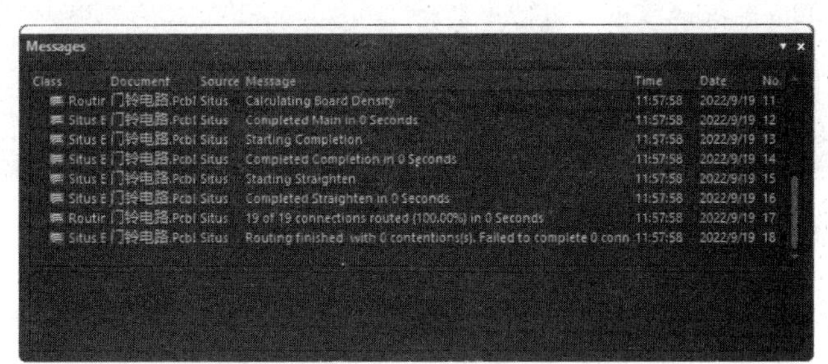

图 5-164　自动布线信息

自动布线后的 PCB 如图 5-165 所示。

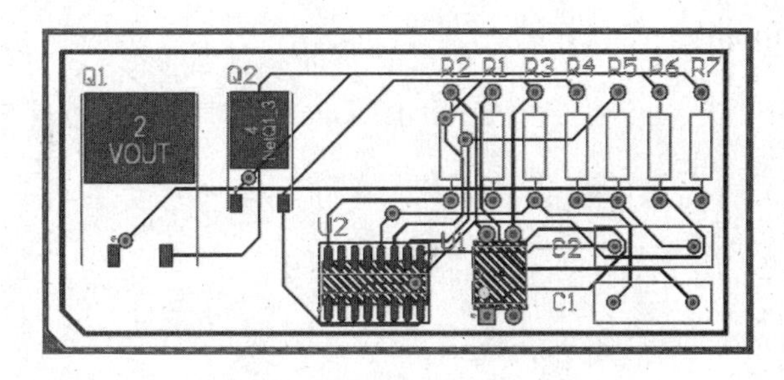

图 5-165　自动布线结果

除此之外，用户还可以根据前面介绍的命令，对电路板进行局部自动布线操作。

02 建立覆铜。

❶执行菜单命令“放置”→“铺铜”，对完成布线的门铃电路建立覆铜，其设置如图 5-166 所示。

❷设置完成后，单击<Enter>键，光标变成十字形。用光标沿 PCB 的电气边界线，绘制出一个封闭的矩形，系统将在矩形框中自动建立顶层的覆铜。采用同样的方式，为 PCB 的“Bottom Layer（底层）”层建立覆铜。覆铜后的 PCB 如图 5-167 所示。

图 5-166　设置参数

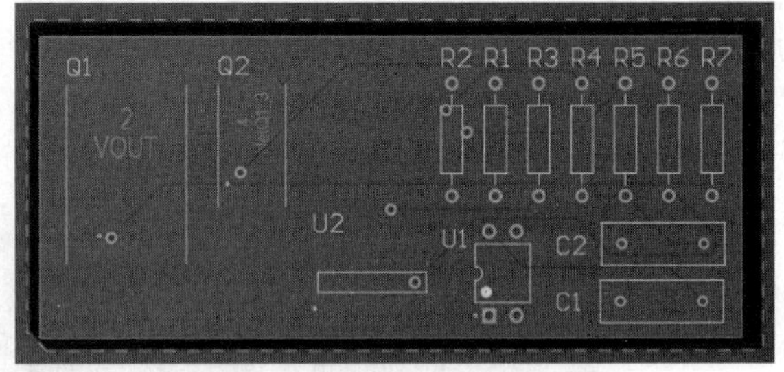

图 5-167　覆铜后的 PCB

03 补泪滴。

❶执行菜单命令“工具”→“滴泪”，系统弹出“泪滴”对话框，如图 5-168 所示。

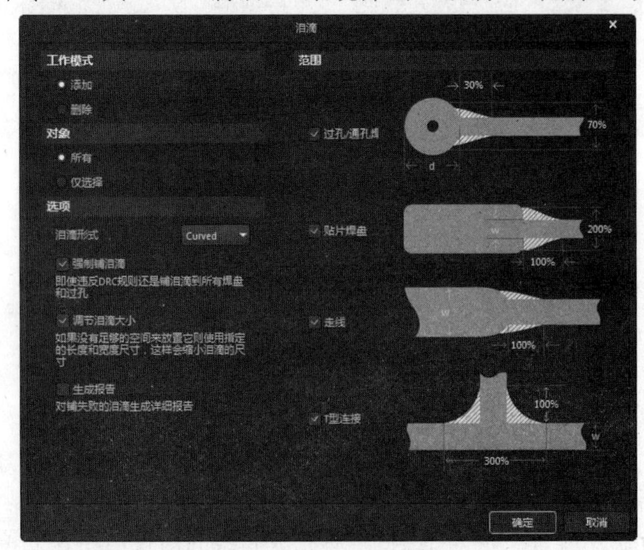

图 5-168　“Teardrops（泪滴选项）”对话框

❷设置完成后，单击“确定”按钮，系统自动按设置放置泪滴。补泪滴前后对比图，

如图 5-169 所示。

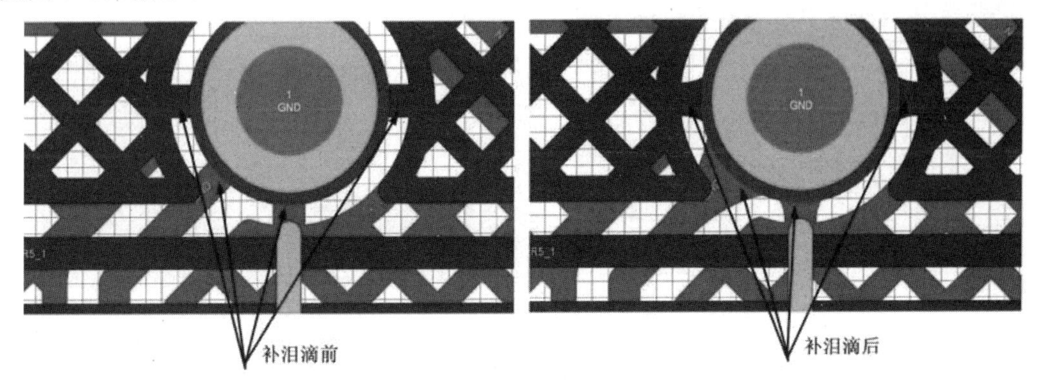

图 5-169 补泪滴前后对比

04 3D 模型。在 PCB 编辑器内，单击菜单栏中的“视图”→“切换到 3 维模式”命令，系统显示该 PCB 的 3D 效果图，如图 5-170 所示。

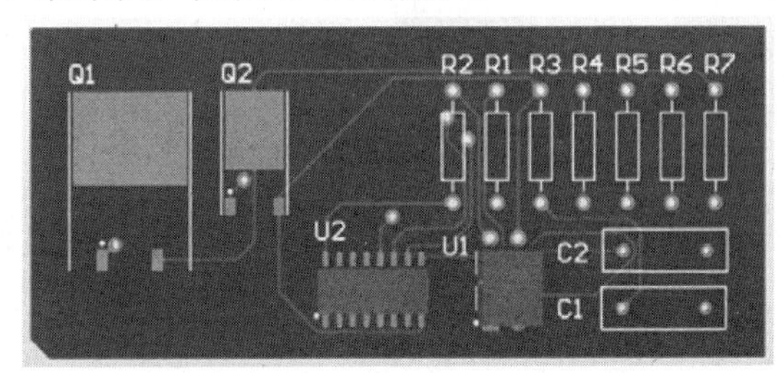

图 5-170 PCB 的 3D 效果图

05 三维动画制作。在 PCB 编辑器内，单击右下角的 Panels 按钮，在弹出的快捷菜单中选择“PCB 3D Model Editor（电路板三维动画编辑器）”命令，打开“PCB 3D Movie Editor（电路板三维动画编辑器）”面板。

在“Movie Title（动画标题）”区域“3D Movie（三维动画）”按钮下选择“New（新建）”命令或单击“New（新建）”按钮，在该区域创建 PCB 文件的三维模型动画，默认动画名称为“PCB 3D Video”。

❶在“PCB 3D Video”区域创建动画关键帧。在“Key Frame（关键帧）”按钮下选择“New（新建）”→“Add（添加）”命令或单击“New（新建）”→“Add（添加）”按钮，创建第一个关键帧，电路板图如图 5-171 所示。

❷单击“New（新建）”→“Add（添加）”按钮，创建第 2 个关键帧，系统显示该 PCB 的 3D 效果图如图 5-171 所示。

❸单击“New（新建）”→“Add（添加）”按钮，创建第 3 个关键帧，选择菜单栏中的“视图”→“0 度旋转”命令，系统显示该 PCB 的 3D 效果图如图 5-172 所示。

❹单击“New（新建）”→“Add（添加）”按钮，创建第 4 个关键帧，系统显示该 PCB 的 3D 效果图如图 5-173 所示。

❺单击“New（新建）”→“Add（添加）”按钮，创建第 5 个关键帧，系统显示该 PCB 的 3D 效果图如图 5-174 所示。

❻单击“New（新建）”→“Add（添加）”按钮，创建第 6 个关键帧，选择菜单栏中的“视图”→“翻转板子”命令，系统显示该 PCB 的 3D 效果图如图 5-175 所示。

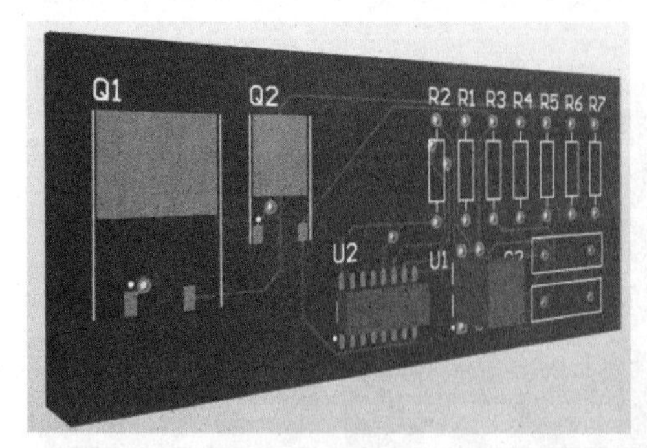

图 5-171　视图 2

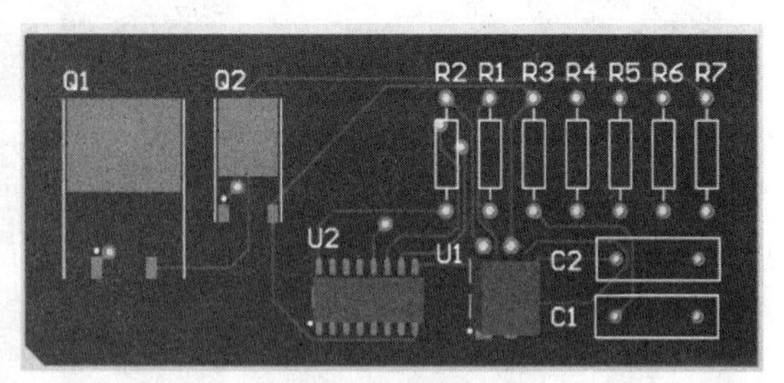

图 5-172　视图 3

图 5-173　视图 4

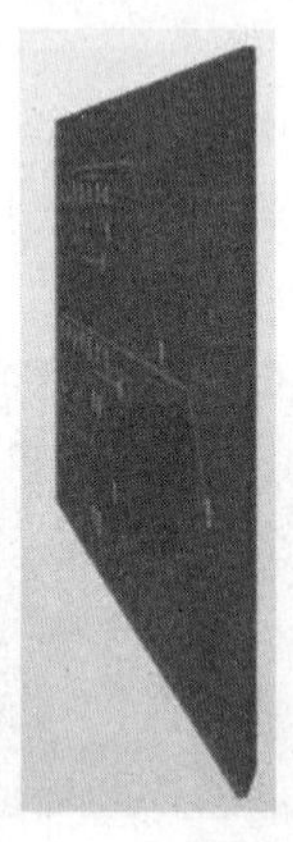
图 5-174　视图 5

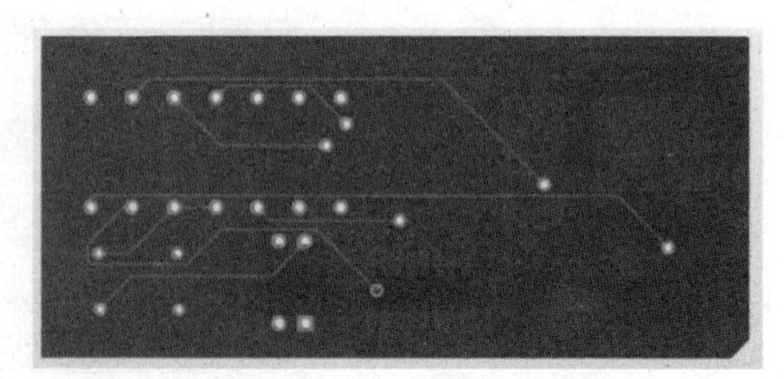
图 5-175　视图 6

❼动画设置如图 5-176 所示。单击工具栏上的▶键，依次显示关键帧组成的动画。

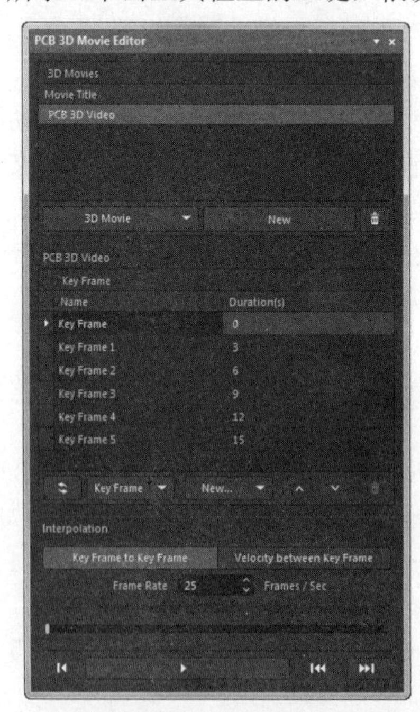

图 5-176　动画设置面板

完成操作设置后将结果文件“门铃电路. PrjPCB”保存到电子资料包中的“yuanwenjian\ch05\5. 14. 2\result” 文件夹中。

第6章

电路板的后期处理

在 PCB 设计的最后阶段，我们要通过设计规则检查来进一步确认 PCB 设计的正确性。完成了 PCB 项目的设计后，就可以进行各种文件的整理和汇总了。本章将介绍不同类型文件的生成和输出操作方法，包括报表文件、PCB 文件和 PCB 制造文件等。用户通过本章内容的学习，会对 Altium Designer 22 形成更加系统的认识。

学习要点

- 电路板的测量
- DRC 检查
- 电路板的报表输出
- 电路板的打印输出

6.1 电路板的测量

Altium Designer 22 提供了电路板上的测量工具，方便设计电路时的检查。测量功能在“报告”菜单中，该菜单如图 6-1 所示。

打开电子资料包中的“yuanwenjian\ch06\6.1\example”文件夹中的“单片机 PCB 图.PrjPCB”，进行操作设置。

6.1.1 测量电路板上两点间的距离

电路板上两点之间的距离是通过“报告”菜单下的“Measure Distance”选项执行的，它测量的是 PCB 上任意两点的距离。具体操作步骤如下：

01 单击执行“报告”→“测量距离”菜单选项，此时光标变成十字形状出现在工作窗口中。

02 移动光标到某个坐标点上并单击，确定测量起点。如果光标移动到了某个对象上，则系统将自动捕捉该对象的中心点。

03 光标仍为十字形状，重复 02 确定测量终点。此时将弹出如图 6-2 所示的对话框，在对话框中给出了测量的结果。测量结果包含总距离、X 方向上的距离和 Y 方向上的距离三项。

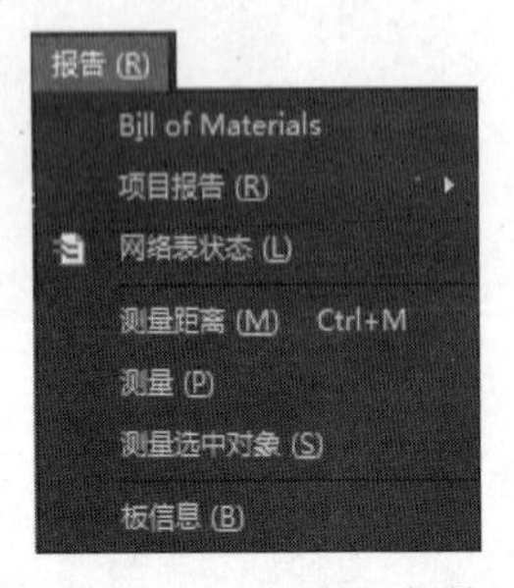

图 6-1 “报告”菜单

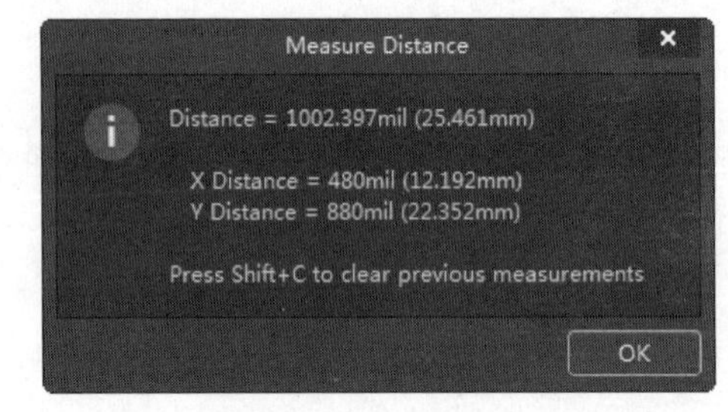

图 6-2 测量结果

04 光标仍为十字状态，重复步骤 02 、03 可以继续其他测量。

05 完成测量后，右击或按<Esc>键即可退出该操作。

6.1.2 测量电路板上对象间的距离

这里的测量是专门针对电路板上的对象进行的，在测量过程中，光标将自动捕捉对象的中心位置。具体操作步骤如下：

01 单击执行“报告”→“测量”菜单选项，此时光标变成十字形状出现在工作窗口中。

02 移动光标到某个对象（如焊盘、元件、导线、过孔等）上并单击，确定测量的起点。

03 光标仍为十字形状，重复 2 确定测量终点。此时将弹出如图 6-3 所示的对话框，在对话框中给出了对象的层属性、坐标和整个的测量结果。

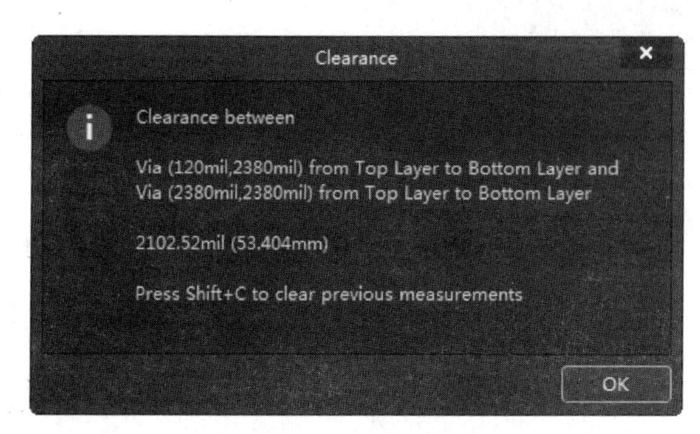

图 6-3 测量结果

04 光标仍为十字状态，重复步骤 **02** 、**03** 可以继续其他测量。

05 完成测量后，右击或按<Esc>键即可退出该操作。

6.2 DRC 检查

电路板布线完毕，在输出设计文件之前，还要进行一次完整的设计规则检查。设计规则检查是采用 Altium Designer 22 进行 PCB 设计时的重要检查工具。系统会根据用户设计规则的设置，对 PCB 设计的各个方面进行检查校验，如导线宽度、安全距离、元件间距、过孔类型等。DRC 是 PCB 设计正确性和完整性的重要保证。灵活运用 DRC，可以保障 PCB 设计的顺利进行和最终生成正确的输出文件。

单击菜单栏中的“工具”→“设计规则检查”命令，系统将弹出如图 6-4 所示的“设计规则检查器”对话框。该对话框的左侧是该检查器的内容列表，右侧是其对应的具体内容。对话框由两部分内容构成，即 DRC 报告选项和 DRC 规则列表。

01 DRC 报告选项：在“设计规则检测”对话框左侧的列表中单击“Report Options（报表选项）”标签页，即显示 DRC 报表选项的具体内容。这里的选项主要用于对 DRC 报表的内容和方式进行设置，通常保持默认设置即可，其中主要选项的功能介绍如下：

- “创建报告文件”复选框：运行批处理 DRC 后会自动生成报表文件（设计名.DRC），包含本次 DRC 运行中使用的规则、违例数量和细节描述。
- “创建冲突”复选框：能在违例对象和违例消息之间直接建立链接，使用户可以直接通过“Message（信息）”面板中的违例消息进行错误定位，找到违例对象。
- “子网络细节”复选框：对网络连接关系进行检查并生成报告。
- “验证短路铜皮”复选框：对覆铜或非网络连接造成的短路进行检查。

02 DRC 规则列表：在“设计规则检查器”对话框左侧的列表中单击“Rules To Check（检查规则）”标签页，即可显示所有可进行检查的设计规则，其中包括了 PCB 制作中常见的规则，也包括了高速电路板设计规则，如图 6-5 所示。例如，线宽设定、引线间距、过孔大小、网络拓扑结构、元件安全距离、高速电路设计的引线长度、等距引线等，可以根据规则的名称进行具体设置。在规则栏中，通过“在线”和“批量”两个选项，用户可以选择在线 DRC 或批处理 DRC。

单击“运行 DRC（R）”按钮，即运行批处理 DRC。

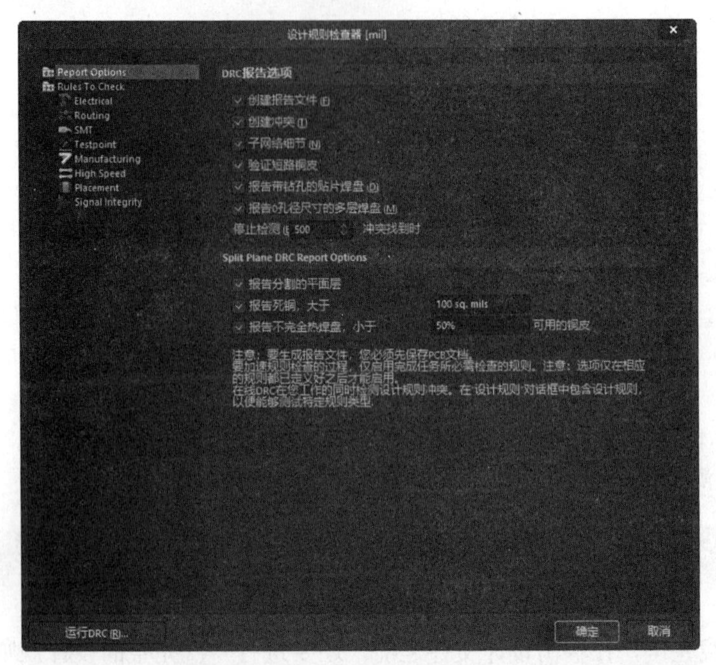

图 6-4 “设计规则检查器”对话框

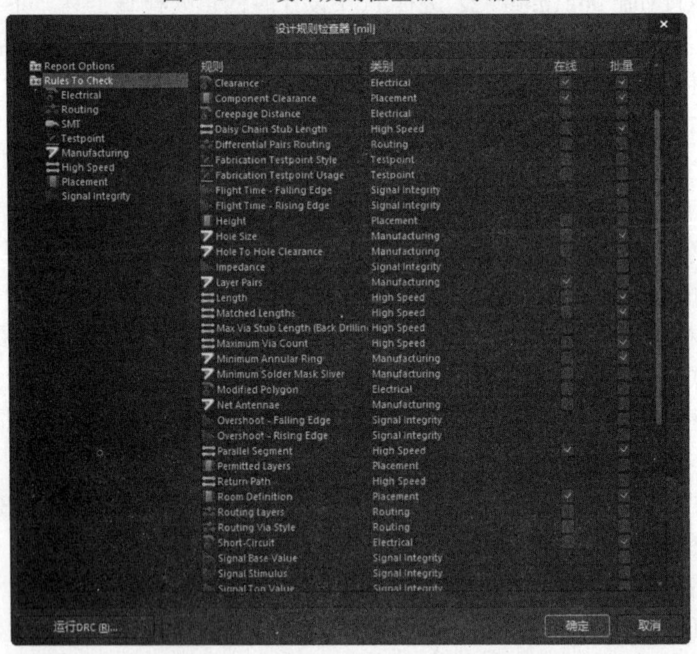

图 6-5 “Rules To Check”标签页

6.2.1 在线 DRC 和批处理 DRC

DRC 分为两种类型，即在线 DRC 和批处理 DRC。

在线 DRC 在后台运行，在设计过程中，系统随时进行规则检查，对违反规则的对象提出警示或自动限制违例操作的执行。选择“优选项”对话框的“PCB Editor（PCE 编辑器）”→“General（常规）”标签页中可以设置是否选择在线 DRC，如图 6-6 所示。

通过批处理 DRC，用户可以在设计过程中的任何时候手动一次运行多项规则检查。在如图 6-5 所示的列表中可以看到，不同的规则适用于不同的 DRC。有的规则只适用于在线 DRC，有的只适用于批处理 DRC，但大部分的规则都可以在两种检查方式下运行。

图 6-6　“优选项”（PCB 编辑器-常规）标签页

需要注意是，在不同阶段运行批处理 DRC，对其规则选项要进行不同的选择。例如，在未布线阶段，如果要运行批处理 DRC，就要将部分布线规则禁止，否则会导致过多的错误提示而使 DRC 失去意义。在 PCB 设计结束时，也要运行一次批处理 DRC，这时就要选中所有 PCB 相关的设计规则，使规则检查尽量全面。

6.2.2　对未布线的 PCB 文件执行批处理 DRC

要求在 PCB 文件“单片机 PCB 图.PcbDoc”未布线的情况下，运行批处理 DRC。此时要适当配置 DRC 选项，以得到有参考价值的错误列表。具体的操作步骤如下：

01 单击菜单栏中的“工具”→“设计规则检查”命令。

02 系统弹将出“设计规则检测器”对话框，暂不进行规则启用和禁止的设置，直接使用系统的默认设置。单击“运行 DRC(R)”按钮，运行批处理 DRC。

03 系统执行批处理 DRC，运行结果在“Messages（信息）”面板中显示出来，如图 6-7 所示。系统生成了 100 余项 DRC 警告，其中大部分是未布线警告，这是因为我们未在 DRC 运行之前禁止该规则的检查。这种 DRC 警告信息对我们并没有帮助，反而使“Messages（信息）”面板变得杂乱。

04 单击菜单栏中的“工具”→“设计规则检查”命令，重新配置 DRC 规则。在“设计规则检测器”对话框中，单击左侧列表中的“Rules To Check（检查规则）”选项。

05 在如图 6-5 所示的规则列表中，禁止其中部分规则的“批量”选项。禁止项包括

Un-Routed Net（未布线网络）和 Width（宽度）。

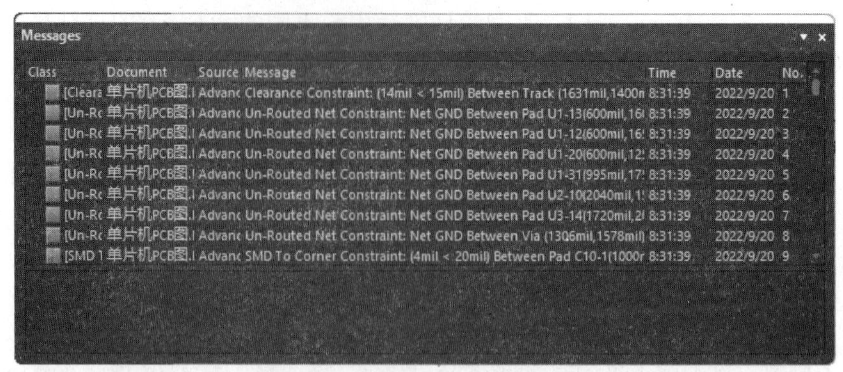

图 6-7 “Messages”面板 1

06 单击“运行 DRC”按钮，运行批处理 DRC。

07 执行批处理 DRC，运行结果在“Messages（信息）”面板中显示出来，如图 6-8 所示。可见重新配置检查规则后，批处理 DRC 检查得到了 0 项 DRC 违例信息。

图 6-8 “Messages”面板 2

6.2.3 对已布线完毕的 PCB 文件执行批处理 DRC

对布线完毕的 PCB 文件“单片机 PCB 图.PcbDoc”再次运行 DRC。尽量检查所有涉及到的设计规则。具体的操作步骤如下：

01 单击菜单栏中的“工具”→“设计规则检查”命令。

02 系统将弹出“设计规则检测器”对话框，该对话框中左侧列表栏是设计项，右侧列表为具体的设计内容。

❶“Report Options（报告选项）”标签页。用于设置生成的 DRC 报表的具体内容，由“创建报告文件”“创建冲突”“子网络细节”以及“验证短路铜皮”等选项来决定。选项“停止检测”用于限定违反规则的最高选项数，以便停止报表的生成。一般都保持系统的默认选择状态。

❷“Rules To Check（规则检查）”标签页。该页中列出了所有的可进行检查的设计规则，这些设计规则都是在 PCB 设计规则和约束对话框里定义过的设计规则，如图 6-9 所示。

其中“在线”选项表示该规则是否在 PCB 设计的同时进行同步检查，即在线 DRC 检查。

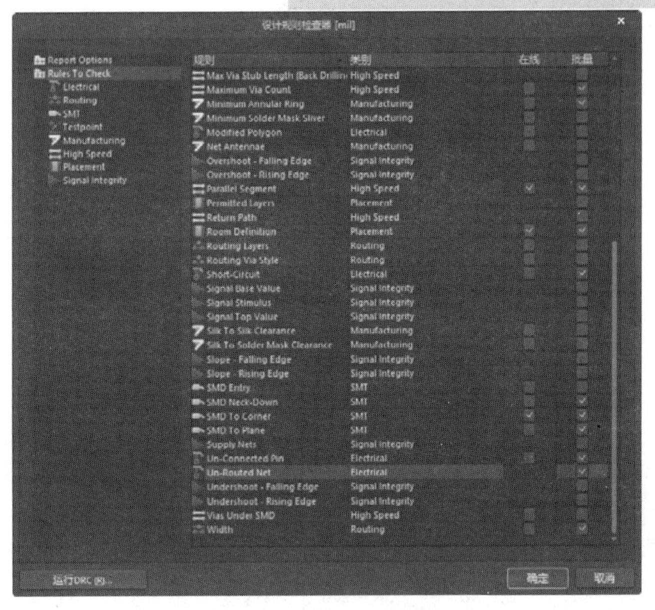

图 6-9 选择设计规则选项

03 单击“运行 DRC”按钮，运行批处理 DRC。

04 系统执行批处理 DRC，运行结果在“Messages（信息）”面板中显示出来，如图 6-10 所示。对于批处理 DRC 中检查到的违例信息项，可以通过错误定位进行修改，这里不再赘述。

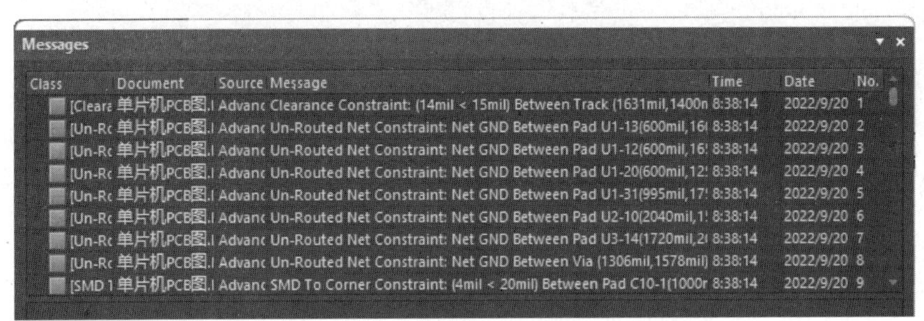

图 6-10 “Messages”面板 3

6.3 电路板的报表输出

PCB 绘制完毕，可以利用 Altium Designer 22 提供丰富的报表功能，生成一系列的报表文件。这些报表文件有着不同的功能和用途，为 PCB 设计的后期制作、元件采购、文件交流等提供了方便。在生成各种报表之前，首先要确保要生成报表的文件已经被打开并置为当前文件。

6.3.1 PCB 图的网络表文件

前面介绍的 PCB 设计，采用的是从原理图生成网络表的方式，这也是通用的 PCB 设计方法。但是有些时候，设计者直接调入元件封装绘制 PCB 图，没有采用网络表，或者在 PCB

图绘制过程中，连接关系有所调整，这时 PCB 的真正网络逻辑和原理图的网络表会有所差异。此时就需要从 PCB 图中生成一份网络表文件。

下面以从 PCB 文件“单片机 PCB 图.PcbDoc”生成网络表为例，详细介绍 PCB 图网络表文件生成的操作步骤。

01 在 PCB 编辑器中，单击菜单栏中的“设计”→“网络表”→“从连接的铜皮生成网络表”命令，系统将弹出如图 6-11 所示的“Confirm”（确认）对话框。

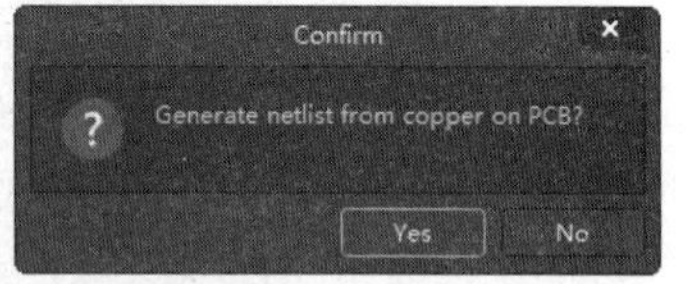

图 6-11 “Confirm(确认)”对话框

02 单击“Yes（是）”按钮，系统生成 PCB 网络表文件“Generated 单片机 PCB 图.Net”，并自动打开。

03 该网络表文件作为自由文档加入到“Projects（工程）”面板中，如图 6-12 所示。

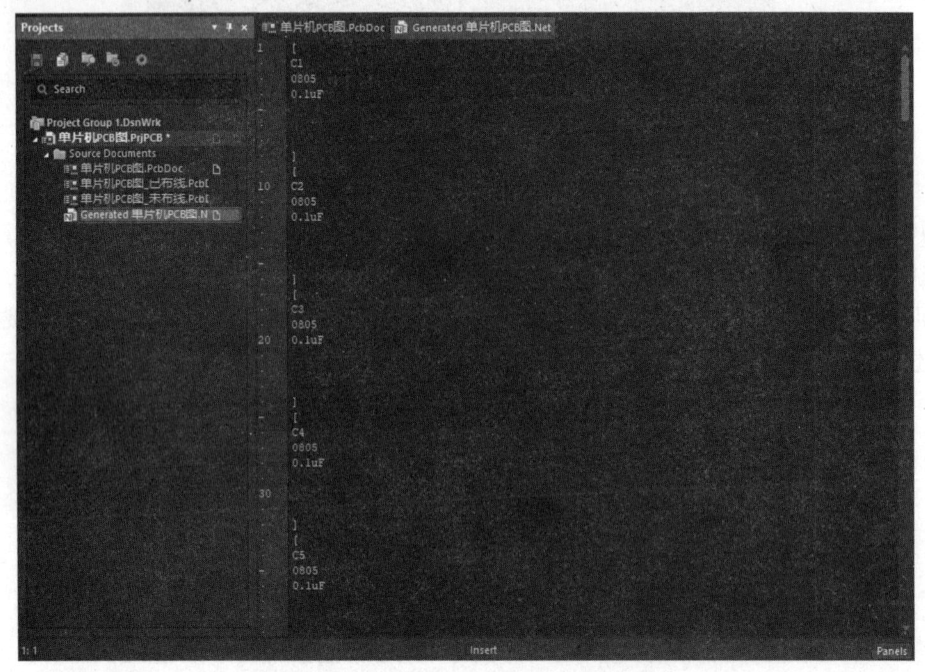

图 6-12 “Projects（工程）”面板

网络表可以根据用户需要进行修改，修改后的网络表可再次载入，以验证 PCB 的正确性。

6.3.2 元件清单

单击菜单栏中的“报告”→“Bill of Materials（元件清单）”命令，系统将弹出相应的元件报表对话框，如图 6-13 所示。

在该对话框中，可以对要创建的元件清单进行选项设置。右侧有两个选项卡，它们的含义分别如下：

- “General（通用）”选项卡：一般用于设置常用参数。
- “Columns（纵队）”选项卡：用于列出系统提供的所有元件属性信息，如“Description（元件描述信息）”“Component Kind（元件种类）”等。

要生成并保存报表文件，单击对话框中的“Export（输出）”按钮，系统将弹出“另存为”对话框。选择保存类型和保存路径，保存文件即可。

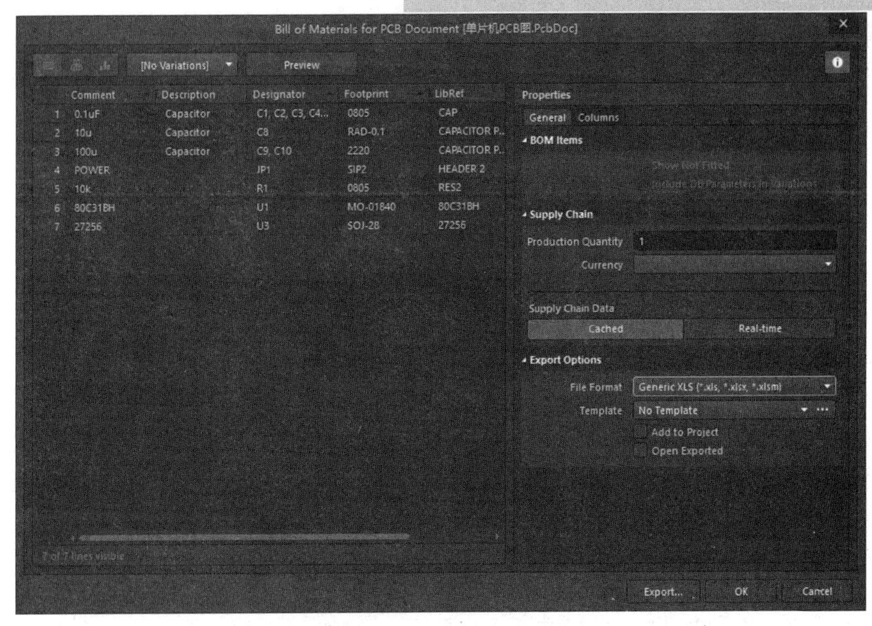

图 6-13　设置元件报表

6.3.3　网络表状态报表

该报表列出了当前 PCB 文件中所有的网络，并说明了它们所在工作层和网络中导线的总长度。单击菜单栏中的“报告”→“网络表状态”命令，即生成名为“单片机 PCB 图.REP”的网络表状态报表，其格式如图 6-14 所示。

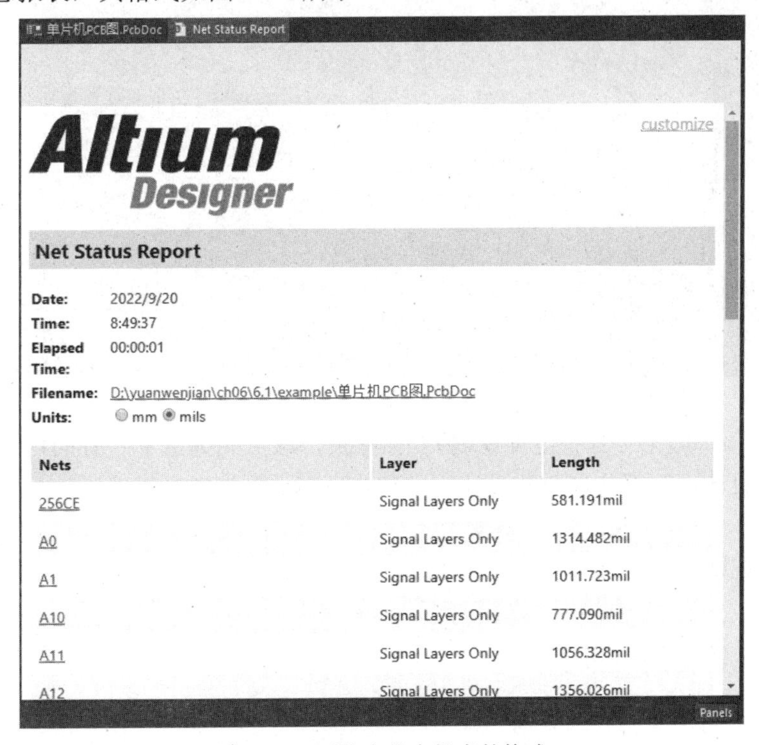

图 6-14　网络表状态报表的格式

6.4 操作实例

打开电子资料包“yuanwenjian\ch06\6.4\example”文件夹中的“门铃电路”项目文件。进行设计。

6.4.1 设计规则检查（DRC）

电路板设计完成之后，为了保证设计工作的正确性，还需要进行设计规则检查，比如元器件的布局、布线等是否符合所定义的设计规则。Altium Designer 22 提供了设计规则检查功能 DRC（设计规则检查），可以对 PCB 的完整性进行检查。

执行菜单命令“工具”→“设计规则检查”，弹出“设计规则检查器”对话框，如图 6-15 所示。

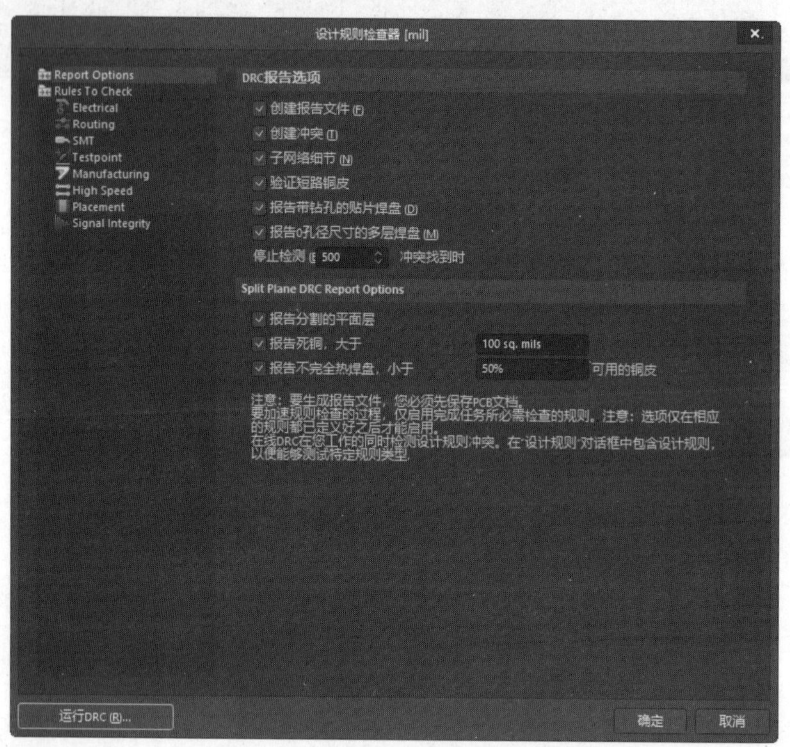

图 6-15 “设计规则检查器”对话框

选择“Rules To Check（检查规则）”标签页，该页中列出了所有的可进行检查的设计规则，这些设计规则都是在 PCB 设计规则和约束对话框里定义过的设计规则，如图 6-16 所示。

DRC 设计规则检查完成后，系统将生成设计规则检查报告，如图 6-17 所示。

6.4.2 元器件清单报表

执行菜单命令“报告”→“Bills of Materials（元件清单）”，系统弹出元器件清单报表设置对话框，如图 6-18 所示。

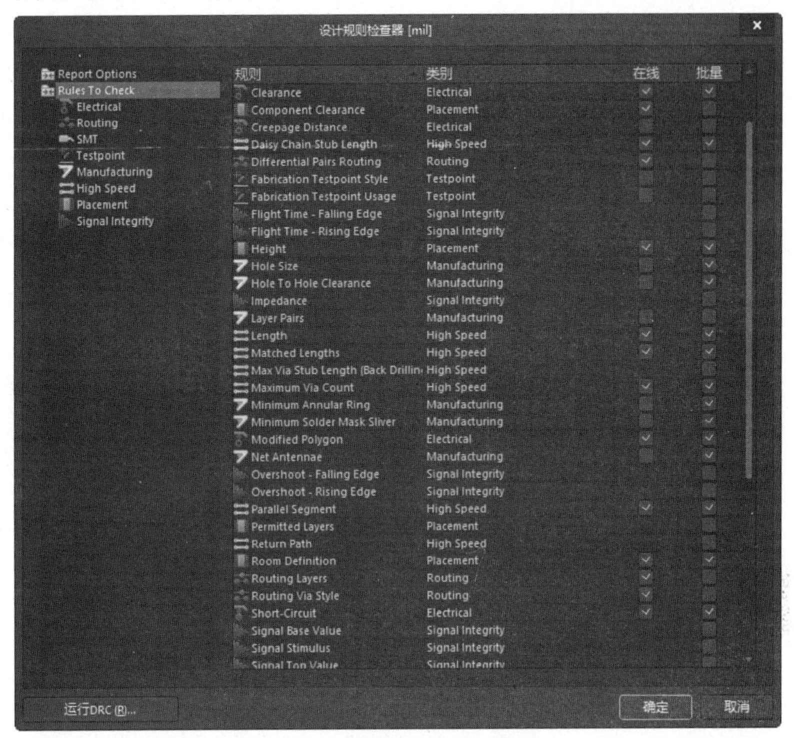

图 6-16 选择设计规则选项

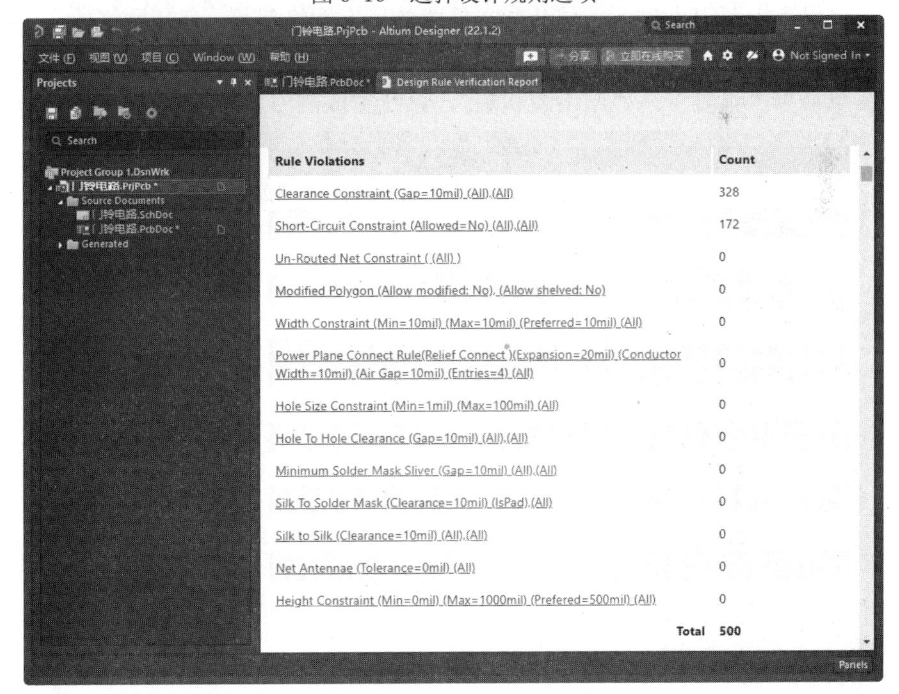

图 6-17 设计规则检查报告

要生成并保存报表文件，单击对话框中的“Export（输出）”按钮，系统将弹出“另存为”对话框。选择保存类型和保存路径，保存文件即可。

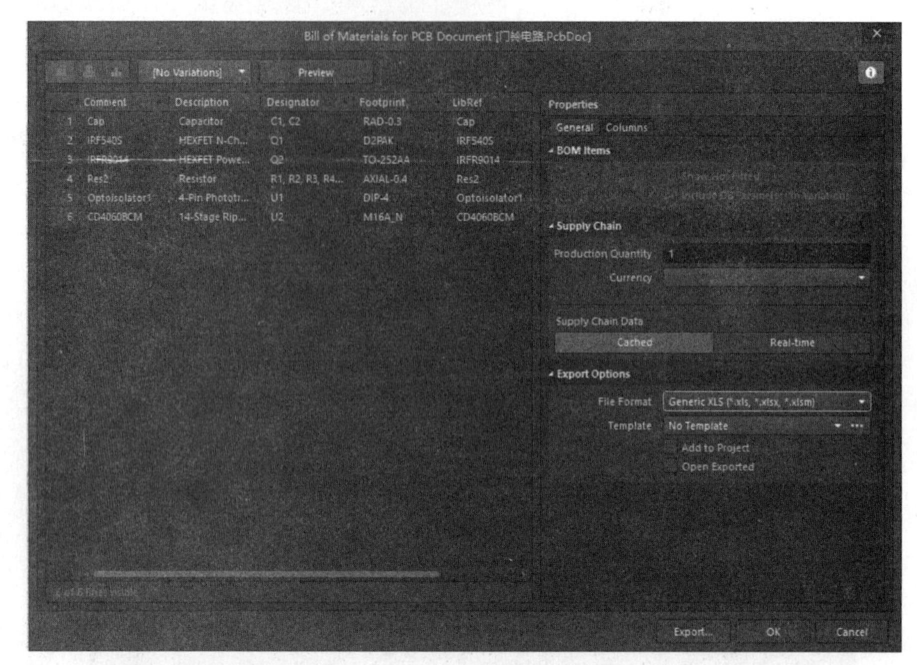

图 6-18　元器件清单报表设置

6.4.3　网络状态报表

网络状态报表主要用来显示当前 PCB 文件中的所有网络信息，包括网络所在的层面以及网络中导线的总长度。

执行菜单命令“报告”→“网络表状态”，系统生成网络状态报表，如图 6-19 所示。

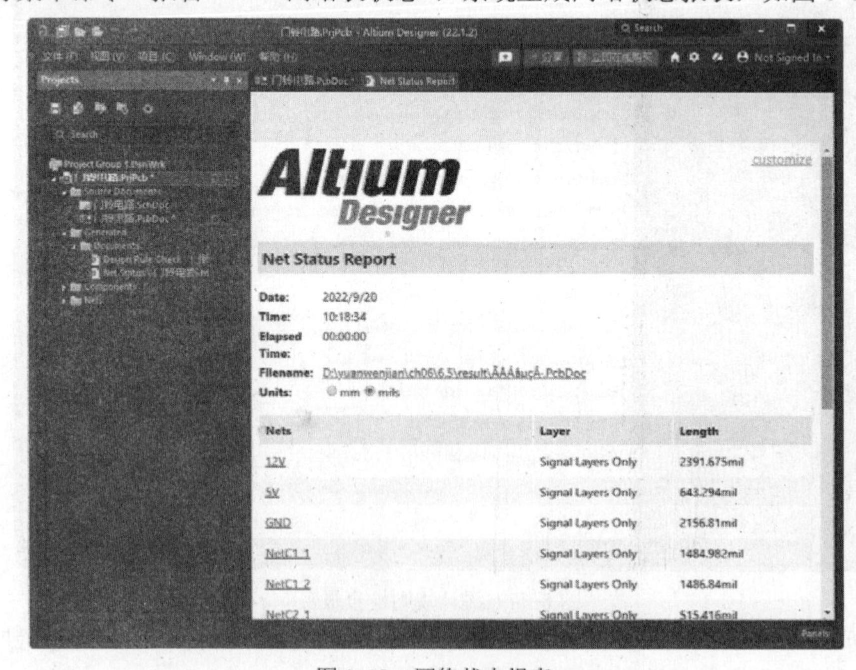

图 6-19　网络状态报表

第 7 章

信号完整性分析

Altium Designer 22 在信号完整性分析中为您提供工具，确保信号完整性和 EMI 满足特定指标。由于支持版图前的分析，因此问题可以在设计阶段早期发现和修复。在原理图设计前，版图后的分析可获得最准确的信号完整性结果。或者是再次确认信号反射满足规范，或者需要详细的检查以确保严格的 EMI 标准得到满足。如果在版图设计前后分析信号，把约束条件作为制造前的DRC 检查，那么就可以确信该项目是可以有品质保证的了，可以准备下一个项目了。

- 信号完整性的基本介绍
- 信号完整性演示范例
- 进行信号完整性分析实例

7.1 信号完整性的基本介绍

在高速数字设计领域，信号噪声会影响相邻的低噪声器件，以至于无法准确传递“消息”。随着高速器件越来越普遍，板卡设计阶段的分布式电路分析也变得越来越关键。信号的边沿速率只有几纳秒，因此需要仔细分析板卡阻抗，选用合适的信号线终端，减少这些线路的反射，保证电磁干扰(EMI) 处于一定的规则范围之内。最后，需要保证跨板卡的信号完整性，即获得好的信号完整性。

7.1.1 信号完整性的定义

从字面意义上，这个术语代表信号的完整性分析。不同于那些处理电路功能操作的电路仿真，但假定电路互连完好，不同于那些处理电路功能操作的电路仿真，信号完整性分析关注器件间的互连—驱动管脚源、目的接收管脚和连接它们的传输线。组件本身以它们管脚的 I/O 特性定型号。

在分析信号完整性时会检查（并期望不更改）信号质量。理想情况下，源管脚的信号在沿着传输线传输时是不会有损伤的。器件管脚间的连接使用传输线技术建模，考虑线轨的长度、特定激励频率下的线轨阻抗特性以及连接两端的终端特性。一般分析需要通用快速的分析方法来确定问题信号。一般指筛选分析，而如果要进行更详细的分析，则要研究反射（反射分析)和 EMI（电磁抗干扰分析)。

如果原型板卡上的控制信号遭受间歇性的噪声干扰，那么电路功能就会受到不良影响。如今的设计就是在比可靠性、完整性成本和是否快速地推向市场。在设计流程的早期，越早解决信号完整性问题就越能减小原型开发的循环次数，完成给定的设计项目。许多 EDA 工具都可以在板卡版图设计前、设计中分析信号完整性，不过，只有在板卡完全布线后才能充分看到信号的完整性效果，在电磁干扰分析中尤其如此。但经常处理反射问题可大大减小 EMI 效果。

多数信号完整性问题都是由反射造成的。实际的补救办法在 7.3 节会有详细介绍，通过引入合适的终端组件来进行阻抗不匹配补偿。如果在设计输入阶段就进行分析，则相对可以更快更直接地添加终端组件。很明显，相同的分析也可以在版图设计阶段完成，但在版图完成后再添加终端组件十分费时且容易出错，在密集的板卡上尤其如此。有一种很好的补救策略，也是许多工程师在使用信号完整性分析时用的，就是在设计输入后、PCB 图设计前进行信号完整性分析，处理反射问题，根据需求放置终端，接着进行 PCB 设计，使用基于期望传输线阻抗的线宽进行布线，然后再次分析。在输入阶段检查有问题标值的信号，同样需要进行 EMI 分析，把 EMI 保持在可接受的水平。

一般信号传输线上反射的起因是阻抗不匹配。基本电子学指出，一般电路都有输出有低阻抗而输入有高阻抗的情况。为了减小反射，获得干净的信号波形、没有响铃特征，就需要很好的匹配阻抗。一般的解决方案包括在设计中的相关点添加终端电阻或 RC 网络，以此匹配终端阻抗，减少反射。此外，在 PCB 布线时考虑阻抗也是确保更好信号完整性的关键因素。

串扰水平（或 EMI 程度）与信号线上的反射直接成比例。如果信号质量条件得到满足，反射几乎可以忽略不计。使信号到达目的地的路径尽量少绕弯路，就可以减少串扰。设计工程师的设计的黄金定律就是通过正确的信号终端和 PCB 上受限的布线阻抗获得最佳的信号质量。一般 EMI 需要严格考虑，但如果设计流程中集成了很好的信号完整性分析，则设计就可以满足最严格的规范要求。

7.1.2 在信号完整性分析方面的功能

要在原理图设计或 PCB 制造前创建正确的板卡，一个关键因素就是维护高速信号的完整性。Altium Designer 22 的统一信号完整性分析仪提供了强大的功能集，可保证您的设计以期望的方式在真实世界工作。具体操作如下：

01 确保高速信号的完整性。最近，越来越多的高速器件出现在数字设计中，这些器件也导致了高速的信号边沿速率。对设计师来说，需要考虑如何保证板卡上信号的完整性。快速的上升时间和长距离的布线会带来信号反射。特定传输线上明显的反射不仅会影响该线路上传输的真实信号，而且也会给相邻传输线带来“噪声”，即讨厌的电磁干扰(EMI)。要监控信号反射和交叉信号电磁干扰，您需要可以详细分析设计中信号反射和电磁干扰程度的工具。Altium Designer 22 就能提供这些工具。

02 在 Altium Designer 22 中进行信号完整性分析。Altium Designer 22 提供了完整的集成信号完整性分析工具，可以在设计的输入（只有原理图）和版图设计阶段使用。将先进的传输线计算和 I/O 缓冲宏模型信息用作分析仿真的输入。再结合快速反射和抗电磁干扰模拟器，就可使用分析工具采用业界实证过的算法进行准确的仿真。

注意 无论只进行原理图分析还是对PCB 进行分析，原理图或 PCB 文档都必须属于该项目。如果存在PCB，则分析始终要基于该 PCB 文档。

7.1.3 信号完整性分析前的准备

在做具体的信号完整性分析之前需要做如下准备：

❶并不是所有的网络都可以进行信号完整性的特性分析。为了成功分析所有特性，网络必须包含有一个输出管脚的 IC。如果没有输出管脚提供驱动源，那么电阻、电容和电感是不能仿真的。分析双向网络时要对两个方向都进行仿真，结果显示最坏的情况。

❷设计中每个组件的信号完整性模型类型必须正确。用鼠标选定要定义的组件，然后执行菜单命令“工具”→“Signal Integrity”（信号完整性），弹出如图 7-1 所示的对话框，在图 7-1 所示的对话框里单击右下角的“Model Assignments”（模型匹配）按钮，弹出如图 7-2 所示的对话框。如果并不是所有组件都定义了模型，那么就会在启动分析仪时使用该对话框。另外，还可以直接从原理图调整模型，编辑每个组件各自的模型链接，然后双击模型链接访问信号完整性模型匹配对话框。

对于 IC 组件来说，一般要从 IBIS 文件导入模型 I/O 管脚特性。双击图 7-2 中的组件名称，会弹出“Signal Integrity Model”对话框，在该对话框中更改器件管脚类型并单击对话框中的“Import IBIS”，即可弹出选择 IBIS 文件对话框，在“X:\7.1\Signal Integrity\Nbp-28\ibis models\amd”路径下选择要安装的管脚模型文件“lv640f63.ibs”，Altium Designer 22 会读取该文件并将管脚模型导入安装的管脚模型库中，如图 7-3 所示。此外，该文件为组件的所有管脚都指定了适当的管脚模型。

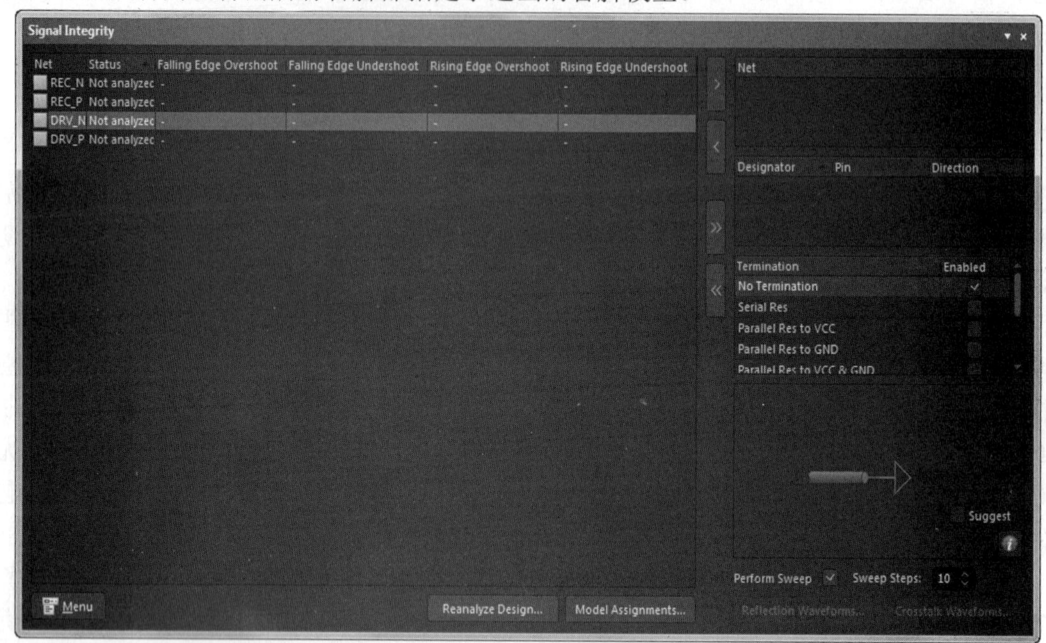

图 7-1 “Signal Integrity（信号完整性）”对话框

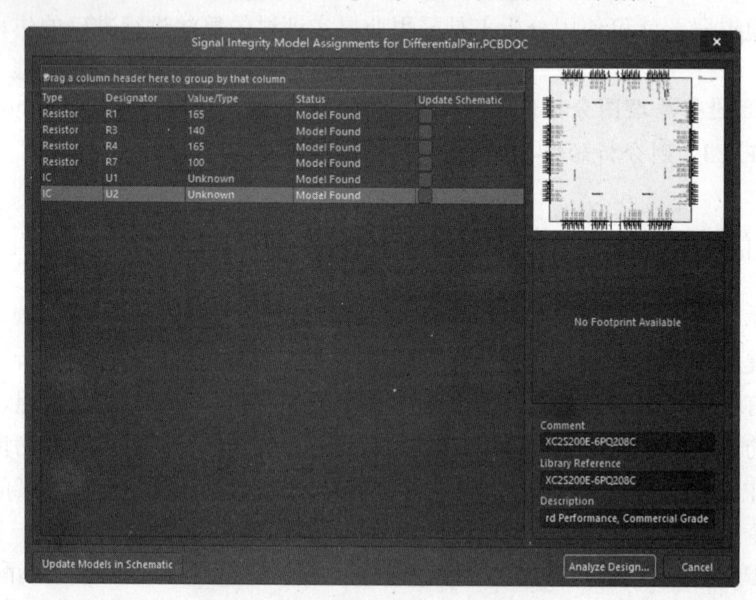

图 7-2 “Signal Integrity Model Assignments for DifferentialPair.PCBDOC”对话框

与任何仿真一样，使用到的模型一定要准确。真的准确度只能和使用到的模型一样。通过确定模型来减少猜测，模型被定义在设计中的每个组件中。

❸设计中每个供电网络的规则必须要设定。通常至少要有两种规则，一个用于电源网络，另一个用于接地网络。单击“设计”→“规则”命令，从 PCB 简单定义 PCB 规则和

约束编辑器对话框，如图 7-4 所示。设计项目中不存在 PCB 时，可指定规则，为每个要求的网络添加合适的 PCB 版图指令。另外，也可把这些约束条件作为 SI（Signal Integrity）设置选项的一部分指定。后面将会有更多介绍。

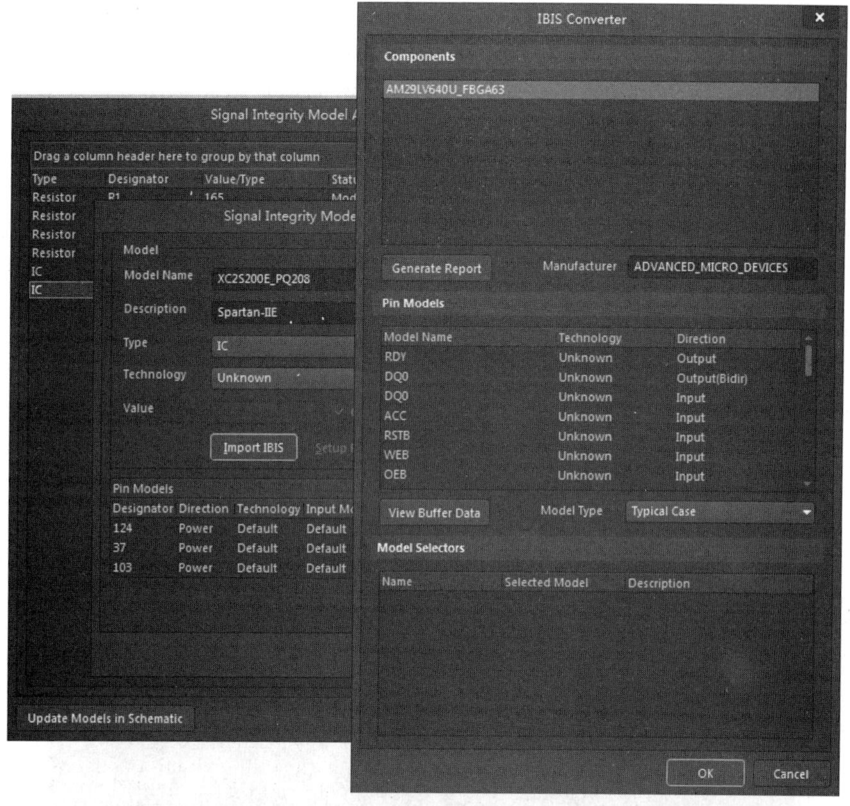

图 7-3　通过厂家提供的 IBIS 模型文件迅速导入管脚模型

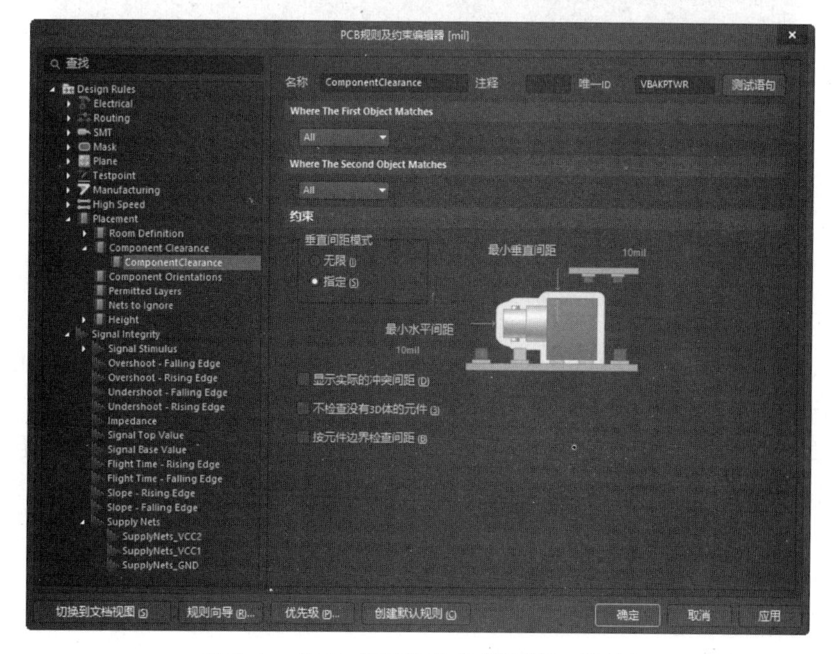

图 7-4　“PCB 规则及约束编辑器”对话框

❹从 PCB 板卡进行分析时，必须确保正确定义了 PCB 层堆叠。信号完整性分析需要连续的电源平面层。不支持分离的电源平面层，因此要使用分配给该电源平面层的网络。如果连续的电源平面层不存在则假定其存在，所以最好添加并适当地配置它们。板卡所有层的厚度、内核和料坯也必须正确设置。这些特性以及电介值都可以通过单击“设计”→“层叠管理器”选项，打开扩展名为“.PcbDoc”的文件来设置，如图 7-5 所示。

在版图设计之前进行分析时，出于计算的目的要使用具有两个内部电源平面的、缺省为两层的板卡。如果需要更多的控制，只需把一个空白的 PCB 文档添加到项目中，然后根据需要定义层堆叠即可。

❺即使不要求，可能也要定义一个信号激励设计规则。激励是待分析网络上每个驱动管脚上注入的信号。如果想要修改默认激励设置就可以这样做。

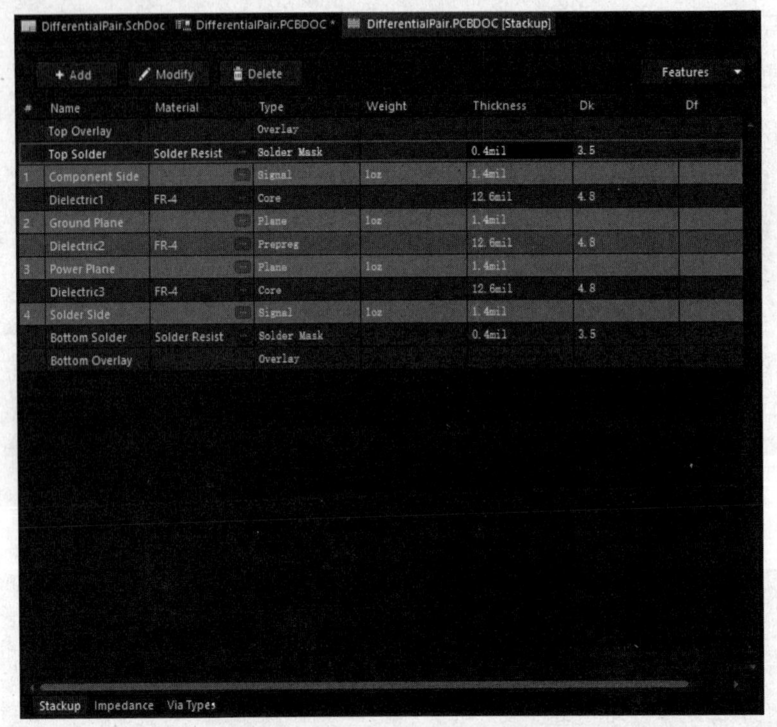

图 7-5　扩展名为“.PcbDoc”的文件

7.1.4　运行信号完整性分析的工具

信号完整性分析工具可通过在原理图或 PCB 上执行“工具”→“Signal Integrity”（信号完整性）菜单命令，如图 7-1 所示。

01 最初的筛选分析。信号完整性面板列出了设计中的所有网络（不包括电源网络）。分析仪对设计中的所有网络进行初始的快速分析（称作筛选分析），结果列在面板左侧，包括：

- 网络数据(如线轨的总长度以及网络是否布线)。
- 阻抗数据。
- 电压数据(如上升和下降电压)。

➢ 定时数据(如飞行数据)。

右击“Show/Hide Columns”(显示/隐藏纵队)子菜单可决定面板上显示哪个数据。默认情况下只显示上升电压和下降电压。这是判断哪个网络有问题的最佳特性。

调查最初的筛选分析结果，确定设计中的问题网络。筛选分析是一种粗线条的分析，用于快速确定有问题的网络，然后再做详细分析。如果要进一步分析一个或多个网络，需要双击或用单箭头按钮来移动网络，将它们拖到右边的面板做反射或串扰分析。

02 反射分析。作为分析工具的一部分，信号完整性分析带有反射模拟器。模拟器通过来自 PCB 或指定的默认布线特性和层信息，以及相应的驱动和接收 I/O 缓冲模型来计算网络节点电压。一个二维现场解析器会自动计算传输线的电气特性。建模时假定 DC 路径损失可以忽略不计。可仿真一个或多个网络。

03 串扰分析。信号完整性分析仪具有专门的串扰仿真器，可分析耦合网络间的干扰。

注意 只能从PCB 进行串扰分析，因为布线网络需要这种类型的分析。

进行串扰分析时一般要考虑两个或 3 个网络——通常是一个网络及其相邻的两个。

信号完整性面板可快速判定哪个网络与您选定的网络耦合。它具有以下几种功能：

➢ 查找耦合网络。

➢ 找出哪些网络可能发生串扰十分理想。

➢ 根据定义的耦合选项分析PCB 且确定并行运行的线轨十分关键。

仿真器可指定受害者或入侵者网络。如果要分析一个网络受到其相邻网络的干扰，则只需将其指定为受害者网络即可。如果要分析一个网络对其耦合网络的干扰，将其指定为入侵者即可。单击图 7-6 所示的“Signal Integrity”(信号完整性)对话框左侧的分析网络，右击选择“Preference”(属性)，弹出图 7-7 所示的对话框，.然后选择要分析的网络。

图 7-6 “Signal Integrity (信号完整性)” 对话框

04 显示分析结果。单击图 7-6 所示的“Signal Integrity”(信号完整性)对话框中的“Reflections Waveforms”(反射波形)按钮开始分析，分析结束后会生成一个仿真数据文件(*.sdf)，如图 7-8 所示。

在反射分析上，SDF 文件包括每个分析网络的图表，网络中每个管脚状态的波形(点状)图。串扰分析表的数据显示和反射分析表的显示同样重要，唯一区别是这种分析类型只有一个单个的图表，每个被分析网络的每个管脚都有绘图显示。

05 虚拟传输线阻抗。在信号完整性方面成功设计的关键是在载入的时候就获得较好的信号质量。这在理想情况下意味着零反射(无振铃)。在现实中不可能总是有零反射，但振铃的级别可以通过终结减小到设计可接受的范围。

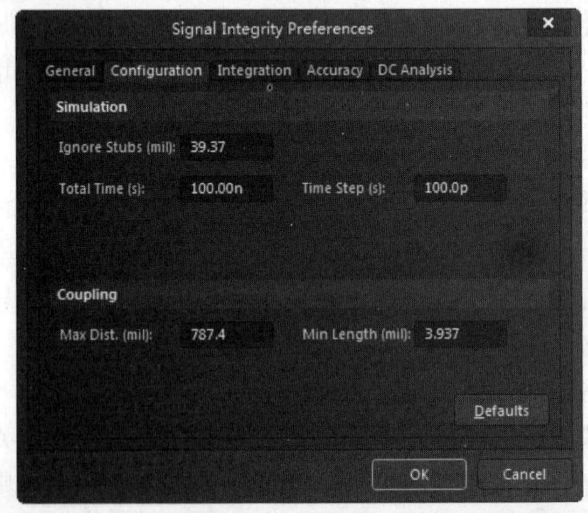

图 7-7　快速找出与特定问题网络相耦合的网络

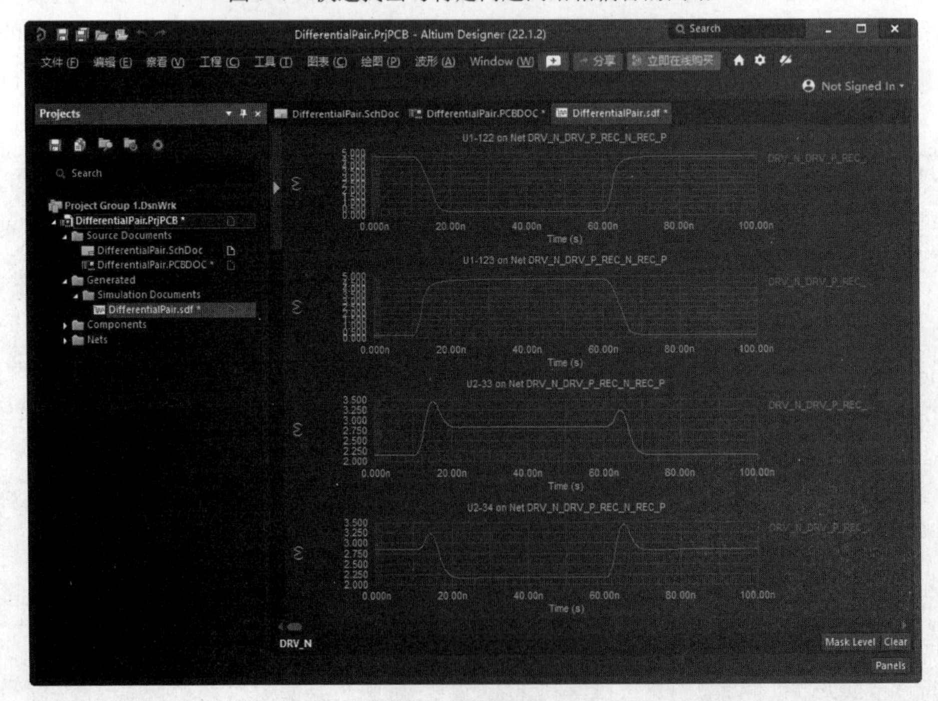

图 7-8　分析结果显示

信号完整性分析仪具有终端监视器(Termination Advisor)，可通过“Signal

Integrity ”面板进入，在图 7-6 所示的“Signal Integrity”（信号完整性）对话框右侧部分定义的网络位置插入虚拟终端，如图 7-9 所示。这样就可以自由测试各种终端类型，无须对板卡做出物理改动。共有 8 种不同的终端类型可用，包括默认的没有终端的情况。在反射和串扰分析时可激活多个终端类型，每种都有独立的波形集。可以把最好的终端添加到设计中，获得传输线的最佳信号质量，从而把反射降低到可接受的水平。也可使用终端组件值的扫描范围进行分析。

激活在图 7-6 所示的“Signal Integrity”(信号完整性)对话框中部偏下位置的“Perform Sweep”（执行扫描）选项并指定扫描的次数，如扫描次数指定为 2，则第一次分析通过使用该组件指定的最小值，第二次使用最大值。一旦找到期望的终端类型，则可以直接将其放置在原理图上。可完全控制使用哪个库组件，确定其是放在所有可用管脚还是只放在选定管脚上以及该组件的准确值，只需把附加终端电路和相关管脚连接起来即可。

如果在 PCB 设计前进行分析，则工作就更简单了，无需与现有（可能是密集布线）的 PCB 进行再次同步。

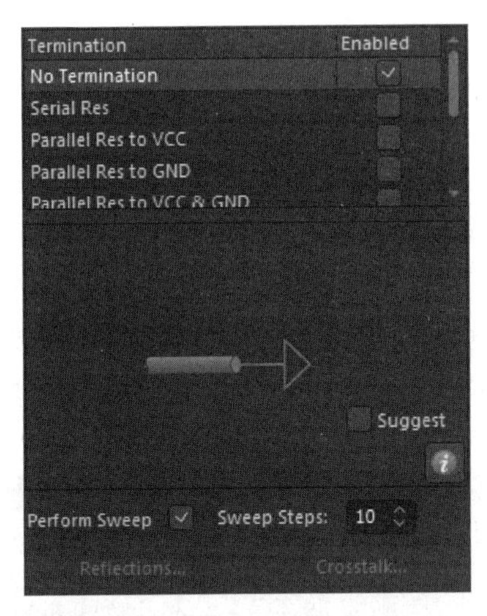

图 7-9　各种虚拟终端和数值进行阻抗匹配，减少反射和串扰

将完成设置的文件保存在电子资料包“yuanwenjian\ch07\7.1\result”文件夹中。

7.2 进行信号完整性分析实例

在 Altium Designer 22 设计环境下，既可以在原理图又可以在 PCB 编辑器内实现信号完整性分析，并且能以波形的方式在图形界面下给出反射和串扰的分析结果。其特点如下：

❶Altium Designer 22 具有布局前和布局后信号完整性分析功能，采用成熟的传输线计算方法，以及 I/O 缓冲宏模型进行仿真，信号完整性分析器能够产生准确的仿真结果。

❷布局前的信号完整性分析允许用户在原理图环境下，对电路潜在的信号完整性问题进行分析。

❸更全面的信号完整性分析是在 PCB 环境下完成的，它不仅能对反射和串扰以图形

的方式进行分析，而且还能利用规则检查发现信号完整性问题。Altium Designer 22 能提供一些有效的终端选项来帮助选择最好的解决方案。

下面详细介绍使用 Altium Designer 22 进行信号完整性分析的步骤。

注意 不论是在PCB 还是在原理图环境下，进行信号完整性分析时，设计文件必须在工程当中，如果设计文件是作为自由文档出现的，则不能进行信号完整性分析。

本例主要介绍在 PCB 编辑环境下如何进行信号完整性分析。

为了得到精确的结果，在进行信号完整性分析之前需要完成以下步骤：

01 电路中需要至少一块集成电路，因为集成电路的管脚可以作为激励源输出到被分析的网络上。像电阻、电容、电感等被动元件，如果没有源的驱动，是无法给出仿真结果的。

02 针对每个元件的信号完整性模型必须正确。

03 在规则中必须设定电源网络和接地网络。

04 必须要设定激励源。

05 用于 PCB 的层堆栈必须设置正确，电源平面必须连续，分散的电源平面将无法得到正确分析结果。另外，要正确设置所有层的厚度。

本实例参照“Signal Integrity \Simple FPGA _SI_Demo.PrjPCB”项目文件，为方便操作，将文件保存到电子资料包“yuanwenjian\ch07\7.2\example”文件夹下。

本实例操作步骤如下：

01 在 Altium Designer 22 设计环境下，选择菜单栏中的“文件”→“打开工程”选项，选择源文件目录“yuanwenjian\ch07\7.2\example\SimpleFPGA_Demo.PrjPCB”，进入 PCB 编辑环境，如图 7-10 所示。

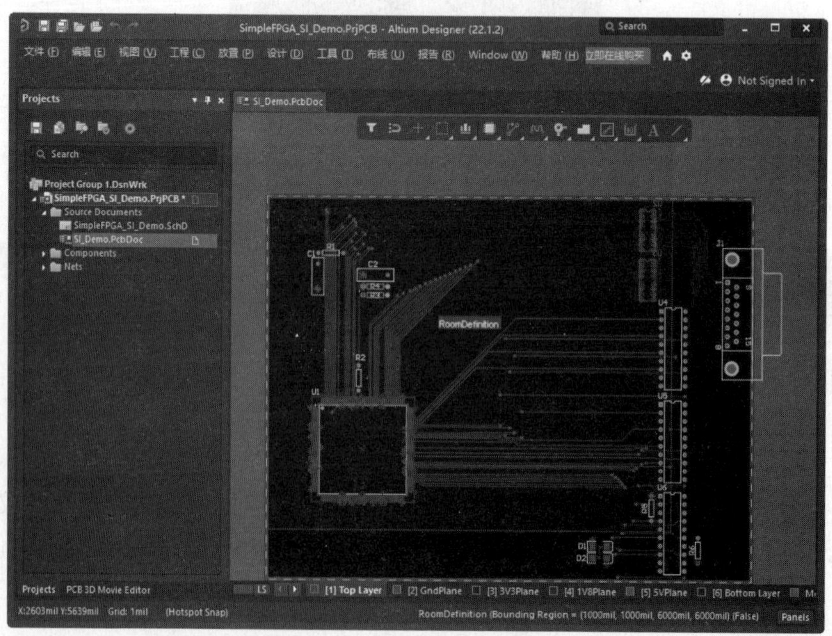

图 7-10 进入 PCB 编辑环境

02 选择“设计”→“规则”菜单命令，在“Signal Integrity（信号完整性）”一栏设置相应的参数，如图 7-11 所示。首先设置 Signal Stimulus（信号激励），右击 Signal Stimulus，选择“新规则”，在新出现的 Signal Stimulus 界面下设置相应的参数，本例为默认值。

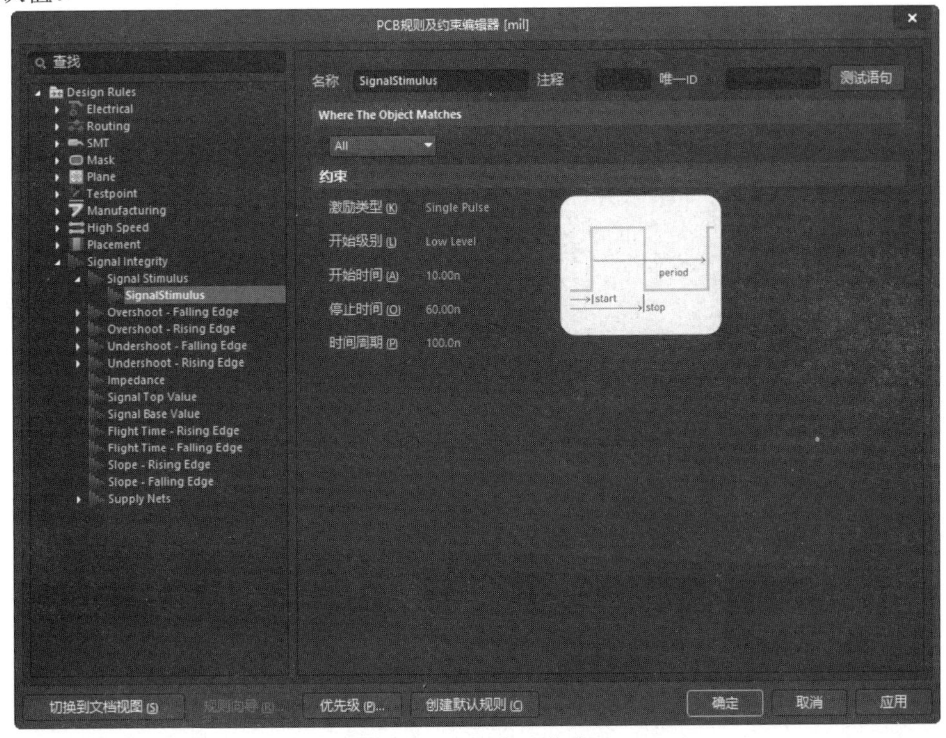

图 7-11　设置信号激励源

03 设置电源和地网络，右键选中“Supply Net”，选择“新规则”，在新出现的“Supply Nets ”界面下将 GND 网络的电压设置为 0，如图 7-12 所示，按相同方法再添加规则，将 VCC 网络的参数值设置为 5。其余的参数按实际需要进行设置。最后单击“确定”按钮退出。

04 执行“工具”→“Signal Integrity”（信号完整性）菜单命令，弹出“Signal Integrity”（信号完整性）对话框，单击选择需要分析的网络 D5，再单击按钮▶，将其导入到窗口的右侧，如图 7-13 所示。

05 单击窗口右下角的 “Reflection Waveforms（反射波形）”按钮，反射分析的波形结果将会显示出来，如图 7-14 所示。

06 在图 7-13 分析后的信号完整性窗口中，左侧部分可以看到网络是否通过了相应的规则，如过冲幅度等，通过右侧的设置，可以以图形的方式显示过冲和串扰结果。选择左侧网络 D5 右击，在下拉菜单中选择“Details”（细节）命令，在弹出的如图 7-15 所示的窗口中可以看到针对此网络分析的详细信息。

07 在波形结果图上右击 D5_U1.201_NoTerm，结果如图 7-16 所示。

08 在弹出的列表中选择“Cursor A”和“Cursor B”，然后利用它们来测量确切的参数，结果如图 7-17 所示。

09 返回到图 7-13 所示的界面下，窗口右侧给出了几种端接的策略来减小反射所带来的影响。选择“Serial Res”（串阻补偿）复选框，将最小值和最大值分别设置为 25 和 125，选中“Perform Sweep”（执行扫描）复选框，在“Sweep Steps”（扫描步长）文本框中填入 10，如图 7-18 所示。然后单击“Reflection Waveforms（反射波形）”按钮，将会得到如图 7-19 所示的分析波形。选择一个满足需求的波形，能够看到此波形所对应的阻值，如图 7-20 所示。最后根据此阻值选择一个比较合适的电阻串接在 PCB 中相应的网络上即可。

设置电源

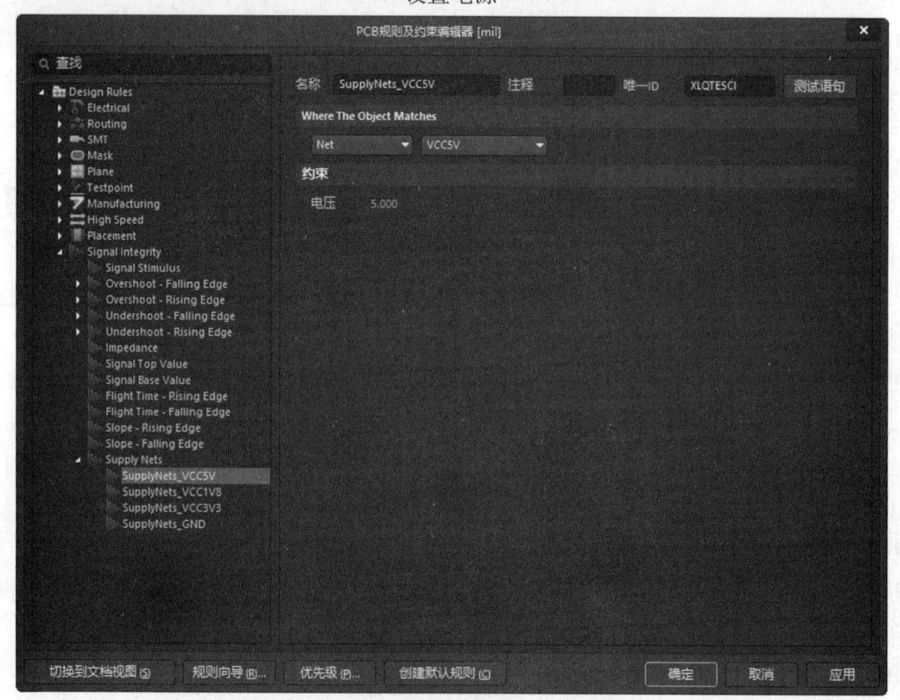

设置地网络

图 7-12　设置电源和地网络

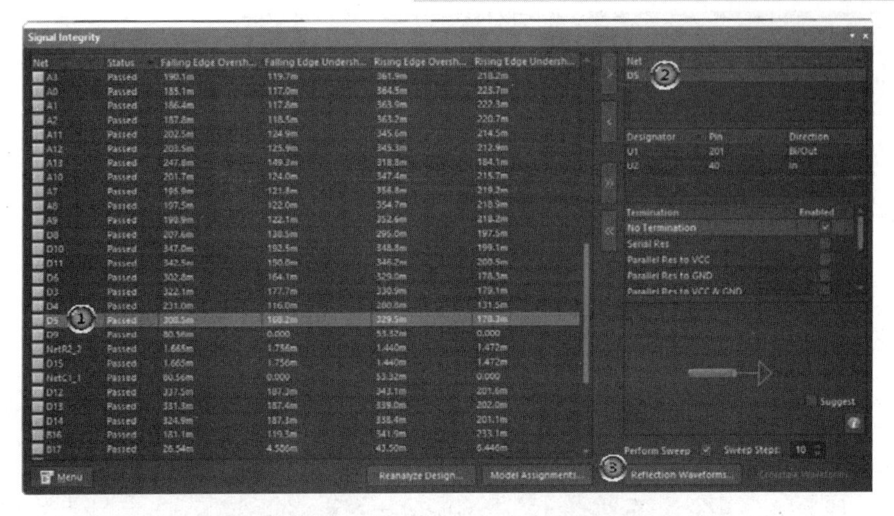

图 7-13　“Signal Integrity”对话框

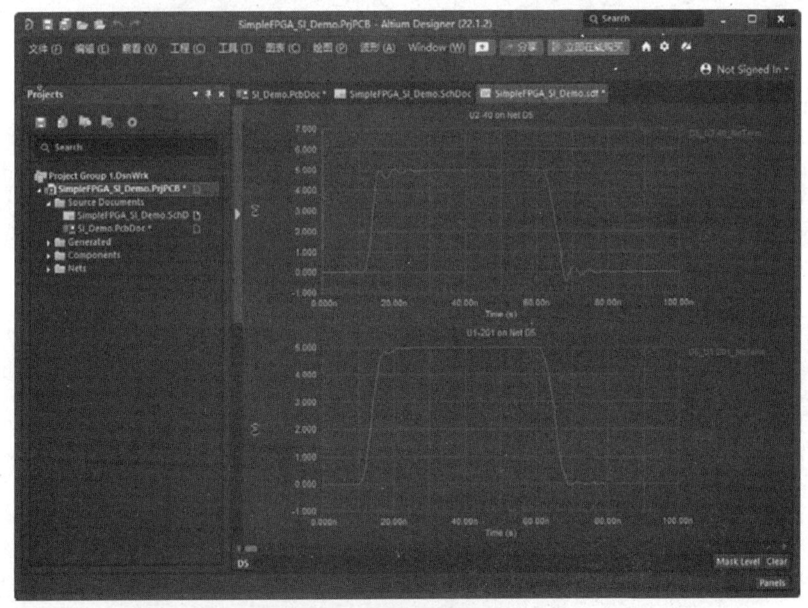

图 7-14　反射分析的波形结果

Full Results

Results	Value
Length (mil)	5.703k
Component Count	2
Track Count	4
Minimum Impedance (Ohms)	72.17
Average Impedance (Ohms)	72.17
Maximum Impedance (Ohms)	72.17
Top Value (V)	5.000
Maximum Overshoot Rising Edge (V)	329.5m
Maximum Undershoot Rising Edge (V)	178.3m
Base Value (V)	-21.90u
Maximum Overshoot Falling Edge (V)	308.5m
Maximum Undershoot Falling Edge (V)	168.2m
Flight Time Rising Edge (s)	2.836n
Slope Rising Edge (s)	611.6p
Flight Time Falling Edge (s)	3.928n
Slope Falling Edge (s)	1.597n

Included Nets: D5

图 7-15　D5 关于网络分析的详细信息

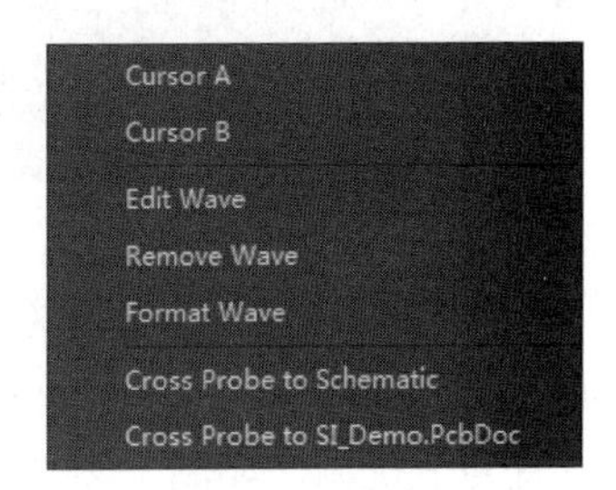

图 7-16　波形属性

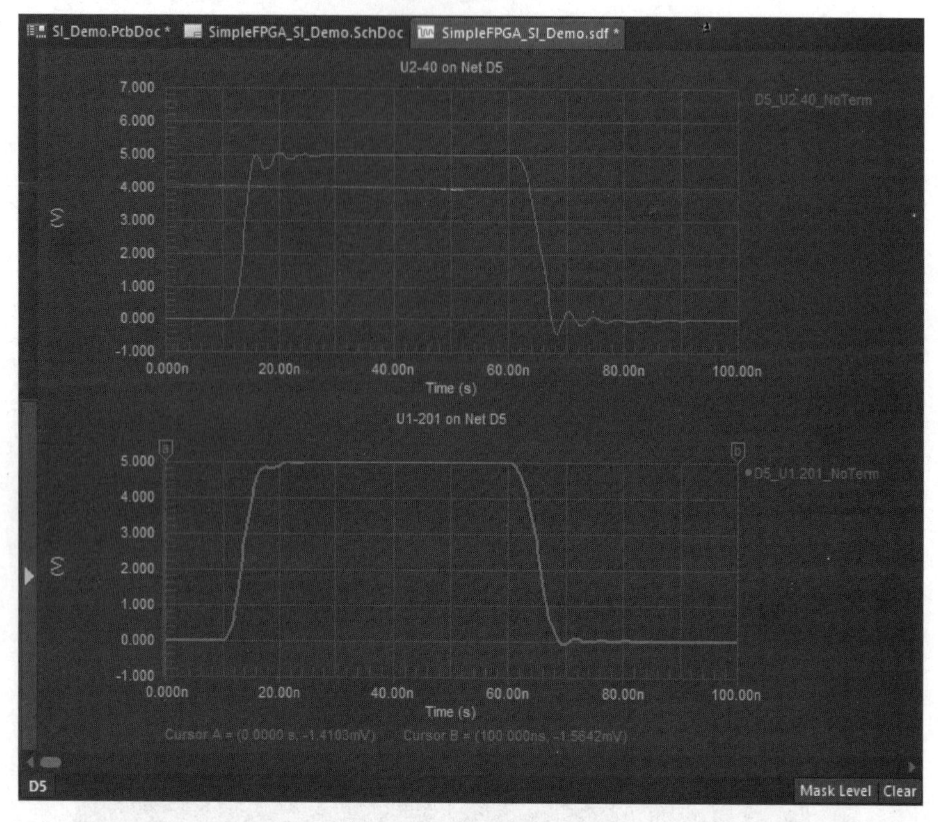

图 7-17　测量结果显示

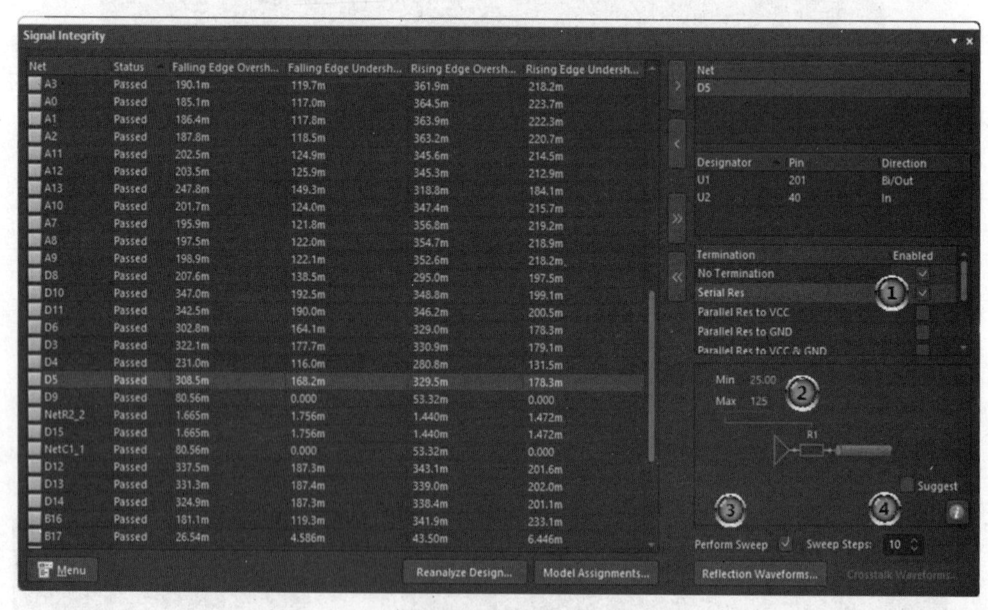

图 7-18　设置数值

10 进行串扰分析。重新返回到如图 7-13 所示的界面下，双击网络 D6 将其导入到右面的窗口，然后右击 D5，在弹出的快捷菜单中选择“Set Aggressor”（设置干扰源）将 D5 设置为干扰源，如图 7-21 所示，设置结果如图 7-22 所示。

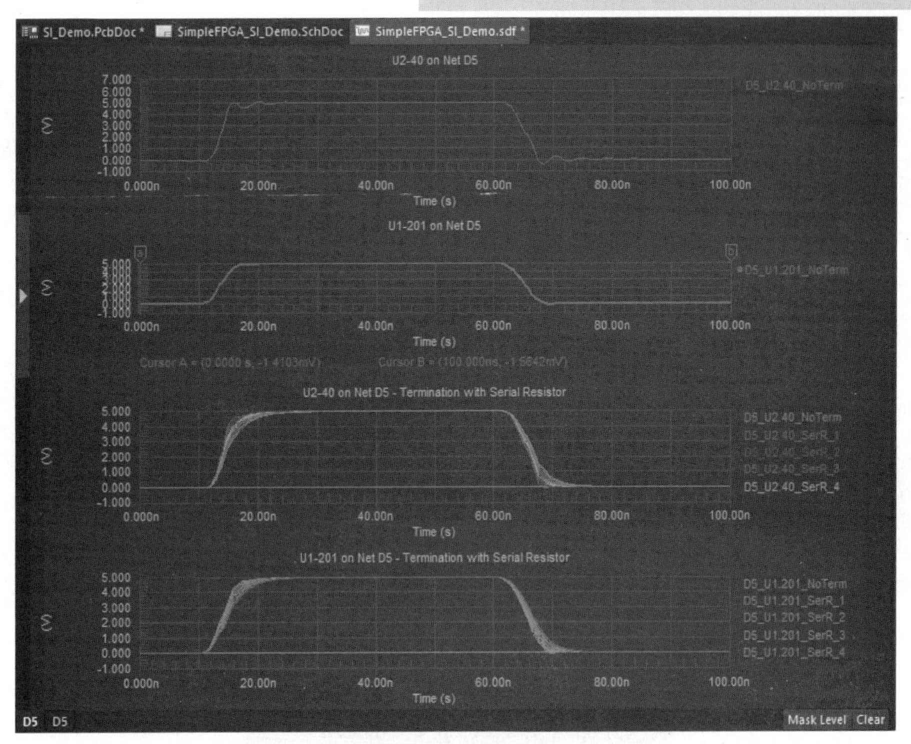

图 7-19　分析波形

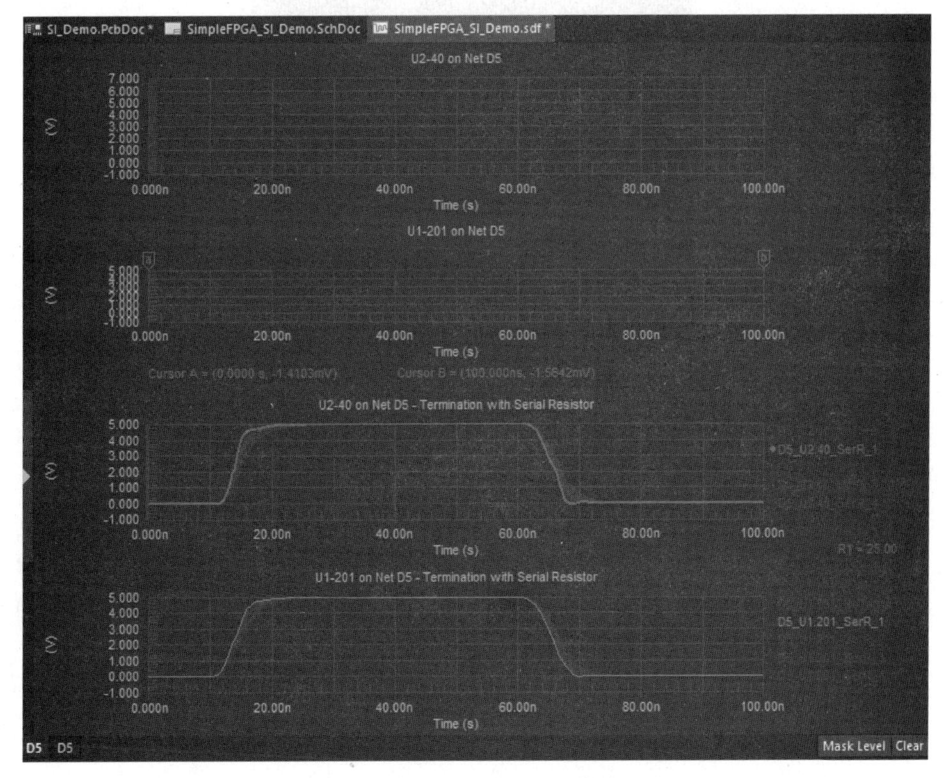

图 7-20　选择波形观察所对应的阻值

Signal Integrity

Net	Status	Falling Edge Oversh...	Falling Edge Undersh...	Rising Edge Oversh...	Rising Edge Undersh...
B5	Passed	187.9m	118.6m	363.1m	220.5m
B6	Passed	206.0m	128.0m	343.7m	207.2m
A14	Passed	35.20m	49.21m	47.35m	57.49m
A4	Passed	191.1m	120.2m	361.2m	218.2m
A5	Passed	192.9m	120.9m	359.8m	218.8m
A6	Passed	194.3m	121.4m	358.5m	219.2m
A3	Passed	190.1m	119.7m	361.9m	218.2m
A0	Passed	185.1m	117.0m	364.5m	223.7m
A1	Passed	186.4m	117.8m	363.9m	222.3m
A2	Passed	187.8m	118.5m	363.2m	220.7m
A11	Passed	202.5m	124.9m	345.6m	214.5m
A12	Passed	203.5m	125.9m	345.3m	212.9m
A13	Passed	247.8m	149.3m	318.8m	184.1m
A10	Passed	201.7m	124.0m	347.4m	215.7m
A7	Passed	195.9m	121.8m	356.8m	219.2m
A8	Passed	197.5m	122.0m	354.7m	218.9m
A9	Passed	198.9m	122.1m	352.6m	218.2m
D8	Passed	207.6m	138.5m	295.0m	197.5m
D10	Passed	347.0m	192.5m	348.8m	199.1m
D11	Passed	342.5m	190.0m	346.2m	200.5m
D6	Passed	302.8m	164.1m	329.0m	178.3m
D3	Passed	322.1m	177.7m	330.9m	179.1m
D4	Passed	231.0m	116.0m	280.8m	131.5m
D5	Passed	308.5m	168.2m	329.5m	178.3m
D9	Passed	80.56m	0.000	53.32m	0.000
NetR2_2	Passed	1.665m	1.756m	1.440m	1.472m
D15	Passed	1.665m	1.756m	1.440m	1.472m

Menu　Reanalyze Design...　Model Assignments...

Net: D5, D6 — Clear Status / Set Agressor / Set Victim / Cross Probe

Designator: U1, U2 — Direction: Bi/Out, In

Termination	Enabled
No Termination	✓
Serial Res	✓
Parallel Res to VCC	
Parallel Res to GND	
Parallel Res to VCC & GND	

Min 25.00　Max 125.0　R1　Suggest

Perform Sweep ✓　Sweep Steps: 10

Reflection Waveforms...　Crosstalk Waveforms...

图 7-21　设置 D5 为干扰源

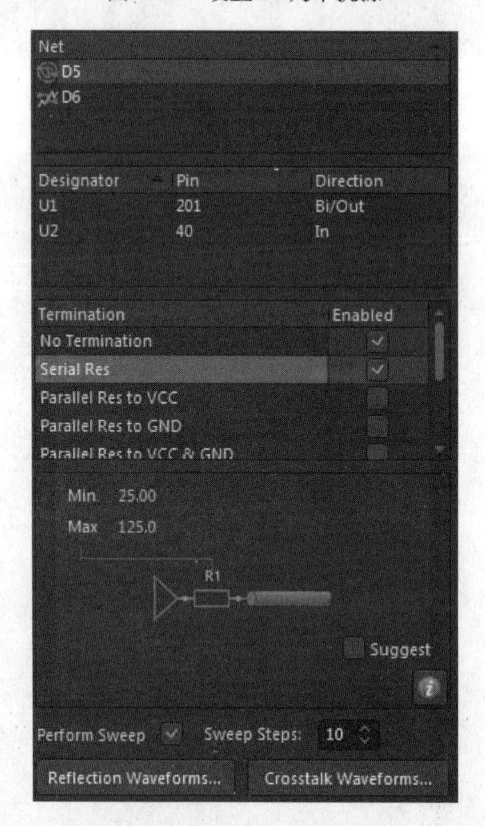

图 7-22　设置 D5 为干扰源结果

11 选择图 7-22 右下角的 “Crosstalk Waveforms”（串扰分析波形）按钮，经过一段漫长时间的等待之后就会得到串扰分析波形，如图 7-23 所示。

将完成的项目文件保存到电子资料包“yuanwenjian\ch07\7.2\result”文件夹下。

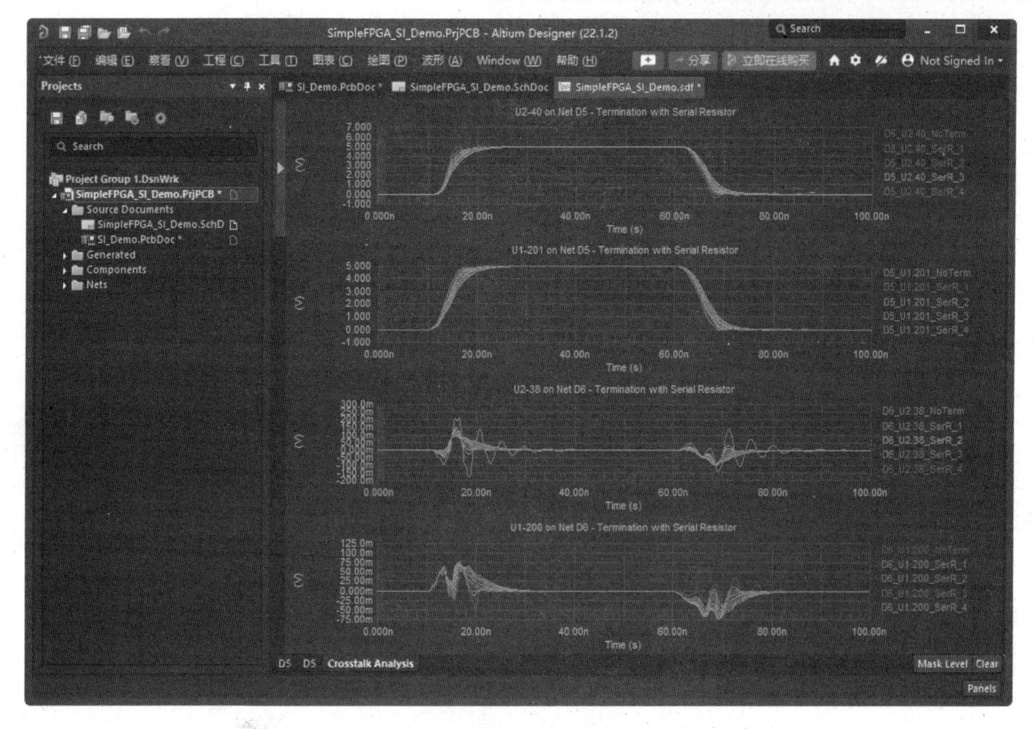
SimpleFPGA_SI_Demo.PrjPCB - Altium Designer (22.1.2)
Projects
Project Group 1.DsnWrk
SimpleFPGA_SI_Demo.PrjPCB *
Source Documents
SimpleFPGA_SI_Demo.SchD
SI_Demo.PcbDoc *
Generated
Components
Nets
SI_Demo.PcbDoc *
SimpleFPGA_SI_Demo.SchDoc
SimpleFPGA_SI_Demo.sdf *
U2-40 on Net D5 - Termination with Serial Resistor
U1-201 on Net D5 - Termination with Serial Resistor
U2-38 on Net D6 - Termination with Serial Resistor
U1-200 on Net D6 - Termination with Serial Resistor
Time (s)
Crosstalk Analysis
Mask Level
Clear
Panels

图 7-23　串扰分析波形

第8章

创建元件库及元件封装

在了解原理图及PCB 环境并且掌握放置及编辑器件的能力后，本章将通过实例介绍使用Altium Designer 22的库编辑器创建原理图器件和PCB 封装的具体方法。

通过本章学习，帮助读者加强在Altium Designer 22中创建元件的实际应用能力。

- 创建原理图元件库
- 创建原理图元件
- 创建 PCB 元件库及元件封装
- 创建一个新的含有多个部件的原理图元件

8.1 创建原理图元件库

首先介绍制作原理图元件库的方法。打开或新建一个原理图元件库文件，即可进入原理图元件库文件编辑器。打开系统自带的“4 Port Serial Interface”工程中的项目元件库“4 Port Serial Interface.SchLib”，原理图元件库文件编辑器如图 8-1 所示。

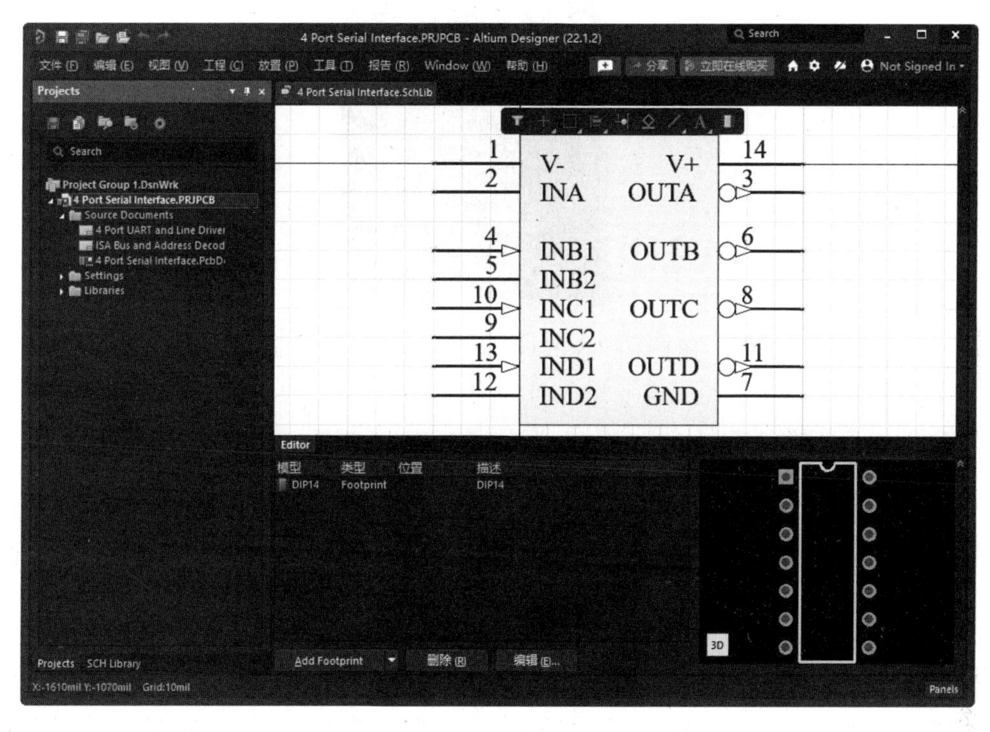

图 8-1 原理图元件库文件编辑器

8.1.1 元件库面板

在原理图元件库文件编辑器中，单击工作面板中的“SCH Library（SCH 元件库）”标签页，即可显示“SCH Library（SCH 元件库）”面板。该面板是原理图元件库文件编辑环境中的主面板，几乎包含了用户创建的库文件的所有信息，用于对库文件进行编辑管理，如图 8-2 所示。

在“Components（元件）”元件列表框中列出了当前所打开的原理图元件库文件中的所有库元件，包括原理图符号名称及相应的描述等。其中各按钮的功能如下：

- “放置”按钮：用于将选定的元件放置到当前原理图中。
- “添加”按钮：用于在该库文件中添加一个元件。
- “删除”按钮：用于删除选定的元件。
- “编辑”按钮：用于编辑选定元件的属性。

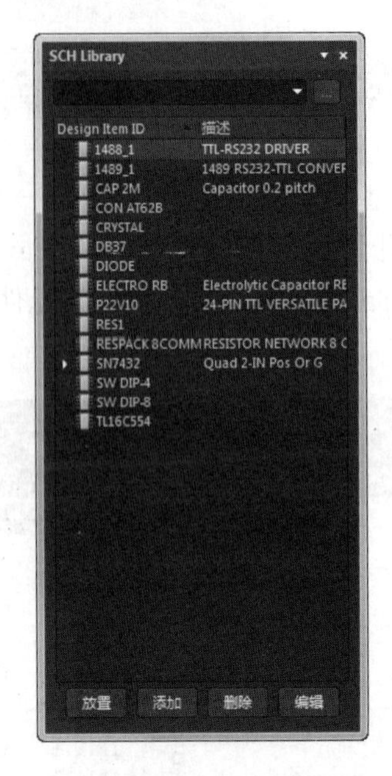

图 8-2 “SCH Library（SCH 元件库）”面板

8.1.2 工具栏

对于原理图元件库文件编辑环境中的菜单栏及工具栏，由于功能和使用方法与原理图编辑环境中基本一致，在此不再赘述。我们主要对“实用”工具栏中的原理图符号绘制工具、IEEE 符号工具及“模式”工具栏进行简要介绍，具体的操作将在后面的章节中进行介绍。

01 原理图符号绘制工具。单击“应用工具”工具栏中的按钮，弹出相应的原理图符号绘制工具，如图 8-3 所示。其中各按钮的功能与“放置”菜单中的各命令具有对应关系。

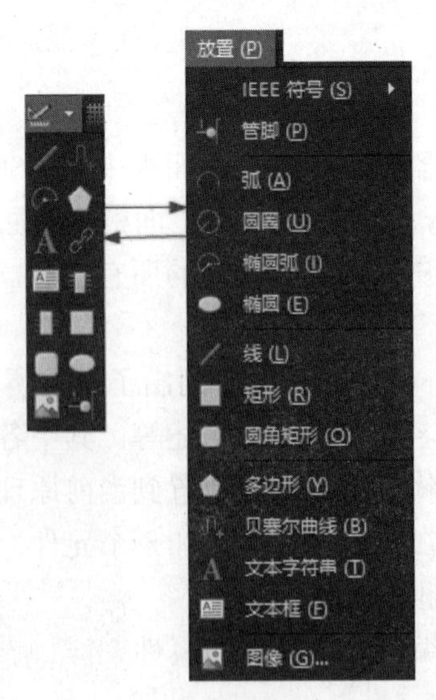

图 8-3 原理图符号绘制工具

其中各按钮的功能说明如下：

：用于绘制直线。

：用于绘制贝塞儿曲线。

：用于绘制圆弧线。

：用于绘制多边形。

：用于添加说明文字。

：用于放置超链接。

：用于放置文本框。

：用于绘制矩形。

：用于在当前库文件中添加一个元件。

：用于在当前元件中添加一个元件子功能单元。

：用于绘制圆角矩形。

：用于绘制椭圆。

：用于插入图片。

：用于放置管脚。

这些按钮与原理图编辑器中的按钮十分相似，这里不再赘述。

02 IEEE 符号工具。单击“应用工具”工具栏中的按钮，弹出相应的 IEEE 符号工具，如图 8-4 所示，是符合 IEEE 标准的一些图形符号。其中各按钮的功能与“放置”菜单中“IEEE Symbols（IEEE 符号）”命令的子菜单中的各命令具有对应关系。

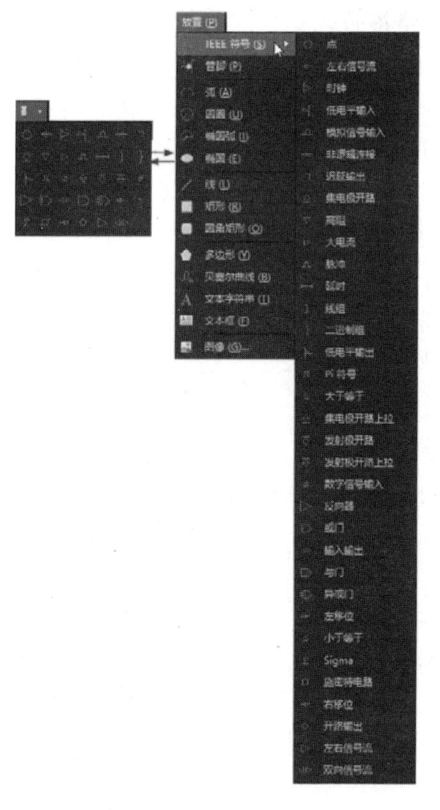

图 8-4　IEEE 符号工具

其中各按钮的功能说明如下：

○：用于放置点状符号。

←：用于放置左向信号流符号。

⊳：用于放置时钟符号。

⊣[：用于放置低电平输入有效符号。

⏜：用于放置模拟信号输入符号。

⋇：用于放置无逻辑连接符号。

¬：用于放置延迟输出符号。

◇：用于放置集电极开路符号。

▽：用于放置高阻符号。

▷：用于放置大电流输出符号。

⎍：用于放置脉冲符号。

⊢⊣：用于放置延迟符号。

]：用于放置分组线符号。

}：用于放置二进制分组线符号。

]⊢：用于放置低电平有效输出符号。

π：用于放置 π 符号。

≥：用于放置大于等于符号。

◇：用于放置集电极开路正偏符号。

▽：用于放置发射极开路符号。

▽：用于放置发射极开路正偏符号。

#：用于放置数字信号输入符号。

▷：用于放置反向器符号。

⊃：用于放置或门符号。

◁▷：用于放置输入、输出符号。

D：用于放置与门符号。

⊃：用于放置异或门符号。

←：用于放置左移符号。

≤：用于放置小于等于符号。

Σ：用于放置求和符号。

⊓：用于放置施密特触发输入特性符号。

→：用于放置右移符号。

◇：用于放置开路输出符号。

▷：用于放置右向信号传输符号。

◁▷：用于放置双向信号传输符号。

03 “模式”工具栏

“模式”工具栏用于控制当前元件的显示模式，如图 8-5 所示。

图 8-5　“模式”工具栏

“模式”按钮：单击该按钮，可以为当前元件选择一种显示模式，系统默认为“Normal（正常）”。

：单击该按钮，可以为当前元件添加一种显示模式。

：单击该按钮，可以删除元件的当前显示模式。

：单击该按钮，可以切换到前一种显示模式。

：单击该按钮，可以切换到后一种显示模式。

重命名：单击该按钮，可以为元件的显示模式进行重命名。

8.1.3　绘制库元件

下面以一款 USB 微控制器芯片 C8051F320 为例，详细介绍原理图符号的绘制过程。

01 绘制库元件的原理图符号。

❶单击菜单栏中的“文件”→“新的”→“库”→“原理图库”命令，打开原理图元件库文件编辑器，创建一个新的原理图元件库文件，命名为“NewLib. SchLib”，如图 8-6 所示。

图 8-6　创建原理图元件库文件

❷在界面右下角单击 Panels 按钮，弹出快捷菜单，选择“Properties（属性）”命令，打开“Properties（属性）”面板，并自动固定在右侧边界上，在弹出的面板中进行工作区参数设置。

❸为新建的库文件原理图符号命名。在创建了一个新的原理图元件库文件的同时，系统已自动为该库添加了一个默认原理图符号名为“Component-1”的库元件，在“SCH Library（SCH 元件库）”面板中可以看到。通过以下两种方法，可以添加新的库元件。

单击“应用工具”工具栏中的“原理图符号绘制工具” 中的 （创建器件）按钮，

系统将弹出原理图符号名称对话框，在该对话框中输入自己要绘制的库元件名称。

在“SCH Library（SCH 元件库）”面板中，直接单击原理图符号名称栏下面的“添加”按钮，也会弹出原理图符号名称对话框。

在这里，输入“C8051F320”，单击 确定 按钮，关闭该对话框。

❹单击“应用工具”工具栏中的“实用工具”中的（放置矩形）按钮，光标变成十字形状，并附有一个矩形符号。单击两次，在编辑窗口的第四象限内绘制一个矩形。

矩形用来作为库元件的原理图符号外形，其大小应根据要绘制的库元件管脚数的多少来决定。由于我们使用的 C8051F320 采用 32 管脚 LQFP 封装形式，所以应画成正方形，并画得大一些，以便于管脚的放置。管脚放置完毕后，可以再调整成合适的尺寸。

02 放置管脚。

❶单击“应用工具”工具栏中的“实用工具”中的（放置管脚）按钮，光标变成十字形状，并附有一个管脚符号。

❷移动该管脚到矩形边框处，单击完成放置，如图 8-7 所示。在放置管脚时，一定要保证具有电气连接特性的一端，即带有“×”号的一端朝外，这可以通过在放置管脚时按<Space>键旋转来实现。

❸双击已放置的管脚，系统将弹出如图 8-8 所示的“Pin（管脚）”对话框，在该对话框中可以对管脚的各项属性进行设置。

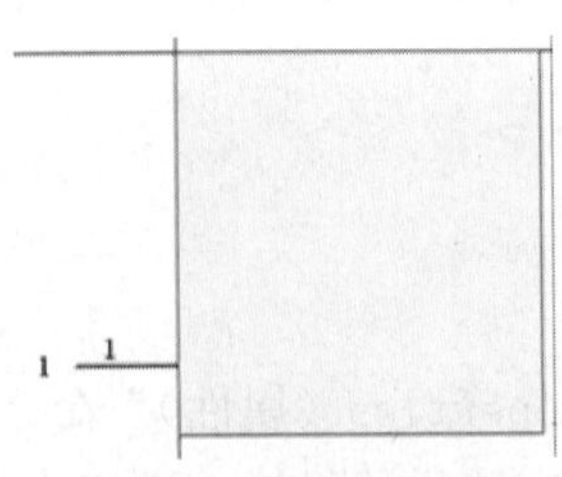

图 8-7　放置元件管脚

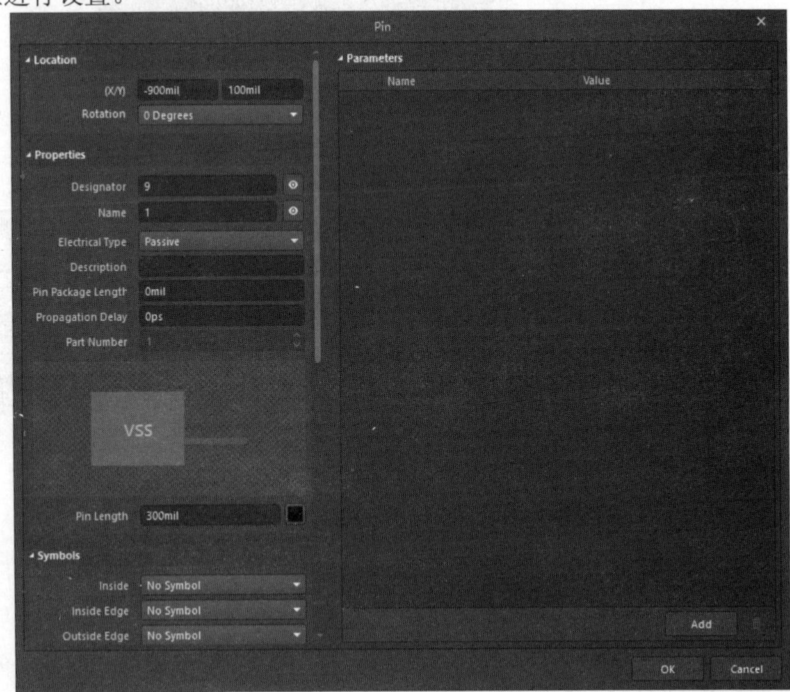

图 8-8　“Pin（管脚）”对话框

“Pin（管脚）”对话框中部分属性含义如下：

（1）Location（位置）选项组：

Rotation（旋转）：用于设置端口放置的角度，有 0 Degrees、90 Degrees、180 Degrees、270 Degrees 4 种选择。

（2）Properties（属性）选项组：

➢ “Designator（指定引脚标号）”文本框：用于设置库元件管脚的编号，应该与实际的管脚编号相对应，这里输入9。

➢ “Name（名称）”文本框：用于设置库元件管脚的名称。例如，把该管脚设定为第9管脚。由于C8051F320的第9管脚是元件的复位管脚，低电平有效，同时也是C2调试接口的时钟信号输入管脚。另外，在原理图“Preference（参数选择）”对话框中“Graphical Editing（图形编辑）”标签页中，已经勾选了“Single‘\’Negation（简单\否定）”复选框，因此在这里输入名称为“R\S\T\/C2CK”，并勾选右侧的“可见的”复选框。

➢ “Electrical Type（电气类型）”下拉列表框：用于设置库元件管脚的电气特性。有Input（输入）、IO（输入输出）、Output（输出）、Open Collector（打开集流器）、Passive（中性的）、Hiz（脚）、Open Emitter（发射器）和Power（激励）8个选项。在这里，我们选择“Passive”（中性的）选项，表示不设置电气特性。

➢ “Description（描述）”文本框：用于填写库元件管脚的特性描述。

➢ Pin Package Length（管脚包长度）文本框：用于填写库元件引脚封装长度

➢ Pin Length（管脚长度）文本框：用于填写库元件引脚的长度。

❹设置完毕后，单击<Enter>键，设置好属性的管脚如图8-9所示。

❺按照同样的操作，或者使用阵列粘贴功能，完成其余31个管脚的放置，并设置好相应的属性。放置好全部管脚的库元件如图8-10所示。

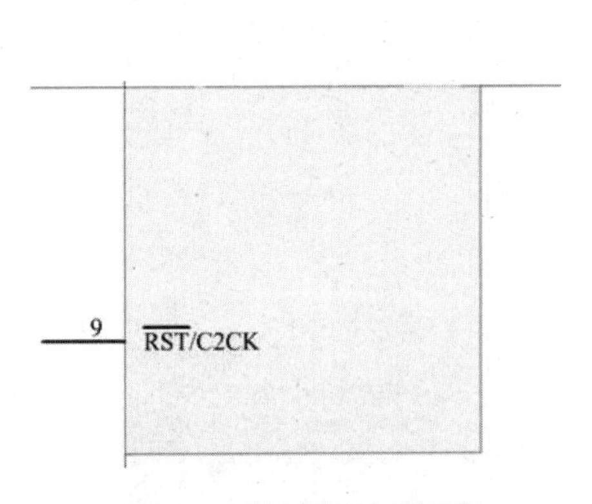

图8-9　设置好属性的管脚

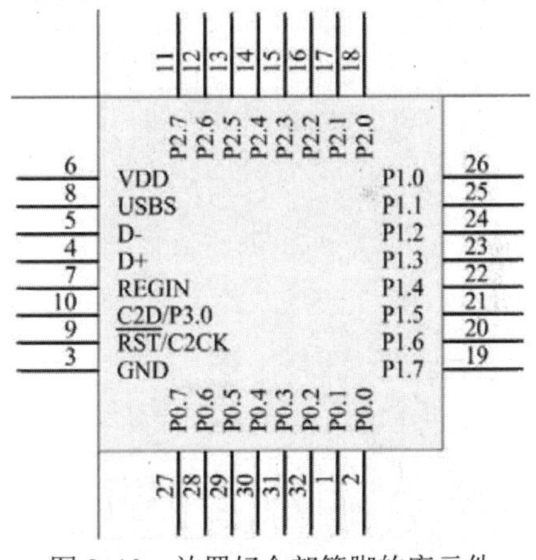

图8-10　放置好全部管脚的库元件

03 编辑元件属性。双击“SCH Library（SCH元件库）”面板原理图符号名称栏中的库元件名称“C8051F320”，系统弹出如图8-11所示的“Properties（属性）”面板。在该面板中可以对自己所创建的库元件进行特性描述，并且设置其他属性参数。主要设置内容包括以下几项。

❶“General（常规）”选项组：

➢ “Design Item ID（设计项目标识）”文本框：库元件名称。

➢ “Designator（符号）”文本框：库元件标号，即把该元件放置到原理图文件中时，系统最初默认显示的元件标号。这里设置为“U？”，并单击右侧的（可用）按钮，则放置该元件时，序号“U？”会显示在原理图上。单击“锁定管脚”按钮，所有的管脚将和库元件成为一个整体，不能在原理图上单独移动管脚。

建议用户单击该按钮，这样对电路原理图的绘制和编辑会有很大好处，以减少不必要的麻烦。

➢ “Comment（元件）”文本框：用于说明库元件型号。这里设置为“C8051F320”，并单击右侧的（可见）按钮 ，则放置该元件时，“C8051F320”会显示在原理图上。

➢ “Description”（描述）”文本框：用于描述库元件功能。这里输入“USB MCU”。

➢ “Type（类型）”下拉列表框：库元件符号类型，可以选择设置。这里采用系统默认设置“Standard（标准）”。

❷“Parameters（参数）”选项组：单击“Add（添加）”按钮，可以为该库元件添加各种模型。

❸ “Graphical（图形）”选项组：用于设置图形中线的颜色、填充颜色和引脚颜色。

❹ “Pins（管脚）”选项卡：系统将弹出如图 8-12 所示的选项卡，在该面板中可以对该元件所有管脚进行一次性的编辑设置。

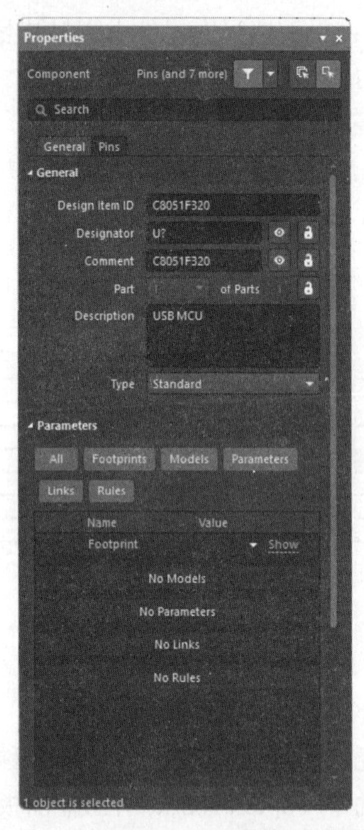

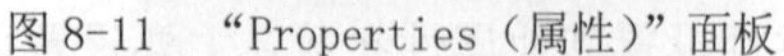
图 8-11 “Properties（属性）”面板

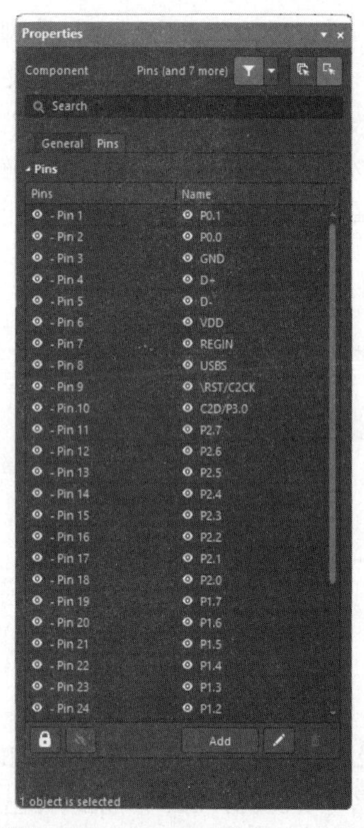

图 8-12 “Pins（管脚）”选项卡

❺单击菜单栏中的“放置”→“文本字符串”命令，或者单击“原理图符号绘制”工具中的 （放置文本字符串）按钮，光标将变成十字形状，并带有一个文本字符串。

❻移动光标到原理图符号中心位置处，双击字符串，系统会弹出如图8-13所示的“Text（文本）”对话框，在“Text（文本）”文本框中输入“SILICON”。

至此，我们完整地绘制了库元件 C8051F320 的原理图符号，如图 8-14 所示。在绘制电路原理图时，只需要将该元件所在的库文件打开，就可以随时取用该元件了。

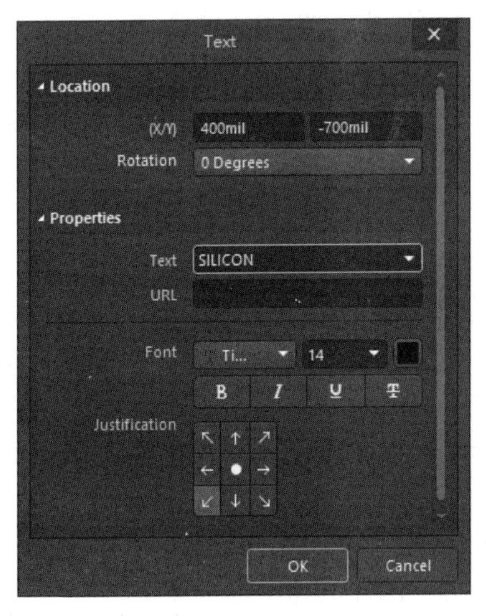

图 8-13　“Text（文本）”对话框

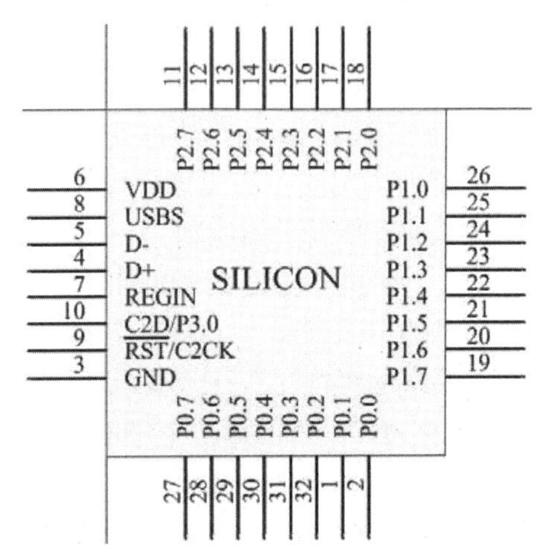

图 8-14　库元件 C8051F320 的原理图符号

8.1.4　绘制含有子部件的库元件

下面利用相应的库元件管理命令，绘制一个含有子部件的库元件 LF353。

LF353 是美国 TI 公司生产的双电源结型场效应管输入的双运算放大器，在高速积分、采样保持等电路设计中经常用到，采用 8 管脚的 DIP 封装形式。

01 绘制库元件的第一个子部件。

❶单击菜单栏中的“文件”→“新的”→“库”→“原理图库”命令，打开原理图元件库文件编辑器，创建一个新的原理图元件库文件，命名为“NewLib.SchLib”。

❷单击“Properties（属性）”面板，在弹出的面板中进行工作区参数设置。

❸为新建的库文件原理图符号命名。在创建了一个新的原理图元件库文件的同时，系统已自动为该库添加了一个默认原理图符号名为“Component-1”的库文件，在“SCH Library（SCH 元件库）”面板中可以看到。通过以下两种方法为该库文件重新命名。

单击“应用工具”工具栏中的“实用工具”按钮下拉菜单中的（创建器件），系统将弹出如图 8-15 所示的“New Component（新元件）”对话框，在该对话框中输入要绘制的库文件名称 LF353。

图 8-15　“New Component （新元件）”对话框

在“SCH Library（SCH 元件库）”面板中，单击原理图符号名称栏下面的“添加”按钮，也会弹出“New Component （新元件）”对话框。

在这里，我们输入“LF353”，单击“确定”按钮，关闭该对话框。

❹单击“应用工具”工具栏中的“实用工具”按钮下拉菜单中的（放置多边形）

按钮，光标变成十字形状，以编辑窗口的原点为基准，绘制一个三角形的运算放大器符号。

02 放置管脚。

❶单击“应用工具”工具栏中的“实用工具”按钮下拉菜单中的（放置管脚）按钮，光标变成十字形状，并附有一个管脚符号。

❷移动该管脚到多边形边框处单击，完成放置。用同样的方法，放置管脚1、2、3、4、8在三角形符号上，并设置好每一个管脚的属性，如图8-16所示。这样就完成了一个运算放大器原埋图符号的绘制。

其中，1管脚为输出端“OUT1”；2、3管脚为输入端“IN1（－）”“IN1（＋）”；8、4管脚为公共的电源管脚“VCC＋”“VCC－”。对这两个电源管脚的属性可以设置为“隐藏”。单击菜单栏中的“视图”→“显示隐藏管脚”命令，可以切换进行显示查看或隐藏。

03 创建库元件的第二个子部件。

❶单击菜单栏中的“编辑”→“选择”→“区域内部”命令，或者单击“原理图库标准”工具栏中的（选择区域内部的对象）按钮，将子部件原理图符号选中。

❷单击“原理图库标准”工具栏中的（复制）按钮，复制选中的子部件原理图符号。

❸单击菜单栏中的“工具”→“新部件”命令，在“SCH Library（SCH元件库）”面板上库元件“LF353”的名称前多了一个⊞符号，单击⊞符号，可以看到该元件中有两个子部件，刚才绘制的子部件原理图符号系统已经命名为“Part A”，另一个子部件“Part B”是新创建的。

❹单击“原理图库标准”工具栏中的（粘贴）按钮，将复制的子部件原理图符号粘贴在“Part B”中，并改变管脚序号：7管脚为输出端“OUT2”，6、5管脚为输入端“IN2（－）”“IN2（＋）”；8、4管脚仍为公共的电源管脚“VCC＋”“VCC－”，如图8-17所示。

至此，一个含有两个子部件的库元件就创建好了。使用同样的方法，可以创建含有多个子部件的库元件。

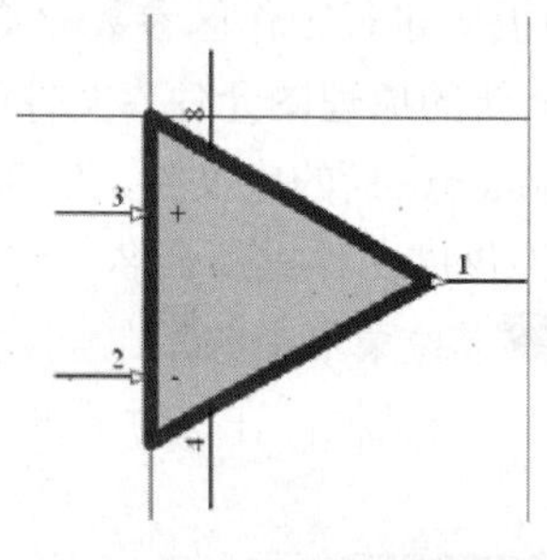

图8-16　放置所有管脚

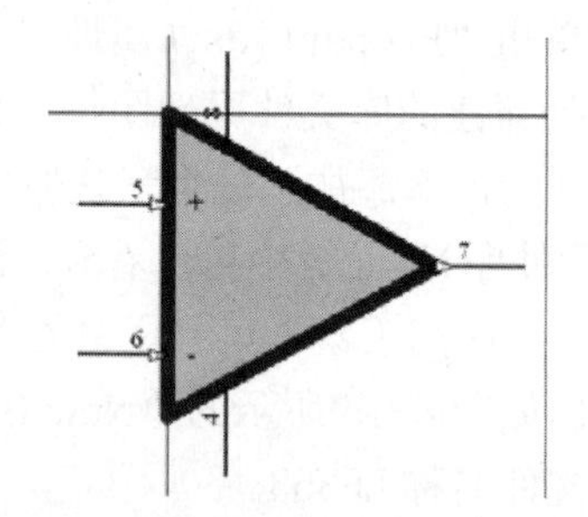

图8-17　改变管脚序号

8.2 创建原理图元件

Altium Designer 22中提供的原理图库编辑器可以用来创建，修改原理图元件以及管理元件库。这个编辑器与原理图编辑器类似，使用同样的图形对象，比原理图编辑器多了管脚摆放工具。原理图元件可以由一个独立的部分或者几个同时装入一个指定PCB 封装的部分组成，这些封装存储在PCB库或者集成库中。可以使用原理图库中的复制及粘贴功能在一个打开的原理图库中创建新的元件，也可以用编辑器中的画图工具创建新的元件。

8.2.1 原理图库

原理图库作为重要的部分包含在存储于“Altium\Library”文件夹中的集成库内。要在集成库外创建原理图库，则打开这个集成库，选择“YES”释放出源库，接下来就可以进行编辑。要了解更多的集成库信息，参阅集成库指南。

8.2.2 创建新的原理图库

在开始创建新的元件前，先生成一个新的原理图库以用来存放元件。通过以下的步骤来创建一个新的原理图库。

01 选择“文件”→“新的”→“库”→“原理图库”菜单命令。一个新的被命名为“Schlib1.SchLib”的原理图库被创建，一个空的图纸在设计窗口中被打开，新的元件命名为Component_1。可以在SCH Library面板中看到，如图8-18所示。

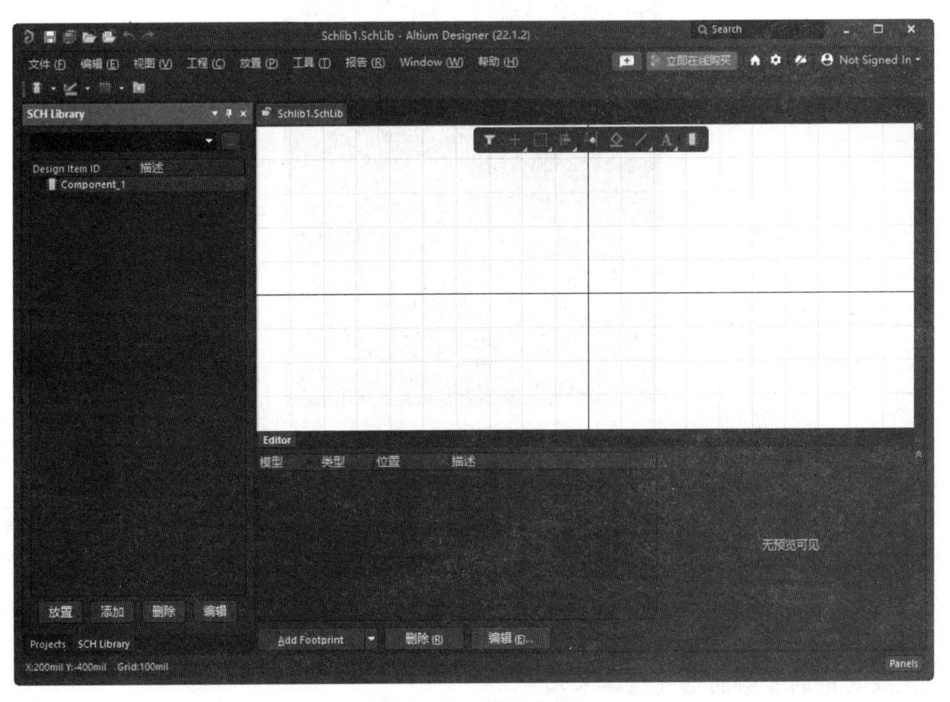

图8-18 新建文件

02 选择“文件”→“另存为”命令，将库文件更名为Schematic Components.SchLib。

8.2.3 创建新的原理图元件

因为一个新的库都会带有一个空的元件图纸，要在一个打开的库中创建新的原理图元件，只需简单的将 Component_1 更名即可。

下面介绍创建一个 NPN 型晶体管。

01 在原理图库面板列表中双击选中的 Component_1，打开“Properties（属性）”面板，在“Design Item ID（设计项目 ID ）”文本框中输入新的可以唯一确定元件的名字，例如，TRANSISTOR NPN，如图 8-19 所示。

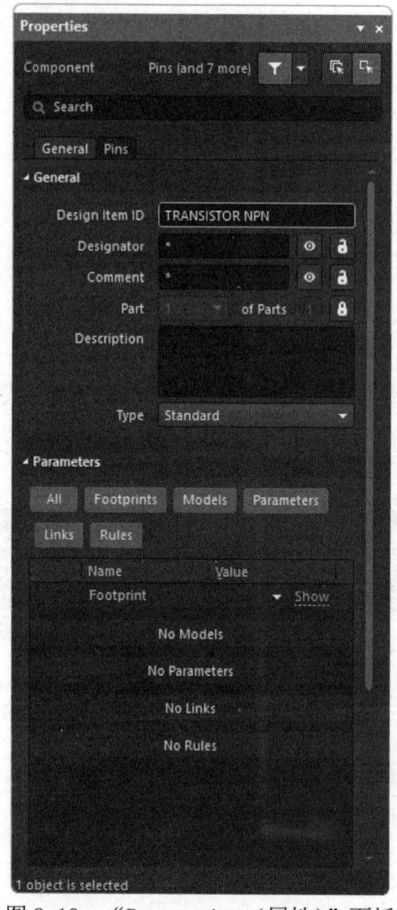

图 8-19 “Properties（属性）”面板

注意 如果需要的话，使用“编辑”→“跳转”→“原点”命令，将图纸原点调整到设计窗口的中心。快捷键<J><O>。检查屏幕左下角的状态线以确定定位到了原点。Altium 公司提供的元件均创建于由穿过图纸中心的十字线标注的点旁。元件的参考点是在摆放元件时所抓取的点。对于一个原理图元件来说，参考点是最靠近原点的电气连接点（热点），通常就是最靠近的管脚的电气连接末端。

02 画出例子中的 NPN 晶体管，先要定义它的元件实体。选择“放置”→“线”命令（快捷键< P><L>）或者单击“放置线”工具条按钮。双击“线”，弹出“Polyline（折线）”对话框，如图 8-20 所示，在对话框中设置线属性。

03 在“Vertices（顶点）”选项组中设置坐标（0,-1）开始到坐标（0,-19）结束画一条垂直的线。然后画坐标从（0,-7）到（10,0），以及从（0,-13）到（10,-20）的其他两条线，使用<Shift>+空格键可以将线调整到任意角度。右击或者按下<Esc>键退出画线模式。画完后的效果如图 8-21 所示。

04 如果要设置下端为箭头形状，则可以在画好的线上双击，弹出“Polyline（折线）”对话框，在“Start Line Shape（开始块外形）”和“End Line Shape（结束块外形）”中设定端点处的形状。

05 保存元件（快捷键< Ctrl+S>）。

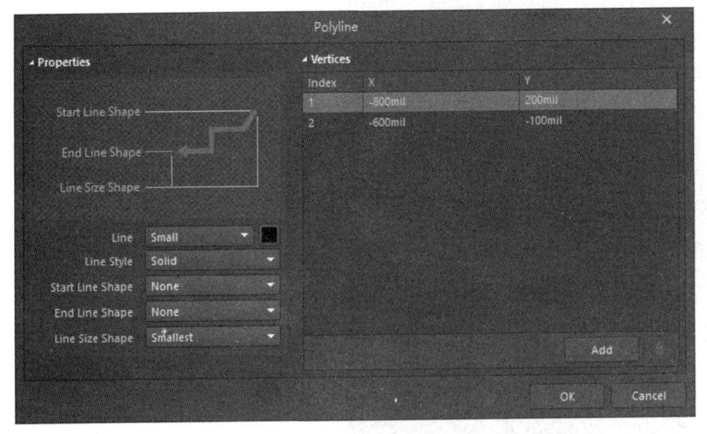

图 8-20　“Polyline（折线）”对话框

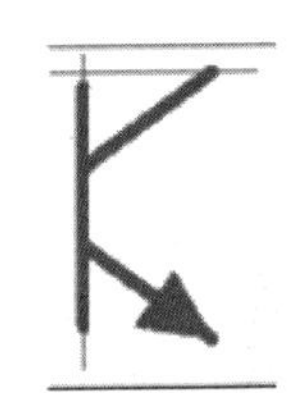

图 8-21　效果图

8.2.4　给原理图元件添加管脚

元件管脚赋予元件电气属性并且定义元件连接点。管脚同样拥有图形属性。

在原理图编辑器中为元件摆放管脚步骤如下：

01 选择“放置”→“管脚”命令（快捷键<P><P>）或者单击“放置引脚”工具条按钮。管脚出现在指针上且随指针移动，与指针相连一端是与元件实体相接的非电气结束端。在放置的时候，按下<Space>键可以改变管脚排列的方向。

02 摆放过程中，放置管脚前，按下<Tab>键在“Properties（属性）”面板中编辑管脚属性，如图 8-22 所示。如果在放置管脚前定义管脚属性，定义的设置将会成为默认值，管脚编号以及那些以数字方式命名的管脚名在放置下一个管脚时会自动加一。

03 在“Name（管脚名）”显示名字栏输入管脚的名字，在 Designator（标识符栏）输入唯一可以确定的管脚编号。点开“可见”按钮，当在原理图图纸上放置元件时名称及编号可见。

04 在“Electrical Type（电气类型）”下拉列表框中选择选项来设置管脚电气连接的电气类型。当编译项目进行电气规则检查时以及分析一个原理图文件检查器电气配线错误时会用到这个管脚电气的类型。在这个元件例子中，所有的管脚都是“Passive”电气类型。

05 在“Pin Length（管脚长度）”文本框中设置管脚的长度。

06 当管脚出现在指针上时，按下空格键可以以 90° 为增量旋转调整管脚。记住，管脚上只有一端是电气连接点，必须将这一端放置在元件实体外。非电气端有一个管脚名字靠着它。

07 放置这个元件所需要的其他管脚，并确定管脚名，编号，符号及电气类型正确。

08 现在已经完成了元件的绘制，然后选择“文件”→“保存”命令存储（快捷键<Ctrl+S>）。

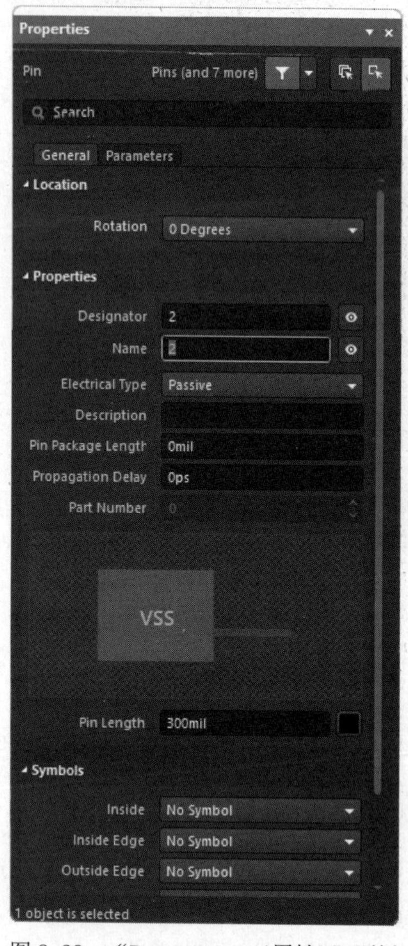

图 8-22　“Properties（属性）”面板

注意 添加管脚注意事项：

· 要在放置管脚后设置管脚属性，只需双击这个管脚或者在原理图库面板里的管脚列表中双击管脚。

· 在字母后加反斜杠（\）可以定义让管脚中名字的字母上面加线，例如：M\C\L\R\/VPP 会显示为 $\overline{\text{MCLR}}$/VPP

· 如果希望隐藏器件中的电源和地管脚，点开“隐藏”按钮。当这些管脚被隐藏时，这些管脚会被自动的连接到图中被定义的电源和地。

要查看隐藏的管脚，选择“视图”→“显示隐藏管脚”命令（快捷键<V><H>）。所有被隐藏的管脚会在设计窗口中显示。管脚的显示名字和默认标识符也会显示。

可以在“Properties（属性）”面板中编辑管脚属性。单击“SCH Library（原理图库）”面板中的“编辑”按钮，弹出“Properties（属性）”面板，如图 8-23 和图 8-24 所示。

对于一个多部件的元件，被选择部件相应的管脚会在元件管脚编辑对话框中以白色为背景高亮显示。其他部件相应的管脚会变灰。但仍然可以编辑这些没有选中的管脚。双击一个管脚在弹出的“Properties（属性）”面板中编辑属性。

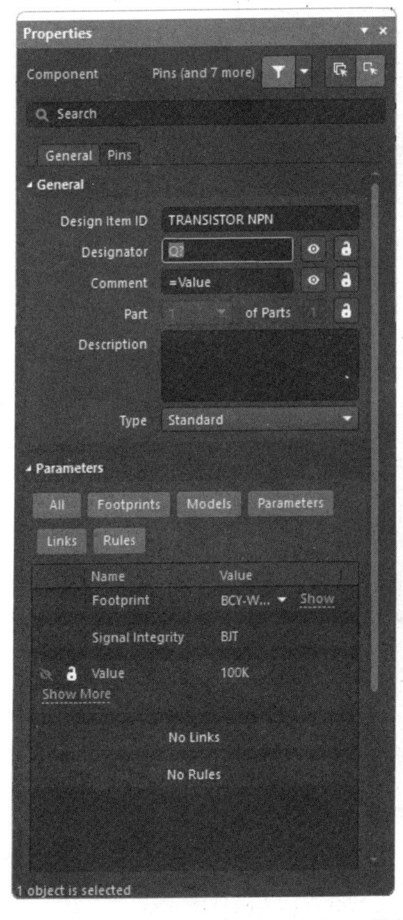

图 8-23　“Properties（属性）”面板

图 8-24　编辑元件管脚

8.2.5　设置原理图元件属性

每一个元件都有相对应的属性，例如，默认的标识符、PCB 封装和/或其他的模型以及参数。当从原理图中编辑元件属性时也可以设置不同的部件域和库域。设置元件属性步骤如下：

01 从原理图库面板里元件列表中选择元件然后单击“编辑”按钮，弹出“Properties（属性）”面板，编辑库元件属性。

02 在“General（通用）”选项卡中输入默认的标识符，例如，Q?，以及当元件放置到原理图时显示的注释，例如，NPN。问号使得元件放置时标识符数字以自动增量改变，例如，Q1，Q2。点开“可见”按钮，名称及编号可见，如图 8-25 所示。

03 在添加模型或其他参数时，让其他选项栏保持默认值。

图 8-25　设置库元件属性

8.2.6　向原理图元件添加 PCB 封装模型

开始要添加一个当原理图同步到 PCB 文档时用到的封装。已经设计的元件用到的封装被命名为 BCY-W3。注意，在原理图库编辑器中，当将一个 PCB 封装模型关联到一个原理图元件时，这个模型必须存在于一个 PCB 库中，而不是一个集成库中。

01 在“Properties（属性）”面板中，单击“Parameters（参数）”选项组下的“Add（添加）”按钮，在弹出的快捷菜单中选择“Footprint（封装）”命令，如图 8-26 所示，弹出“PCB 模型”对话框，如图 8-27 所示。在弹出的对话框中单击“浏览”按钮，弹出“浏览库”对话框，找到已经存在的模型（或者简单的写入模型的名字，稍后将在 PCB 库编辑器中创建这个模型）。

02 在“浏览库”对话框中单击“查找”按钮，弹出“基于文件的库搜索”对话框，选择查看“搜索路径中的库文件”，单击“路径”栏旁的“搜索路径”按钮进行定位，确定“包括子目录”选项被选中。在名称栏输入“BCY-W3”，如图 8-28 所示。然后单击“查找”按钮，如图 8-29 所示。

03 可以找到对应这个封装所有的类似的库文件，如图 8-29 所示。如果确定找到了文件，则单击“Stop（停止）”按钮停止搜索。选择找到的封装文件后，单击“确定”按钮，关闭该对话框。加载这个库到 PCB 模型对话框中，如图 8-30 所示。回到 PCB 模型对话框。

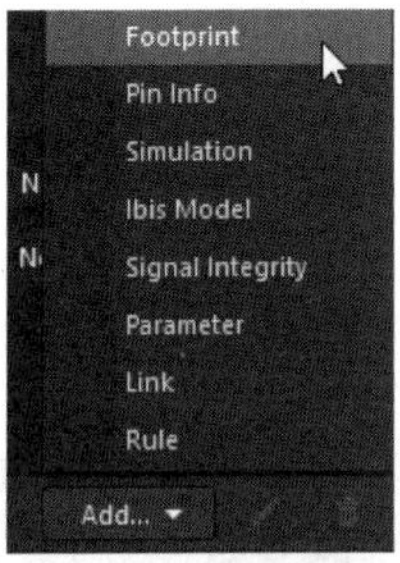

图 8-26　快捷菜单

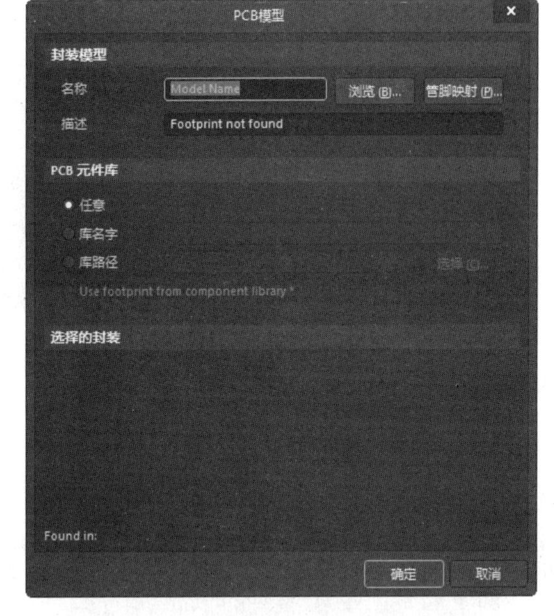

图 8-27　“PCB 模型”对话框

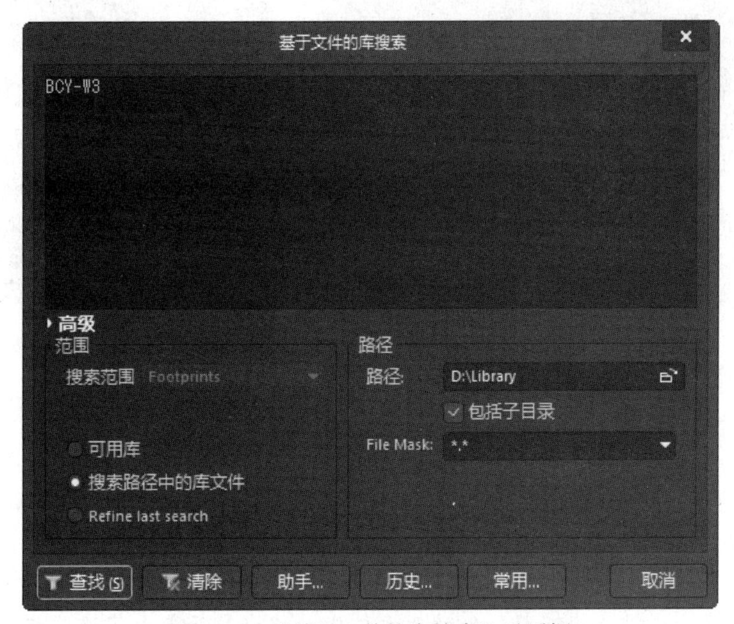

图 8-28　“基于文件的库搜索”对话框

04 单击“确定”按钮，向原理图元件添加这个模型。模型的名字和缩略图在元件属性设置面板中的封装模型列表中显示，如图 8-31 所示。

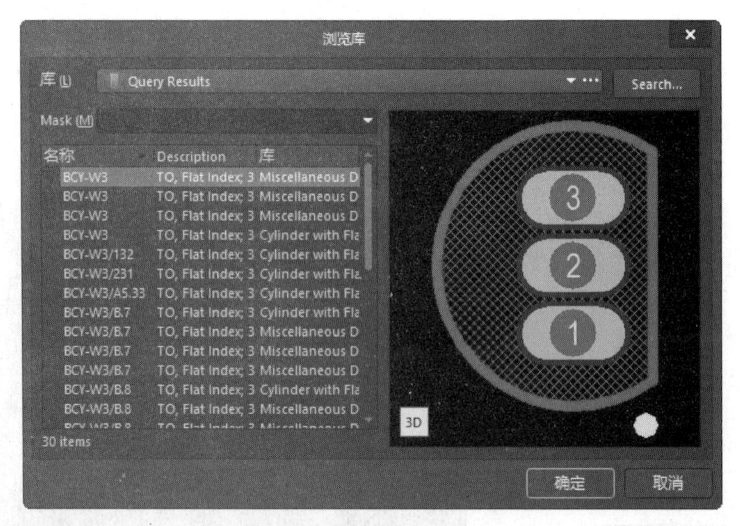

图 8-29　“浏览库”对话框

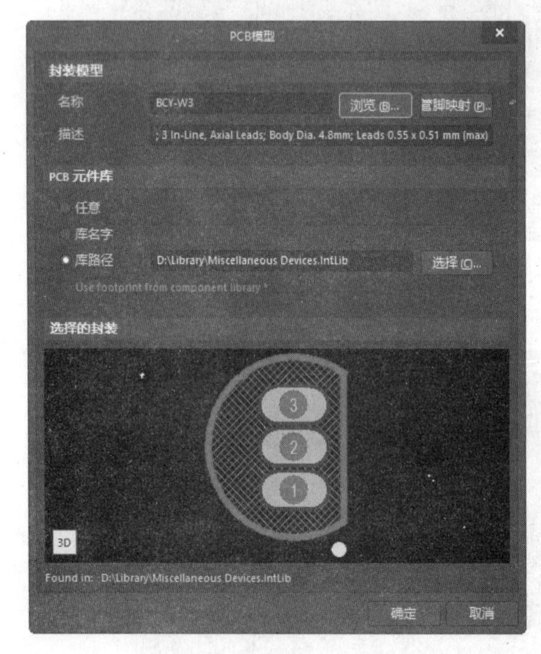

图 8-30　加载 PCB 模型

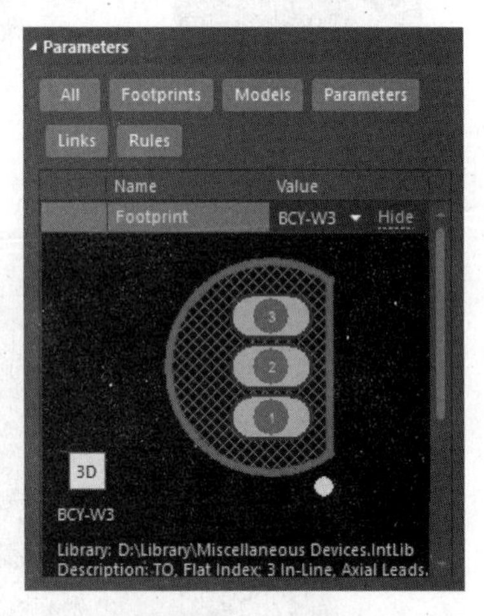

图 8-31　模型列表

8.2.7　添加电路仿真模型

电路仿真用的 SPICE 模型文件（.ckt and .mdl）存放在 Altium\Library 路径里的集成库文件中。如果在设计时进行电路仿真分析，就需要加入这些模型。

注意　如果要将这些仿真模型用到你的库元件中，建议打开包含了这些模型的集成库文件（选择“文件”→“打开”命令，然后确定你希望提取出这个源库的文件）。将所需的文件从输出文件夹（output folder 在打开集成库时生成）复制到包含源库的文件夹中。

01 类似于上述的添加“Footprint（封装）”模型，在元件属性设置面板中，单击

"Parameters（参数）"选项组下的"Add（添加）"按钮，在弹出的快捷菜单中选择"Simulation（仿真）"命令，弹出"Sim Model（仿真模型）"对话框，如图 8-32 所示。

02 此例中，选择"Model Type"下拉列表中的"BJT NPN"选项，在右侧显示参数信息，设置默认，单击"OK（确定）" 回到元件属性面板，可以看到 NPN 模型已经被加到模型列表中。

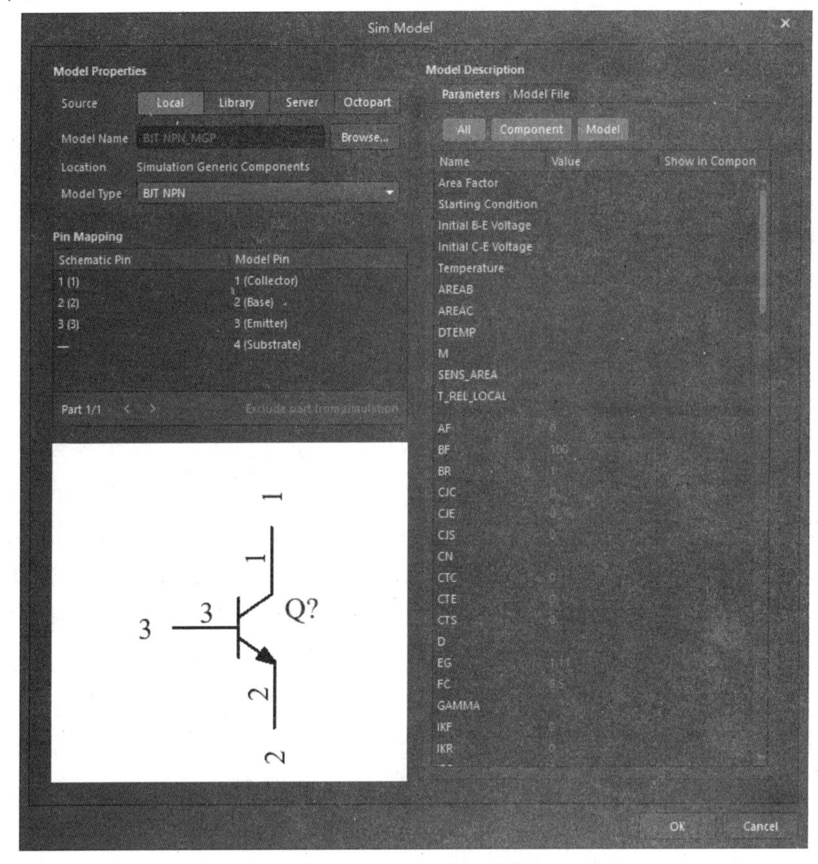

图 8-32 "Sim Model（仿真模型）"对话框

8.2.8 加入信号完整性分析模型

信号完整性分析模型中使用管脚模型比元件模型更好。配置一个元件的信号完整性分析，可以设置用于默认管脚模型的类型和技术选项，或者导入一个 IBIS 模型。

01 要加入一个信号完整性模型，在"Properties（属性）"面板中，单击"Parameters（参数）"选项组下的"Add（添加）"按钮，在弹出的快捷菜单中选择"Signal Integrity（信号完整性）"命令，弹出"Signal Integrity Model（信号完整性模型）"对话框，设置如图 8-33 所示。

02 如果需要导入一个 IBIS 文件，单击"Import IBIS"按钮，然后定位到所需的. ibs 文件。然而在本例中，输入模型的名字和描述"NPN"然后选择一个 BJT 类型。单击"OK（确定）"返回到元件属性对话框，看到模型已经被添加得到模型列表中，如图 8-34 所示。

图 8-33 “Signal Integrity Model（信号完整性模型）”对话框

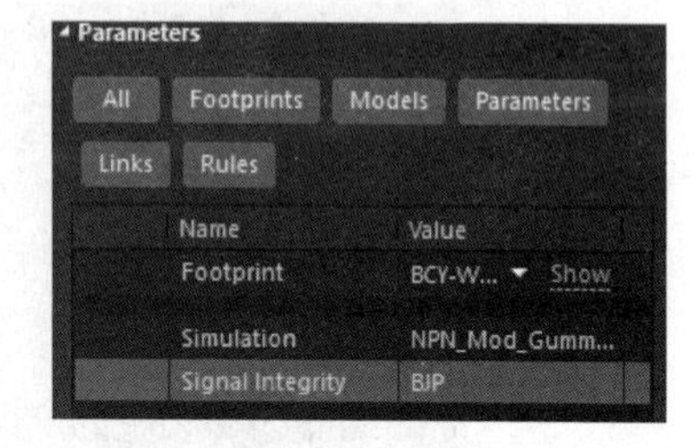

图 8-34 模型列表

8.2.9 间接字符串

用间接字符串，可以为元件设置一个参数项，当摆放元件时，这个参数可以显示在原理图上，也可以在 Altium Designer 22 进行电路仿真时使用。所有添加的元件参数都可以作为间接字符串。当参数作为间接字符串时，参数名前面有一个“＝”号作为前缀。

可以设置元件注释读取作为间接字符串加入的参数的值，注释信息会被绘制到 PCB 编辑器中。相对于两次输入这个值来说（在参数命名中输入一次，然后在注释项中再输入一次），Altium Designer 22 支持利用间接参数用参数的值替代注释项中的内容。

01 在“Properties（属性）”面板中，单击“Parameters（参数）”选项组下的“Add（添加）”按钮，在弹出的快捷菜单中选择“Parameter （参数）”命令，添加空白行，输入名称为“Value”以及参数值“100K”。当这个器件放置在原理图中，运行原理图仿真时会用到这个值。如图 8-35 所示。

02 在“Properties（属性）”面板的“General（通用）”选项卡，单击“Comment（注释）”栏，输入“＝Value”选项，关掉可视属性，如图 8-36 所示。

执行菜单栏中的“文件”→“保存”命令存储元件的图纸及属性。

03 当在原理图编辑器中查看特殊字符串时，如果当从原理图转换到 PCB 文档时注释不显示，确定是否封装器件对话框中的注释没有被隐藏。

完成的原理图库文件另存在电子资料包“yuanwenjian\ch_08\8.2”文件夹中。

图 8-35 元件参数属性添加

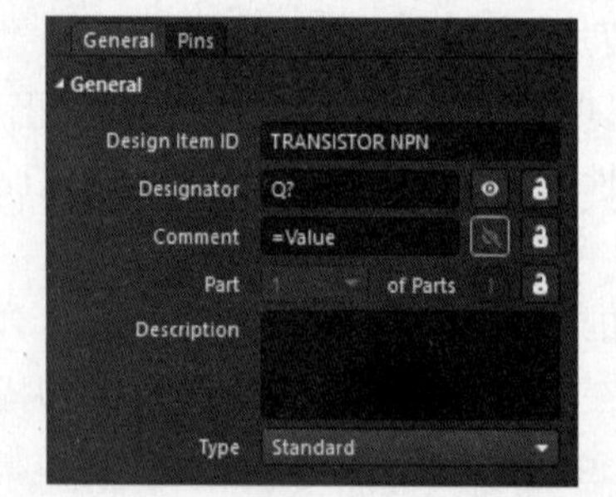

图 8-36 元件参数属性设置

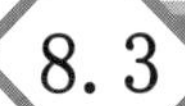

8.3 创建 PCB 元件库及元件封装

8.3.1 封装概述

电子元件种类繁多，其封装形式也是多种多样。所谓封装是指安装半导体集成电路芯片用的外壳，它不仅起着安放、固定、密封、保护芯片和增强导热性能的作用，还是沟通芯片内部世界与外部电路的桥梁。

芯片的封装在 PCB 上通常表现为一组焊盘、丝印层上的边框及芯片的说明文字。焊盘是封装中最重要的组成部分，用于连接芯片的管脚，并通过印制板上的导线连接到印制板上的其他焊盘，进一步连接焊盘所对应的芯片管脚，实现电路功能。在封装中，每个焊盘都有惟一的标号，以区别封装中的其他焊盘。丝印层上的边框和说明文字主要起指示作用，指明焊盘组所对应的芯片，方便印制板的焊接。焊盘的形状和排列是封装的关键组成部分，确保焊盘的形状和排列正确才能正确地建立一个封装。对于安装有特殊要求的封装，边框也需要绝对正确。

Altium Designer 22 提供了强大的封装绘制功能，能够绘制各种各样的新型封装。考虑到芯片管脚的排列通常是有规则的，多种芯片可能有同一种封装形式，Altium Designer 22 提供了封装库管理功能，绘制好的封装可以方便地保存和引用。

8.3.2 常用元封装介绍

总体上讲，根据元件所采用安装技术的不同，可分为通孔安装技术（Through Hole Technology，简称 THT）和表面安装技术（Surface Mounted Technology，简称 SMT）。

使用通孔安装技术安装元件时，元件安置在电路板的一面，元件管脚穿过 PCB 焊接在另一面上。通孔安装元件需要占用较大的空间，并且要为所有管脚在电路板上钻孔，所以它们的管脚会占用两面的空间，而且焊点也比较大。但从另一方面来说，通孔安装元件与 PCB 连接较好，机械性能好。例如，排线的插座、接口板插槽等类似接口都需要一定的耐压能力，因此，通常采用 THT 安装技术。

表面安装元件，管脚焊盘与元件在电路板的同一面。表面安装元件一般比通孔元件体积小，而且不必为焊盘钻孔，甚至还能在 PCB 的两面都焊上元件。因此，与使用通孔安装元件的 PCB 比起来，使用表面安装元件的 PCB 上元件布局要密集很多，体积也小很多。此外，应用表面安装技术的封装元件也比通孔安装元件要便宜一些，所以目前的 PCB 设计广泛采用了表面安装元件。

常用元件封装分类如下：

- BGA（Ball Grid Array）：球栅阵列封装。因其封装材料和尺寸的不同还细分成不同的 BGA 封装，如陶瓷球栅阵列封装 CBGA、小型球栅阵列封装 μBGA 等。
- PGA（Pin Grid Array）：插针栅格阵列封装。这种技术封装的芯片内外有多个方阵形的插针，每个方阵形插针沿芯片的四周间隔一定距离排列，根据管脚数目的多少，可以围成 2～5 圈。安装时，将芯片插入专门的 PGA 插座。该技术一般用于插拔操作比较频繁的场合。

- QFP（Quad Flat Package）：方形扁平封装，是当前芯片使用较多的一种封装形式。
- PLCC（Plastic Leaded Chip Carrier）：塑料引线芯片载体。
- DIP（Dual In-line Package）：双列直插封装。
- SIP（Single In-line Package）：单列直插封装。
- SOP（Small Out-line Package）：小外形封装。
- SOJ（Small Out-line J-Leaded Package）：J 形管脚小外形封装。
- CSP（Chip Scale Package）：芯片级封装，这是一种较新的封装形式，常用于内存条。在 CSP 方式中，芯片是通过一个个锡球焊接在 PCB 上，由于焊点和 PCB 的接触面积较大，所以内存芯片在运行中所产生的热量可以很容易地传导到 PCB 上并散发出去。另外，CSP 封装芯片采用中心管脚形式，有效地缩短了信号的传输距离，其衰减随之减少，芯片的抗干扰、抗噪性能也能得到大幅提升。
- Flip-Chip：倒装焊芯片，也称为覆晶式组装技术，是一种将 IC 与基板相互连接的先进封装技术。在封装过程中，IC 会被翻转过来，让 IC 上面的焊点与基板的接合点相互连接。由于成本与制造因素，使用 Flip-Chip 接合的产品通常根据 I/O 数多少分为两种形式，即低 I/O 数的 FCOB（Flip Chip on Board）封装和高 I/O 数的 FCIP（Flip Chip in Package）封装。Flip-Chip 技术应用的基板包括陶瓷、硅芯片、高分子基层板及玻璃等，其应用范围包括计算机、PCMCIA 卡、军事设备、个人通信产品、钟表及液晶显示器等。
- COB（Chip on Board）：板上芯片封装，即芯片被绑定在 PCB 上。这是一种现在比较流行的生产方式。COB 模块的生产成本比 SMT 低，还可以减小封装体积。

8.3.3 PCB 库编辑器

进入 PCB 库文件编辑环境的操作步骤如下：

01 单击菜单栏中的“文件”→“新的”→“库”→“**PCB** 元件库”命令，如图 8-37 所示，打开 PCB 库编辑环境，新建一个空白 PCB 库文件“PcbLib1.PcbLib”。

02 保存并更改该 PCB 库文件名称，这里改名为“NewPcbLib.PcbLib”。可以看到，在“Project（工程）”面板的 PCB 库文件管理夹中出现了所需要的 PCB 库文件，双击该文件即可进入 PCB 库编辑器，如图 8-38 所示。

PCB 库编辑器的设置和 PCB 编辑器基本相同，只是菜单栏中少了“设计”和“自动布线”命令。工具栏中也少了相应的工具按钮。另外，在这两个编辑器中，可用的控制面板也有所不同。在 PCB 库编辑器中独有的“PCB Library（PCB 元件库）”面板，提供了对封装库内元件封装统一编辑、管理的界面。

“PCB Library（PCB 元件库）”面板如图 8-38 所示，“Mask（屏蔽查询栏）”“Footprints（封装列表）”“Footprint Primitives（封装图元列表）”和“Other（缩略图显示框）”4 个区域。

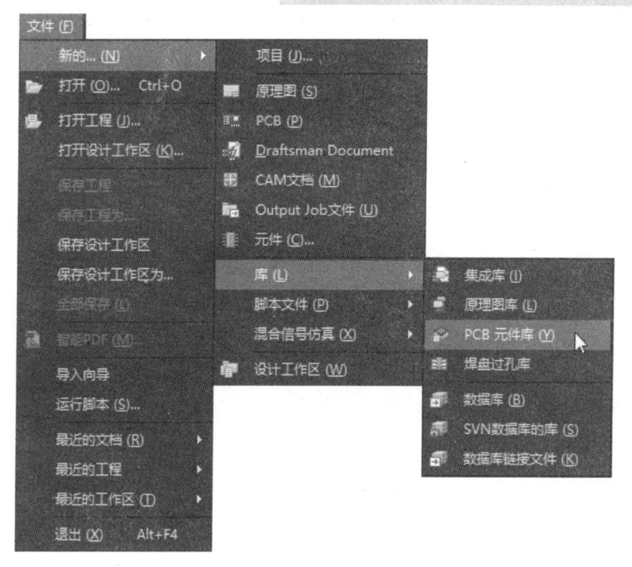

图 8-37　新建一个 PCB 库文件

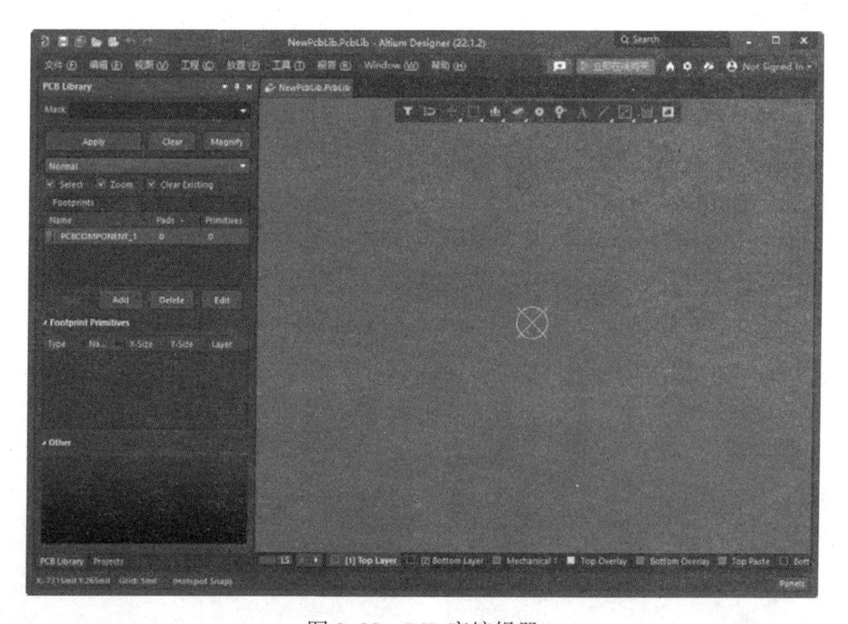

图 8-38　PCB 库编辑器

“Mask（屏蔽查询栏）”对该库文件内的所有元件封装进行查询，并根据屏蔽框中的内容将符合条件的元件封装列出。

“Footprints（封装列表）” 列出该库文件中所有符合屏蔽栏设定条件的元件封装名称，并注明其焊盘数、图元数等基本属性。单击元件列表中的元件封装名，工作区将显示该封装，并弹出如图 8-39 所示的“PCB 库封装”对话框，在该对话框中可以修改元件封装的名称和高度。高度是供 PCB 3D 显示时使用的。

在元件列表中右击，弹出的右键快捷菜单如图 8-40 所示。通过该菜单可以进行元件库的各种编辑操作。

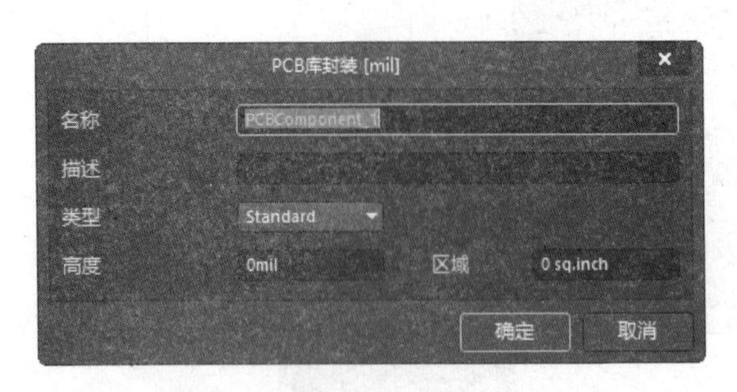

图 8-39 “PCB 库封装”对话框

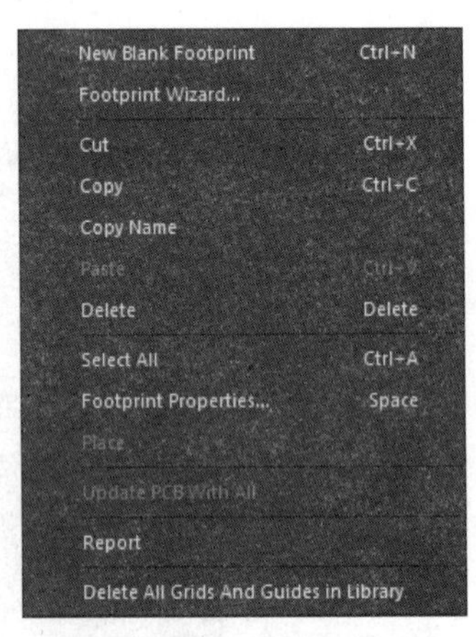

图 8-40 右键快捷菜单

8.3.4 用 PCB 元件向导创建规则的 PCB 元件封装

下面用 PCB 元件向导来创建规则的 PCB 元件封装。由用户在一系列对话框中输入参数，然后根据这些参数自动创建元件封装。这里要创建的封装尺寸信息为：外形轮廓为矩形 10mm×10mm，管脚数为 16×4，管脚宽度为 0.22mm，管脚长度为 1mm，管脚间距为 0.5mm，管脚外围轮廓为 12mm×12mm。具体的操作步骤如下：

01 单击菜单栏中的“工具”→“元件向导”命令，系统将弹出如图 8-41 所示的“Component Wizard（元件向导）”对话框。

02 单击“Next（下一步）”按钮，进入元件封装模式选择界面。在模式类列表中列出了各种封装模式，如图 8-42 所示。这里选择 Quad Packs（QUAD）封装模式，在“选择单位”下拉列表中选择公制单位“Metric（mm）”。

图 8-41 “Component Wizard（元件向导）”对话框

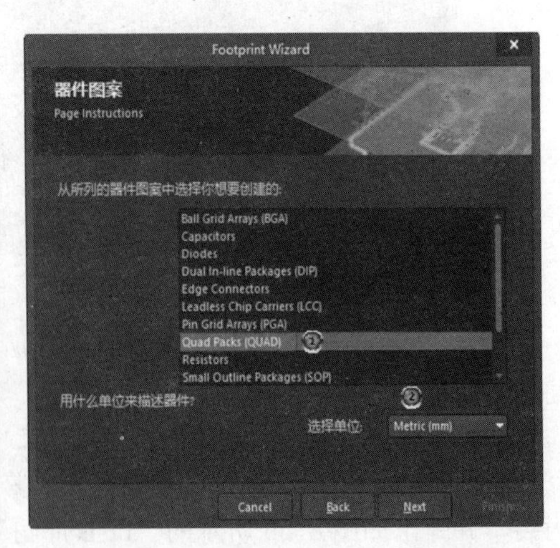

图 8-42 元件封装样式选择界面

03 单击“Next（下一步）”按钮，进入焊盘尺寸设定界面。在这里设置焊盘的长为 1mm、宽为 0.22mm，如图 8-43 所示。

04 单击“Next（下一步）”按钮，进入焊盘形状设定界面，如图 8-44 所示。在这里使用默认设置，第一焊盘为圆形，其余焊盘为方形，以便于区分。

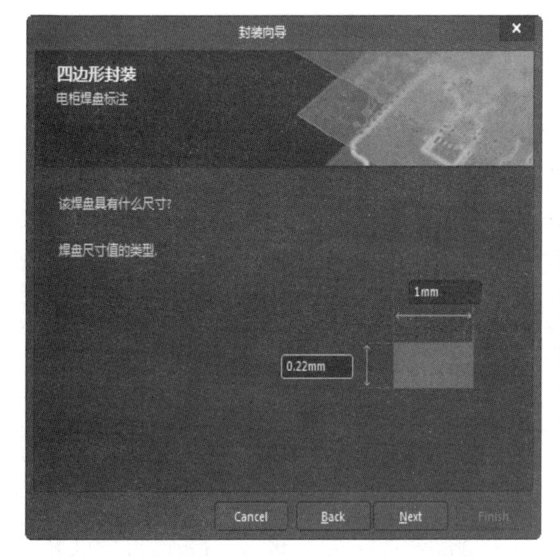

图 8-43　焊盘尺寸设定界面

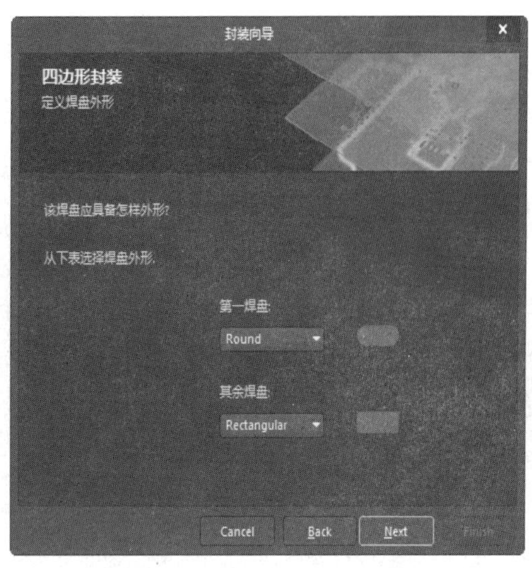

图 8-44　焊盘形状设定界面

05 单击“Next（下一步）”按钮，进入轮廓宽度设置界面，如图 8-45 所示。这里使用默认设置 0.2mm。

06 单击“Next（下一步）”按钮，进入焊盘间距设置界面。在这里将焊盘间距设置为 0.5mm，根据计算，将行、列间距均设置为 1.75mm，如图 8-46 所示。

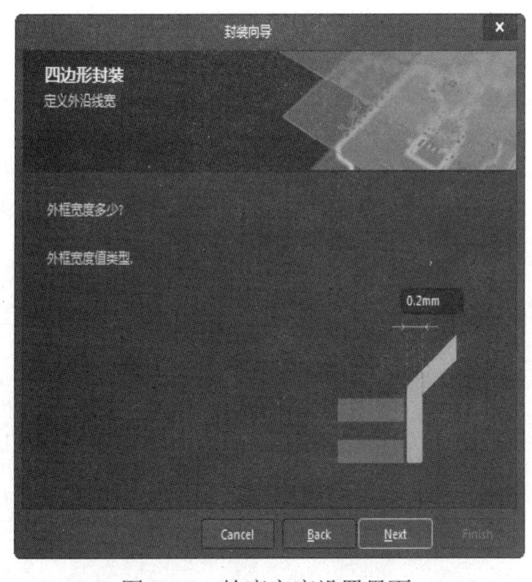

图 8-45　轮廓宽度设置界面

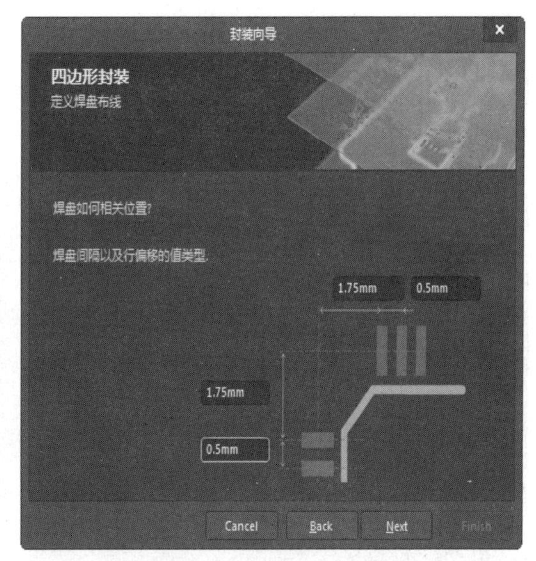

图 8-46　焊盘间距设置界面

07 单击“Next（下一步）”按钮，进入焊盘起始位置和命名方向设置界面，如图 8-47 所示。单击单选框可以确定焊盘起始位置，单击箭头可以改变焊盘命名方向。采用默认设置，将第一个焊盘设置在封装左上角，命名方向为逆时针方向。

08 单击“Next（下一步）”按钮，进入焊盘数目设置界面。将 X、Y 方向的焊盘数目均设置为 16，如图 8-48 所示。

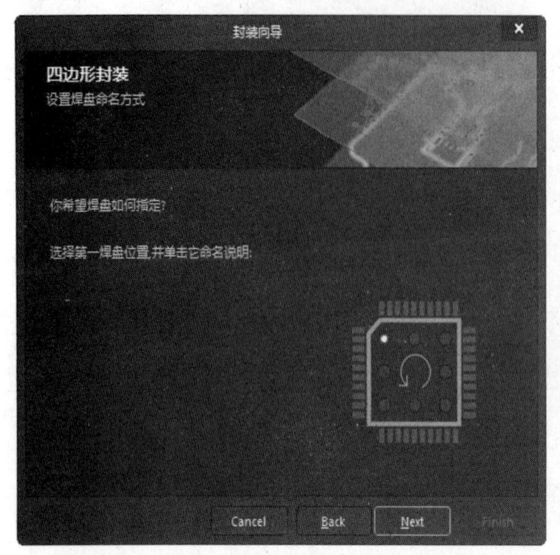

图 8-47　焊盘起始位置和命名方向设置界面

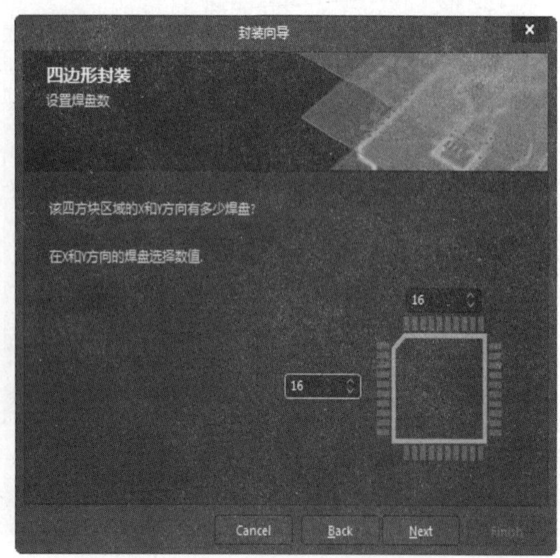

图 8-48　焊盘数目设置界面

09 单击“Next（下一步）”按钮，进入封装命名界面。将封装命名为“TQFP64”，如图 8-49 所示。

10 单击“Next（下一步）”按钮，进入封装制作完成界面，如图 8-50 所示。单击“Finish（完成）”按钮，退出封装向导。

至此，TQFP64 的封装就制作完成了，工作区内显示的封装图形如图 8-51 所示。

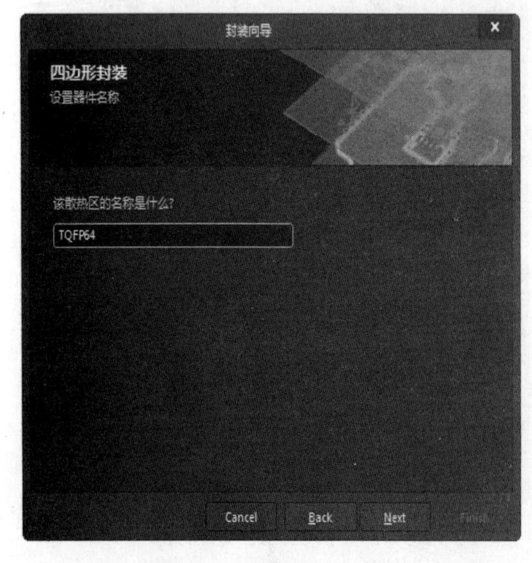

图 8-49　封装命名界面

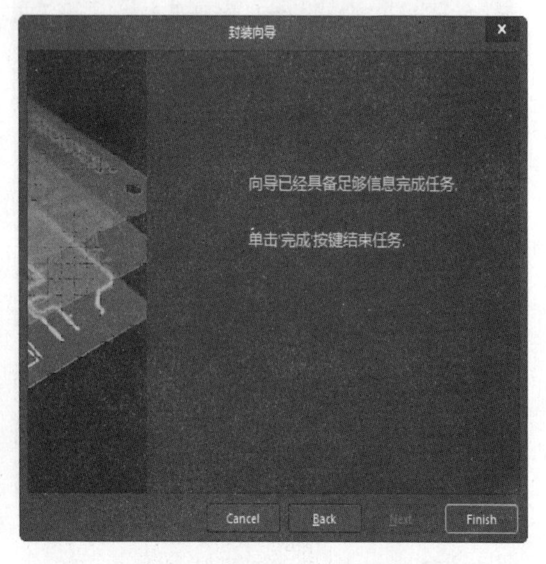

图 8-50　封装制作完成界面

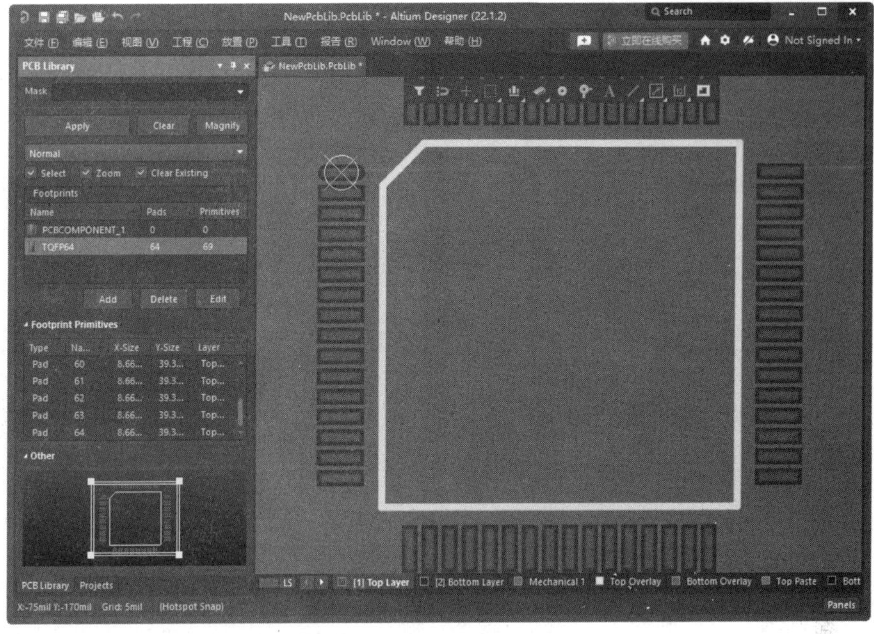

图 8-51　TQFP64 的封装图形

8.3.5　用 PCB 元件向导创建 3D 元件封装

01 单击菜单栏中的“工具”→“IPC Compliant Footprint Wirzard（IPC 兼容封装向导）”命令，系统将弹出如图 8-52 所示的“IPC Compliant Footprint Wirzard（IPC 兼容封装向导）”对话框。

02 单击“Next(下一步)”按钮，进入元件封装类型选择界面。在类型表中列出了各种封装类型，如图 8-53 所示。这里选择 PLCC 封装模式。

图 8-52　“IPC Compliant Footprint Wirzard（IPC 兼容封装向导）”对话框

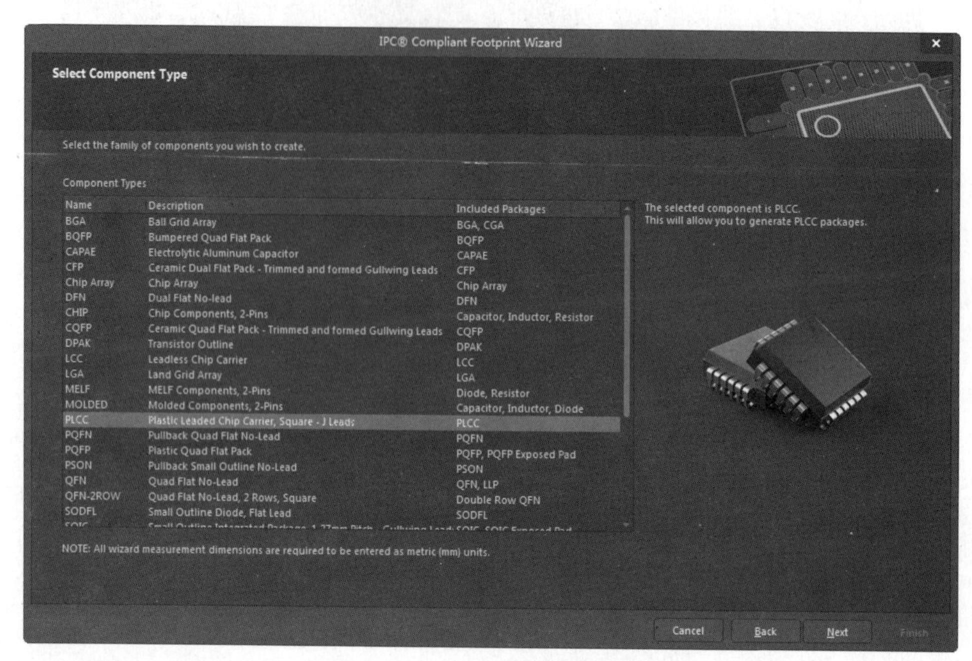

图 8-53　元件封装类型选择界面

03 单击“Next(下一步)”按钮，进入 IPC 模型外形总体尺寸设定界面。选择默认参数，如图 8-54 所示。

04 单击“Next(下一步)”按钮，进入管脚尺寸设定界面，如图 8-55 所示。在这里使用默认设置。

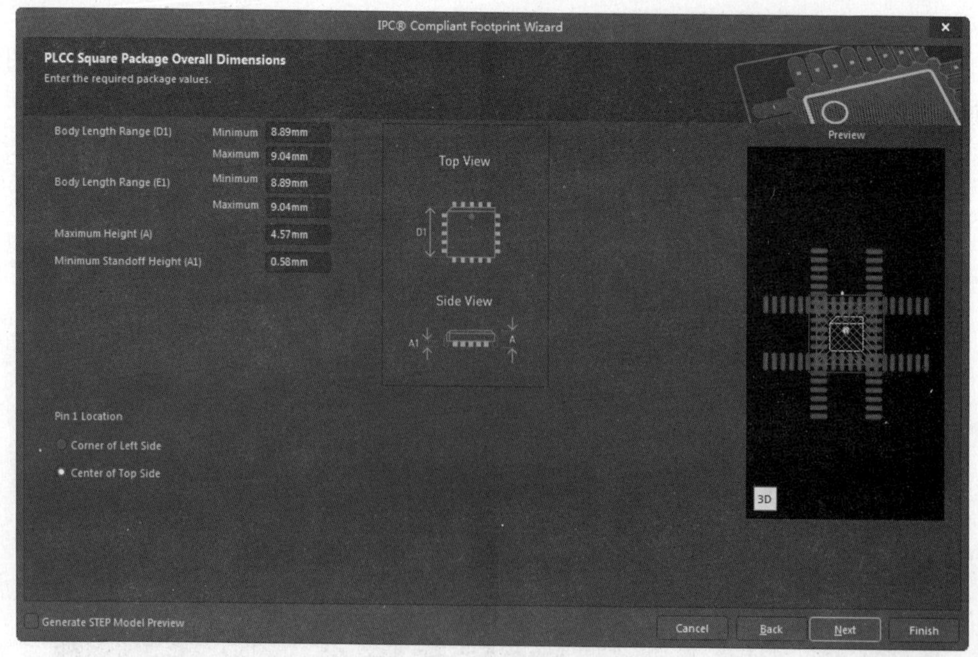

图 8-54　尺寸设定界面

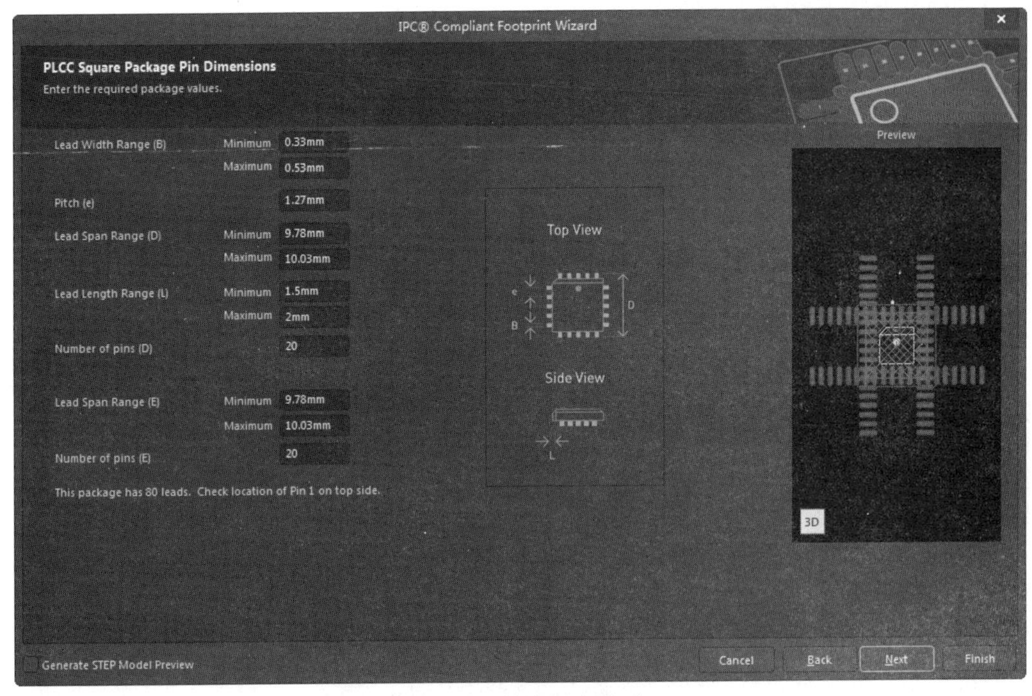

图 8-55　管脚设定界面

05 单击“Next(下一步)”按钮，进入 IPC 模型底部轮廓宽度设置界面，如图 8-56 所示。这里默认勾选“Use calculated values（使用估计值)”复选框。

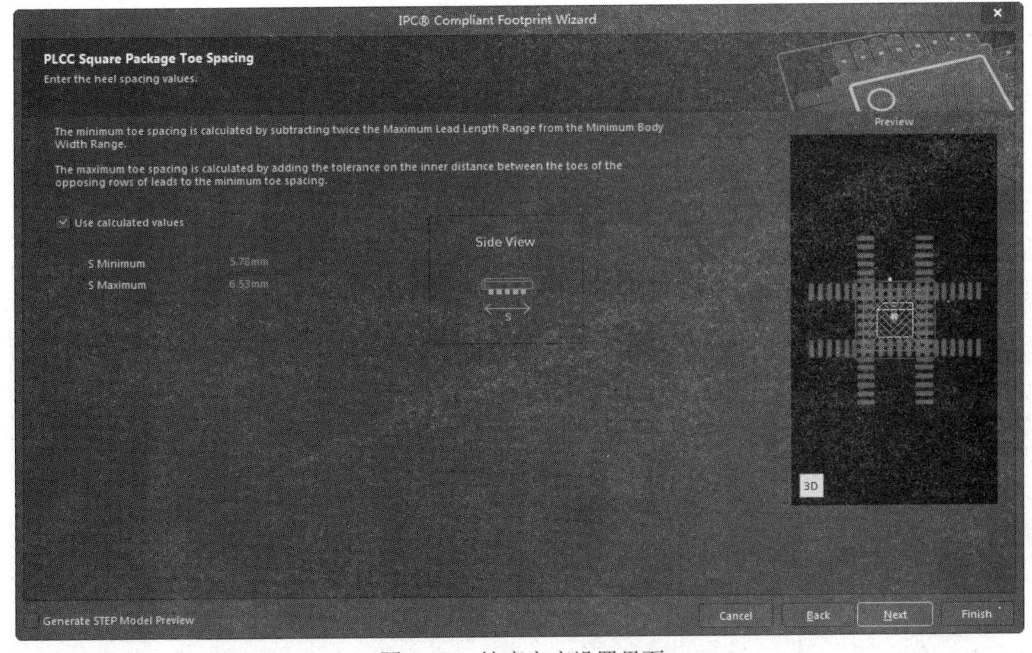

图 8-56　轮廓宽度设置界面

06 单击“Next(下一步)”按钮，进入 IPC 模型焊接片设置界面，同样适用默认值，如图 8-57 所示。

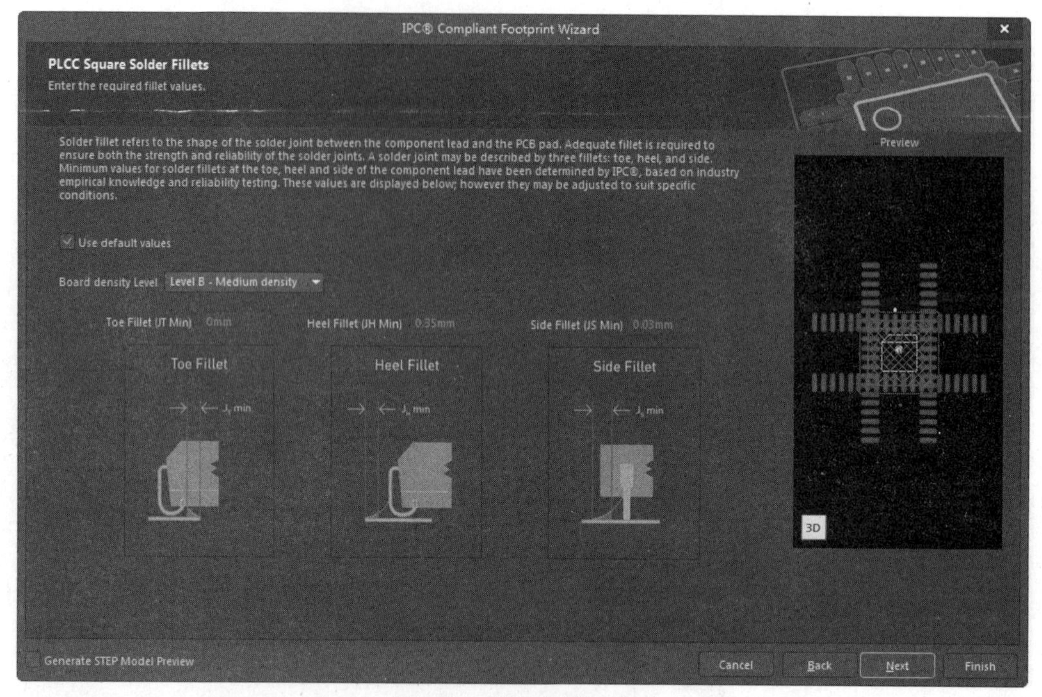

图 8-57　焊盘片设置界面

07 单击“Next(下一步)”按钮，进入焊盘间距设置界面。在这里将焊盘间距使用默认值，如图 8-58 所示。

08 单击“Next(下一步)”按钮，进入元件公差设置界面。在这里将元件公差使用默认值，如图 8-59 所示。

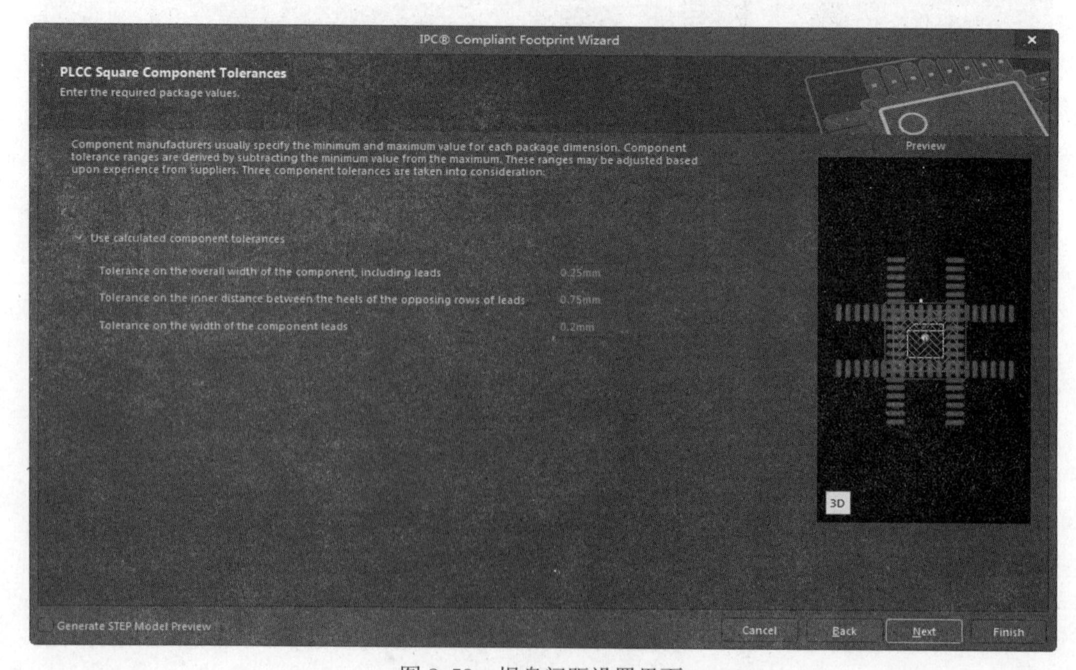

图 8-58　焊盘间距设置界面

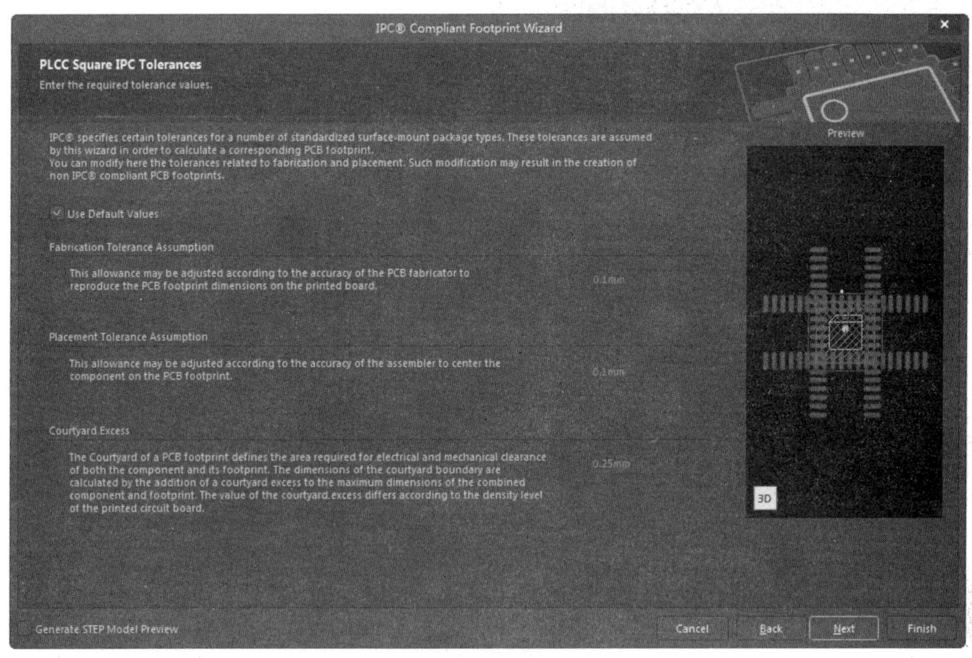

图 8-59 元件公差设置界面

09 单击“Next(下一步)”按钮，进入焊盘位置和类型设置界面，如图 8-60 所示。单击单选框可以确定焊盘位置，采用默认设置。

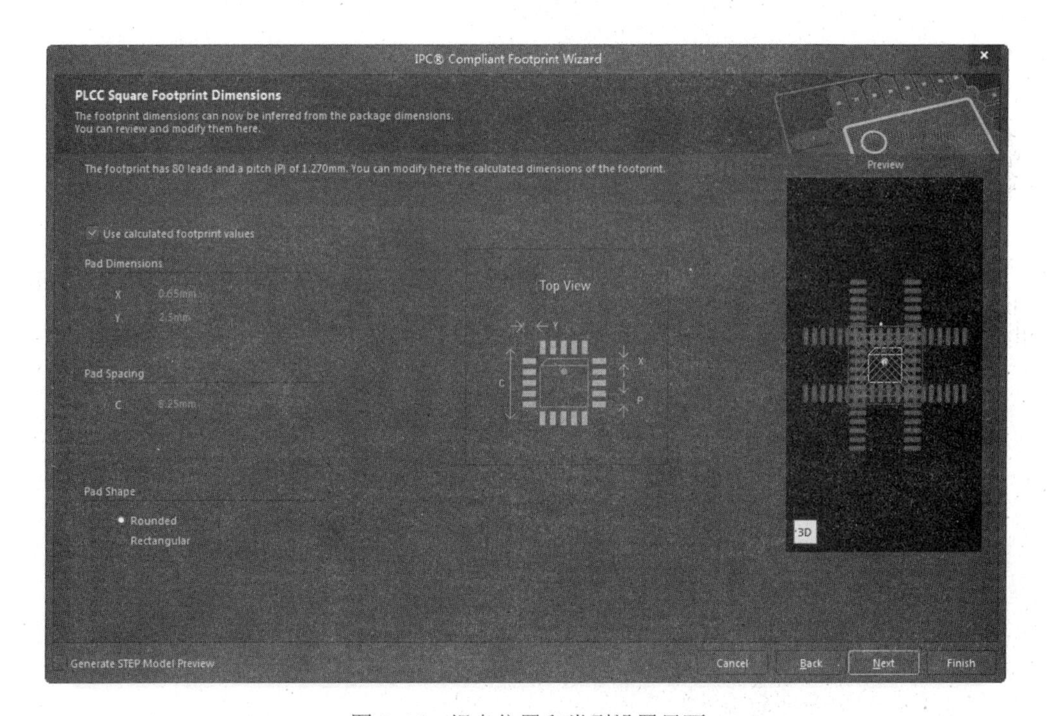

图 8-60 焊盘位置和类型设置界面

10 单击“Next(下一步)”按钮，进入丝印层中封装轮廓尺寸设置界面，如图 8-61 所示。

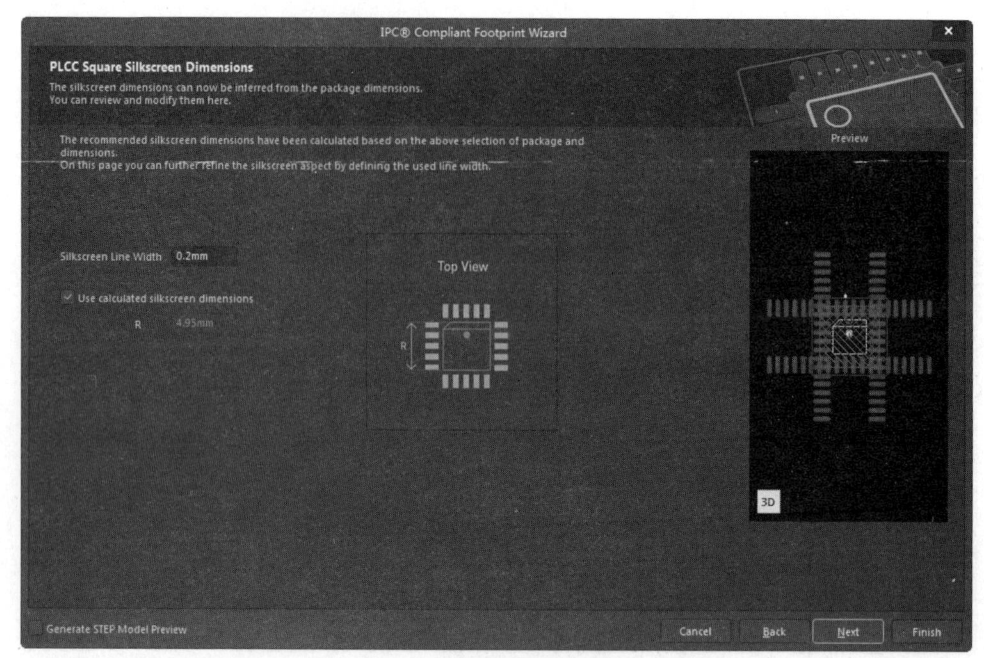

图 8-61　元件轮廓设置界面

11 单击“Next(下一步)”按钮，进入封装命名界面。取消勾选“Use suggested values（使用建议值）”复选框，则可自定义命名元件，这里默认使用系统自定义名称 PLCC127P990X990X457-80W，如图 8-62 所示。

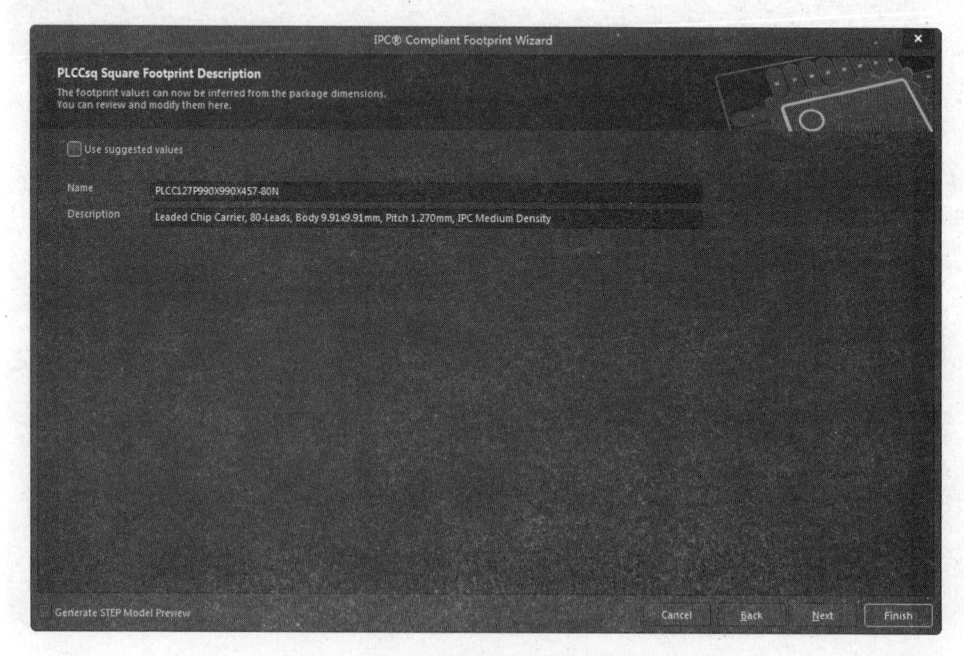

图 8-62　封装命名界面

12 单击“Next(下一步)”按钮，进入封装路径设置界面，如图 8-63 所示。

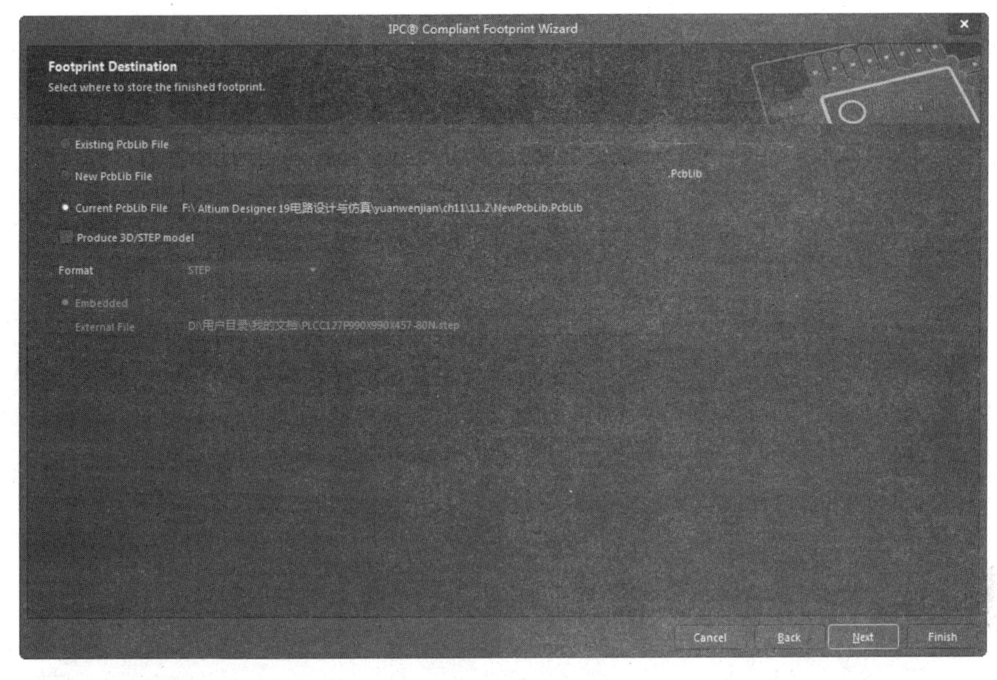

图 8-63　设置封装路径

13 单击“Next(下一步)”按钮，进入封装路径制作完成界面，如图 8-64 所示。单击“Finish（完成)”按钮，退出封装向导。

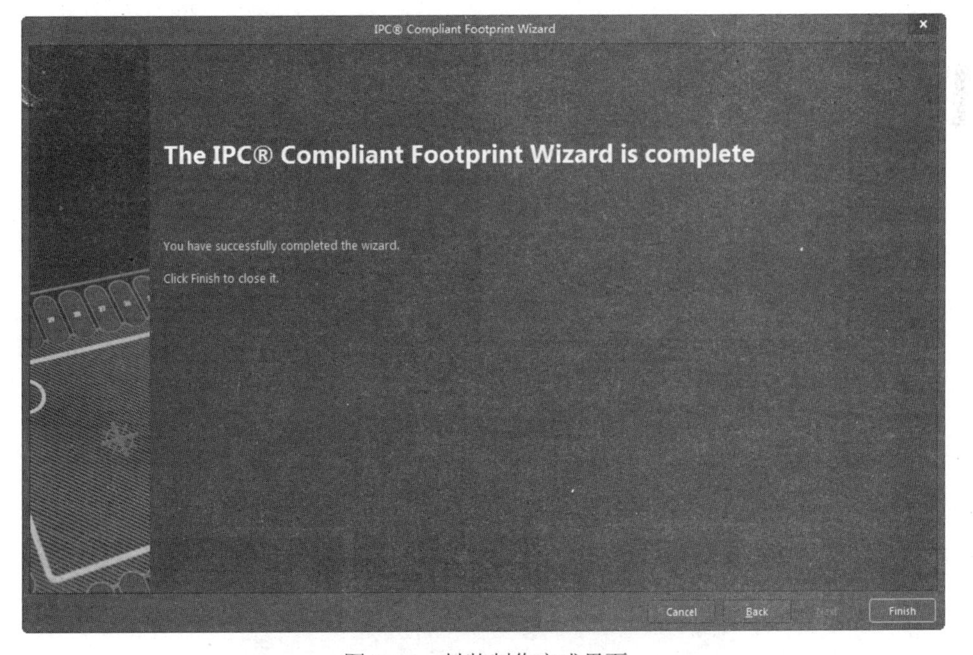

图 8-64　封装制作完成界面

至此，PLCC127P990X990X457-80W 就制作完成了，工作区内显示的封装图形如图 8-65 所示。

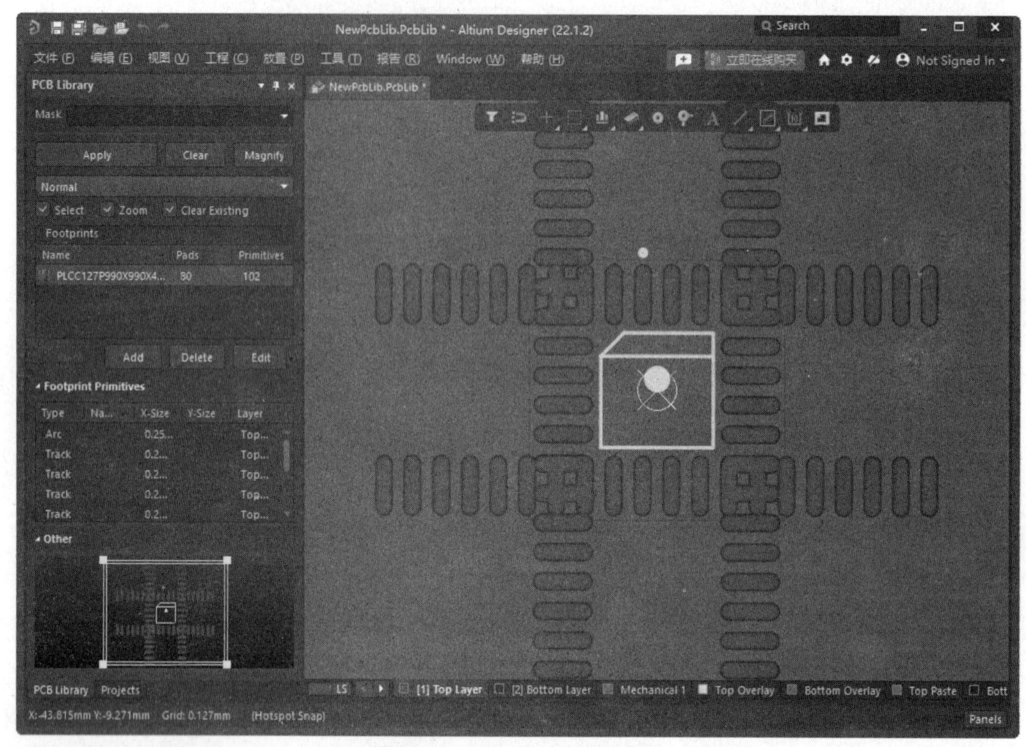

图 8-65　TQFP64 的封装图形

与使用“元器件向导”命令创建的封装符号相比，IPC 模型不单单是线条与焊盘组成的平面符号，而是实体与焊盘组成的三维模型。用键盘输入 3，切换到三维界面，显示如图 8-66 所示的 IPC 模型。

图 8-66　显示三维 IPC 模型

8.4 创建一个新的含有多个部件的原理图元件

打开电子资料包“yuanwenjian\ch08\8.4”文件夹中的“Schematic Components. SchLib”的原理图库，在其中创建新的元件。

接下来的示例中，要创建一个新的包含4个部件的元件，两输入与门，命名为74F08SJX。利用一个 IEEE 标准符号为例子创建一个可替换的外观模式。

01 在原理图库编辑器中执行“工具”→“新元件”命令，弹出如图 8-67 所示的对话框。

图 8-67　新元件名对话框

02 输入新元件的名字，例如，74F08SJX，单击“确定”按钮。新的元件名字出现在原理图库面板的元件列表中，同时一个新的元件图纸打开，一条十字线穿过图纸原点。

03 创建元件的第一个部件，包括它自己的管脚，在后面会逐条详细叙述。在本例中第一个部件将会作为其他部件的基础，除了管脚编号会有所变化。

8.4.1　创建元件外形

此元件的外形由多条线段和一个圆弧构成。确定元件图纸的原点在工作区的中心。同时也确定栅格可视。

01 画线。

❶执行“放置”→“线”命令或者单击“放置线”工具条按钮。光标变为十字形状，进入元件外形绘制模式。

❷按下<Tab>键设置线属性。在“Properties（属性）”面板中设置线宽为“Small”，如图 8-68 所示。

❸在起点坐标（250,-50）处单击或按下<Enter>键。检查设计浏览器左下角的 X,Y 轴联合坐标状态条。单击定义线段顶点（0,-50;0,-350;250,-350），画线如图 8-69 所示。

❹完成画线后，右击或按下<Esc>按钮。再次右击或按下<Esc>按钮退出画线模式。

02 画一个圆弧。画一个圆弧有 4 个步骤，设置圆弧的中心、半径、起点和终点。可以用按下<Enter>键来代替鼠标单击，完成圆弧。

❶执行“放置”→“弧”命令。之前最后一次画的圆弧出现在光标上，现在处于圆弧摆放模式。

❷双击圆弧。弹出“Arc（弧）”对话框，设置半径为 150 mil、线宽为 Small，如图 8-70 所示。

❸移动光标定位到圆弧的圆心（250,-200）并单击。光标跳转到先前已经在圆弧对话框中设置的当前默认半径上。

❹单击设置好半径。光标跳转到圆弧的起始点。

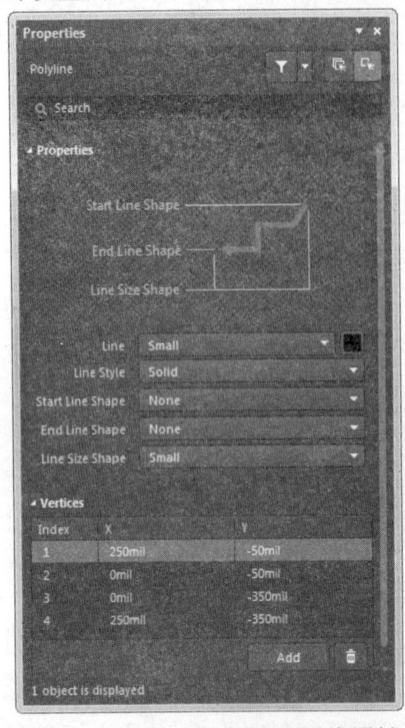

图 8-68　按下〈Tab 〉键设置线属性

图 8-69　画线

❺移动光标定位到起点，单击锚定起点。光标这时跳转到圆弧终点。移动光标定位到终点，单击锚定终点完成这个圆弧，如图 8-71 所示。

❻右击或者按下〈Esc〉键，退出圆弧摆放模式。

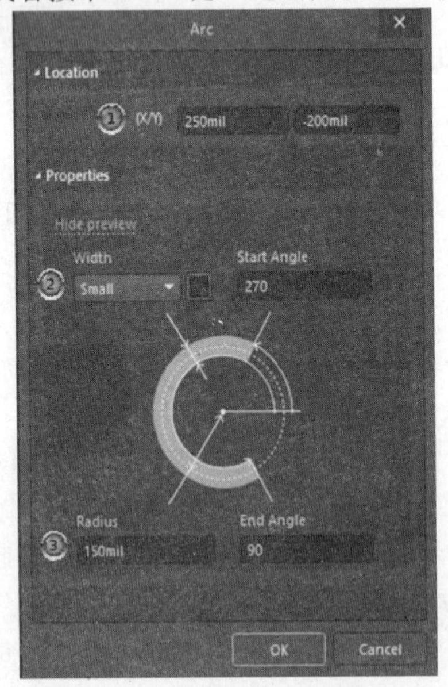

图 8-70　“Arc（弧）”对话框

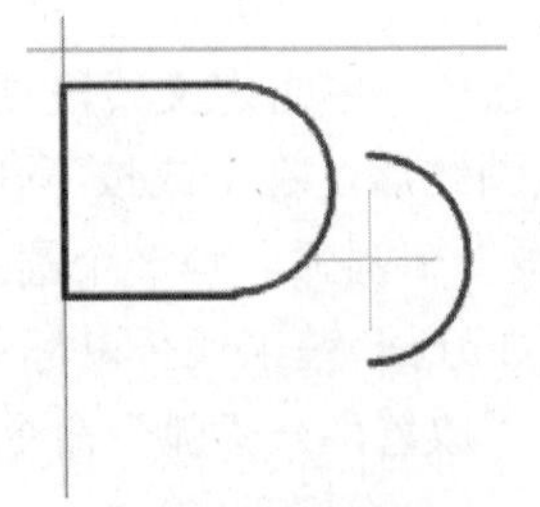

图 8-71　完成圆弧

03 添加管脚。用前面讲到的给原理图元件添加管脚的方法给第一个部件添加管脚，具体步骤在这里不再赘述。管脚 1 和 2 是输入特性，管脚 3 是输出特性。电源管脚是隐藏管脚，也就是说 GND（第七脚）和 VCC（第十四脚）是隐藏管脚。它们要支持所有的部件所以只要将它们作为部件 0 设置一次就可以了。将部件 0 简单地摆放为元件中的所有部件公用的管脚，当元件放置到原理图中时，该部件中的这类管脚会被加到其他部件中。在这些电源管脚属性对话框的属性标签下，确定它们在部件编号栏中被设置为部件 0，其电气类型设置为“Power”，隐藏复选框被选中而且管脚连接到正确的网络名，例如，VCC（第十四脚）连接到“连接到”中输入的 VCC。分别如图 8-72 和图 8-73 所示。

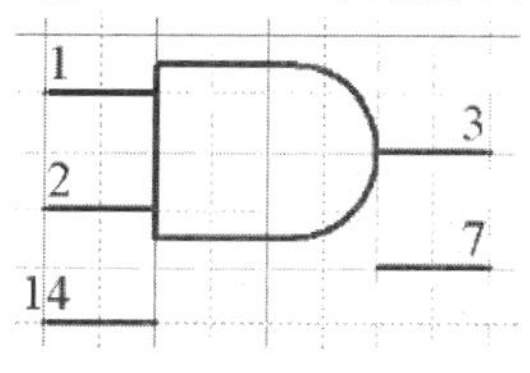

图 8-72　元件管脚标识

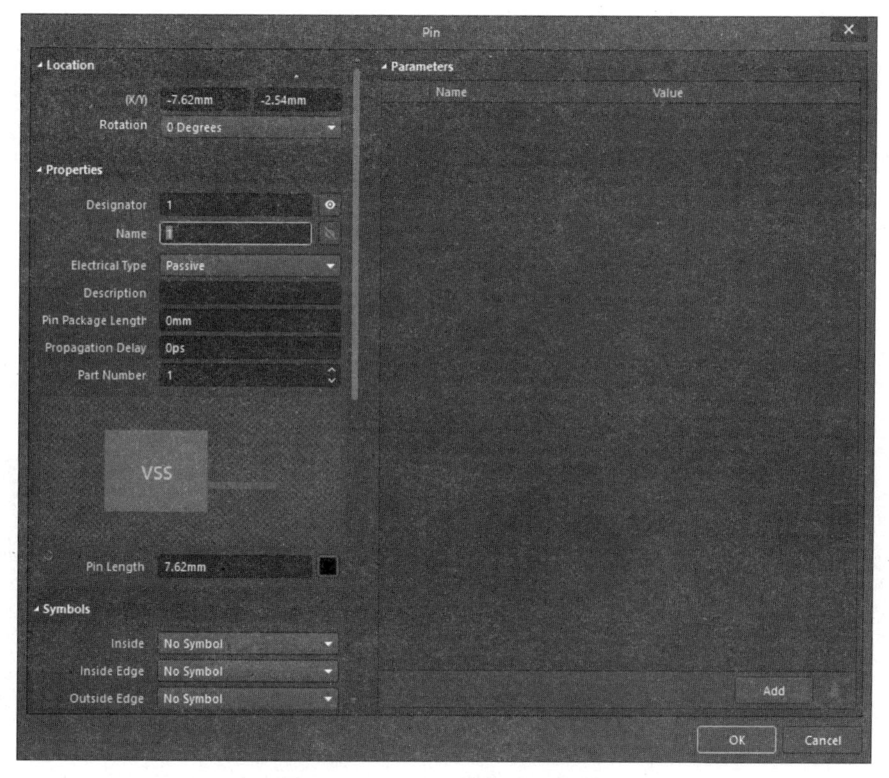

图 8-73　“Pin（管脚）”对话框

8.4.2　创建一个新的部件

01 执行菜单命令“编辑”→“选择”→“全部”，将元件全部选中。

02 执行编辑复制命令。光标会变成十字形状。单击原点或者元件的左上角，确定复制的参考点（当你粘贴时光标会抓住这个点）复制选中对象到粘贴板上。

03 执行“工具”→“新部件”命令。一个新的空白元件图纸被打开。如果点开原理图库面板中元件列表里元件名字旁边的“+”号可以看到，原理图库面板中的部件计数器会更新元件，使其拥有 Part A 和 Part B 两个部件。

04 执行编辑粘贴命令。光标上出现一个元件部件外形以参考点为参考附在光标上。移动被复制的部件，直到它定位到和源部件相同的位置。单击粘贴这个部件，如图 8-74

所示。

05 双击新部件的每一个管脚，在管脚对话框中修改管脚名字和编号以更新部件的管脚信息。

06 重复步骤 **03** ～ **05**，创建剩下的两个部件，存储库，如图 8-75 所示。完成操作后的库文件如图 8-76 所示。

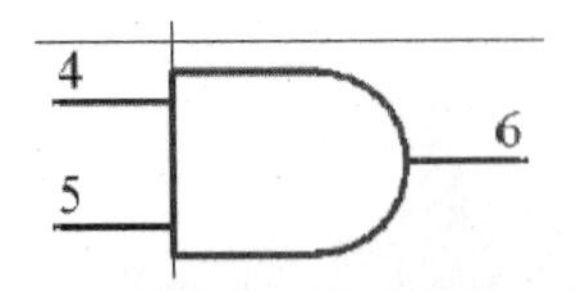

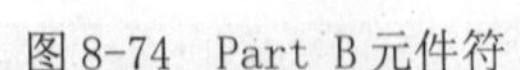

图 8-74　Part B 元件符

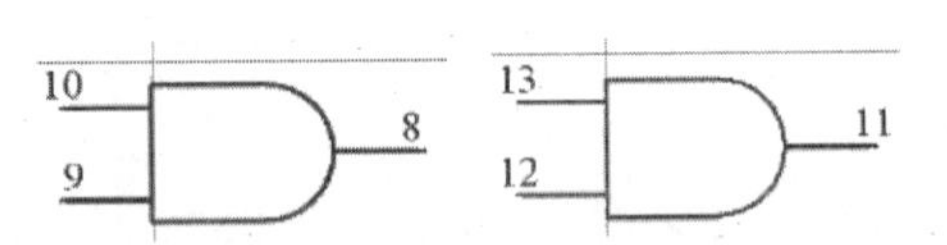

图 8-75　剩余的两个部件符号

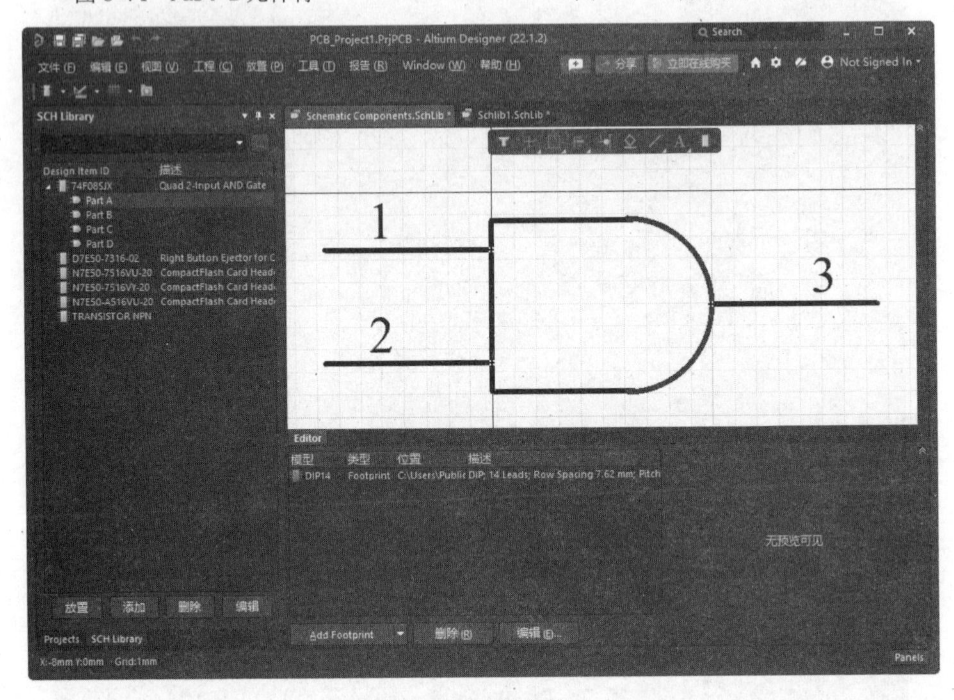

图 8-76　库文件

8.4.3　创建部件的另一个可视模型

可以同时对一个部件加入 255 种可视模型。这些可视模型可以包含任何不同的元件图形表达方式，如 DeMorgan 或 IEEE 符号。IEEE 符号库在原理图库 IEEE 工具条中。

如果添加了任何同时存在的可视模型，这些模型可以通过选择原理图库编辑器中的“Mode”按钮中的下拉列表里选择另外的外形选项来显示。当已经将这个器件放置在原理图中时，通过元件属性对话框中图形栏的下拉列表选择元件的可视模型。

当被编辑元件、部件出现在原理图库编辑器的设计窗口时，按下面步骤可以添加新的原理图部件可视模型：

01 执行“工具”→“模式”→“添加”命令，一个用于画新模型的空白图纸弹出。

02 为已经建好的且存储的库放置一个可行的 IEEE 符号，如图 8-77 所示。

8.4.4　设置元件的属性

01 在“SCH Library（原理图库）”面板元件列表里选中元件然后单击“编辑”按钮，设置元件属性。

02 在元件属性面板中填入定义的默认元件标识符如 U?，元件描述如 Quad 2-Input AND Gate，然后在模型列表中添加封装模型 DIP14，如图 8-78 所示。

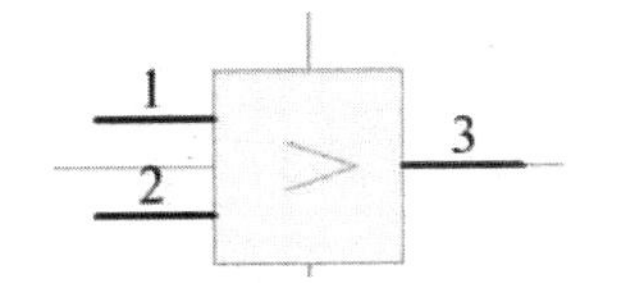

图 8-77　元件的 IEEE 符号的视图

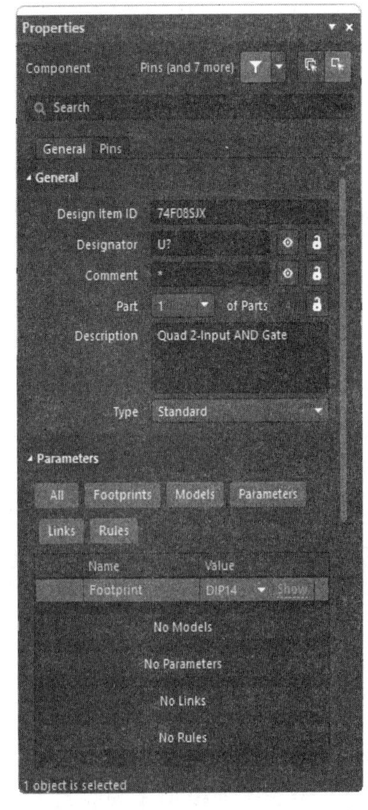

图 8-78　设置元件属性

03 存储这个元件到库中。

8.4.5　从其他库中添加元件

另外还可以将其他打开的原理图库中的元件加入到自己的原理图库中，然后编辑其属性。如果元件是一个集成库的一部分，需要打开这个.IntLib，然后选择“Yes（是）”提出源库，然后从项目面板中打开产生的库。

01 在原理图库面板中的元件列表里选择需要复制的元件，它将显示在设计窗口中。

02 执行“工具”→“复制器件”命令，将元件从当前库复制到另外一个打开的库文件中。目标库对话框弹出并列出所有当前打开的库文件，如图 8-79 所示。

03 选择需要复制文件的目标库。单击“OK（确定）”，一个元件的复制将放置到目标库中，可以在这里进行编辑。

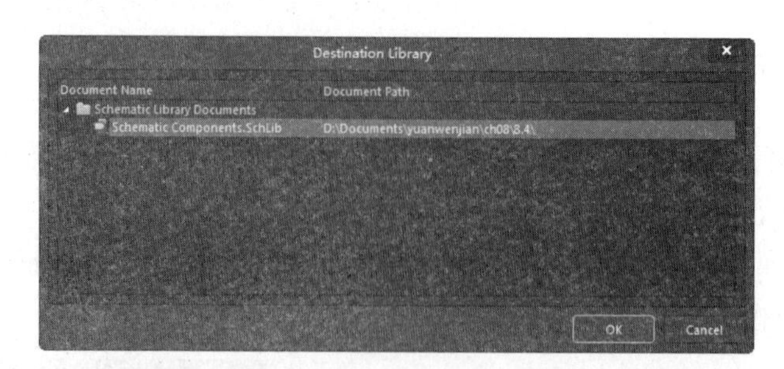

图 8-79　将元件从一个库复制到另一个库

8.4.6　复制多个元件

使用原理图库面板可以复制一个或多个库元件，在一个库里或者复制到其他打开的原理图库中。

01 用典型的 Windows 选择方法在原理图库面板中的元件列表里可以选择一个或多个元件。然后右击选择“复制”命令。

02 切换到目标库，在原理图库面板的元件列表右击，选择“粘贴”命令将元件添加到列表中。

03 使用原理图库报告检查元件。在原理图库打开的时候有三个报告可以产生，用以检查新的元件是否被正确建立。所有的报告使用 ASCII 文本格式。在产生报告时确信库文件已经存储。关闭报告文件返回到原理图库编辑器。

8.4.7　元件报告

建立一个显示当前元件所有可用信息列表的报告。

01 执行菜单命令“报告”→“器件”命令。

02 在文本编辑器中显示报告文件“Schematic Components.cmp”，报告包括元件中的部件编号以及部件相关管脚的的详细信息，如图 8-80 所示。

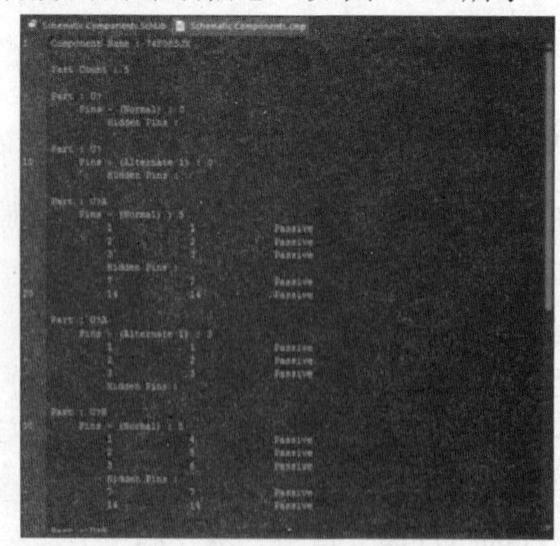

图 8-80　元件报告文件

8.4.8 库报告

建立一个显示库中器件及器件描述的报告步骤。

01 执行菜单命令“报告”→“库报告”命令，出现如图 8-81 所示对话框。

02 文本编辑器中显示报告 Schematic Componentsd. doc，如图 8-82 所示。

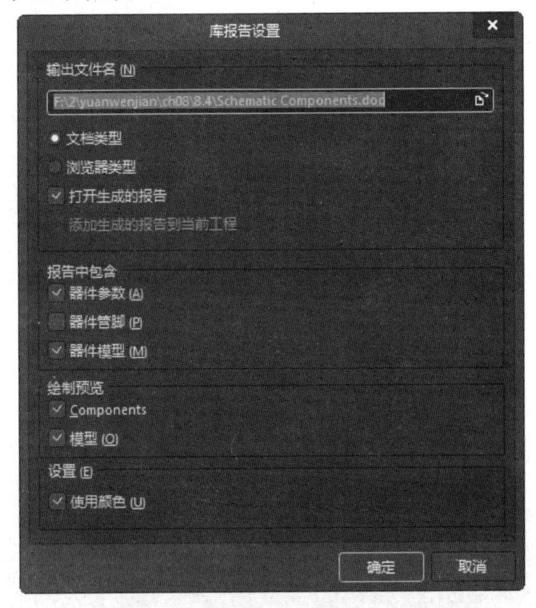

图 8-81 “库报告设置”对话框

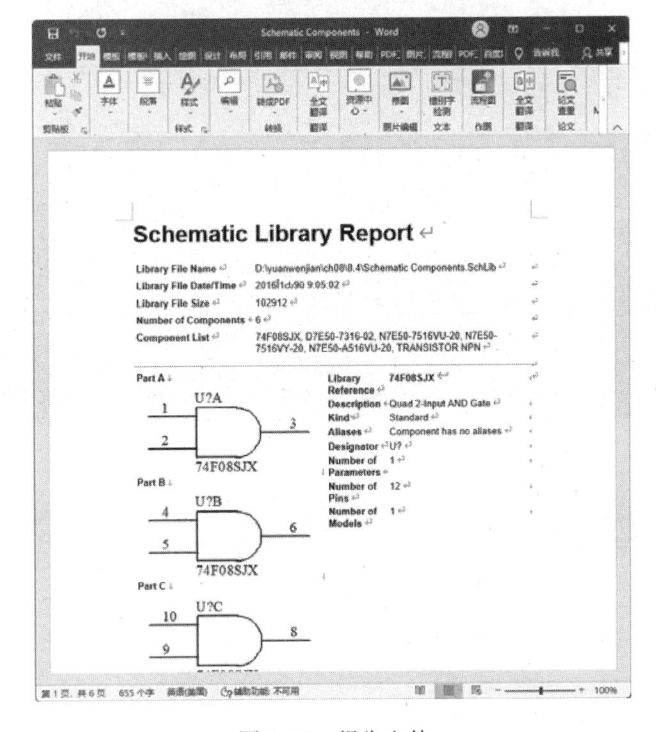

图 8-82 报告文件

8.4.9　元件规则检查器

元件规则检查器检查测试，如重复的管脚及缺少的管脚。

01 执行菜单命令“报告”→“器件规则检查”命令。弹出“库元件规则检测”对话框，如图 8-83 所示。

02 设置需要检查的属性特征，单击“确定”按钮，在文本编辑器中显示名为 Schematic Components.err 的文件，显示出任何与规则检查冲突的元件，如图 8-84 所示。

03 根据建议对库做必要的修改，再执行该报告。

完成的原理图文件另存在电子资料包“yuanwenjian\ch_08\8.4”文件夹中。

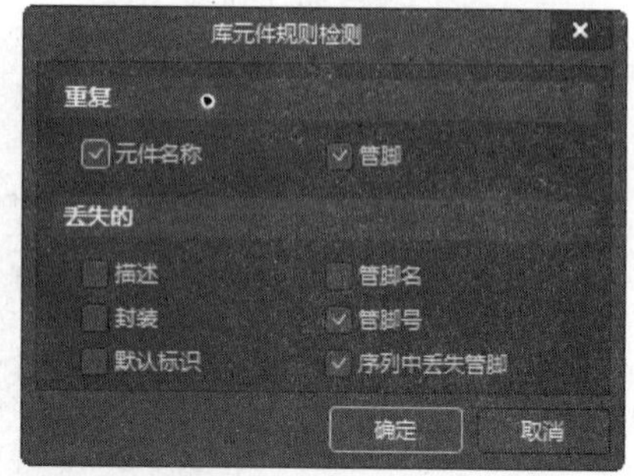

图 8-83　“库元件规则检测”对话框

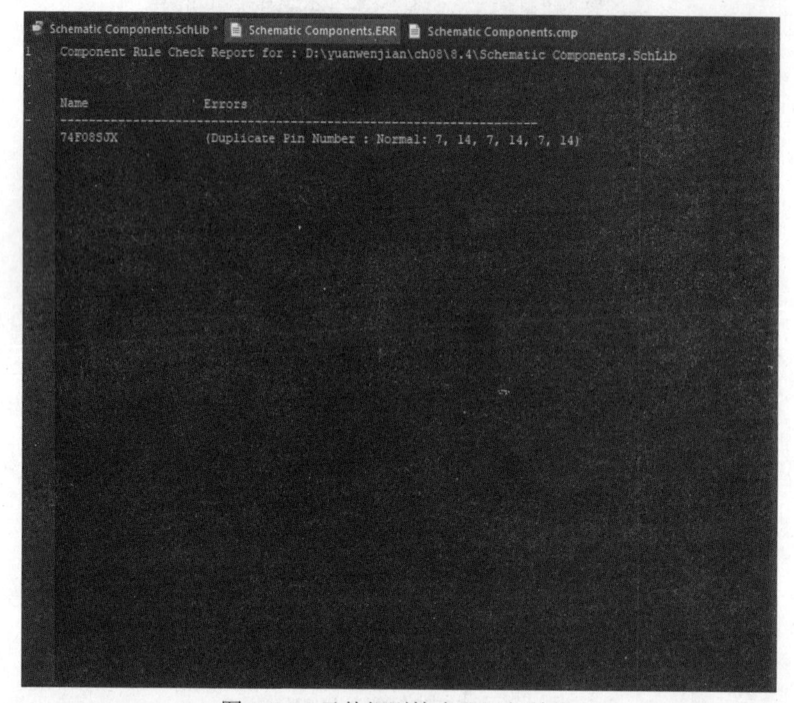

图 8-84　元件规则检查器运行结果

8.5　操作实例

8.5.1　制作 LCD 元件

本节通过制作一个 LCD 显示屏接口的原理图符号，帮助大家巩固前面所学的知识。

制作一个 LCD 元件原理图符号的具体制作步骤如下：

01 选择“文件”→“新的”→“库”→“原理图库”菜单命令。一个新的被命名为“Schlib1.SchLib”的原理图库被创建，一个空的图纸在设计窗口中被打开，右击选择“另存为”命令，将原理图库保存在“yuanwenjian\ch08\8.5\8.5.1”文件夹内，命名为“LCD.SchLib”，如图8-85所示。进入工作环境，原理图元件库内，已经存在一个自动命名的Component_1元件。

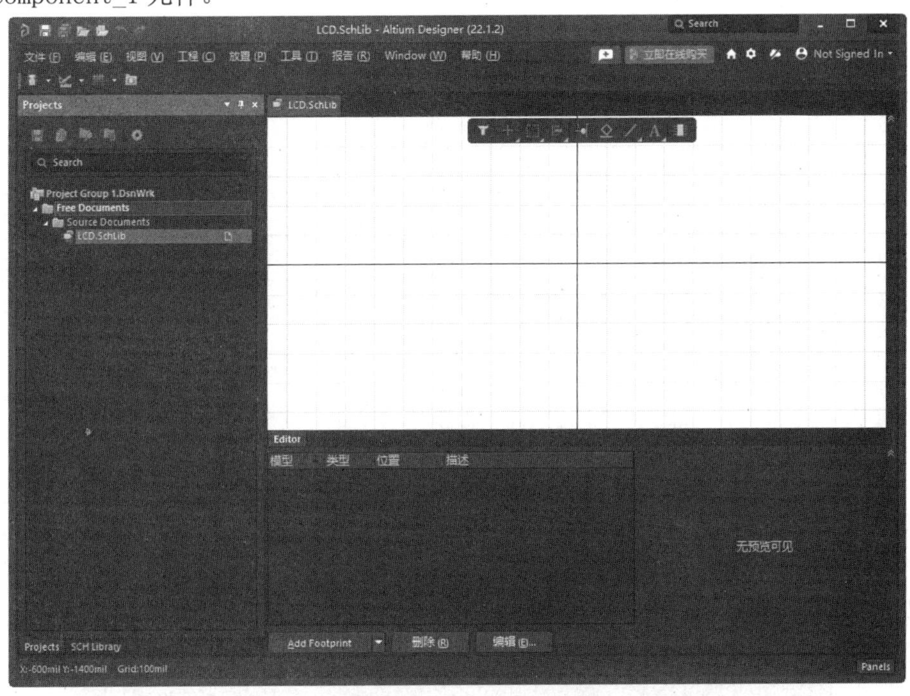

图8-85 新建原理图库

02 执行“工具”→“新器件”菜单命令，打开如图8-86所示的“New Component（新建元件）”对话框，输入新元件名称“LCD”，然后单击“确定”按钮，退出对话框。

03 元件库浏览器中多出了一个元件LCD。单击选中“Component_1”元件，然后单击“删除”按钮，将该元件删除，如图8-87所示。

04 绘制元件符号。首先，要明确所要绘制元件符号的管脚参数，见表8-1。

05 确定元件符号的轮廓，即放置矩形。单击□（放置矩形）按钮，进入放置矩形状态，绘制矩形。

图8-86 “New Component（新建元件）”对话框

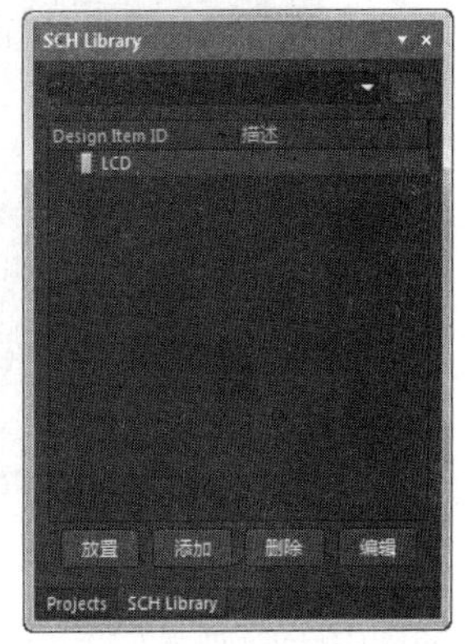

图8-87 元件库浏览器

表 8-1　元件管脚

管脚号码	管脚名称	信号种类	管脚长度	其他
1	VSS	Passive	300mil	显示
2	VDD	Passive	300mil	显示
3	VO	Passive	300mil	显示
4	RS	Input	300mil	显示
5	R/W	Input	300mil	显示
6	EN	Input	300mil	显示
7	DB0	I/O	300mil	显示
8	DB1	I/O	30mil	显示
9	DB2	I/O	300mil	显示
10	DB3	I/O	300mil	显示
11	DB4	I/O	300mil	显示
12	DB5	I/O	300mil	显示
13	DB6	I/O	300mil	显示
14	DB7	I/O	300mil	显示

06 放置好矩形后，单击 （放置管脚）按钮，光标上附着一个管脚的虚影，用户可以按空格键改变管脚的方向，然后单击，放置管脚。

07 双击管脚，打开如图 8-88 所示的“Pin（管脚）”对话框，按表 8-1 设置参数。

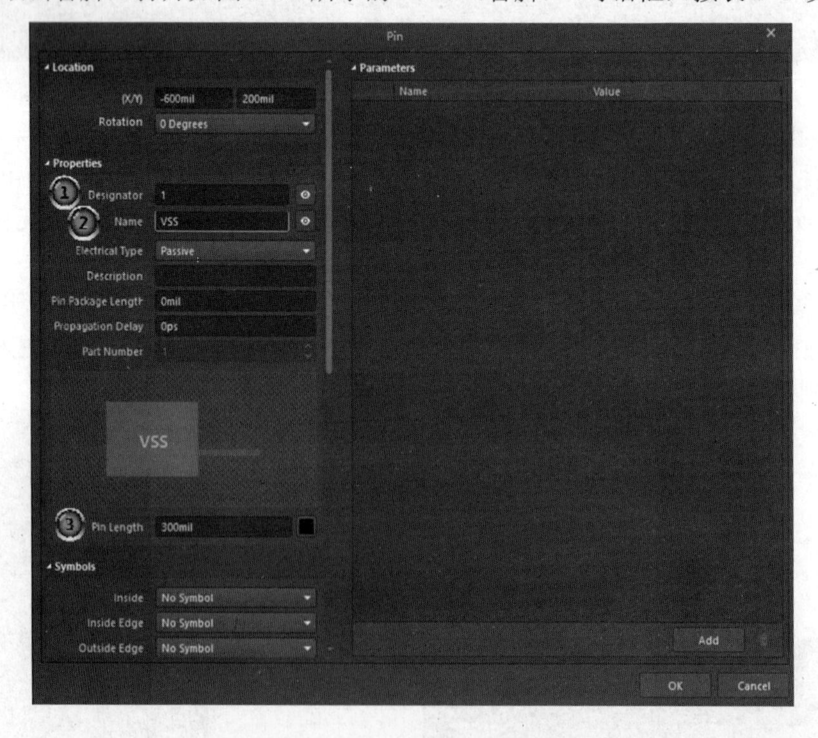

图 8-88　“Pin（管脚）”　对话框

08 由于管脚号码具有自动增量的功能，第一次放置的管脚号码为 1，紧接着放置的管脚号码会自动变为 2，所以最好按照顺序放置管脚。另外，如果管脚名称的后面是数字的话，同样具有自动增量的功能。

09 单击“实用工具”工具栏中的 （放置文本字符串）按钮，放置文本，双击该文本，打开如图 8-89 所示的“Text（文本）”对话框。在“Text（文本）”栏输入“LCD”，按“Font（字体）”文本框右侧按钮打开字体下拉列表，将字体大小设置为 20，然后把字体放置在合适的位置。

10 编辑元件属性。

❶从“SCH Library（原理图库）”面板里元件列表中选择元件，然后单击“编辑”按钮，弹出“Component（元件）”属性面板，如图 8-90 所示，在“Designer（标识符）”栏输入预置的元件序号前缀（在此为“U？”），在“Comment（注释）”栏输入元件名称 LCD。

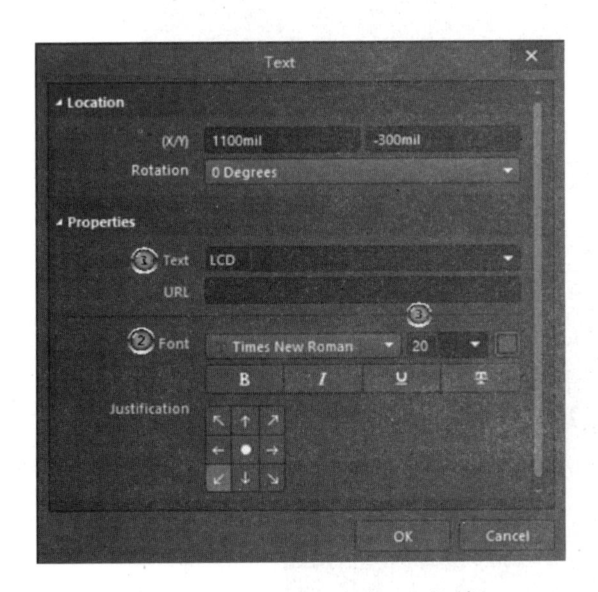

图 8-89　“Text（文本）”对话框

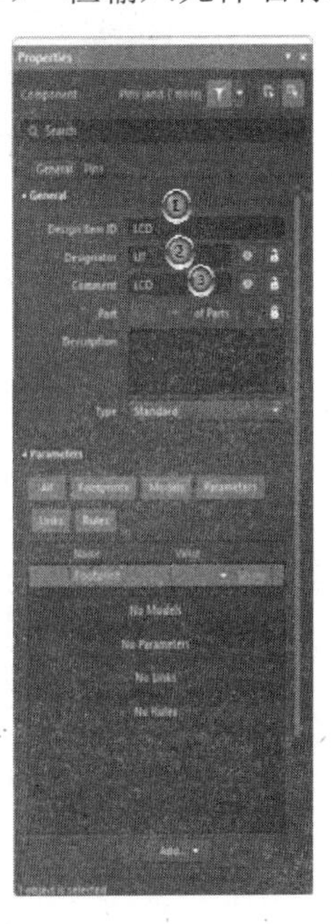

图 8-90　设置元件属性

❷在“Pins（管脚）”选项卡单击编辑管脚按钮 ，弹出“元件管脚编辑器”对话框，如图 8-91 所示。

❸单击“确定”按钮，关闭对话框。

❹在“Properties（属性）”面板中，单击“Parameters（参数）”选项组下的“Add（添加）”按钮，在弹出的快捷菜单中选择“Footprint（封装）”命令，弹出“PCB 模型”对话框，如图 8-92 所示。

❺在弹出的对话框中单击“浏览”按钮，找到已经存在的模型（或者简单地写入模型的名字，稍后将在 PCB 库编辑器中创建这个模型），弹出“浏览库”对话框，单击“查找”按钮，弹出“基于文件的库搜索”对话框，如图 8-93 所示。

❻单击“路径”栏旁的浏览文件按钮 ，设置路径下，在“浏览库”对话框中勾选“包括子目录”复选框。在名字栏输入“DIP-14”，然后单击“查找”按钮，如图 8-94 所示。

图 8-91 “元件管脚编辑器”对话框

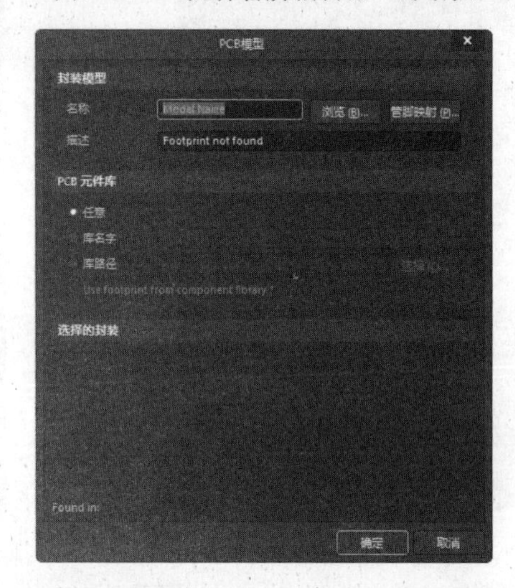

图 8-92 “PCB 模型”对话框

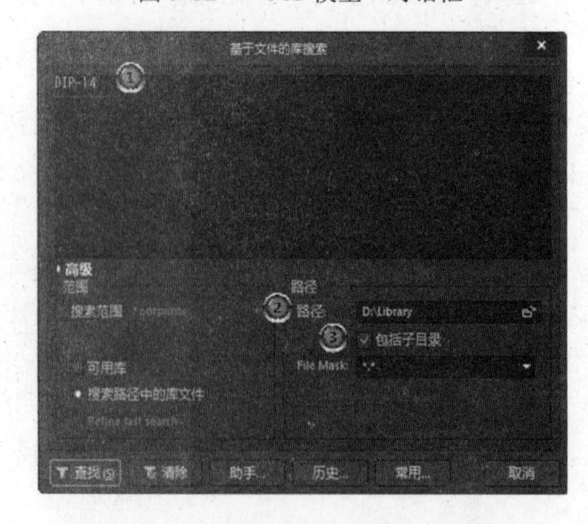

图 8-93 “基于文件的库搜索”对话框

❼找到对应这个封装所有的类似的库文件。如果确定找到了文件，则单击“Stop（停止）”按钮停止搜索。单击选择找到的封装文件后，单击“确定”按钮，关闭该对话框。加载这个库在浏览库对话框中。回到 PCB 模型对话框，如图 8-95 所示。

❽单击“确定”按钮，向元件加入这个模型。模型的名字列在元件属性对话框的模型列表中，完成元件编辑。

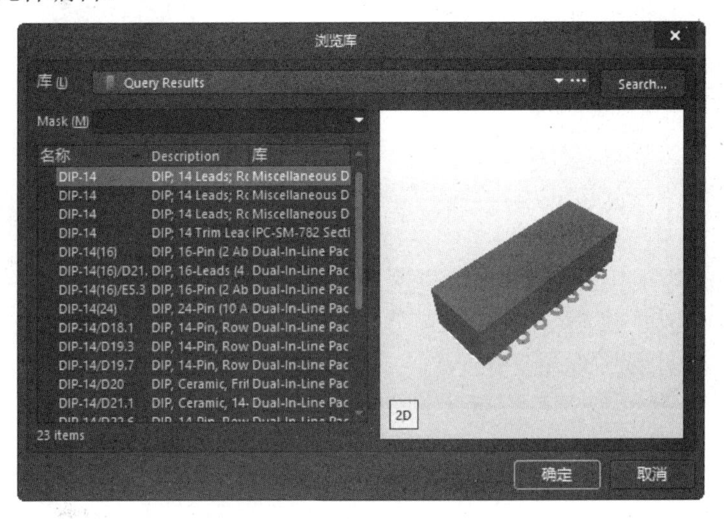

图 8-94　“浏览库”对话框

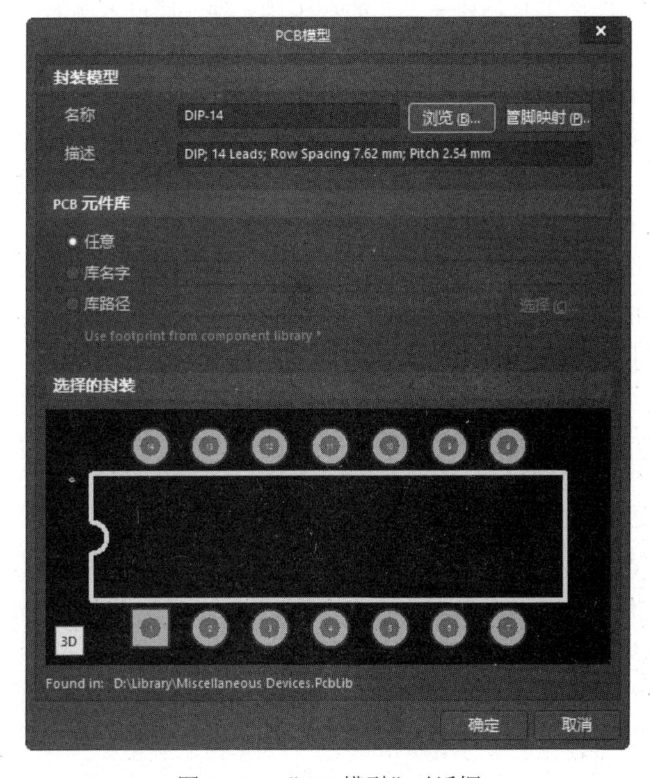

图 8-95　“PCB 模型”对话框

11 完成的 LCD 元件如图 8-96 所示。最后保存元件库文件即可完成该实例。

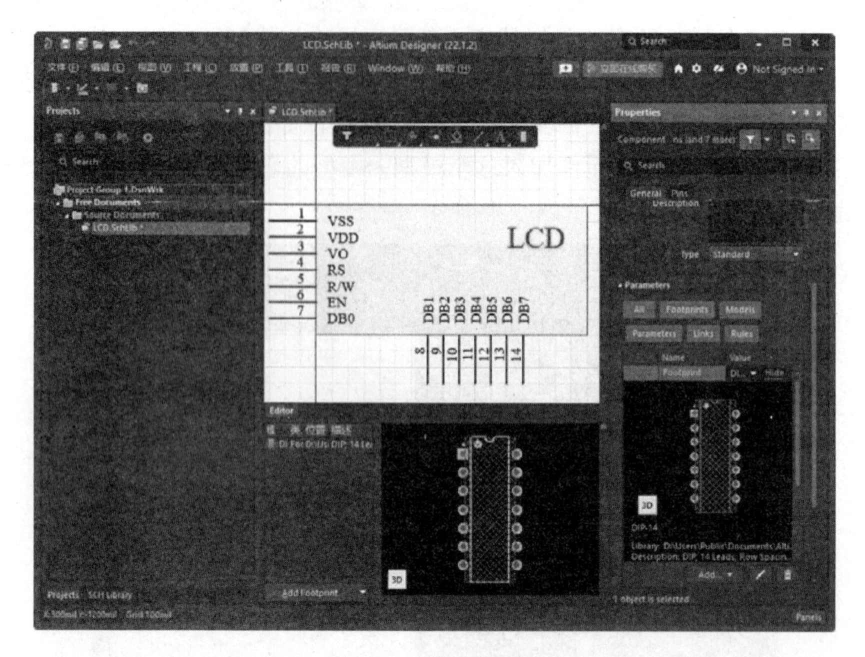

图 8-96　LCD 元件完成图

8.5.2　制作变压器元件

在本例中，将用绘图工具创建一个新的变压器元件。通过本例的学习，读者将了解在原理图元件编辑环境下，新建原理图元件库创建新的元件原理图符号的方法，同时学习绘图工具条中绘图工具按钮的使用方法。

01 选择“文件”→“新的”→“库”→“原理图库”菜单命令。一个命名为“Schlib1.SchLib”的原理图库被创建，一个空的图纸在设计窗口中被打开。

右击选择“另存为”命令，将原理图库保存在“yuanwenjian\ch_08\8.5\8.5.2”文件夹内，命名为“BIANYAQI.SchLib”，进入工作环境，原理图元件库内，已经存在一个自动命名的 Component_1 元件。

02 编辑元件属性。从“SCH Library（原理图库）”面板里元件列表中选择元件，然后单击“编辑”按钮，弹出“Properties（属性）”面板，如图 8-97 所示。在“Design Item ID（设计项目地址）”栏输入新元件名称“BIANYAQI”，在“Designer（标识符）”栏输入预置的元件序号前缀（在此为“U？”），在“Comment（注释）”栏输入元件注释 BIANYAQI，元件库浏览器中多出了一个元件 BIANYAQI。

03 绘制原理图符号。

❶在图纸上绘制变压器元件的弧形部分。单击“应用工具”工具栏的（放置椭圆弧）按钮，这时光标变成十字形状。在图纸上绘制一个如图 8-98 所示的弧线。

❷因为变压器的左右线圈由 8 个圆弧组成，所以还需要另外 7 个类似的弧线。可以用复制、粘贴的方法放置其他的 7 个弧线，再将它们一一排列好，对于右侧的弧线，只需要在选中后按住鼠标左键，然后按 X 键即可左右翻转，如图 8-99 所示。

❸绘制变压器中间的直线。单击“放置”→“线”菜单命令，在原副线圈中间绘制一

条直线，如图 8-100 所示。然后双击绘制好的直线，打开“PolyLine（折线）”对话框，如图 8-101 所示，将直线的“Line（宽度）”设置为 Medium。

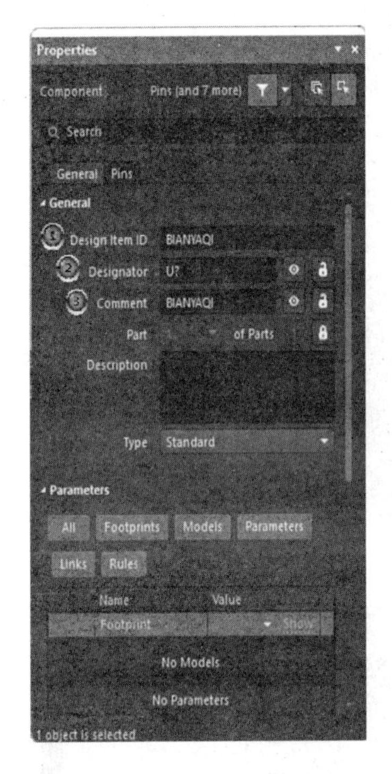

图 8-97　“Properties（属性）”面板

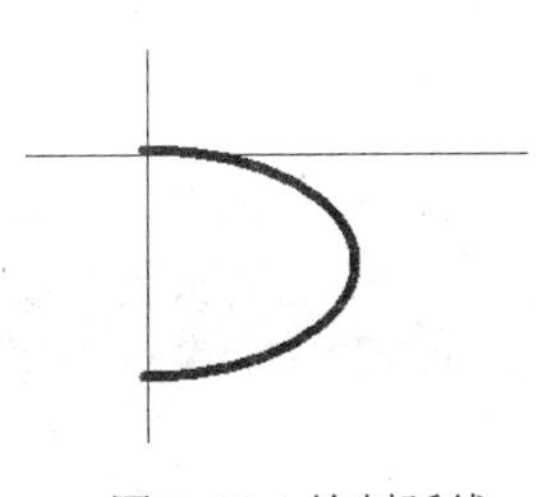

图 8-98　绘制弧线

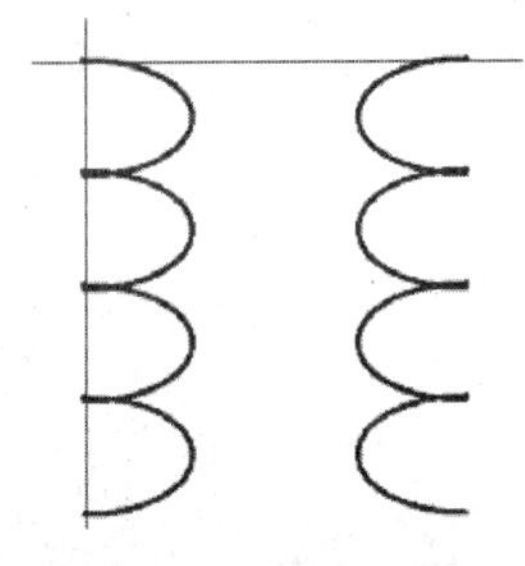

图 8-99　放置其他的圆弧

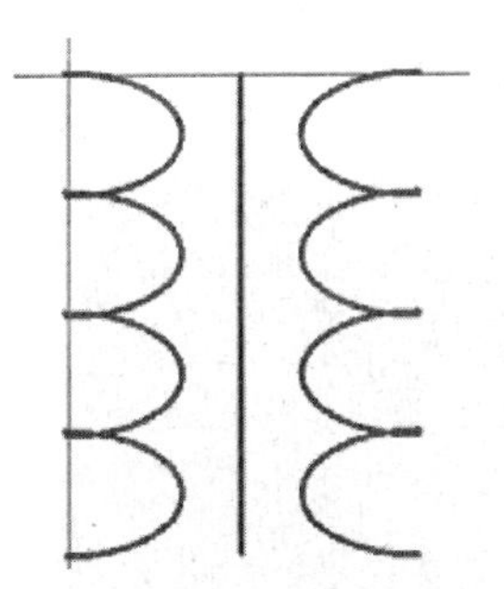

图 8-100　绘制线圈中的直线

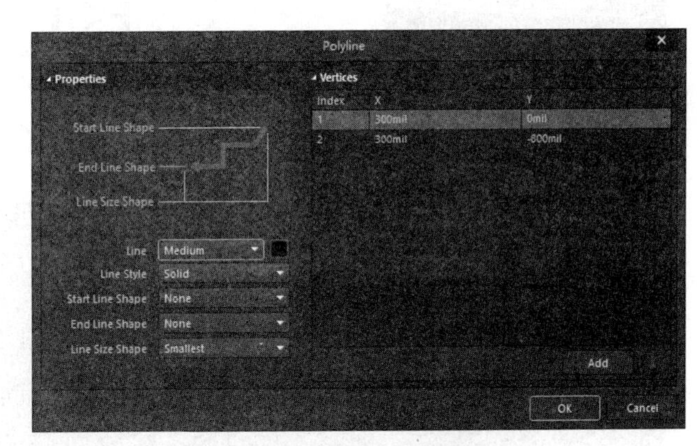

图 8-101　设置直线属性

❹绘制线圈上的引出线。单击“放置”→“线”菜单命令，或者单击“布线”工具栏的 （放置线）按钮，这时光标变成十字形状，在线圈上绘制出 4 条引出线。单击“常用工具”工具栏“原理图符号绘制”下拉列表中的“放置管脚”按钮，放置管脚并双击，弹出“Pin（管脚）”对话框，在该对话框中，取消选中“Designator（编号）”栏、“Name（名称）”栏文本框后面的“不可见”按钮，表示隐藏管脚编号与名称，如图 8-102 所示。绘制 4 个管脚，如图 8-103 所示。

04 变压器元件就创建完成了，如图 8-104 所示。

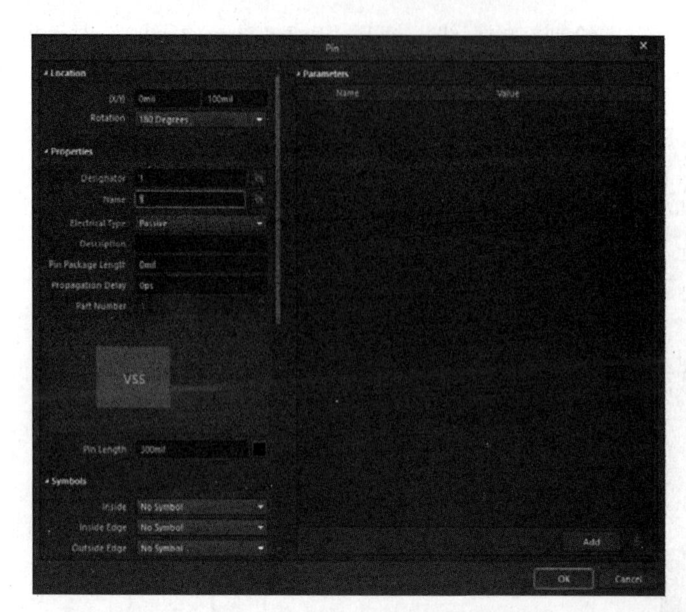

图 8-102　设置管脚属性

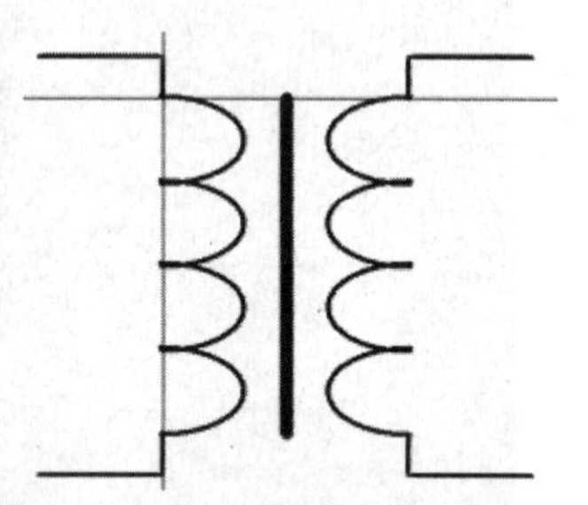

图 8-103　绘制直线和管脚

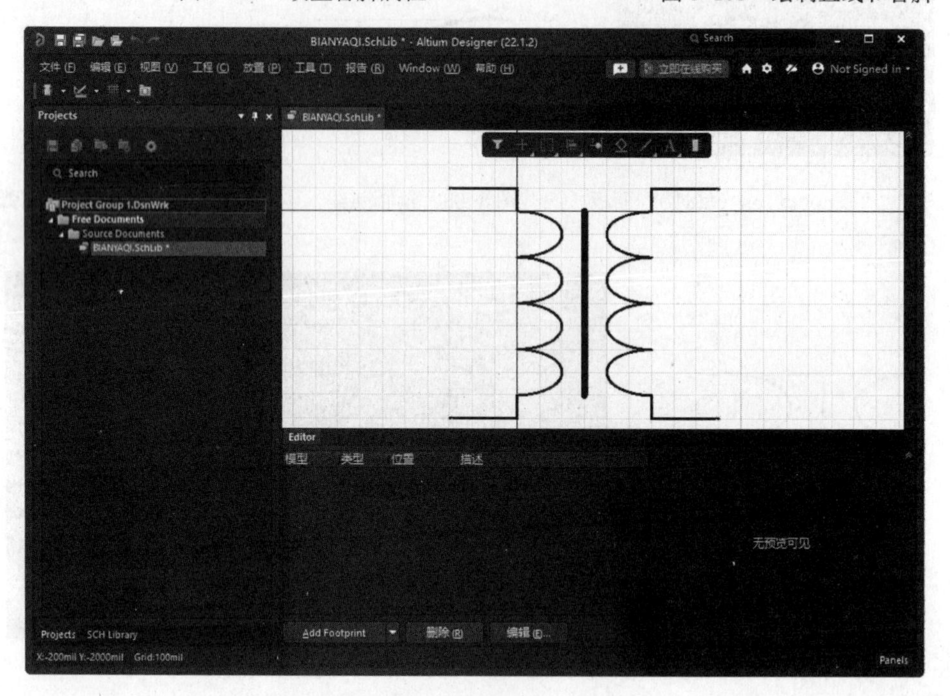

图 8-104　变压器绘制完成

8.5.3　制作七段数码管元件

本例中要创建的元器件是一个七段数码管，这是一种显示元器件，广泛地应用在各种仪器中，它由七段发光二极管构成。在本例中，主要学习用绘图工具条中的按钮来创建一个七段数码管原理图符号的方法。

01 创建文件。选择“文件”→“新的”→“库”→“原理图库”菜单命令。一个新的被命名为“Schlib1.SchLib”的原理图库被创建，一个空的图纸在设计窗口中被打开，右击选择“另存为”命令，将原理图库保存在“yuanwenjian\ch08\8.5\8.5.3”文件夹内，命名为“SHUMAGUAN.SchLib”。进入工作环境，原理图元件库内，已经存在一个自动命名的 Component_1 元件。

02 编辑元件属性。从“SCH Library（原理图库）”面板里元件列表中选择元件，然后单击“编辑”按钮，弹出“Properties（属性）”面板，在“Design Item ID（设计项目地址）”栏输入新元件名称“SHUMAGUAN”，在“Designer（标识符）”栏输入预置的元件序号前缀（在此为“U？”），在“Comment（注释）”栏输入元件注释 SHUMAGUAN，如图 8-105 所示，元件库浏览器中多出了一个元件“SHUMAGUAN”。

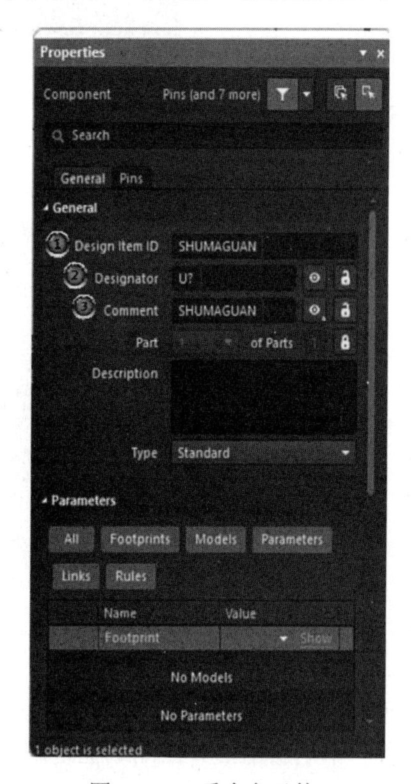

图 8-105　重命名元件

03 绘制数码管外形。

❶在图纸上绘制数码管元件的外形。单击“放置”→“矩形”菜单命令，或者单击“应用工具”工具栏的■（放置矩形）按钮，这时光标变成十字形状，并带有一个矩形图形。在图纸上绘制一个如图 8-106 所示的矩形。

❷双击所绘制的矩形打开“Rectangle（长方形）”对话框，设置长方形属性如图 8-107 所示。在该对话框中，将矩形的边框颜色设置为黑色，勾选“Fill Color（填充颜色）”复选框，将填充颜色为白色。

04 绘制七段发光二极管。

❶在图纸上绘制数码管的七段发光二极管，在原理图符号中用直线来代替发光二极管。单击“放置”→“线”菜单命令，或者单击工具条的■（放置线）按钮，这时光标变成十字形状。在图纸上绘制一个如图 8-108 所示的“日”字形发光二极管。

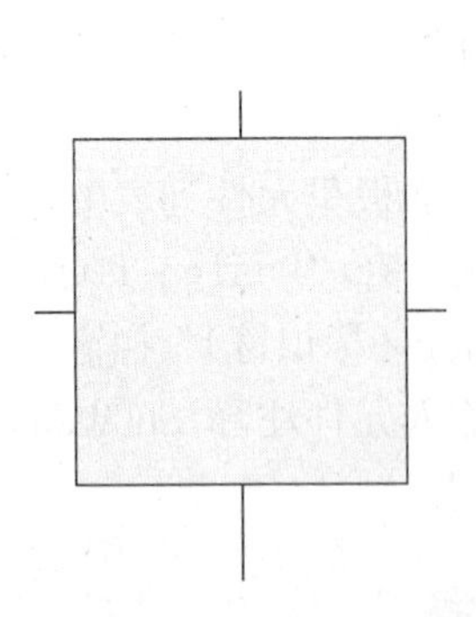

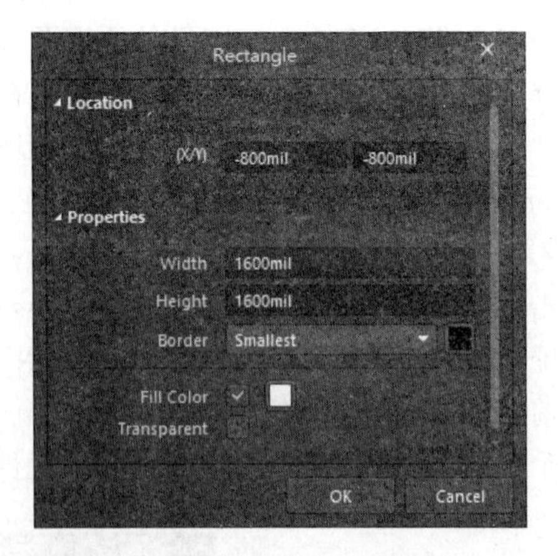

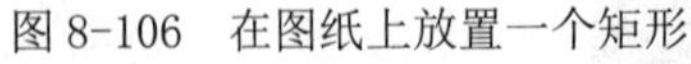

图 8-106　在图纸上放置一个矩形　　　　图 8-107　设置长方形属性

❷双击放置的直线，打开“Polyline（折线）”对话框，再在其中将直线的宽度设置为 Medium，如图 8-109 所示。

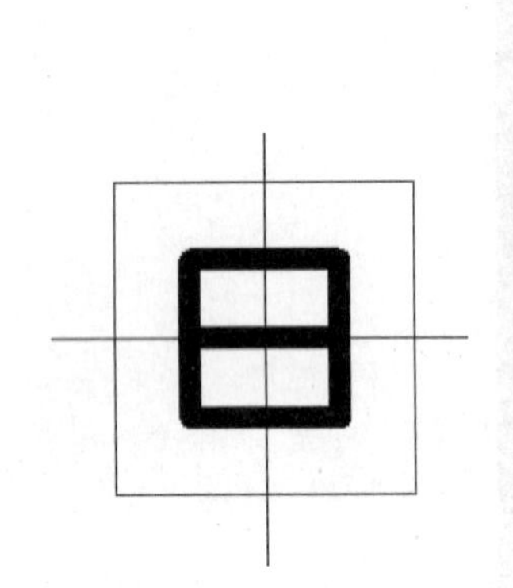

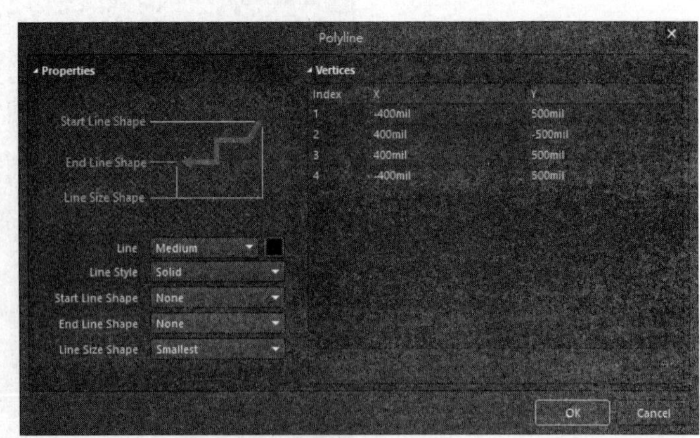

图 8-108　在图纸上放置二极管　　　　图 8-109　设置直线属性

05 绘制小数点。

❶单击“放置”→“矩形”菜单命令，或者单击工具条的□（放置矩形）按钮，这时鼠标变成十字形状，并带有一个矩形图形。在图纸上绘制一个如图 8-110 所示的小矩形作为小数点。

❷双击放置的矩形，打开“Rectangle（矩形）”对话框，再在其中将矩形的填充色和边框都设置为黑色，如图 8-111 所示。

提示：

在放置小数点的时候，由于小数点比较小，用鼠标操作放置可能比较困难，因此可以通过在“Rectangle（长方形）”属性面板中设置坐标的方法来微调小数点的位置。

06 放置数码管的标注。

❶单击“放置”→“文本字符串”菜单命令，或者单击“实用工具”工具条的A（放置文本字符串）按钮，这时光标变成十字形状。在图纸上放置如图 8-112 所示的数码管标注。

❷双击放置的文字，打开“Text（文本）”对话框，设置文本属性如图 8-113 所示。

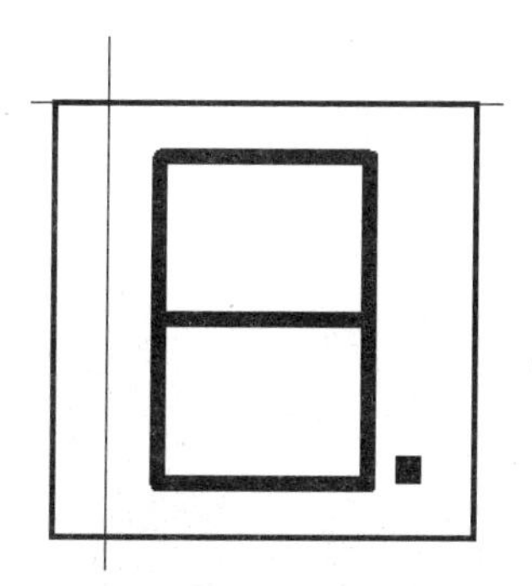

图 8-110　在图纸上放置小数点

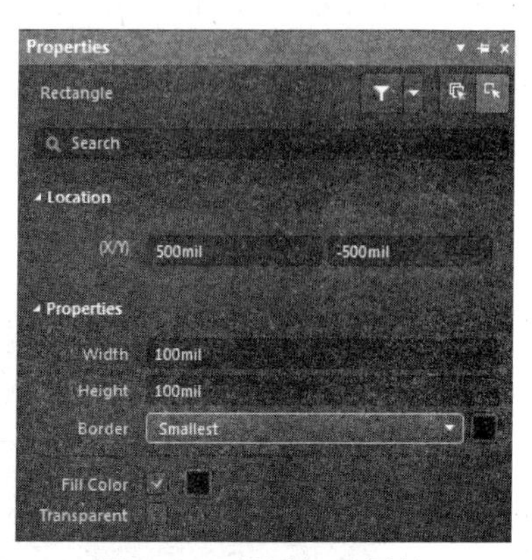

图 8-111　设置矩形属性

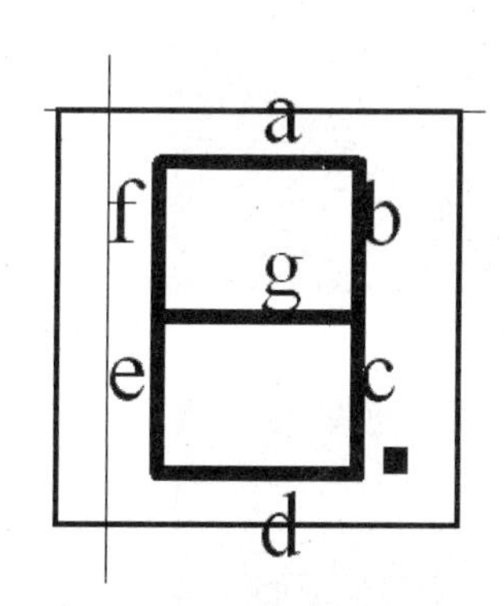

图 8-112　放置数码管标注

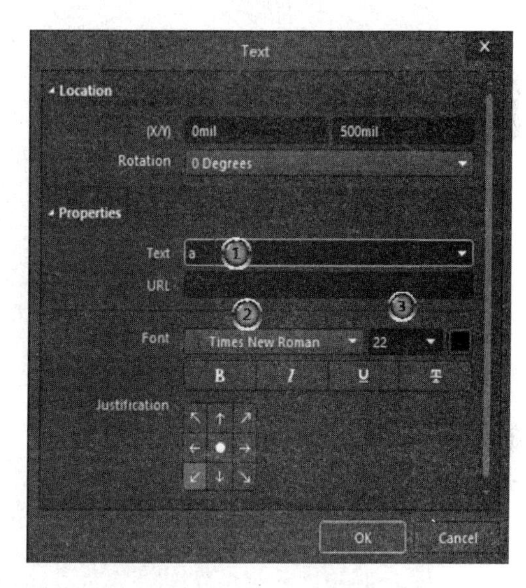

图 8-113　设置文本属性

07 放置数码管的管脚。单击原理图符号绘制工具条中的放置管脚按钮（放置脚），绘制 7 个管脚，如图 8-114 所示。双击所放置的管脚，打开“Pin（管脚）”对话框，在该对话框中，设置管脚的编号。如图 8-115 所示。然后单击“OK（确定）”按钮，关闭对话框。

08 单击“保存”按钮保存所做的工作。这样就完成了七段数码管原理图符号的绘制。

09 编辑元件属性。

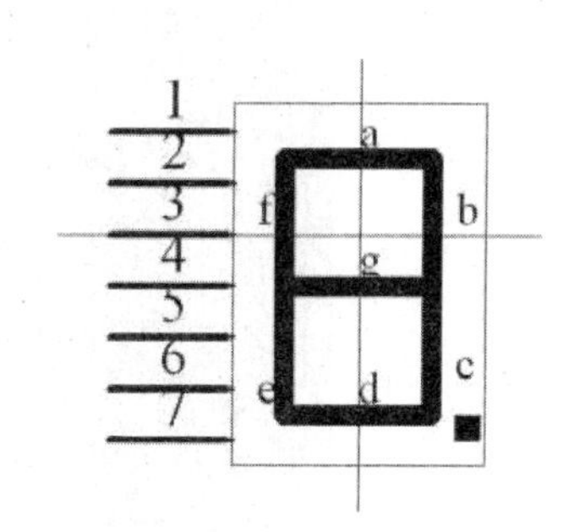

图 8-114　放置数码管管脚

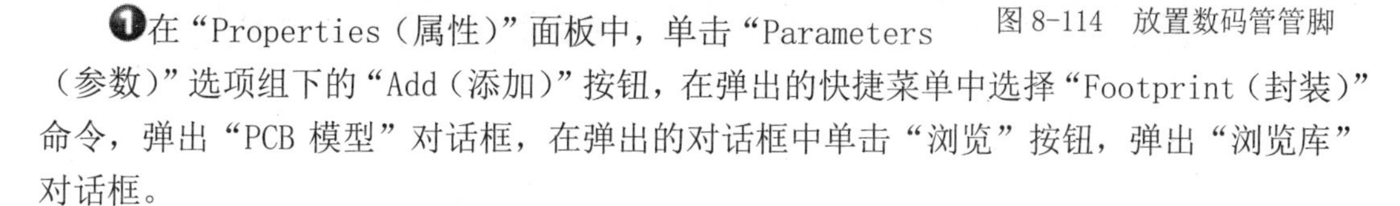

❶在“Properties（属性）”面板中，单击“Parameters（参数）”选项组下的“Add（添加）”按钮，在弹出的快捷菜单中选择“Footprint（封装）”命令，弹出“PCB 模型”对话框，在弹出的对话框中单击“浏览”按钮，弹出“浏览库”对话框。

❷在“浏览库”对话框中 “库”下拉列表中选择用到的库，选择所需元件封装“SW-7”，如图 8-116 所示。

❸单击“确定”按钮，回到“PCB 模型”对话框。如图 8-117 所示。

单击“确定”按钮，退出对话框。返回库元件属性面板，如图 8-118 所示。

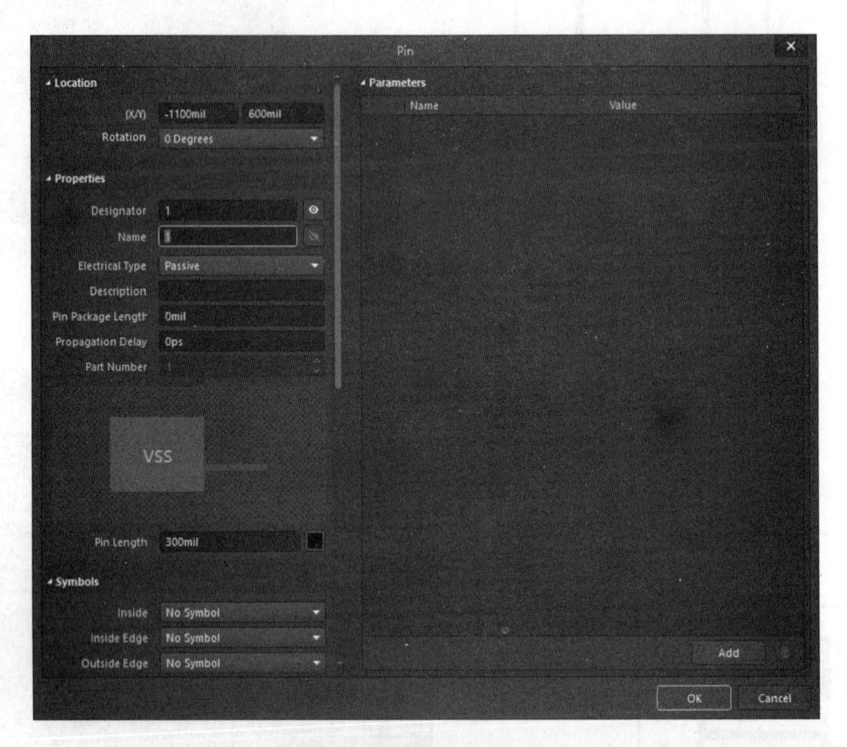

图 8-115　设置管脚编号

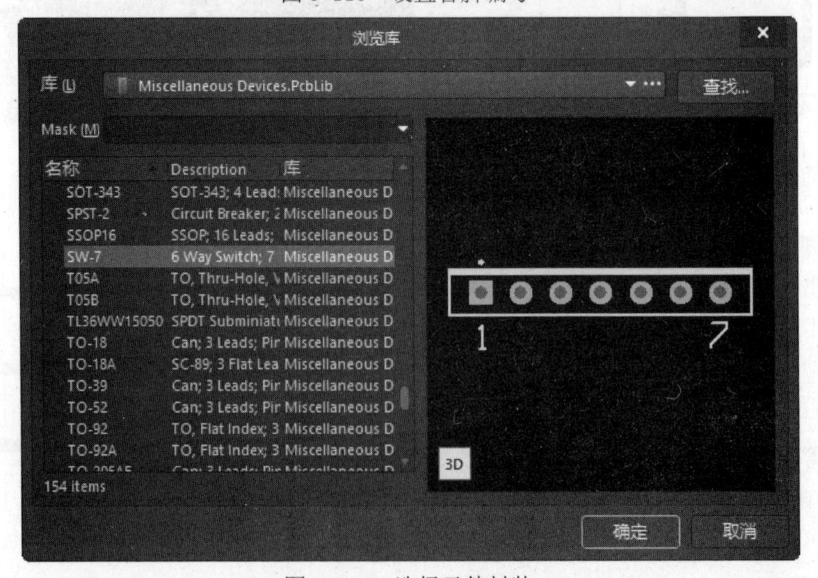

图 8-116　选择元件封装

10 七段数码管元件就创建完成了，如图 8-119 所示。

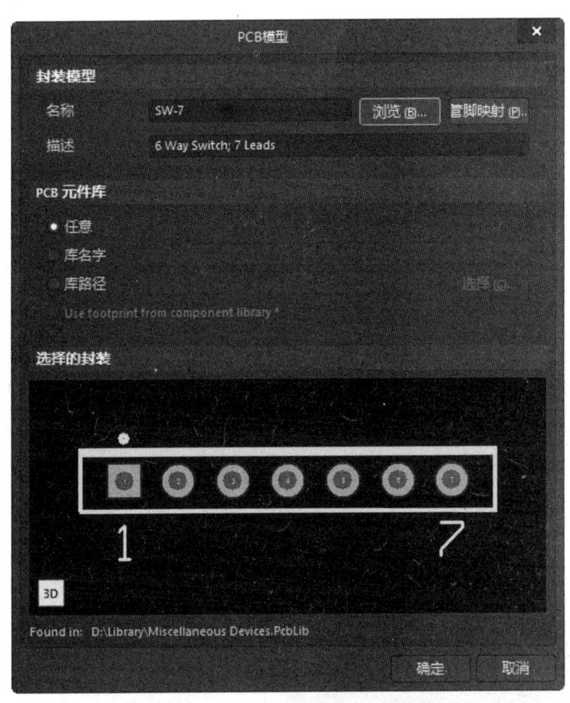

图 8-117 “PCB 模型”对话框

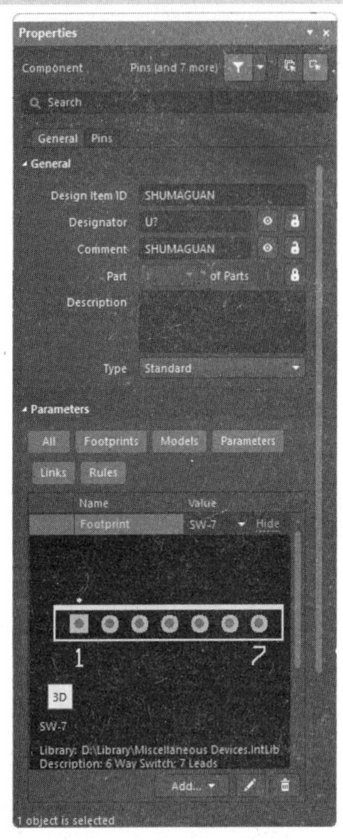

图 8-118 库元件属性面板

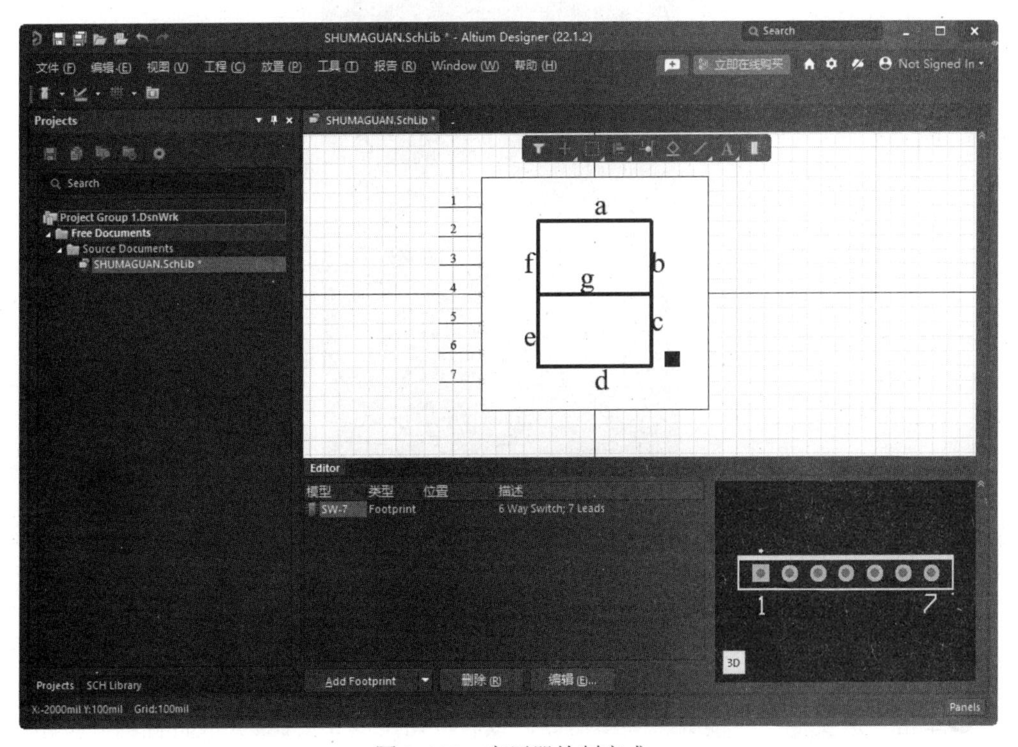

图 8-119 变压器绘制完成

📖8.5.4 制作串行接口元件

在本例中，将创建一个串行接口元件的原理图符号。本例将主要学习圆和弧线的绘制方法。串行接口元件共有 9 个插针，分成两行，一行 4 根，另一行 5 根，在元件的原理图符号中，它们是用小圆圈来表示的。

01 选择“文件”→“新的”→“库”→“原理图库”菜单命令。一个新的被命名为“Schlib1.SchLib”的原理图库被创建，一个空的图纸在设计窗口中被打开，右击选择“另存为”命令，将原理图库保存在“yuanwenjian\ch08\8.5\8.5.4”文件夹内，命名为“CHUANXINGJIEKOU.SchLib”。进入工作环境，原理图元件库内，已经存在一个自动命名的 Component_1 元件。

02 编辑元件属性。从“SCH Library（原理图库）”面板里元件列表中选择元件，然后单击“编辑”按钮，弹出“Properties（属性）”面板，如图 8-120 所示。在“Design Item ID（设计项目地址）”栏输入新元件名称“CHUANXINGJIEKOU”，在“Designer（标识符）”栏输入预置的元件序号前缀（在此为“U？”），元件库浏览器中多出了一个元件 CHUANXINGJIEKOU。

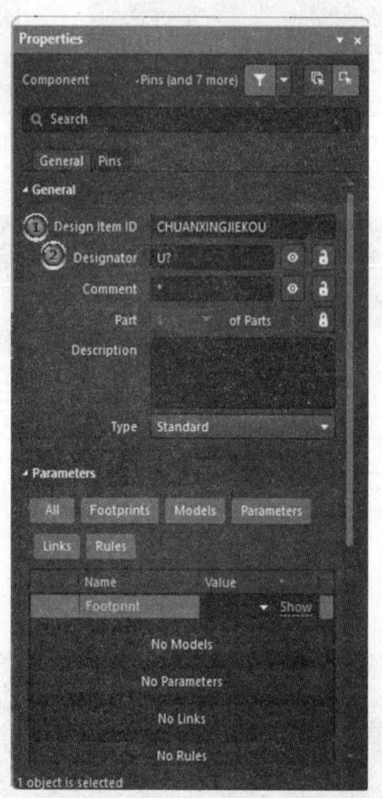

图 8-120 “Properties（属性）”面板

03 绘制串行接口的插针。

❶单击“放置”→“椭圆”菜单命令，或者单击工具条的⬭（放置椭圆）按钮，这时光标变成十字形状，并带有一个椭圆图形，在原理图中绘制一个圆。

❷双击绘制好的圆，打开“Ellipse（椭圆形）”对话框，设置边框颜色为黑色，如图8-121所示。

❸重复以上步骤，在图纸上绘制其他的8个圆，如图8-122所示。

04 绘制穿行接口外框。

❶单击“放置”→“线”菜单命令，或者单击工具条的（放置线）按钮，这时光标变成十字形状。在原理图中绘制4条长短不等的直线作为边框，如图8-123所示。

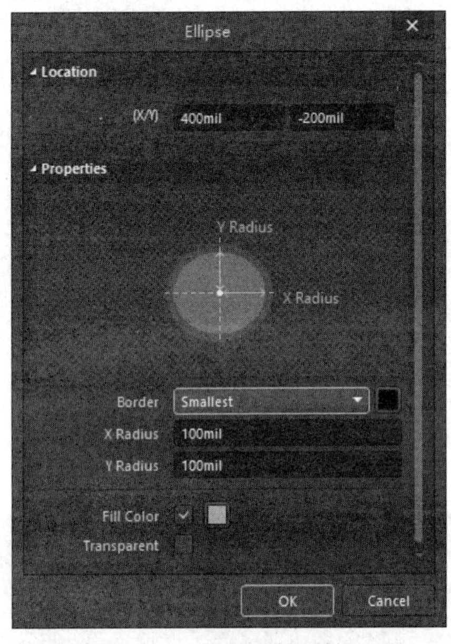

图8-121 设置圆的属性

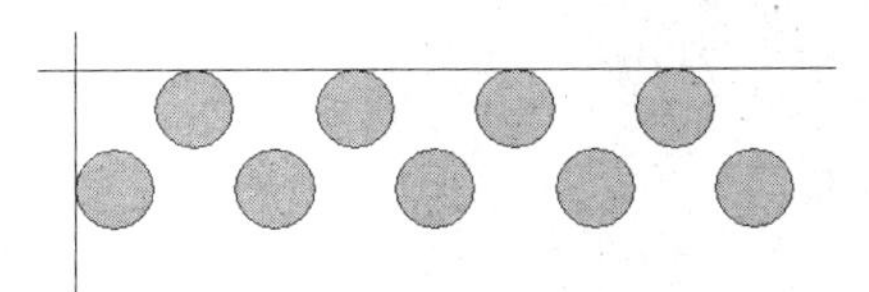

图8-122 放置所有圆

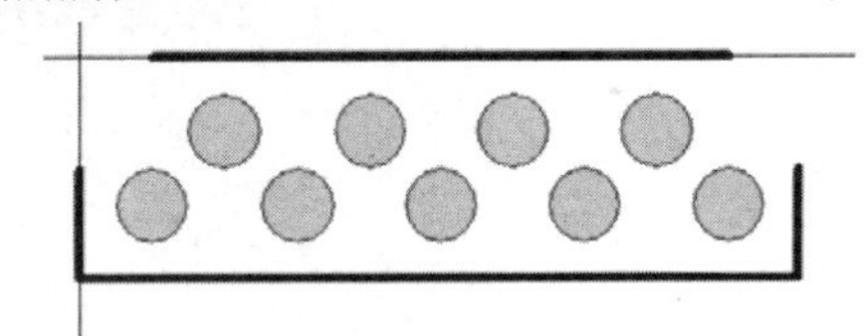

图8-123 放置直线边框

❷单击工具条的（放置椭圆弧）按钮，这时光标变成十字形状。绘制两条弧线将上面的直线和两侧的直线连接起来，如图8-124所示。

05 放置管脚。单击原理图符号绘制工具条中的“放置管脚”按钮，绘制9个管脚，如图8-125所示。

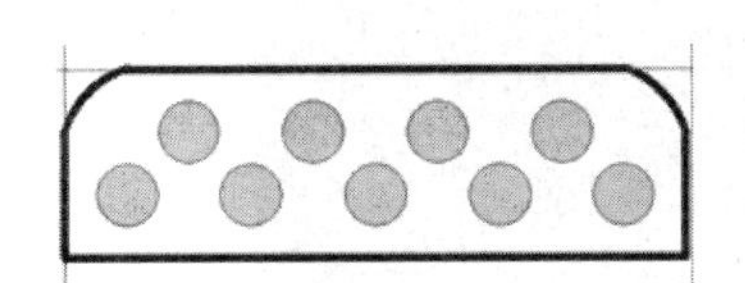

图8-124 放置圆弧边框

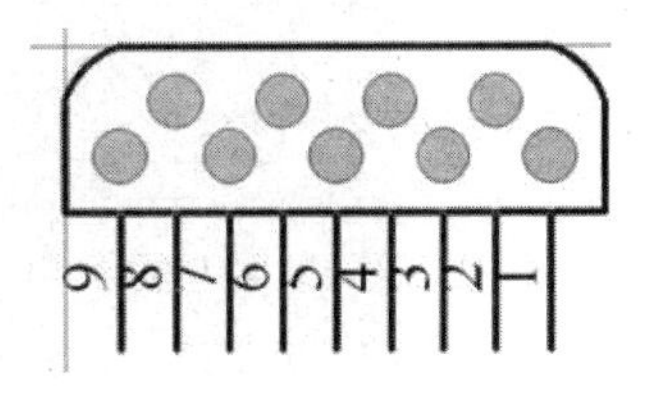

图8-125 放置管脚

06 编辑元件属性。

❶在“Properties（属性）”面板中，单击“Parameters（参数）”选项组下的“Add（添加）”按钮，在弹出的快捷菜单中选择“Footprint（封装）”命令，弹出“PCB模型”

对话框，在弹出的对话框中单击“浏览”按钮，弹出“浏览库”对话框。

❷在“浏览库”对话框中，选择所需元件封装“VTUBE-9”，如图 8-126 所示。

❸单击“确定”按钮，回到“PCB 模型”对话框，如图 8-127 所示。

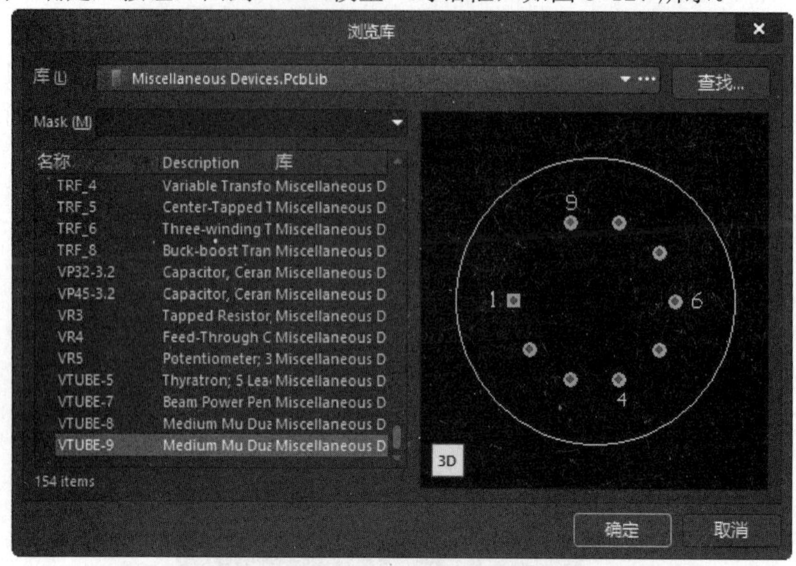

图 8-126　选择元件封装

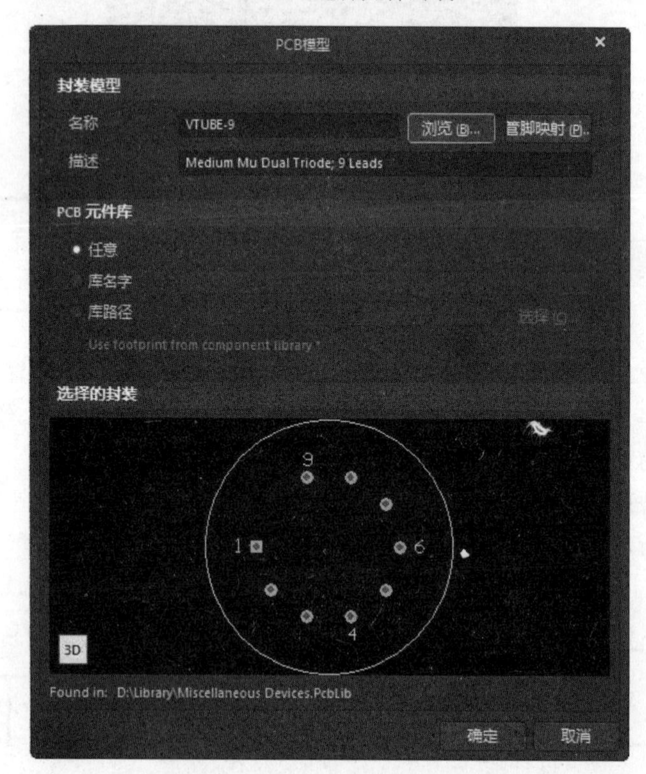

图 8-127　“PCB 模型”对话框

单击“确定”按钮，退出对话框。返回库元件属性面板，如图 8-128 所示。

07 串行接口元件如图 8-129 所示。

图 8-128 库元件属性面板

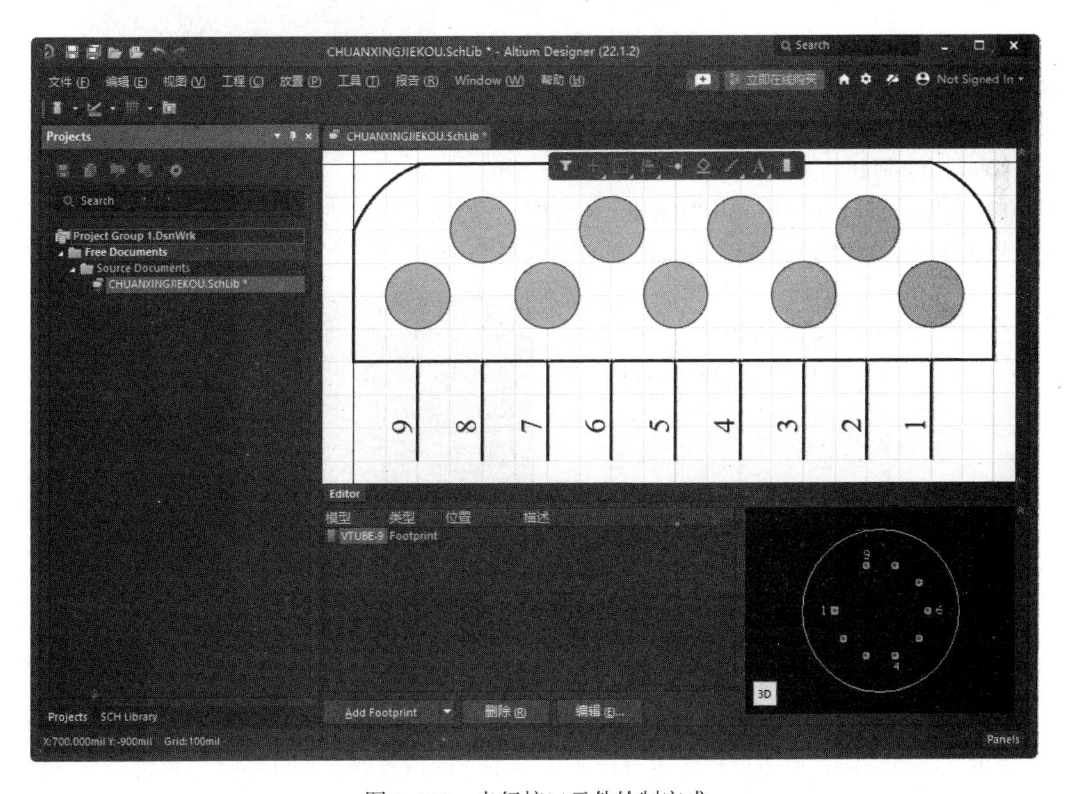

图 8-129 串行接口元件绘制完成

8.5.5 制作运算单元

在本例中，将设计一个运算单元，主要学习芯片的绘制方法。芯片原理图符号的组成比较简单，只有矩形和管脚两种元素，其中管脚属性的设置是本例学习的重点。

01 选择“文件”→“新的”→“库”→“原理图库”菜单命令。一个新的被命名为“Schlib1.SchLib”的原理图库被创建，一个空的图纸在设计窗口中被打开，右击选择“另存为”命令，将原理图库保存在“yuanwenjian\ch08\8.5\8.5.5 文件夹内，命名为“YUNSUANDANYUAN.SchLib”。进入工作环境，原理图元件库内，已经存在一个自动命名的 Component_1 元件。

02 编辑元件属性。从“SCH Library（原理图库）”面板里元件列表中选择元件，然后单击“编辑”按钮，弹出“Component（元件）”属性面板，在“Design Item ID（设计项目地址）”栏输入新元件名称“YUNSUANYUANJIAN”，在“Designer（标识符）”栏输入预置的元件序号前缀（在此为“U？”），元件库浏览器中多出了一个元件“YUNSUANYUANJIAN”，如图 8-130 所示。

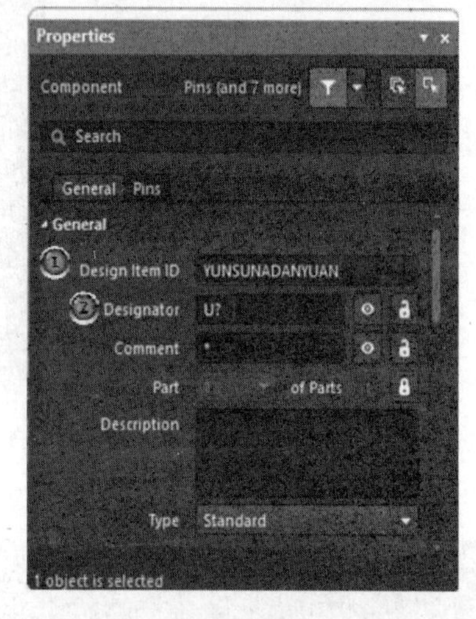

图 8-130　编辑元件属性

03 绘制元件边框。

❶单击“放置”→“矩形”菜单命令，或者单击工具条的■（放置矩形）按钮，这时光标变成十字形状，并带有一个矩形图形。在图纸上绘制一个如图 8-131 所示的矩形。

❷双击绘制好的矩形，打开“Rectangle（矩形）”对话框，然后在其中将 “Border（边框）”的宽度设置为 Smallest，矩形的边框颜色设置为黑色，并通过设置起点和长宽的坐标来确定整个矩形的大小，如图 8-132 所示。

图 8-131　绘制矩形

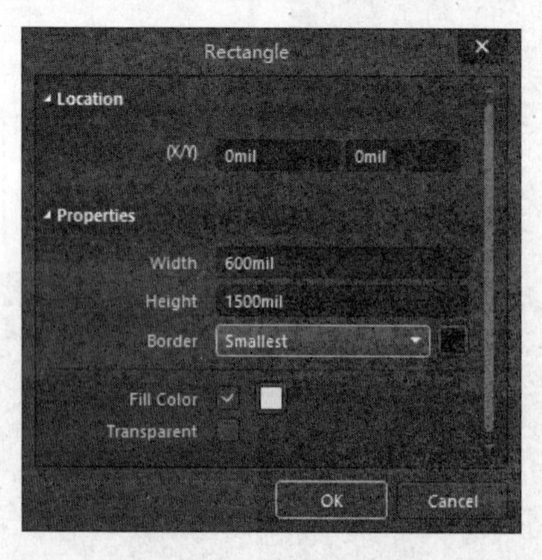

图 8-132　设置矩形属性

04 放置管脚。单击原理图符号绘制工具条中的放置管脚按钮■（放置管脚），放置所有管脚，弹出“Pin（管脚）”对话框，如图 8-133 所示，可以设置元件管脚的所有属性，以设置管脚 1 为例，如图 8-134 所示。

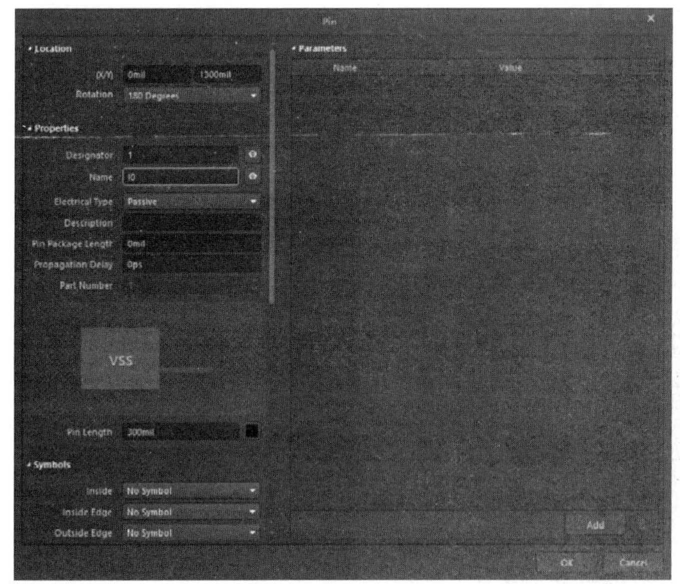

图 8-133　设置管脚属性

图 8-134　设置完管脚属性

05 加载元件封装。

❶在“Properties（属性）”面板中，单击“Parameters（参数）”选项组下的“Add（添加）”按钮，在弹出的快捷菜单中选择“Footprint（封装）”命令，弹出“PCB 模型”对话框，在弹出的对话框中单击“浏览”按钮，弹出“浏览库”对话框。

❷在“浏览库”对话框中，单击“查找”按钮，弹出“基于文件的库搜索”对话框，如图 8-135 所示。

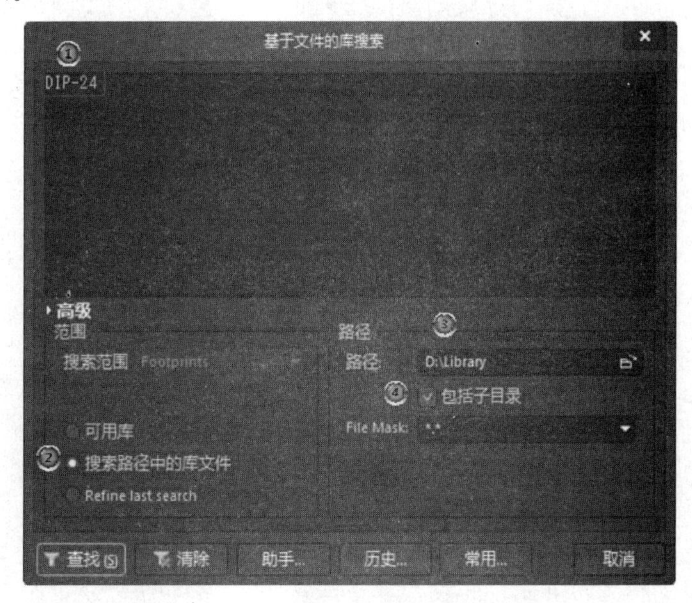

图 8-135　“基于文件的库搜索”对话框

❸勾选“搜索路径中的库文件”，单击“路径”栏旁的浏览文件按钮进行定位，然后单击“确定”按钮。确定搜索库对话框中的“包括子目录”选项被选中。在名字栏输入

“DIP-24”，然后单击“查找”按钮。弹出“浏览库”对话框，如图 8-136 所示。

❹如果确定找到了文件，则单击“Stop（停止）” 按钮停止搜索。单击选择找到的封装文件“DIP-24/X1.5”后，单击“确定”按钮，弹出“Confirm”对话框，如图 8-137 所示，单击“是”按钮，加载这个库在浏览库对话框中。回到“PCB 模型”对话框，如图 8-138 所示。

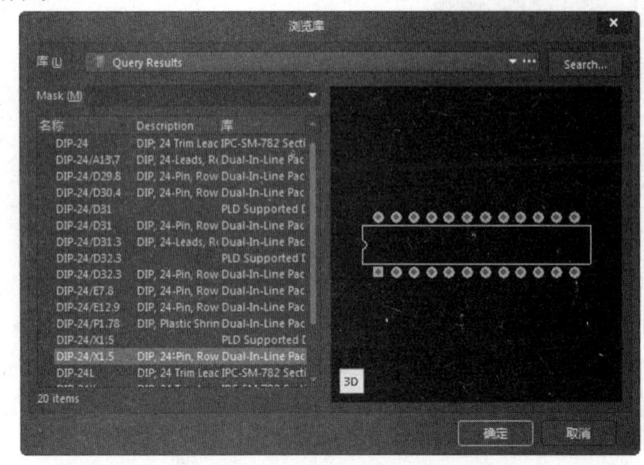

图 8-136 “浏览库”对话框

图 8-137 “Confirm”对话框

❺单击“确定”向元件加入这个模型。模型的名字列在元件属性面板的模型列表中。完成元件封装编辑。返回库元件属性面板，如图8-139所示。

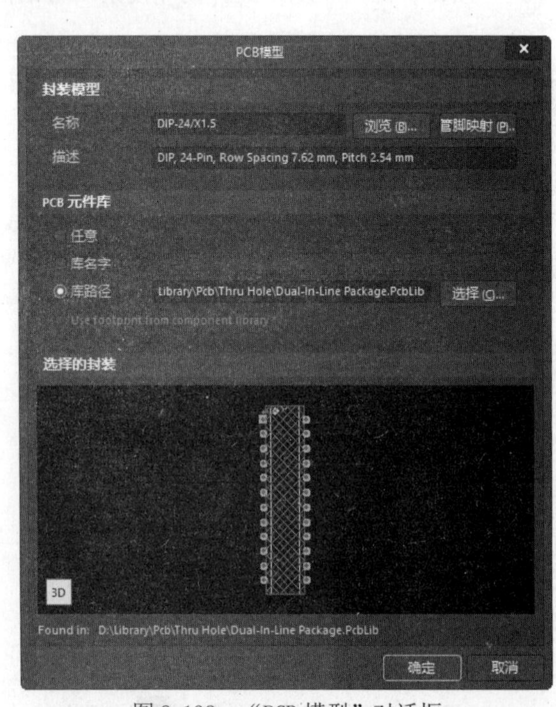

图 8-138 “PCB 模型”对话框

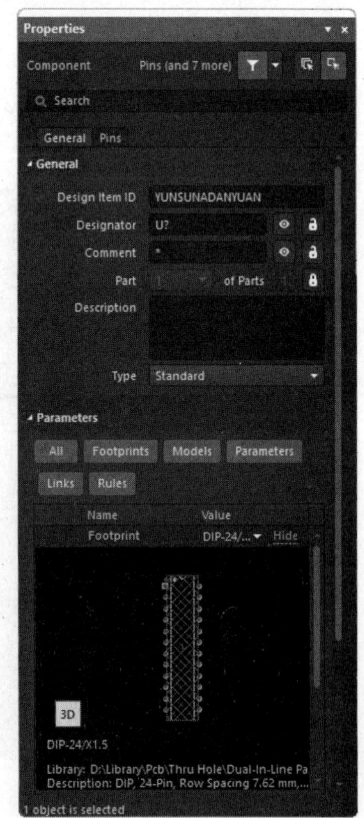

图 8-139 库元件属性面板

06 运算单元元件如图 8-140 所示。

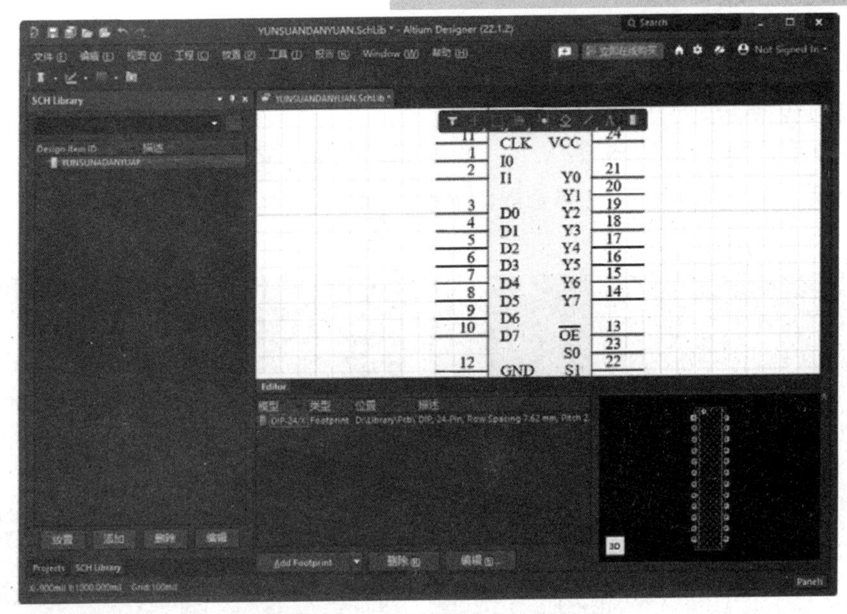

图 8-140　运算单元元件绘制完成

8.5.6　制作封装元件

本节将以 ATMEL 公司的 ATF750C-10JC 为例，利用封装向导创建一个封装元器件，ATF750C-10JC 为 28 管脚 PLCC 封装。

具体步骤如下：

01 创建一个 PCB 库文件，选择菜单命令“文件”→“新的”→“库”→“PCB 元件库”，并命名为 ATF750C-10JC.PcbLib，如图 8-141 所示，进入 PCB 库文件编辑环境中。

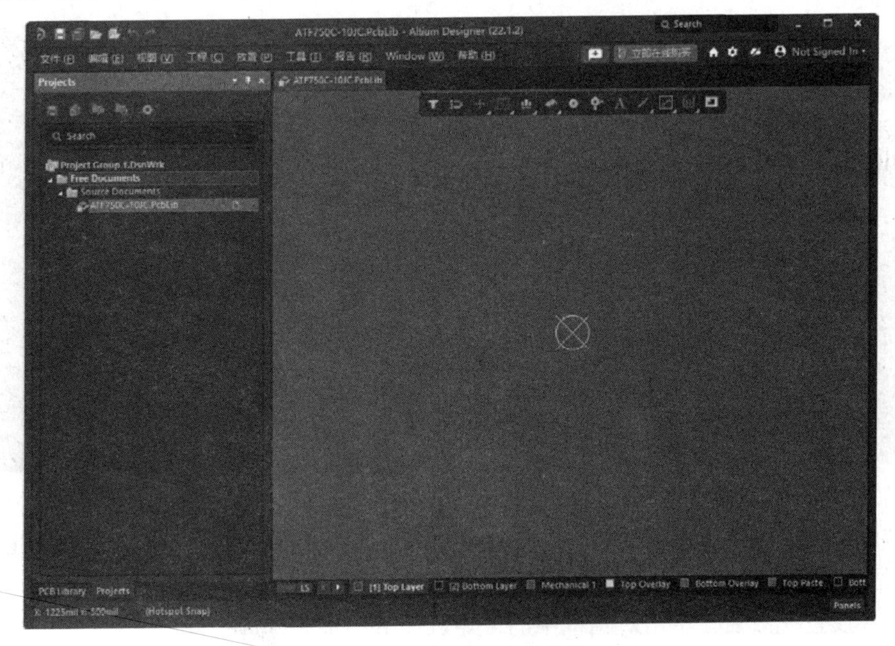

图 8-141　新建 PCB 库文件

02 执行菜单命令“工具”→“元器件向导”，或者在 PCB Library 面板的元器件封装列表栏中右击，在右键菜单中选择“元器件向导”命令，系统弹出元器件封装向导对话框，如图 8-142 所示。

03 单击对话框中的“Next（下一步）”按钮，进入元器件封装模型选择对话框，如图 8-143 所示。在此对话框中选择 Quad Packs（QUAD）项。

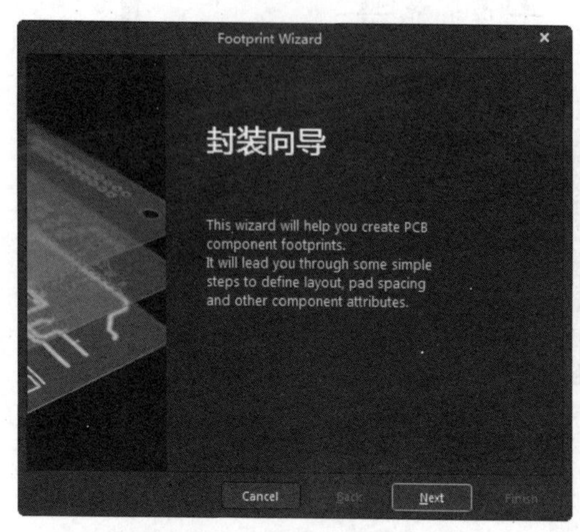

图 8-142 “封装向导”对话框

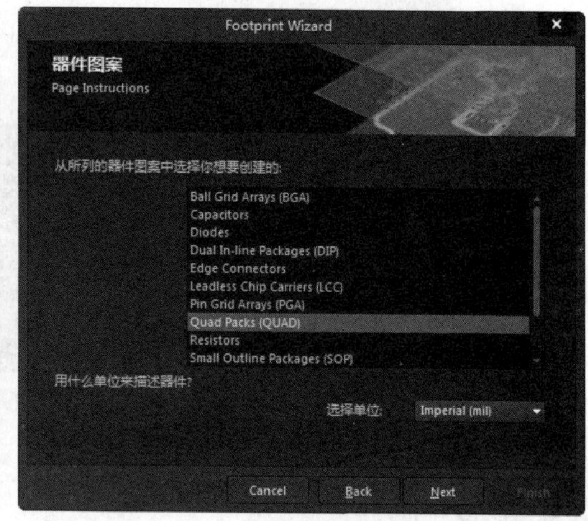

图 8-143 元器件封装模型选择对话框

04 单击对话框中的“Next（下一步）”按钮，进入焊盘尺寸设置对话框，如图 8-144 所示。在此对话框中可以设置焊盘的长度和宽度。

05 设置完成后，单击对话框中的“Next（下一步）”按钮，进入焊盘形状设置对话框，如图 8-145 所示。这里设置所有焊盘形状都为长方形。

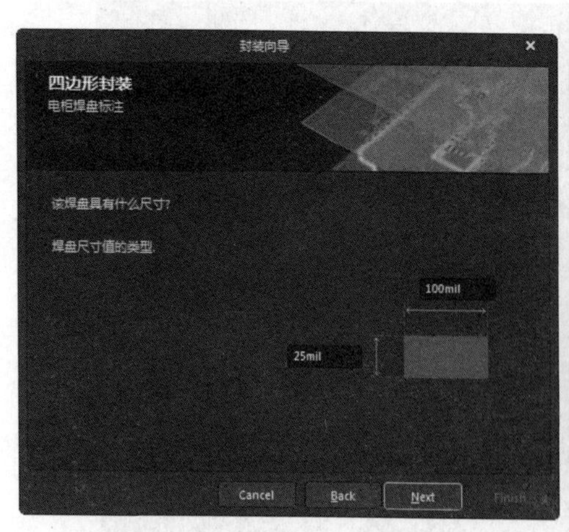

图 8-144 焊盘尺寸设置对话框

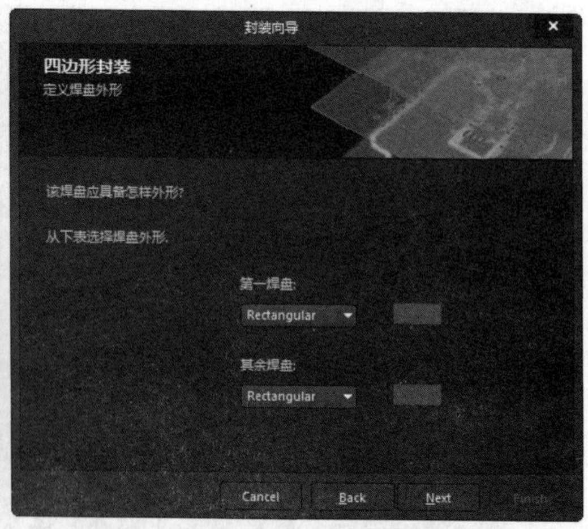

图 8-145 焊盘形状设置对话框

06 设置完成后，单击对话框中的“Next（下一步）”按钮，进入封装轮廓线宽度设置对话框，如图 8-146 所示。这里采用系统的默认设置 10mil。

07 设置完成后，单击对话框中的“Next（下一步）”按钮，进入焊盘间距设置对话框，如图 8-147 所示。然后根据元器件的实际尺寸进行设置。

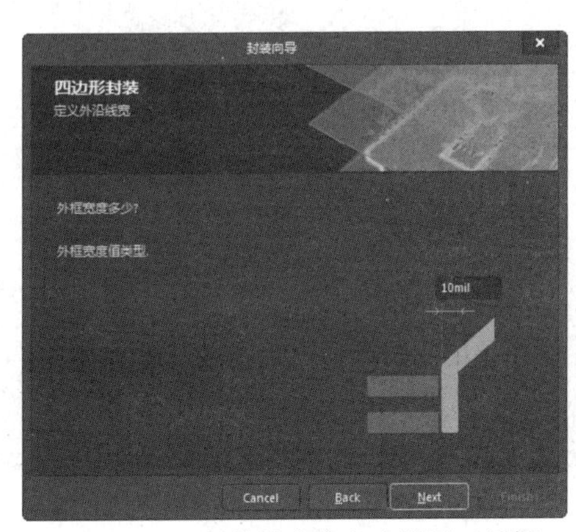

图 8-146 封装轮廓线宽度设置对话框

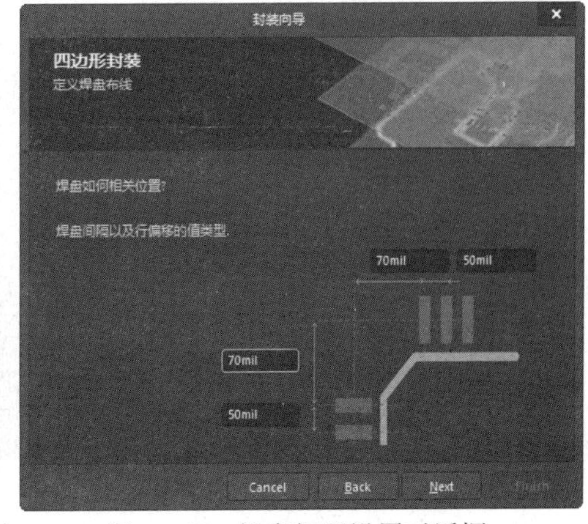

图 8-147 焊盘间距设置对话框

08 设置完成后，单击对话框中的“Next（下一步）”按钮，进入管脚顺序设置对话框，如图 8-148 所示。在此对话框中可以设置第一个管脚的位置以及管脚的排列顺序，这里我们选择最上面一行的中间管脚为第一管脚，管脚排列顺序为逆时针方向。

09 设置完成后，单击对话框中的“Next（下一步）”按钮，进入元器件管脚数设置对话框，如图 8-149 所示。这里我们设置 X 方向上为 7 个管脚，Y 方向上也为 7 个管脚。

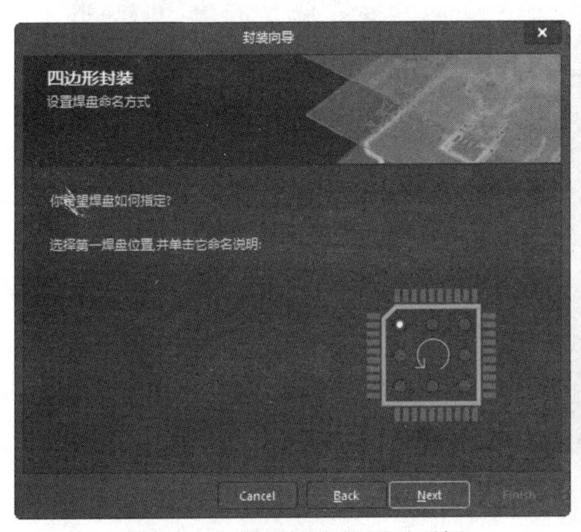

图 8-148 管脚顺序设置对话框

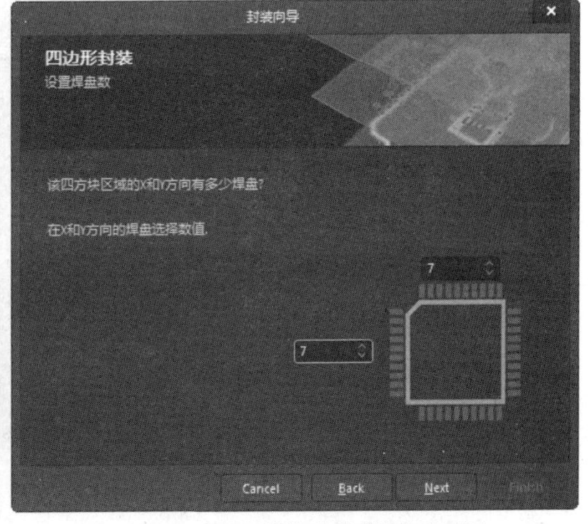

图 8-149 元器件管脚数设置对话框

10 设置完成后，单击对话框中的“Next（下一步）”按钮，进入元器件封装名设置对话框，如图 8-150 所示。在文本输入栏中输入自己创建的元器件封装名。

11 设置完成后，单击对话框中的“Next（下一步）”按钮，进入封装创建完成确定对话框。如图 8-151 所示，单击对话框中的“Finish（完成）”按钮，完成封装创建。

封装创建完成后，该元器件的封装名将在“PCB Library（PCB 元件库）”面板的元器件封装列表栏中显示出来，同时在库文件编辑区也将显示新设计的元器件封装，如图 8-152 所示。

图 8-150　元器件封装名设置对话框

图 8-151　完成封装对话框

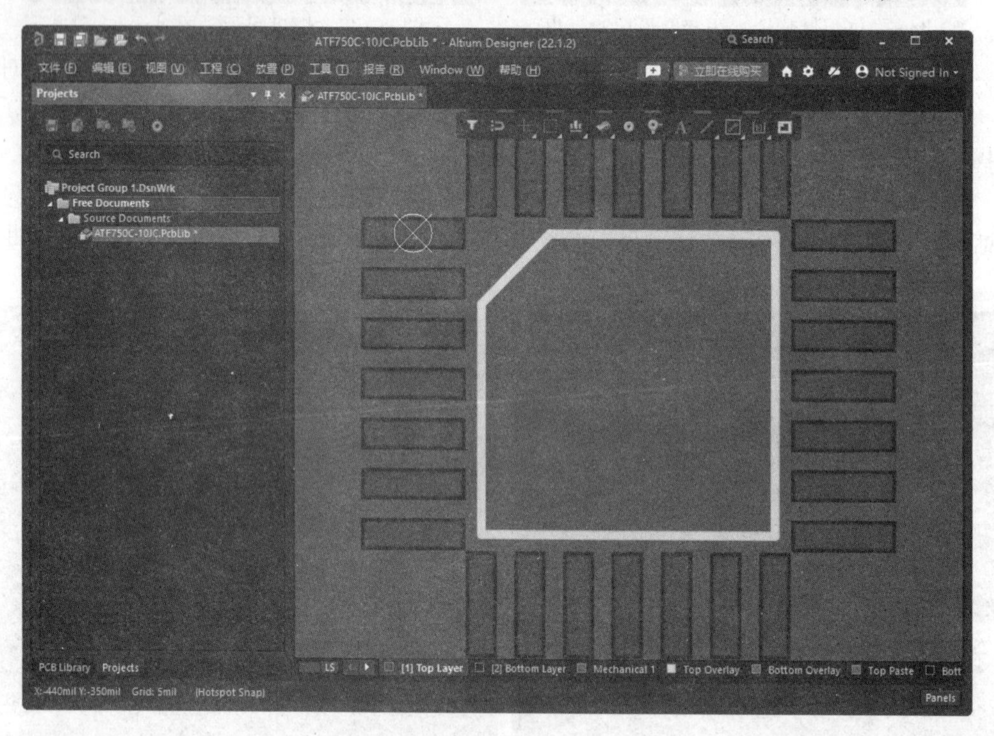

图 8-152　创建完成的元器件封装

第 9 章

电路仿真系统

随着电子技术的飞速发展和新型电子元器件的不断涌现，电子电路变得越来越复杂，因而在电路设计时出现缺陷和错误在所难免。为了让设计者在设计电路时就能准确地分析电路的工作状况，及时发现其中的设计缺陷，然后予以改进。Altium Designer 22提供了一个较为完善的电路仿真组件，可以根据设计的原理图进行电路仿真，并根据输出信号的状态调整电路的设计，从而极大地减少了不必要的设计失误，提高电路设计的工作效率。

所谓电路仿真，就是用户直接利用EDA软件自身所提供的功能和环境，对所设计电路的实际运行情况进行模拟的一个过程。如果在制作PCB印制板之前，能够进行对原理图的仿真，明确把握系统的性能指标并据此对各项参数进行适当的调整，将能节省大量的人力和物力。由于整个过程是在计算机上运行的，所以操作相当简便，免去了构建实际电路系统的不便，只需要输入不同的参数，就能得到不同情况下电路系统的性能，而且仿真结果真实、直观，便于用户查看和比较。

学习要点

- 电路仿真的基本概念
- 仿真分析的参数设置
- 电路仿真的基本方法

9.1 电路仿真的基本概念

在具有仿真功能的EDA软件出现之前，设计者为了对自己所设计的电路进行验证，一般是使用面包板来搭建实际的电路系统，之后对一些关键的电路节点进行逐点测试，通过观察示波器上的测试波形来判断相应的电路部分是否达到了设计要求。如果没有达到，则需要对元器件进行更换，有时甚至要调整电路结构，重建电路系统，然后再进行测试，直到达到设计要求为止。整个过程冗长而烦琐，工作量非常大。

使用软件进行电路仿真，则是把上述过程全部搬到了计算机中。同样要搭建电路系统（绘制电路仿真原理图）、测试电路节点（执行仿真命令），而且也同样需要查看相应节点（中间节点和输出节点）处的电压或电流波形，依此作出判断并进行调整。只不过，这一切都将在软件仿真环境中进行，过程轻松，操作方便，只需要借助于一些仿真工具和仿真操作即可快速完成。

仿真中涉及的几个基本概念如下：

❶仿真元器件：用于进行电路仿真时使用的元器件，要求具有仿真属性。

❷仿真原理图：用于根据具体电路的设计要求，使用原理图编辑器及具有仿真属性的元器件所绘制而成的电路原理图。

❸仿真激励源：用于模拟实际电路中的激励信号。

❹节点网络标签：对电路中要测试的多个节点，应该分别放置一个有意义的网络标签名，便于明确查看每一节点的仿真结果（电压或电流波形）。

❺仿真方式：仿真方式有多种，不同的仿真方式下相应有不同的参数设定，用户应根据具体的电路要求来选择设置仿真方式。

❻仿真结果：一般是以波形的形式给出，不仅仅局限于电压信号，每个元件的电流及功耗波形都可以在仿真结果中观察到。

9.2 放置电源及仿真激励源

Altium Designer 22 提供了多种电源和仿真激励源，存放在“Library\Simulation\Simulation Sources.IntLib”集成库中，供用户选择。在使用时，均被默认为理想的激励源，即电压源的内阻为零，而电流源的内阻为无穷大。

仿真激励源就是仿真时输入到仿真电路中的测试信号，根据观察这些测试信号通过仿真电路后的输出波形，用户可以判断仿真电路中的参数设置是否合理。

常用的电源与仿真激励源有如下几种。

9.2.1 直流电压源/电流源

直流电压源“VSRC”与直流电流源“ISRC”分别用来为仿真电路提供一个不变的电压信号或不变的电流信号，符号形式如图9-1所示。

这两种电源通常在仿真电路通电时，或者需要为仿真电路输入一个阶跃激励信号时使用，以便用户观测电路中某一节点的瞬态响应波形。

除了在 Simulation Sources.IntLib”集成库中选择电源，还可以通过选择菜单栏中的“Simulate（仿真）”→“Place Sources（放置电源）”命令，选择如图 9-2 所示的子菜单中的 Voltage Source、Current Source 命令，分别放置直流电压源“VSRC”与直流电流源“ISRC”，如图 9-1 所示。

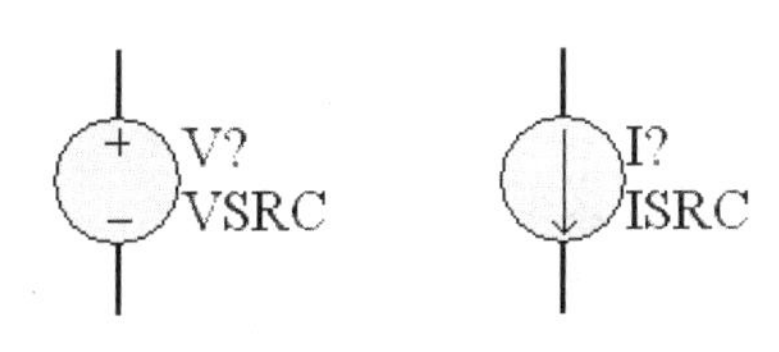

图 9-1 直流电压源/电流源符号

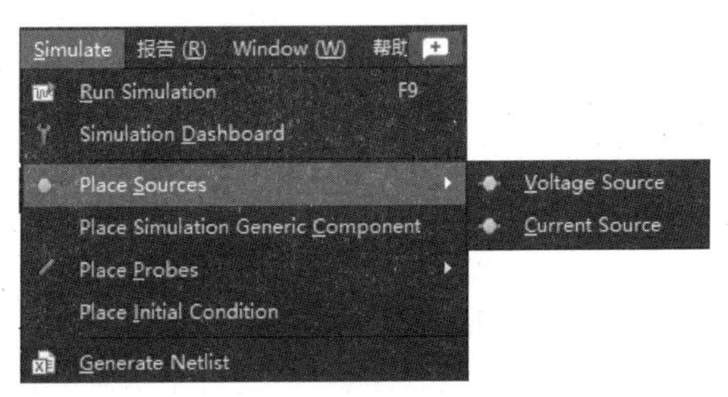

图 9-2 菜单命令

直流电压源与直流电流源需要设置的仿真参数是相同的，双击新添加的仿真直流电压源，在出现的对话框中设置其属性参数。

➢ “Value”：直流电源值。
➢ “AC Magnitude”：交流小信号分析的电压值。
➢ “AC Phase”：交流小信号分析的相位值。

9.2.2 正弦信号激励源

正弦信号激励源包括正弦电压源“VSIN”与正弦电流源“ISIN”，用来为仿真电路提供正弦激励信号，符号形式如图 9-3 所示，需要设置的仿真参数是相同的。

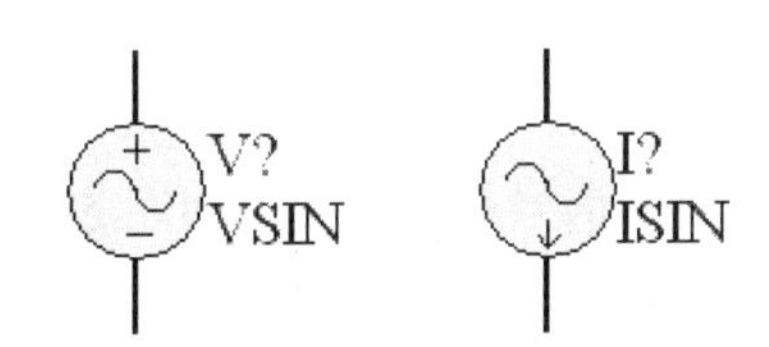

图 9-3 正弦电压源/电流源符号

➢ “DC Magnitude”：正弦信号的直流参数，通常设置为 0。
➢ “AC Magnitude”：交流小信号分析的电压值，通常设置为 1V，如果不进行交流小信号分析，可以设置为任意值。
➢ “AC Phase”：交流小信号分析的电压初始相位值，通常设置为 0。
➢ “Offset”：正弦波信号上叠加的直流分量，即幅值偏移量。
➢ “Amplitude”：正弦波信号的幅值。
➢ “Frequency”：正弦波信号的频率。
➢ “Delay”：正弦波信号初始的延时时间。
➢ “Damping Factor”：正弦波信号的阻尼因子，影响正弦波信号幅值的变化。设置为正值时，正弦波的幅值将随时间的增长而衰减。设置为负值时，正弦波的幅值则随时间的增长而增长。若设置为 0，则意味着正弦波的幅值不随时间而变化。

- “Phase Delay”：正弦波信号的初始相位设置。

9.2.3 周期脉冲源

周期脉冲源包括脉冲电压激励源“VPULSE”与脉冲电流激励源“IPULSE”，可以为仿真电路提供周期性的连续脉冲激励，其中脉冲电压激励源“VPULSE”在电路的瞬态特性分析中用得比较多。两种激励源的符号形式如图 9-4 所示，相应要设置的仿真参数也是相同的。

在“Parameters（参数）”标签页，各项参数的具体含义如下：

- “DC Magnitude”：脉冲信号的直流参数，通常设置为 0。
- “AC Magnitude”：交流小信号分析的电压值，通常设置为 1V，如果不进行交流小信号分析，可以设置为任意值。
- “AC Phase”：交流小信号分析的电压初始相位值，通常设置为 0。
- “Initial Value”：脉冲信号的初始电压值。
- “Pulsed Value”：脉冲信号的电压幅值。
- “Time Delay”：初始时刻的延迟时间。
- “Rise Time”：脉冲信号的上升时间。
- “Fall Time”：脉冲信号的下降时间。
- “Pulse Width”：脉冲信号的高电平宽度。
- “Period”：脉冲信号的周期。
- “Phase”：脉冲信号的初始相位。

9.2.4 分段线性激励源

分段线性激励源所提供的激励信号是由若干条相连的直线组成，是一种不规则的信号激励源，包括分段线性电压源“VPWL”与分段线性电流源“IPWL”两种，符号形式如图 9-5 所示。这两种分段线性激励源的仿真参数设置是相同的。

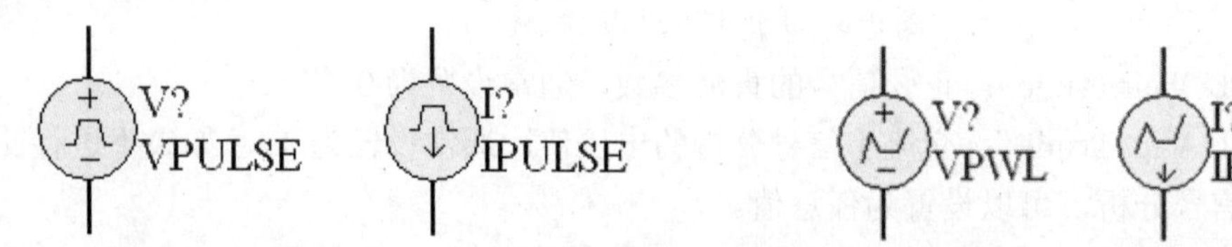

图 9-4 脉冲电压源/电流源符号　　图 9-5 分段电压源/电流源符号

在“Parameters（参数）”标签页，各项参数的具体含义如下：

- “DC Magnitude”：分段线性电压信号的直流参数，通常设置为 0。
- “AC Magnitude”：交流小信号分析的电压值，通常设置为 1V，如果不进行交流小信号分析，可以设置为任意值。
- “AC Phase”：交流小信号分析的电压初始相位值，通常设置为 0。

➢ “Time/Value Pairs”：分段线性电压信号在分段点处的时间值及电压值。其中时间为横坐标，电压为纵坐标。

9.2.5 指数激励源

指数激励源包括指数电压激励源“VEXP”与指数电流激励源“IEXP”，用来为仿真电路提供带有指数上升沿或下降沿的脉冲激励信号，通常用于高频电路的仿真分析，符号形式如图9-6所示。两者所产生的波形形式是一样的，相应的仿真参数设置也相同。

在“Parameters（参数）”标签页，各项参数的具体含义如下：

➢ “DC Magnitude”：分段线性电压信号的直流参数，通常设置为0。
➢ “AC Magnitude”：交流小信号分析的电压值，通常设置为1V，如果不进行交流小信号分析，可以设置为任意值。
➢ “AC Phase”：交流小信号分析的电压初始相位值，通常设置为0。
➢ “Initial Value”：指数电压信号的初始电压值。
➢ “Pulsed Value”：指数电压信号的跳变电压值。
➢ “Rise Delay Time”：指数电压信号的上升延迟时间。
➢ “Rise Time Constant”：指数电压信号的上升时间。
➢ “Fall Delay Time”：指数电压信号的下降延迟时间。
➢ “Fall Time Constant”：指数电压信号的下降时间。

9.2.6 单频调频激励源

单频调频激励源用来为仿真电路提供一个单频调频的激励波形，包括单频调频电压源“VSFFM”与单频调频电流源“ISFFM”两种，符号形式如图9-7所示，相应需要设置仿真参数。

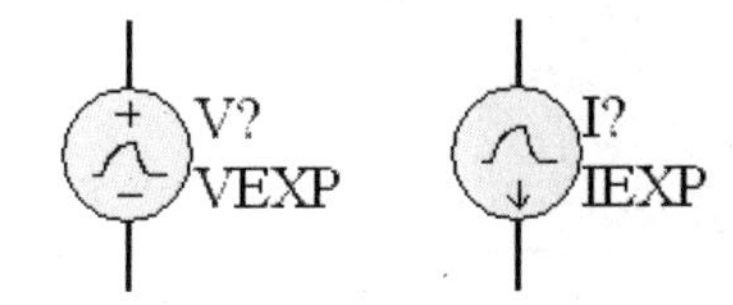

图9-6 指数电压源/电流源符号

图9-7 单频调频电压源/电流源符号

在“Parameters（参数）”标签页，各项参数的具体含义如下：

➢ “DC Magnitude”：分段线性电压信号的直流参数，通常设置为0。
➢ “AC Magnitude”：交流小信号分析的电压值，通常设置为1V，如果不进行交流小信号分析，可以设置为任意值。
➢ “AC Phase”：交流小信号分析的电压初始相位值，通常设置为0。
➢ “Offset”：调频电压信号上叠加的直流分量，即幅值偏移量。
➢ “Amplitude”：调频电压信号的载波幅值。
➢ “Carrier Frequency”：调频电压信号的载波频率。

➢ “Modulation Index”：调频电压信号的调制系数。

➢ “Signal Frequency”：调制信号的频率。

这里介绍了几种常用的仿真激励源及仿真参数的设置。此外，在 Altium Designer 22 中还有线性受控源、非线性受控源等，在此不再一一赘述，用户可以参照上面所讲述的内容，自己练习使用其他的仿真激励源并进行有关仿真参数的设置。

9.3 仿真分析的参数设置

在电路仿真中，选择合适的仿真方式并对相应的参数进行合理的设置，是仿真能够正确运行并获得良好仿真效果的关键保证。

一般来说，仿真方式的设置包含两部分，一是仿真前常规参数设置，二是具体的仿真方式所需要的特定参数设置，二者缺一不可。

在原理图编辑环境中，选择菜单栏中的“Simulink（仿真）”→“Simulation Dashboard（仿真仪表）”命令，或单击状态栏中的“Panels（面板）”按钮，选择快捷命令“Simulation Dashboard（仿真仪表）”命令，系统将弹出如图 9-8 所示的“Simulation Dashboard（仿真仪表）” 面板。

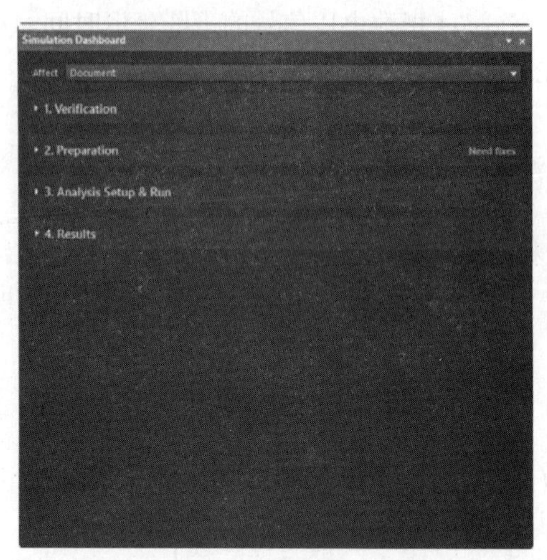

图 9-8 “Simulation Dashboard（仿真仪表）” 面板

Affect（范围）选项用于设置仿真分析的作用范围，包括以下两个选项：

➢ Sheet（积极的原理图）：当前的电路仿真原理图。

➢ Project（积极的项目）：当前的整个项目。

9.3.1 常规参数的设置

1. Verification（确认信息）选项组

仿真原理图不同与一般的原理图，在进行仿真分析前需要进行电气规则检查、仿真激励源检查等，只有检查结果无误，才能进行仿真分析，仿真分析结果才有意义。

打开该选项组，如图 9-9 所示，单击“Start Verification（开始验证）”按钮，通过信息列表显示下面两种检查结果：Electrical Rule Check（电气规则检查）、Simulation Models（仿真模型），如图 9-10 所示，

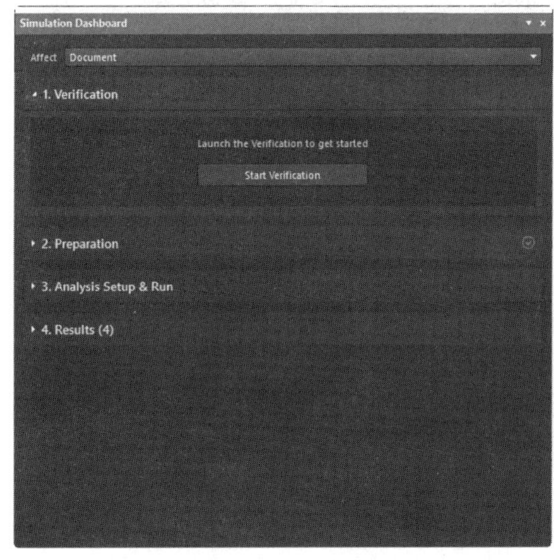

图 9-9 “Simulation Dashboard（仿真仪表）” 面板

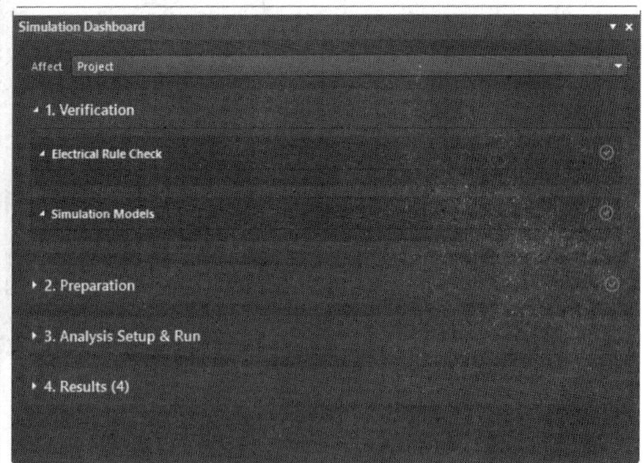

图 9-10 检查结果无误

（1）若检查结果无误，在选项右侧显示绿色对勾符号。

（2）若仿真原理图绘制有误，Electrical Rule Check（电气规则检查）检查结果有误，在该选项组选显示警告信息，如图 9-11 所示。单击“Details（细节）”按钮，弹出“Message（信息）” 面板，如图 9-12 所示，显示具体的电气规则检查信息。

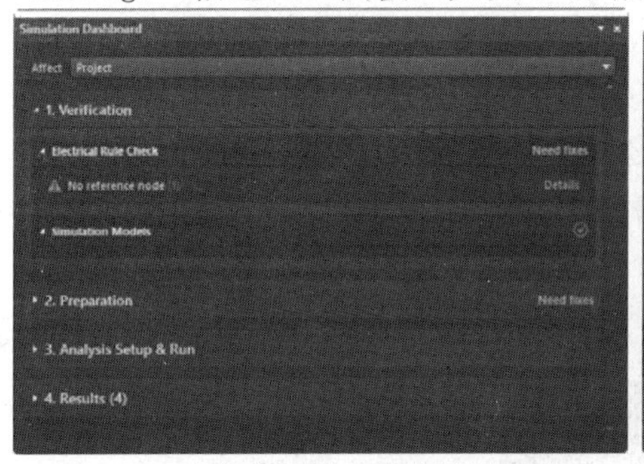

图 9-11 电气规则检查检查结果有误

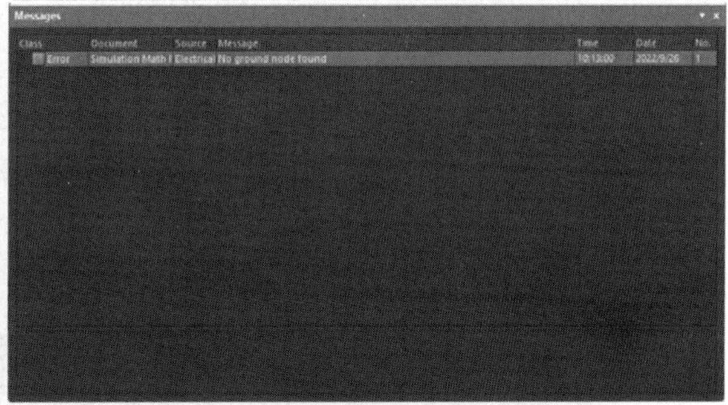

图 9-12 “Message（信息）” 面板

（3）若仿真原理图中元件仿真模型缺失或有误，Simulation Models（仿真模型）检查结果有误，在“Components without Models（无模型元件）”选项组下显示没有仿真模型的元件，如图 9-13 所示。

1）单击“Add Model（添加模型）”按钮，弹出“Sim Model（仿真模型）”对话框，手动为无模型的元件定义新的仿真模型或编辑引用的仿真模型，如图 9-14 所示。

2）Altium Designer 22 新增为无模型元件自动分配仿真模型的功能。单击“Assign”按钮，Simulation Models（仿真模型）选项组右侧显示检查结果无误，表示已经自动为无模型元件分配仿真模型。

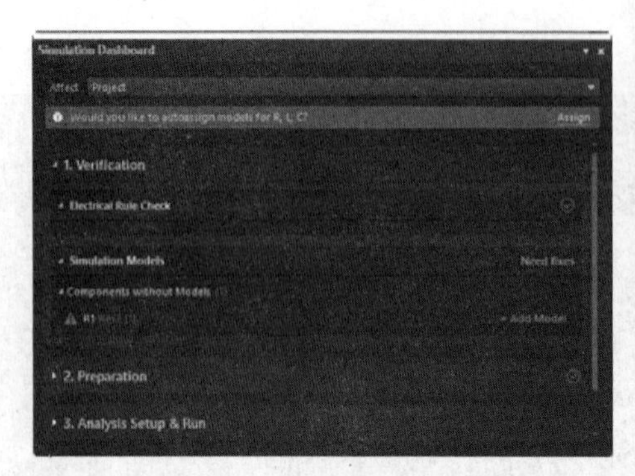

图 9-13　仿真模型检查结果

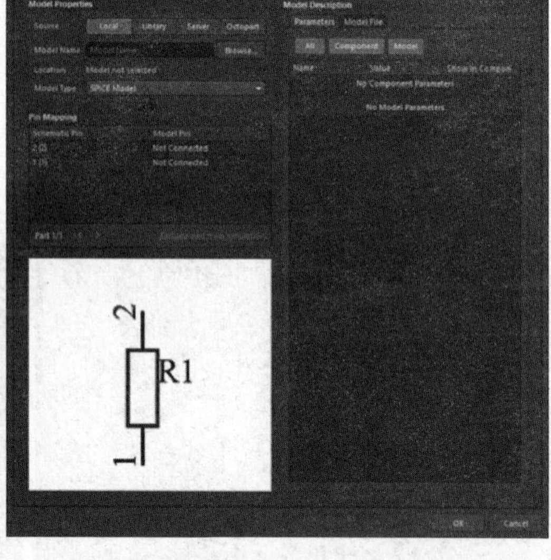

图 9-14　“Sim Model（仿真模型）”对话框

2. Preparation（准备）选项组

（1）Simulation Sources（仿真源）：仿真原理图中必须添加电源或激励源，正确使用仿真模型进行仿真，才能获得正确的仿真结果。如果仿真模型不正确，那么仿真结果对实际设计来说不会有任何意义。

在该选项组下显示仿真原理图中的电源和激励源，如图 9-15 所示。单击仿真源 VSIN 右侧的“×”，删除该电源；单击“Add（添加）”按钮，弹出快捷菜单，选择“Voltage”、“Current”，分别添加直流电压源“VSRC”与直流电流源“ISRC”。

（2）Probes（探针）：在该选项组下显示仿真原理图中的探针。探针可以理解为电路中的未知变量，如某条支路上的电流，两个节点之间的电压，都可以通过放置探针来求解。

单击“Add（添加）”按钮，弹出如图 9-16 所示的探针类型快捷菜单，选择添加不同类型的探针。

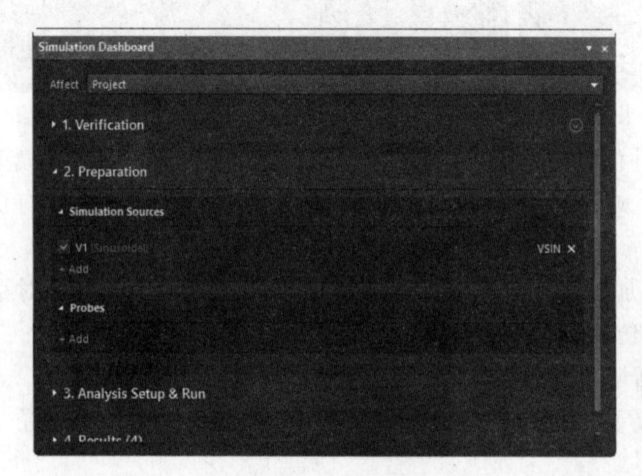

图 9-15　显示电源

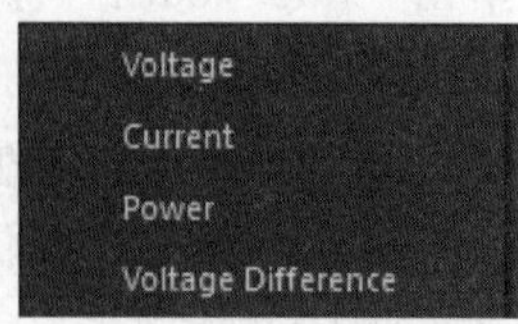

图 9-16　探针类型

图 9-17 显示添加的两个电压探针的仿真原理图，单击图 9-18 中的电压探针 V_INPUT，直接跳转到原理图中该探针的位置，单击探针 V_INPUT 右侧的“×”，删除该探针；单击探针右侧颜色块，弹出如图 9-19 所示的颜色列表，设置探针颜色，用于区分原理图中的不同探针，如图 9-20 所示。

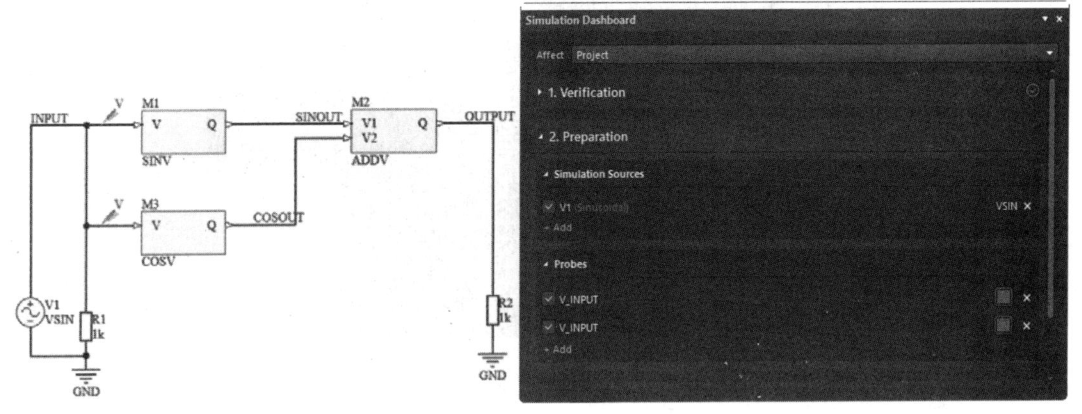

图 9-17　添加探针仿真原理图　　　　图 9-18　添加电压探针

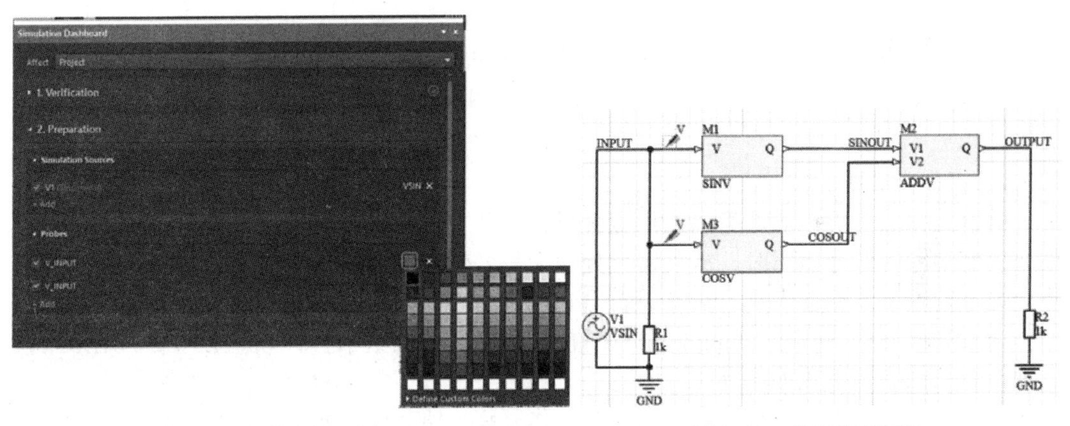

图 9-19　探针颜色列表　　　　图 9-20　修改探针颜色

3. Results（结果）选项组

单击菜单栏中的“设计”→“仿真”→“Mixed Sim（混合仿真）”命令，自动创建仿真分析图文件*.sdf，同时在该选项组中显示不同仿真分析方式的分析结果，单击仿真分析方式右侧“…”按钮，弹出快捷菜单，用于编辑仿真分析图，如图 9-21 所示。

- Show Results：选择该命令，打开仿真分析图文件，转到该仿真分析方式对应的标签页。
- Load Profile：选择该命令，保存仿真分析图表中添加的探针。
- Edit Title：选择该命令，编辑仿真分析图表标题。
- Edit Description：选择该命令，编辑仿真分析图表说明。
- Delete：选择该命令，删除该仿真分析方式的分析结果。

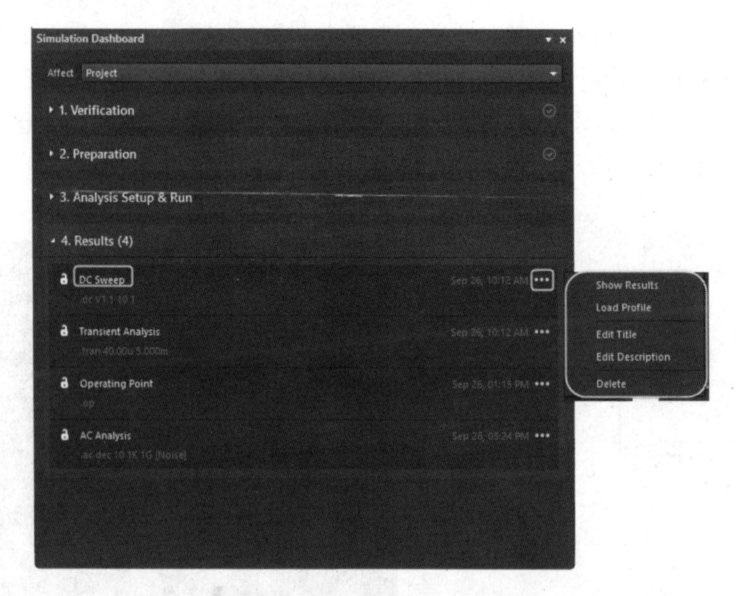

图 9-21 Results（结果）选项组

9.3.2 仿真方式

上面讲述的是在仿真运行前需要完成的常规参数设置，而对于用户具体选用的仿真方式，还需要在“Analysis Setup &Run（分析设置和运行）”选项组进行一些特定参数的设定。

1. 工作点分析

所谓工作点分析，就是静态工作点分析，这种方式是在分析放大电路时提出来的。当把放大器的输入信号短路时，放大器就处在无信号输入状态，即静态。若静态工作点选择不合适，则输出波形会失真，因此设置合适的静态工作点是放大电路正常工作的前提。

在“Analysis Setup &Run（分析设置和运行）”选项组中打开 Operating Point 下拉选项，相应的参数设置如图 9-22 所示。

在工作点分析中，所有的电容都将被看作开路，所有的电感都被看作短路，之后计算各个节点的对地电压，以及流过每一元器件的电流。需要用户在 Dispay on schematic 选项下选择参数，包括“Voltage（电压）”“Power（功率）”“Current（电流）”。单击“Run（运行）”按钮，开始进行工作点分析。

一般来说，在进行瞬态特性分析和交流小信号分析时，仿真程序都会先执行工作点分析，以确定电路中非线件元件的线性化参数初始值。

2. 传递函数分析

传递函数分析主要用于计算电路的直流输入/输出阻抗。在“Advanced（高级）”选项组中勾选“Transfer Function”复选框，相应的参数如图 9-23 所示。各参数的含义如下：

☑ Source Name：设置参考的输入信号源。

☑ Reference Node：设置参考节点。

3. 零-极点分析

零-极点分析主要用于对电路系统转移函数的零、极点位置进行描述。根据零、极点位置与系统性能的对应关系，用户可以据此对系统性能进行相关的分析。

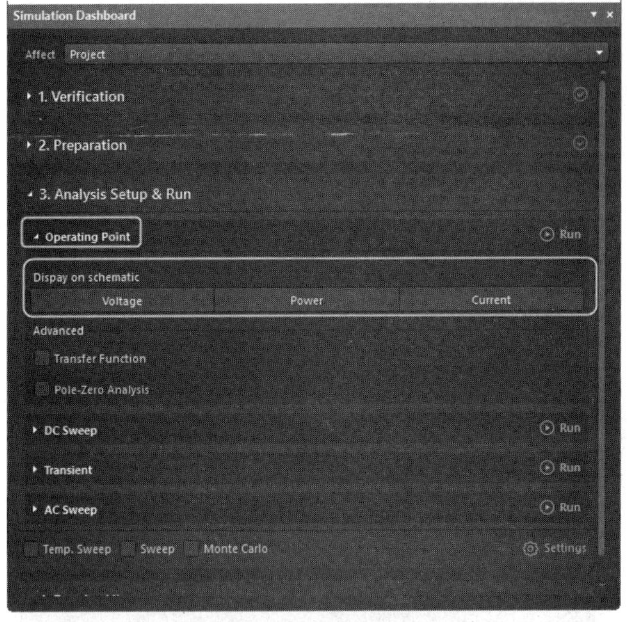

图 9-22　工作点分析方式

图 9-23　传递函数分析的仿真参数

在 Advanced（高级）选项组中勾选“Pole-Zero Analysis”复选框，相应的参数如图 9-24 所示。各参数的含义如下：

☑　Input Node：输入节点选择设置。

☑　Input Reference Node：输入参考节点选择设置，通常设置为 0。

☑　Output Node：输出节点选择设置。

☑　Output Reference Node：输出参考节点选择设置，通常设置为 0。

☑ Analysis Type：分析类型设置，有 3 种选择，分别是“Poles Only（只分析极点）”“Zeros Only（只分析零点）”和“Poles and Zeros（零、极点分析）”。

☑ Transfer Function Type：转移函数类型设置，有两种选择，分别是“V(output)/V (input)（电压数值比）”或者“V(output)/I(input)（阻抗函数）”。

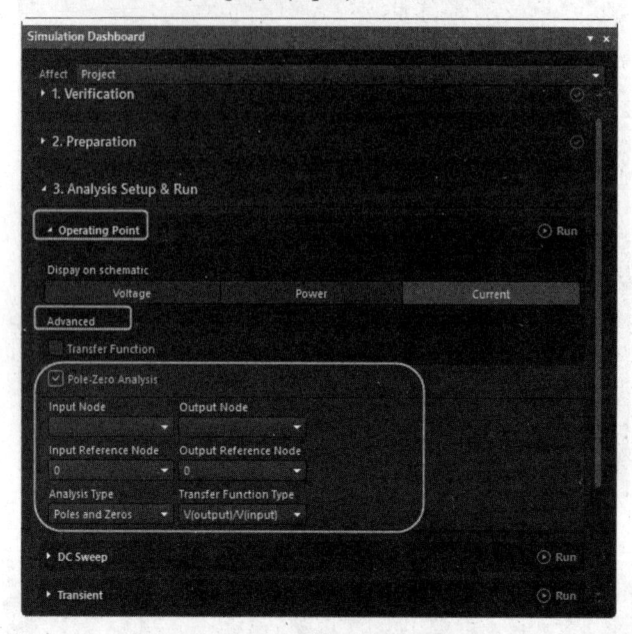

图 9-24 零-极点分析的仿真参数

4. 直流扫描分析

直流传输特性分析是指在一定的范围内，通过改变输入信号源的电压值，对节点进行静态工作点的分析。根据所获得的一系列直流传输特性曲线，可以确定输入信号、输出信号的最大范围及噪声容限等。该仿真分析方式可以同时对两个节点的输入信号进行扫描分析，但计算量会相当大。在“Analysis Setup &Run（分析设置和运行）”选项组中打开“DC Sweep”选项后，相应的参数如图 9-25 所示。各参数的具体含义如下：

☑ V1（输入激励源）：用来设置直流传输特性分析的第一个输入激励源。选中该项后，其右边会出现一个下拉列表框，供用户选择输入激励源，本例中第一个输入激励源为 V1。

☑ From：激励源信号幅值的初始值设置。

☑ To：激励源信号幅值的终止值设置。

☑ Step：激励源信号幅值变化的步长设置，用于在扫描范围内指定主电源的增量值，通常可以设置为幅值的 1%或 2%。

☑ +Add Parameter：用于添加进行直流传输特性分析的第二个输入激励源。单击该按钮后，即可添加第二个输入激励源，对相关参数进行设置，设置内容及方式与前面相同。

☑ Output Expression：添加直流传输特性分析的输出表达式。单击“+Add”按钮，添加输出表达式，如图 9-26 所示。单击输出表达式右侧的“…”按钮，弹出“Add Output Expression（添加输出表达式）”对话框，选择输出表达式参数，如图 9-27 所示。

5. 瞬态特性分析

瞬态特性分析是电路仿真中经常使用的仿真方式。瞬态特性分析是一种时域仿真分析方式，通常是从时间零开始，到用户规定的终止时间结束，在一个类似示波器的窗口中，显示出观测信号的时域变化波形。在仿真分析仪表面板中打开“Transient ”选项，相应的参数设置如图 9-28 所示。各参数的含义如下：

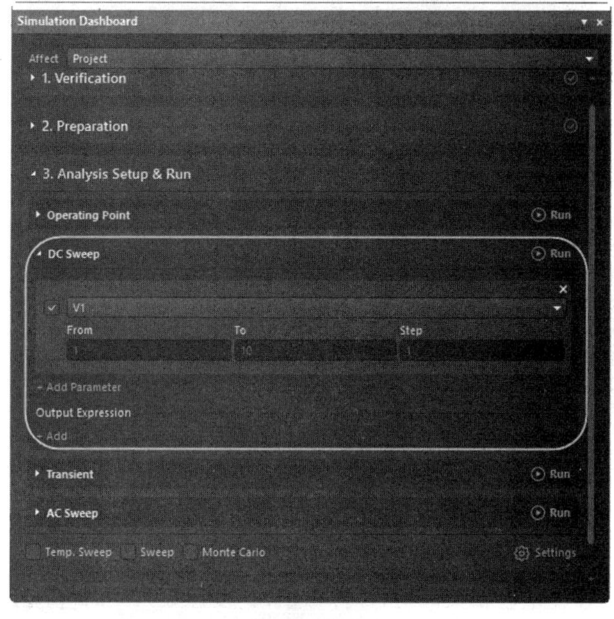

图 9-25　直流传输特性分析的仿真参数

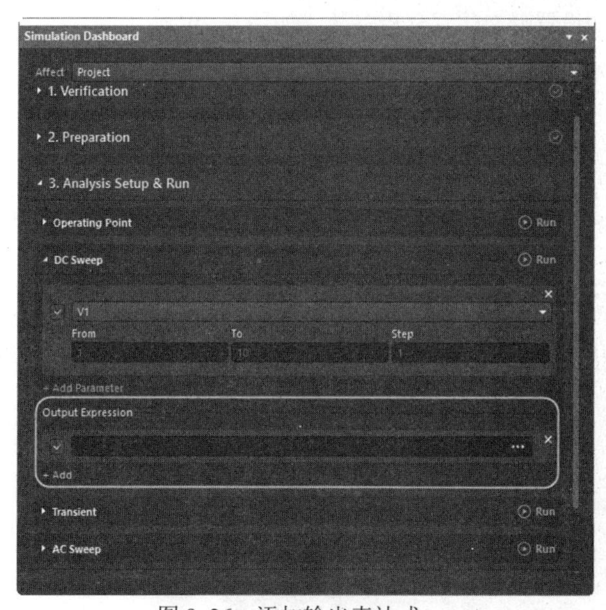

图 9-26　添加输出表达式

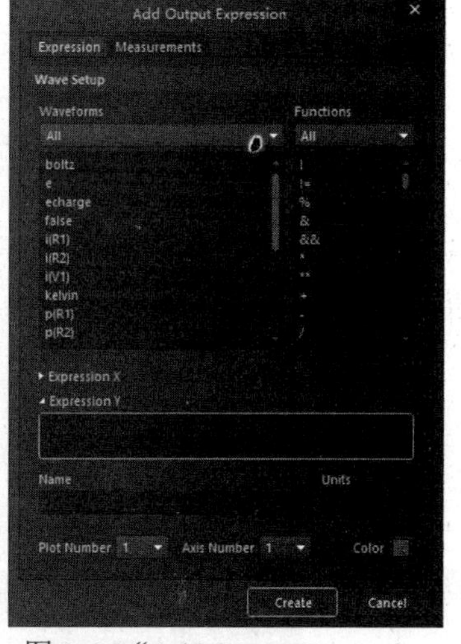

图 9-27 “Add Output Expression（添加输出表达式）”对话框

☑ ：选择该按钮，根据时间间隔设置瞬态仿真分析参数。

- From：瞬态仿真分析的起始时间设置，通常设置为 0。
- To：瞬态仿真分析的终止时间设置，需要根据具体的电路来调整设置。若设置太小，则用户无法观测到完整的仿真过程，仿真结果中只显示一部分波形，不能作为仿真分析的依据。若设置太大，则有用的信息会被压缩在一小段区间内，同样不利于分析。

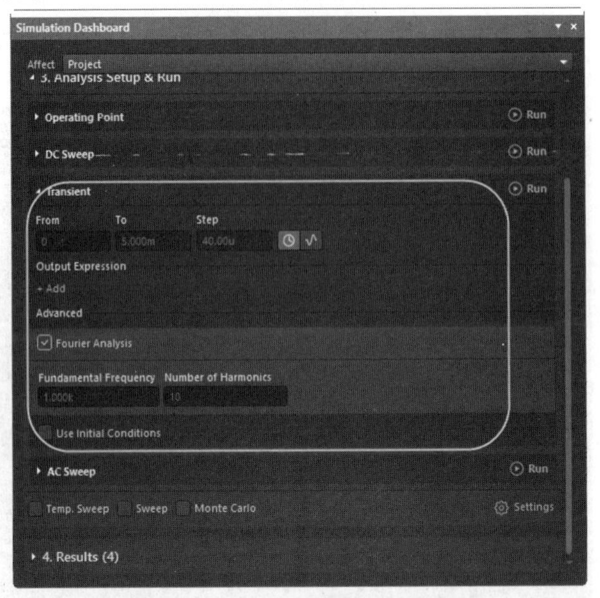

图 9-28　瞬态特性分析的仿真参数

- Step：仿真的时间步长设置，同样需要根据具体的电路来调整。设置太小，仿真程序的计算量会很大，运行时间过长。设置太大，则仿真结果粗糙，无法真切地反映信号的细微变化，不利于分析。

☑ √：选择该按钮，根据时间周期设置瞬态仿真分析参数，如图 9-29 所示。

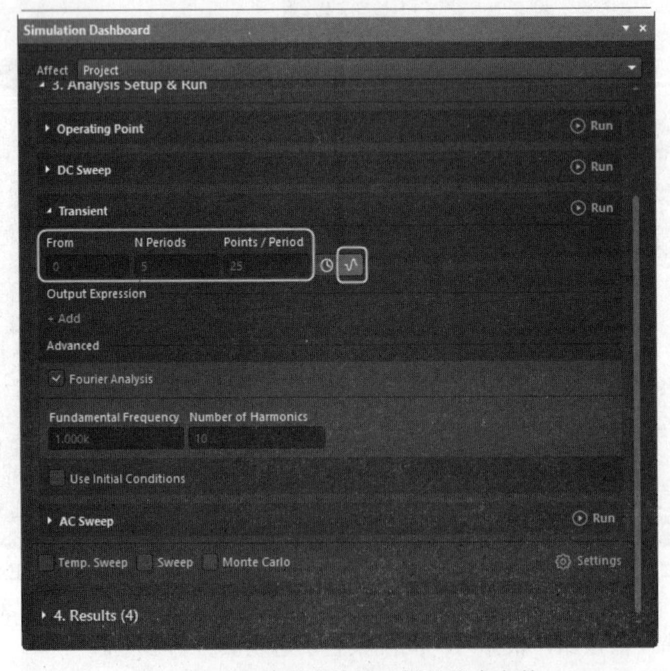

图 9-29　周期瞬态特性分析的仿真参数

- From：瞬态仿真分析的起始时间设置，通常设置为 0。
- N Perirods：电路仿真时显示的波形周期数。
- Points/Perirod：每个显示周期中的点数设置，其数值多少决定了曲线的光滑程度。

☑ Output Expression：添加瞬态输特性分析的输出表达式。

☑ Fourier Analysis：该复选框用于设置电路仿真时，是否进行傅里叶分析。

☑ Fundamental Frequency：傅里叶分析中的基波频率设置。

☑ Number of Harmonics：傅里叶分析中的谐波次数设置，通常使用系统默认值 10 即可。

☑ Use Intial Conditions：该复选框用于设置电路仿真时，是否使用初始设置条件，一般应选中。

6. 交流信号分析

交流信号分析主要用于分析仿真电路的频率响应特性，即输出信号随输入信号的频率变化而变化的情况，借助于该仿真分析方式，可以得到电路的幅频特性和相频特性。

在仿真分析仪表面板中打开“AC Sweep”选项后，相应的参数如图 9-30 所示。各参数的含义如下：

☑ Start Frequency：交流小信号分析的起始频率设置。

☑ Stop Frequency：交流小信号分析的终止频率设置。

☑ Points/Dec：交流小信号分析的测试点数目设置，通常使用系统的默认值即可。

☑ Type：扫描方式设置，有 3 种选择：

➢ Linear：扫描频率采用线性变化的方式，在扫描过程中，下一个频率值由当前值加上一个常量而得到，适用于带宽较窄的情况。

➢ Decade：扫描频率采用 10 倍频变化的方式进行对数扫描，下一个频率值由当前值乘以 10 而得到，适用于带宽特别宽的情况。

➢ Octave：扫描频率以倍频程变化的方式进行对数扫描，下一个频率值由当前值乘以一个大于 1 的常数而得到，适用于带宽较宽的情况。

☑ Output Expression：添加交流信号分析的输出表达式。

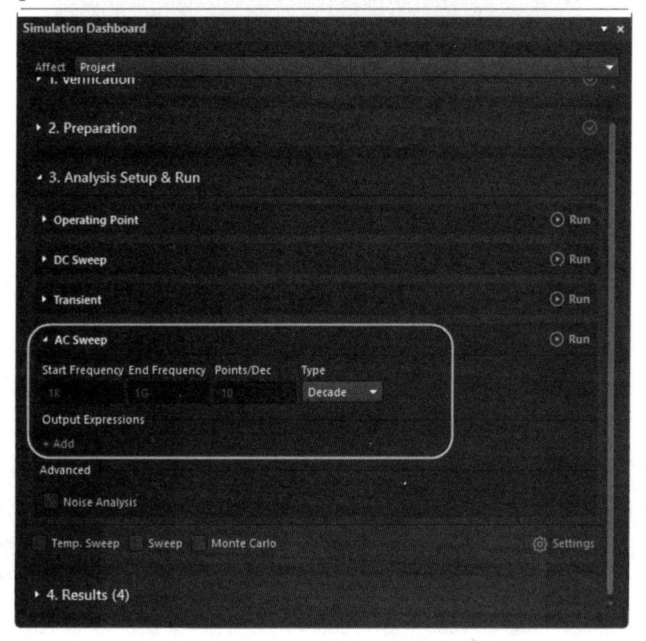

图 9-30　交流信号分析的仿真参数

7. 噪声分析

噪声分析一般是和交流小信号分析一起进行的。在实际的电路中，由于各种因素的影响，总是会存在各种各样的噪声，这些噪声分布在很宽的频带内，每个元件对于不同频段上的噪声敏感程度是不同的。

在噪声分析时，电容、电感和受控源应被视为无噪声的元器件。对交流小信号分析中的每一个频率，电路中的每一个噪声源（电阻或者运放）的噪声电平都会被计算出来，它们对输出节点的贡献通过将各均方值相加而得到。

电路设计中，使用 Altium Designer 仿真程序可以测量和分析以下几种噪声：

（1）输出噪声：在某个特定的输出节点处测量得到的噪声。

（2）输入噪声：在输入节点处测量得到的噪声。

（3）器件噪声：每个器件对输出噪声的贡献。输出噪声的大小就是所有产生噪声的器件噪声的叠加。

在仿真分析仪表面板中打开 AC Sweep 选项后，选中 Noise Analysis 复选框，相应的参数如图 9-31 所示。各参数的含义如下：

☑ Noise Source：选择一个用于计算噪声的参考信号源。选中该选项后，其右边会出现一个下拉列表框，供用户进行选择。

☑ Output Node：噪声分析的输出节点设置。选中该选项后，其右边会出现一个下拉列表框，供用户选择需要的噪声输出节点，如 IN 和 OUT 等。

☑ Ref Node：噪声分析的参考节点设置。通常设置为 0，表示以接地点作为参考点。

噪声分析扫描起始频率、终止频率、测试点数目、扫描方式设置，与交流信号分析中的扫描方式选择设置相同。

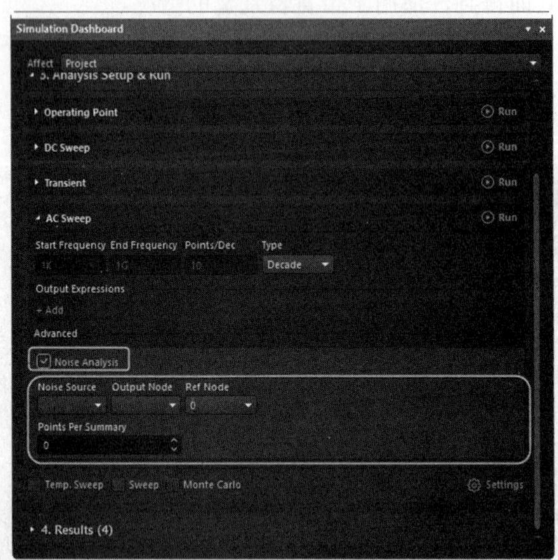

图 9-31 噪声分析的仿真参数

8. 温度扫描分析

温度扫描是指在一定的温度范围内，通过对电路的参数进行各种仿真分析，如瞬态特性分析、交流小信号分析、直流传输特性分析和传递函数分析等，从而确定电路的温度漂移等性能指标。

在仿真分析仪表面板中选中 Temp. Sweep 复选框后，单击“Setting （设置）”按钮，弹出“Advanced Analysis Settings（高级分析设置）”对话框，打开“General（通用）”选项卡，激活 Temperature 复选框，相应的参数如图 9-32 所示。各参数的含义如下：

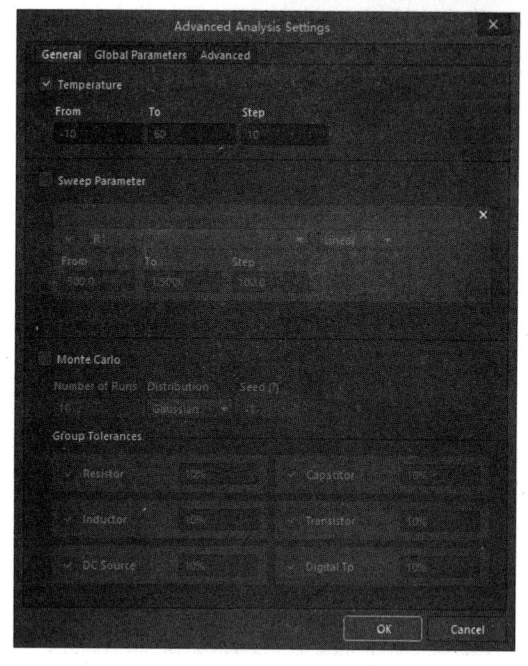

图 9-32 温度扫描分析的仿真参数

☑ From：扫描起始温度设置。

☑ To：扫描终止温度设置。

☑ Step：扫描步长设置。

需要注意的是，温度扫描分析不能单独运行，应该在运行工作点分析、交流信号分析、直流传输特性分析、噪声分析、瞬态特性分析及传递函数分析中的一种或几种仿真方式时方可进行。

9. 参数扫描分析

参数扫描分析主要用于研究电路中某一元件的参数发生变化时对整个电路性能的影响，借助于该仿真方式，用户可以确定某些关键元器件的最优化参数值，以获得最佳的电路性能。该分析方式与前面的温度扫描分析类似，只有与其他的仿真方式中的一种或几种同时运行时才有意义。

在仿真分析仪表面板中选中 Sweep 复选框后，单击“Setting（设置）”按钮，弹出“Advanced Analysis Settings（高级分析设置）”对话框，打开“General（通用）”选项卡，激活“Sweep Parameter”复选框，相应的参数如图 9-33 所示。

☑ R1：选择第一个进行参数扫描的元器件或参数。选中该项后，其右边会出现一个下拉列表框，列出了仿真电路图中可以进行参数扫描的所有元器件，供用户选择。这里，默认选择 R1。

☑ Linear：参数扫描的扫描方式设置，有 4 种选择。Linear（线性变化）、Decade（10 倍倍频对数扫描）、Octave（8 倍倍频对数扫描）和 List（列表值扫描，数字间可用空格、逗点或分号隔）。选择不同的扫描方式，扫描参数不同。

☑ From：进行线性参数扫描的元件初始值设置。

☑ To：进行线性参数扫描的元件终止值设置。

☑ Step：线性扫描变化的步长设置。

☑ +Add Parameter：单击该按钮，添加进行参数扫描分析的元器件或参数，对元器件的相关参数进行设置，设置的内容及方式都与前面完全相同，这里不再赘述。

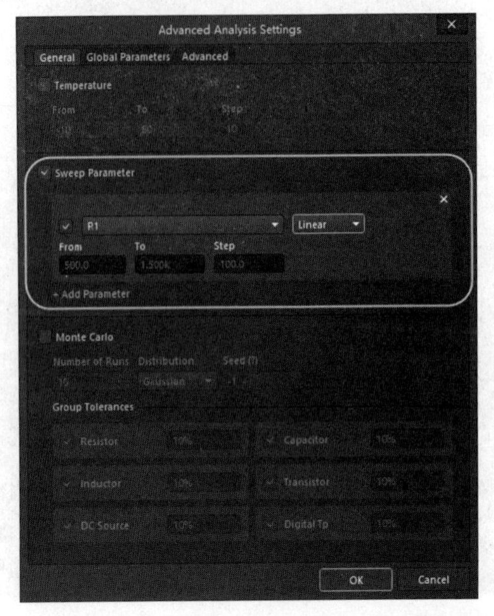

图 9-33 参数扫描分析的仿真参数

10. 蒙特卡罗分析

蒙特卡罗分析是一种统计分析方法，借助于随机数发生器按元件值的概率分布来选择元件，然后对电路进行直流、交流小信号、瞬态特性等仿真分析。通过多次的分析结果估算出电路性能的统计分布规律，从而可以对电路生产时的成品率及成本等进行预测。

在仿真分析仪表面板中选中 Monte Carlo 复选框之后，单击“Setting（设置）”按钮，弹出“Advanced Analysis Settings（高级分析设置）”对话框，打开“General（通用）”选项卡，激活 Monte Carlo 复选框，系统出现相应的参数，如图 9-34 所示。各项参数的含义如下：

☑ Number of Runs：仿真运行次数设置，系统默认为 10。

☑ Distribution：元件分布规律设置，有 3 种选择，分别是“Uniform（均匀分布）”“Gaussian（高斯分布）”和“Worst Case（最坏情况分布）”。

☑ Seed：这是一个在仿真过程中随机产生的值，如果用随机数的不同序列来执行一个仿真，就需要改变该值，其默认设置值为-1。

☑ Group Tolerance：设置所有公差。

- Resistor：电阻容差设置，默认为 10%。用户可以单击更改，输入值可以是绝对值，也可以是百分比，但含义不同。如一电阻的标称值为 1K，若用户输入的电阻容差为 15，则表示该电阻将在 985～1015Ω 之间变化。若输入为 15%，则表示该电阻的变化范围为 850～1150Ω。
- Capacitor：电容容差设置，默认设置值为 10%，同样可以单击进行更改。
- Inductor：电感容差设置，默认为 10%。
- Transistor：晶体管容差设置，默认为 10%。
- DC Source：直流电源容差设置，默认为 10%。
- Digital Tp：数字器件的传播延迟容差设置，默认为 10%。该容差用于设定随机数发生器产生数值的区间。

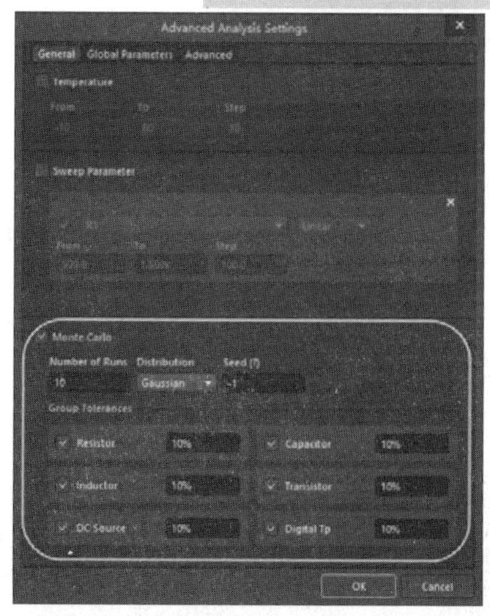

图 9-34　蒙特卡罗分析的仿真参数

9.3.3 全局参数设置

电路设计中，电压源、电流源、温度、全局参数或者模型参数都可以进行参数扫描分析。全局参数需要用户自定义添加，本节介绍如何设置全局参数。

单击“Setting （设置）”按钮，弹出“Advanced Analysis Settings（高级分析设置）”对话框，打开 Global Parameters 选项卡，如图 9-35 所示。该选项中可以添加、删除全局参数。

☑ Add：单击该按钮后，直接在“Global Parameters Setup”列表中添加一个全局参数 Parameter1，默认 Value（值）为 0，如图 9-36 所示。

图 9-35　全局参数设置

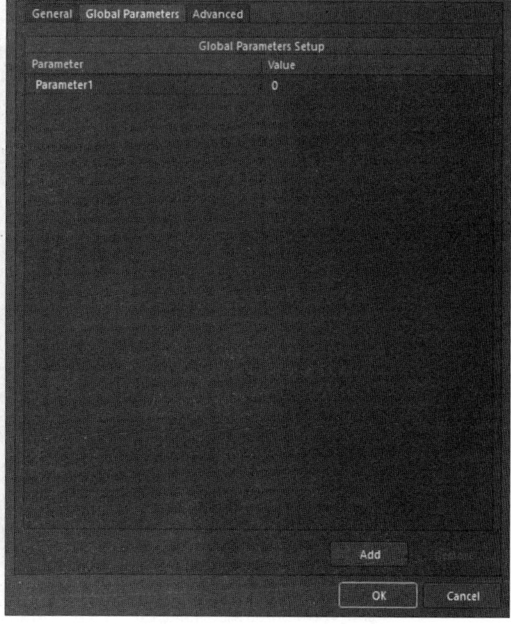

图 9-36　添加全局参数

☑ Remove：单击该按钮后，删除在“Global Parameters Setup”列表中选择的全局参数。

添加全局参数后，在进行 Sweep Parameter（参数扫描分析）时，选择进行参数扫描的元器件或参数下拉列表框中选择全局参数 Parameter1，如图 9-37 所示。

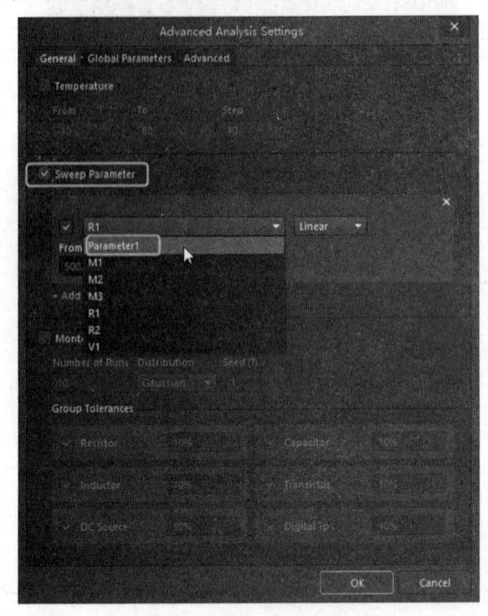

图 9-37 选择全局参数

9.3.4 高级仿真设置

单击“Setting （设置）”按钮，弹出“Advanced Analysis Settings（高级分析设置）”对话框，打开 Advanced 选项卡，用于设置仿真的高级参数，如图 9-38 所示。

该选项卡中的选项主要提供了设置 Spice 变量值、仿真器和仿真参考网络的综合方法。在实际设置时，这些参数建议最好使用默认值。

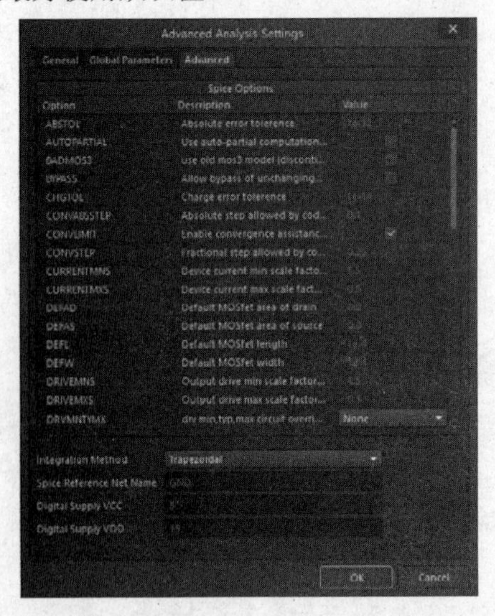

图 9-38 高级选项的参数设置

9.4 特殊仿真元器件的参数设置

在仿真过程中，有时还会用到一些专用于仿真的特殊元器件，它们存放在系统提供的“Simulation Sources. IntLib”集成库中，这里做一个简单的介绍。

9.4.1 节点电压初值

节点电压初值“. IC”主要用于为电路中的某一节点提供电压初始值，与电容中“Initial Voltage（初始电压）”作用类似。设置方法很简单，只要把该元件放在需要设置电压初值的节点上，通过设置该元件的仿真参数即可为相应的节点提供电压初值。放置的“. IC”元件如图 9-39 所示。

图 9-39 放置的“. IC”元件

需要设置的“. IC”元件仿真参数只有一个，即节点的电压初始值。双击节点电压初始值元件，系统将弹出如图 9-40 所示的“Component（元件）”对话框。

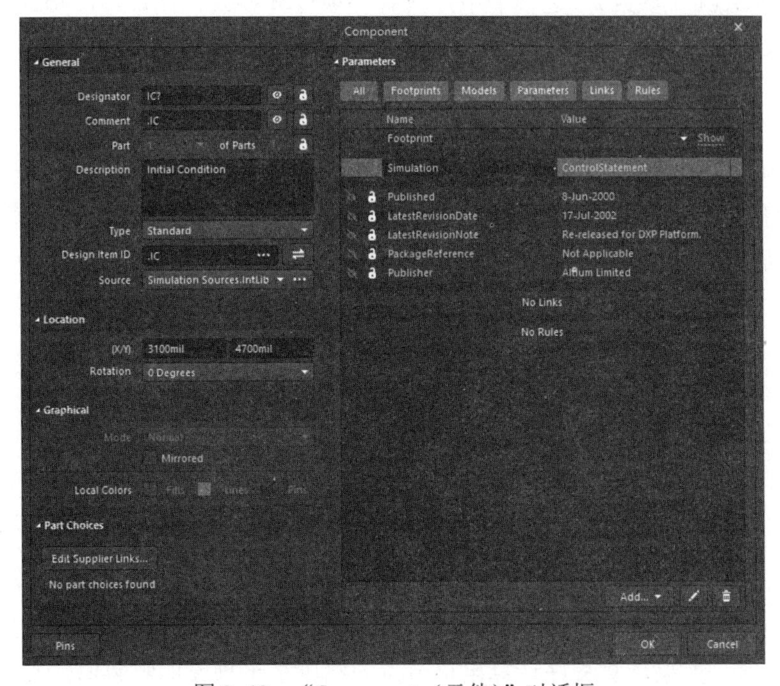

图 9-40 “Component（元件）”对话框

在“Parameters（参数）”选项组下选中“Simulation（仿真）”选项，单击编辑按钮 ，系统将弹出如图 9-41 所示的“Sim Model（仿真模型）”对话框来设置“.IC”元件的仿真参数。

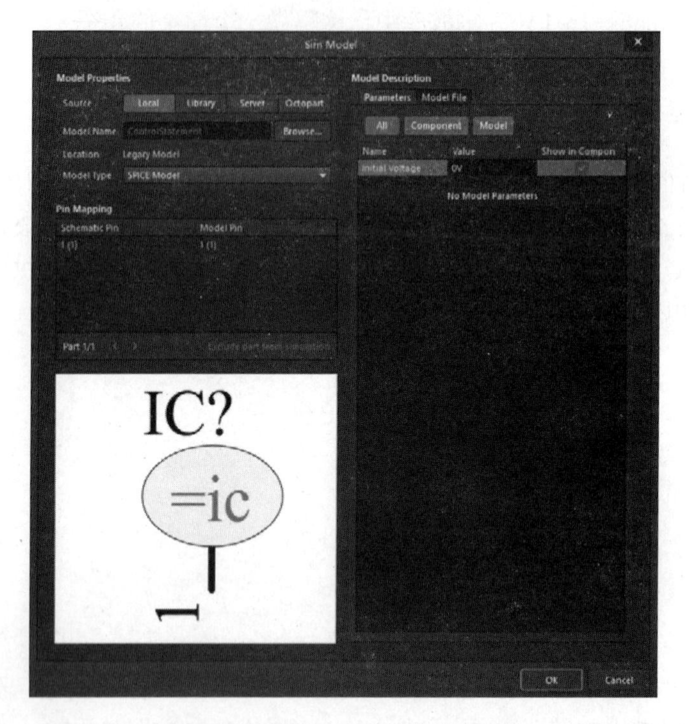

图 9-41　设置“.IC”元件仿真参数

在“Parameter（参数）”选项卡中，只有一项仿真参数“Initial Voltage（初始电压）”，用于设定相应节点的电压初值，这里设置为“0V”。设置参数后的“.IC”元件如图 9-42 所示。

当电路中有储能元件（如电容）时，如果在电容两端设置了电压初始值，而同时在与该电容连接的导线上也放置了“.IC”元件，并设置了参数值，那么此时进行瞬态特性分析时，系统将使用电容两端的电压初始值，而不会使用“.IC”元件的设置值，即一般元件的优先级高于“.IC”元件。

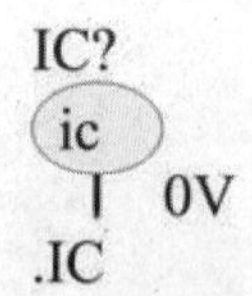

图 9-42　设置参数后的“.IC”元件

9.4.2　节点电压

在对双稳态或单稳态电路进行瞬态特性分析时，节点电压“.NS”用来设定某个节点的电压预收敛值。如果仿真程序计算出该节点的电压小于预设的收敛值，则去掉“.NS”

元件所设置的收敛值，继续计算，直到算出真正的收敛值为止。即“.NS”元件是求节点电压收敛值的一个辅助手段。

设置方法很简单，只要把该元件放在需要设置电压预收敛值的节点上，通过设置该元件的仿真参数即可为相应的节点设置电压预收敛值。放置的“.NS”元件如图9-43所示。

需要设置的“.NS”元件仿真参数只有一个，即节点的电压预收敛值。双击节点电压元件，系统将弹出如图9-44所示的“Component（元件）”对话框来设置“.NS”元件的属性。

在“Parameters（参数）”选项组下选中“Simulation（仿真）”选项，单击编辑按钮，系统将弹出如图9-45所示的“Sim Model（仿真模型）”对话框来设置“.NS”元件的仿真参数。在“Parameter（参数）”选项卡中，只有一项仿真参数“Initial Voltage（初始电压）”，用于设定相应节点的电压预收敛值，这里设置为10V。设置参数后的“.NS”元件如图9-46所示。

若在电路的某一节点处，同时放置了“.IC”元件与“.NS”元件，则仿真时“.IC”元件的设置优先级将高于“.NS”元件。

图9-43　放置的“.NS”元件

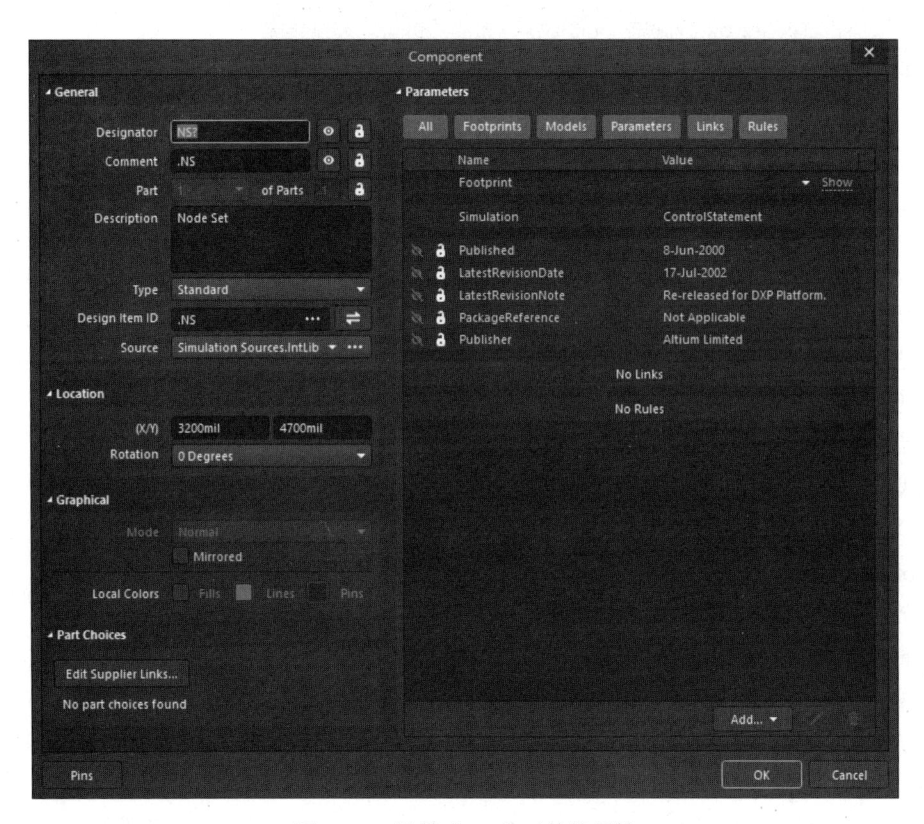

图9-44　设置“.NS”元件的属性

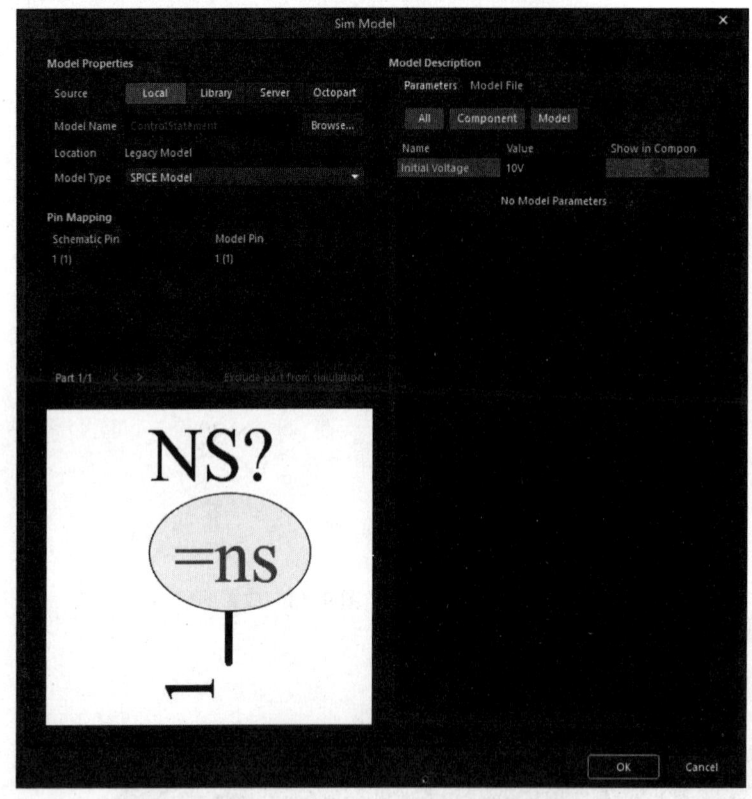

图 9-45　设置“.NS”元件的仿真参数

图 9-46　设置参数后的“.NS”元件

9.4.3　仿真数学函数

在 Altium Designer 22 的仿真器中还提供了若干仿真数学函数，它们同样作为一种特殊的仿真元件，可以放置在电路仿真原理图中使用。主要用于对仿真原理图中的两个节点信号进行各种合成运算，以达到一定的仿真目的，包括节点电压的加、减、乘、除，以及支路电流的加、减、乘、除等运算，也可以用于对一个节点信号进行各种变换，如正弦变换、余弦变换、双曲线变换等。

仿真数学函数存放在“Simulation Math Function.IntLib”仿真库中，只需要把相应的函数功能模块放到仿真原理图中需要进行信号处理的地方即可，仿真参数不需要用户自行设置。

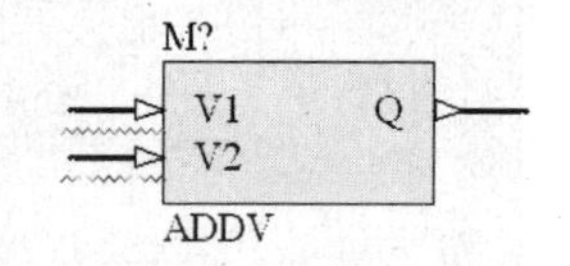

图 9-47　仿真数学函数“ADDV”

如图 9-47 所示是对两个节点电压信号进行相加运算的仿真数学函数“ADDV”。

9.4.4　实例：使用 Simulation Math Function(仿真数学函数)

本例使用相关的仿真数学函数，对某一输入信号进行正弦变换和余弦变换，然后叠加输出。具体的操作步骤如下：

01 新建一个原理图文件，另存为“Simulation Math Function.SchDoc”。

02 在系统提供的集成库中，选择到“Simulation Sourees.IntLib”和“Simulation Math Function. IntLib”进行加载。

03 在“Component（元件）”面板中，打开集成库“Simulation Math Function.IntLib”，选择正弦变换函数“SINV”、余弦变换函数“COSV”及电压相加函数“ADDV”，将其分别放置到原理图中，如图9-48所示。

04 在“Component（元件）”面板中，打开集成库“Miscellaneous Devices.IntLib”，选择元件Res2，在原理图中放置两个接地电阻，并完成相应的电气连接，如图9-49所示。

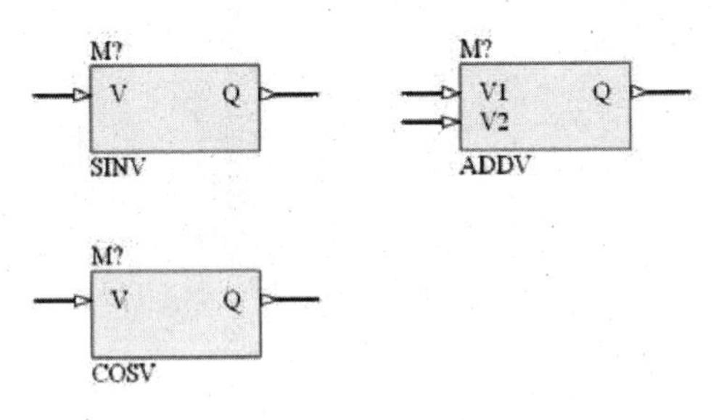

图9-48 放置数学函数

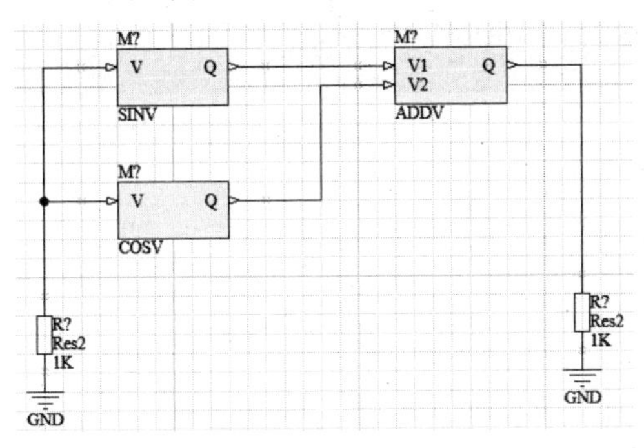

图9-49 放置接地电阻并连接

05 双击电阻，系统弹出属性设置对话框，相应的电阻值设置为1K。

提示：

电阻单位为Ω，在原理图进行仿真分析过程中，不识别Ω符号，添加该符号后进行仿真会弹出错误报告，因此原理图需要进行仿真操作时绘制过程中电阻参数值不添加Ω符号，其余原理图添加Ω符号。

06 双击每一个仿真数学函数，进行参数设置，在弹出“Component（元件）”对话框中，只需设置标识符，如图9-50所示。设置好的原理图如图9-51所示。

07 在“Component（元件）”面板中，打开集成库“Simulation Sources.IntLib”，找到正弦电压源“VSIN”，放置在仿真原理图中，并进行接地连接，如图9-52所示。

08 双击正弦电压源，弹出相应的属性对话框，设置其基本参数及仿真参数，如图9-53所示。标识符输入为“V1”，其他各项仿真参数均采用系统的默认值。

09 单击“OK（确定）”按钮，得到的仿真原理图如图9-54所示。

10 在原理图中需要观测信号的位置添加网络标签。在这里，我们需要观测的信号有 4 个，即输入信号、经过正弦变换后的信号、经过余弦变换后的信号及叠加后输出的信号。因此，在相应的位置处放置 4 个网络标签，即“INPUT”“SINOUT”“COSOUT”“OUTPUT”，如图 9-55 所示。

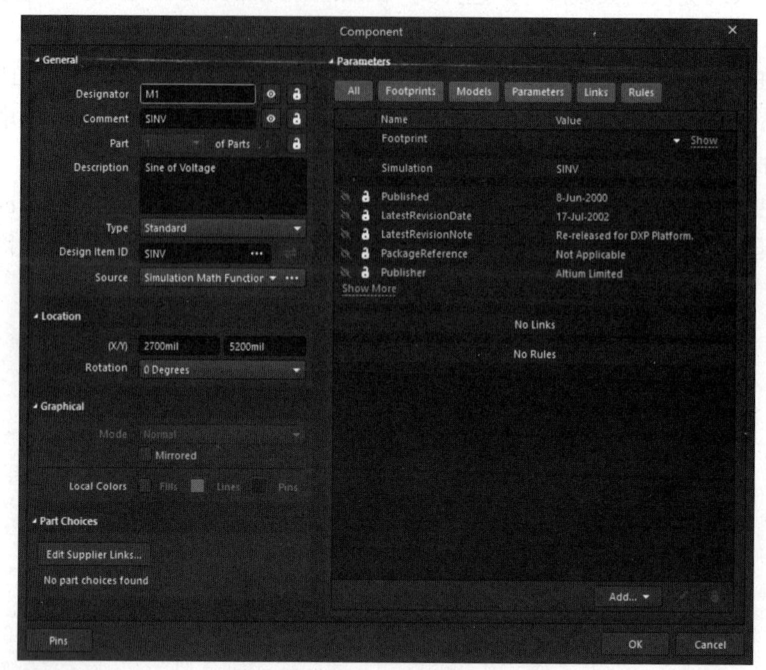

图 9-50　Properties（属性）面板

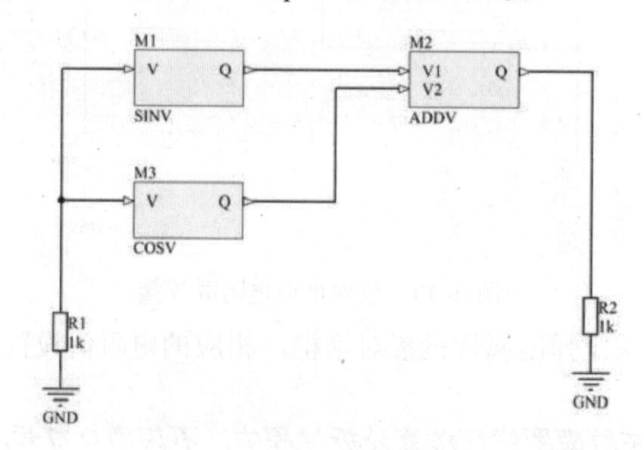

图 9-51　设置好的原理图

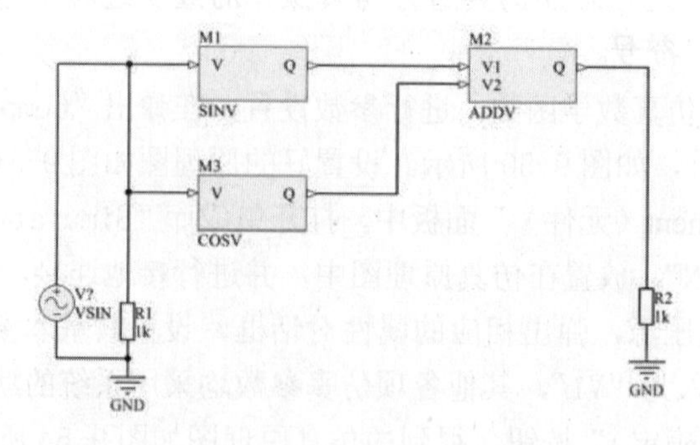

图 9-52　放置正弦电压源并连接

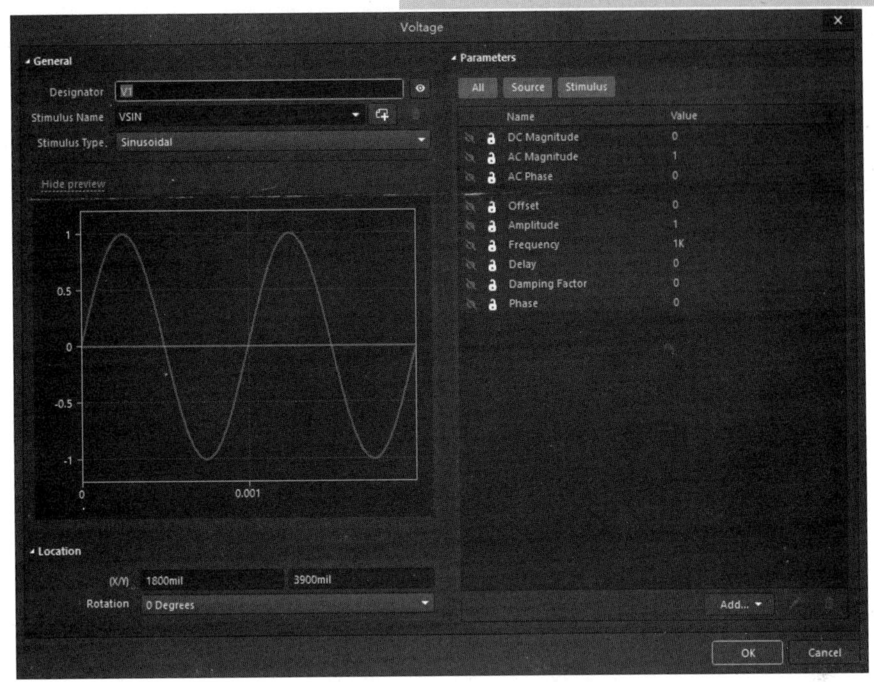

图 9-53　设置正弦电压源的参数

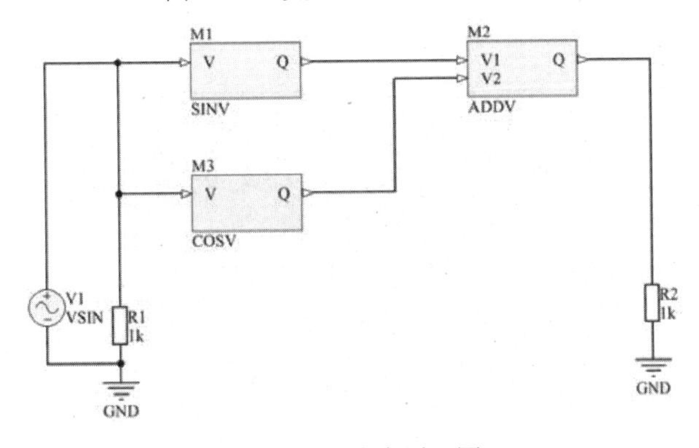

图 9-54　仿真原理图

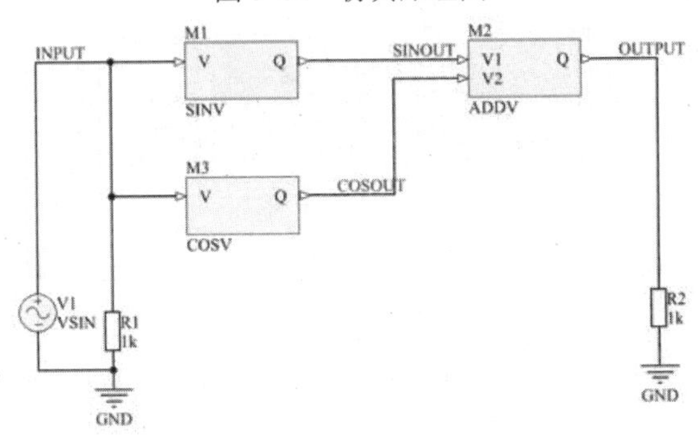

图 9-55　添加网络标签

11 在状态栏“Panel（面板）”上单击，弹出快捷菜单，选择 “Simulation Dashboard（仿真仪表）” 命令，弹出“Simulation Dashboard（仿真仪表）” 面板，设置仿真参数，如图 9-56 所示。单击“Start Verification（开始验证）”按钮，在“Verification（验

证）”选项组右侧显示绿色对勾符号，表示验证结果无误。

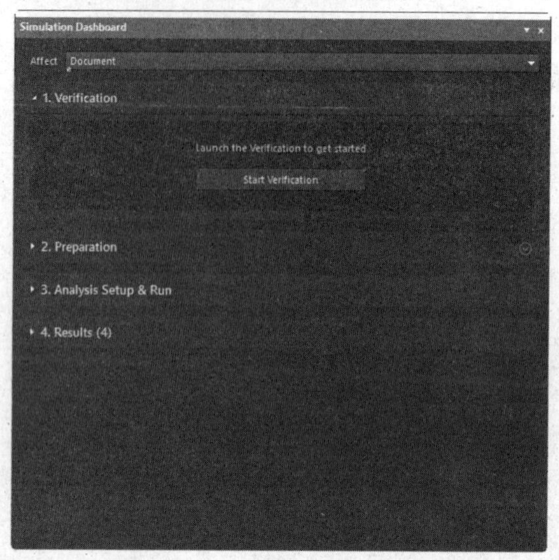

图 9-56 “Simulation Dashboard（仿真仪表）” 面板

12 在“3.Analysis Setup &Run（分析设置和运行）”选项组中打开“Operating Point”下拉选项，在“Dispay on schematic（原理图显示）”列表框中，单击选中“Voltage（电压）”按钮，如图 9-57 所示。

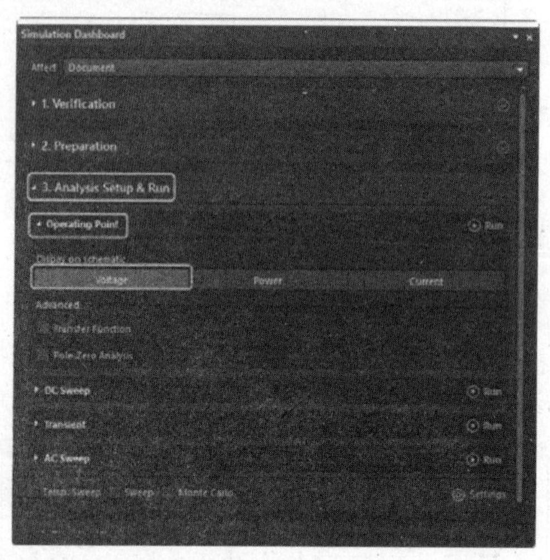

图 9-57 显示电压

打开“Transient（瞬态特性分析）” 下拉选项，在“Output Expression（输出表达式）”选项组下单击“Add（添加）”按钮，添加输出表达式，单击输出表达式右侧的“…”按钮，弹出“Add Output Expression（添加输出表达式）”对话框，在“Waveforms（波形图）”选项组下选择“Node Voltages（节点电压）”选项，在列表中显示原理图中所有的节点电压参数。在列表中单击 v(COSOUT)，在“Expression Y（Y 表达式）”选项中显示输出参数 v(COSOUT)，如图 9-58 所示。

单击“Creat（创建）”按钮，关闭该对话框，返回“Simulation Dashboard（仿真仪表）” 面板，在“Output Expression（输出表达式）”选项组下添加输出节点电压参数

v(COSOUT)，如图 9-59 所示。

同样的方法，在“Output Expression（输出表达式）”选项组下添加原理图中的节点参数 v(INPUT)、v(OUTPUT)、v(SINOUT)，其余各项参数的设置如图 9-60 所示。

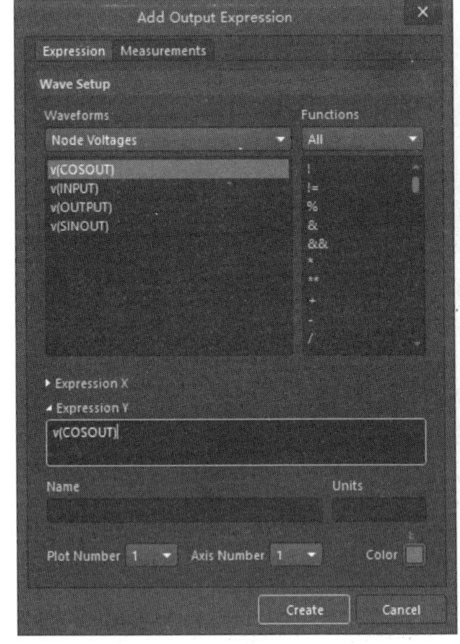

图 9-58　选择节点电压

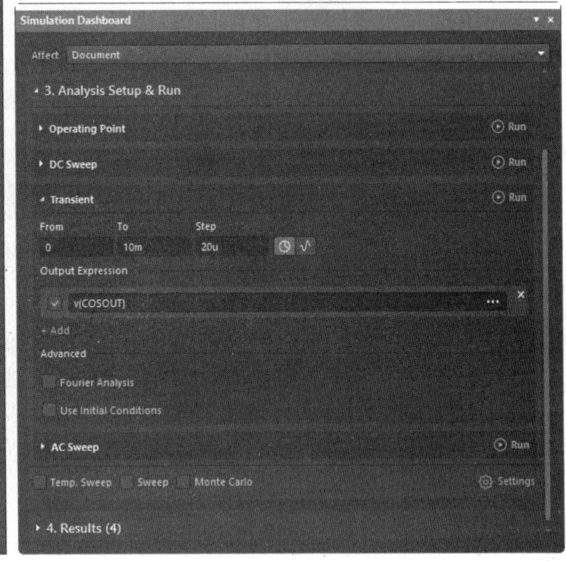

图 9-59　添加输出节点电压

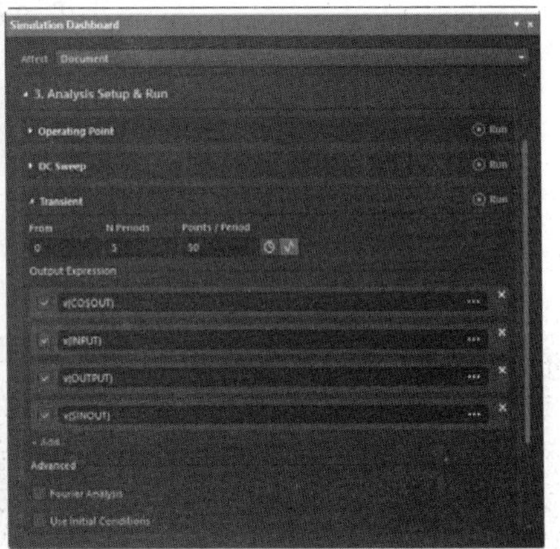

图 9-60　瞬态特性分析参数设置

13 设置完毕后，单击菜单栏中的“设计”→“仿真”→“Mixed Sim（混合仿真）”命令，系统进行电路仿真，静态工作点分析结果、瞬态仿真分析的仿真结果如图 9-61、图 9-62 所示。

图 9-61　静态工作点分析的仿真结果

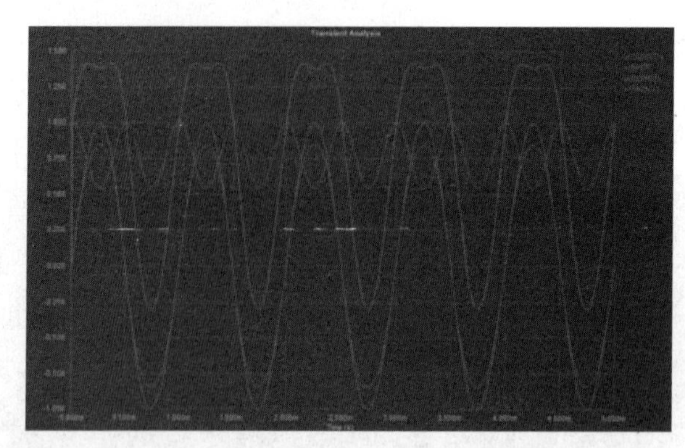

图 9-62　瞬态仿真分析的仿真结果

此时，在原理图左、右节点处显示静态电压值，如图 9-63 所示。

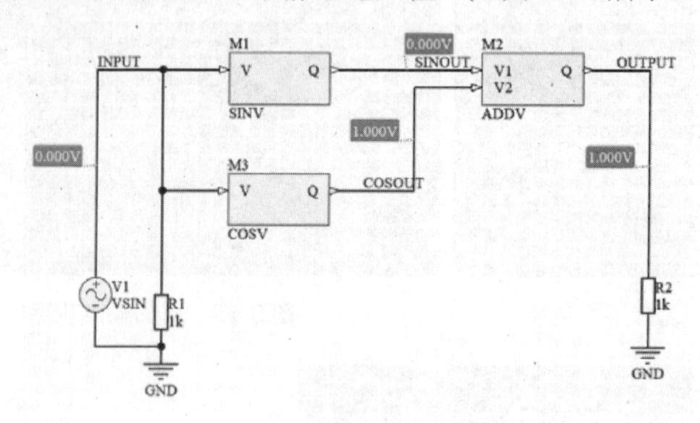

图 9-63　显示电压值

9.5 电路仿真的基本方法

下面结合一个实例介绍电路仿真的基本方法和操作步骤。

01 启动 Altium Designer 22，在电子资料包“yuanwenjian\ch_09\9.5\sch\仿真示例电路图”中打开如图 9-64 所示的电路原理图。

02 在电路原理图编辑环境中，激活“Projects（工程）”面板，右击面板中的电路原理图，在弹出的右键快捷菜单中单击“Validate PCB Project...（验证文件）”命令，如图 9-65 所示。单击该命令后，将自动检查原理图文件是否有错，如有错误应该予以纠正。

03 在“Components（元件）”面板右上角中单击≡按钮，在弹出的快捷菜单中选择“File-based Libraries Preferences（库文件参数）”命令，则系统弹出“可用的基于文件的库”对话框。

04 单击“添加库”按钮，在弹出的“打开”对话框中选择源文件中的“Library/Simulation”中所有的仿真库，如图 9-66 所示。

05 单击“打开”按钮，完成仿真库的添加。

06 在“Components（元件）”面板中选择“Simulation Sources.IntLib”集成库，该仿真库包含了各种仿真电源和激励源。选择名为“VSIN”的激励源，然后将其拖到原理图编辑区中，如图 9-67 所示。选择放置导线工具，将激励源和电路连接起来，并接上电源地，如图 9-68 所示。

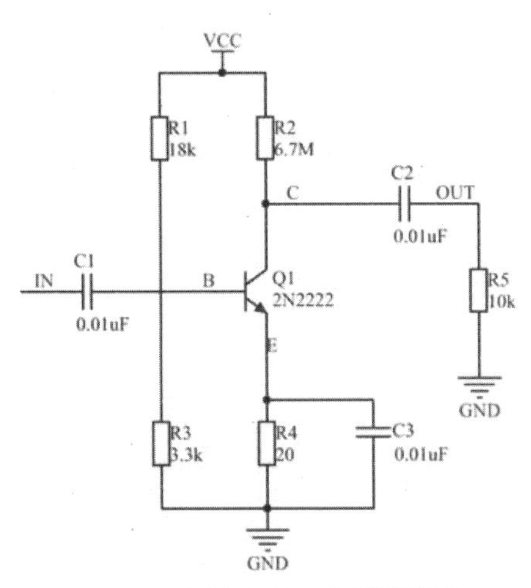

图 9-64　电路原理图

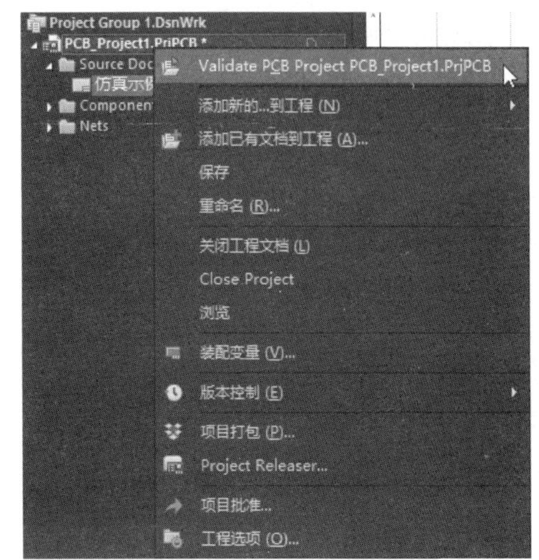

图 9-65　右键快捷菜单

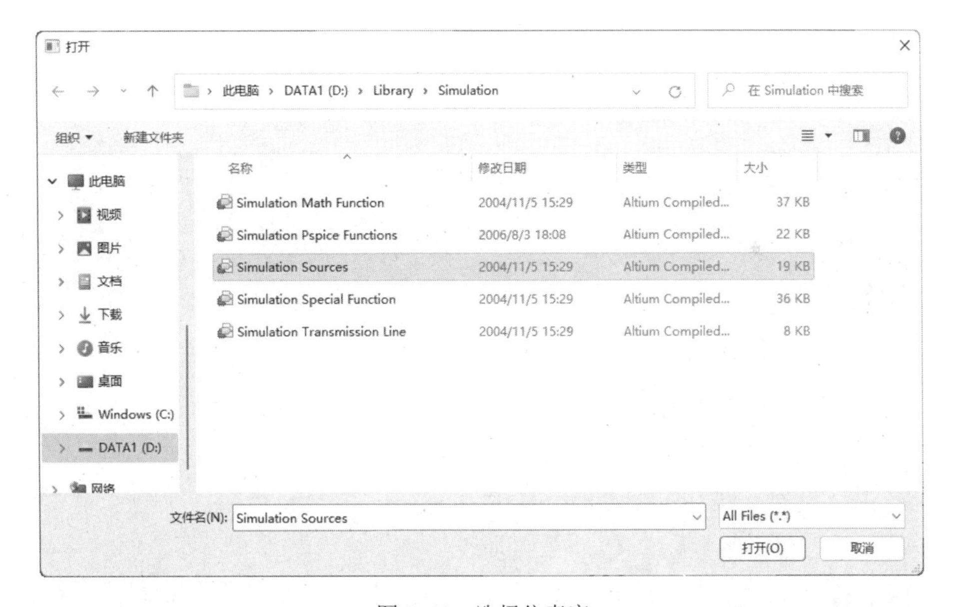

图 9-66　选择仿真库

07 双击新添加的仿真激励源，在弹出的“Voltage（电压）”对话框中设置其属性参数，如图 9-69 所示。

08 设置完毕后，单击“OK（确定）”按钮，返回到电路原理图编辑环境。

09 采用相同的方法，再添加一个仿真电源，如图 9-70 所示。

10 双击已添加的仿真电源，在弹出的“Voltage（电压）”对话框中设置其属性参数，如图 9-71 所示。

11 设置完毕后，单击“OK（确定）”按钮，返回到原理图编辑环境。

12 单击菜单栏中的“工程”→“Validate PCB Project（验证文件）”命令，编译当前的原理图，编译无误后分别保存原理图文件和项目文件。

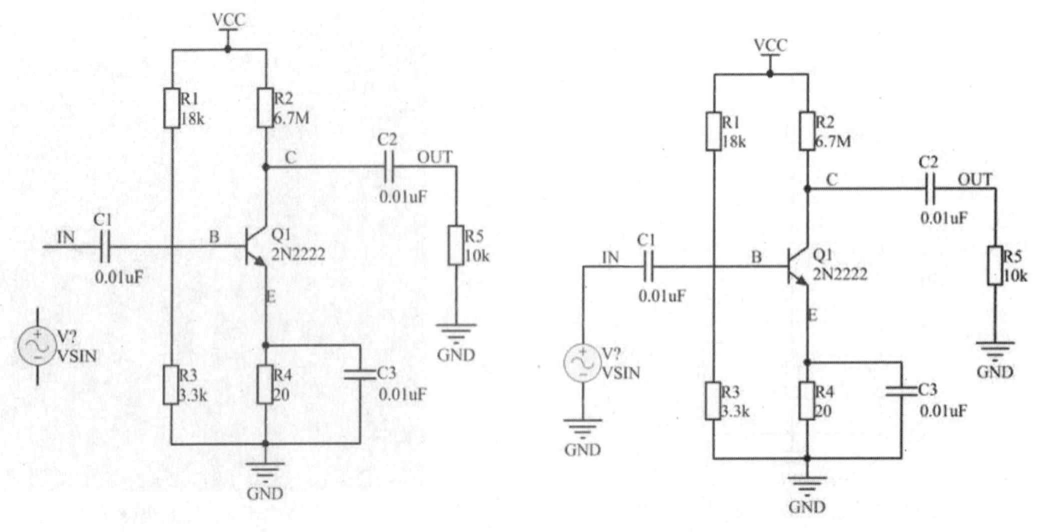

图 9-67　添加仿真激励源　　　　图 9-68　连接激励源并接地

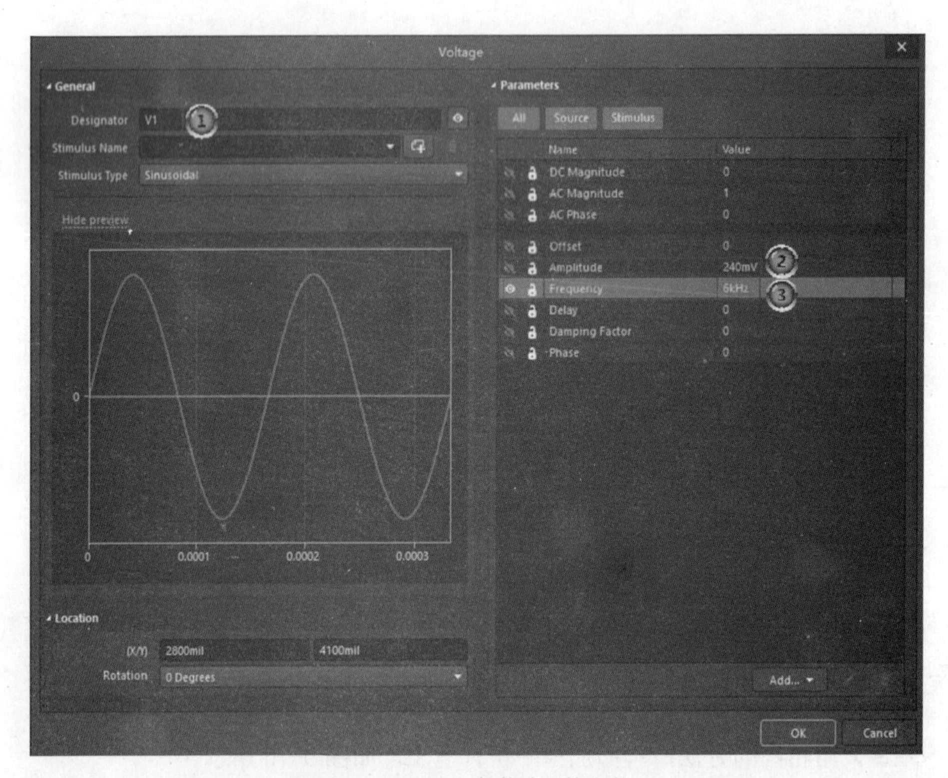

图 9-69　设置仿真激励源的参数

13 单击菜单栏中的“设计”→“仿真”→“Mixed Sim（混合仿真）”命令，系统将弹出“Simulation Dashboard（仿真仪表）” 面板，在“Message（信息）” 面板中显示仿真成功信息，如图 9-72 所示，并根据默认参数自动进行混合仿真。

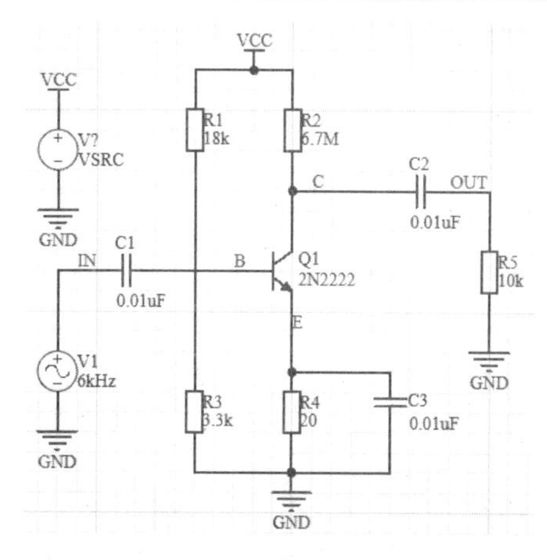

图 9-70　添加仿真电源

图 9-71　设置仿真模型参数

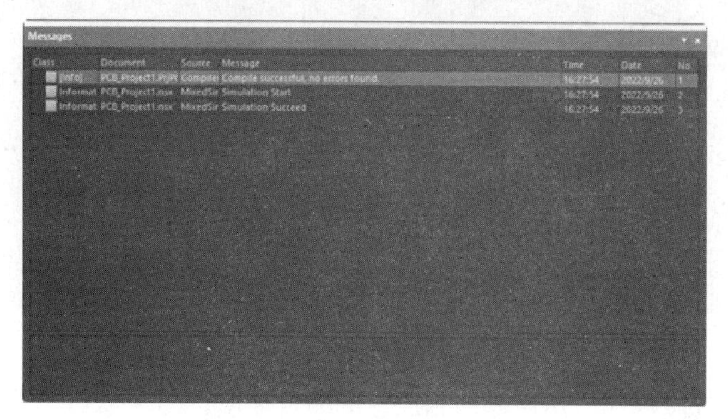

图 9-72　“Message（信息）” 面板

在“3.Analysis Setup &Run（分析设置和运行）”选项组中打开“Transient（瞬态特性分析）”选项，自动根据需要观察的节点 E、IN、OUT 添加输出参数 v(E)、v(IN)、v(OUT)，设置瞬态特性分析相应的参数，如图 9-73 所示。

单击输出参数 v(IN) 右侧的“…”按钮，打开“Add Output Expression（添加输出参数）”对话框，在“Plot Number（图表编号）”下拉列表中选择“New Plot（新建图形）”命令，自定添加图标编号为 2，结果如图 9-74 所示。同样的方法，设置输出参数 v(OUT) 显示在图表 3 中。

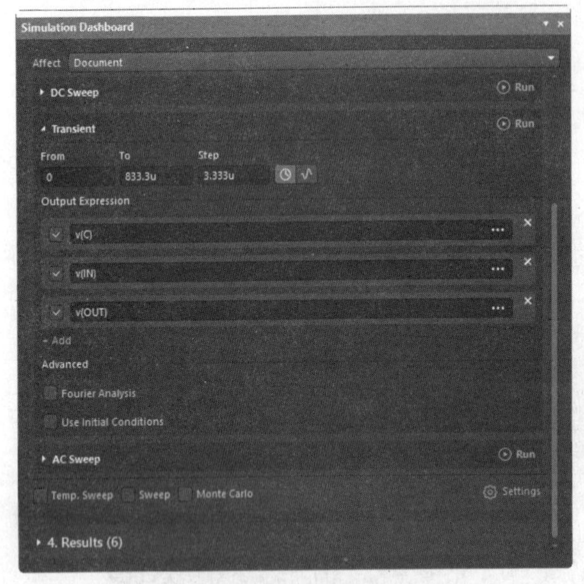

图 9-73　参数设置

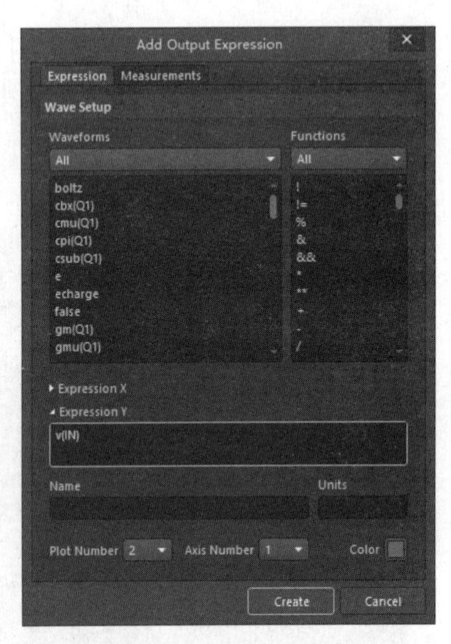

图 9-74　“Add Output Expression（添加输出参数）”对话框

14 设置完毕后，单击“Transient（瞬态特性分析）”选项中的 “Run（运行）”按钮，得到如图 9-75 所示的仿真波形。

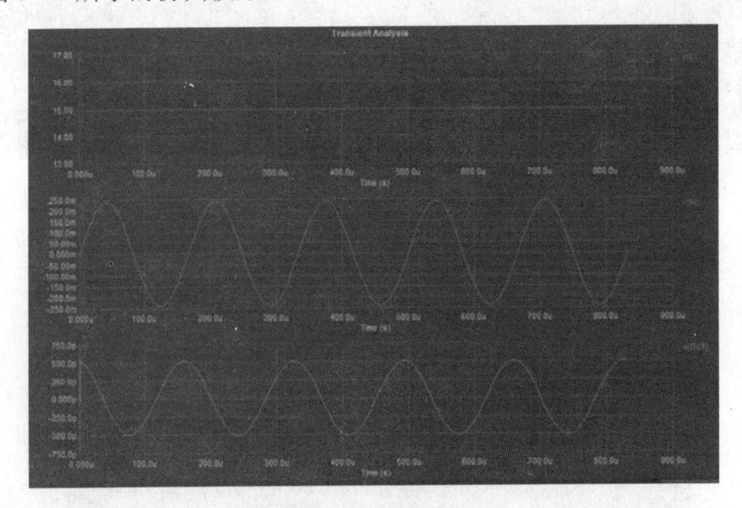

图 9-75　仿真波形 1

15 保存仿真波形图，然后返回到原理图编辑环境。

16 打开“Simulation Dashboard（仿真仪表）” 面板，勾选“Sweep（参数扫描）”复选框，单击“Setting （设置）”按钮，弹出“Advanced Analysis Settings（高级分析设置）”对话框，激活“Parameter Sweep（参数扫描）”选项组，设置需要扫描的元件 R2 及参数的初始值、终止值、步长等，如图 9-76 所示。

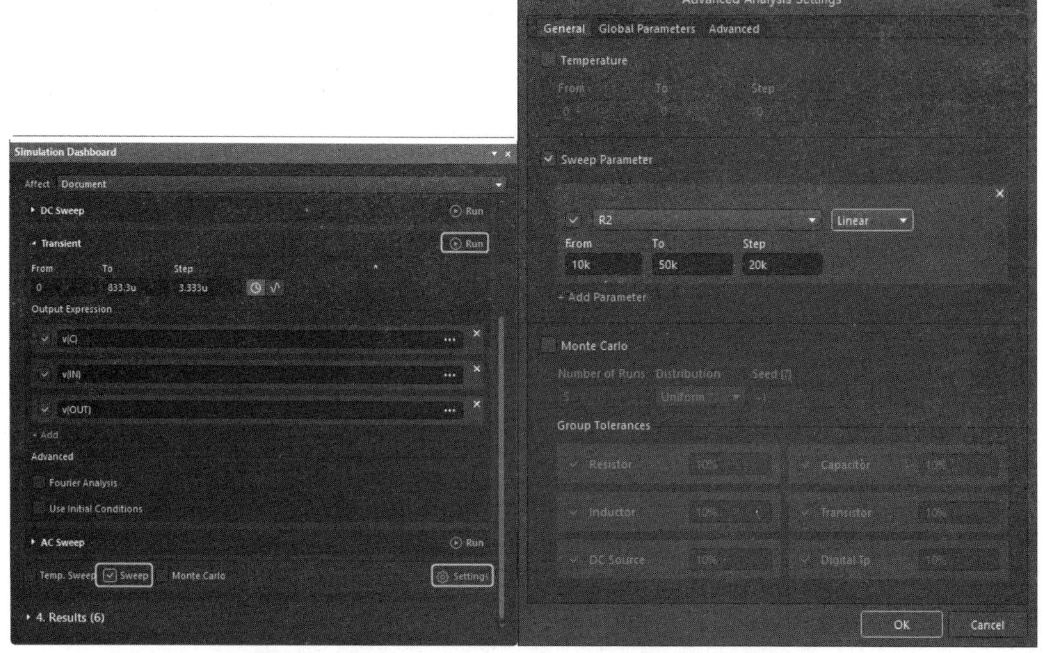

图 9-76　设置“Parameter Sweep（参数扫描）”选项组

17 设置完毕后，单击“Transient（瞬态特性分析）”选项中的 “Run（运行）”按钮，得到如图 9-77 所示的仿真波形。

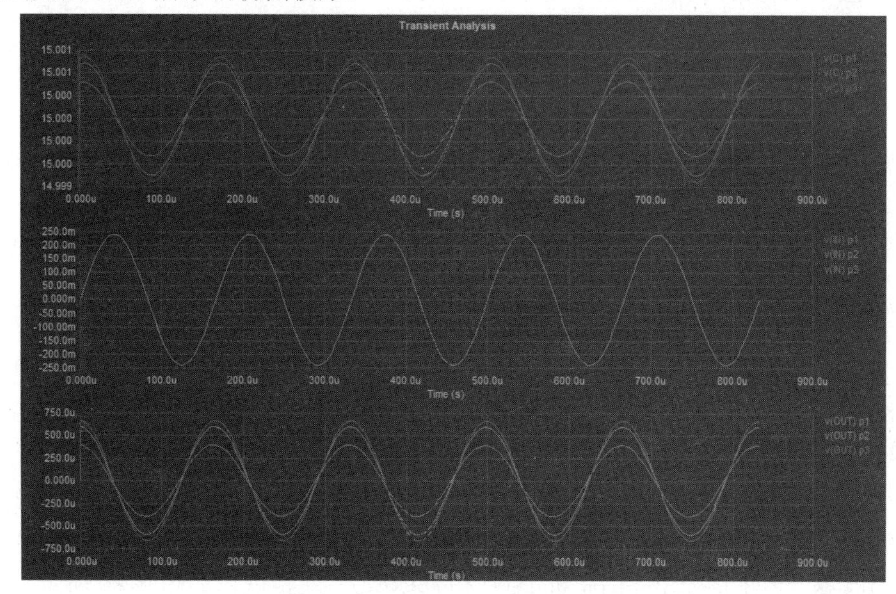

图 9-77　仿真波形 2

9.6 操作实例

9.6.1 双稳态振荡器电路仿真

双稳态振荡器电路仿真原理图如图 9-78 所示。

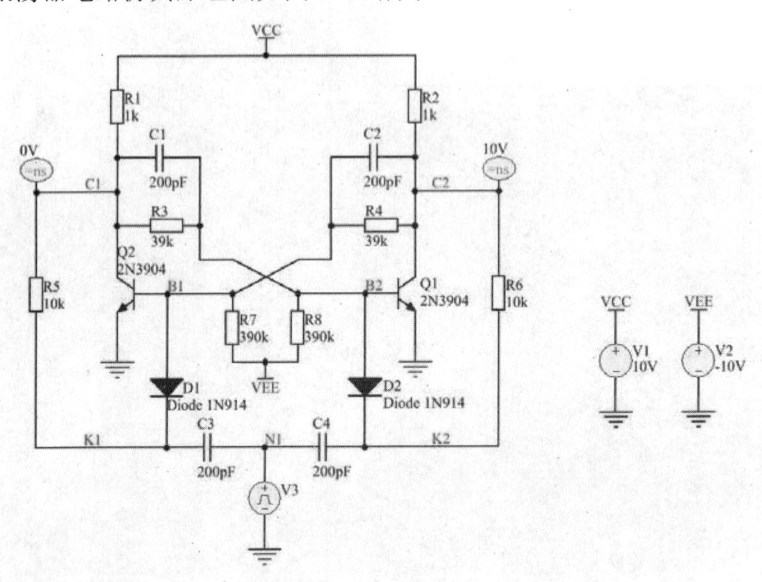

图 9-78　双稳态振荡器电路仿真原理图

01 绘制电路的仿真原理图。

❶创建新项目文件和电路原理图文件。执行菜单命令“文件”→“新的”→“项目”，创建一个新项目文件，并保存更名为“Bistable Multivibrator.PRJPCB”。执行菜单命令“文件”→“新的”→“原理图”，创建原理图文件，并保存更名为“Bistable Multivibrator.schdoc”，进入到原理图编辑环境中。

❷加载电路仿真原理图的元器件库。加载“MiscellaneousDevices.IntLib”和“Simulation Sources.IntLib”两个集成库。

❸绘制电路仿真原理图。按照第 2 章中所讲的绘制一般原理图的方法绘制出电路仿真原理图，如图 9-79 所示。

❹添加仿真测试点。在仿真原理图中添加了仿真测试点，N1 表示输入信号，K1、K2 表示通过电容滤波后的激励信号，B1、B2 是两个三极管基极观测信号，C1、C2 是两个三极管集电极观测信号。

02 设置元器件的仿真参数。

❶设置电阻元器件的仿真参数。在电路仿真原理图中，双击某一电阻，弹出该电阻的属性设置对话框，在“Parameters（参数）”选项组选中“Simulation（仿真）”选项，单击编辑按钮，系统将弹出“Sim Model（仿真模型）”对话框，如图 9-80 所示。在该对话框的“Value（值）”文本栏中输入电阻的阻值即可。

采用同样的方法为其他电阻设置仿真参数。

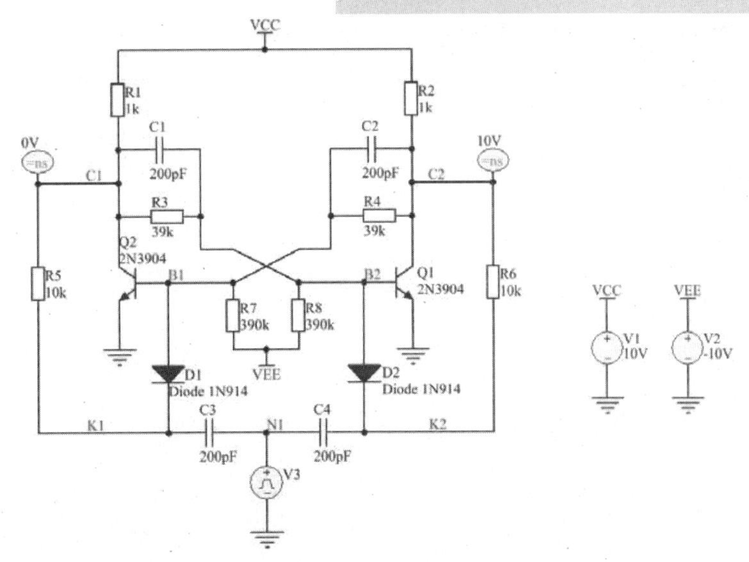

图 9-79 绘制电路仿真原理图

❷设置电容元器件的仿真参数。设置方法与电阻相同。

晶体管 2N3904 和二极管 1N914 在本例中不需要设置仿真参数。

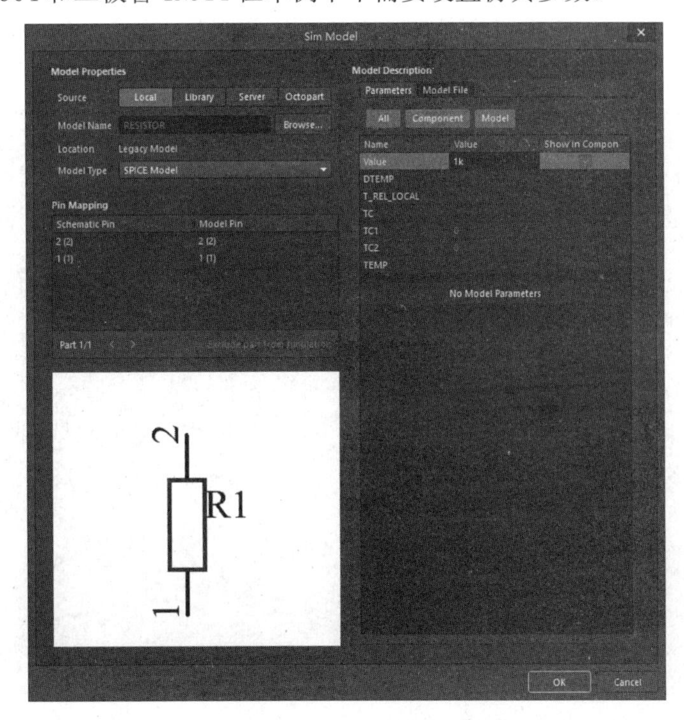

图 9-80 “Sim Model（仿真模型）”对话框

03 设置仿真激励源。

❶设置电源。将 V1 设置为 10V，它为 VCC 提供电源，V2 设置为-10V，它为 VEE 提供电源。打开“Voltage（电压）”对话框，如图 9-81 所示，设置“Value（值）”的值。由于 V1、V2 只是供电电源，在交流小信号分析时不提供信号，因此它们的“AC Magnitude”和“AC Phase”可以不设置。

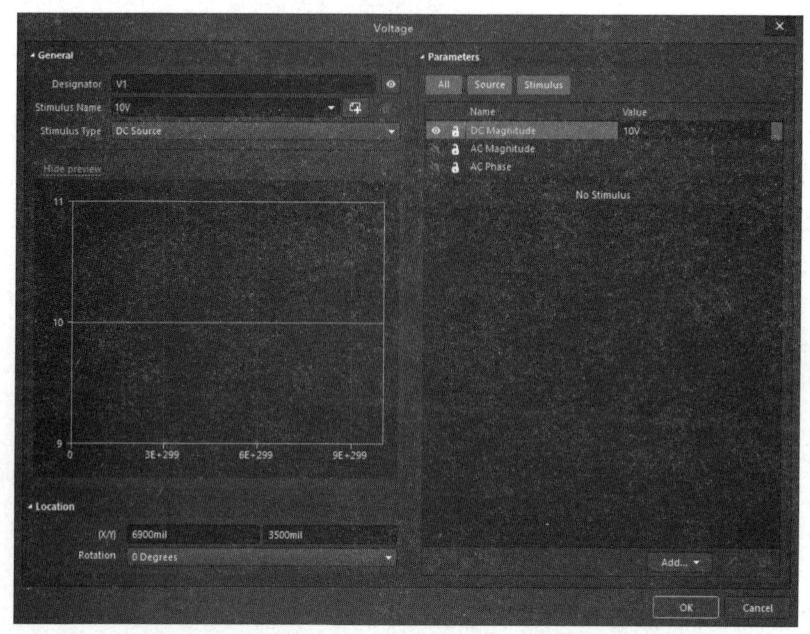

图 9-81 “Voltage（电压）”对话框

❷设置仿真激励源。在电路仿真原理图中，周期性脉冲信号源 V3 为双稳态振荡器电路提供激励信号，在其仿真属性对话框中设置的仿真参数如图 9-82 所示。

图 9-82 周期性脉冲信号源参数设置

04 设置仿真参数。执行菜单命令“设计”→“仿真”→“Mixed Sim（混合仿真）”，弹出“Simulation Dashboard（仿真仪表）” 面板，设置仿真参数。

05 工作点分析。在“3.Analysis Setup &Run（分析设置和运行）”选项组中打开“Operating Point”下拉选项，在“Dispay on schematic（原理图显示）”列表框中，单击选中“Voltage（电压）”按钮，如图 9-83 所示。此时，在原理图左右节点处显示静

态电压值，如图 9-84 所示

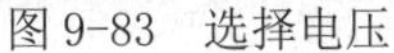

图 9-83　选择电压

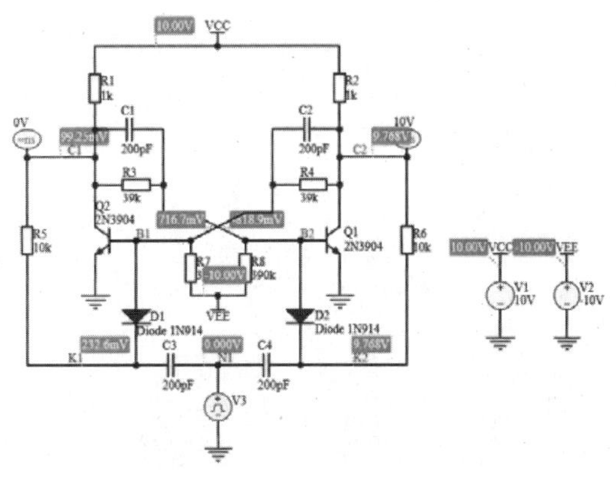

图 9-84　显示静态电压值

06 瞬态分析。在“3.Analysis Setup &Run（分析设置和运行）”选项组中打开“Transient（瞬态特性分析）”选项，如图 9-85 所示。

07 选择节点电压参数。打开“Transient（瞬态特性分析）”下拉选项，在“Output Expression（输出表达式）”选项组下单击“Add（添加）”按钮，添加输出表达式，单击输出表达式右侧的“…”按钮，弹出“Add Output Expression（添加输出表达式）”对话框，在“Waveforms（波形图）”选项组下选择“Node Voltages（节点电压）”选项，在列表中显示原理图中所有的节点电压参数。在列表中单击 v(B1)，在“Expression Y（Y 表达式）”选项中显示输出参数 v(B1)，如图 9-86 所示。单击“Creat（创建）”按钮，关闭该对话框，返回“Simulation Dashboard（仿真仪表）” 面板，在“Output Expression（输出表达式）”选项组下添加输出节点电压参数 v(B1)。

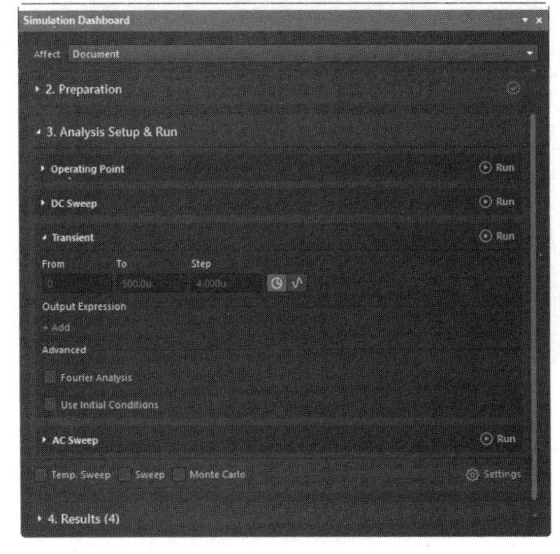

图 9-85　“Transient（瞬态特性分析）”选项

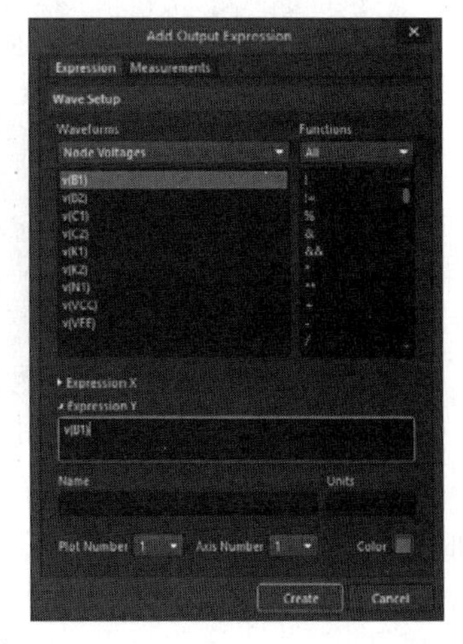

图 9-86　“Add Output Expression（添加输出表达式）”对话框

同样的方法，在“Output Expression（输出表达式）”选项组下添加原理图中的节点参数 v(B2)、v(C1)、v(C2)、v(K1)、v(K2)、v(N1)，其余各项参数的设置如图 9-87 所示。

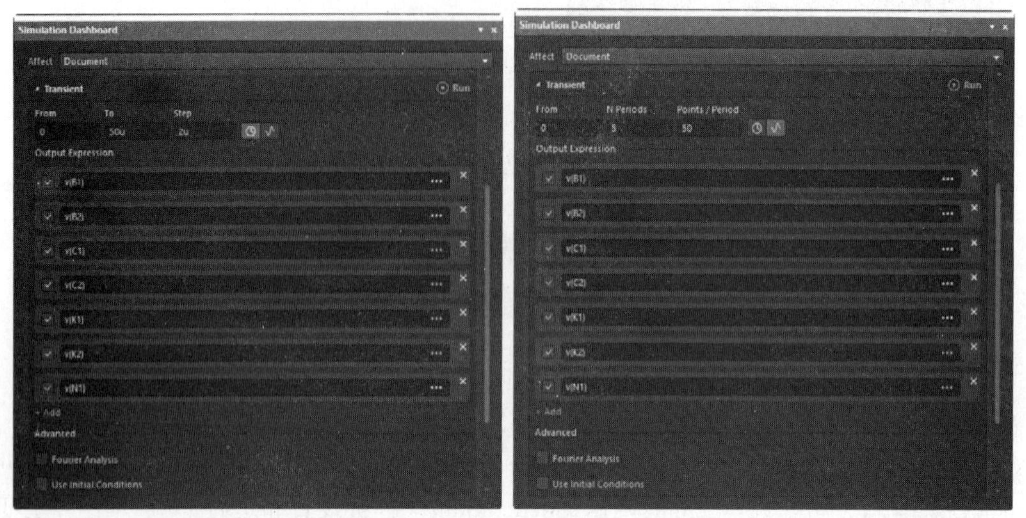

图 9-87　瞬态特性分析参数设置

08 执行仿真。参数设置完成后，单击“Transient（瞬态特性分析）”选项中的 “Run（运行）” 按钮，系统开始执行电路仿真，如图 9-88 所示为瞬态分析的仿真结果。在同一图表中获得所有节点的仿真波形。

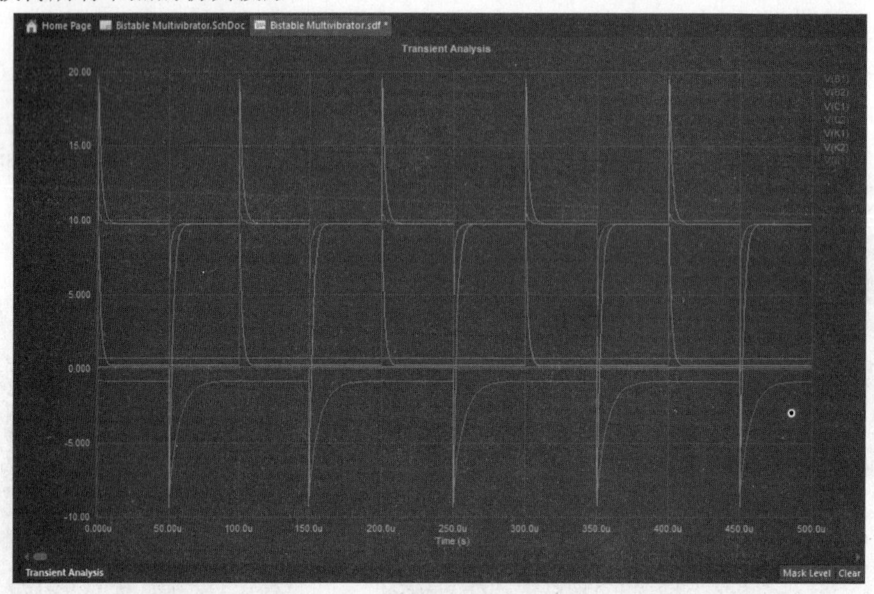

图 9-88　瞬态分析的仿真结果

09 图表设置。所有节点仿真波形显示在一个图表中，为直观的进行分析节点电压，将波形分别显示在不同的图表中。

节点 v(B1) 波形图默认编号为 1，单击输出节点 v(B2) 右侧的“…”按钮，打开“Add Output Expression（添加输出表达式）”对话框，在“Waveforms（波形图）”选项组下选择“Node Voltages（节点电压）”选项，在“Plot Number（图表编号）”下拉列表中选择“New Plot（新建图形）”命令，自定添加图表编号为 2，结果如图 9-89 所示。

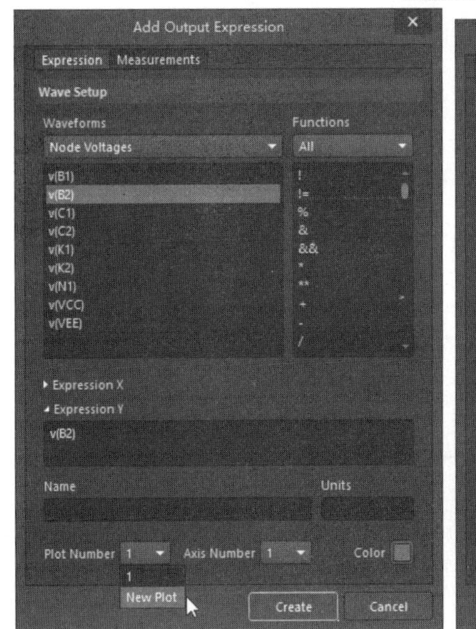

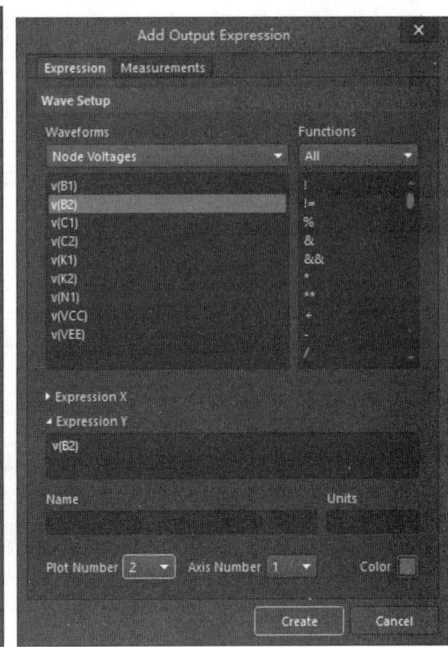

图 9-89　设置节点编号

同样的方法，设置输出节点参数 v(C1)、v(C2)、v(K1)、v(K2)、v(N1)，分别显示在不同的图表（最大编号为 7）中显示节点电压。

10 执行仿真。参数设置完成后，单击“Transient（瞬态特性分析）”选项中的“Run（运行）”按钮，系统开始执行电路仿真，如图 9-90 所示为瞬态分析的仿真结果。

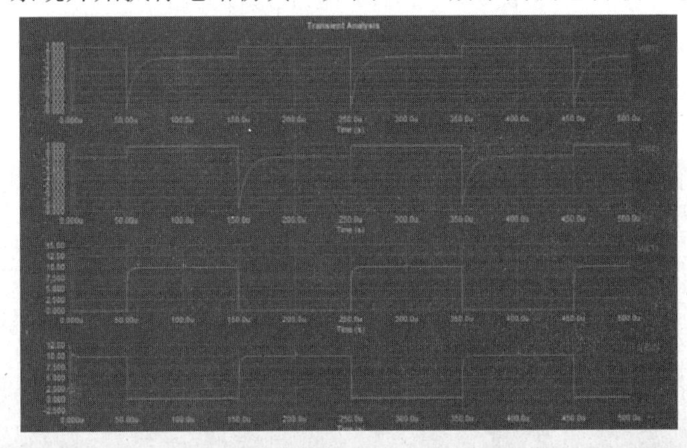

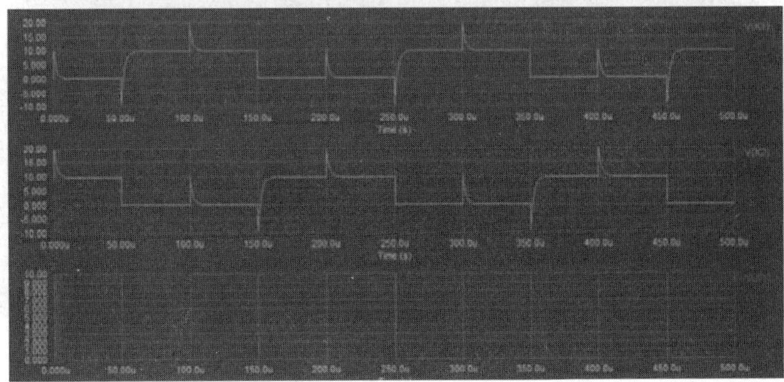

图 9-90　瞬态分析仿真结果

9.6.2 Filter 电路仿真

Filter 电路仿真原理图如图 9-91 所示。

01 设置仿真激励源。

❶双击直流电压源，在打开的“Voltage（电压）”对话框中设置其标号和幅值，分别设置为+5V 和-5V。

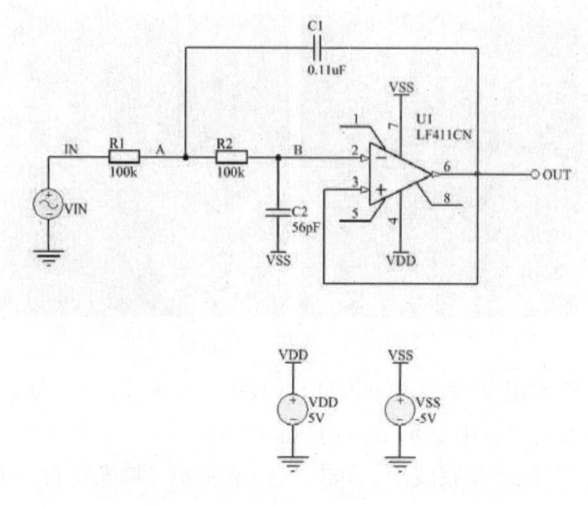

图 9-91 Filter 电路仿真原理图

❷双击放置好的正弦电压源，打开“Voltage（电压）”对话框，将它的标号设置为 VIN，在“Parameters（参数）”选项组中设置仿真参数，将“Value（值）”设置为 5，如图 9-92 所示。

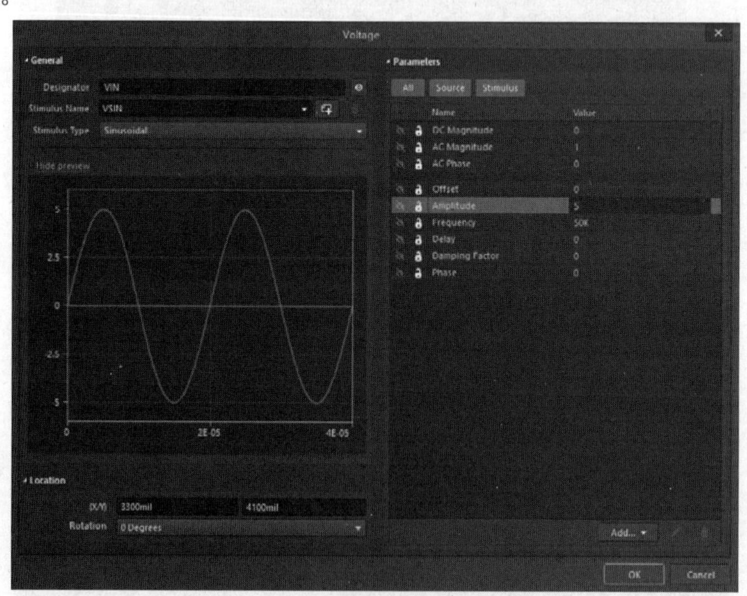

图 9-92 正弦电压源仿真参数设置

02 设置仿真模式。

❶选择菜单栏中的“设计”→“仿真”→“Mixed Sim(混合仿真)”命令，打开“Simulation

Dashboard（仿真仪表）” 面板。

❷在“3.Analysis Setup &Run（分析设置和运行）”选项组中打开 “DC Sweep（直流信号分析）”项，取消勾选 VDD 复选框，不进行直流信号分析，如图 9-93 所示。

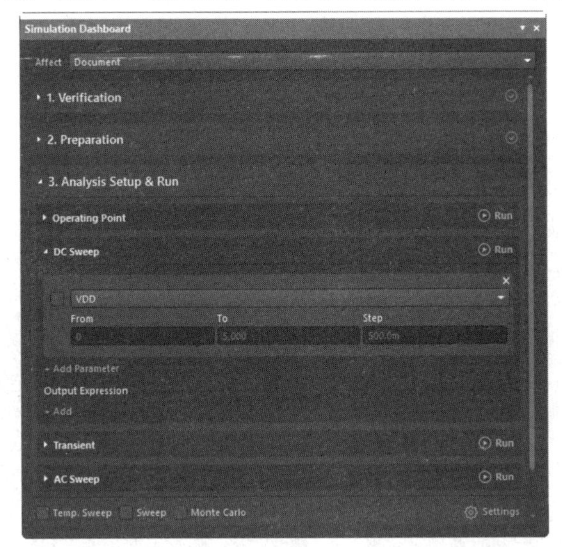

图 9-93 “DC Sweep（直流信号分析）”参数设置

❸在“3.Analysis Setup &Run（分析设置和运行）”选项组中打开 “Transient（瞬态特性分析）”项，在“Output Expression（输出表达式）”选项组下单击“Add（添加）”按钮，打开“Add Output Expression（添加输出参数）”对话框，在“Waveforms（波形图）”选项组下选择“Node Voltages（节点电压）”选项，在列表中显示原理图中所有的节点电压参数，如图 9-94 所示。在列表中单击 v(IN)，在“Expression Y（Y 表达式）”选项中显示输出参数 v(IN)。单击“Creat（创建）”按钮，关闭该对话框，返回“Simulation Dashboard（仿真仪表）” 面板，在“Output Expression（输出表达式）”选项组下添加输出节点电压参数 v(IN)，如图 9-95 所示。

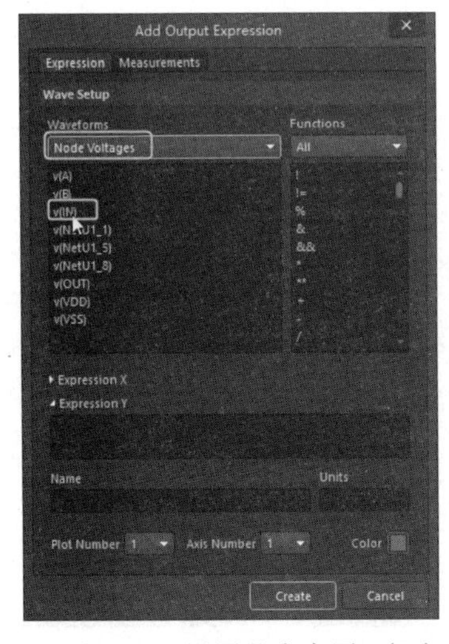

图 9-94 设置节点电压 v(IN)

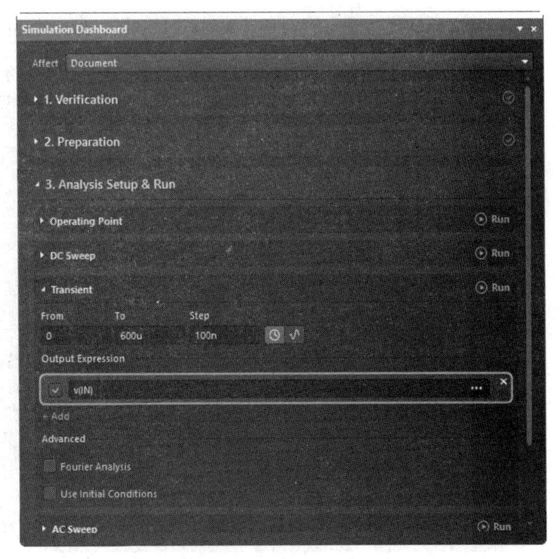

图 9-95 添加节点电压 v(IN)

单击“Add（添加）”按钮，打开“Add Output Expression（添加输出参数）”对话框，在“Waveforms（波形图）”选项组下选择“Node Voltages（节点电压）”选项，显示原理图中的节点电压参数 v(OUT)；在“Plot Number（图表编号）”下拉列表中选择“New Plot（新建图形）”命令，自定添加图表编号为 2，结果如图 9-96 所示。单击“Creat（创建）”按钮，关闭该对话框，返回“Simulation Dashboard(仿真仪表)”面板，在“Output Expression（输出表达式）”选项组下添加输出节点电压参数 v(OUT)，如图 9-97 所示。

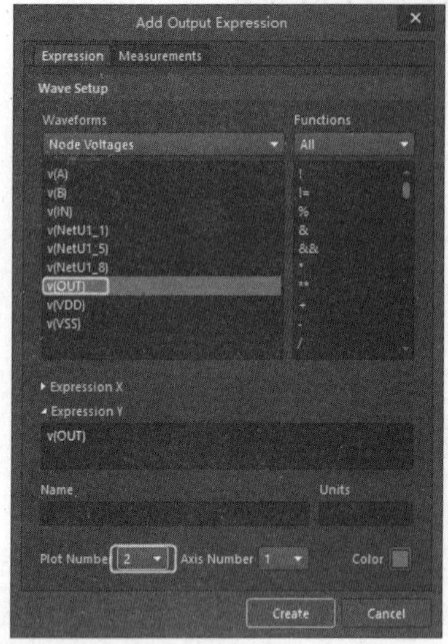

图 9-96　设置节点电压 v(OUT)

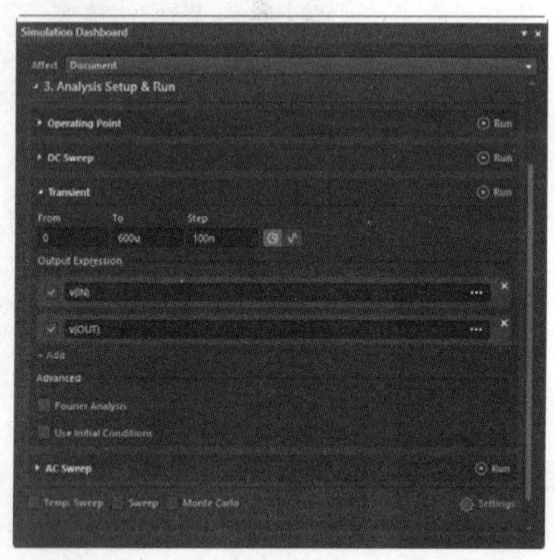

图 9-97　添加输出节点电压参数 v(OUT)

在“3.Analysis Setup &Run（分析设置和运行）”选项组中打开“AC Sweep（交流信号分析）”选项，并对其进行参数设置，如图 9-98 所示。单击“Add（添加）”按钮，打开“Add Output Expression（添加输出参数）”对话框，在“Waveforms（波形图）”选项组下选择节点电压参数 v(IN)，“Complex Functions(复杂函数)”选项下选择“Maqnitude（幅值函数）”，默认 v(IN) 图表编号为 1，如图 9-99 所示。

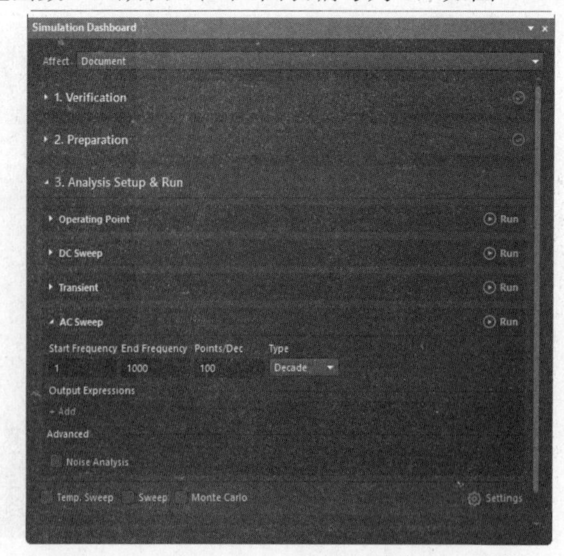

图 9-98　“AC Sweep（交流信号分析）”参数

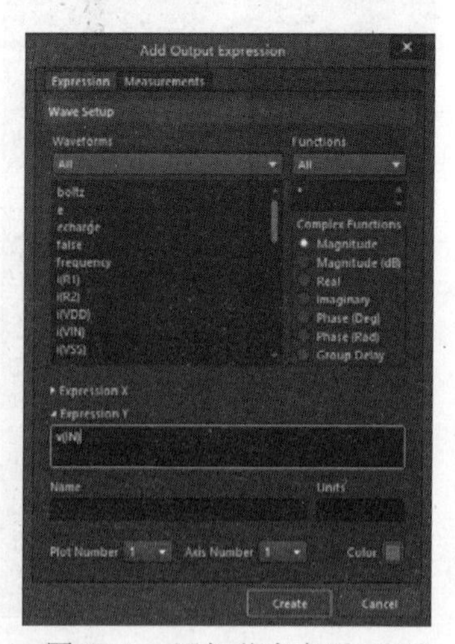

图 9-99　添加节点电压 v(IN)

同样的方法，添加节点电压参数 v(OUT)，图表编号为 2，结果如图 9-100 所示。

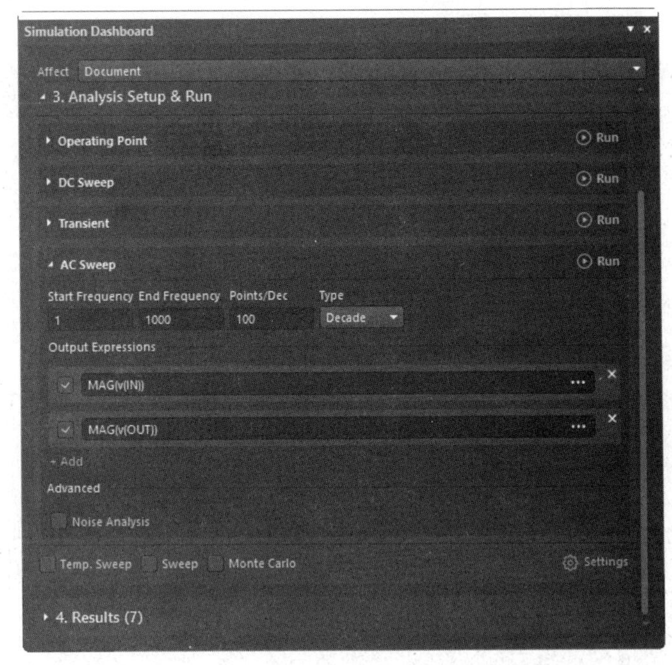

图 9-100　交流信号分析仿真参数设置

03 执行仿真。

❶参数设置完成后。选择菜单栏中的“设计”→“仿真”→“Mixed Sim（混合仿真）”命令，根据上面的参数执行电路仿真。

❷单击波形分析器窗口左下方的“Transient Anlysis（瞬态特性分析）”标签，输出瞬态分析的波形，如图 9-101 所示。

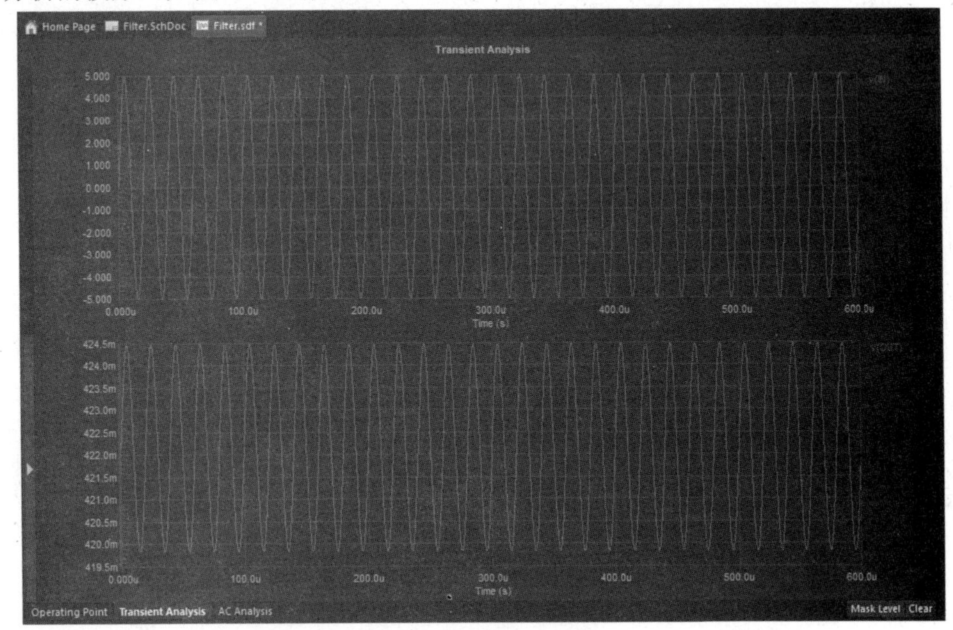

图 9-101　瞬态分析波形

❸单击波形分析器窗口左下方的“AC Anlysis（交流分析）”标签，可以切换到交流小信号分析输出波形，如图 9-102 所示。

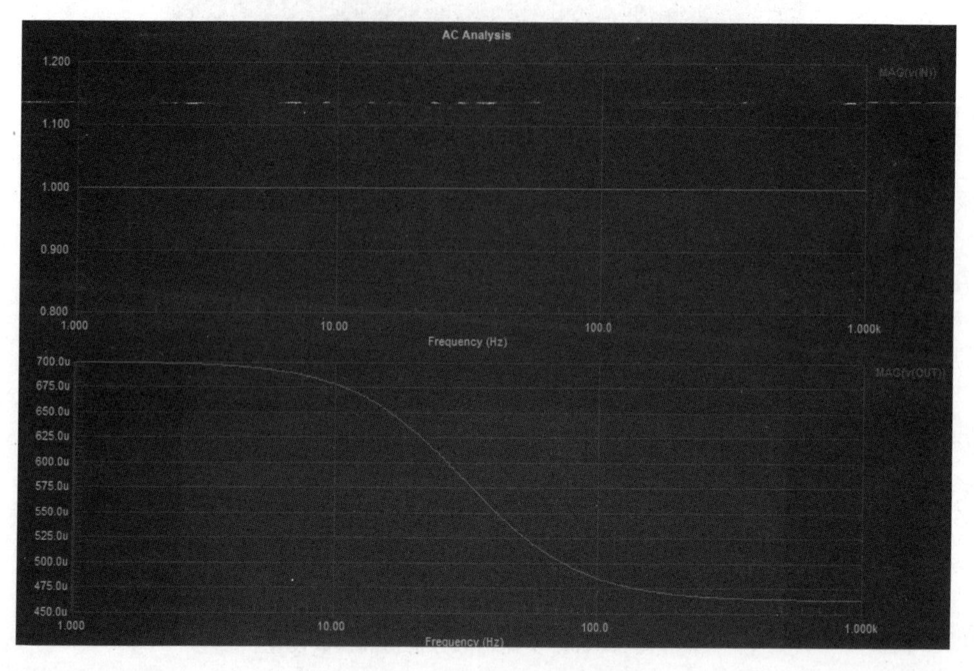

图 9-102　小信号分析输出波形

❹单击波形分析器窗口左下方的“Operating Analysis（工作点分析）”标签，可以切换到静态工作点分析结果输出窗口，如图 9-103 所示。在该窗口中列出了默认静态工作点 A 分析得出的节点电压值。在空白处右击，选择“Add Wave（添加波形）”命令，弹出“Add Wave To Table”对话框，在“Waveforms”列表中选择 v(IN)，在“Expression Y”文本框内添加工作点 v(IN)，单击“Creat（创建）”按钮，在窗口中列出了静态工作点 in 的节点电压值。同样的方法，添加节点电压值 v(OUT)，结果如图 9-104 所示。

图 9-103　静态工作点分析结果

图 9-104 设置静态工作点分析结果

9.6.3 带通滤波器仿真

01 设计要求。本例要求完成如图 9-105 所示的仿真电路原理图的绘制，同时完成脉冲仿真激励源的设置及仿真方式的设置，实现瞬态特性、直流工作点、交流小信号及传输函数分析，最终将波形结果输出。通过这个实例，使读者掌握交流小信号分析及传输函数分析等功能，从而方便在电路的频率特性和阻抗匹配应用中完成相应的仿真分析。

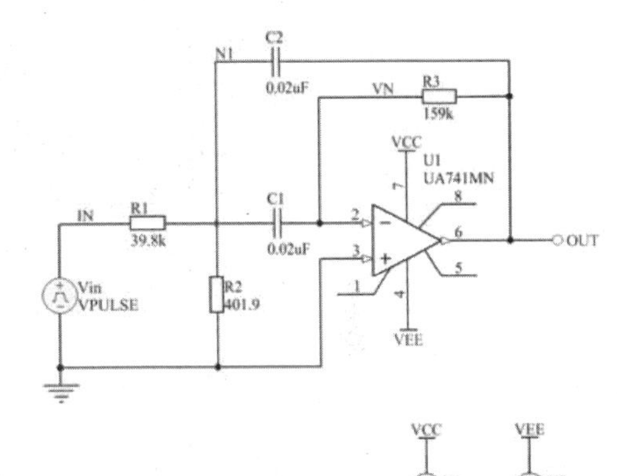

图 9-105 仿真电路原理图

02 操作步骤。

❶选择菜单命令“文件”→“新的”→“项目”，建立新工程，并保存更名为“Bandpass Filters.PRJPCB”。为新工程添加仿真模型库，完成电路原理图的设计。

❷设置元件 Vin 的参数。双击该元件，系统将弹出“Voltage（电压）”对话框，按照设计要求设置元件参数。设置脉冲信号源“Period（周期）”为 1m，其他参数如图 9-106 所示。

图 9-106 设置脉冲信号源

❸单击菜单栏中的“设计”→“仿真”→“Mixed Sim（混合仿真）”命令，系统将弹出“Simulation Dashboard（仿真仪表）”面板，使用默认参数进行仿真分析。本例选择进行工作点分析、瞬态特性分析和交流信号分析，并选择观察信号 IN 和 OUT。下面设置仿真参数。

❹在“3.Analysis Setup &Run（分析设置和运行）”选项组中打开“DC Sweep（直流信号分析）”项，取消勾选 V1 复选框，不进行直流信号分析，如图 9-107 所示。

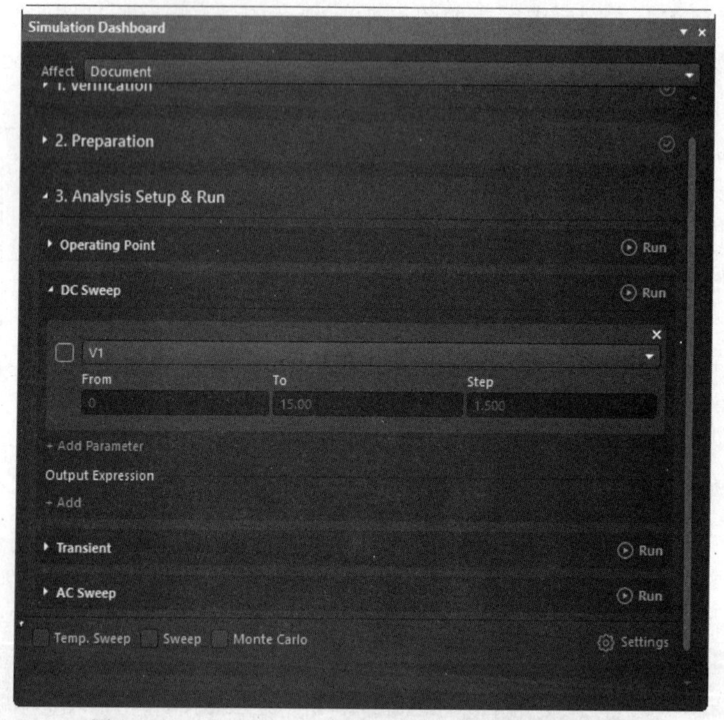

图 9-107　“DC Sweep（直流信号分析）”项参数设置

❺在“3.Analysis Setup &Run（分析设置和运行）”选项组中打开“Transient（瞬态特性分析）”选项，根据需要观察的节点 IN、OUT 添加输出参数 v(IN)、v(OUT)，设置瞬态特性分析相应的参数，如图 9-108 所示。

❻在“3.Analysis Setup &Run（分析设置和运行）”选项组中打开“AC Sweep（交流信号分析）”选项，根据需要观察的节点 IN、OUT 添加输出参数 MAG(v(IN))、MAG(v(OUT))，设置交流信号分析选项参数如图 9-109 所示。

❼设置完毕后。单击菜单栏中的“设计”→“仿真”→“Mixed Sim（混合仿真）”命令，系统先后进行直流工作点分析、瞬态特性分析、交流信号分析，其结果分别如图 9-110 和图 9-111 所示。

单击波形分析器窗口左下方的“Operating Analysis（工作点分析）”标签，切换到静态工作点分析结果输出窗口，默认显示 v(IN) 电压，在空白处右击，选择“Remove Wave（删除波形）”命令，删除该工作点电压。选择“Add Wave（添加波形）”命令，添加工作点 v(IN)、v(OUT)。

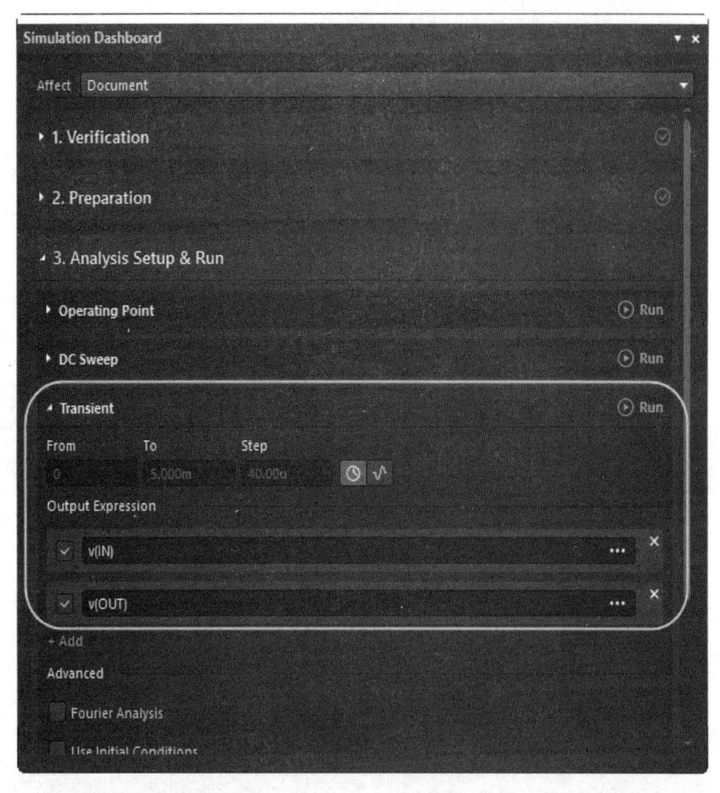

图 9-108　设置“Transient（瞬态特性分析）”选项参数

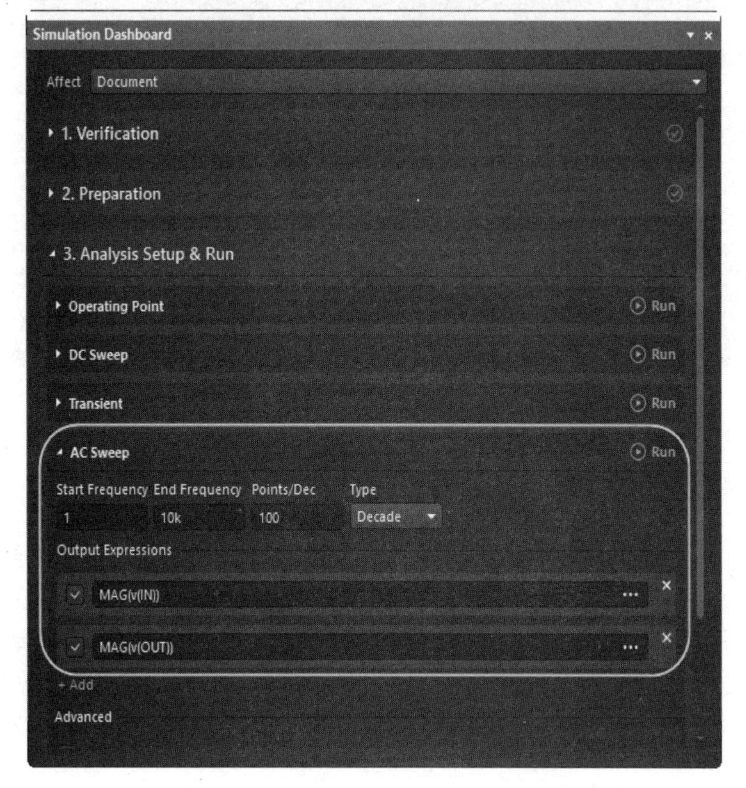

图 9-109　设置“AC Sweep”选项参数

从图 9-112 中可以看出，信号为 1kHz，输出达到最大值。之后及之前随着频率的升高或减小，系统的输出逐渐减小。

v(in)	0.000
v(out)	12.69m

图 9-110　直流工作点分析结果

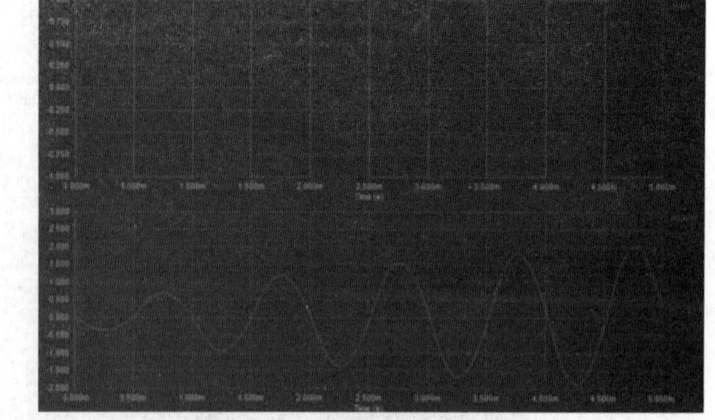

图 9-111　瞬态特性分析结果

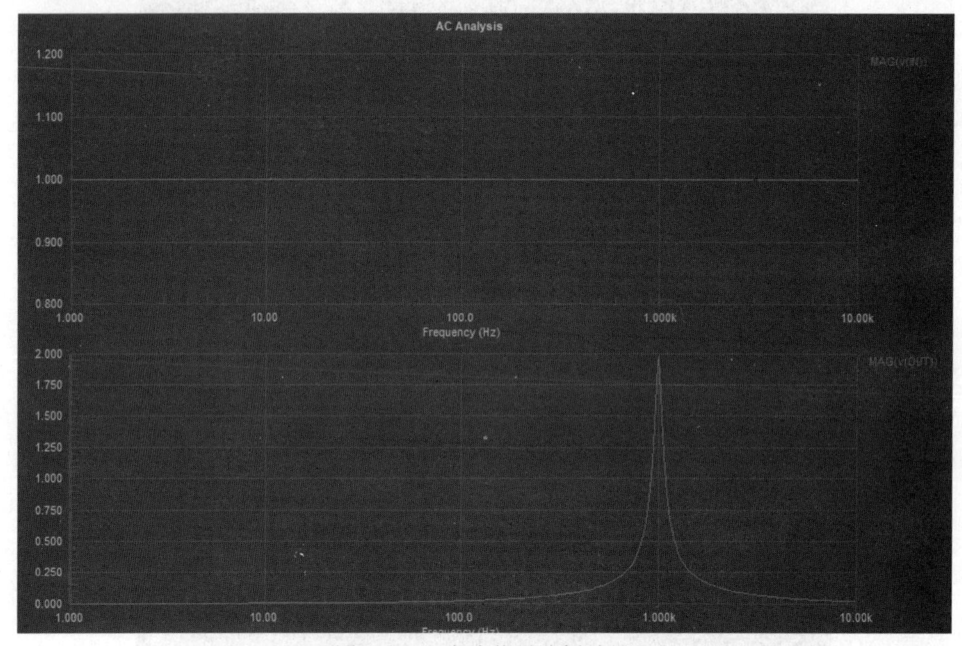

图 9-112　交流信号分析结果

9.6.4　模拟放大电路仿真

01 设计要求。本例要求完成如图 9-113 所示的仿真电路原理图的绘制，同时完成正弦仿真激励源的设置及仿真方式的设置，实现瞬态特性、直流工作点、交流小信号、直流传输特性分析及噪声分析，最终将波形结果输出。通过这个实例，使读者掌握直流传输特性分析，确定输入信号的最大范围，正确理解噪声分析的作用和功能，掌握噪声分析适用的场合和操作步骤，尤其是要理解进行噪声分析时所设置参数的物理意义。

02 操作步骤。

❶选择菜单命令“文件”→“新的”→“项目”，建立新工程，并保存更名为“Imitation Amplifier.PRJPCB”。为新工程添加仿真模型库，完成电路原理图的设计。

❷设置元件的参数。双击元件，系统将弹出元件属性面板，按照设计要求设置元件参数。放置正弦信号源“VIN”。

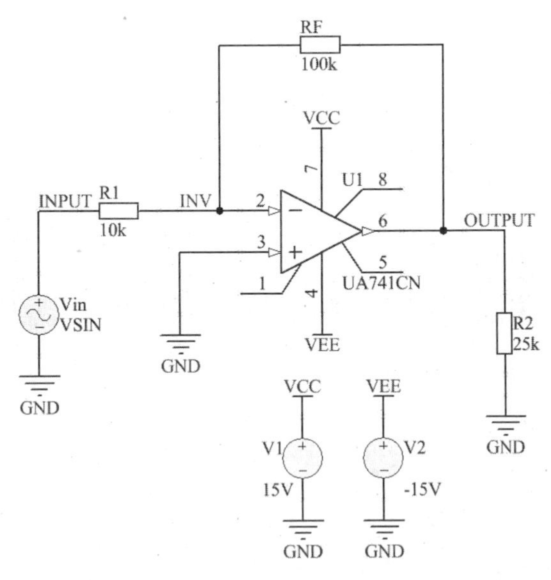

图 9-113 仿真电路原理图

❸单击菜单栏中的“设计”→“仿真”→“Mixed Sim（混合仿真）”命令，系统将弹出“Simulation Dashboard（仿真仪表）”面板，如图 9-114 所示。本例选择直流工作点分析、瞬态特性分析、交流信号分析和直流传输特性分析，并选择观察信号 INPUT 和 OUTPUT。

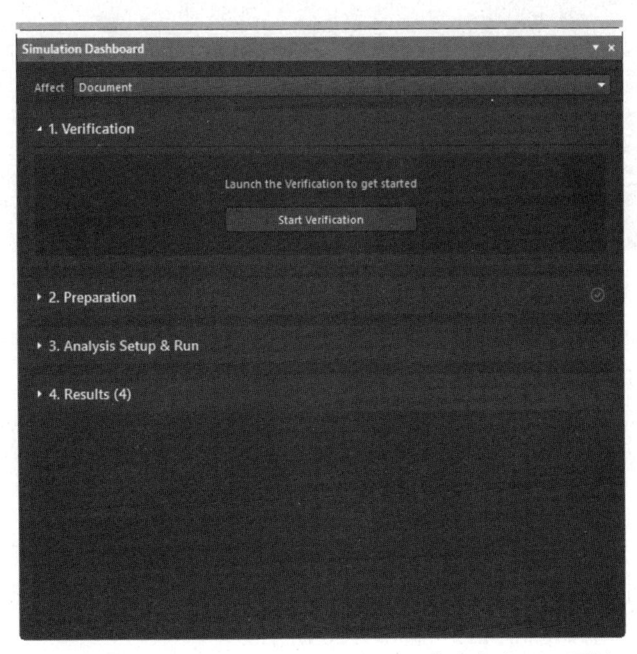

图 9-114 “Simulation Dashboard（仿真仪表）”面板

❹打开“DC Sweep（直流扫描分析）”选项，设置“DC Sweep Analysis（直流扫描分析）”选项参数，选择输出信号 v(INPUT)和 v(OUTPUT)（设置图表编号为 1、2)，如图 9-115 所示。

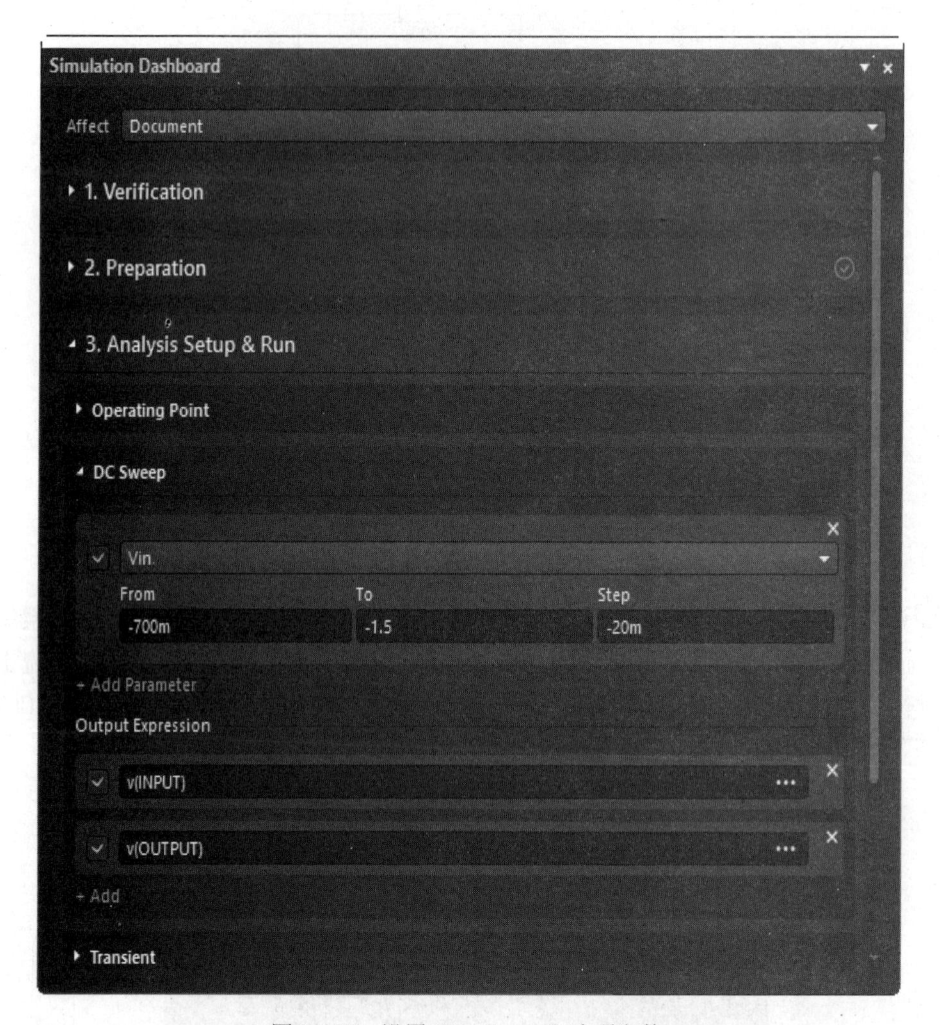

图 9-115　设置“DC Sweep”选项参数

❺打开“Transient（瞬态特性分析）”选项，设置“Transient（瞬态特性分析）”选项参数，选择输出信号 v(INPUT)和 v(OUTPUT)（设置图表编号为 1、2)，如图 9-116 所示。

❻打开“AC Sweep（直流扫描分析）”选项，设置“AC Signal Sweep Analysis（交流信号分析）”选项参数，选择输出信号 INPUT 和 OUTPUT（设置图表编号为 1、2)，如图 9-117 所示。

❼设置好相关参数后，单击菜单栏中的“设计”→“仿真”→“Mixed Sim（混合仿真）”命令，进行仿真。系统先后进行瞬态特性分析、交流信号分析、直流传输特性分析、噪声分析，其结果分别如图 9-118～图 9-120 所示。

Simulation Dashboard
Affect Document
1. Verification
2. Preparation
3. Analysis Setup & Run
Operating Point
DC Sweep
Transient
From To Step
0 0.005 2E-5
Output Expression
v(INPUT)
v(OUTPUT)
+ Add
Advanced
Fourier Analysis

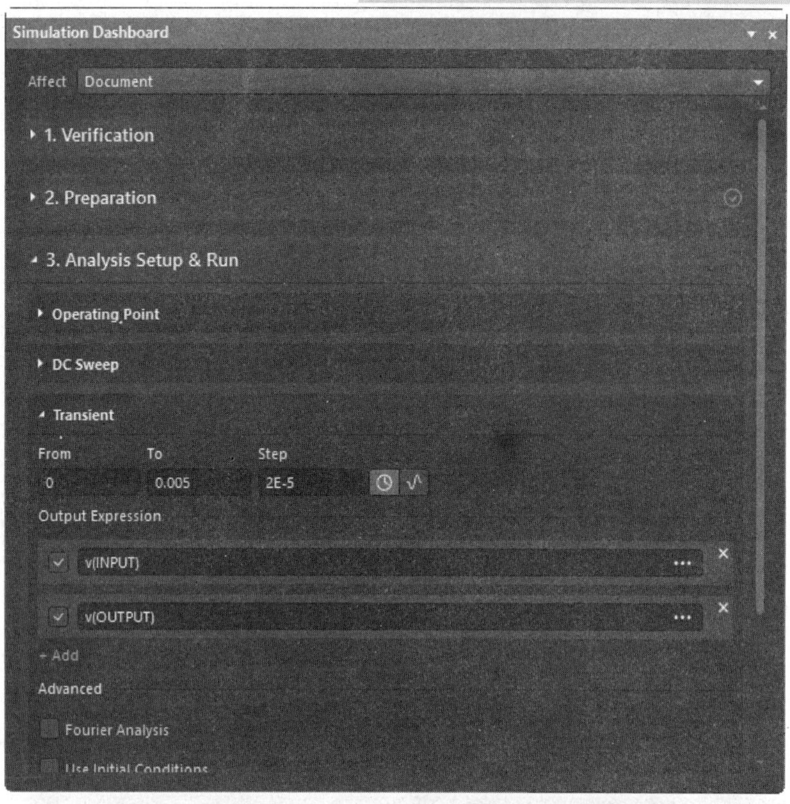

图 9-116 设置 Transient（瞬态特性分析）选项参数

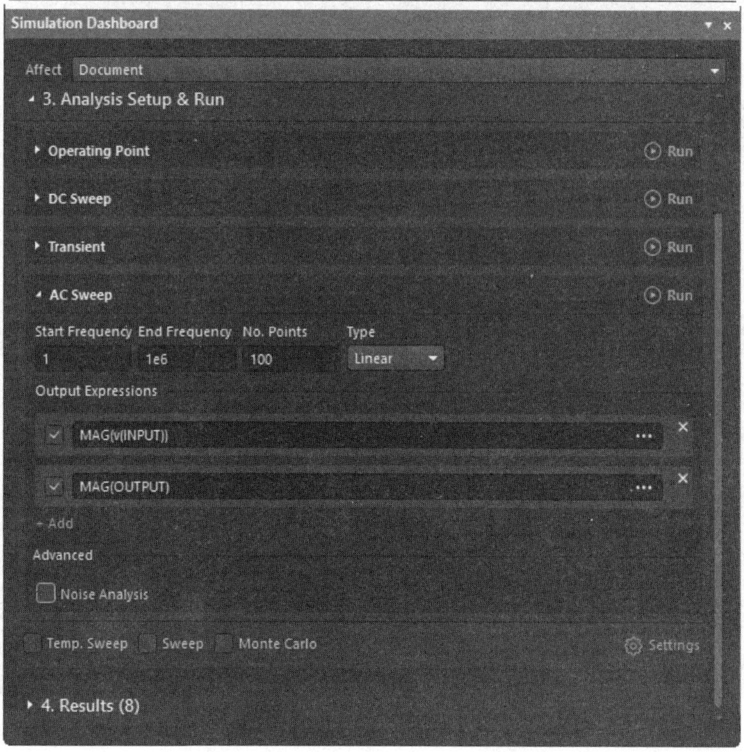

Simulation Dashboard
Affect Document
3. Analysis Setup & Run
Operating Point Run
DC Sweep Run
Transient Run
AC Sweep Run
Start Frequency End Frequency No. Points Type
1 1e6 100 Linear
Output Expressions
MAG(v(INPUT))
MAG(OUTPUT)
+ Add
Advanced
Noise Analysis
Temp. Sweep Sweep Monte Carlo Settings
4. Results (8)

图 9-117 设置“AC Sweep”选项

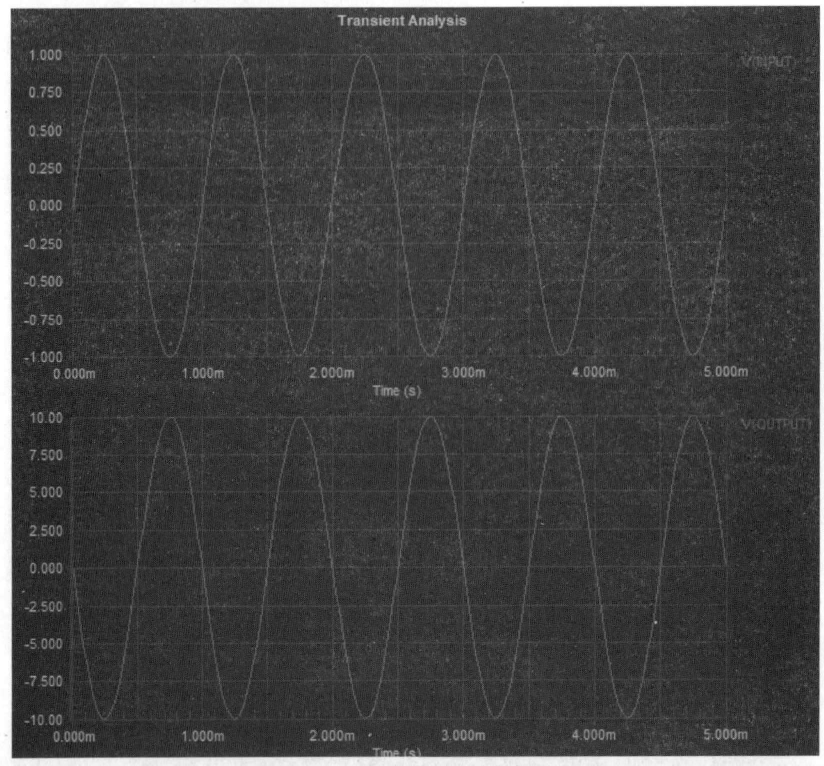

图 9-118　瞬态特性分析结果

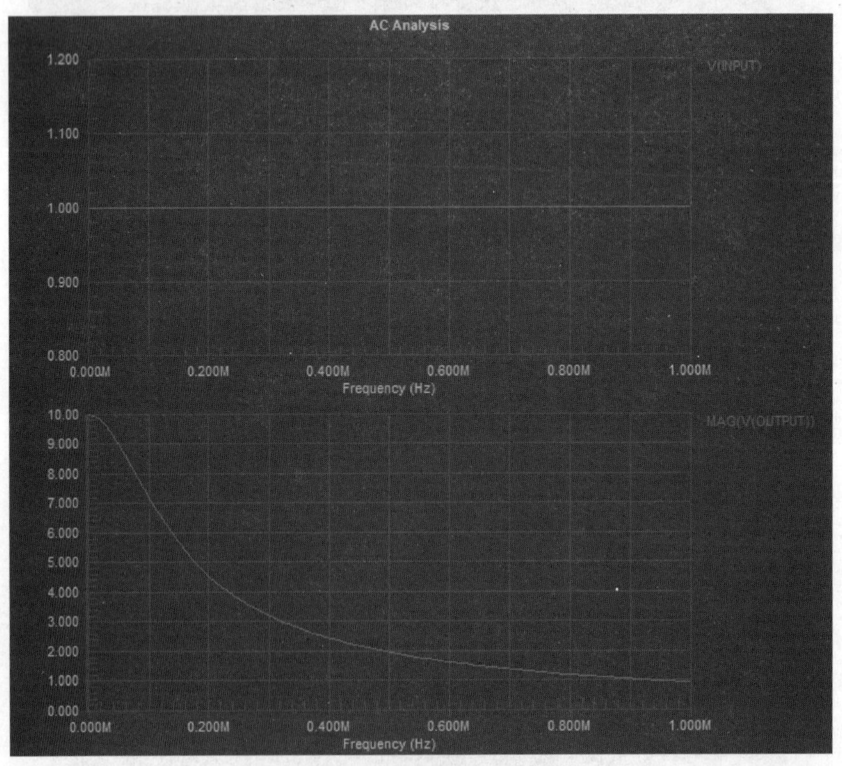

图 9-119　交流信号分析结果

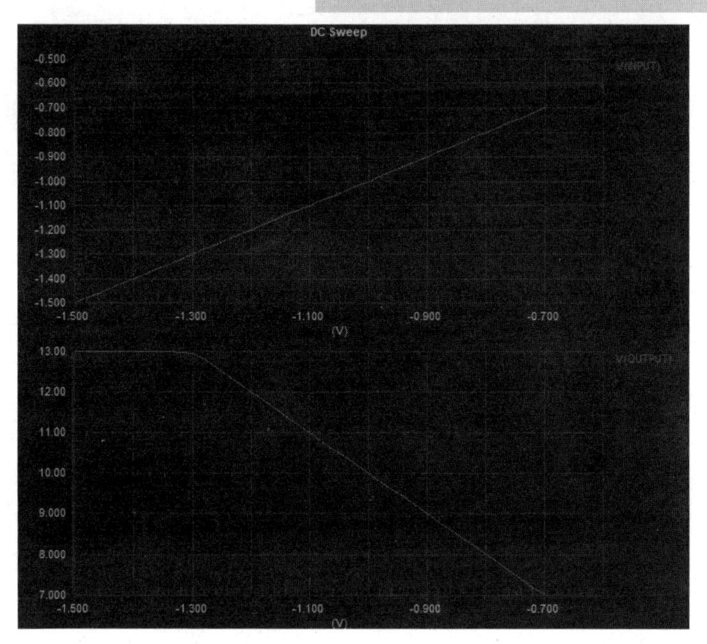

图 9-120　直流传输特性分析结果

第10章

A/D转换电路图设计综合实例

本章将介绍一个简单的A/D转换电路图的完整设计过程，帮助读者建立对SCH和PCB较为系统的认识。希望读者可以在实战中消化理解本书前面章节所讲述的知识点，最终应用到自己的硬件电路设计工作之中。

- 电路板设计流程
- A/D转换电路图设计实例

10.1 电路板设计流程

作为本书的重要实例，在进行具体操作之前，再重点强调一下设计流程，希望可以严格遵守，从而达到事半功倍的效果。

10.1.1 电路板设计的一般步骤

❶设计电路原理图，即利用 Altium Designer 22 的原理图设计系统（Advanced Schematic）绘制一张电路原理图。

❷生成网络表。网络表是电路原理图设计与印制电路板设计之间的一座桥梁。网络表可以从电路原理图中获得，也可以从印制电路板中提取。

❸设计印制电路板。在这个过程中，要借助 Altium Designer 22 提供的强大功能完成电路板的版面设计和高难度的布线工作。

10.1.2 电路原理图设计的一般步骤

电路原理图是整个电路设计的基础，它决定了后续工作是否能够顺利进展。一般而言，电路原理图的设计包括如下几个部分：

❶设计电路图图纸大小及其版面。

❷在图纸上放置需要设计的元器件。

❸对所放置的元器件进行布局布线。

❹对布局布线后的元器件进行调整。

❺保存文档并打印输出。

10.1.3 印制电路板设计的一般步骤

❶规划电路板。在绘制印制电路板前，要对电路板有一个初步的规划，这是一项极其重要的工作，目的是为了确定电路板设计的框架。

❷设置电路板参数。包括元器件的布置参数、层参数和布线参数等。一般来说，这些参数用其默认值即可，有些参数在设置过一次后，几乎无需修改。

❸导入网络表及元器件封装。网络表是电路板自动布线的灵魂，也是电路原理图设计系统与印制电路板设计系统的接口。只有装入网络表之后，才可能完成电路板的自动布线。

❹元件布局。规划好电路板并装入网络表之后，用户可以让程序自动装入元器件，并自动将它们布置在电路板边框内。Altium Designer 22 也支持手工布局，只有合理布局元器件，才能进行下一步的布线工作。

❺自动布线。Altium Designer 22 采用的是世界上最先进的无网络、基于形状的对角自动布线技术。只要相关参数设置得当，且具有合理的元器件布局，自动布线的成功率几乎是 100%。

❻手工调整。自动布线结束后，往往存在令人不满意的地方，这时就需要进行手工调

整。

❼保存及输出文件。完成电路板的布线后，需要保存电路线路图文件，然后利用各种图形输出设备，如打印机或绘图仪等，输出电路板的布线图。

10.2 A/D 转换电路图设计实例

A/D 转化器是一种把模拟信号转换成数字信号的数据转换接口，其常用的转换方法有逐次逼近式和双斜率积分式两种。本章介绍了如何设计一个 A/D 转换电路，涉及到的知识点有原理图元件的制作、封装形式选择等。绘制完原理图后，要对原理图编译，以对原理图进行查错、修改等。

10.2.1 设计准备

01 设计说明。视频信号需要进行数字处理，在电路设计时一般采用8位分辨率、频率为20MHz左右的HI1175模拟转换器，如图10-1所示。

该电路为视频用 20MHz 8 位 A/D 转换电路，复位信号输入到箝位放大器 U1，用以除掉同步脉冲。放大器 A1 使箝位信号处在 A/D 转换器的输入范围之内，并进行放大驱动。A/D 转换器的输入电压范围为 0.6~2.6 V，使数字信号经总线驱动缓冲器 U4 输出。

02 创建工程文件。

❶执行菜单命令“文件”→“新的”→“项目”，弹出“Create Project（新建工程）”对话框，在该对话框中显示工程文件类型。

在“Project Name（工程名称）”文本框中输入文件名称 AD，在“Folder（路径）”文本框中选择文件路径“yuanwenjian\ch10”，如图 10-2 所示。

单击 Create 按钮，关闭对话框，打开“Projects（工程）”面板。在面板中出现了新建的工程类型。

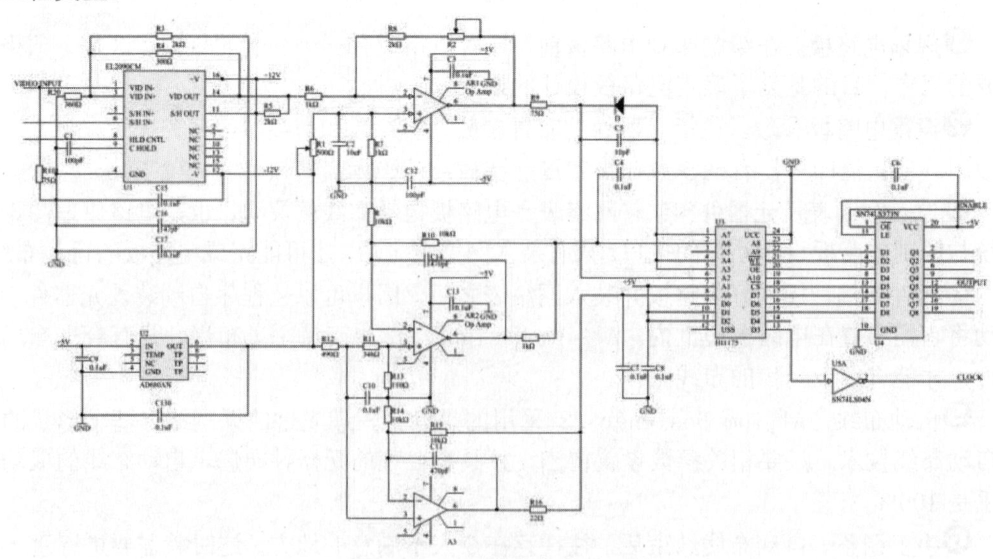

图 10-1　A/D 转换电路原理图

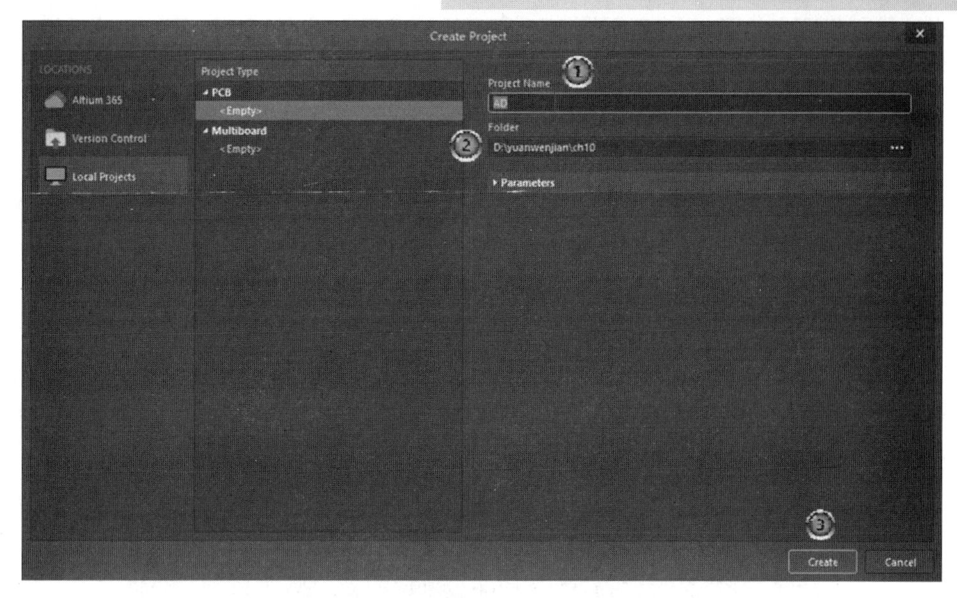

图 10-2　“Create Project（新建工程）”

❷单击“文件”→“新的”→“原理图”命令，新建一个原理图文件。

❸单击“文件”→“另存为”命令将新建的原理图文件保存到目录文件夹下，并命名它为“AD.SchDoc”。创建的工程文件结构如图 10-3 所示。

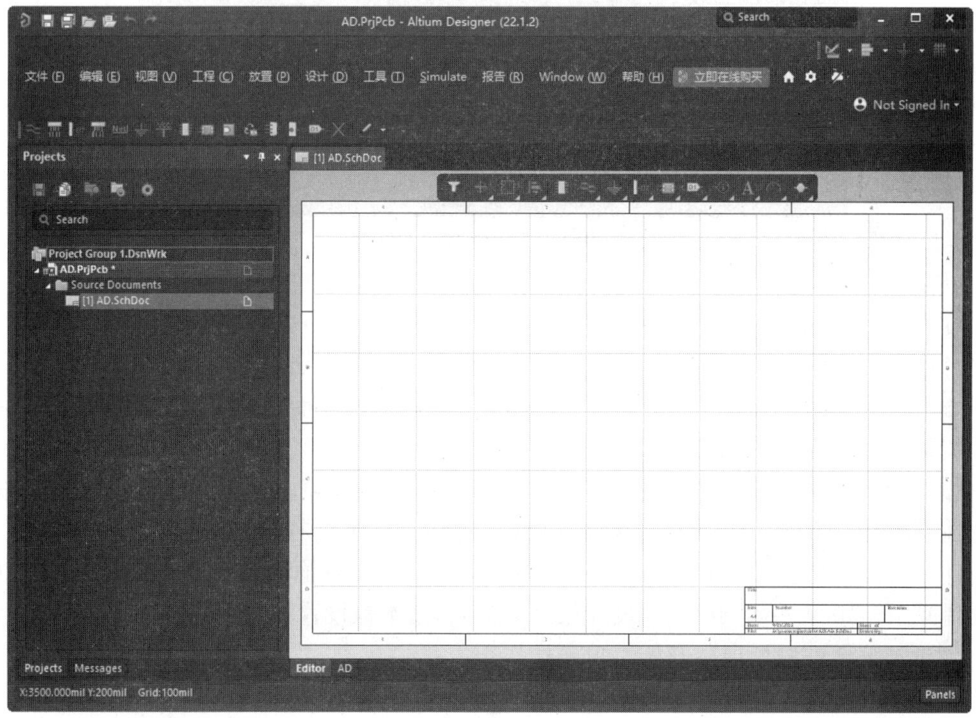

图 10-3　创建工程文件

10.2.2　原理图输入

原理图输入总是电路设计的第一步，从本章开始的电路图都是比较复杂的电路图，读者在输入的时候要细心检查。只有输入了正确的原理图，才是后面步骤进行的保障。

01 加载元件库。电路包含EL2090CM、HI1175、SN74LS373N、AD680AN和SN74LS04N等元件，需要逐一查找这些元件。

查得EL2090CM 的元件库为Elantec Video Amplifier.IntLib，SN74LS373N的元件库为TI Logic Latch.IntLib，AD680AN 的元件库为AD Power Mgt Voltage Reference.IntLib，SN74LS04N的元件库为TI LogicGate2.IntLib，其他的电阻、电容元件在Miscellaneous Devices.IntLib 元件库中可以找到。

在“Components（元件）”面板右上角中单击按钮，在弹出的快捷菜单中选择“File-based Libraries Preferences（库文件参数）”命令，打开“可用的基于文件的库”对话框。单击“添加库”按钮，用来加载本例中需要加载的元件库，结果如图 10-4 所示。

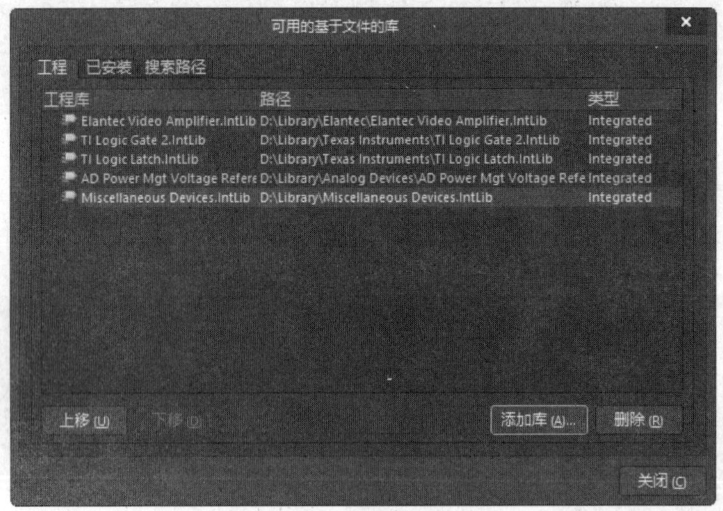

图 10-4　加载需要的元件库

02 编辑库元件。由于在系统其他元件库中找不到HI1175，需要对该元件进行编辑。

❶单击“文件”→“新的”→“库”→“原理图库”命令，新建库文件。单击“文件”→“另存为”命令，保存新建库文件到目录文件夹下，并命名它为“AD.SchLib”。

❷打开库文件“AD.SchLib”，进入原理图元件库编辑界面。原理图元件库编辑界面与原理图编辑界面有很大不同，如图 10-5 所示。

❸在原理图元件库编辑界面上右下角单击Panels按钮，弹出快捷菜单，选择“Properties（属性）”命令，打开“Properties（属性）”面板，并自动固定在右侧边界上，打开“Component（元件）”属性面板，在“Designator（默认标识符）”文本框输入 U?，将“Comment（默认注释）”和“Design Item ID（设计项目地址）”文本框设置为 HI1175，如图 10-6 所示。

❹设置好元件属性后，开始编辑元件。

（1）绘制元件体。单击“原理图符号绘制工具”中的（放置矩形）按钮，进入放置矩形状态，绘制矩形。

（2）添加管脚。单击“原理图符号绘制工具”中的（放置管脚）按钮，放置管脚。编辑好的元件如图 10-7 所示。

（3）添加元件封装。在“Properties（属性）”面板中，单击“Parameters（参数）”

选项组下的“Add（添加）”按钮，在弹出的快捷菜单中选择“Footprint（封装）”命令，在弹出的对话框中单击“查找”按钮，以找到已经存在的模型。如图 10-8 所示。

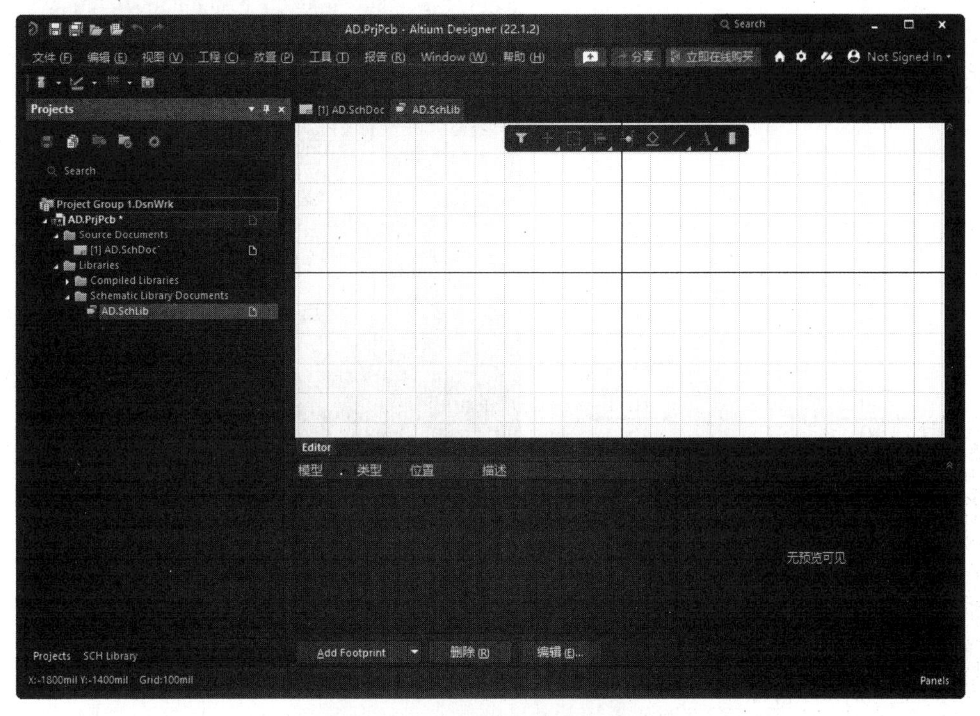

图 10-5　原理图元件库编辑界面

图 10-6　设置元件属性

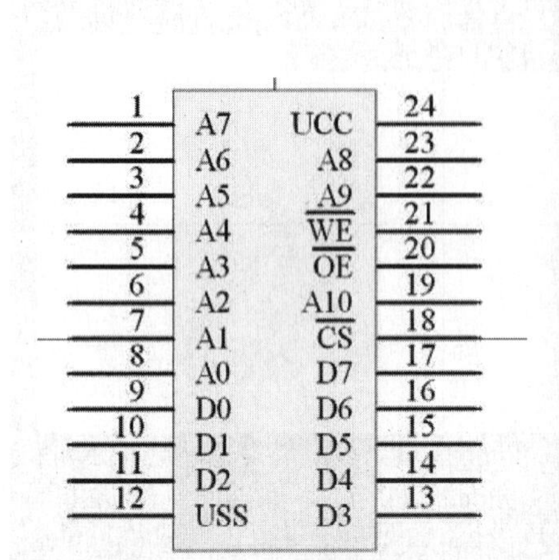

图 10-7　绘制好的元件 HI1175

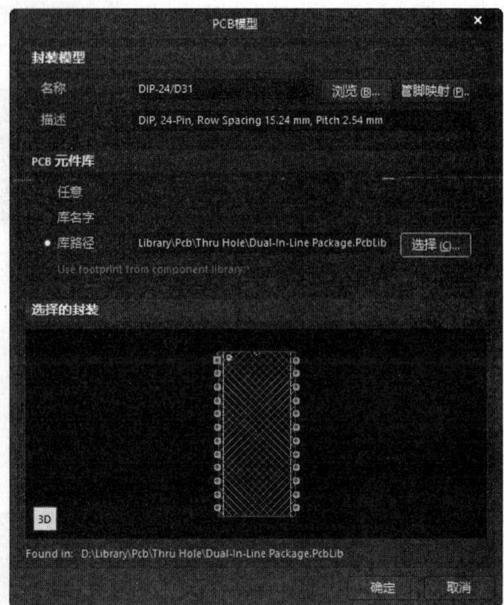

图 10-8　添加元件封装

❺将编辑好的元件放入原理图中。放置主要元件后的原理图如图 10-9 所示。

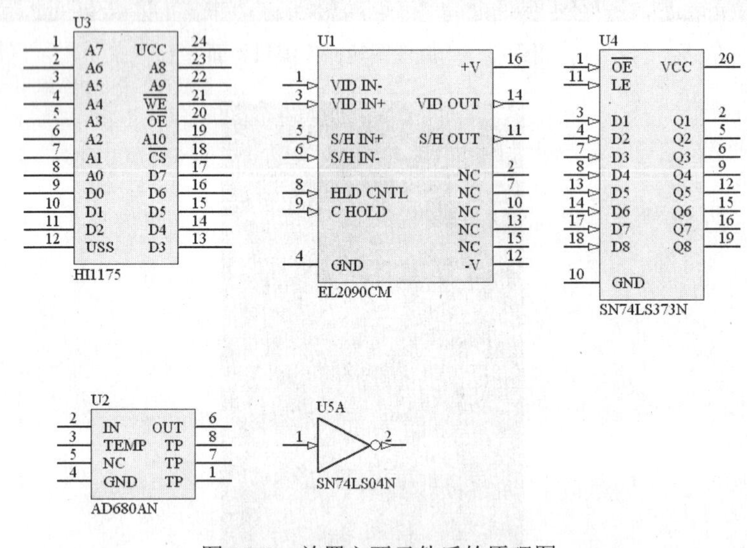

图 10-9　放置主要元件后的原理图

03 手工布局。放置元件后进行手工布局，将全部元器件合理的布置到原理图上，如图10-10所示。

04 连接线路。由于电路比较大，可采用分部连接方法。单击“放置线”按钮，完成连线。各部分连线如下：

❶去除同步脉冲放大电路如图 10-11 所示。

❷A1 放大器电路如图 10-12 所示。

❸A2 放大电路如图 10-13 所示。A3 放大电路如图 10-14 所示。

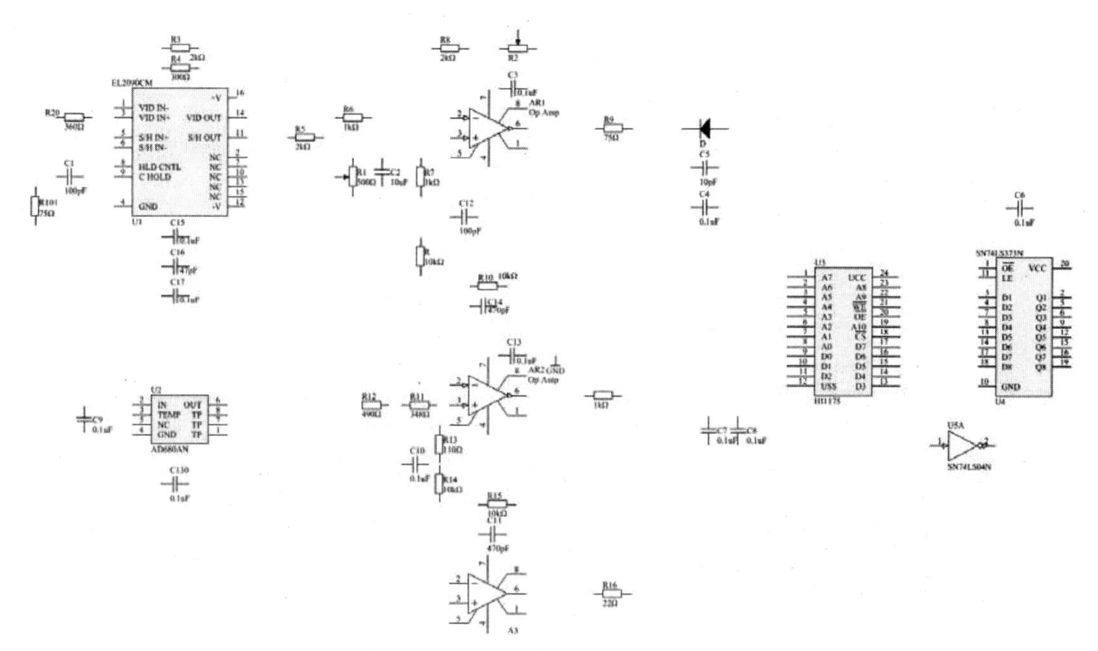

图 10-10　手工布局后的原理图

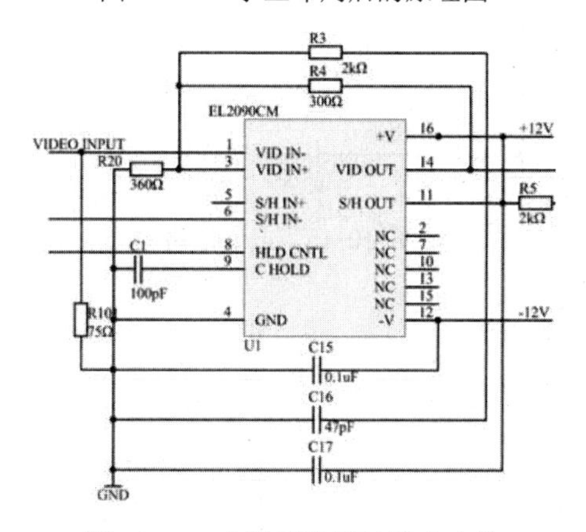

图 10-11　去除同步脉冲放大电路

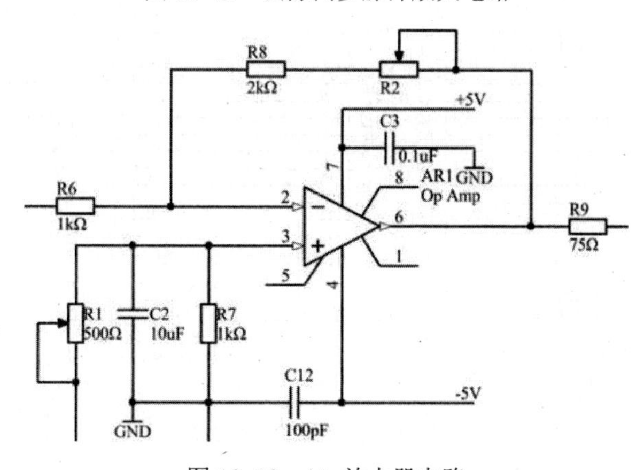

图 10-12　A1 放大器电路

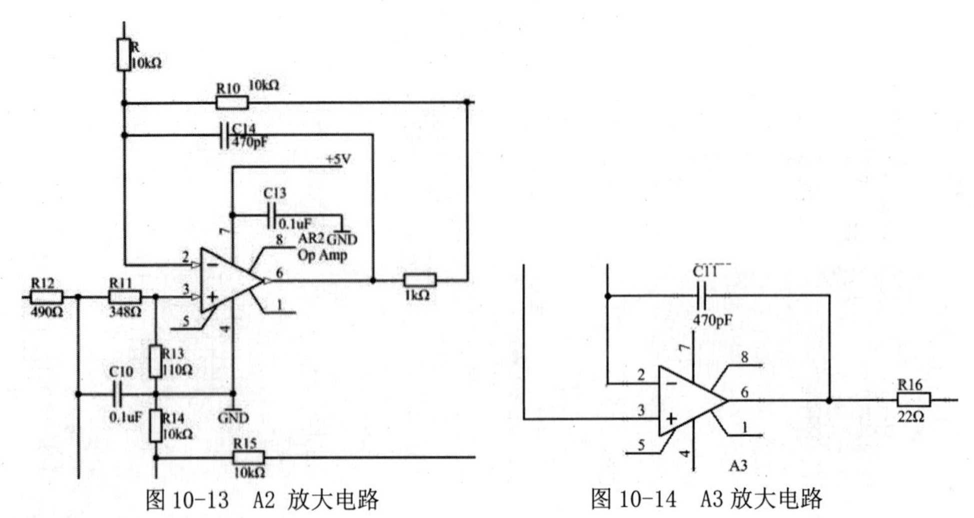

图 10-13　A2 放大电路　　　　图 10-14　A3 放大电路

❹电源电路如图 10-15 所示。

❺A/D 转换电路如图 10-16 所示。

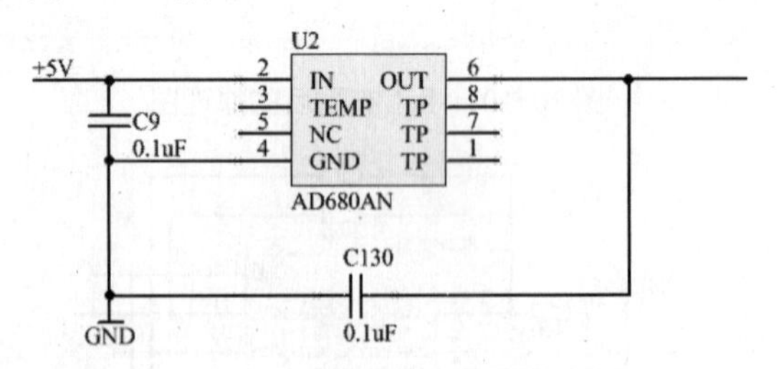

图 10-15　电源电路

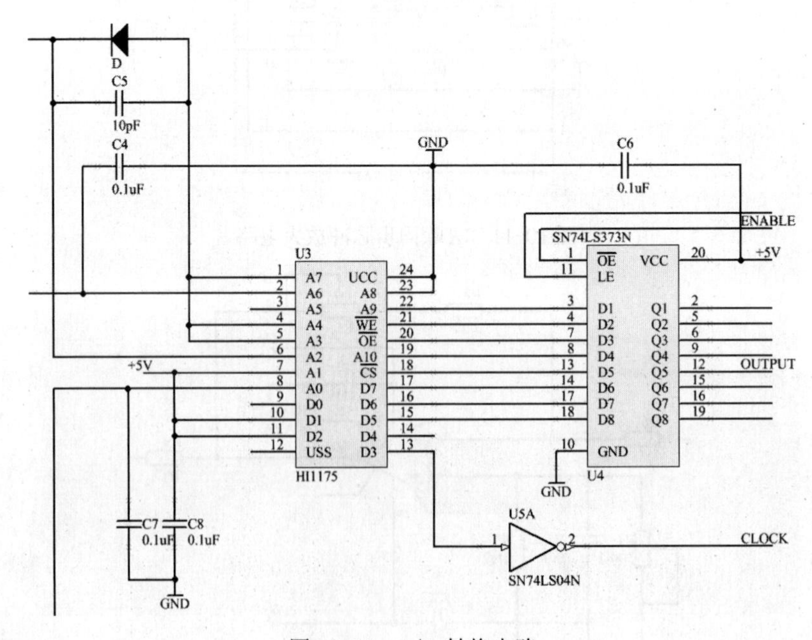

图 10-16　A/D 转换电路

❻把各部分电路组合起来，得到完整的 A/D 转换电路，如图 10-17 所示。设置完后。单击“保存”按钮，保存连接好的原理图文件。

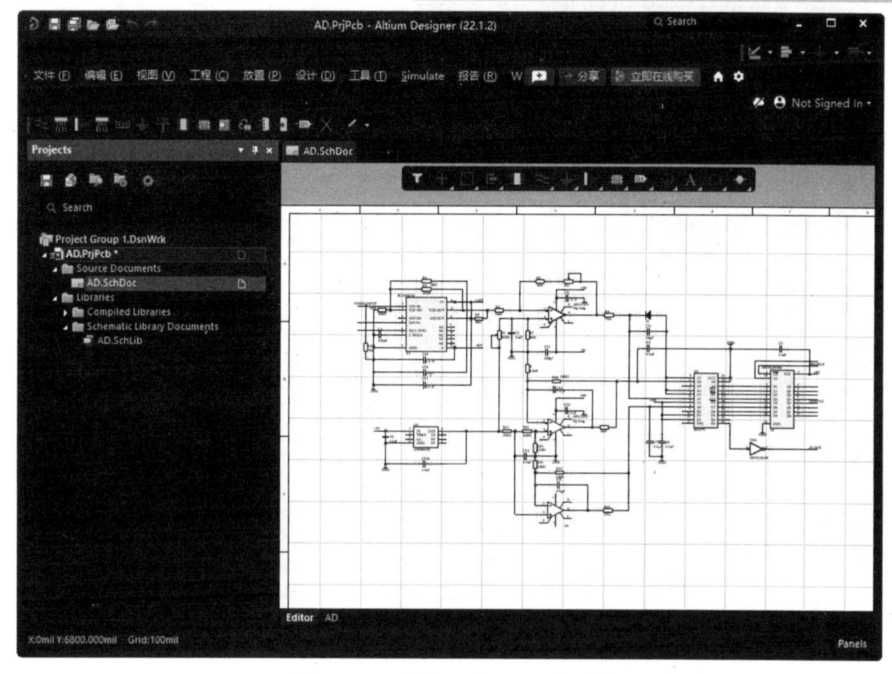

图 10-17　连接好的 A/D 原理图

10.2.3　元件属性清单

元件属性清单包括元件的编号、注释和封装形式等。

单击“报告”→“Bill of Materials（元件清单）”菜单命令，弹出如图 10-18 所示的材料报表对话框，选择左下角“Export（输出）”按钮，可以得到 Excel 格式的元件清单，如图 10-19 所示。

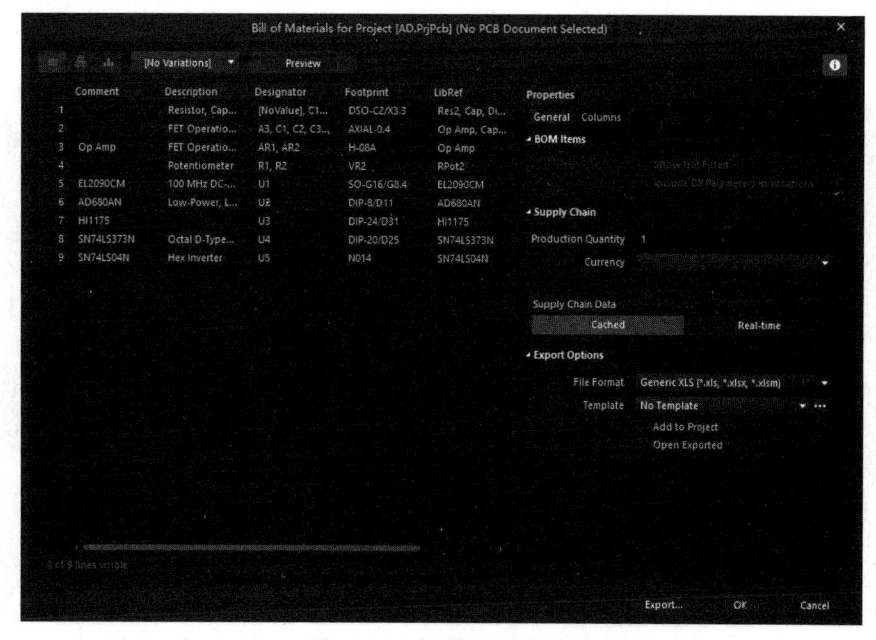

图 10-18　材料报表对话框

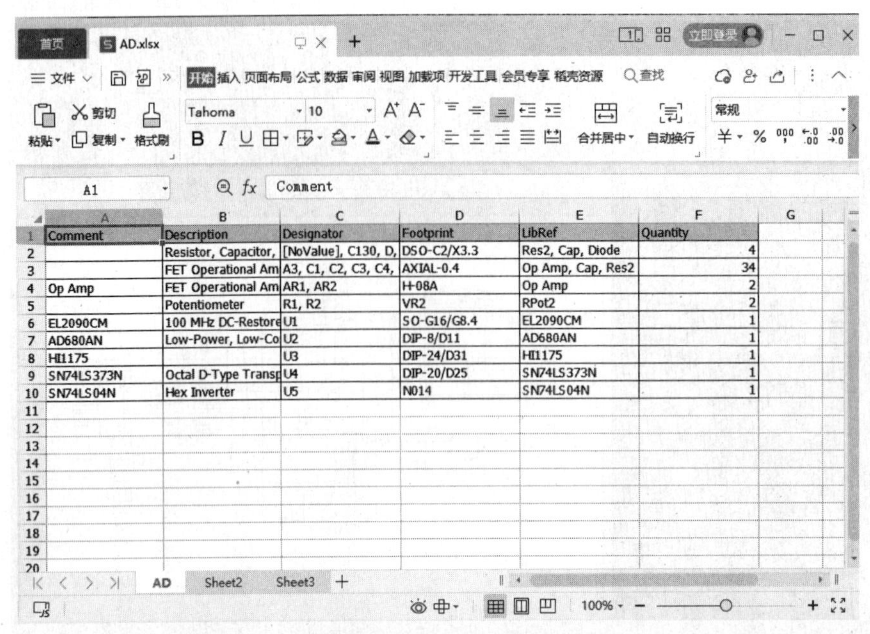

Comment	Description	Designator	Footprint	LibRef	Quantity
	Resistor, Capacitor,	[NoValue], C130, D,	DSO-C2/X3.3	Res2, Cap, Diode	4
	FET Operational Am	A3, C1, C2, C3, C4,	AXIAL-0.4	Op Amp, Cap, Res2	34
Op Amp	FET Operational Am	AR1, AR2	H-08A	Op Amp	2
	Potentiometer	R1, R2	VR2	RPot2	2
EL2090CM	100 MHz DC-Restore	U1	SO-G16/G8.4	EL2090CM	1
AD680AN	Low-Power, Low-Co	U2	DIP-8/D11	AD680AN	1
HI1175		U3	DIP-24/D31	HI1175	1
SN74LS373N	Octal D-Type Transp	U4	DIP-20/D25	SN74LS373N	1
SN74LS04N	Hex Inverter	U5	N014	SN74LS04N	1

图 10-19　元件属性清单

10.2.4　编译工程及查错

编译工程之前需要对系统进行编译设置。编译时，系统将根据用户的设置检查整个工程。编译结束后，系统会提供网络构成、原理图层次、设计错误类型等报告信息。

01 编译参数设置。

❶单击“工程”→“工程选项”命令，弹出如图 10-20 所示的对话框。在“Error Reporting（错误报告）”选项卡的“Violation Type Description”列表中罗列了网络构成、原理图层次、设计错误类型等报告错误。错误报告类型有错误报告类型有“不报告”“警告”“错误”和“致命错误”4 种。

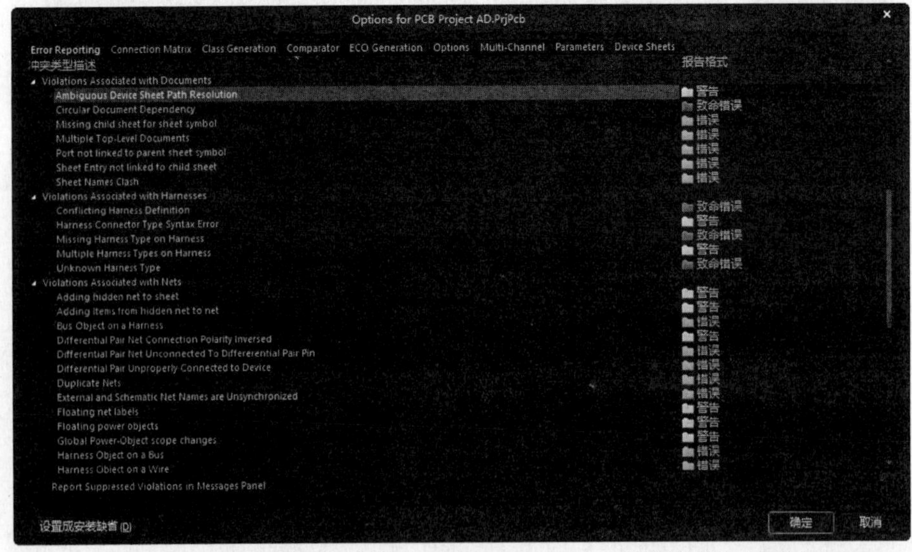

图 10-20　工程属性对话框——Error Reporting（错误报告）选项卡

❷单击“Connection Matrix（电气连接矩阵）”选项，显示“Connection Matrix（电气连接矩阵）”选项卡，如图 10-21 所示。矩阵的上部和右部所对应的元件引脚或端口等交叉点为元素，元素所对应的颜色表示连接错误类型。绿色表示不报告、黄色表示警告、橙色表示错误、红色表示严重错误。当光标移动到这些颜色元素中时，光标将变为小手形状，连续单击该元素，可以设置错误报告类型。

❸单击“Comparator （差别比较器）”选项，显示“Comparator（差别比较器）”选项卡。如图 10-22 所示。在“Comparison Type Description（差别比较类型）”列表中设置元件连接、网络连接和参数连接的差别比较类型。差别比较类型有“Ignore Difference(忽略不同)”和“Find Difference（产生更改命令）”两种。本例选用默认的参数。

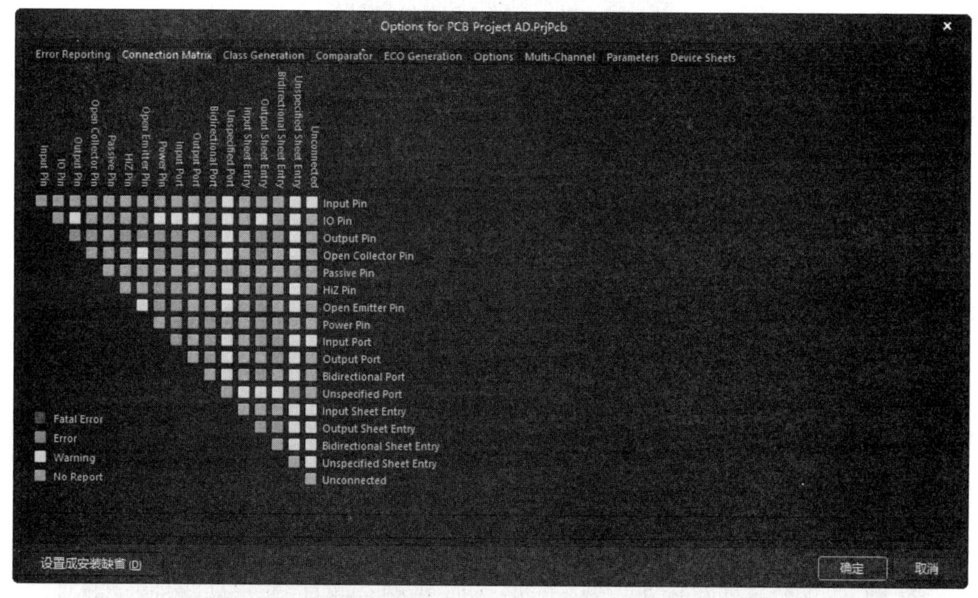

图 10-21　Connection Matrix（电气连接矩阵）选项卡

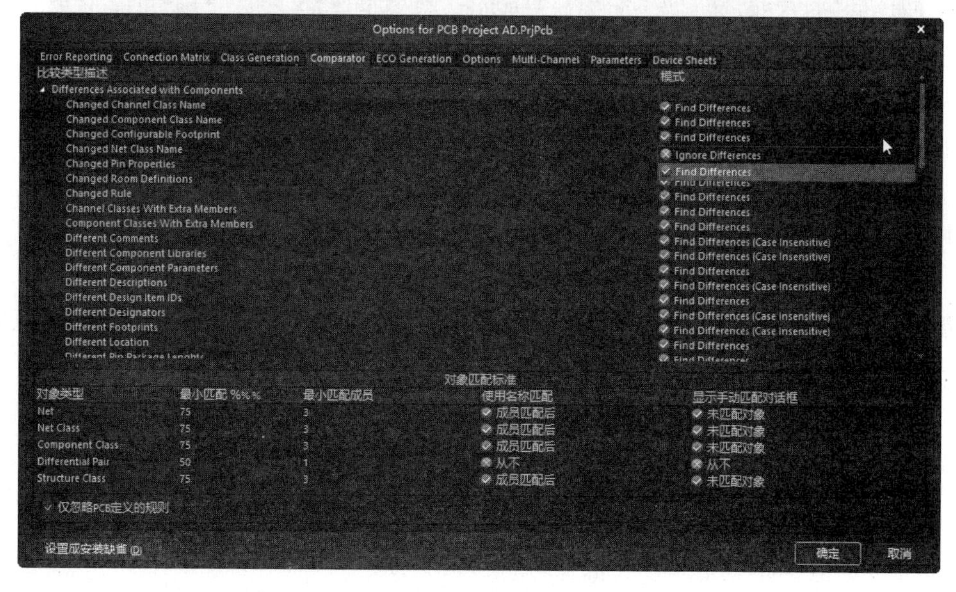

图 10-22　Comparator（差别比较器） 选项卡

02 完成编译。在原理工作界面的标签栏中单击 Panels 标签，在弹出的菜单中选择“Navigator（导航）”，如图10-23所示。在上半部分的“Documents for AD.PrjPCB.PrjPCB”中选择一个文件，然后右击，选择“Validate Project（验证项目）”，可以对工程进行编译，并弹出如图10-24所示的“Message（信息）”提示框。然后选中具体的错误提示，自动显示具体错误提示信息。

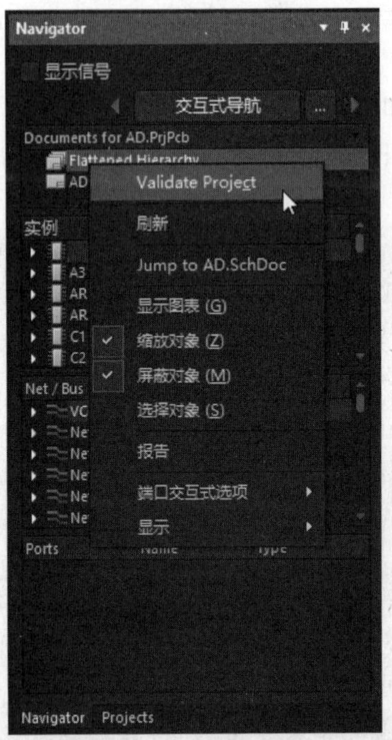

图 10-23 “Navigator（导航）” 工作面板

Messages

Class	Document	Source	Message	Time	Date	No.
[Warni	AD.SchDoc	Compil	Adding hidden net VCC	15:08:58	2022/9/23	1
[Warni	AD.SchDoc	Compil	Adding items to hidden net GND	15:08:58	2022/9/23	2
[Warni	AD.SchDoc	Compil	Component U5 SN74LS04N has unused sub-part(s) (2), (3), (4), (5) ar	15:08:58	2022/9/23	3
[Warni	AD.SchDoc	Compil	Net NetAR1_2 has no driving source (Pin AR1-2, Pin R6-1, Pin R8-1)	15:08:58	2022/9/23	4
[Warni	AD.SchDoc	Compil	Net NetAR1_3 has no driving source (Pin AR1-3, Pin C2-2, Pin R1-1,	15:08:58	2022/9/23	5
[Warni	AD.SchDoc	Compil	Net NetAR2_2 has no driving source (Pin AR2-2, Pin C14-1, Pin R10-	15:08:58	2022/9/23	6
[Warni	AD.SchDoc	Compil	Net NetAR2_3 has no driving source (Pin AR2-3, Pin R11-2, Pin R13-	15:08:58	2022/9/23	7
[Warni	AD.SchDoc	Compil	Net NetU3_13 has no driving source (Pin U3-13, Pin U5-1)	15:08:58	2022/9/23	8
[Warni	AD.SchDoc	Compil	Un-Designated Part	15:08:58	2022/9/23	9

细节
Adding hidden net VCC
Pin U5-14

图 10-24 “Message（信息）” 提示框

查看错误报告后，根据错误报告信息进行原理图的修改，然后重新编译，直到正确为止。

单片机试验板电路图设计综合实例

在很多 EDA 软件中，都会介绍单片机开发板的设计步骤，因为其实用而且典型。单片机是为控制应用设计的，但由于软硬件资源的限制，单片机系统本身不能实现自我开发，必须使用专门的单片机开发系统来进行系统开发设计。本章主要介绍单片机电路板的原理图与 PCB 板的设计。

通过本章学习，读者能够了解如何修改元件的引脚、如何直接修改元件库中封装，如何从原理图转换到PCB 设计。

- 元器件装入
- 原理图输入
- PCB 设计
- 生成报表文件

11.1 实例简介

单片机实验板是学习单片机必备的工具之一，本章介绍一个实验板电路以供读者自行制作，如图 11-1 所示。

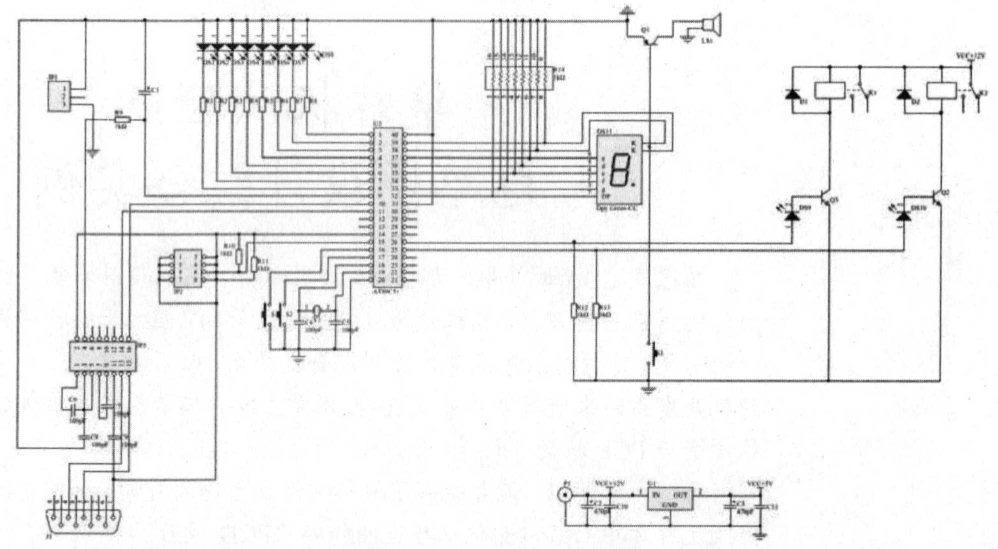

图 11-1 单片机实验板电路

单片机的功能就是利用程序控制单片机引脚端的高低电压值，并以引脚端的电压值来控制外围设备的工作状态。本例设计的实验板是通过单片机串行端口控制各个外设，用它可以完成包括串口通信、跑马灯实验、单片机音乐播放、LED 显示以及继电器控制等实验。

11.2 新建工程

单击“文件”→“新的”→“项目”命令，弹出“Create Project（新建工程）”对话框，在“Project Name（工程名称）”文本框中输入文件名称 SCMBoard，在“Folder（路径）”文本框中选择文件路径“yuanwenjian\ch11”，如图 11-2 所示。

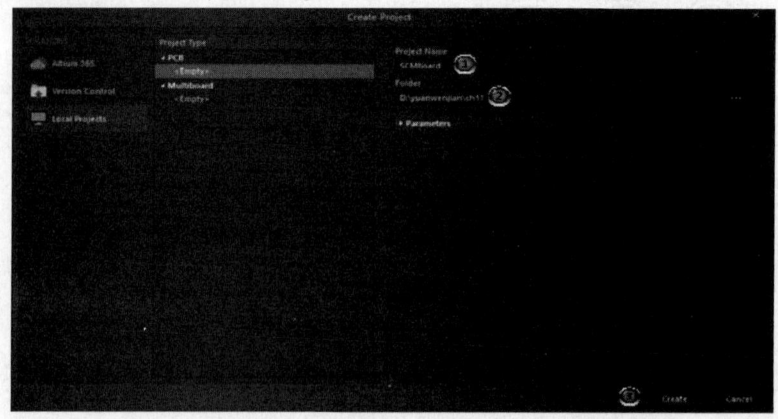

图 11-2 “Create Project（新建工程）”对话框

单击 Create 按钮，关闭对话框，打开“Project（工程）”面板。在面板中出现了新建的工程类型。

单击“文件”→“新的”命令，如图 11-3 所示，新建原理图文件，并命名其为“SCMBoard.SchDOC”，最后完成的效果图如图 11-4 所示。

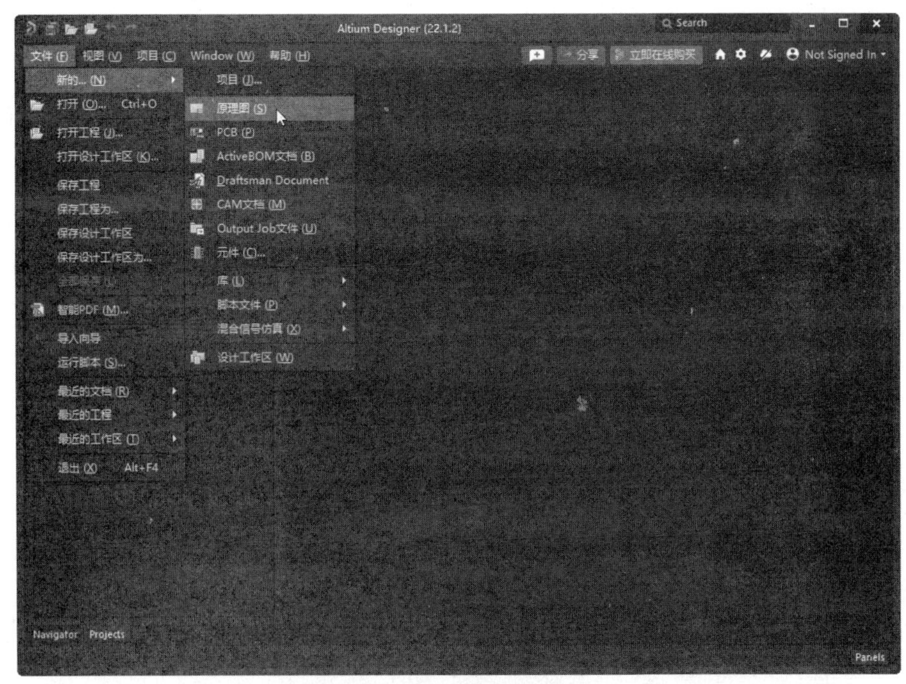

图 11-3　新建原理图文件

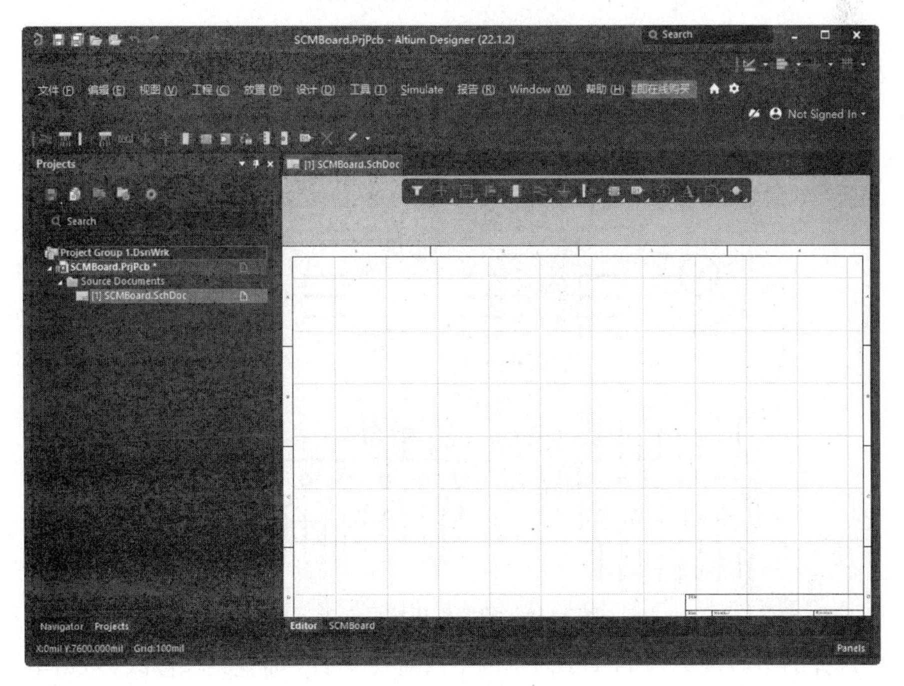

图 11-4　新建单片机实验板项目 SCMBoard

11.3 装入元器件

原理图上的元件从要添加的元件库中选定来设置，先要添加元件库。系统默认的已经装入了两个常用库，分别是：常用插接件杂项库（Miscellaneous Connectors. IntLib）、常用电气元件杂项库（Miscellaneous Devices. IntLib）。如果还需要其余公司提供的元件库，则需要提前装入。

01 在通用元件库“Miscellaneous Devices. IntLib”中选择发光二极管 LED3、电阻 Res2、排阻 Res Pack3、晶振 XTAL、电解电容 Cap Pol3、无极性电容 Cap，以及 PNP 和 NPN 三极管、多路开关 SW-PB、蜂鸣器 Speaker、继电器 Relay-SPDT 和按键 SW-PB ，如图 11-5 所示。

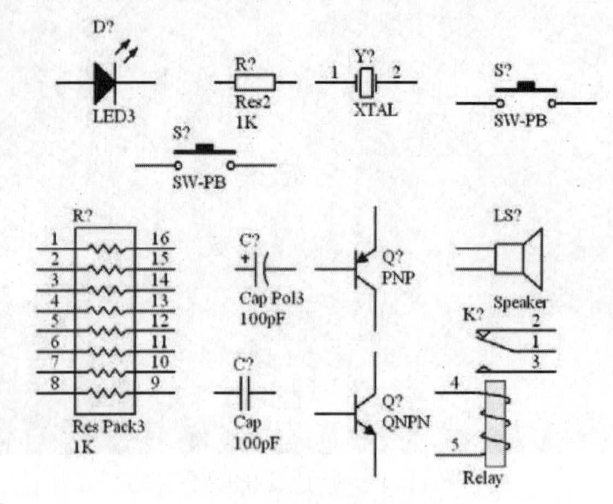

图 11-5　放置常用电气元件

注意 *放置元件的时候按住空格键可以快速旋转元件放置的位置。*

02 在“Miscellaneous Connectors. IntLib”元件库中选择“Header3”接头、“BNC”接头、8 针双排接头“Header8*2”、4 针双排接头“4*2” 和“串口接头 D connect 9”，如图 11-6 所示。

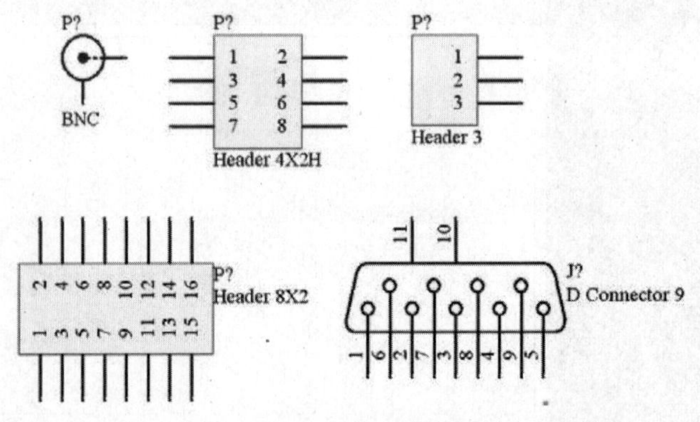

图 11-6　放置常用接口元件

03 选择的串口接头为 11 针，而本例中只需要 9 针，需要稍加修改。双击串口接头，弹出如图 11-7 所示的“Component（元件）”对话框。

04 单击左下角“Pins（管脚）”按钮，弹出“元件管脚编辑器”对话框，如 11-8 所示。取消选中第 10 和 11 管脚的“Show（展示）”属性复选框，单击“确定”按钮，修改好后的串口如图 11-9 所示。

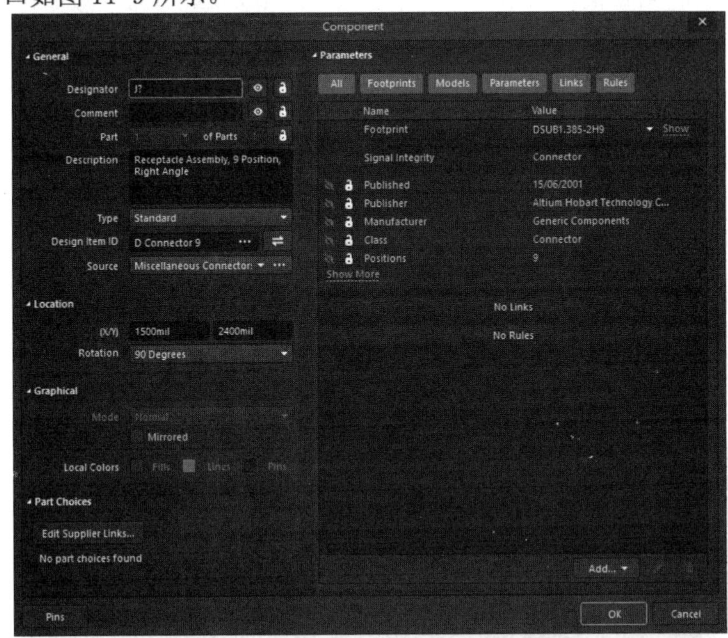

图 11-7　串口接头的元件属性对话框

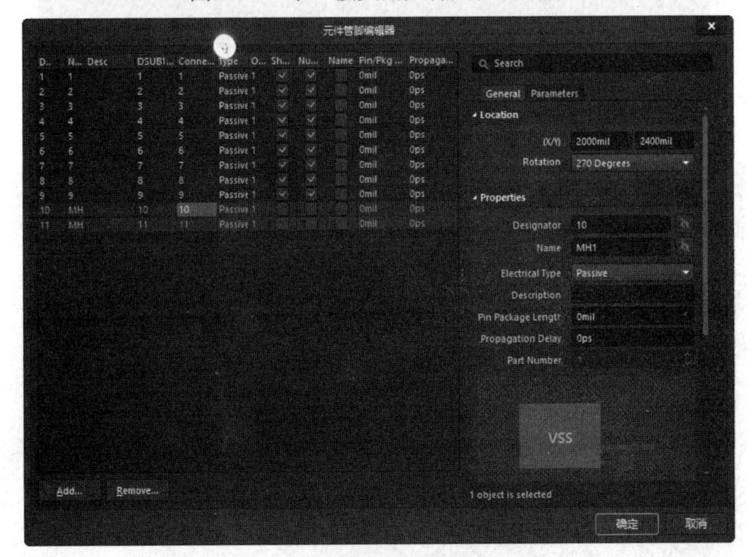

图 11-8　“元件管脚编辑器”对话框

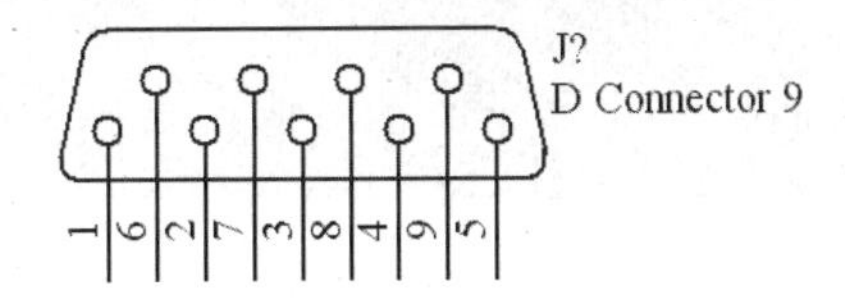

图 11-9　修改后的串口

05 8 针双排接头 Header8*2、4 针双排接头 Header4*2 同样需要修改。二者的修改方法相同。下面仅以 4 针双排接头 Header4*2H 为例说明。

双击元件弹出如图 11-10 所示对话框，单击左下角“Pins（管脚）”按钮，弹出“元件管脚编辑器”对话框，将光标停在第一管脚处，表示选中此脚，然后在右侧“Symbols”选项组中单击“Outside Edge（外部边沿）”下拉列表，选择“Dot”，如图 11-11 所示，单击“确定”按钮，保存修改。同样的过程可修改其他管脚。

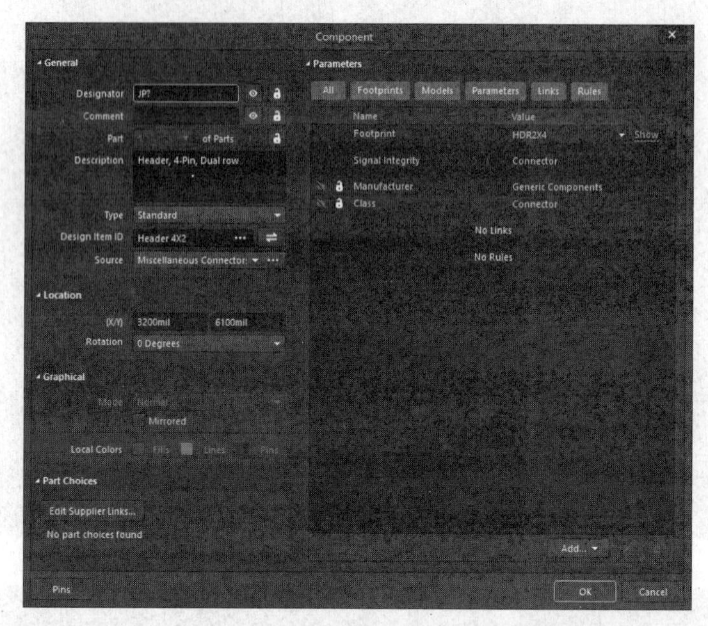

图 11-10　双排接头 Header4*2H 的元件属性对话框

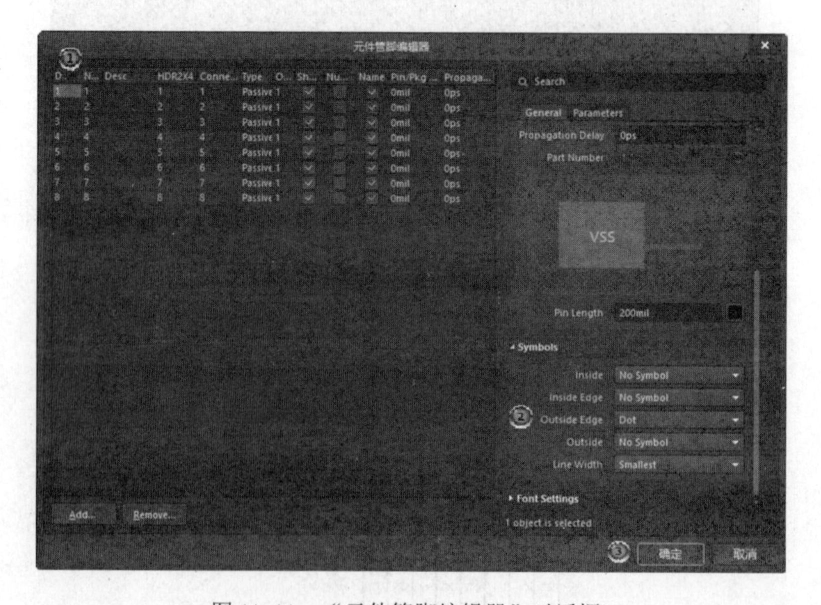

图 11-11　“元件管脚编辑器”对话框

修改后的 Header4*2 和 Header8*2 接头如图 11-12 和图 11-13 所示。

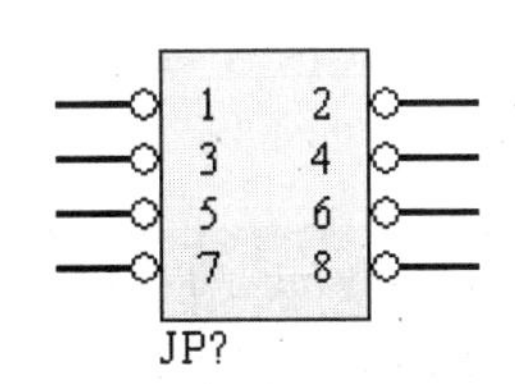

图 11-12 修改后的 Header4*2H 接头

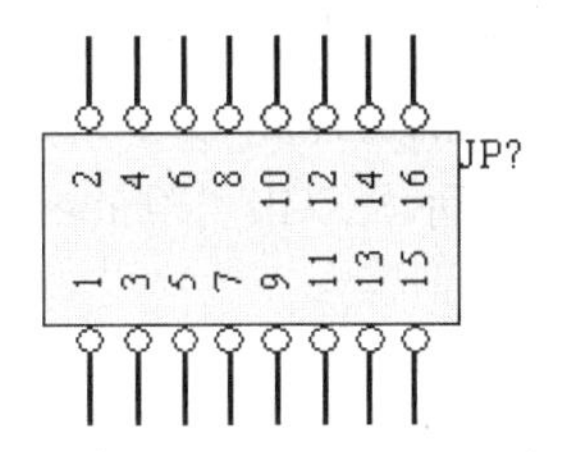

图 11-13 修改后的 Header8*2 接头

06 AT89C51 在已有的库中没有，需要用户自己设计。在 Miscellaneous Connectors. IntLib 元件库中选择 MHDR2*20，如图 11-14 所示。其封装形式与 AT89C51 相同，通过属性编辑，可以设计成所需要的 AT89C51 芯片。下面具体介绍其修改方法。

双击 MHDR2*20，出现“Component（元件）”对话框，单击左下角“Pins（管脚）”按钮▬，弹出“元件管脚编辑器”对话框，单击每个引脚的“Name（名称）”属性，把引脚顺序改成与 AT89C51 一致，并且将引脚“Outside Edge（外部边沿）”设置为 Dot。修改后的 AT89C51，如图 11-15 所示。

07 通过网络表生成 PCB 图，需要设置引脚属性中的 Electrical Type 属性。一般的双向 I/O 引脚要选择 IO 类型，电源引脚选择 Power 类型，其他的电平输入引脚选择 Input 类型。

本章只设计原理图不用考虑这些情况。在涉及 PCB 时，要考虑元件封装，不能只考虑引脚个数是否匹配。

08 在 Miscellaneous Devices. IntLib 元件库中选择 7 段数码管，选择 Dpy Green-CC，对于本原理图，数码管上的 GND 和 NC 引脚不必显示出来，双击元件，在“引脚属性”窗口中取消 9 脚和 10 脚的“展示”属性的选择，修改前后的数码管如图 11-16 所示。修改后把数码管放置到原理图中。

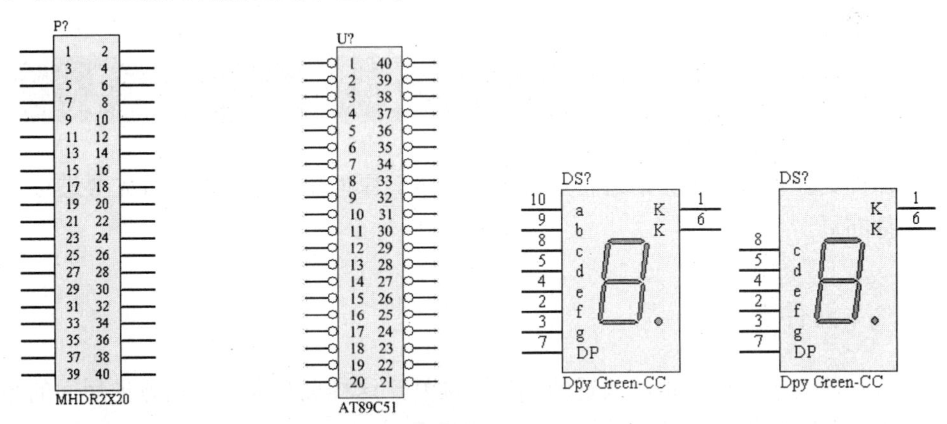

图 11-14 MHDR2*20 图 11-15 修改后的 AT89C51 图 11-16 修改前后的数码管

09 放置电源器件。电源器件不在通用元件库中，在向原理图添加电源器件前要把含有电源器件的库装载进该项目的元件库中。在“Components（元件）”面板右上角中单击▬按钮，在弹出的快捷菜单中选择“File-based Libraries Preferences（库文件参数）”命令，打开“可用的基于文件的库”对话框，单击下方的“添加库”按钮打开如图 11-17 所示的对话框，在元件库“ST Microelectronics”目录下的“ST Power Mgt Voltage

Regulator. IntLib”选中并单击打开。

在刚添加的器件库“ST Power Mgt Voltage Regulator. IntLib”中选择“L7805CV”，如图 11-18 所示。双击“Place L7805CV”将其放置到原理图中。

图 11-17 选择添加器件库

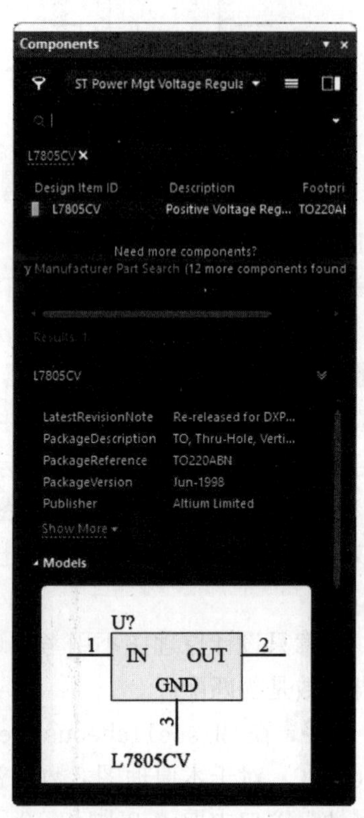

图 11-18 在新添加的库中选择电源器件

11.4 原理图输入

将所需的元件库装入工程后进行原理图的输入。原理图的输入部分首先要进行元件的放置和元件布局。

11.4.1 元件布局

根据原理图大小，合理地将放置的元件摆放好，这样美观大方，也方便后面的布线。按要求设置元件的属性，包括元件标号、元件值等。

11.4.2 元件手工布线

采用分块的方法完成手工布线操作。

01 单击 (放置线）按钮或单击“放置”→“线”命令，进行布线操作。连接完的电源电路如图 11-19 所示。

02 连接发光二极管部分的电路，如图 11-20 所示。

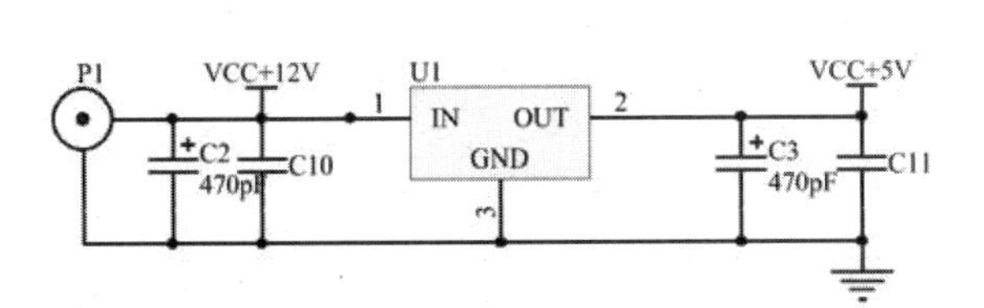

图 11-19　电源模块电路图

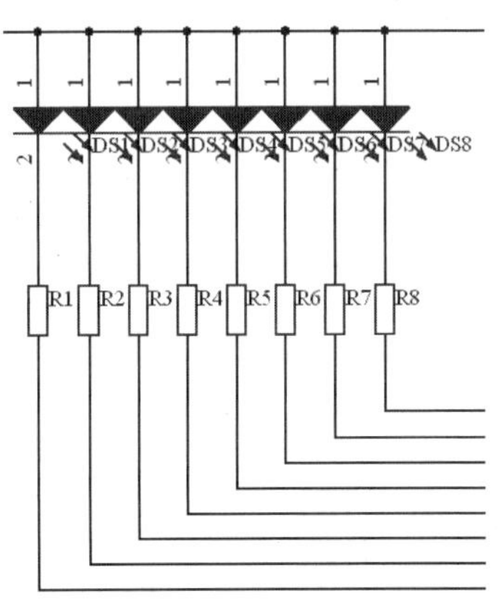

图 11-20　发光二极管部分的电路

03 连接发光二极管部分相邻的串口部分，如图 11-21 所示。

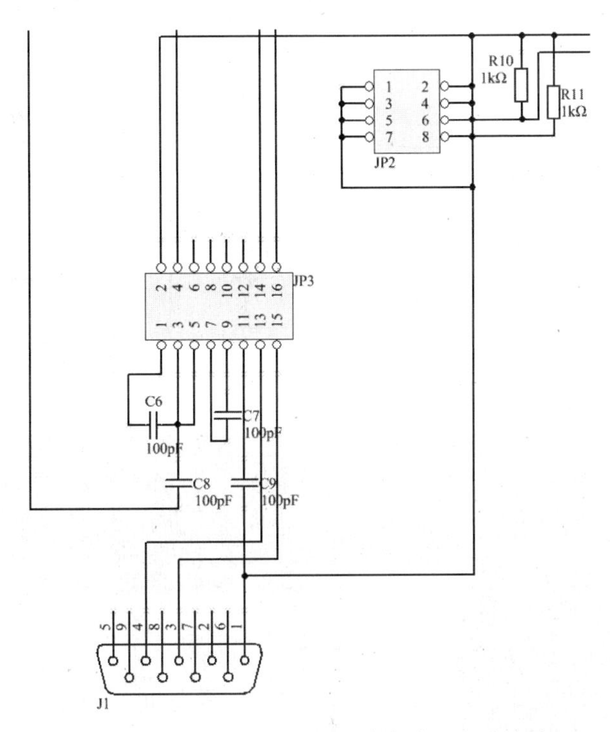

图 11-21　发光二极管部分相邻的串口部分电路

04 连接与串口和发光二极管都有电气连接关系的红外接口部分，如图 11-22 所示。

05 连接晶振和开关电路，如图 11-23 所示。

06 连接蜂鸣器和数码管部分电路，如图 11-24 所示。

07 连接继电器部分电路，如图 11-25 所示。

08 完成继电器上拉电阻部分电路。把各分部分电路按照要求组合起来，单片机实验板的原理图就设计好了，效果如图 11-26 所示。

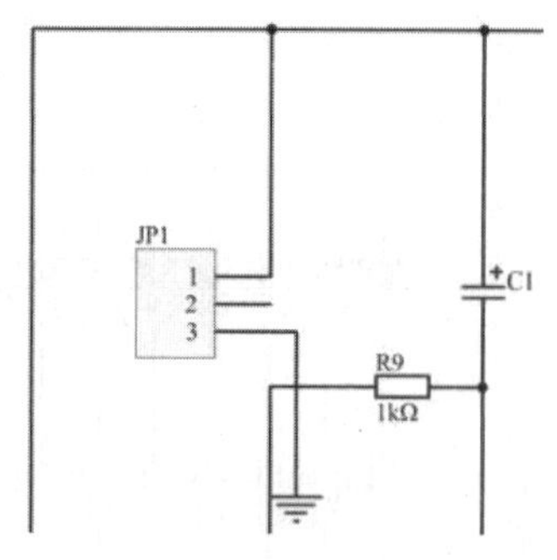

图 11-22　红外接口部分电路

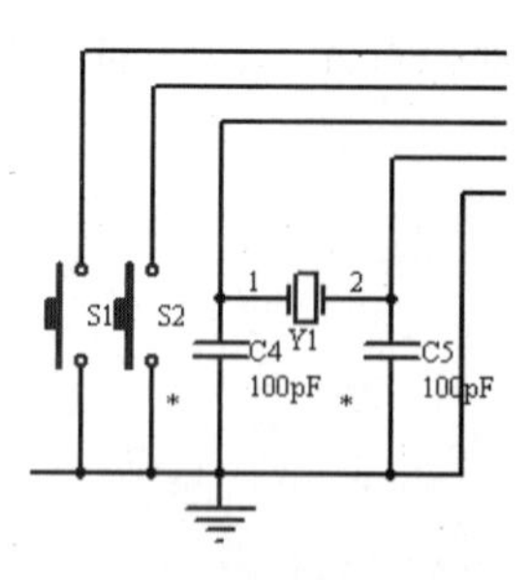

图 11-23　晶振和开关电路

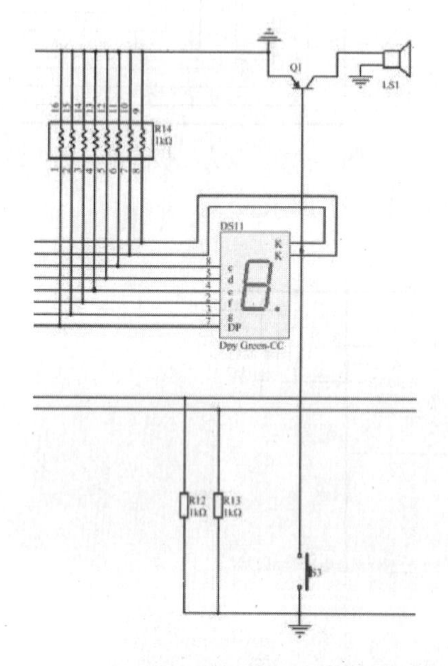

图 11-24　蜂鸣器和数码管部分电路

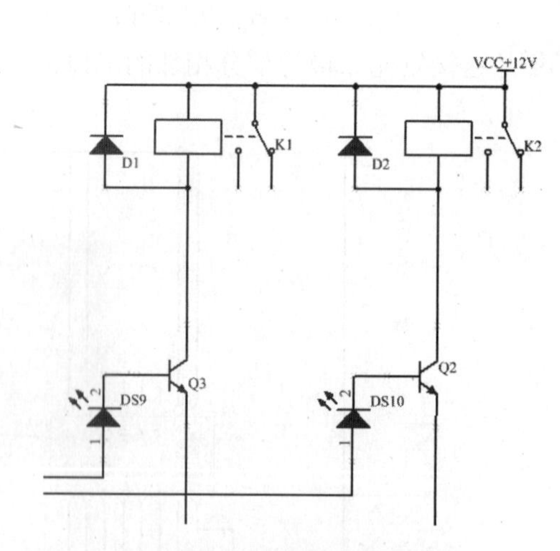

图 11-25　继电器部分电路

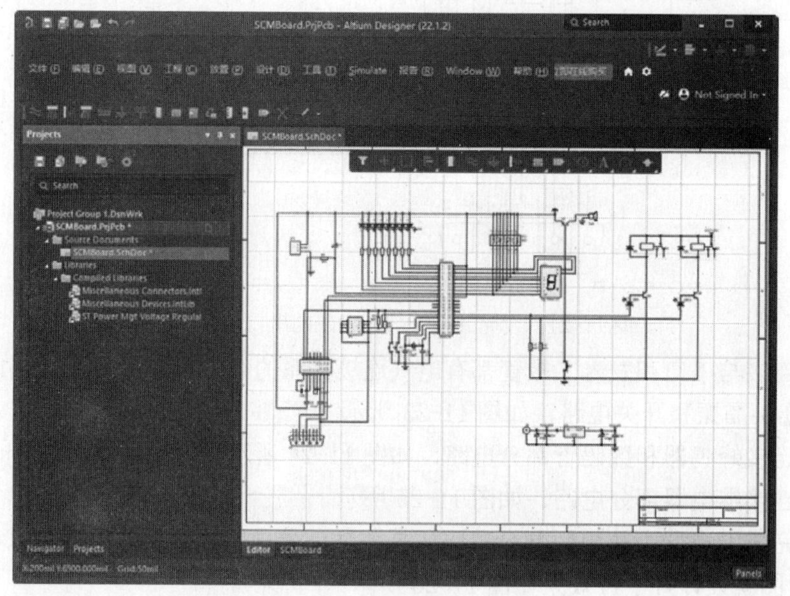

图 11-26　绘制好的原理图

11.5 PCB 设计

11.5.1 准备工作

01 切换到“Projects（工程）”面板，指向其中的项目右击，弹出命令菜单，选取“添加新的到工程”→“PCB（PCB 文件）”命令，即可在“Projects（工程）”面板里产生一个新的电路板（PCB1.PcbDoc），同时进入电路板编辑环境，在编辑区里也出现一个空白的电路板。

02 单击按钮，在随机出现的对话框里指定所要保存的文件名“SCMBoard”，再按保存(S)钮，关闭对话框即可。

03 绘制一个简单的板框，指向编辑区下方板层卷标栏的“KeepOutLayer（禁止布线层）”卷标，单击切换到禁止板层。按<P>、<L> 键进入画线状态，指向第一个角落并单击；移到第二个角落并双击；再移到第三个角落并双击；再移到第四个角落并双击；移回第一个角落（不一定要很准）并单击，再右击两下即可，所画出来的板框是桃红色，如图 11-27 所示。

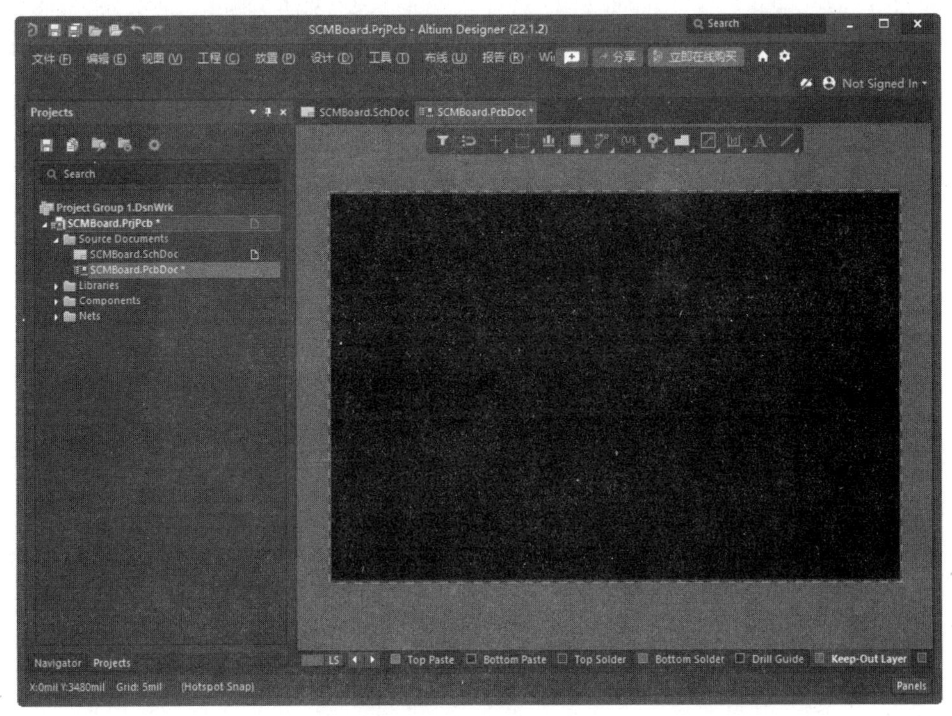

图 11-27 板框绘制完成

提示：

由于这里的边框使用的是默认边界，因此绘制边框还可使用菜单栏中的“设计”→“板子形状”→“根据板子外形生成线条”命令，则直接以电路板边界为边框线。

11.5.2　资料转移

01 完成板框绘制后，即可将电路图数据转移到这个电路板编辑区中。启动“设计”菜单下的“Import Changes From SCMBoad.PRJPCB”。出现如图 11-28 所示的“工程变更指令”对话框。

02 单击“验证变更”按钮，验证一下有无不妥之处，程序将验证结果反应在对话框中，如图 11-29 所示。

03 图 11-29 中，如果所有数据转移都顺利，没有错误产生，则单击“执行变更”按钮，执行真正的操作，单击“关闭”按钮，关闭此对话框，如图 11-30 所示。如果有错误，则按照提示退回电路图修改。

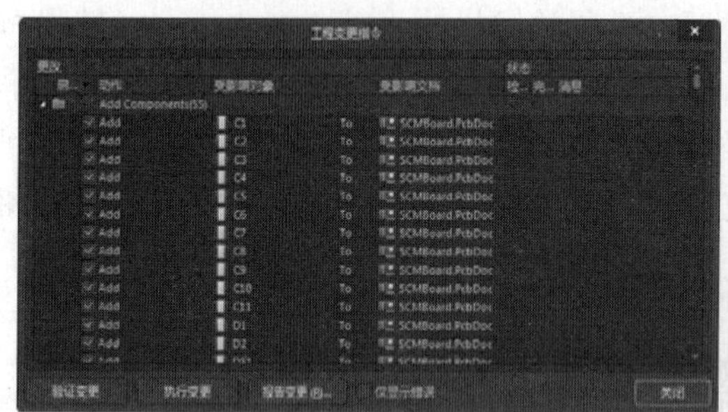

图 11-28　“工程变更指令”对话框

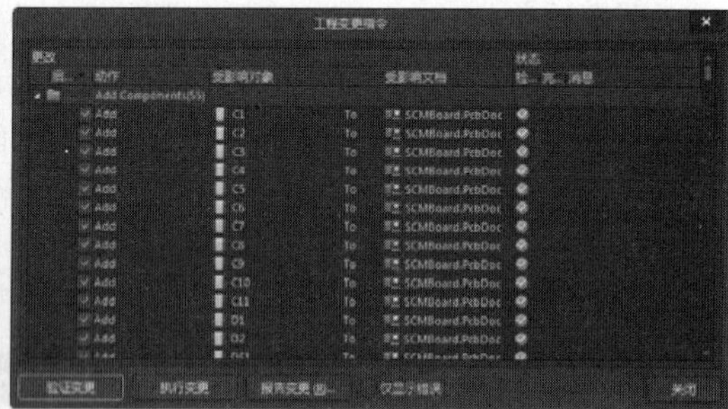

图 11-29　验证更新

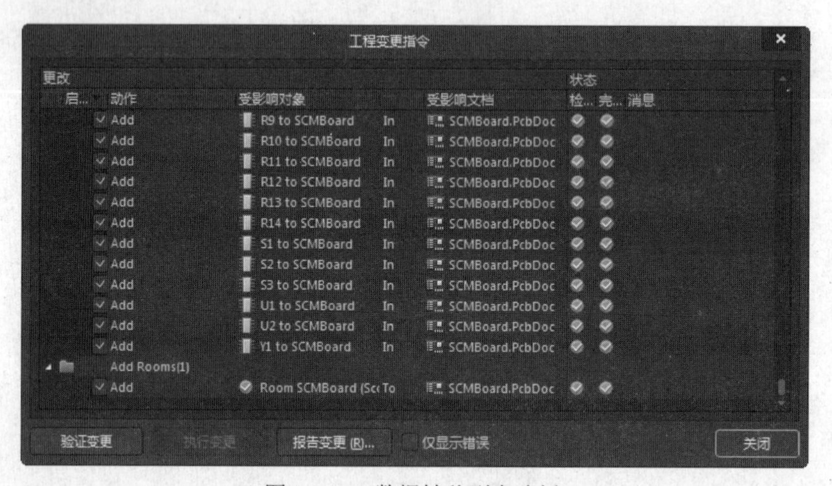

图 11-30　数据转移到电路板

11.5.3　零件布置

01 以程序所提供的自动零件区间布置功能将零件请进来。指向 SCMBOARD 零件摆置区间的空白处，按住鼠标左键将它拉到板框之中。在此指向 SCMBoad 零件摆置区域内的空白处单击，区域出现 8 个控点，再指向右边的控点按住鼠标左键，移动鼠标级可以改变其大小，将它扩大一些（让 SCMBoad 零件摆置区域与板框差不多大），如图 11-31 所示。

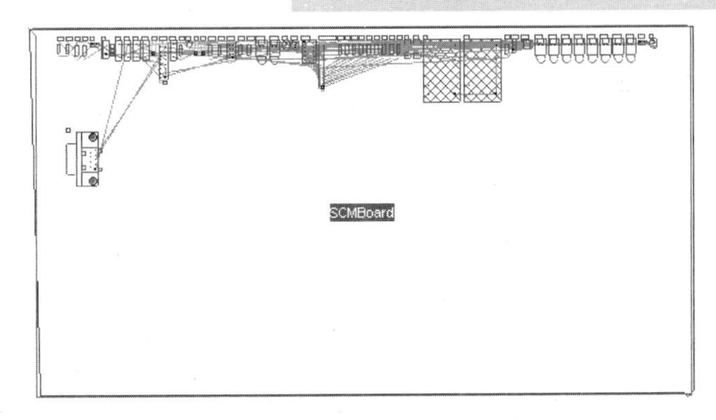

图 11-31　扩大零件摆置区域

02 启动“设计”菜单下的“规则”命令，指向这个零件摆置区域，单击让零件飞进这个区域内。最后再右击，结果如图 11-32 所示。

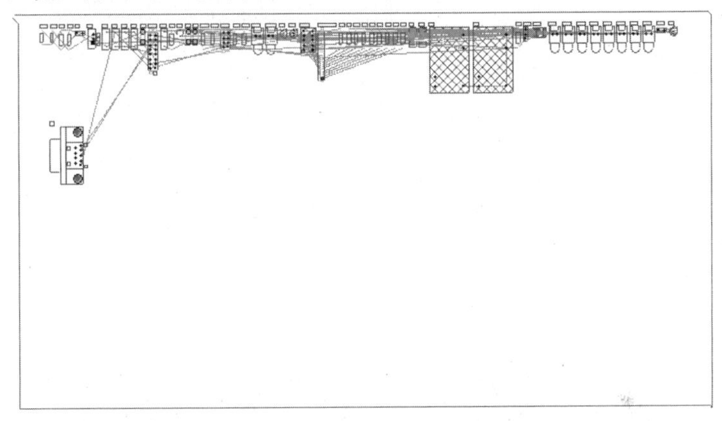

图 11-32　零件摆置区域自动排列

03 按<Delete>键删除这个零件摆置区域，接下来以手工排列，如图 11-33 所示。

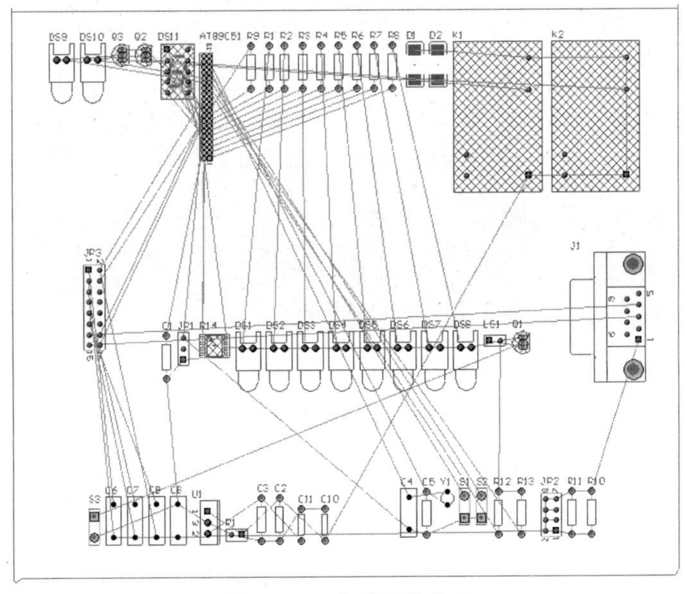

图 11-33　完成零件排列

11.5.4 网络分类

对电路板里的网络做一个简单的分类，将最常用的电源线（VCC 及 GND）归为一类。

01 启动“设计”菜单下的“类”命令，屏幕出现如图 11-34 所示的对话框。

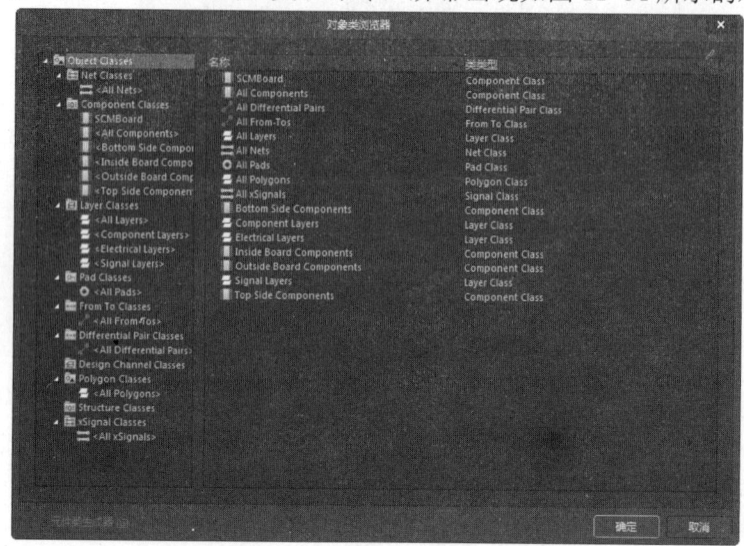

图 11-34 “对象类浏览器”对话框

02 在“Net Classes”类里只有“All Nets”一项，表示目前没有任何网络分类。指向“Net Classes”项，右击后弹出命令菜单，如图 11-35 所示。

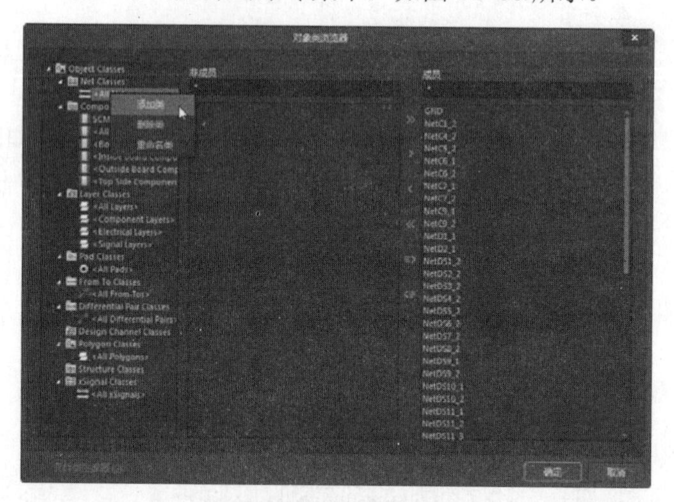

图 11-35 命令菜单

03 选取“添加类”命令，则在此类里将新增一项分类（New Class），同时进入其属性对话框，如图 11-36 所示。

04 若要更改此分类的名称，则指向这一项，右击后弹出命令菜单，在弹出的命令菜单里选取“重命名类”命令，即可输入新的分类名称。紧接着在左边“非成员”区域里选取 GND 项，再按 > 钮将它丢到右边“成员”区域；同样地，在左边区域里选取 VCC 项，再按 > 钮将它丢到右边区域，按 确定 按钮，关闭该对话框。

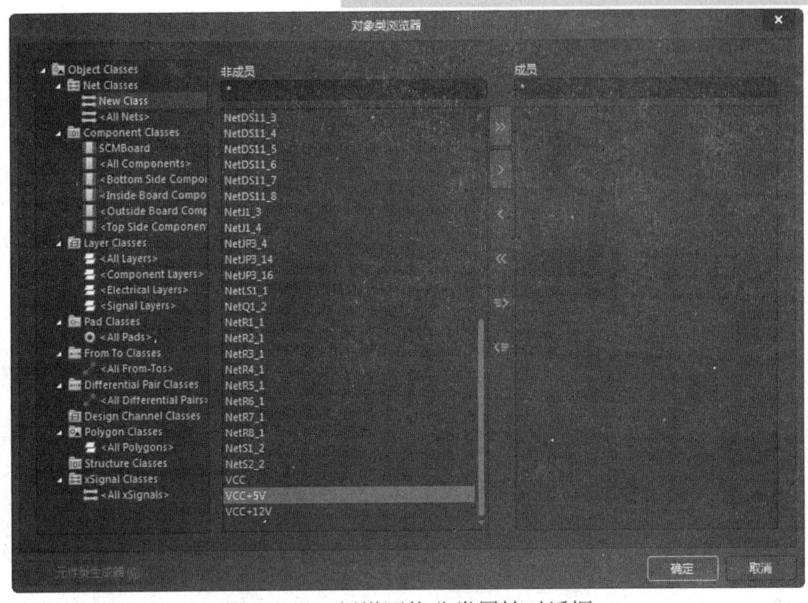

图 11-36　新增网络分类属性对话框

11.5.5　布线

完成设计规则的设置后进行布线，启动“布线”→“自动布线”→“全部”命令，屏幕出现如图 11-37 所示的对话框。

保持程序预置状态，按 Route All 按钮，程序即进行全面性的自动布线。完成布线后，如图 11-38 所示。

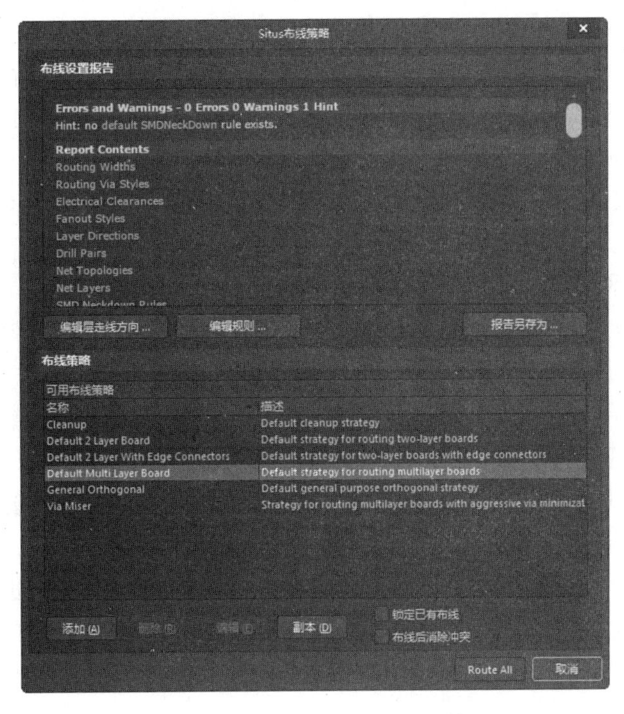

图 11-37　自动布线设置对话框

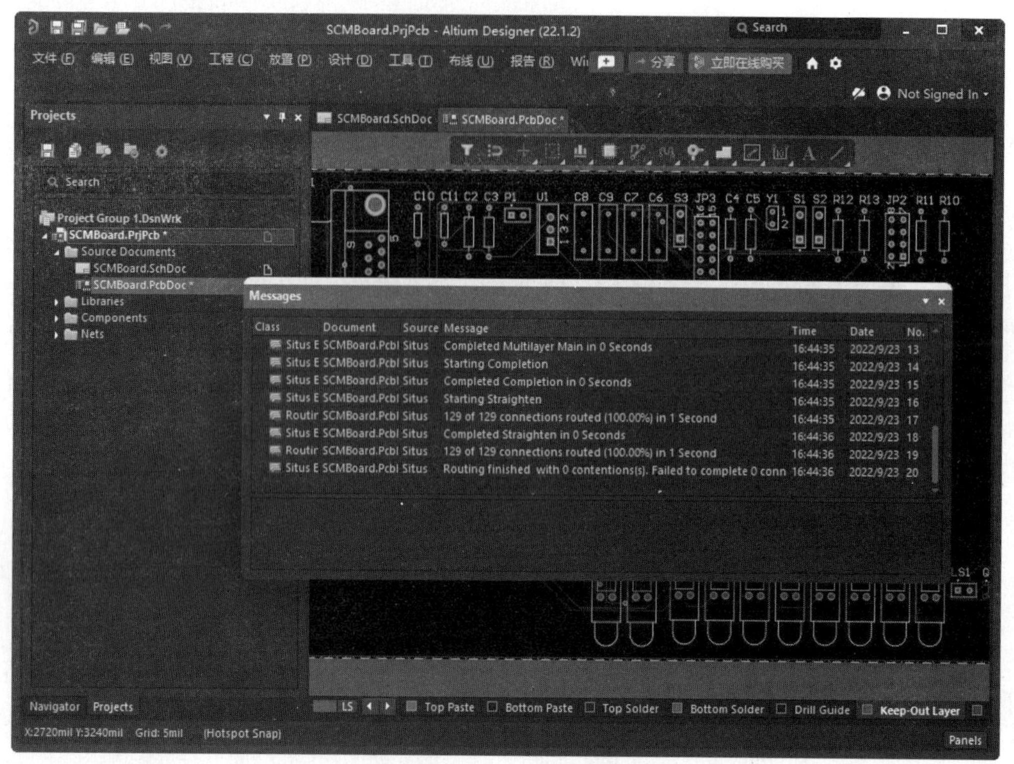

图 11-38　完成自动布线

11.6　生成报表文件

在原理图工作窗口中，单击“报告”→“Bill of Material”命令，弹出如图 11-39 所示的“Bill of Material For PCB Document”对话框。其中列出了整个原理图中用到的所有元器件。像很多 EDA 软件一样，这种报表文件可以导出为 OFFICE 文件而便于进一步的处理。单击“Export（输出）”按钮，可以导出元件清单。在“Export Options（导出选项）”下拉列表中可以选择导出文件的格式，如图 11-40 所示。还可以勾选“Add to Project（添加到工程）”和“Open Exported（打开导出的）”复选框，将生成的报表文件作为工程的一部分和打开生成的报表文件。

很短的时间可以完成布线，按⊠钮关闭“Message（信息）”窗口此对话框即可。电路板布线完成，按▣钮保存文件。

如果板框不太合适，可以重新按照布线的结果画板框，启动“编辑”菜单下的“选中”→“区域外部”命令，指向我们所要部分的一角单击，移至对角拉出一个区域，包含整个已布线的电路板（但不包含边框），再单击即可只选取整个板框。紧接着按<Delete>键，即可删除所选取的部分（删除旧板框）。

同样在“Keep Out Layer（禁止布线层）”板层，按<P>、<L>键进入划线状态，再指向所要画板框的起点（可配合< PgUp >、<PgDn>键缩放屏幕）单击；再移至第二点双击，再移至第三点并双击……，直到整个板框完成，右击两下结束画线状态，然后按保存图标保存文件。

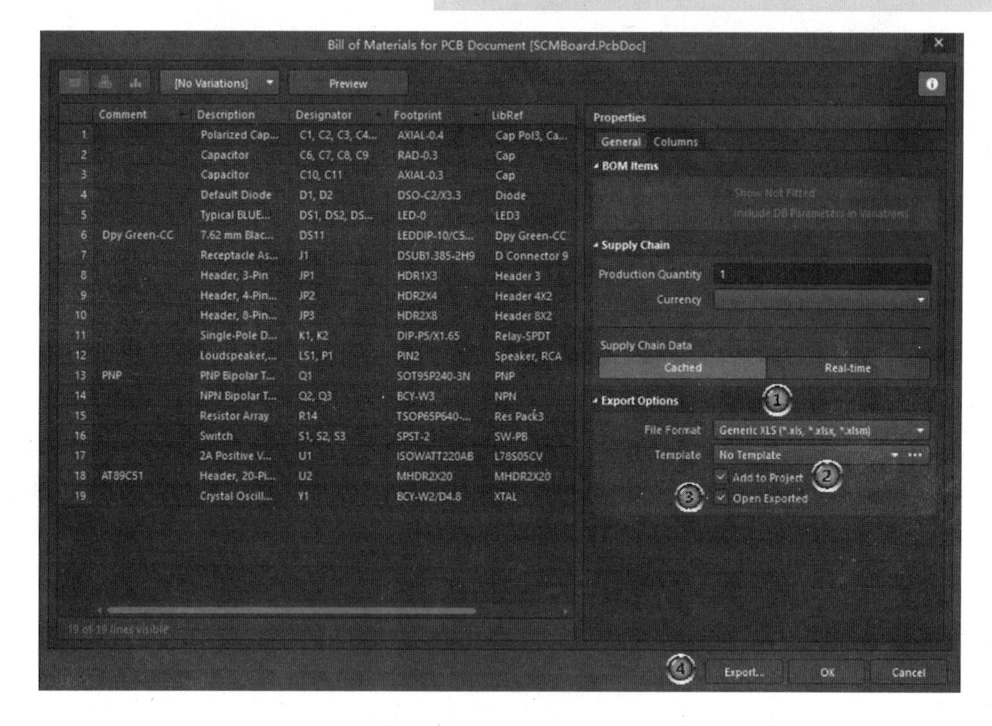

图 11-39　输出元件清单

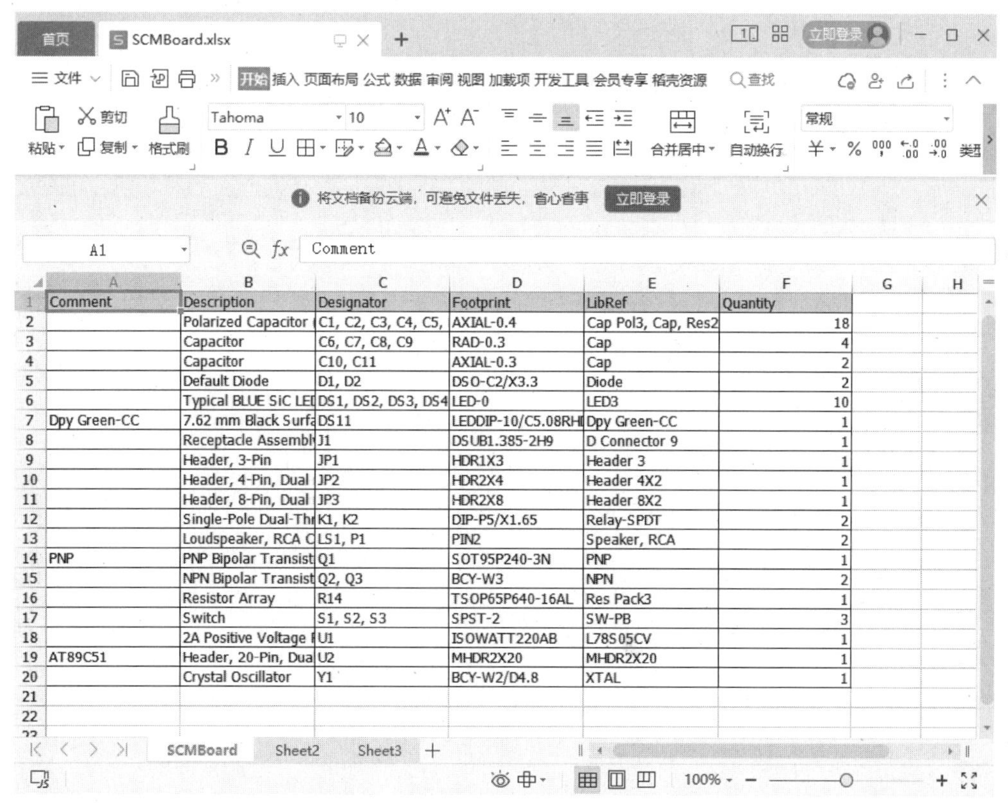

	A	B	C	D	E	F
1	Comment	Description	Designator	Footprint	LibRef	Quantity
2		Polarized Capacitor (	C1, C2, C3, C4, C5,	AXIAL-0.4	Cap Pol3, Cap, Res2	18
3		Capacitor	C6, C7, C8, C9	RAD-0.3	Cap	4
4		Capacitor	C10, C11	AXIAL-0.3	Cap	2
5		Default Diode	D1, D2	DSO-C2/X3.3	Diode	2
6		Typical BLUE SiC LEI	DS1, DS2, DS3, DS4	LED-0	LED3	10
7	Dpy Green-CC	7.62 mm Black Surfa	DS11	LEDDIP-10/C5.08RH	Dpy Green-CC	1
8		Receptacle Assembl	J1	DSUB1.385-2H9	D Connector 9	1
9		Header, 3-Pin	JP1	HDR1X3	Header 3	1
10		Header, 4-Pin, Dual	JP2	HDR2X4	Header 4X2	1
11		Header, 8-Pin, Dual	JP3	HDR2X8	Header 8X2	1
12		Single-Pole Dual-Thr	K1, K2	DIP-P5/X1.65	Relay-SPDT	2
13		Loudspeaker, RCA C	LS1, P1	PIN2	Speaker, RCA	2
14	PNP	PNP Bipolar Transist	Q1	SOT95P240-3N	PNP	1
15		NPN Bipolar Transist	Q2, Q3	BCY-W3	NPN	2
16		Resistor Array	R14	TSOP65P640-16AL	Res Pack3	1
17		Switch	S1, S2, S3	SPST-2	SW-PB	3
18		2A Positive Voltage I	U1	ISOWATT220AB	L78S05CV	1
19	AT89C51	Header, 20-Pin, Dua	U2	MHDR2X20	MHDR2X20	1
20		Crystal Oscillator	Y1	BCY-W2/D4.8	XTAL	1

图 11-40　元件清单

第 12 章

U 盘电路设计综合实例

U 盘是应用广泛的便携式存储器件，其原理简单，所用芯片数量少，价格便宜，使用方便，可以直接插入计算机的 USB 接口。

本实例针对网上公布的一种 U 盘电路，介绍其电路原理图和 PCB 图的绘制过程。首先制作元件 K9F080UOB、IC1114 和电源芯片 AT1201，给出元件编辑制作和添加封装的详细过程，然后利用制作的元件，设计制作一个 U 盘电路，绘制 U 盘的电路原理图。

- 制作元件
- 绘制原理图
- 设计 PCB 板

12.1 电路工作原理说明

U 盘电路的原理图如图 12-1 所示，其中包括两个主要的芯片，即 Flash 存储器 K9F080U0B 和 USB 桥接芯片 IC1114。

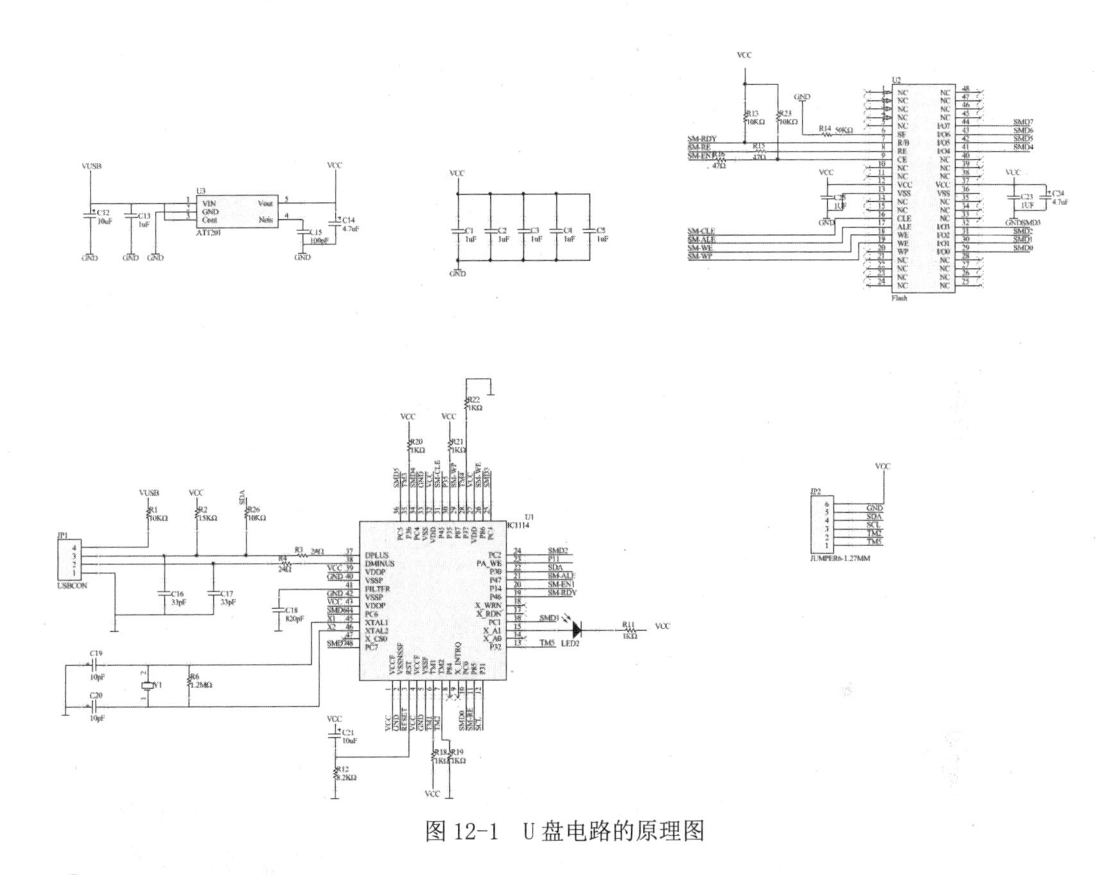

图 12-1 U 盘电路的原理图

12.2 创建工程文件

01 执行菜单命令“文件”→“新的”→“项目”，创建默认名为 PCB_Project1.PrjPcb 的工程文件。

单击菜单栏中的“文件”→“保存工程为”命令，将新建的工程文件保存为“USB.PrjPCB”，打开“Project（工程）”面板。在面板中出现了新建的工程类型。

02 单击菜单栏中的“文件”→“新的”→“原理图”命令，新建一个原理图文件。然后单击菜单栏中的“文件”→“另存为”命令，将新建的原理图文件保存在源文件文件夹中，并命名为“USB.SchDoc”。“Projects（工程）”面板如图 12-2 所示。

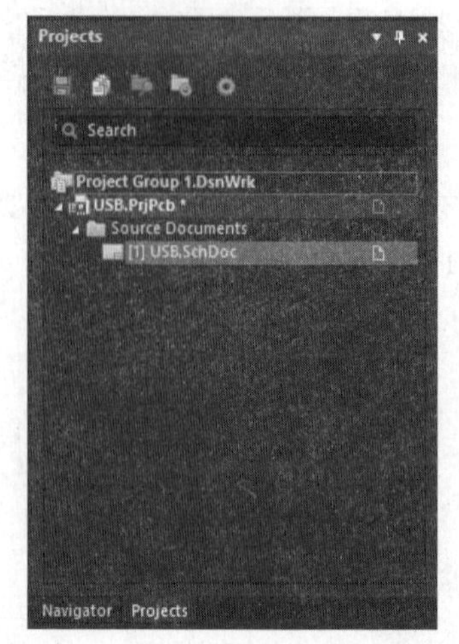

图 12-2 “Projects”（工程）面板

12.3 制作元件

下面制作 Flash 存储器 K9F080U0B、USB 桥接芯片 IC1114 和电源芯片 AT1201。

12.3.1 制作 K9F080UOB 器件

01 单击菜单栏中的“文件”→“新的”→“库”→“原理图库”命令，新建器件库文件，名称为“Schlib1.SchLib”。

02 编辑元件属性。从“SCH Library（原理图库）”面板里元件列表中选择元件，然后单击“编辑”按钮，弹出“Component（元件）”属性面板，在“Design Item ID（设计项目地址）”栏输入新元件名称“Flash”，在“Designator（标识符）”栏输入预置的元件序号前缀（在此为“U？”），在“Comment（注释）”栏输入元件注释 Flash，元件库浏览器中多出了一个元件“Flash”，如图 12-3 所示。

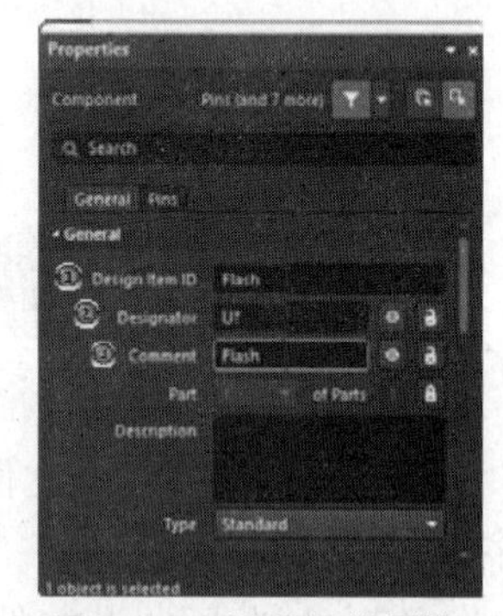

图 12-3 编辑元件属性

03 单击菜单栏中的“放置”→“矩形”命令，放置矩形，随后会出现一个新的矩形虚框，可以连续放置。右击或者按<Esc>键退出该操作。

04 单击菜单栏中的“放置”→“管脚”命令，放置引脚。K9F080U0B 一共有 48 个引脚，在放置引脚的过程中，按下<Tab>键会弹出如图 12-4 所示的”Pin（管脚）”属性面板。在该面板中可以设置引脚标识符的起始编号及显示文字等。放置的引脚，如图 12-5 所示。

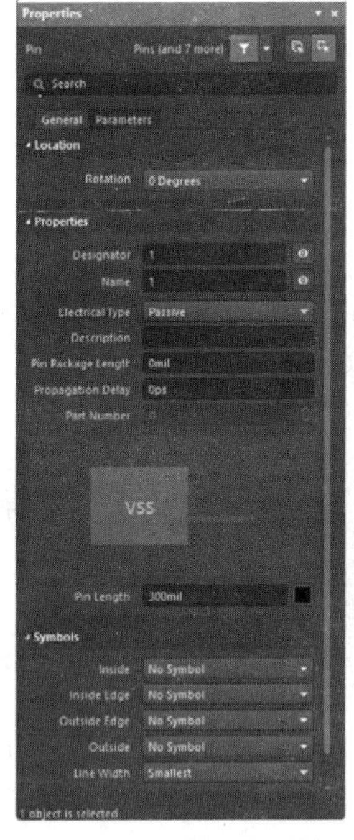

图 12-4　设置引脚属性

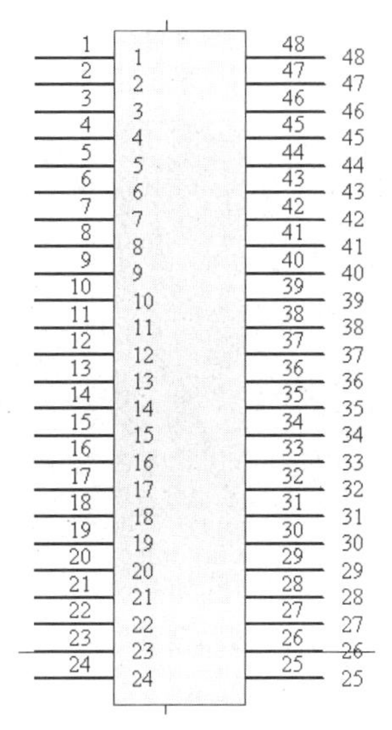

图 12-5　放置引脚

由于器件引脚较多，分别修改很麻烦，可以在引脚编辑器中修改引脚的属性，这样比较方便直观。

在“SCH Library（SCH 库）”面板中，选定刚刚创建的 Flash 器件，然后，单击右下角的“编辑”按钮，弹出“Component（元件）”属性面板。单击其中的“Pins”（引脚）选项卡，弹出“元件引脚编辑器”对话框。在该对话框中，可以同时修改器件引脚的各种属性，包括“Designator（标志）”“Name（名称）”等。修改后的“元件引脚编辑器”对话框如图 12-6 所示。修改引脚属性后的器件如图 12-7 所示。

05 在“Properties（属性）”面板中，单击“Parameters（参数）”选项组下的“Add（添加）”按钮，在弹出的快捷菜单中选择“Footprint（封装）”命令，弹出“PCB 模型”对话框，选择为 Flash 添加封装 DIP-48。

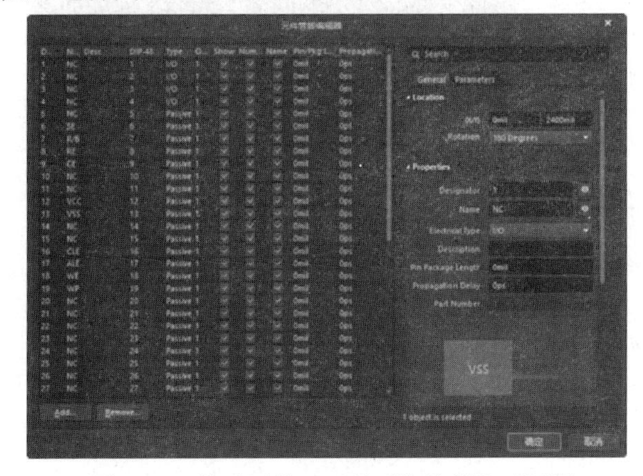

图 12-6　修改后的“元件引脚编辑”对话框

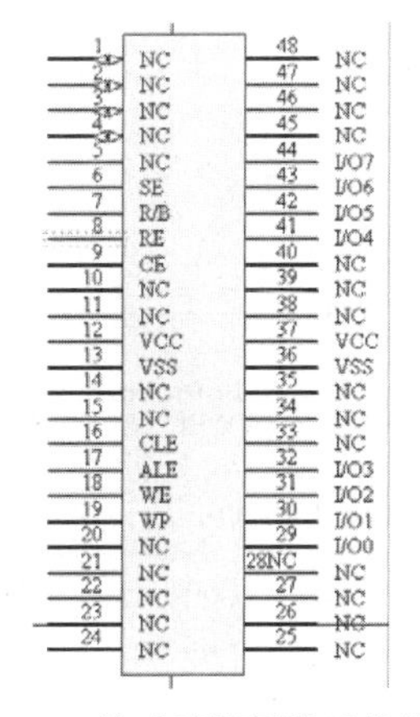

图 12-7　修改引脚属性后的器件

06 单击 浏览(B)... 按钮，系统将弹出“浏览库”对话框。

07 单击“查找”按钮，在弹出的“基于文件的库搜索”对话框中输入“DIP-48”或者查询字符串，然后单击左下角的“查找”按钮开始查找，如图 12-8 所示。一段漫长的等待之后，会跳出搜寻结果页面，如果感觉已经搜索得差不多了，单击“Stop（停止）”按钮，停止搜索。在搜索出来的封装类型中选择“DIP-48”，如图 12-9 所示。

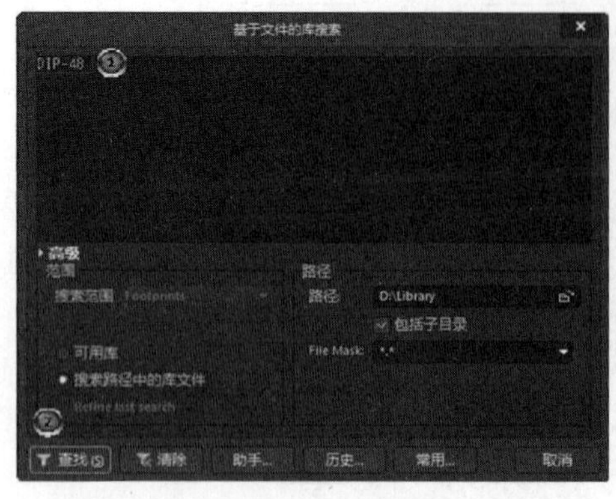

图 12-8 “基于文件的库搜索”对话框

图 12-9 在搜索结果中选择“DIP-48”

08 单击“确定”按钮，关闭该对话框，系统将弹出如图 12-10 所示的“Confirm（确认）”对话框，提示是否加载所需的 PCBLIB 库（若需加载的器件库已加载，则不显示对话框），单击“是”按钮，可以完成器件库的加载。

09 单击“是”按钮，把选定的封装库装入以后，会在“PCB 模型”对话框中看到被选定的封装的示意图，如图 12-11 所示。

10 单击“确定”按钮，关闭该对话框。然后单击“保存”按钮，保存库器件。在“SCH Library（SCH 库）”面板中，单击选项栏中的 Place 按钮，将其放置到原理图中。

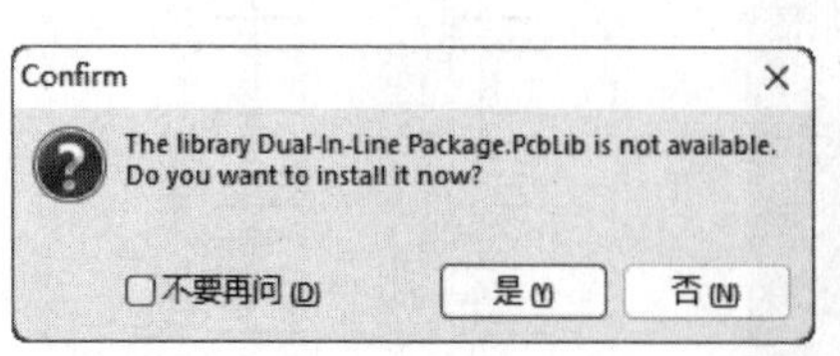

图 12-10 “Confirm（确认）”对话框

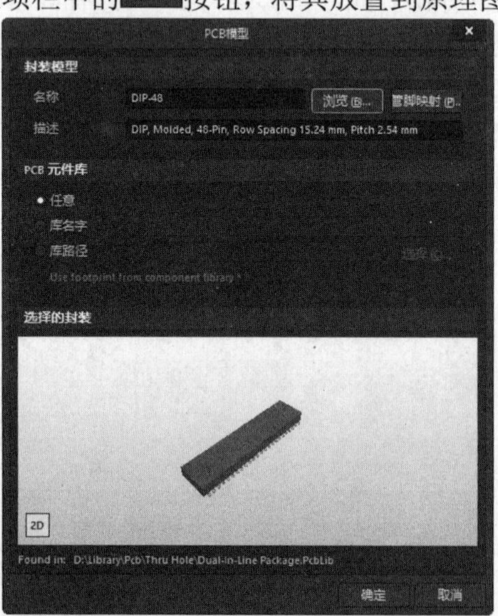

图 12-11 “PCB 模型”对话框

12.3.2　制作IC1114器件

IC1114是ICSI IC11XX系列带有USB接口的微控制器之一，主要用于Flash Disk的控制器，具有以下特点：

- 采用8位高速单片机实现，每4个时钟周期为一个机器周期。
- 工作频率12MHz。
- 兼容Intel MCS-51系列单片机的指令集。
- 内嵌32KB Flash程序空间，并且可通过USB、PCMCIA、I2C在线编程（ISP）。
- 内建256字节固定地址、4608字节浮动地址的数据RAM和额外1KB CPU数据RAM空间。
- 多种节电模式。
- 3个可编程16位的定时器/计数器和看门狗定时器。
- 满足全速USB1.1标准的USB口，速度可达12Mbits/s，一个设备地址和4个端点。
- 内建ICSI的in-house双向并口，在主从设备之间实现快速的数据传送。
- 主/从IIC、UART和RS-232接口供外部通信。
- 有Compact Flash卡和IDE总线接口。Compact Flash符合Rev 1.4“True IDE Mode”标准，和大多数硬盘及IBM的micro设备兼容。
- 支持标准的PC Card ATA和IDE host接口。
- Smart Memia卡和NAND型Flash芯片接口，兼容Rev.1.1的Smart Media卡特性标准和ID号标准。
- 内建硬件ECC（Error Correction Code）检查，用于Smart Media卡或NAND型Flash。
- 3.0～3.6V工作电压。
- 7mm×7mm×1.4mm 48LQFP封装。

下面制作IC1114器件，其操作步骤如下：

01 打开库器件设计文档“Schlib1.SchLib”，在“SCH Library（SCH库）”面板中，单击“器件”选项栏中的“添加”按钮，系统将弹出“New Component（新器件）”对话框，输入“IC1114”，如图12-12所示。

02 单击菜单栏中的“放置”→“矩形”命令，绘制器件边框，器件边框为正方形，如图12-13所示。

图12-12　“New Component”对话框

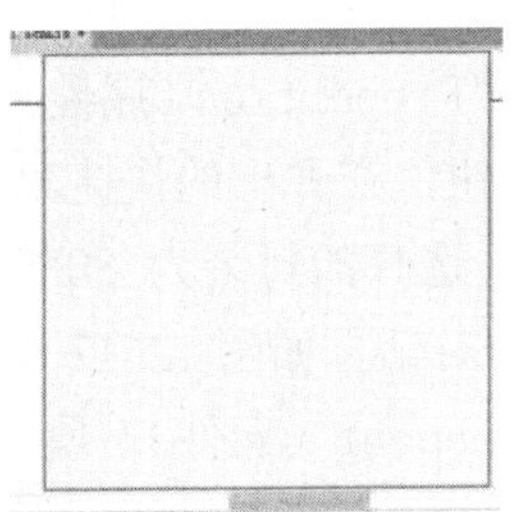

图12-13　绘制器件边框

03 单击菜单栏中的“放置”→“管脚”命令，添加引脚。在放置引脚的过程中，按下<Tab>键会弹出“Pin（管脚）”属性面板，在该面板中可以设置引脚的起始编号以及显示文字等。IC1114 共有 48 个引脚，引脚放置完毕后的器件图如图 12-14 所示。

04 在“SCH Library（SCH 库）”面板的“器件”选项栏中，选中 IC1114，单击“编辑”按钮，系统将弹出如图 12-15 所示的“Component（元件）”属性面板。单击“Pins（管脚）”选项卡，单击编辑按钮，弹出“元件管脚编辑器”对话框，修改引脚属性。修改好的 IC1114 器件如图 12-16 所示。

注意 *在制作引脚较多的器件时，可以使用复制和粘贴的方法来提高工作效率。粘贴过程中，应注意引脚的方向，可按<Space>键来进行旋转。*

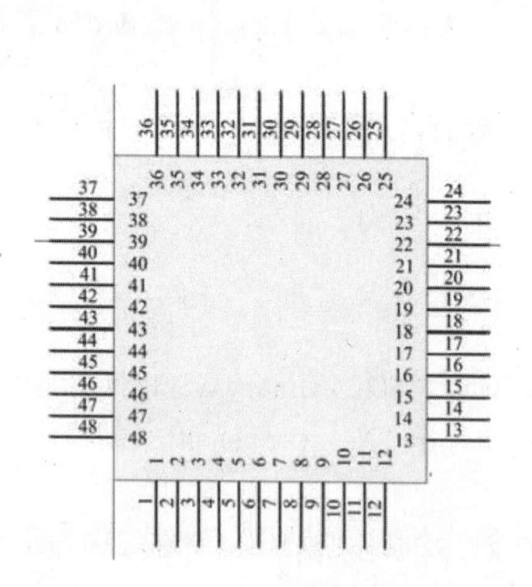

图 12-14 放置引脚

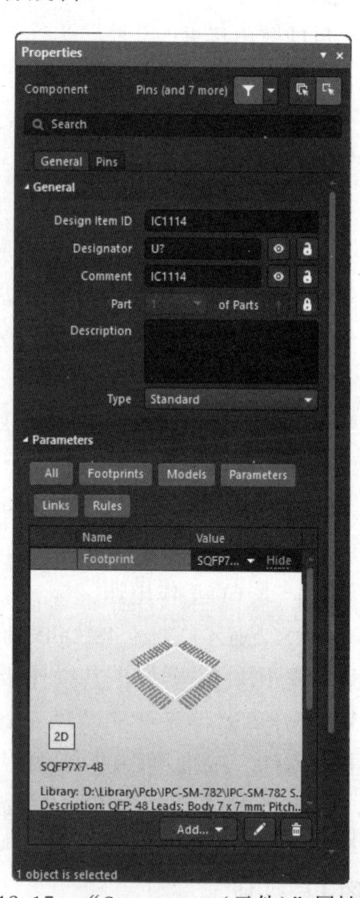

图 12-15 “Component（元件）”属性面板

05 在“Properties（属性）”面板中，单击“Parameters（参数）”选项组下的“Add（添加）”按钮，在弹出的快捷菜单中选择“Footprint（封装）”命令，为 IC1114 添加封装。此处，选择的封装为 SQFP7X7-48，单击查找...按钮查找该封装，添加完成后的“PCB 模型”对话框如图 12-17 所示。

在“Component（元件）”属性面板中，还可修改器件各种属性。

06 单击“保存”按钮，保存库器件。单击放置按钮，将其放置到原理图中。

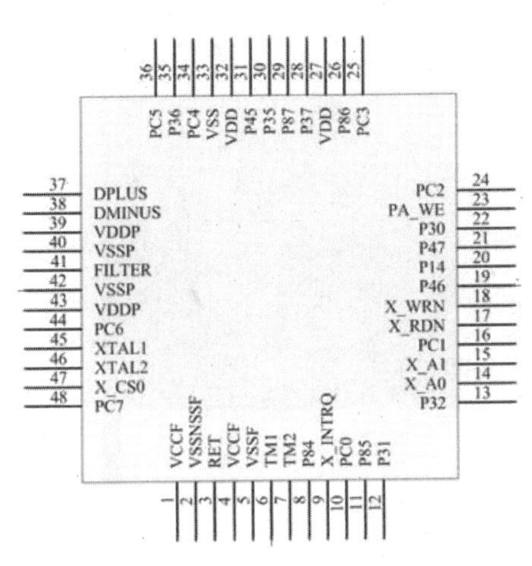

图 12-16　修改后的 IC1114 器件

图 12-17　添加完成后的“PCB 模型”对话框

12.3.3　制作 AT1201 器件

电源芯片 AT1201 为 U 盘提供标准工作电压。其操作步骤如下：

01 打开库器件设计文档“Schlib1.SchLib”，在“SCH Library（SCH 库）”面板中单击 添加 按钮，系统将弹出“New Components（新器件）”对话框，输入器件名称“AT1201”。

02 单击菜单栏中的“放置”→“矩形”命令，绘制器件边框。

03 单击菜单栏中的“放置”→“管脚”命令，添加管脚。在放置管脚的过程中，按下<Tab>键会弹出引脚属性面板，在该面板中可以设置引脚的起始号码以及显示文字等。AT1201 共有 5 个引脚，制作好的 AT1201 器件如图 12-18 所示。

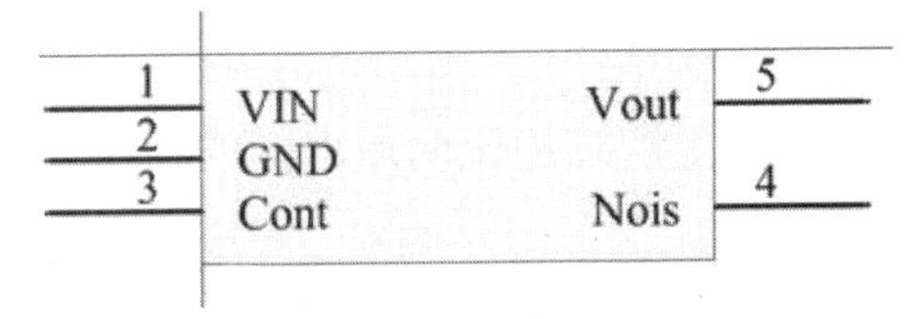

图 12-18　制作好的 AT1201 器件

在“SCH Library（SCH 库）”面板中，单击“器件”选项组下“编辑”按钮，弹出如图 12-19 所示的“Component（元件）”属性面板，可以同时修改器件各种属性，如图 12-19 所示。

04 在“Properties（属性）”面板中，单击“Parameters（参数）”选项组下的“Add（添加）”按钮，在弹出的快捷菜单中选择“Footprint（封装）”命令，为 AT1201 添加封装。此处，选择的封装为 SOT353-5RN，“PCB 模型”对话框设置如图 12-20 所示。

05 单击“保存”按钮，保存库器件。单击 放置 按钮，将其放置到原理图中。

图 12-19　“Component（元件）”属性面板

图 12-20　“PCB 模型”对话框

12.4 绘制原理图

为了更清晰地说明原理图的绘制过程，我们采用模块法绘制电路原理图。

12.4.1　U 盘接口电路模块设计

打开“USB.SchDoc”文件，选择“库”面板，在自建库中选择 IC1114 器件，将其放置在原理图中；再找出电容器件、电阻器件并放置好；在“Miscellaneous Devices.IntLib”库中选择晶体振荡器、发光二极管 LED、连接器 Header4 等放入原理图中。接着对器件进行属性设置，然后进行布局。电路组成器件的布局如图 12-21 所示。

单击“布线”工具栏中的（放置线）按钮，将器件连接起来。单击“布线”工具栏中的（放置网络标号）按钮，在信号线上标注电气网络标号。连线后的电路原理图如图 12-22 所示。

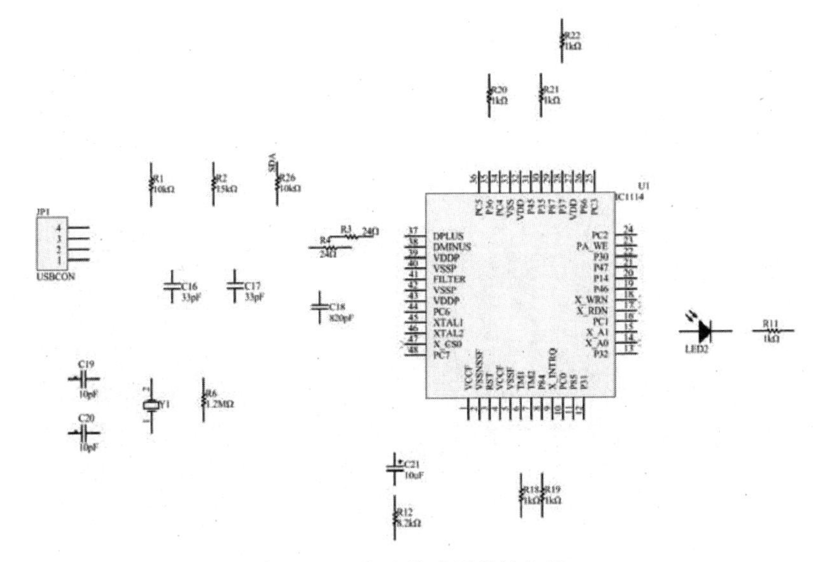

图 12-21　电路组成器件的布局

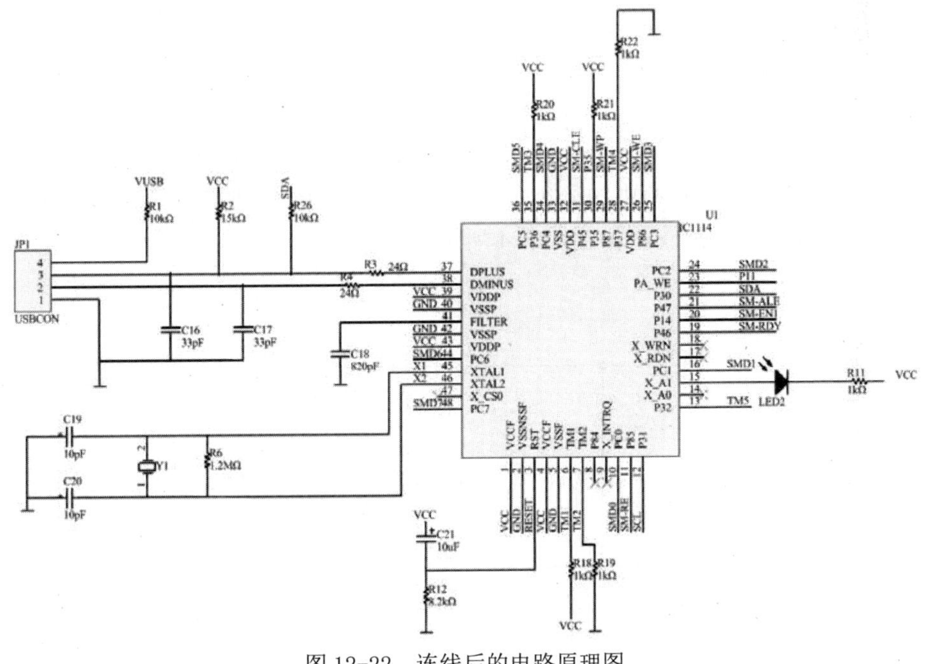

图 12-22　连线后的电路原理图

12.4.2　滤波电容电路模块设计

01 在“Miscellaneous Devices.IntLib”库中选择一个电容，修改为1uF，放置到原理图中。

02 选中该电容，单击“原理图标准”工具栏中的（复制）按钮，选好放置器件的位置，然后单击菜单栏中的“编辑”→“智能粘贴”命令，弹出“智能粘贴”对话框。勾选右侧的“使能粘贴阵列”复选框，然后在下面的文本框中设置粘贴个数为5、水平间距为400mil、垂直间距为0，如图12-23所示，单击“确定”按钮关闭对话框。

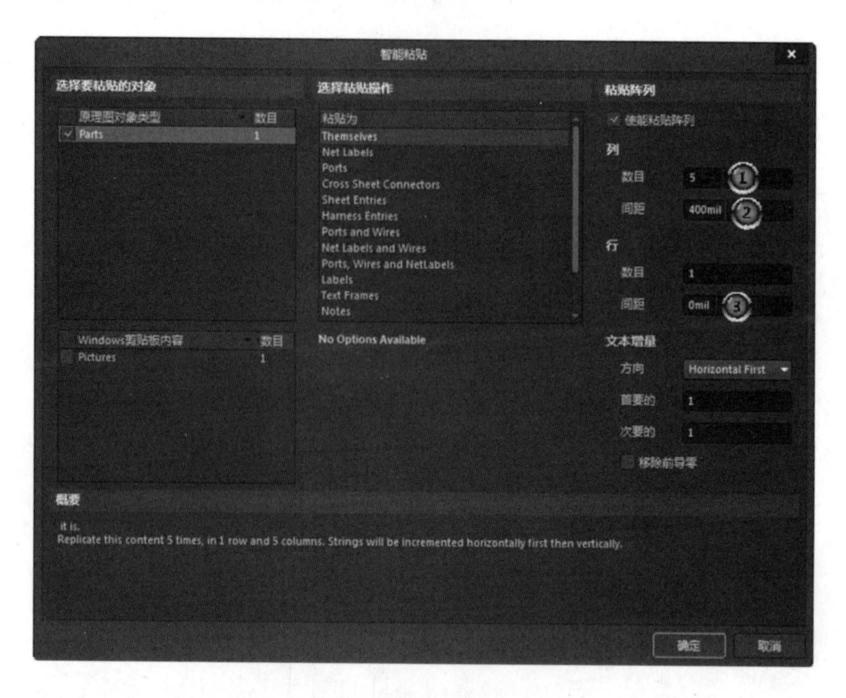

图 12-23 “智能粘贴”对话框

03 选择粘贴的起点为第一个电容右侧 30 的地方，单击完成 5 个电容的放置。

04 单击“布线”工具栏中的 （放置线）按钮，执行连线操作，接上电源和地，完成滤波电容电路模块的绘制，如图 12-24 所示。

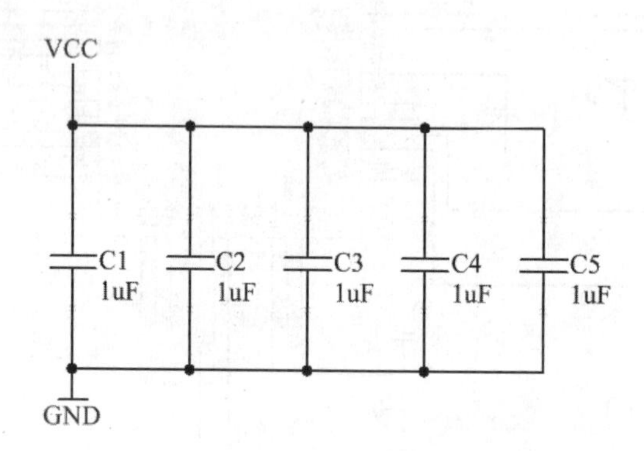

图 12-24 绘制完成的滤波电容电路模块

12.4.3 Flash 电路模块设计

01 放置好电容器件、电阻器件，并对器件进行属性设置，然后进行布局。

02 单击“布线”工具栏中的 （放置线）按钮，进行连线。单击“布线”工具栏中的 Net （放置网络标号）按钮，标注电气网络标号。至此，Flash 电路模块设计完成，其电路原理图如图 12-25 所示。

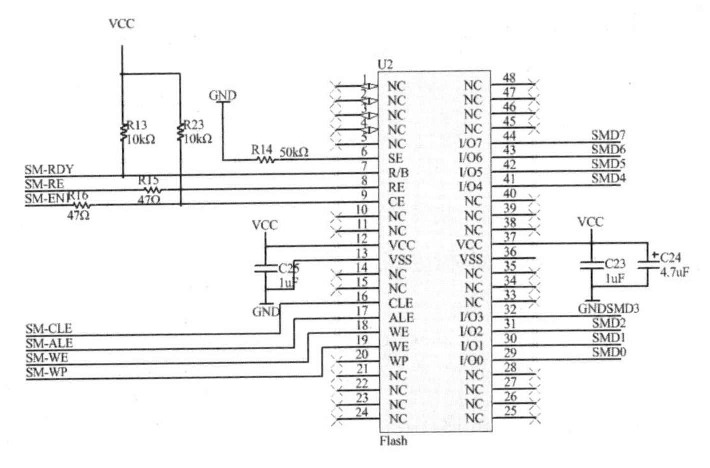

图 12-25　设计完成的 Flash 电路模块的电路原理图

12.4.4　供电模块设计

选择“Library（库）”面板，在自建库中选择电源芯片 AT1201，在“Miscellaneous Devices.IntLib”库中选择电容，放置到原理图中，然后单击“布线”工具栏中的（放置线）按钮，进行连线。连线后的供电模块如图 12-26 所示。

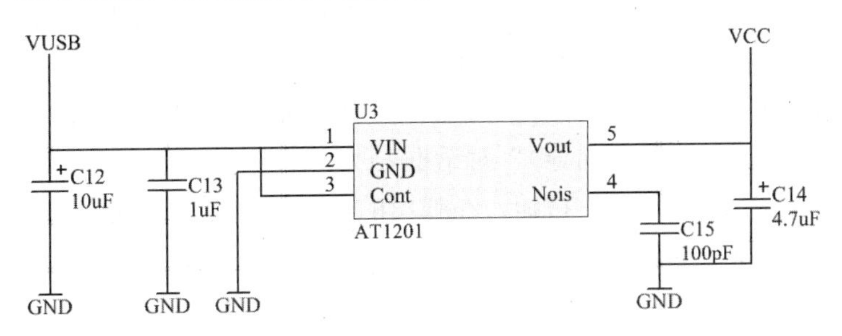

图 12-26　连线后的供电模块

12.4.5　连接器及开关设计

在“Miscellaneous Connectors.IntLib”库中选择连接器 Header6，并完成其电路连接，如图 12-27 所示。

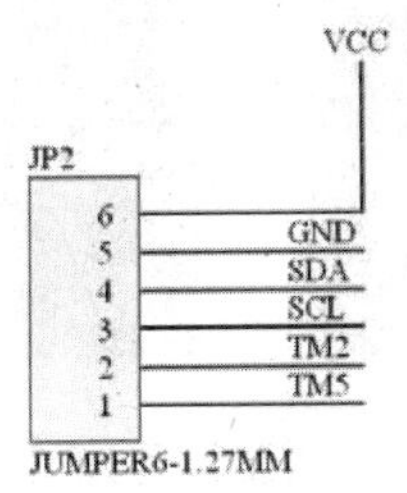

图 12-27　连接器 Header6 的连接电路

12.5 设计 PCB

12.5.1 创建 PCB 文件

01 在“Project（工程）”面板中的任意位置右击，在弹出的右键快捷菜单中单击“添加新的到工程”→“PCB（印制电路板文件）”命令，新建一个 PCB 文档，重新保存为“USBDISK.PcbDoc”。

02 单击菜单栏中的“放置”→“线条”命令，绘制适当大小矩形，创建新的 PCB 的尺寸边界。

03 选中边界矩形，单击菜单栏中的“设计”→“板子形状”→“按照选择对象定义”命令，重新定义 PCB 的尺寸。

12.5.2 编辑器件封装

虽然前面已经为自己制作的器件指定了 PCB 封装形式，但对于一些特殊的器件，还可以自己定义封装形式，这会给设计带来更大的灵活性。下面以 IC1114 为例制作 PCB 封装形式，其操作步骤如下：

01 单击菜单栏中的“文件”→“新的”→“库”→“PCB 元件库”命令，建立一个新的封装文件，命名为“IC 1113.PcbLib”。

02 单击菜单栏中的“工具”→“元器件向导”命令，系统将弹出如图 12-28 所示的“Component Wizard（器件向导）”对话框。

03 单击“Next（下一步）”按钮，在弹出的选择封装类型界面中选择用户需要的封装类型，如 DIP 或 BGA 封装。在本例中，采用 Quad Packs 封装，如图 12-29 所示，然后单击“Next（下一步）”按钮。接下来的几步均采用系统默认设置。

图 12-28 “Component Wizard（器件向导）”对话框

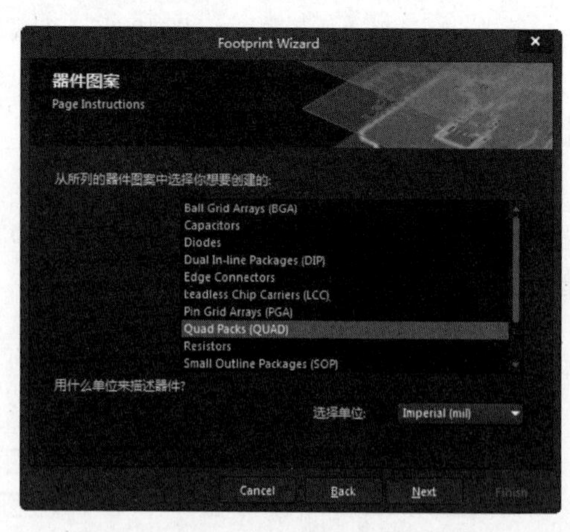

图 12-29 选择封装类型界面

04 在系统弹出如图 12-30 所示的对话框中设置，每条边的引脚数为 12。单击“Next（下一步）”按钮，在系统弹出的命名封装界面中为器件命名，如图 12-31 所示。最后单击“Finish（完成）”按钮，完成 IC1114 封装形式的设计。结果显示在布局区域，如图 12-32 所示。

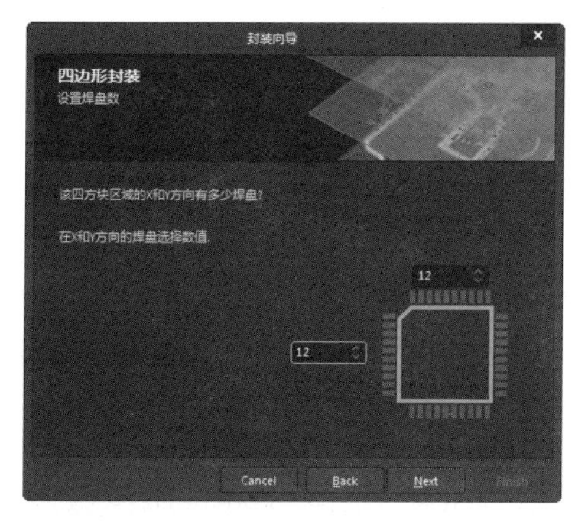

图 12-30　设置引脚数

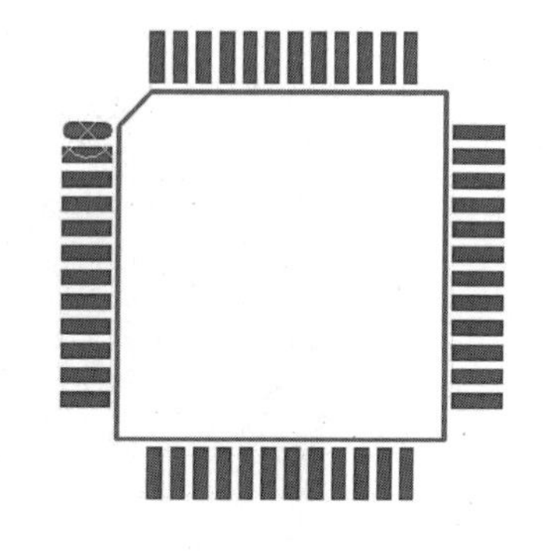

图 12-31　命名封装界面　　　　图 12-32　设计完成的 IC 114 器件封装

05 返回 PCB 编辑环境，单击“Component（元件）”面板右上角中单击 ≡ 按钮，在弹出的快捷菜单中选择“File-based Libraries Preferences（库文件参数）”命令，则系统将弹出 “可用的基于文件的库”对话框。单击“添加库”按钮，将设计的库文件添加到工程库中，如图 12-33 所示。单击 关闭(C) 按钮，关闭该对话框。

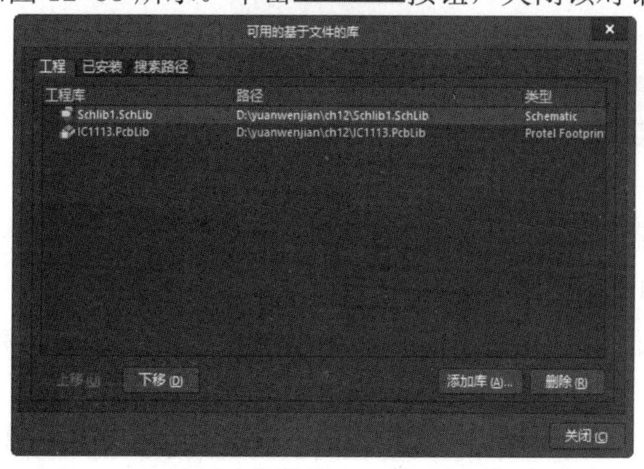

图 12-33　将用户设计的库文件添加到工程库中

06 返回原理图编辑环境，双击 IC1114 器件，系统将弹出“Component（元件”）对话框。单击“Add（添加)”下拉菜单中的“Footprint（封装)”命令，按步骤把绘制的 IC1114 封装形式导入。其步骤与连接系统自带的封装形式的导入步骤相同，具体见前面的介绍，在此不再赘述。

12.5.3 绘制 PCB

对于一些特殊情况，如缺少电路原理图时，绘制 PCB 需要全部依靠手工完成。由于器件比较少，这里将采用手动方式完成 PCB 的绘制，其操作步骤如下：

01 手动放置器件。在 PCB 编辑环境中，单击菜单栏中的“放置”→“器件”命令，或单击“布线”工具栏中（放置器件）按钮，系统将弹出“Components（元件)”面板，然后单击按钮，在下拉菜单中选择“Footprints（封装)”命令，在元件库下拉列表中查找封装库，如图 12-34 所示，类似于在原理图中查找器件的方法。

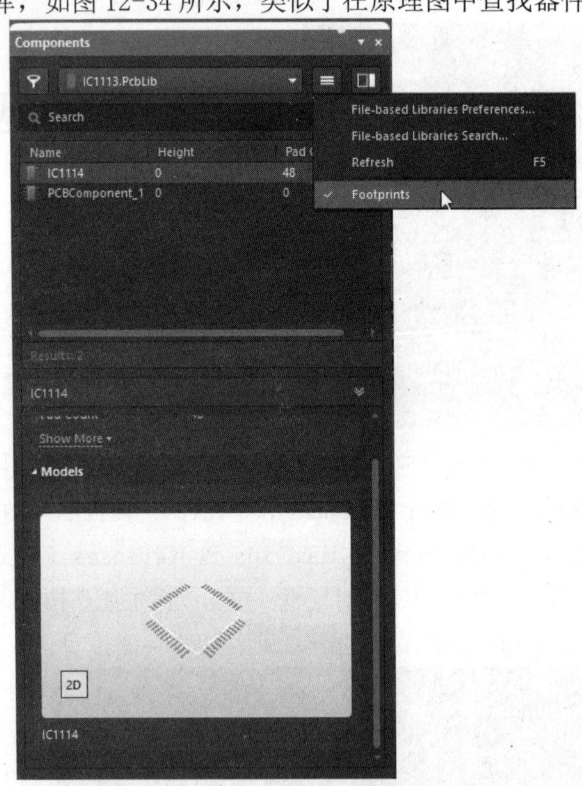

图 12-34　查找元件封装

02 查找到所需器件封装后，双击该器件封装，把器件封装放入到 PCB 中。放置器件封装后的 PCB 图如图 12-35 所示。

03 根据 PCB 的结构，手动调整器件封装的放置位置。手动布局后的 PCB 如图 12-36 所示。

04 单击“布线”工具栏中的按钮，根据原理图手动完成 PCB 导线连接。在连接导线前，需要设置好布线规则，一旦出现错误，系统会提示出错信息。手动布线后的 PCB 如图 12-37 所示。至此，U 盘的 PCB 就绘制完成了。

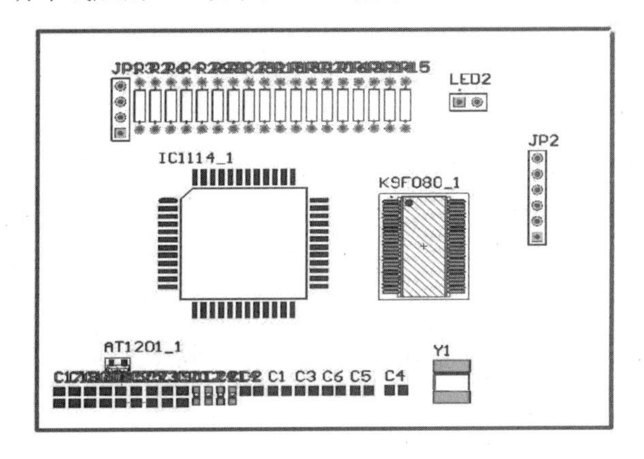

图 12-35　放置器件封装后的 PCB 图

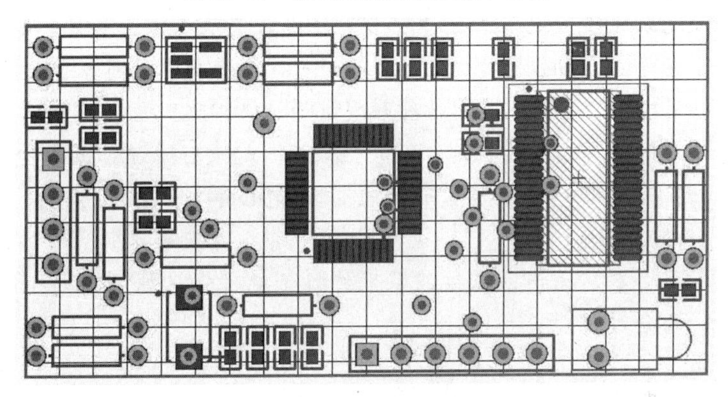

图 12-36　手动布局后的 PCB

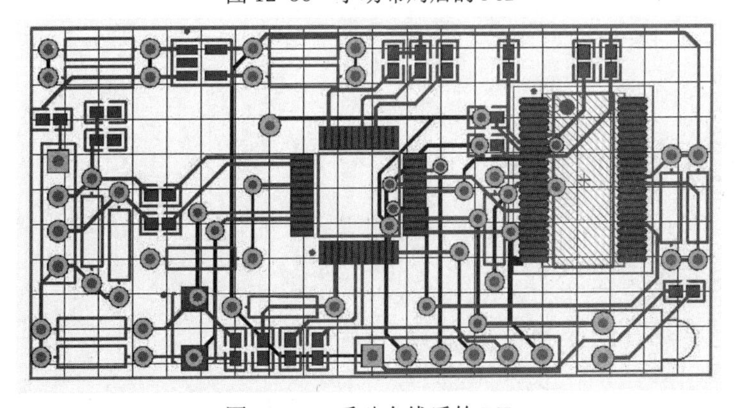

图 12-37　手动布线后的 PCB

第 13 章

低纹波系数线性恒电位仪电路图设计综合实例

低纹波系数线性恒电位仪是用达林顿复合管做功率输出，控制单元采用集成电路和晶体管分离元件，具有纹波系数高、功率大的特点。它可以自动调节电流的大小，是一种能使被保护对象位置最佳电位的自动电源。整机不采用脉冲触发环节，仅靠改变给定信号达到控制输出的目的，所以一致性好、可靠性强。一起设有限流、报警和显示功能。可在-40～50℃，不含腐蚀性气体环境中连续长期运行，最高允许温度为85℃。

本章将讲述低纹波系数线性恒电位仪从原理图到印制电路板设计的全过程。

- 电路工作原理说明
- 低纹波系数线性恒电位仪设计

13.1 电路工作原理说明

系统总的原理框图如图 13-1 所示。框图说明如下：

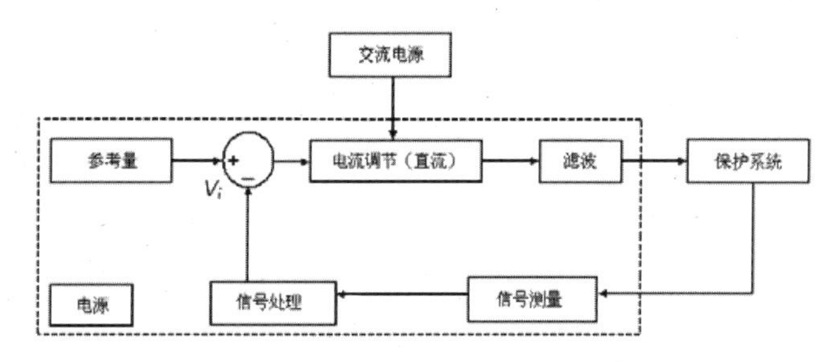

图 13-1　系统原理框图

❶参考量可人工设定，在-2～2V 之间，连续可调，恒电位仪在可调范围内连续调整。

❷系统为闭环稳定系统，自动调节功能使△V保持稳定不便，接近常值。

由图 13-1 可知，低纹波系数线性恒电位仪为一个闭环控制系统，一起的初始输出电流是由给定电位和被保护对象的自然电位之差决定的。在电流调节环节，这个差值在比较放大器中产生并放大，再经过推动级继续放大，以足够的功率去驱动功率放大器并满足被保护对象所需的足够电流。随着电流不断输出，被保护对象的电位将逐渐向负方向极化，参比电极连续将被保护对象的瞬间电位馈送到比较放大器，此时自然电位之差将逐渐减小，经过放大后，功率级输出的电流也随之减小，即被保护对象的电位逐渐逼近给定电位。

如果由于种种原因致使输出电流增加，使阴极极化过高，则参比电极测得的电位可能超过给定电位值，由于放大器的反相作用，使得整个系统停止输出，从而就可以达到自动调整的目的。

用同样的道理，可以推知被保护对象电位降低时的情况。

按照图 13-1 所示的系统原理框图，选用串联调整线性电源方案实现恒电位仪。恒电位仪的设计原理框图如图 13-2 所示。

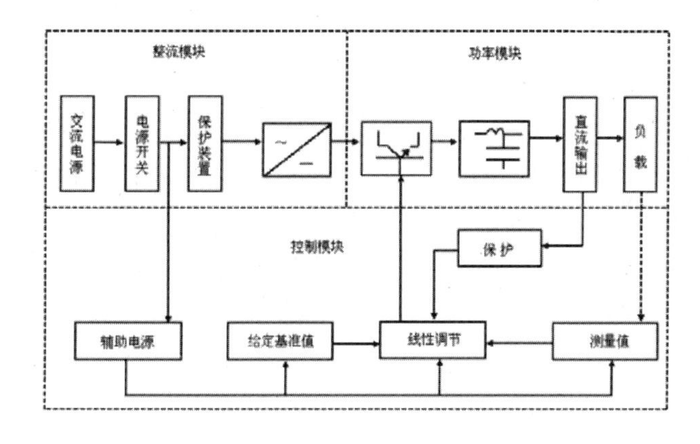

图 13-2　设计原理框图

13.2 低纹波系数线性恒电位仪设计

为了调试和维修方便，将电路主要分为整流模块、功率模块、控制模块、风扇工作电路几部分，分别调整控制和输出规律时不用重新制作整个电路板，只是按需要重做各部分就可以了。其中整流模块为电路工作提供电源保障，控制模块通过比较测量信号和给定基准信号输出控制信号，控制功率模块输出合适的电流，并控制风扇工作电路和报警工作电路的工作状态。

本项目设计要求是完成恒电位仪电路中整流模块、功率模块、控制模块和风扇工作电路的原理图及 PCB 电路板设计。

13.2.1 原理图设计

01 启动 Altium Designer 22 程序，执行菜单命令“文件”→“新的”→“项目”，创建文件名为“恒电位仪.PrjPCB.PrjPcb”的工程文件。

02 在项目文件“恒电位仪.PrjPCB”上右击，在弹出的快捷菜单中选择“添加新的到工程”→“Schematic（原理图）”命令项。在该项目文件中新建一个电路原理图文件，另存为“控制电路.SchDoc”，并完成图纸相关参数的设置。

03 在“控制电路.SchDoc”中绘制整流模块及控制模块电路原理图，将该图分为 5 部分显示出来，如图 13-3～图 13-7 所示。

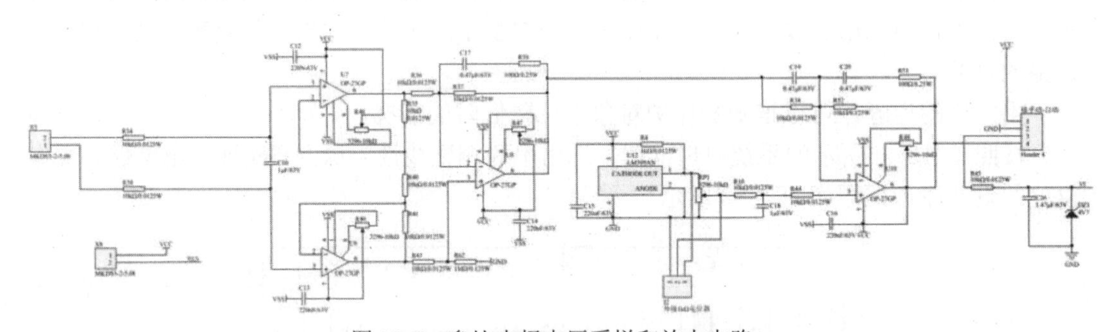

图 13-3　参比电极电压采样和放大电路

整流模块主要包括电源开关 KM1、隔离变压器 T1、三相整流模块 B1、电容器 C1～C3。从市电获得电能，经变压器 T1 降压隔离后，再经过模块 B1 整流成直流电，并经过并联的电容 C1、C2、C3 滤波后供给功率模块。电磁继电器受控制模块控制，熔丝起到保护作用。

控制模块包括的电路单元有辅助电源电路、参比电极电压采样和放大电路、市电检验及报警电路。

- 辅助电源电路。如图 13-3 所示，从市电引出单相电，一路经过隔离变压器 T2 和整流桥 B3 把交流电变为直流电，再经过集成电路 U3、U11 得到 15V 和－15V 电源，给信号控制电路供电。另一路经过隔离变压器 T3 和整流桥 B4 把交流电变为直流电，再经过电容 C4、C28 滤波得到 24V 的电源 VCC1，给电路中的继电器、达林顿管、指示灯和风扇供电。

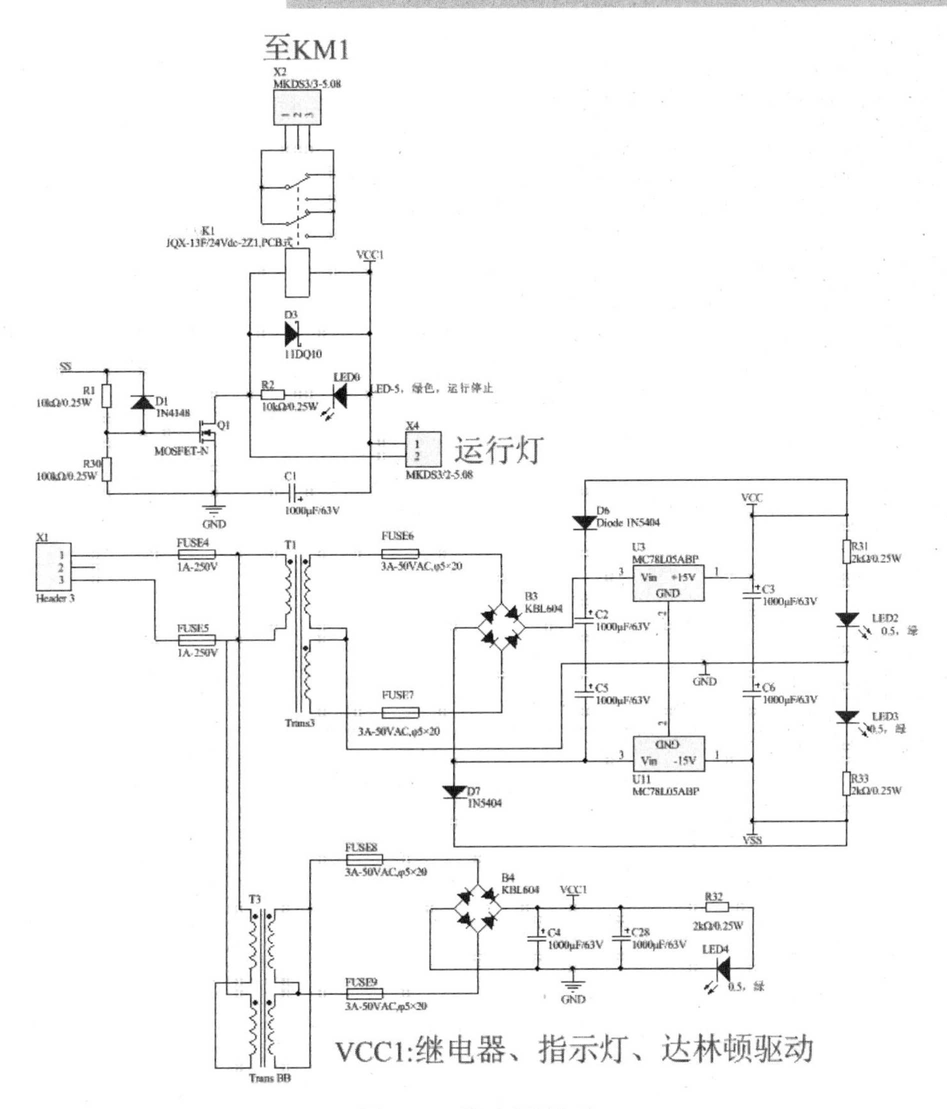

图 13-4　辅助电源电路

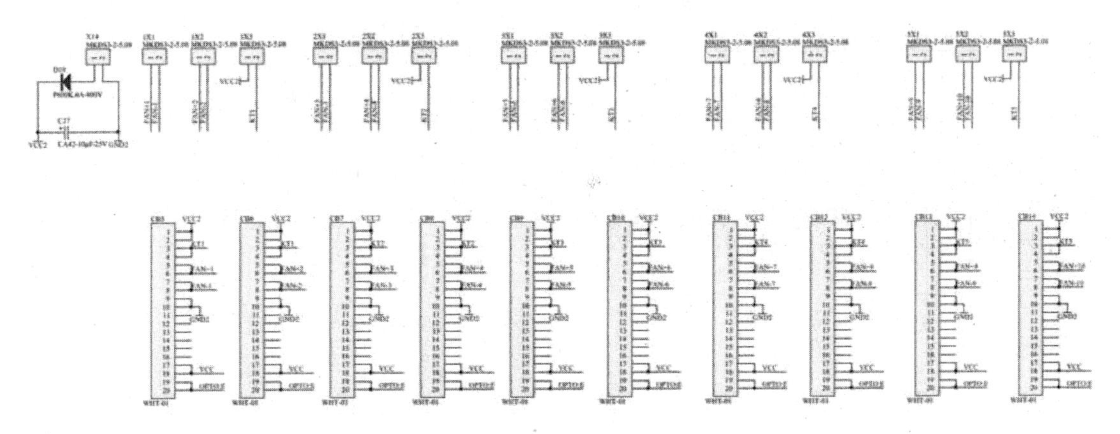

图 13-5　控制电路原理图部分

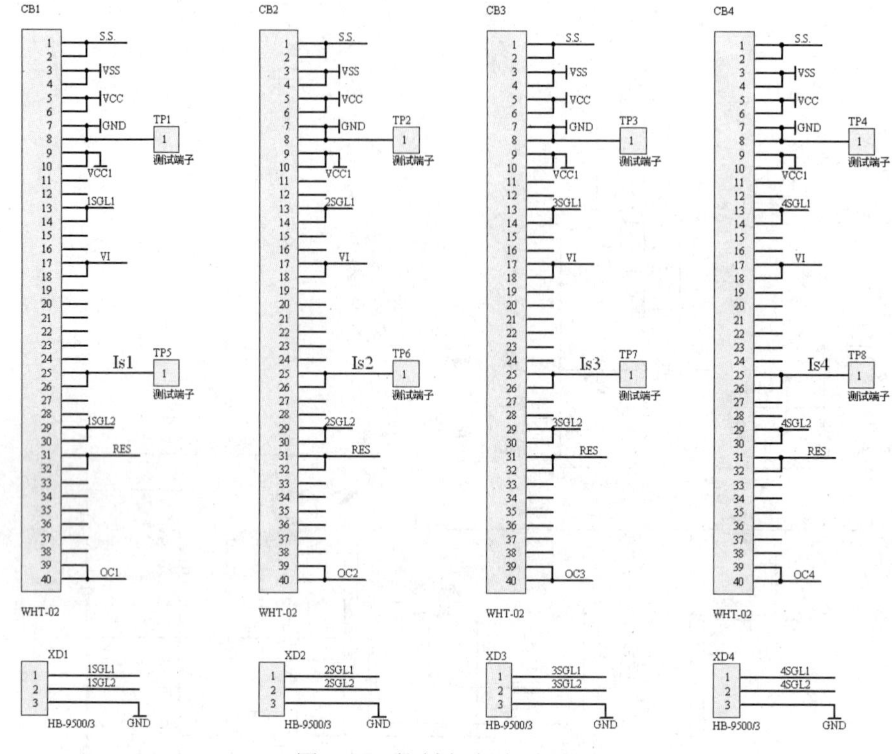

图 13-6　控制电路原理图部分

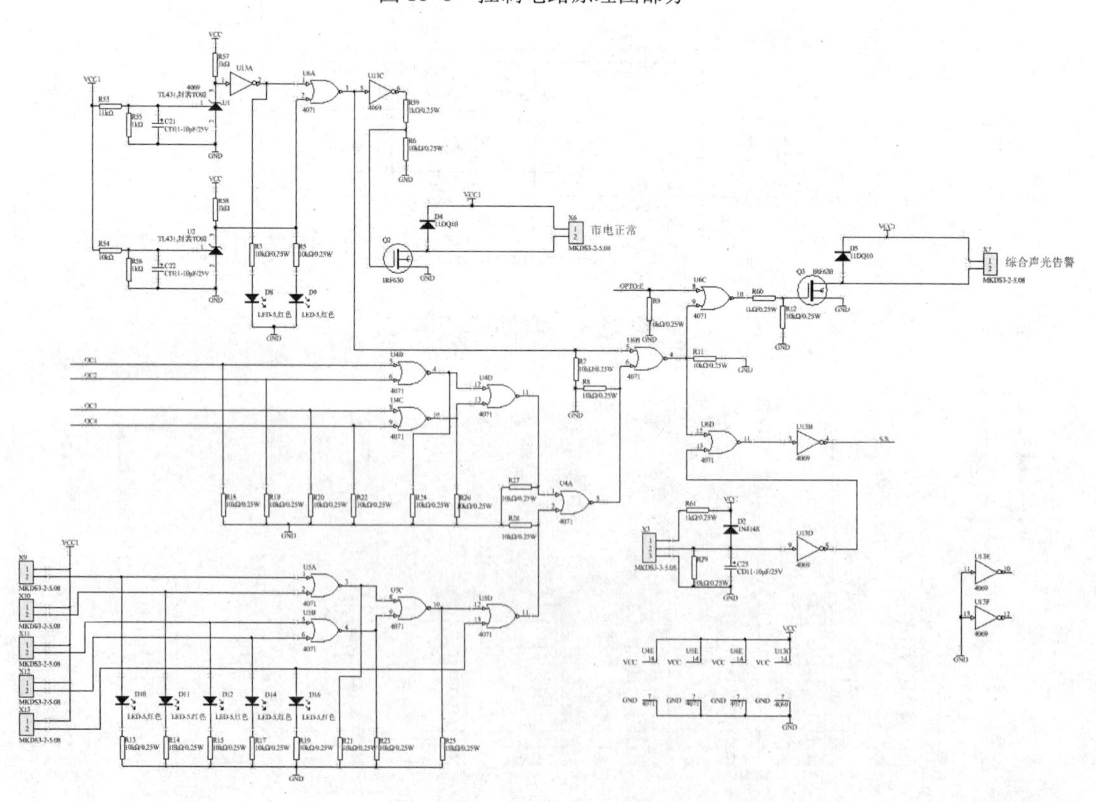

图 13-7　市电检验及报警电路

- 参比电极电压采样和放大电路。如图 13-4 所示，参比电压的采样电压从 X5 引入。电阻 R34、R39 和电容 C7、C8、C9、C10 构成干扰信号滤波器，滤除差模、共模噪声，同时对采集量予以保留，无损耗地传输给后面的放大电路。U7、U9 两个精密运算放大器及其外围元件构成的放大电路对 C10 上的电压进行精确放大。U8 精密运算放大器及其外围元件构成的放大电路对输入电压进行差模放大和共模衰减，进一步滤除干扰信号，放大有用的真实信号。R35、R40、R41 构成比例网络，使 U7、U9 构成高增益高阻比例放大器。R34、R39 是比例放大器的输入电阻。U10 采用高增益精密运算放大器，将采集到的信号与给定基准信号比较并放大，其输出经过限流电阻 R42 驱动功率模块。
- 市电检验及报警电路。如图 13-7 所示，把 VCC1 作为检验对象，如果 VCC1 电压正常，则通过 X6 端子输出市电正常信号，驱动面板市电正常指示灯工作。否则输出报警信号，通过 X7 端子输出报警信号。另外，当电路有故障或散热片温度高于 85oC 时，报警电路也会输出报警信号。

04 在项目文件“恒电位仪.PrjPCB”上右击，在弹出的快捷菜单中选择“添加新的到工程”→“Schematic（原理图）”命令项。在该项目文件中新建一个电路原理图文件，另存为“功率模块.SchDoc”，并完成图纸相关参数的设置。

05 绘制的功率模块电路原理图如图 13-8 所示。

功率模块由 4 块功率板组成，每块功率板对应外部一块达林顿复合管。

功率板从控制模块得到控制信号，经过 U2 精密运算放大器及其外围元件构成的放大电路放大，通过限流电阻 R15、R16 驱动三极管 V1、V2，V1、V2 输出大电流驱动外部达林顿复合管，从而达到控制电压稳定的目的。

功率板中含有过流检测电路，一旦检测到电路中电流过大，超过设置的最高上限，将输出过流警告信号给控制模块。

06 在项目文件“恒电位仪.PrjPCB”上右击，在弹出的快捷菜单中选择“添加新的到工程”→“Schematic（原理图）”命令。在该项目文件中新建一个电路原理图文件，另存为“风扇.SchDoc”，并完成图纸相关参数的设置。

07 绘制的风扇工作电路原理图如图 13-9 所示。当温度高于 45° C 时，温度传感器的常开开关将闭合，稳压器 7812 输入端得到电压 VCC2，并输出一个稳定电压供检测电路使用，同时风扇启动。如果风扇故障，不能运转，电压比较器 U2A 输出高电平，电压比较器 U2B 输出低电平，发光二极管 U3 工作，输出报警信号。

08 恒电位仪滤波器的设计。

- 滤波器的基本构成及工作原理。滤波器主要由滤波电抗器和电容构成。由于前面的恒电位仪系统具有输出电压低、输出电流大的特点，故采用电感和电容组合起来构成的 LC 滤波器（又称为倒Γ型滤波器）滤波。这种滤波器能扼制整流管的浪涌电流，适用于负载变化大而且负载电流大的场合，负载电流大时，负载能力好，效果比单个的电感或电容滤波好。这种滤波器利用电感电流和电容电压不能突变的原理，使输出波形的脉动成分大大减小。在滤波器开始工作时，电容上没有电压，经过很短的一瞬间充电，就达到一个新的平衡状态。随着整流管之间的环流，电容反复地充放电，电容的容量越大，放电越慢，输出电压越稳定。电容的容量与纹波因数成反比，C1 的容量越大，纹波因数越小。滤波电抗器 L 又称为直流电抗器，由于电感具有阻止电流变化的特点，根据电磁感应原理，当电感元件通过一个变化的电流时，电感元件两端间产生一个反电动势阻止电流变化。当电流增加时，反电动势会抑制电流增加，同时将一部分能量储存在磁场中，使电流缓慢增加。反之，当电流减小时，电感元件上的反电动势阻止电流减小并释放出储存的能量，使电流减小过程缓慢。同时电感元件对直流电是短路的，没有直流压降，而随着频率的增大其感抗 WL 也增大，串接上电感元件后使整流后的交流成分在电抗器上分压掉。因此利用电感元件可减小输出中的脉动成分，从而获得比较平滑的直流电。

➢ 滤波器的电路原理图。按照前述步骤设计的滤波器电路原理图如图 13-10 所示。

图中的 X1、X2 分别为滤波器的输入、输出，L 为滤波电抗器，C1～C5 为滤波电容。电流表和电压表分别指示实际的输出电流和输出电压。分流器 FL2 用来取样进行电流检测。

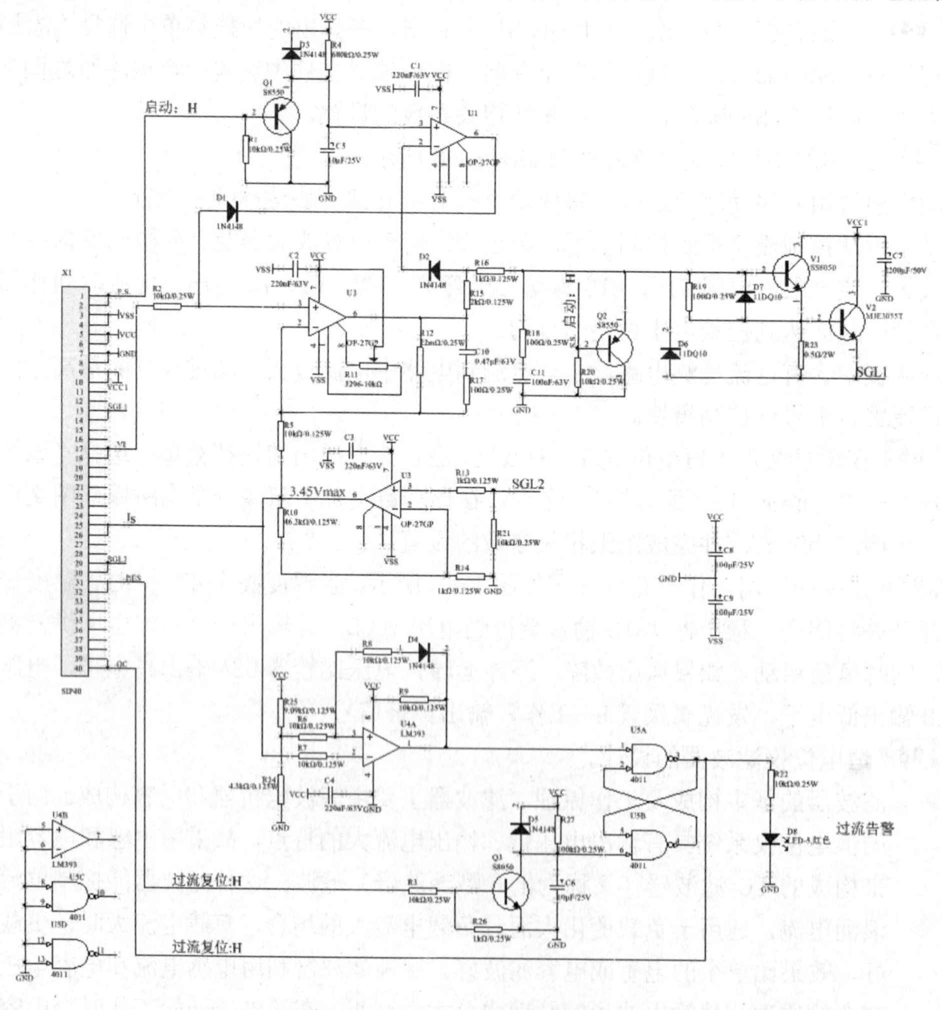

图 13-8　功率模块电路原理图

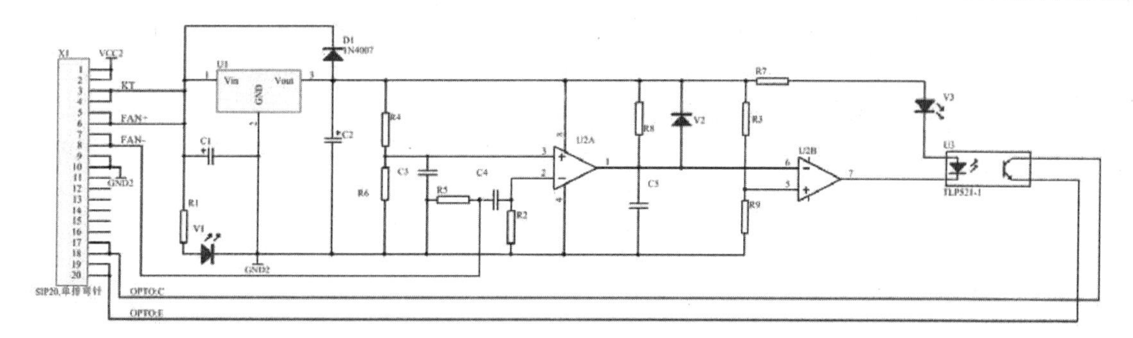

图 13-9　风扇工作电路原理图

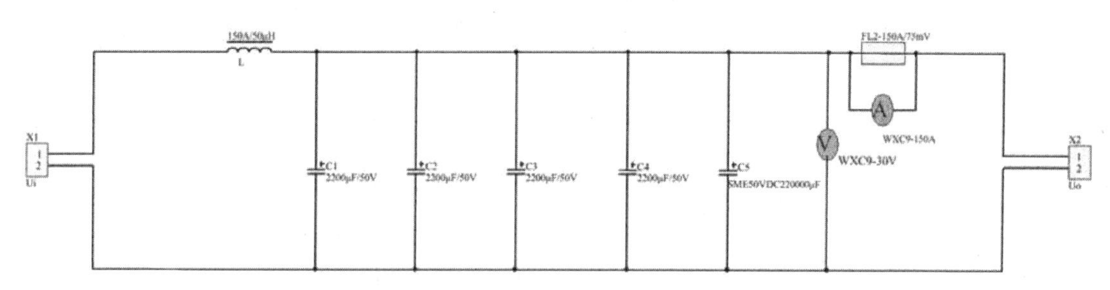

图 13-10　滤波器的电路原理图

恒电位仪与滤波器的连接方法如图 13-11 所示，恒电位仪输出的阳极和阴极接滤波器的输入，阳极（+）接 X1 的 1 脚，阴极（−）接 X1 的 2 脚，参比电极的控制信号反馈回来后仍然接恒电位仪。滤波器的输出 X2 接负载。

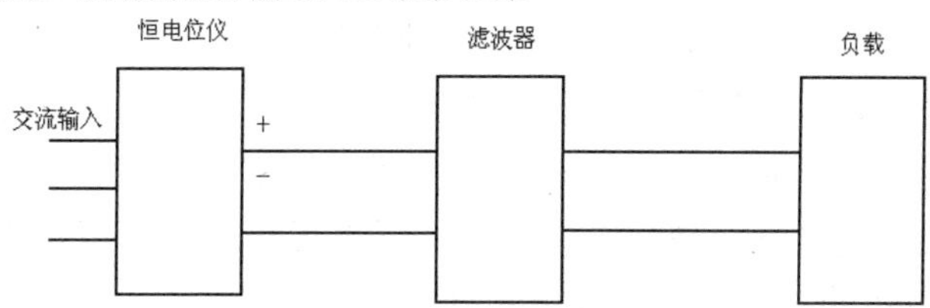

图 13-11　恒电位仪与滤波器的连接

➢　电抗器和电容的参数计算。

❶电容参数：为保证滤波效果，通常可按照经验公式：

$C(\mu F)=(2000\sim3000)\ I_L$

式中，I_L为负载直流电流(A)。

❷计算临界电感：

$$L_a=\frac{q_0R_L}{4.44mf}=\frac{0.057\times0.24}{4.44\times6\times50}\mu\text{H}=10.2\mu\text{H}$$

式中，q_0为整流后的纹波系数；R_L为负载电阻；m为整流相数；f为电源频率。

❸计算电感：为使电感的直流电流波形接近于理想情况，通常使$L>2L_a=20.4\mu\text{H}$，一般取 50μH 为宜。

恒电位仪直流输出电压最大为 24V，直流输出电流最大为 100A。在恒电流工作状态下，负载变化时，恒流控制误差小于等于 1A，能够满足恒流控制要求。在恒电位工作状态下，给定电位在−2～2V 连续可调，负载变化时，被保护部分电位变化极小，电位控制误差小于等于 0.02V，能够满足恒电位控制要求。且在两种状态下，纹波系数均小于千分之一，具有较高的纹波性能，能够满足各种性能要求。

09 设计完各部分电路图之后，按要求连线，得到图 13-12 所示的恒电位仪电路总图。

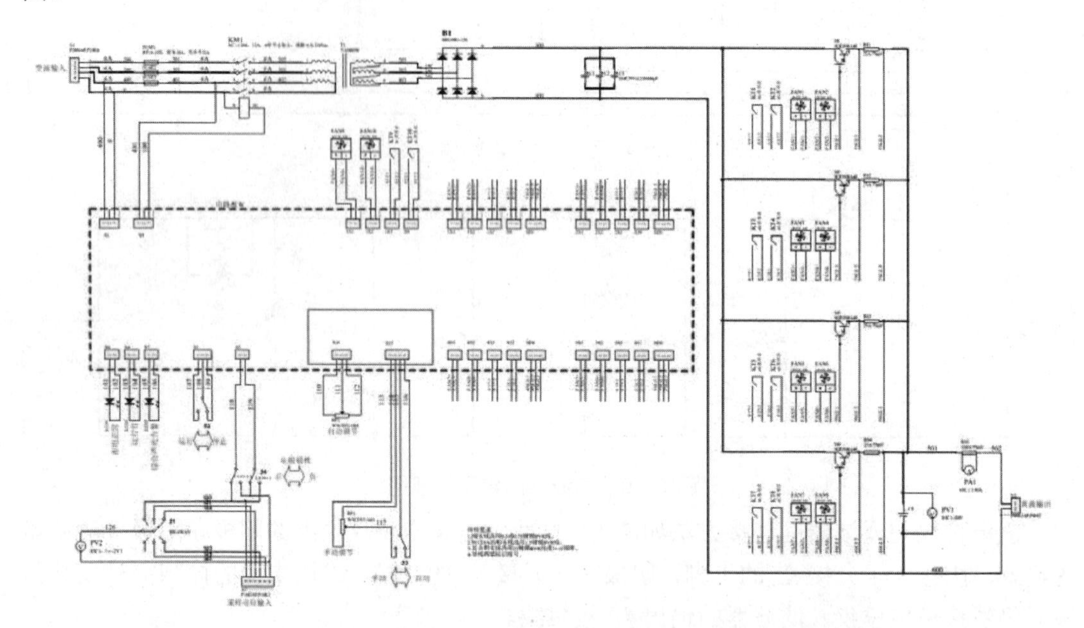

图 13-12　恒电位仪电路总图

10 设置元件属性。设置元件属性是执行 PCB 设计的基础，双击原理图电路中需要设置的元件，在显示的“Component（元件）”属性设置面板中设置元件属性。

11 生成电气规则检查和网络表文件。执行“工程”→“工程选项”菜单命令，系统弹出如图 13-13 所示的对话框，可以设置有关选项。

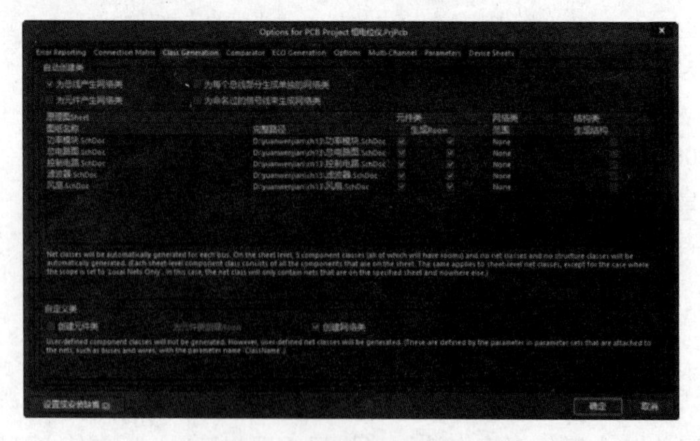

图 13-13　工程参数设置对话框

12 编译项目文件。执行“工程”→“Validate PCB Project 恒电位仪.PrjPCB”菜单命令，在“Message（信息）”窗口显示结果，本设计的编译结果如图 13-14 所示。

从编译结果看，有许多警告信息，一般来说它们不影响网络表的产生。当然，也可以适当修改使得编译结果更为理想。

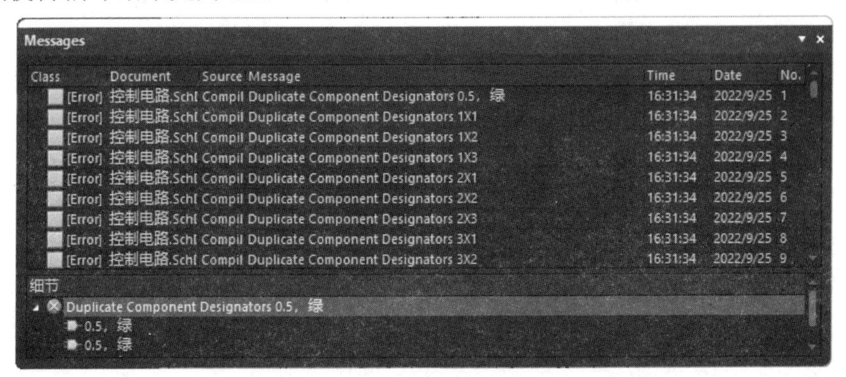

图 13-14　编译结果

13 产生网络表。执行“设计”→“工程的网络表”→“Protel（生成工程网络表）”菜单命令，产生网络表文件，其部分内容如图 13-15 所示。同样的方法生成其他原理图文件的网络表。

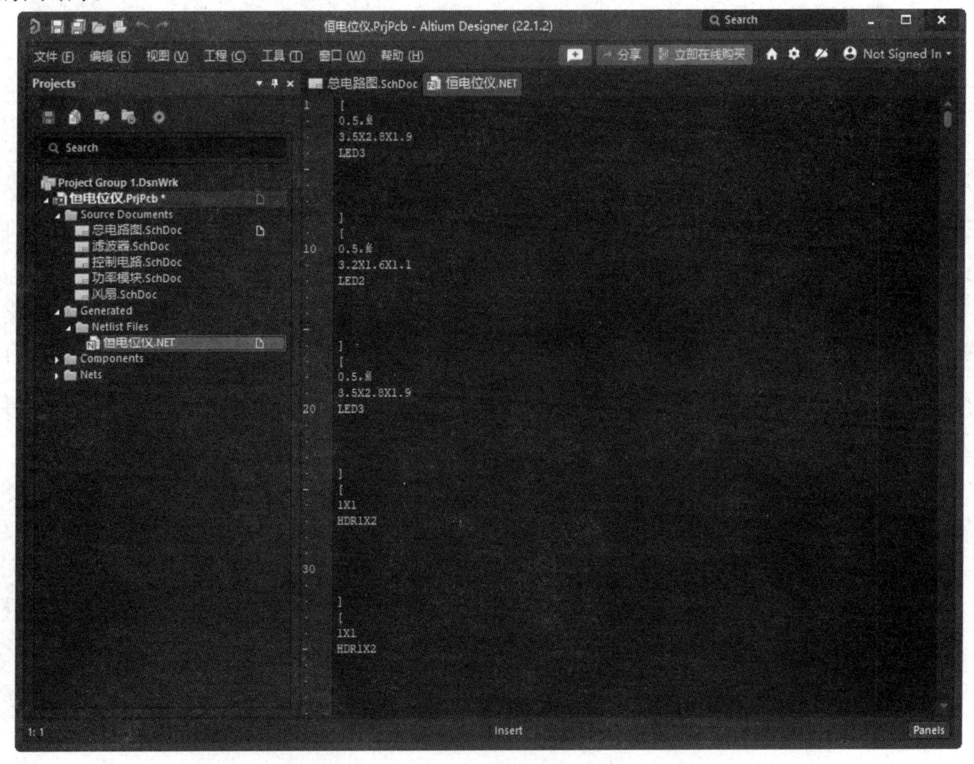

图 13-15　网络表文件内容

14 保存所有文件。

至此，电路原理图文件设置完毕，下面就来制作该项目的印制电路板。

13.2.2　印制电路板设计

01 新建 PCB 印制板文件。在项目文件“恒电位仪.PrjPCB”上右击，在弹出的快捷菜单中选择“添加新的到工程”→“PCB（印制电路板文件）”命令项。在该项目文件中新建一个 PCB 印制板文件，另存为“控制电路.PcbDoc”。

02 确定位置和 PCB 物理尺寸。在 PCB 编辑器中执行“工具”→“优先选项”菜单命令，系统弹出如图 13-16 所示的“优选项”对话框，按照提示设置选项，这里采用默认设置。

03 设计电路板尺寸。根据实际需要的电路板物理尺寸（电路板物理尺寸为 400mm×300mm），设计电路板禁止布线层和其他机械层。

04 单击 Panels 按钮，弹出快捷菜单，选择“Properties（属性）”命令，打开“Properties（属性）”面板，其中各项设置如图 13-17 所示，为了方便使用，这里采用公制单位 mm。

图 13-16　“优选项”对话框

05 绘制PCB板物理边界和电气边界。单击编辑区左下方的板层标签的“Mechanical1（机械层 1）”标签，将其设置为当前层，如图 13-18 所示。然后，执行菜单命令“放置”→“线条”，光标变成十字形，沿 PCB 边绘制一个闭合区域，即可设定 PCB 的物理边界。

选中该边界，执行菜单命令“设计”→“板子形状”→“按照选择对象定义”，重新设定 PCB 形状。好的电路板外形尺寸如图 13-18 所示。

单击编辑区左下方的板层标签的“Keep out Layer（禁止布线层）”标签，将其设置为当前层。然后，执行菜单命令“放置”→“Keepout（禁止布线）”→“线径”，光标变成十字形，在 PCB 图上绘制出一个封闭的多边形，设定电气边界。设置完成的 PCB 图如图 13-19 所示。

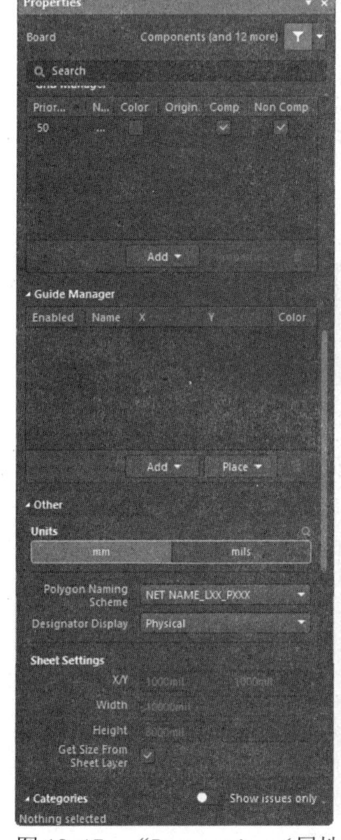

图 13-17 “Properties（属性）”面板

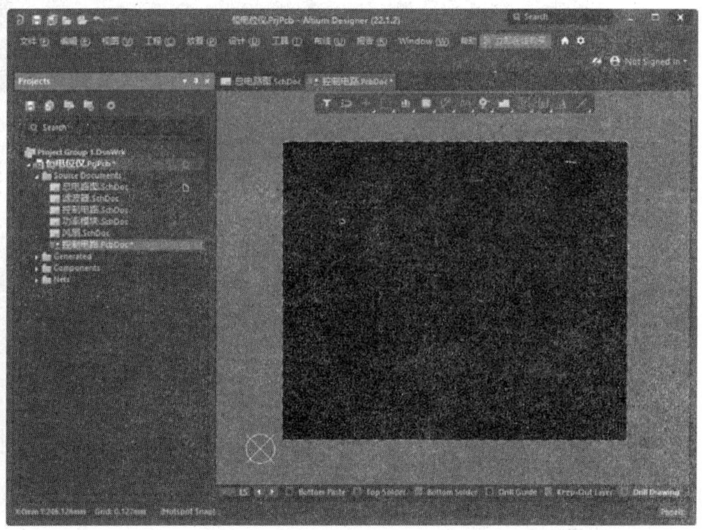

图 13-18 设计电路板禁止布线层和其他机械层

选中该边界，执行菜单命令“设计”→“板子形状”→“按照选择对象定义”，重新设定 PCB 形状。

图 13-19 完成边界设置的 PCB 图

06 加载网络表并布局。在原理图编辑环境中执行“设计”→“Update PCB Document 控制电路. PcbDoc”菜单命令之后。系统弹出“工程变更指令”对话框，如图 13-20 所示。

在“工程变更指令”内显示的各个对象，是否执行所有对 PCB 的更新是可以配置的。在“状态”栏内点击☑符号将其取消，则此项变化将不被执行。对于初次更新 PCB 图，我们就使用默认设置更新所有的对象即可。

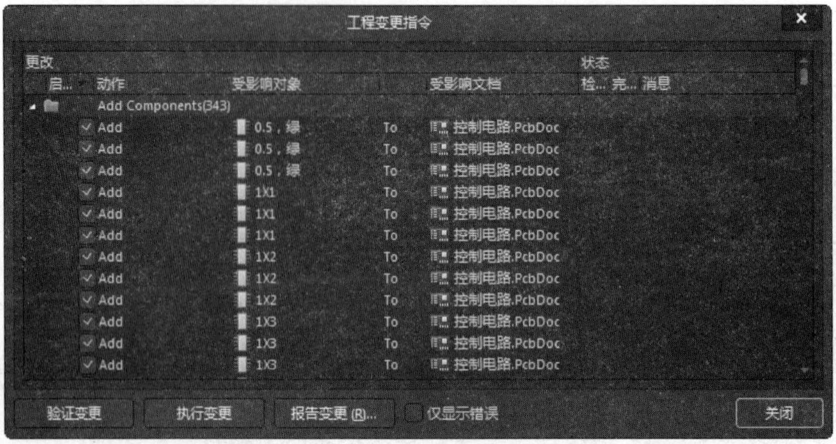

图 13-20 “工程变更指令”对话框

单击“验证变更”按钮，系统将自动检查各项变化是否正确有效，但不执行到 PCB 图中，所有正确的更新对象，在“检测”栏内显示“√”符号，否则显示“×”符号。

单击“执行变更”按钮，系统会将所有的更新执行到 PCB 图中，元件封装、网络表和 Room 空间即可在 PCB 图中载入和生成了。

下一步的工作就是 PCB 的元件布局和布线了。一般这两步工作都可以采用自动和手工相结合的方式来进行。

首先采用系统自动布局，然后再手工调整元件布局。手动布局的原则是将中心处理元件放在中间，外围电路元件就近放置，由于元件过多，自动布局结果不甚理想，本例采用手动布局，布局完成后的控制电路 PCB 文件如图 13-21 所示。

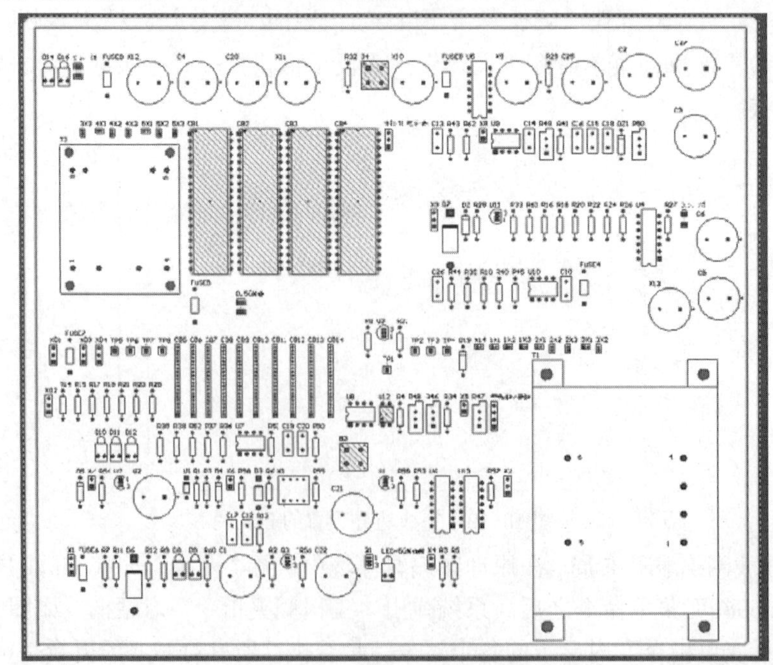

图 13-21 控制电路 PCB 布局图

同样的方法，功率模块 PCB 布局图如图 13-22 所示，风扇电路 PCB 布局图如图 13-23 所示。

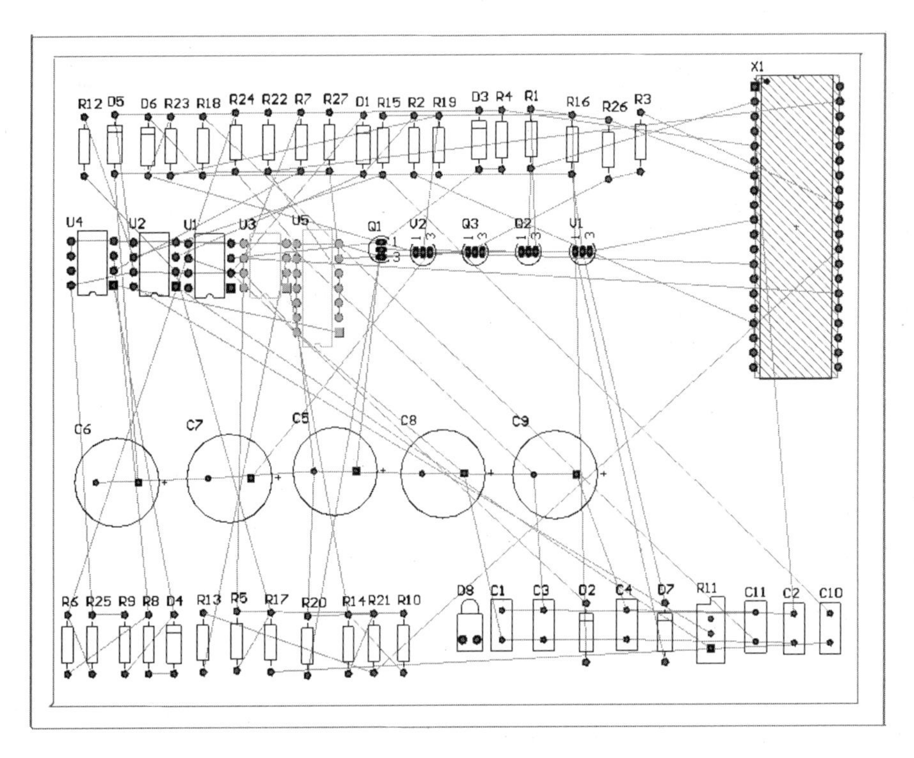

图 13-22　功率模块 PCB 布局图

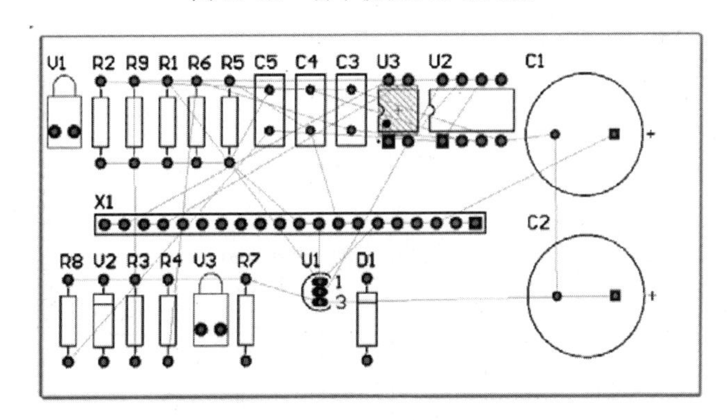

图 13-23　风扇电路 PCB 布局图

07 PCB 布线。和布局步骤相似，在布局完成后，可以先采用自动布线，最后再手工调整布线。控制电路 PCB 的布线结果如图 13-24 所示。

同样的方法，功率模块 PCB 的布线结果如图 13-25 所示。

风扇工作电路的布线结果如图 13-26 所示。

08 3D 效果。完成自动布线后，可以通过 3D 效果图，直观地查看视觉效果，以检查元件布局是否合理。

在 PCB 编辑器内，单击菜单栏中的“视图”→“切换到 3 维模式”命令，系统显示该 PCB 的 3D 效果图，如图 13-27～图 13-29 所示。

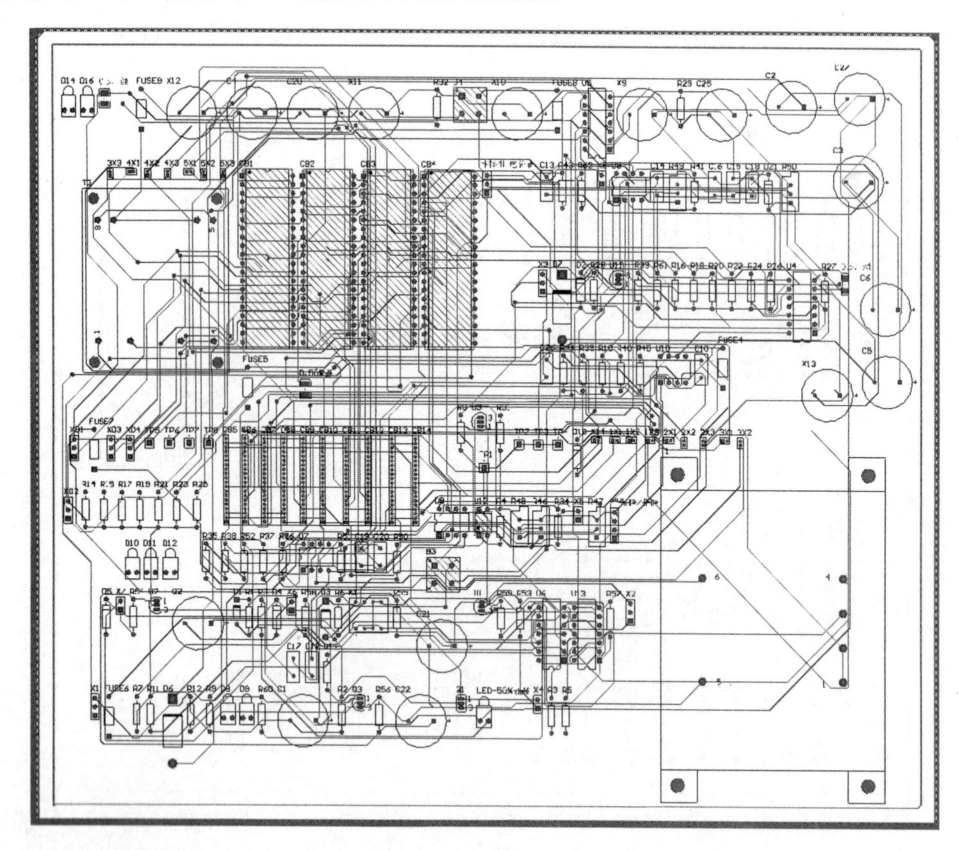

图 13-24　控制电路 PCB 布线图

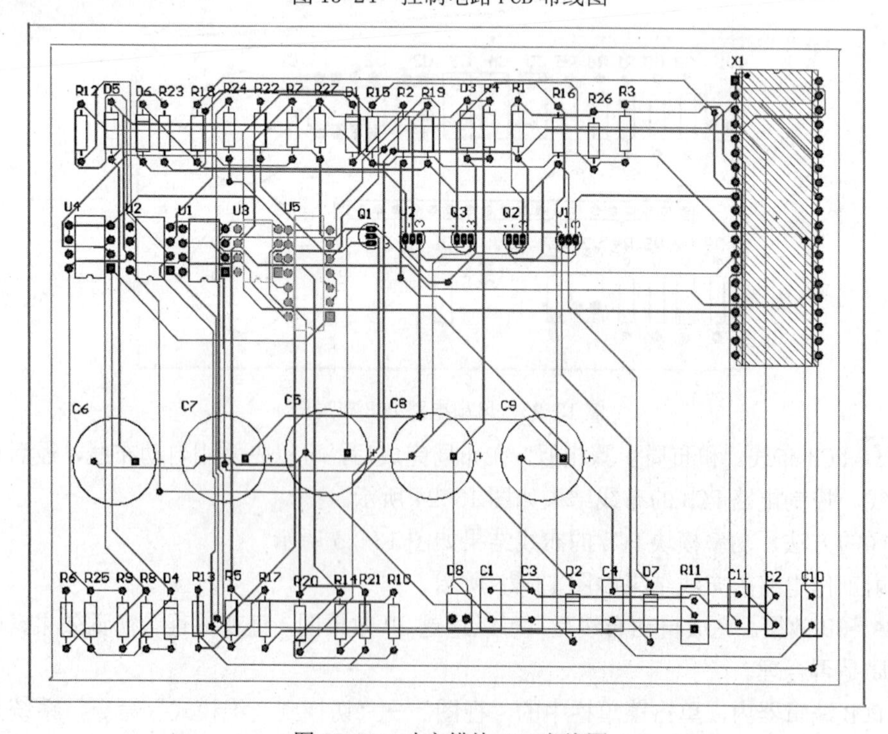

图 13-25　功率模块 PCB 布线图

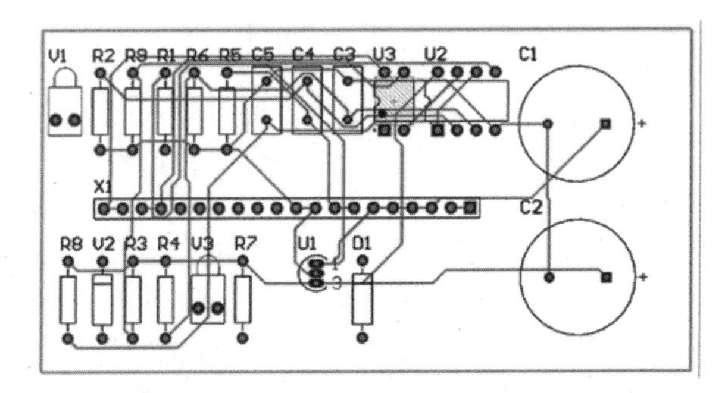

图 13-26　风扇工作电路 PCB 布线图

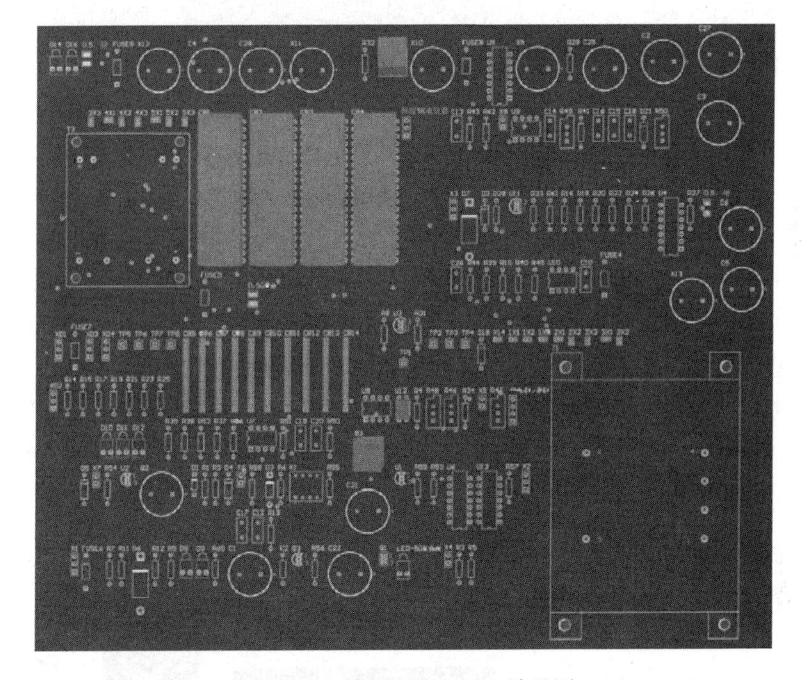

图 13-27　控制电路 PCB3D 效果图

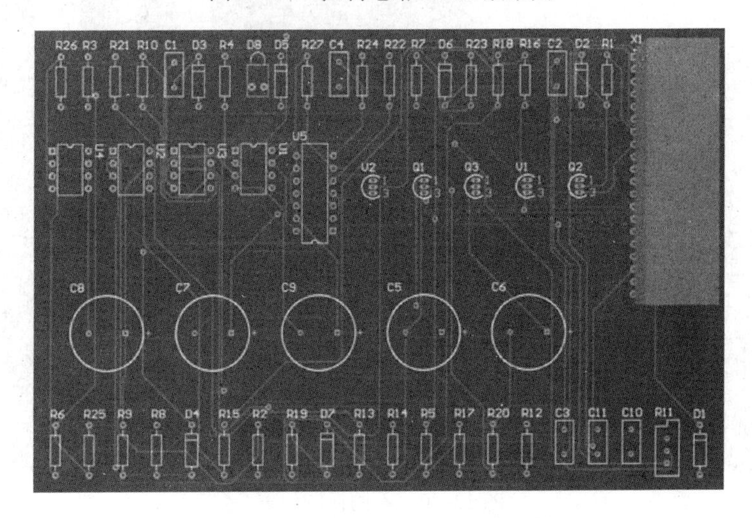

图 13-28　功率模块 PCB3D 效果图

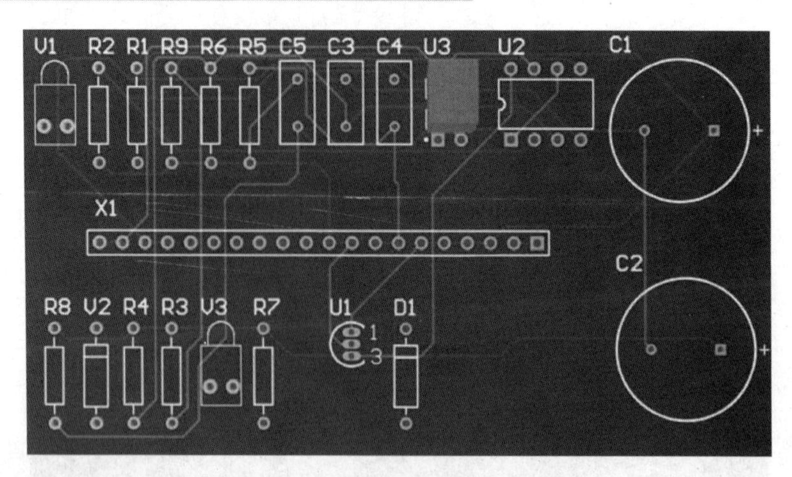

图 13-29　风扇工作电路 3D 效果图

09 三维动画制作。在“控制电路.PcbDoc”文件 PCB 编辑器内，单击右下角的 Panels 按钮，在弹出的快捷菜单中选择“PCB 3D Model Editor（电路板三维动画编辑器）”命令，打开“PCB 3D Movie Editor（电路板三维动画编辑器）”面板。

在“Movie Title（动画标题）”区域“3D Movie（三维动画）”按钮下选择“New（新建）”命令或单击“New（新建）”按钮，在该区域创建 PCB 文件的三维模型动画，默认动画名称为“PCB 3D Video”。

❶在“PCB 3D Video”区域创建动画关键帧。在“Key Frame（关键帧）”按钮下选择“New（新建）”→“Add（添加）”命令或单击“New（新建）”→“Add（添加）”按钮，创建 6 个键帧，电路板图如图 13-30 所示。

图 13-30　不同视图位置

图 13-30 不同视图位置（续）

❷动画参数设置如图 13-31 所示。单击工具栏上的▷键，依次显示关键帧组成的动画。

在“功率模块.PcbDoc”文件 PCB 编辑器内，创建 4 个键帧，电路板图如图 13-32 所示。

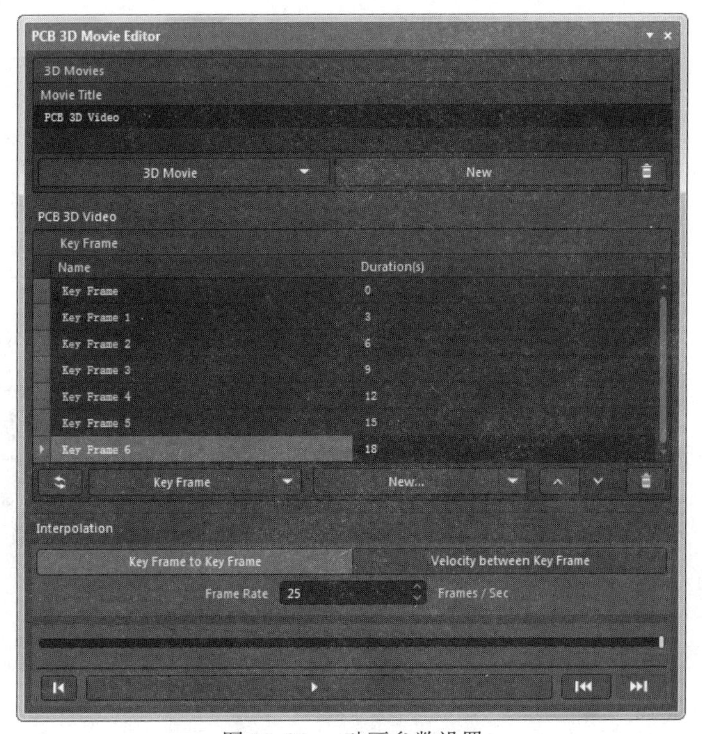

图 13-31 动画参数设置

在“功率模块.PcbDoc”文件 PCB 编辑器内，创建两个键帧，电路板图如图 13-33 所示。

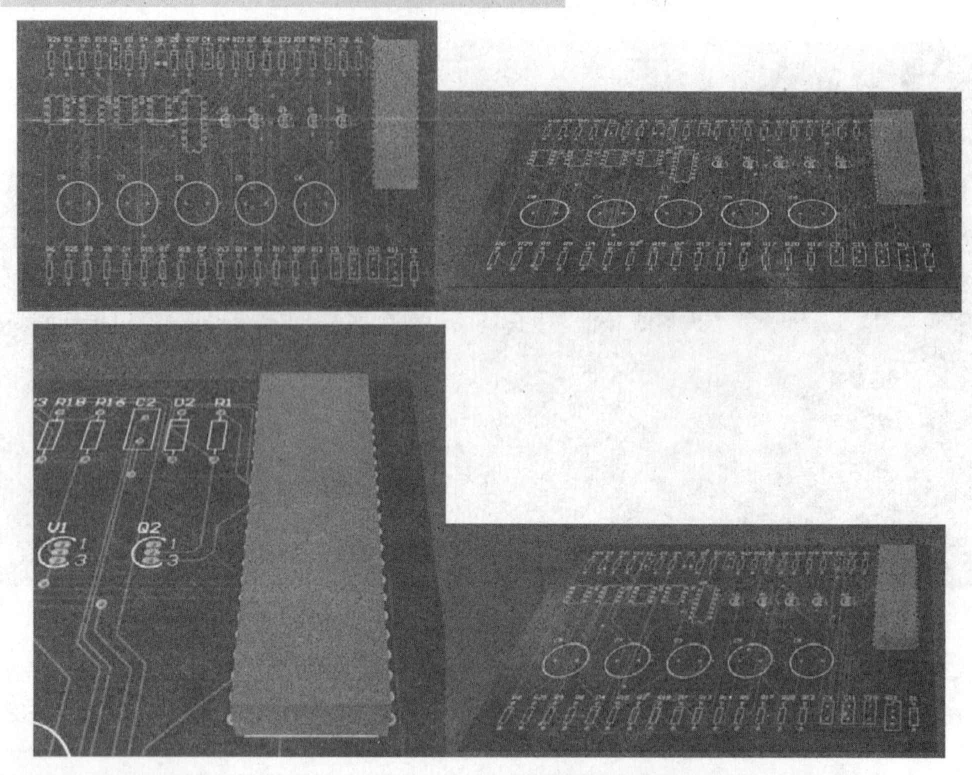

图 13-32 “功率模块”PCB 的 3D 视图位置

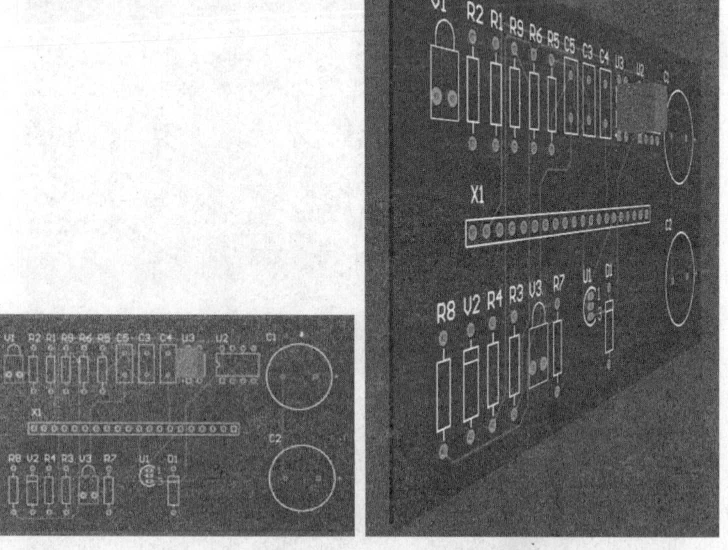

图 13-33 “风扇”PCB 板 3D 视图位置